U0372270

电 路 原 理

主　编　王生春
副主编　张　兢

重庆大学出版社

内容简介

本书是根据教育部颁发的《电路课程教学基本要求》组织编写的。

本书的主要内容有:电路模型和电路定律;电阻电路的等效变换;电阻电路的一般分析方法;电路定理;含有运算放大器电路的电阻电路分析;一阶和二阶电路;相量法的基础;正弦稳态电路的分析;含有耦合电感的电路;三相电路;非正弦周期电流电路和信号频谱;拉普拉斯变换;网络函数;电路方程的矩阵形式;二端口网络;非线性电路简介;均匀传输线;附录:磁路和铁芯线圈;书末附有部分习题答案。

图书在版编目(CIP)数据

电路原理/王生春主编.重庆:重庆大学出版社,2001.11(2021.1 重印)
电气工程及其自动化专业本科系列教材
ISBN 978-7-5624-2436-9

Ⅰ.电… Ⅱ.王… Ⅲ.电路理论—高等学校—教材 Ⅳ.TM13

中国版本图书馆 CIP 数据核字(2001)第 086922 号

电路原理

主　编:王生春
副主编:张　兢
责任编辑:周　立　　版式设计:周　立
责任校对:廖应碧　　责任印制:张　策

*

重庆大学出版社出版发行
出版人:饶帮华
社址:重庆市沙坪坝区大学城西路 21 号
邮编:401331
电话:(023) 88617190　88617185(中小学)
传真:(023) 88617186　88617166
网址:http://www.cqup.com.cn
邮箱:fxk@ cqup.com.cn (营销中心)
全国新华书店经销
重庆华林天美印务有限公司印刷

*

开本:787mm×1092mm　1/16　印张:23.25　字数:580 千
2002 年 1 月第 1 版　　2021 年 1 月第 6 次印刷
印数:10 801—11 800
ISBN 978-7-5624-2436-9　定价:52.00 元

前言

目前，国内外的一致意见认为电路课程的基本内容和范围大体上已趋稳定。本课程的主要任务是为后续课程和学生将来的工作需要准备必要的基础知识。

根据教育部全国高校《电路课程教学基本要求》及电路原理课程在电类工程师培养过程中的地位和作用，本书在编写中既重视电路原理的基本内容和基本概念，但不过分强调电路原理学科本身的系统性和严密性；既重视电路的基本概念、基本方法和基本定律的应用，但不过分追求技巧；注重辩证思维和创新意识的培养；注意现代网络理论与基本内容的融合。

本书对基本内容、传统内容和新内容的协调予以充分的注意。为了适应学时数不断缩减的现实，除考虑到各部分内容的分量恰当外，删减了一些较繁琐和过分强调技巧的内容，而力图突出基本概念和基本原理，并采用比较有效和精练的方式把问题交代清楚。这样将更有利于培养学生在教师指导下的自学能力。

考虑到一些专业的需要，书末增加了有关磁路的内容作为附录。其他可以根据实际需求和学时情况作适当取舍，不一定都要讲授。

本书在编写中注意保留了传统《电路》教材特点，力求做到便于自学，使其更能适应启发式教学的需要。叙述力求清楚、准确，适当增加了例题数量，例题不片面追求难度和电路的复杂性。注意了正文、例题和习题的密切配合。

每章附有习题，书末还附有部分习题的参考答案，可供读者参考。全书统一采用国际单位制、国家统一的图形及文字符号标准。

书末列出了参考书目，既为读者提供了一些内容的出处与依据，也为读者在选择参考书时提供便利。

本书可作为无线电、电子、通信、电气、自动控制等专业的本科教材，也可供有关科研人员和工程技术人员参考。

参加本书编写的有王生春（第1章、第6章、第9章、第10章、第11章、第12章、第13章、第16章、第18章），张兢（第3章、第5章、第14章、第15章），何莉（第2章、4章、第17章），陈新刚（第7章、第8章、附录A）。主编王生春，副主编张兢。

由于编者的水平和经验所限，书中不足及错误在所难免，恳请读者批评指正。

编　者

2001年7月

目录

第 1 章
电路模型和电路定律

内 容 简 介

本章介绍电路和电路模型,电压、电流及其参考方向的概念,功率的定义及计算,电阻元件、电感元件、电容元件、电压源、电流源和受控源的元件约束以及反映元件联结特性的电路理论的基本定律——基尔霍夫定律(拓扑约束)。

1.1 电路和电路模型

实际电路是根据工程需要,由具有不同电气性能及作用的电气设备、元器件按某些确定规则连接而成,具有传输电能、处理信号、测量、控制、计算等功能。在实际电路中,把能够提供电能或电信号的电路器件,如发电机、电池、信号发生器等称作电源,而把灯泡、电炉、电动机、显示器等用电设备称作负载。由于电路中的电压和电流是在电源作用下产生的,因此,电源又称作激励,而电压、电流则称作响应。根据激励与响应之间的因果关系,又把激励称作输入,把响应称作输出。

实际电路将因其所能完成任务的不同而不同。例如,电力系统就由电能的产生、传输、分配和转换形成了一个庞大而又复杂的电路。又如,已被广泛应用的集成电路,其芯片体积虽小,却包含了有成千上万个晶体管、电阻、电容构成的复杂电路。当然也有仅含几个元器件的简单电路,手电筒就是一个很简单的电路,如图 1.1(a)电路所示。

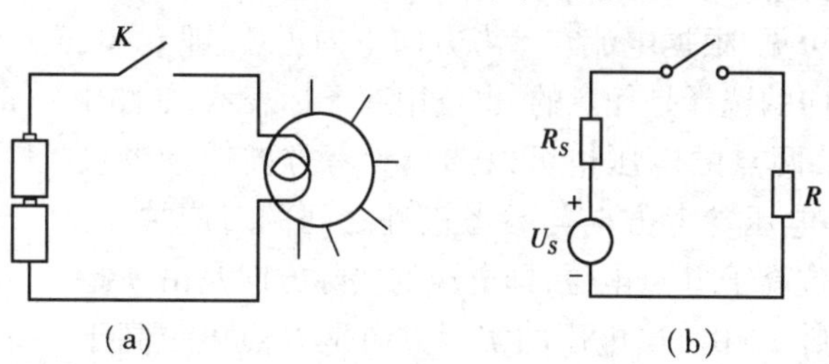

图 1.1 实际电路与电路模型

本书将主要介绍电路理论的基本内容 ,这些内容是学习电类各专业后续课程的基础。电路理论的基本物理量有电荷、电流、电压、磁通等,它主要研究发生在电路中的电磁现象,分析计算电路器件中的电流、端电压、功率及能量,一般不研究电路器件内部发生的物理过程。为便于表述和分析,本书中分析的电路并非实际电路,而是实际电路的电路模型。电路模型是由理想电路元件的相互连接而成,它是一种假想元件,每一种理想电路元件都具有某种特定的电磁性质,是一种理想化模型,具有精确的数学定义式。用理想电路模型及其某种组合就可模拟实际电路器件或电路的电磁特性。电路模型中的连接导线都是“理想的”。

图 1.1(b)是 1.1(a)实际电路的电路模型。图中的电路元件 R 是灯泡的电路模型,称作电阻元件,电阻元件 R_S 和理想电压源的串联组合就是电池的电路模型,图 1.1 中连线的电阻为零。

上述这种用理想电路元件及其组合模拟实际器件及电路的过程,称为建立电路模型(简称建模)。建模是以工作条件和精度要求为依据的,电路模型是对实际电路器件的科学抽象与概括。若电路模型建立不当,则分析与计算结果就会与实际误差较大 ,或使分析与计算过于复杂。所以,建模问题需要专门研究,本书不做介绍。

今后,本书中给出的电路都是由理想电路元件(简称电路元件)构成的电路模型,即理想电路。根据端子数目,电路元件又可分为二端、三端、四端元件等。根据其特性,电路元件又可分为无源元件和有源元件、线性元件和非线性元件、时变元件和时不变元件等。

电路理论是研究电路分析和电路综合的一门工程学科,与近代系统理论有密切的关系。本书主要介绍电路分析的内容,建立电路的基本概念,探讨电路的基本定律、定理和计算方法,为学习电气工程、自动化、电子、通讯和信息技术等电类专业建立必要的理论基础。

1.2 电路中电流和电压的参考方向

为了分析某个电路,就必须对分析中可能涉及的电流和电压指定参考方向。其原因要么是电压和电流的实际方向未知,要么是无法确定,要么电压和电流就是随时间变化的。如图 1.2 所示的矩形就表示电路中的一个二端元件。在元件旁或连接导线上用实箭头表示电流的参考方向,并标记 i,电流的实际方向则用虚线箭头表示,其旁不得标记 i。在图 1.2(a)中,电流的参考方向与实际方向选的一致,则在参考方向下电流 $i>0$。可见,根据电流在参考方向下的正负,即 $i>0$ 或 $i<0$ 就可判断电流的实际方向。电流参考方向的选择是任意的,也可用双下标表示,如图 1.2(a)就可表示为 i_{AB}。

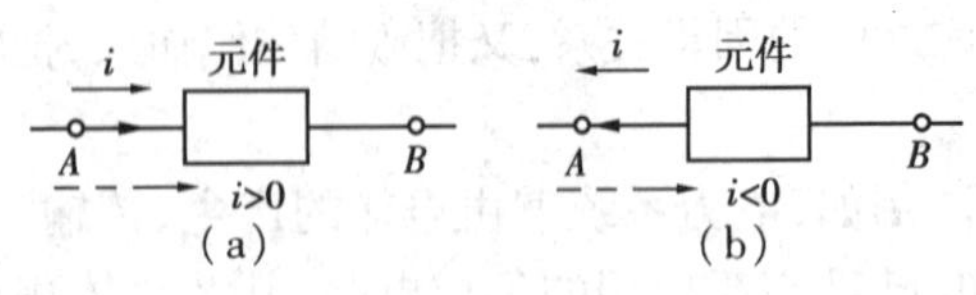

图 1.2 电流的参考方向

同理,对电路中某两点的电压也可以选择参考方向或参考极性。如图 1.3,给出了电压参考方向与参考极性之间的对应关系。如果图 1.3 中 A 点电位高于 B 点电位,即电压的实际方向是由 A 指向 B,二者方向一致,则 $u>0$。当电压的实际方向是 B 点电位高于 A 点电位,二者方向相反,则 $u<0$。图 1.3 中的电压参考方向也可

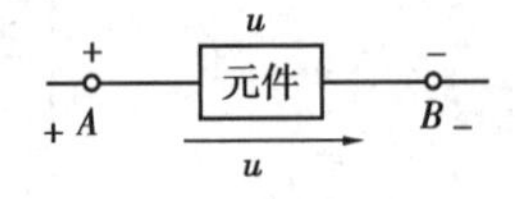

图 1.3 电压的参考方向

用双下标表示为 u_{AB}。

同一个元件中的电流和电压的参考方向均可独立地任意选择。如果电流和电压的参考方向选得符合图1.4(a),(b)的规定,则把这种电流与电压的参考方向称作关联参考方向。否则,称作非关联参考方向,如图1.4(c)所示,其中 N 为电路的一部分。

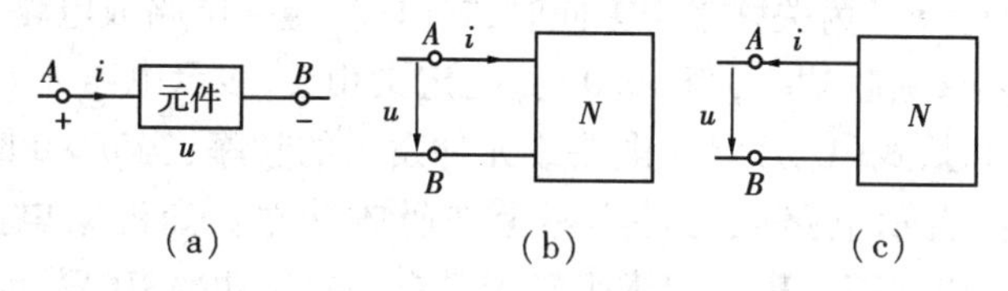

图1.4　关联参考方向

在国际单位制(SI)中,电流的单位为A(安培),电荷的单位为C(库仑),电压的单位为V(伏特)。

1.3　电功率和能量

在电路理论中,除电压和电流外,电功率和能量则是另外两个重要的物理量,电功率用 p 表示,能量则用 w 表示。

设图1.4(a),(b)可能是电阻、电源或其他元件的组合。其电流和电压选关联参考方向如图1.4中所示。设在 $\mathrm{d}t$ 时间内,由 A 点转移到 B 点的正电荷为 $\mathrm{d}q$,根据参考方向,A,B 间电压降落为 u,则元件吸收(或电荷 $\mathrm{d}q$ 失去)的能量为

$$\mathrm{d}w = u\mathrm{d}q \tag{1.1}$$

而单位时间内电路元件吸收的电能就是它所吸收的电功率

$$p = \frac{\mathrm{d}w}{\mathrm{d}t} = u\frac{\mathrm{d}q}{\mathrm{d}t}$$

又因

$$i \overset{\Delta}{=} \frac{\mathrm{d}q}{\mathrm{d}t} \tag{1.2}$$

所以

$$p = \frac{\mathrm{d}w}{\mathrm{d}t} = ui \tag{1.3}$$

就是电路或电路元件吸收的功率。

如果对式(1.3)从 $t = -\infty$ 到 t 积分,则元件吸收的能量为

$$w(t) = \int_{-\infty}^{t} ui\mathrm{d}t = \int_{-\infty}^{t_0} ui\mathrm{d}t + \int_{t_0}^{t} ui\mathrm{d}t = w(t_0) - w(-\infty) + \int_{t_0}^{t} ui\mathrm{d}t \tag{1.4}$$

假设 $w(-\infty) = 0$,即 $t = -\infty$ 时,认为元件还没来得及吸收能量。故式(1.4)又可写做

$$w(t) = w(t_0) + \int_{t_0}^{t} ui\mathrm{d}t \tag{1.4a}$$

可解释为,元件从 $t = -\infty$ 到 t 吸收的能量,就等于元件从 $t = -\infty$ 到 t_0 与 $t = t_0$ 到 t 吸收的能量之和。如果令计时起点 $t_0 = 0$,则上式又可写做

$$w(t) = w(0) + \int_0^t ui\mathrm{d}t \tag{1.4b}$$

式(1.4b)中 u,i 都是时间的函数,因是在参考方向下,故为代数量。可见,w 也是时间的函数,也是代数量。

应该强调指出:①当 u,i 为关联参考方向时,式(1.2)定义电路或电路元件吸收的功率:当 $p>0$ 时,表示电路或元件吸收功率;当 $p<0$ 时,与定义相反,表示电路或元件发出功率。②当 u,i 为非关联参考方向时,式(1.2)定义电路或元件发出的功率:当 $p>0$ 时,表示电路或元件发出功率;当 $p<0$ 时,表示电路或元件实际上在吸收功率。如说某电路或元件吸收功率 10 W,则也可认为它发出功率 -10 W;同理,如说某电路发出功率 10 W,也就可认为它吸收功率 -10 W。

在图 1.4(b)中,如果已知 $u=2$ V,$i=1$ A。因为 u,i 为关联参考方向,$p=ui=2\times1=2$ W >0,故电路 N 吸收功率为 2 W。在图 1.4(c)中,N 为同一电路,只是 i 参考方向选的与图 1.4(b)相反,故有 $u=2$ V,$i=-1$ A,此时 u,i 为非关联参考方向,故 N 发出功率为 -2 W,N 实际上吸收功率为 2 W。可见与图 1.4(b)中计算的结果相一致。

讨论上述电路物理量的实际意义有二,一是电路中存在能量交换的速率问题,二是电路中的电气设备、负载等均有额定值的问题。如果使用中电压、电流、功率超过额定值,电气设备、负载等就有被损坏或不能正常工作的可能。

在国际单位制(SI)中,功率的单位为 W(瓦特),能量的单位为 J(焦耳),时间的单位为 s(秒)。

主要电路变量,在国际单位制(SI)中的单位前面已经给出,但在工程应用中有时觉得其太大或太小,使用不便。下面就介绍一些以 10 为底的辅助单位,如

$$1\ \text{mA} = 10^{-3}\ \text{A}$$

$$15\ \mu\text{s} = 15\times10^{-6}\ \text{s}$$

$$20\ \text{kW} = 20\times10^{3}\ \text{W}$$

1.4 基尔霍夫定律

基尔霍夫定律仅适用于集总参数电路,由集总参数元件构成的电路就称作集总参数电路。集总参数元件假定:在任何时刻流入二端元件的一个端子的电流一定等于另一个端子流出的电流,元件两端子之间的电压为单值量。

基尔霍夫定律是集总参数电路的基本定律,它包括电流定律和电压定律。除第 18 章外,本书研究的电路都是集总参数的。

为了说明基尔霍夫定律,先介绍几个概念:简而言之,把组成电路的每一个二端元件称作一条支路,而把支路的连接点称作节点,可见,每条支路就恰好连接在两个节点之间。由支路构成的闭合路径就称作回路。图 1.5(a)所示电路由 6 个元件相互连接而成,有 4 个节点,有 6 条支路,支路、节点、元件标号如图 1.5 所示。应该提示初学者,图 1.5(a)中虚线包括的部分只能当作一个节点①对待,如图 1.5(b)所示。

基尔霍夫电流定律(KCL)可表述为:在集总参数电路中,在任何时刻,对任何一个节点,所

有流出节点的支路电流的代数和恒等于零。其解析表达式为

$$\sum i = 0 \tag{1.5}$$

这里“支路电流代数和”是以连接在该节点上的支路电流的参考方向来判断是流出节点还是流入节点的。如果流出节点,则该支路的电流之前取“+”号,否则取“-”号。

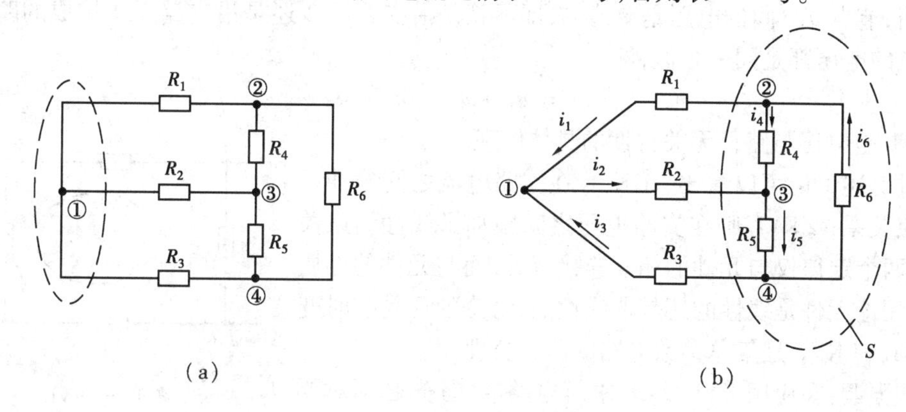

图1.5　节点和支路

以图1.5(b)电路为例,对节点②应用KCL,根据图1.5(b)中支路电流的参考方向有

$$i_1 + i_4 - i_6 = 0$$

上式又可写作

$$i_1 + i_4 = i_6$$

此式说明:流出节点②的支路电流的和就等于流入该节点的支路电流的和。由此,对KCL又可表述为:在任何时刻,对任何一个节点,流出节点的支路电流代数和就等于流入该节点的支路电流代数和。

可以证明,KCL既适用于节点,也适用于包围几个节点的闭合面S(广义节点)。对图1.5(b)所示电路,用虚线表示的闭合面S包围了3个节点,即节点②,③,④。对其中的每个节点应用KCL分别有

$$i_1 + i_4 - i_6 = 0$$
$$-i_2 - i_4 + i_5 = 0$$
$$i_3 - i_5 + i_6 = 0$$

把以上3式相加得

$$i_1 - i_2 + i_3 = 0$$

其中i_1,i_3流出S闭合面,i_2流入S闭合面。

这就说明,流过一个闭合面的电流代数和也恒等于零,或者说,这实际上是电流的连续性原理。同时也说明,KCL是电荷守恒定律的具体体现。

基尔霍夫电压定律(KVL)可表述为:在集总参数电路中,在任何时刻,沿任一回路,所有支路电压的代数和恒等于零。其解析表达式为

$$\sum u = 0 \tag{1.6}$$

应用式(1.6)求和时,必须首先任意指定一个回路的绕行方向,凡支路电压参考方向与回路绕行方向一致的,就在该电压前取“+”号,否则取“-”号。

在图1.6电路中,虚线箭头表示该回路的绕行方向,回路中各支路电压的参考方向如图

1.6 中所示。对指定的回路应用 KVL 有

$$u_1 + u_2 - u_3 - u_4 = 0$$

上式又可写作

$$u_1 + u_2 = u_3 + u_4$$

此式说明,节点 a,c 间的电压是单值的,即不管是沿支路 1,2 还是沿支路 3,4 构成的路径,这两个节点的电压都是同一个值,即

$$u_{ac} = u_1 + u_2 = u_3 + u_4$$

可见,KVL 是电压与路径无关特性的具体体现。

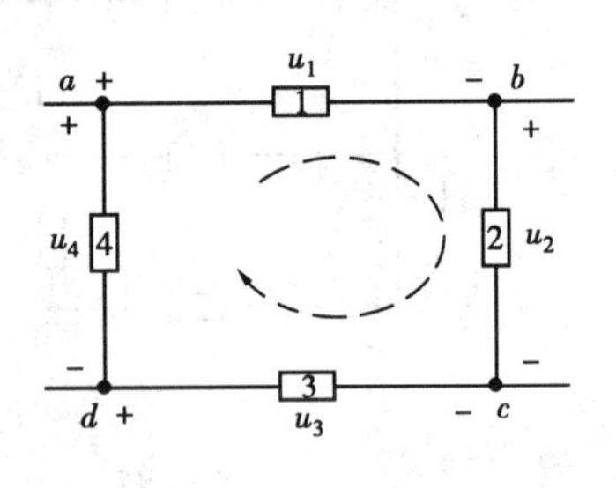

图 1.6　KVL

通过上述讨论可以看出:①KCL 在支路电流之间施加了线性约束关系;②KVL 则在支路电压之间施加了线性约束关系;③这两个定律仅与元件的相互连接有关,而与元件的性质无关,即无论元件是线性的还是非线性的,时变的还是非时变的;④KCL 和 KVL 是集总参数电路的两个公理。

应该强调:在应用 KVL,KCL 求解电路时,首先必须对要涉及到的支路指定电流和电压的参考方向。通常把支路的电压和电流选做关联参考方向。

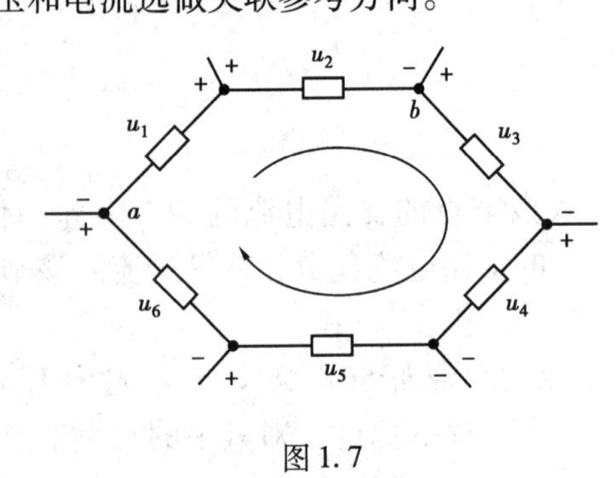

图 1.7

例 1.1　图 1.7 为某复杂电路中的一个回路。已知某时刻各元件的电压值为 $u_1 = u_6 = 2$ V,$u_2 = u_3 = 3$ V, $u_4 = -7$ V 求,u_5。

解　根据支路电压的参考方向及回路的绕行方向,应用 KVL 有

$$-u_1 + u_2 + u_3 + u_4 - u_5 - u_6 = 0$$

所以

$$u_5 = -u_1 + u_2 + u_3 + u_4 - u_6$$

代入数据

$$u_5 = -2 + 3 + 3 - 7 - 2 = -5 \text{ V}$$

u_5 为负值,说明该元件两端电压的实际方向与其参考方向相反。

例 1.2　试计算图 1.7 电路中的 u_{ab}。

解　根据 KVL

$$u_{ab} = -u_1 + u_2$$

代入数据有

$$u_{ab} = -2 + 3 = 1 \text{ V}$$

当然,计算 u_{ab} 还可沿另一路径

$$u_{ab} = u_6 + u_5 - u_4 - u_3 = 2 - 5 - (-7) - 3 = 1 \text{ V}$$

1.5　电阻元件

电路是由电路元件相互连接构成的,不同的电路元件可以用其端电压和电流的不同关系式定义。从本节开始将介绍这些元件。

线性电阻元件是实际电阻器类(如灯泡、电炉、电阻器等)器件在一定条件下的电路模型。它仅具有耗能这样一种特定的物理特性。当线性电阻元件的电压和电流选关联参考方向时,在任何时刻,其端电压 u 和电流 i 服从欧姆定律,

$$u = Ri \tag{1.7a}$$

图1.8中的矩形是电阻元件的电路符号,R 既表示这是一个线性电阻元件,同时又表示这个线性电阻元件的参数是 R 欧姆。式(1.7a)中,当 $u=1\text{V}$,$i=1\text{A}$ 时,电阻 $R=1\Omega$。式(1.7a)又可写做

$$i = \frac{u}{R} = Gu \tag{1.7b}$$

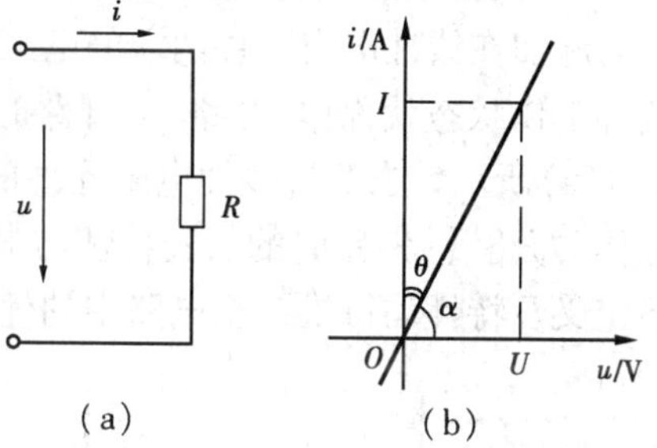

图1.8

如果取电压为横坐标,标尺为 m_u①(或纵坐标),电流取作纵坐标(或横坐标),标尺为 m_i②。根据式(1.7)便可给出 u,i 平面上的曲线,称作电阻元件的伏安特性曲线,如图1.8所示,它是通过坐标原点的一条直线。直线的斜率与元件的电阻 R 有关,可根据直线上的任意一点计算电阻 R 或电导 G。

$$R = \frac{u}{i} = \frac{m_u \cdot \overline{OU}}{m_i \cdot \overline{OI}} = \frac{m_u}{m_i}\tan\theta$$

$$G = \frac{i}{u} = \frac{m_i \cdot \overline{OI}}{m_u \cdot \overline{OU}} = \frac{m_i}{m_u}\tan\alpha$$

如果电阻元件的电压、电流为非关联参考方向,则有

$$u = -Ri \tag{1.8a}$$

$$i = -Gu \tag{1.8b}$$

注意:电路中的解析式或方程都与参考方向配套使用。

从式(1.7)和式(1.8)均可看出,在任何时刻,线性电阻的电压(或电流)是由同一刻的电流(或电压)决定的,这就是说,线性电阻是“无记忆”元件。

在关联参考方向下,电阻元件消耗的功率为

$$p = ui = Ri^2 = Gu^2 \tag{1.9}$$

可见,在 $R>0$ 的情况下,电阻元件确实具有耗能的特性,即 $p \geqslant 0$,电阻元件也是一个无源元件。注意:式(1.9)中的 i 必须是流过 R 的电流,u 必须是 R 两端的电压。从 t_0 到 t 的时间内电阻元件吸收的电能为

---

①m_u 为横坐标上每单位长度代表的电压值。

②m_i 为纵坐标上每单位长度代表的电流值。

$$W = \int_{t_0}^{t} Ri^2 \mathrm{d}t \tag{1.10}$$

电阻元件把吸收的电能一般都转换成热能而消耗掉了。

如果电阻元件的电阻值是时间的函数 $R(t)$，就称作线性时变电阻。由于它是线性的，因此也服从欧姆定律，即在关联参考方向下仍有

$$u(t) = R(t)i(t)$$

在关联参考方向下，线性电阻元件的伏安特性位于第一、三象限。如果一个线性电阻元件的伏安特性位于第二、四象限，则此元件的电阻值就为负值，即 $R<0$。线性负电阻已是一个有源元件，可发出电能，实现这个元件将在第17章中介绍。

当施加在线性电阻元件两端的电压值不论为何值时，流过它的电流却恒为零，把电阻元件的这种工作状态就称作“开路”。开路时的伏安特性与电压轴重合，相当于 $R=\infty$ 或 $G=0$，如图1.9(a)所示。当流过线性电阻元件的电流不论为何值时，其端电压恒为零，这种工作状态就称作“短路”。短路时的伏安特性与电流轴重合，相当于 $R=0$ 或 $G=\infty$，如图1.9(b)所示。上述定义及特性均可推广至电路中的任何一对端子之间，如图1.9(c)，(d)所示。

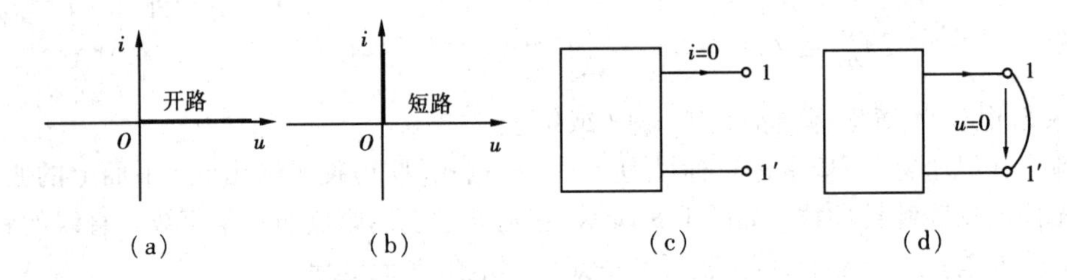

图1.9 开路和短路及其伏安特性

例1.3 有一金属膜电阻，$R=1\,000\ \Omega$，$P_N=2\ \text{W}$，用于直流电路，试求其额定电流及端电压上限值。

解 对于实际的电气设备及电器元件，为保证其正常工作及相应的使用寿命，厂家都在电气产品铭牌上标出使用电压、电流、功率额定值及电源频率。根据

$$I_N = \sqrt{\frac{P_N}{R}} = \sqrt{\frac{2}{1\,000}} = 44.72\ \text{mA}$$

$$U_N = RI_N = 1\,000 \times 44.72 \times 10^{-3} = 44.72\ \text{V}$$

这就是说，使用中流过此电阻的电流不得超过44.72 mA，或电压不得超过44.72 V。

1.6 电容元件

电容元件也是一个理想电路元件，它具有储存电场能量这样一种特定的电磁性质，它是各种实际电容器的理想电路模型。

线性电容元件的电路符号如图1.10(a)所示，电压、电流取关联参考方向，正极板电荷为 $+q$，由物理学知

$$q = Cu \tag{1.11}$$

其中，C 既表示线性电容元件，又表示电容量为 C。在国际(SI)单位制中，电容的单位为F(法拉，简称法)。如果取 u 为横坐标，取 q 为纵坐标，则线性电容的伏库特性也是通过坐标原点的一条直线，如图1.10(b)所示。

根据电流的定义式及式(1.11)，可得线性电容元件的电压电流关系式

$$i \stackrel{\Delta}{=} \frac{\mathrm{d}q}{\mathrm{d}t} = \frac{\mathrm{d}(Cu)}{\mathrm{d}t} = C\frac{\mathrm{d}u}{\mathrm{d}t} \tag{1.12}$$

式(1.12)说明，电流与电压对时间的变化率成正比。当$\frac{\mathrm{d}u}{\mathrm{d}t}$大时，$i$ 则大；当$\frac{\mathrm{d}u}{\mathrm{d}t}$小时，$i$ 则小；当$\frac{\mathrm{d}u}{\mathrm{d}t}=0$时，即电压不随时间变化(为直流电压)时，$i=0$。故电容在直流电路中，其端电压为定值，相当于开路，或者说，电容具有隔直作用。从式(1.12)还可看出：电容元件的电流与电压具有动态关系，因此，电容元件是一个动态元件。

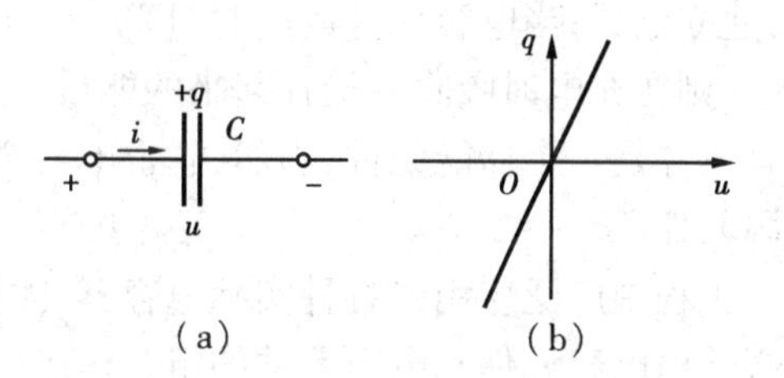

图1.10　电容元件及其伏库特性

对式(1.12)从 $-\infty$ 到 t 进行积分，有

$$q = \int_{-\infty}^{t} i\mathrm{d}\xi = \int_{-\infty}^{t_0} i\mathrm{d}\xi + \int_{t_0}^{t} i\mathrm{d}\xi = q(t_0) + \int_{t_0}^{t} i\mathrm{d}\xi \tag{1.13}$$

$q(t_0)$是 t_0 时刻电容所带的电荷量。式(1.13)说明：电容在任意时刻 t 所带电量就等于 t_0 时刻所带电荷量加上从 t_0 到 t 时间间隔内所增加的电荷量。如果把 t_0 选作计时起点，并令 $t_0=0$，则式(1.13)可写作

$$q = q(0) + \int_{0}^{t} i\mathrm{d}\xi \tag{1.14}$$

根据式(1.11)可得电容端电压表达式

$$u(t) = u(t_0) + \frac{1}{C}\int_{t_0}^{t} i\mathrm{d}\xi \tag{1.15}$$

由式(1.15)可知，t 时刻的电容电压不但与 t_0 到 t 的电流值有关，而且还与 $u(t_0)$值有关，因此，电容元件是一种有“记忆”的元件。

在关联参考方向下，电容元件 C 吸收的功率为

$$p = ui = Cu\frac{\mathrm{d}u}{\mathrm{d}t}$$

从 $t=-\infty$ 到 t 时刻，电容元件吸收的电场能为

$$\begin{aligned} W_C &= \int_{-\infty}^{t} u \cdot i\mathrm{d}\xi = \int_{-\infty}^{t} Cu(\xi)\frac{\mathrm{d}u(\xi)}{\mathrm{d}\xi}\mathrm{d}\xi = \\ &\int_{u(-\infty)}^{u(t)} Cu(\xi)\mathrm{d}u(\xi) = \\ &\frac{1}{2}Cu^2(t) - \frac{1}{2}Cu^2(-\infty) \end{aligned} \tag{1.16}$$

在式(1.4a)的讨论中，已经认为 $W(-\infty)=\frac{1}{2}Cu^2(-\infty)=0$，即在 $t=-\infty$ 时，电容元件尚未来得及充电，所以 $u(-\infty)=0$。这样，电容元件在任何时刻 t 储存的电场能量 $W_C(t)$就等于它吸收的能量，可表示为

$$W_C(t) = \frac{1}{2}Cu^2(t) \tag{1.17}$$

式(1.17)又称作电容元件的储能公式。从时间 t_1 到 t_2 电容元件吸收的能量为

$$W_C = C\int_{u(t_1)}^{u(t_2)} u\mathrm{d}u = \frac{1}{2}Cu^2(t_2) - \frac{1}{2}Cu^2(t_1) = W_C(t_2) - W_C(t_1) \tag{1.18}$$

讨论:当电容元件充电时,$|u(t_2)| > |u(t_1)|$,$|W_C(t_2)| > |W_C(t_1)|$,故在此时间内元件吸收能量,建立电场;当电容元件放电时,$|W_C(t_2)| < |W_C(t_1)|$,元件释放能量。如果电容原来并未充电,则在充电时吸收并储存起来的能量一定又会在放电完毕时全部释放,它不消耗能量。故电容元件是一个储能元件,当然,它也不会释放出多于它吸收或储存的能量,所以它又是一种无源元件。

工程中广泛应用的各种实际电容器,因其除具有储能特性外,尚有耗能特性,故其电路模型必然由电容元件和电阻元件的组合构成。由实验可知,电容器消耗之功率与外施电压直接相关,故用并联组合较好。

1.7 电 感 元 件

实际电感线圈是由导线绕制而成的一个二端器件。若线圈中流过电流,则必产生磁通,且与 N 匝电感线圈相交链,并形成封闭回路。其磁通链为

$$\psi = N\Phi$$

单位为 Wb(韦伯)。由于都是由流过线圈本身的电流产生的,故称作自感磁通或自感磁通链。$\psi(\Phi)$ 与 i 符合右螺旋关系,如图 1.11 所示。当通以时变电流或 ψ 随时间变化时,线圈二端子间必产生感应电压。如果感应电压 u 的参考方向与 ψ 符合右螺旋关系,则根据电磁感应定律有

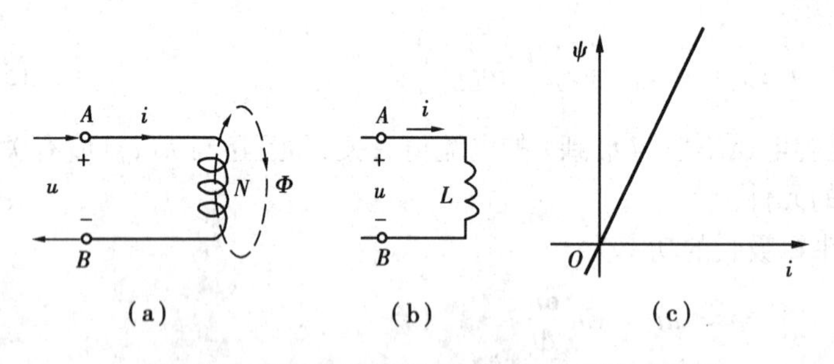

图 1.11 实际电感线圈、电感元件及其安韦特性

$$u = \frac{\mathrm{d}\psi}{\mathrm{d}t} \tag{1.19}$$

感应电压的实际方向可用楞次定律①判断。

电感元件是仅具储存磁场能量这样一种电磁特性的理想元件,它是各种实际电感线圈的理想化模型。线性电感元件的电路符号如图 1.11(b)所示。线性电感元件中的 ψ 与流过其中的电流成比例,即

$$\psi = Li \tag{1.20}$$

---

① 楞次定律指出,由线圈中磁通或磁通链变化产生的感应电动势,在其实际方向下产生的电流总是企图阻止原磁通的变化。在图 1.11 中,当 $\frac{\mathrm{d}i}{\mathrm{d}t} > 0$ 时,使 $\frac{\mathrm{d}\psi}{\mathrm{d}t} > 0$,由式(1.19)可知 $u > 0$。即端子 A 的电位高于端子 B 的电位,此时,若将 A,B 端子与外电路接通,则必有感应电流自 A 通过外电路流回 B,再经线圈回到 A(与 i 的方向相反),显然,这一电流产生的磁通确实阻止了原 $\Phi(\psi)$ 的增长,与楞次定律相符。对 $\frac{\mathrm{d}i}{\mathrm{d}t} < 0$,即 $\frac{\mathrm{d}\psi}{\mathrm{d}t} < 0$ 的情况,请读者自行分析之。

比例系数 L 称作自感(系数)或电感,单位为 H(亨利,简称亨),L 为一个正实常数。

线性电感元件的安韦特性是 i-ψ 平面上通过坐标原点的一条直线,如图 1.11(c)所示。把式(1.20)代入式(1.19),可得线性电感元件的电压电流关系式

$$u = L\frac{\mathrm{d}i}{\mathrm{d}t} \tag{1.21}$$

式中 u,i 为关联参考方向,且与 ψ 成右螺旋关系。对式(1.21)从 $t=-\infty$ 到 t 积分得

$$i = \frac{1}{L}\int_{-\infty}^{t} u\mathrm{d}\xi = \frac{1}{L}\int_{-\infty}^{t_0} u\mathrm{d}\xi + \frac{1}{L}\int_{t_0}^{t} u\mathrm{d}\xi = i(t_0) + \frac{1}{L}\int_{t_0}^{t} u\mathrm{d}\xi \tag{1.22}$$

或

$$\psi = \psi(t_0) + \int_{t_0}^{t} u\mathrm{d}\xi \tag{1.23}$$

可以看出,电感元件是动态元件,也是记忆元件。在关联参考方向下,线性电感元件吸收的功率为

$$p = ui = Li\frac{\mathrm{d}i}{\mathrm{d}t} \tag{1.24}$$

从上述讨论中可知,由于 $t=-\infty$ 时 $i(-\infty)=0$,所以 $W_L(-\infty)=0$。因此,从 $t=-\infty$ 到 t 时间内电感元件吸收的磁场能量

$$\begin{aligned} W_L &= \int_{-\infty}^{t} p\mathrm{d}\xi = \int_{-\infty}^{t} Li\frac{\mathrm{d}i}{\mathrm{d}\xi}\cdot \mathrm{d}\xi = \\ &\int_{i(\infty)}^{i(t)} Li\mathrm{d}i = \frac{1}{2}Li^2(t) + \frac{1}{2}Li^2(-\infty) = \frac{1}{2}Li^2(t) \end{aligned} \tag{1.25}$$

式(1.25)即为电感元件在任意时刻的储能公式。从 $t=t_1$ 到 $t=t_2$ 时间内,线性电感吸收的磁场能为

$$W_L = L\int_{i(t_1)}^{i(t_2)} i\mathrm{d}i = \frac{1}{2}Li^2(t_2) - \frac{1}{2}Li^2(t_1) = W_L(t_2) - W_L(t_1)$$

讨论:当电流 $|i|$ 增加时,$W_L>0$,元件吸收能量;当电流 $|i|$ 减小时,$W_L<0$,元件释放能量。电感元件并不消耗能量,只是把吸收的能量以磁场能的形式储存在磁场中,故电感元件是一种储能元件。当然,它也不会释放出多于它吸收或储存的能量,可见,它又是一个无源元件。

实际线圈的电路模型一般均可用理想电感元件与理想电阻元件的串联组合来表示。空心线圈的电路模型用线性电感与线性电阻的串联组合更合适。

1.8　电压源和电流源

前面几节已经涉及到了元件的无源性问题,这里将给出更一般的定义。

如果某个电路元件或电路获得的或由电路其余部分供给的能量始终为非负值,则该电路或电路元件称作无源元件或电路。根据式(1.3)有

$$W(t) = \int_{-\infty}^{t} p(t)\mathrm{d}t = \int_{-\infty}^{t} ui\mathrm{d}t \geqslant 0 \tag{1.26}$$

根据定义式可以证明,前面已经介绍的电阻元件、电容元件、电感元件均为无源元件。

如果电路元件或电路不能在整个时间范围内满足式(1.26),那么这个元件或电路就是有

源的。像发电机、电池及一些电子器件都是有源元件。

电压源和电流源都是二端有源元件。

电压源是一个理想电路元件,其电路符号如图 1.12(a)所示。其端电压

$$u(t) = u_S(t) \tag{1.27}$$

按给定的 $u_S(t)$ 规律变化,$u(t)$ 与流过电压源 $u_S(t)$ 的电流无关,电压源中流过电流的大小由外电路决定。当 $u_S(t) = U_S$ 为恒定值时,则称为直流电压源或恒定电压源,有时也用图 1.12(b)电路符号表示,且有 $u = U_S$。

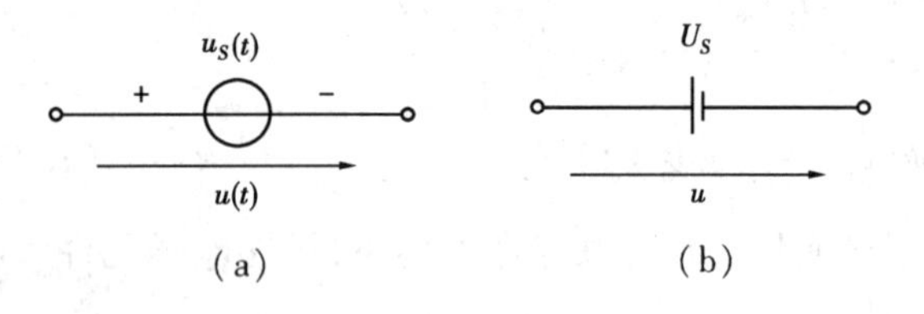

图 1.12 电压源

图 1.13(a)为电压源与外电路相连接的情况,端电压 $u(t)$ 不受外电路的影响。把式(1.27)在 i-u 平面上进行标绘,对于不同的时刻 t 就对应一条平行于 i 轴的直线,如图 1.13(b)所示直线,即为 t_1 时刻电压源的伏安特性,它不通过坐标原点。图 1.13(c)是直流电压源的伏安特性,它不随时间变化。

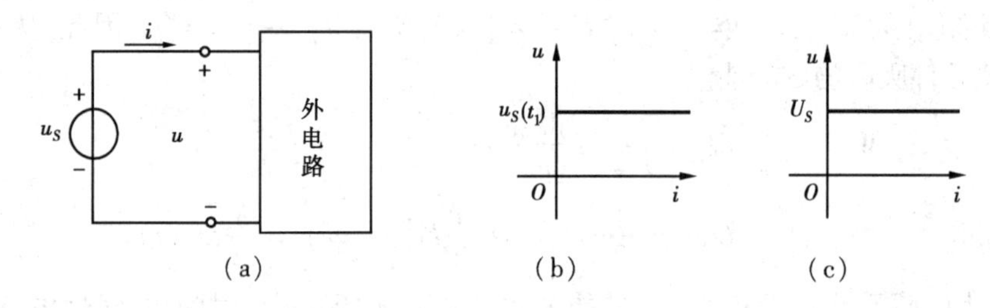

图 1.13 电压源的伏安特性

由图 1.13(a)可知,电压源 $u_S(t)$ 的端电压 u 与其中的电流 i 为非关联参考方向,所以,电压源发出的功率为

$$p(t) = u_S(t)i(t)$$

这也是外电路吸收的功率(对外电路而言,u 与 i 为关联参考方向)。

如果电压源 u_S 与外电路断开,则 $i(t) \equiv 0$,就说"电压源处于开路"。如果 $u_S(t) = 0$,则说"电压源处于短路",则电压源已不存在。

电流源也是一理想化电路元件,其电路符号如图 1.14(a)所示,其电流

$$i(t) = i_S(t) \tag{1.28}$$

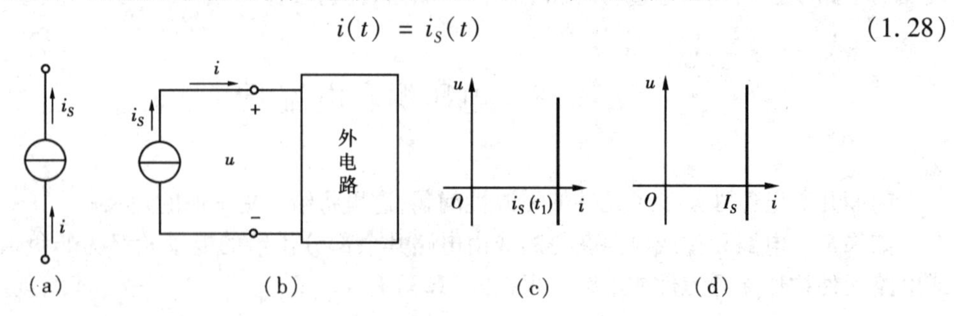

图 1.14 电流源及其伏安特性

按给定的规律变化,$i(t)$ 与 $i_S(t)$ 的端电压无关,电流源的端电压由外电路决定。如果 $i_S(t) = I_S$ 为恒定值,则称作直流电流源或恒流源。

把电流源 $i_S(t)$ 与外电路相连接，如图 1.14(b) 所示，$i(t)$ 不受外电路的影响。把式(1.28)在 i-u 平面上进行标绘，对不同时刻 t 就对应一条平行于 u 轴的直线，图 1.14(c) 对应于 t_1 时刻的电流源 i_S 的伏安特性，它不通过坐标原点。图 1.14(d) 为直流电流源 I_S 的伏安特性，它不随时间变化。

由图 1.14(b) 可知，电流源的电压、电流为非关联参考方向，所以，电流源发出的功率为

$$p(t) = u(t)i_S(t)$$

它也为外电路吸收的功率。

如果电流源的端电压 $u(t)=0$，则说“电流源处于短路”。如果电流源的电流 $i_S(t)\equiv 0$，则电流源已不存在。

像发电机、蓄电池这种实际电源，其工作机理比较接近电压源，电路模型用电压源与电阻的串联组合表示。而像光电池这一类器件，工作时的特性比较接近电流源，所以，其电路模型用电流源与电阻的并联组合表示。

1.9　受控电源

上节介绍的电压源的电压和电流源的电流按给定规律变化，不受外电路的影响，因此称作独立电源。但还有一类电源，因其电压源的电压和电流源的电流却受外电路电压和电流的控制，因此称作受控电源(简称受控源)。与独立源对应，受控源可称作非独立源。

受控源是为描述电子器件的电路模型应运而生的，例如，要描述晶体管的集电极电流受基极电流控制以及运算放大器的输出电压受输入电压控制的电路现象，就要用到受控源。

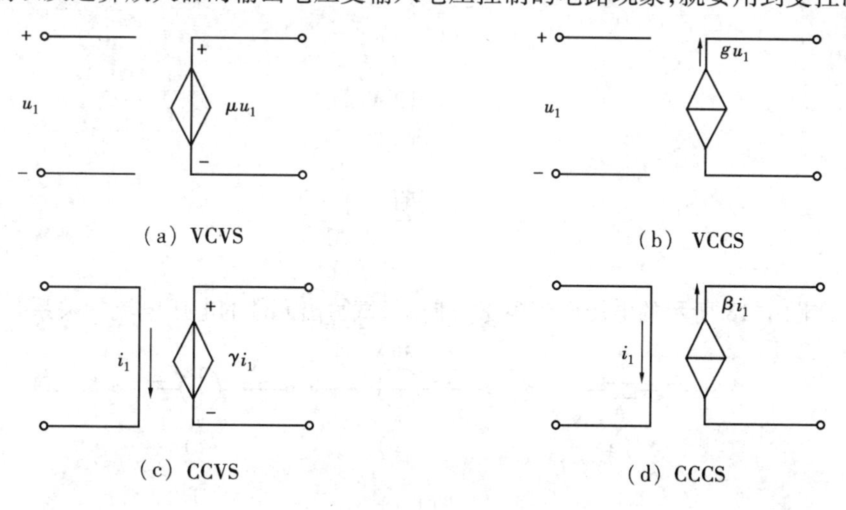

图 1.15　受控电压源

受控电压源是其端电压受控于电路中其他电压和电流的一个电源。它又分为电压控制的电压源(VCVS)和电流控制的电压源(CCVS)。受控电流源则是其电流受控于电路中其他电压和电流的一个电源。它又分为电压控制的电流源(VCCS)和电流控制的电流源(CCCS)。其电路符号用菱形表示，以区别于独立源，如图 1.15 所示。其中 μ,β,γ,g 称作受控源的控制系数。当这些系数为常数时，被控制量(受控电压或电流)与控制量成比例，这种受控源就称

作线性受控源。本书只研究线性受控源。

独立源在电路中是“输入”是“激励”,由于它的作用电路中才产生电压和电流。而受控源则不同,它反映电路中某处的电压或电流控制另一处电流或电压的现象。当然,受控源也具有电源的一般特性,但它必须以控制量的存在为前提。

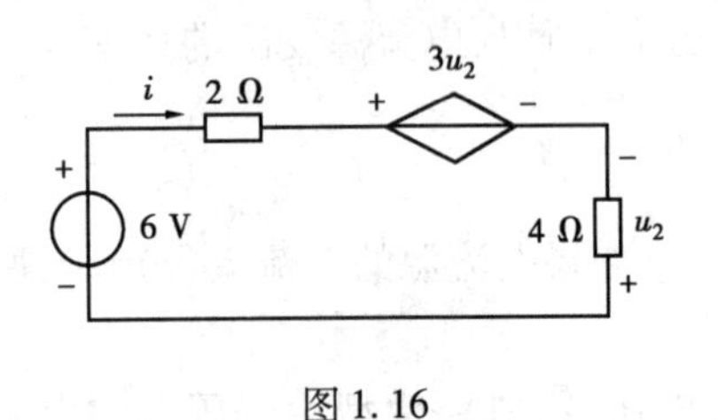

图1.16

例1.4 图1.16电路中含有一个VCVS,试计算电路中的电流i。

解 根据KVL有

$$2i+3u_2-u_2=6$$

因含受控源,故必须再建立一个控制量u_2与电路变量(现为i)的关系:

$$u_2=-4i$$

把此式代入KVL方程,有

$$2i+3(-4i)-(-4i)=6$$

$$i=-1\ \text{A}$$

例1.5 图1.17电路中含有一个CCVS,试计算电压u。

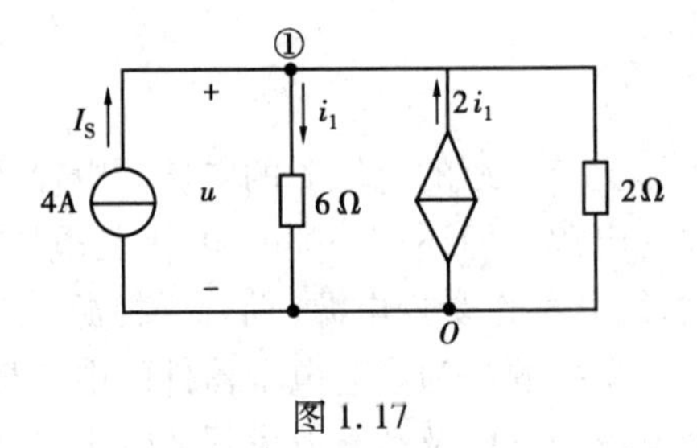

图1.17

解 对节点①列KCL方程,有

$$-4+i_1-2i_1+\frac{u}{2}=0$$

建立控制量i_1与u的关系有

$$i_1=\frac{u}{6}$$

代入方程得

$$u=12\ \text{V}$$

习 题 1

1.1 在图1.18所示的电压电流参考方向下,试写出元件的电压电流的关系。

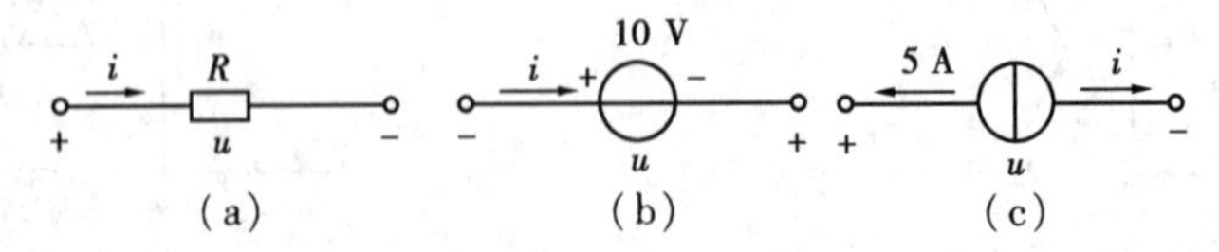

图1.18

1.2 在图1.19所示电路中,各元件的电压、电流及功率情况如图1.19中所示。

①若元件A吸收功率为10 W,求电压u;

②已知元件B吸收功率为10 W,求电流i;

③若元件C吸收的功率为−10 W,求电流i;

④求元件D吸收的功率p;

⑤若元件E发出的功率为10 W,求电流i;

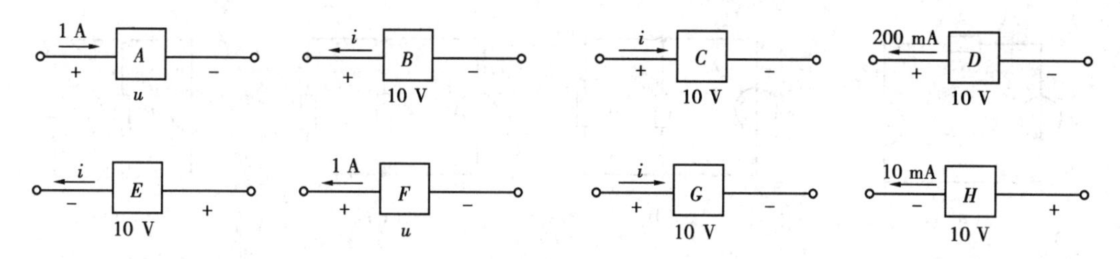

图 1.19

⑥若元件 F 发出的功率为 -10 W，求电压 u；

⑦若元件 G 发出的功率为 10 mW，求电流 i；

⑧求元件 H 发出的功率 p。

1.3　电容元件 $C=1$ F，其端电压波形如图 1.20 所示。试定量画出在这两种情况下电容电流的波形（其 u, i 为关联参考方向）。

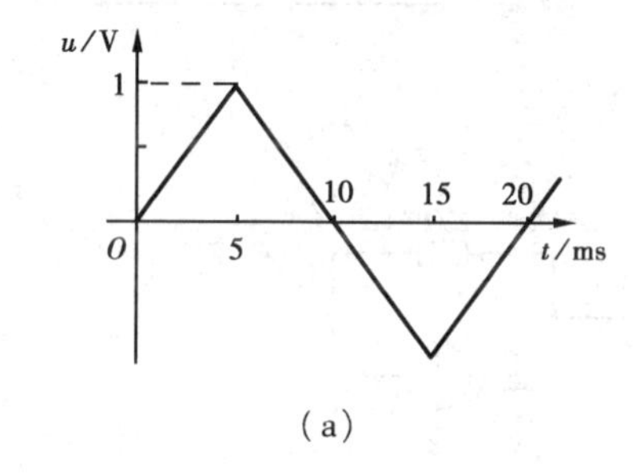

（a）

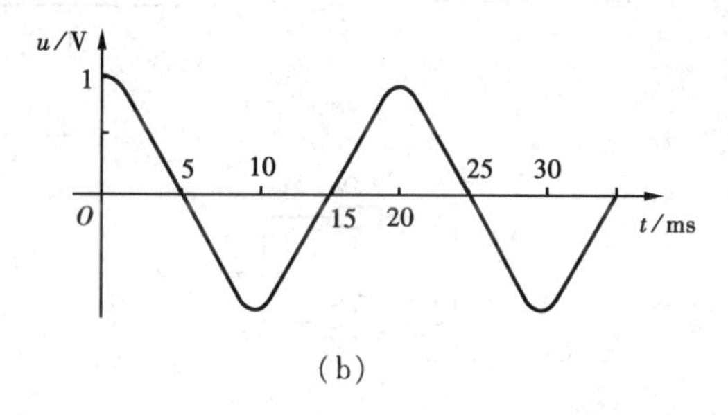

（b）

图 1.20

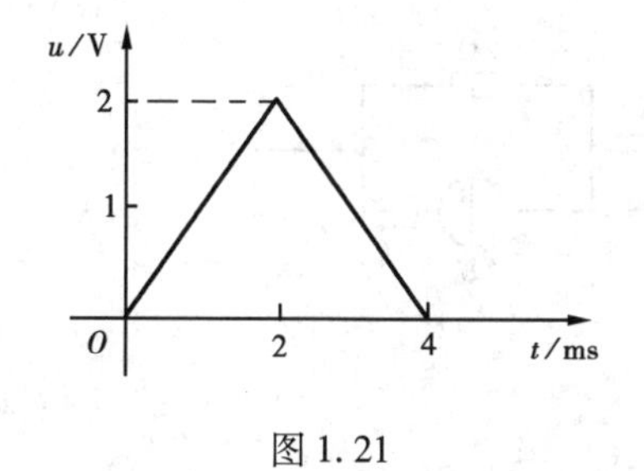

图 1.21

图 1.22

1.4　1 μF 的电容上所加电压 u 的波形如图 1.21 所示。求：

①电容电流 i；

②电容电荷 q；

③电容吸收的功率 p。

1.5　电路如图 1.22 所示，其中 $i_S=2$ A，$U_S=10$ V。

①求 2 A 电流源和 10 V 电压源的功率；

②如果要求 2 A 电流源功率为零，在 AB 线段内应接入何种元件？再分析此时电路中各元件的功率；

③若要求 10 V 电压源的功率为零，则应在 BC 间并联何种元件？分析此时各元件的功率。

1.6　在图 1.23 所示各电路中，已知 $u_S=12$ V，$i_S=8$ A，$R_1=2\ \Omega$，$R_2=6\ \Omega$。试应用 KCL，KVL 和电压、电流的关系求电压、电流及功率（说明吸收或发出）。

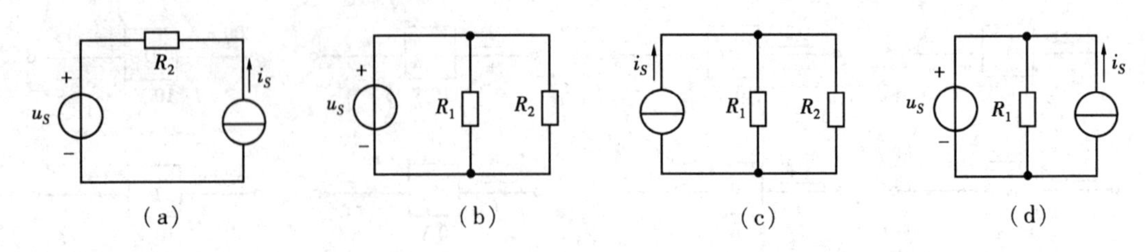

图 1.23

1.7　电路如图 1.24 所示,试求电压 u 和电流 i。并将其结果进行比较。

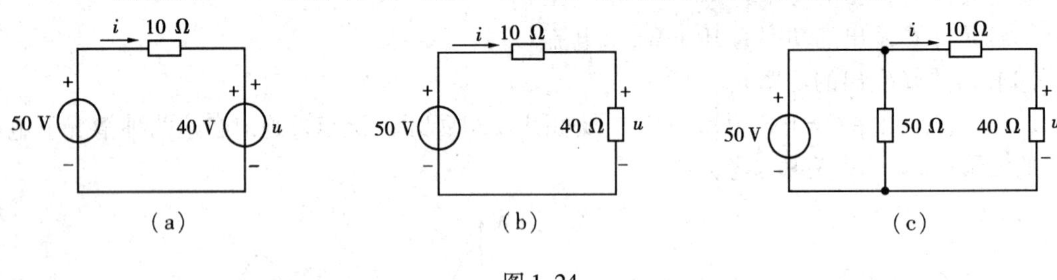

图 1.24

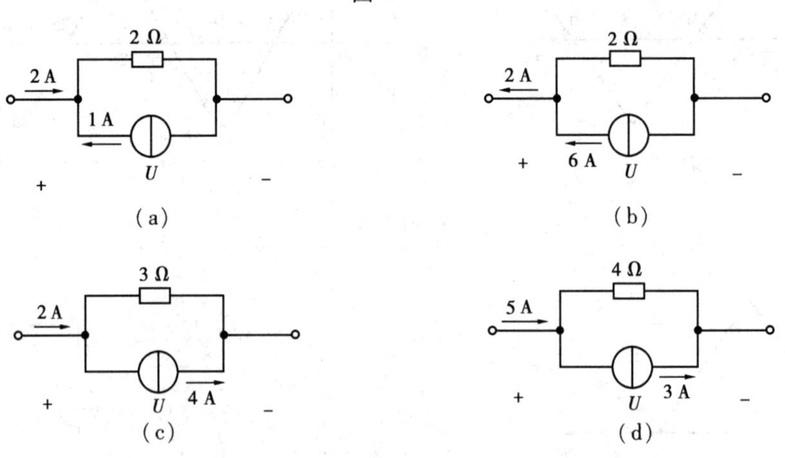

图 1.25

1.8　试求图 1.25 所示各电路的电压 U,并讨论其功率平衡。

1.9　电路如图 1.26 所示,已知 $R=2\ \Omega, i_1=1\ \text{A}$,求图中 i。

1.10　电路如图 1.27 所示,已知 $R_1=4.5\ \Omega, R_2=1\ \Omega, u_S=10\ \text{V}, i_1=2\ \text{A}$,求电流 i_2。

1.11　电路如图 1.28 所示,求电流 i_1 及 u_{ab}。

图 1.26

图 1.27

1.12　电路如图 1.29 所示,求 u_{ab} 及 u_{cb}。

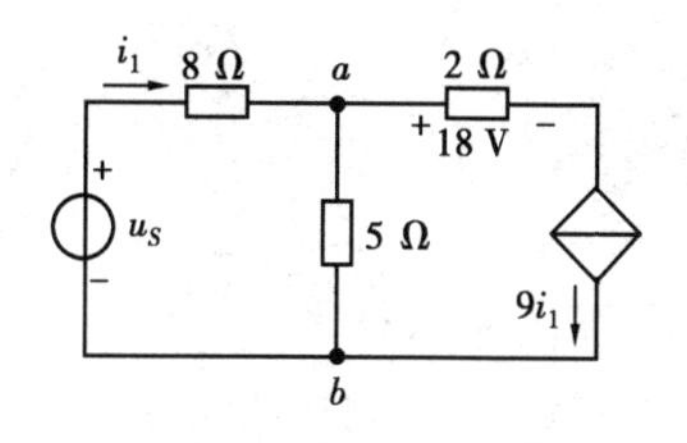

图 1.28

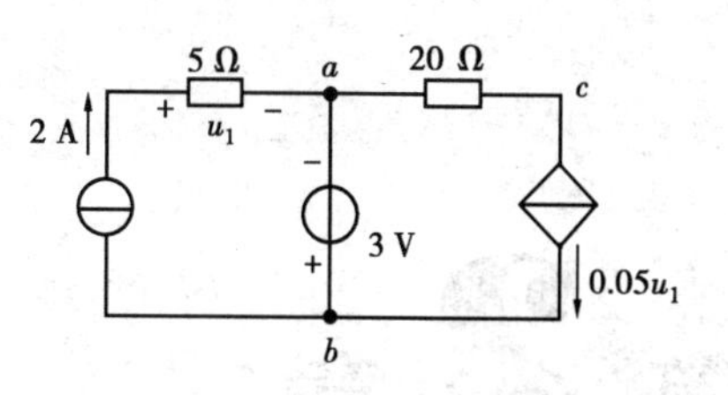

图 1.29

1.13　对图 1.30 所示电路,若:①R_1,R_2,R_3 值不定;②$R_1=R_2=R_3$。在以上两种情况下,尽可能多地确定其他各电阻中的未知电流。

1.14　在图 1.31 所示电路中,$u_{15}=10$ V,$u_{25}=5$ V,$u_{47}=-3$ V,$u_{23}=2$ V,$u_{13}=-3$ V,$u_{34}=8$ V。试尽可能多地确定图中未知支路的电压。

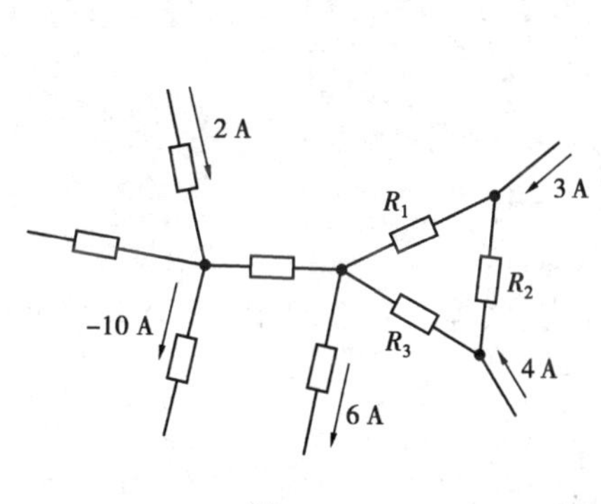

图 1.30

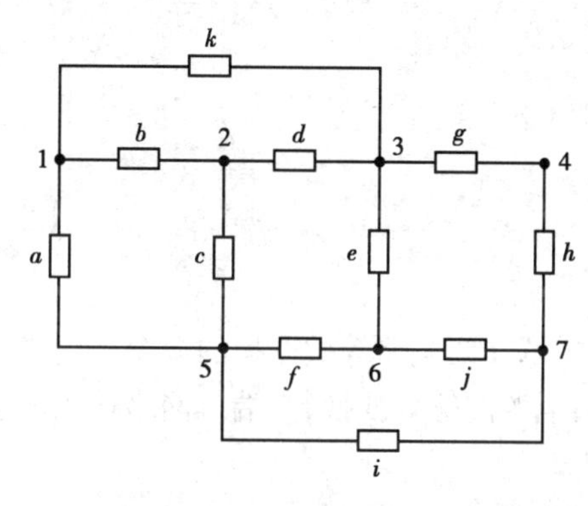

图 1.31

第2章

电阻电路的等效变换

内容简介

本章介绍电路等效变换的概念。内容包括:电阻串并联等效变换,电阻Y,△联接的等效变换,电源的等效变换,一端口网络输入电阻的计算。

2.1 引言

所谓电阻电路,是指仅含有电源(包括独立电源和受控源)和电阻元件的电路。当其中的电阻和受控源都是线性元件时,则称为线性电阻电路。本书第2,3,4章主要介绍线性电阻电路的分析,亦简称为电阻电路。电路中电压源的电压和电流源的电流,可以是直流,也可以随时间按任何规律变化。当电路中的独立电源都是直流电源时,这类电路简称为直流电路。

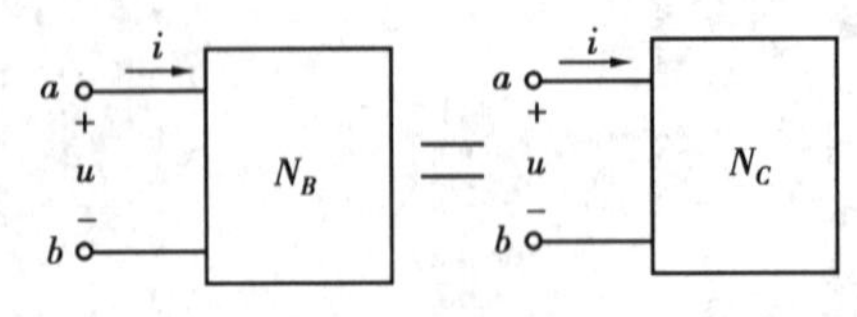

图2.1 具有相同的端电压、电流关系VCR的一端口网络B和C

电路的等效变换是分析电路时常用的一种方法。本章主要介绍电路等效变换的概念以及利用电路等效变换进行简单电路分析的方法。本章讨论的是电阻电路,但其中的方法与概念并不局限于电阻电路。

在第1章中已知,具有两个、三个端子的电路元件分别称为二端、三端元件。同理,具有n个端子的电路称为n端电路,也称为n端网络。具有两个端子的电路称为二端网络,有时也称为一端口网络(如图2.1所示)。对于一个端口来说,从它的一个端子流入的电流一定等于从另一个端子流出的电流。一端口网络又可分为无源一端口网络和有源一端口网络两类。一个电阻就是一个最简单的无源一端口网络,而一个理想电压源或一个理想电流源则是一个最简单的有源一端口网络。

有结构、元件参数完全不相同的两个一端口网络N_B和N_C,如图2.1所示。如果N_B和N_C具有相同的端口电压、电流关系,则称一端口网络N_B和N_C是互为等效的。这就是电路等效的一般定义。

互为等效的两个一端口网络 N_B 和 N_C 在电路中可以相互代换,代换前的电路与代换后的电路对于任意外电路 A 中的电流、电压、功率都是等效的,如图 2.2(a),(b)所示。就是说,代换前后外电路 A 中的电流、电压、功率保持不变。习惯上把图 2.2 中(a)图、(b)图称为互为等效电路,这就是电路的“等效变换”。更一般地说,当电路中的某一部分用其等效电路替代后,未被替代部分的电压和电流均应保持不变。用等效变换的方法求解电路时,电压、电流保持不变的部分仅限于等效电路以外,即“对外等效”。

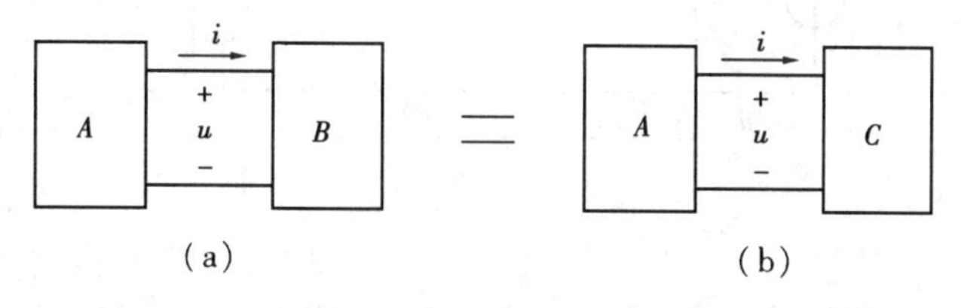

图 2.2　电路等效示意图

还需要说及的是,等效电路与被它代替的那部分电路显然是不同的。例如图 2.2(b)中 B 部分电路被 C 部分电路替代后,B 已不存在,当然在图 2.2 中求解 B 中的电流、电压、功率是不可能的。但是可以这样处理:因图 2.2(a),(b)两电路是等效变换电路,应满足等效变换条件(B 与 C 具有相同的电压、电流关系),由此可知图 2.2(b)中 C 与 A 联接处的电压 u、电流 i 等于图 2.2(a)中 B 与 A 联接处的电压 u、电流 i;基于此点,从图 2.2(b)中求得 C 与 A 联接处的电压 u 和电流 i,然后回到图2.2(a)中再求解 B 部分电路中的电压、电流、功率。“对外等效”也就是对外部特性等效。

2.2　电阻的串联和并联

在电路分析中,常常需要将电路某一部分的结构进行等效变换,以达到简化电路的目的。如何导出等效变换条件,是进行等效变换时最重要但一般也是较困难的问题。通常是先根据电路的基本定律列写变换部分的电路方程,经过适当的整理或变形,然后根据等效概念得出等效条件。

最简单也最常见的等效变换就是电阻串并联变换,它属于无源一端口网络等效变换。有源一端口网络等效变换将在 2.4 节中讨论。

2.2.1　电阻的串联及其特点

电路中若干元件顺次相连,连节点上无分岔,元件中流过同一电流,这种联接方式称为串联。

图 2.3(a)所示电路的虚线框内部有 n 个电阻 $R_1,R_2,\cdots,R_n$ 的串联组合。设电压、电流的参考方向如图 2.3(a)所示,为关联参考方向。由欧姆定律可知:

$$u_1 = iR_1, u_2 = iR_2, \cdots, u_n = iR_n$$

据 KVL 可得:

$$\begin{aligned} u &= u_1 + u_2 + \cdots + u_n = \\ &(R_1 + R_2 + \cdots + R_n)i = R_{eq}i \end{aligned}$$

其中

$$R_{eq} \xlongequal{def} u/i = R_1 + R_2 + \cdots + R_n = \sum_{k=1}^{n} R_k \tag{2.1}$$

电阻 R_{eq}称为这些串联电阻的等效电阻。由式(2.1)可知:串联电阻电路的等效电阻就等于各串联电阻之和。

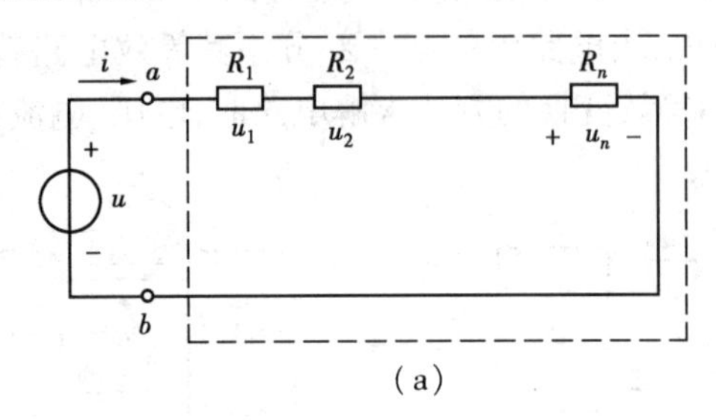

(a)

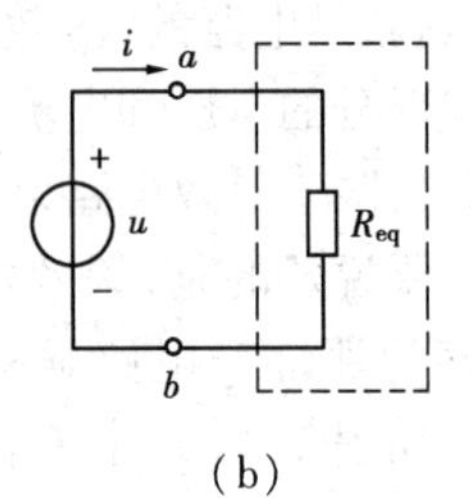

(b)

图 2.3 电阻的串联

串联等效电路如图 2.3(b)所示,即图 2.3(a)与(b)中虚线框(即 ab 端)的伏安关系是相同的。亦即图 2.3(a),(b)中的电路对于 ab 端子左侧的电压源 u 是等效的。

串联电阻具有分压作用。若已知串联电阻两端的总电压 u,由图 2.3 可得任一电阻 R_k上的电压为

$$u_k = iR_k = \frac{u}{R_{eq}}R_k = \frac{R_k}{R_{eq}}u \tag{2.2}$$

由式(2.2)可知:电阻串联分压与电阻值成正比,即电阻值大者分得电压大。式(2.2)称为电压分配公式,简称分压公式。若已知串联电阻的分电压,由分压公式也可求出串联电阻两端的总电压。

串联电阻电路功率关系为:串联电阻电路消耗的总功率等于各串联电阻消耗功率之和,且电阻大者消耗的功率大。

$$\begin{aligned} p &= p_1 + p_2 + \cdots + p_n = \\ &i^2R_1 + i^2R_2 + \cdots + i^2R_n = \\ &i^2(R_1 + R_2 + \cdots + R_n) = \\ &i^2R_{eq} \end{aligned}$$

2.2.2 电阻的并联及其特点

电路中若干元件两端分别连在一起,各元件具有相同的端电压,这种联接方式称为并联。

图 2.4(a)所示电路的虚线方框内部有 n 个电阻并联。设在端口处外加电流源 i,端口上的电压为 u,每个电阻元件通过的电流和端电压取关联参考方向。

由欧姆定律可得:

$$i_1 = G_1u, \quad i_2 = G_2u, \cdots, \quad i_n = G_nu$$

根据 KVL 可得

$$\begin{aligned} i &= i_1 + i_2 + \cdots + i_n = \\ &(G_1 + G_2 + \cdots + G_n)u = \\ &G_{eq}u \end{aligned}$$

其中

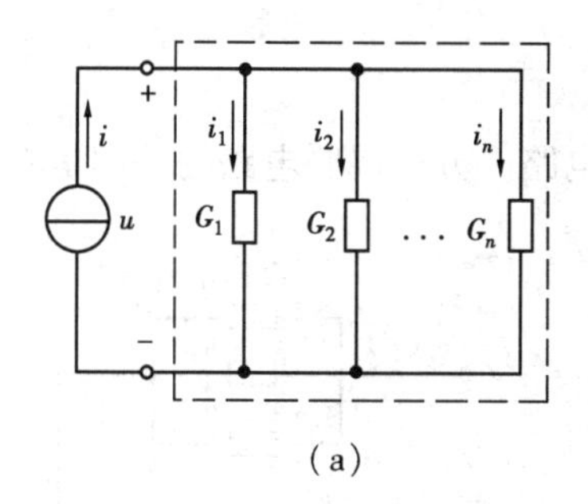

(a)

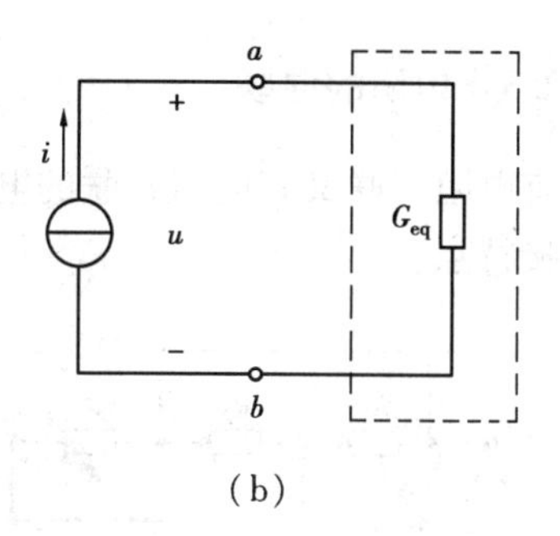

(b)

图 2.4　电阻的并联

$$G_{eq} \xlongequal{\text{def}} \frac{i}{u} = G_1 + G_2 + \cdots + G_n = \sum_{k=1}^{n} G_k \tag{2.3}$$

G_{eq}称为并联电阻电路的等效电导。由式(2.3)可知:并联电阻电路的等效电导等于各并联电导之和。由电阻和电导的关系,很容易得到并联电阻电路的等效电阻为

$$R_{eq} = \frac{1}{G_{eq}} = \sum_{k=1}^{n} \frac{1}{R_k}$$

这样,$R_{eq} < R_k$,即等效电阻总小于任一个并联的电阻。

并联等效电路如图 2.4(b)所示,即图 2.4(a)与(b)中虚线框(即 ab 端)的伏安关系是相同的。亦即图 2.4(a),(b)虚线框中的电路对于 ab 端口左侧的电流源 i 是等效的。

电阻并联具有分流作用。若已知并联电阻端子上的总电流 i,由图 2.4 可得任一并联电阻 R_k中的电流为

$$i_k = G_k u = G_k \frac{i}{G_{eq}} = \frac{G_k}{G_{eq}} i \tag{2.4}$$

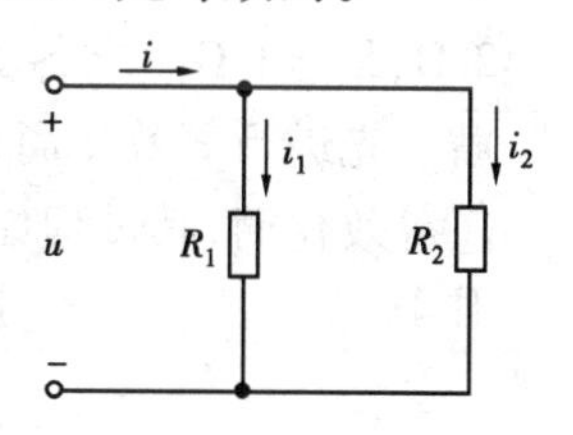

图 2.5　两电阻并联

由式(2.4)可知:电阻并联分流与电导值成正比,与电阻值成反比,电阻值大者分得电流小。式(2.4)称为电流分配公式,简称分流公式。如果只有电阻 R_1和 R_2并联,如图 2.5 所示,其分流公式可写成

$$\left.\begin{aligned} i_1 &= \frac{R_2}{R_1 + R_2} i \\ i_2 &= \frac{R_1}{R_1 + R_2} i \end{aligned}\right\} \tag{2.5}$$

这是经常用到的分流公式。

并联电阻电路的功率关系:并联电阻电路所消耗的总功率等于各并联电阻消耗功率之和,且阻值大者消耗功率小。联系图 2.4(a)电路,有

$$\begin{aligned} p = & p_1 + p_2 + \cdots + p_n = \\ & G_1 u^2 + G_2 u^2 + \cdots + G_n u^2 = \\ & (G_1 + G_2 + \cdots + G_n) u^2 = \\ & G_{eq} u^2 \end{aligned}$$

2.2.3 电阻的混联

既有电阻串联又有电阻并联的电路称为电阻混联电路。分析混联电路的关键是看清楚电路的联接特点。

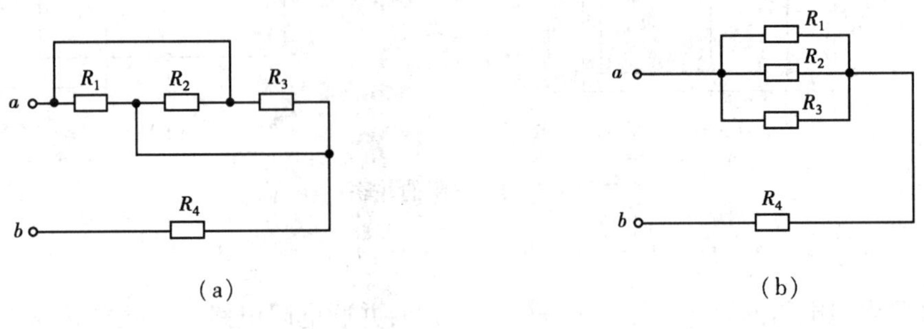

图 2.6

例 2.1 求图 2.6 所示电路的等效电阻 R。

解 原电路可画为如图 2.6(b)所示。可以看出电路的联接关系:R_1,R_2,R_3并联再串联R_4。所以 ab 端的等效电阻为

$$R_{ab} = R_1 /\!/ R_2 /\!/ R_3 + R_4$$

例 2.2 图 2.7(a)所示电路中,已知 ,$u_S=24$ V ,$R_1=6\ \Omega$,$R_2=5\ \Omega$,$R_3=4\ \Omega$,$R_4=3\ \Omega$,$R_5=2\ \Omega$,$R_6=1\ \Omega$。求各支路电流。

解 先进行等效化简,再求各支路电流。

①等效化简,其过程如图 2.7(b)~(e)所示。

其中

$$R_7=R_5+R_6=3\ \Omega$$

$$R_8=\frac{R_4R_7}{R_4+R_7}=1.5\ \Omega$$

$$R_9=R_8+R_3=5.5\ \Omega$$

$$R_{10}=\frac{R_2R_9}{R_2+R_9}=2.62\ \Omega$$

又 $R_1+R_{10}=8.62\ \Omega$

②求各支路电流,设各支路电流参考方向如图 2.7 所示。

图 2.7(e)中

$$i_1 = \frac{u_S}{R_1+R_{10}} = 2.78\ \text{A}$$

$$u_{bo} = i_1R_{10} = 7.28\ \text{V}$$

图 2.7(d)中

$$i_2 = \frac{u_{bo}}{R_2} = 1.46\ \text{A}$$

$$i_3 = \frac{u_{bo}}{R_9} = 1.32\ \text{A}$$

也可采用分流公式计算。

图 2.7(b)中

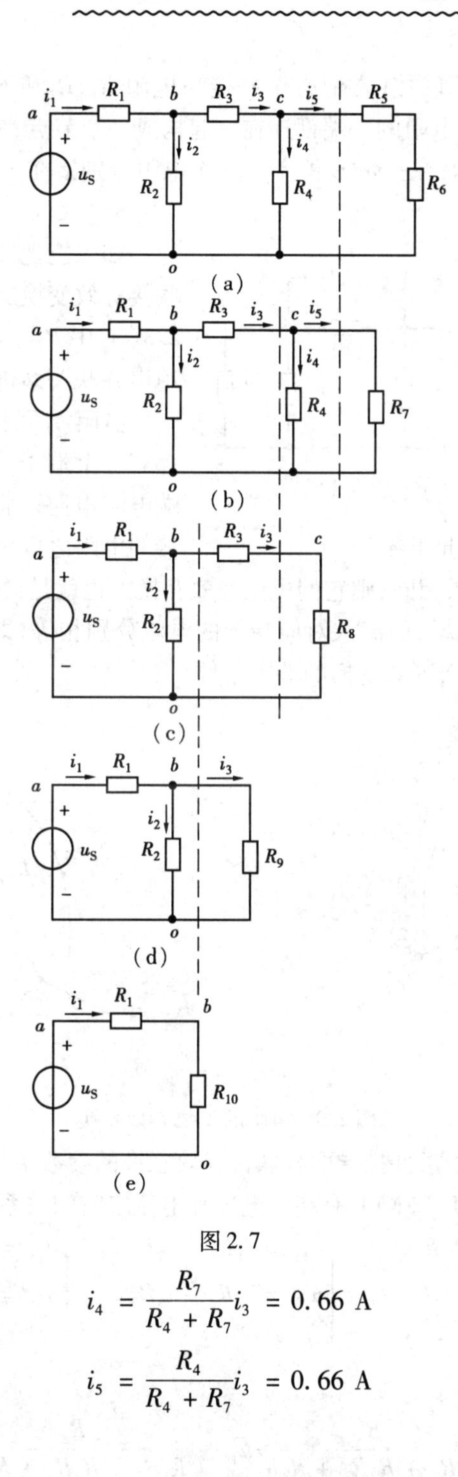

图 2.7

$$i_4 = \frac{R_7}{R_4 + R_7} i_3 = 0.66 \text{ A}$$

$$i_5 = \frac{R_4}{R_4 + R_7} i_3 = 0.66 \text{ A}$$

2.3　电阻的 Y 形联接与△形联接的等效变换

在电路中,有时电阻的联接既非串联又非并联,如图 2.8(a)所示,显然这种电路单用电阻串并联是无法等效化简的。

电阻 R_1,R_2和 R_3为星形联接(常记为 Y 联接);电阻 R_1,R_2和 R_5为三角形联接(常记为△联接)。在星形联接中各个电阻的一端都连在一起构成一个节点,另一端则分别接到电路的 3 个节点上,如图 2.9(a)所示;在三角形联接中,3 个电阻分别接在 3 个节点的每两个之间,如图 2.9(b)所示。

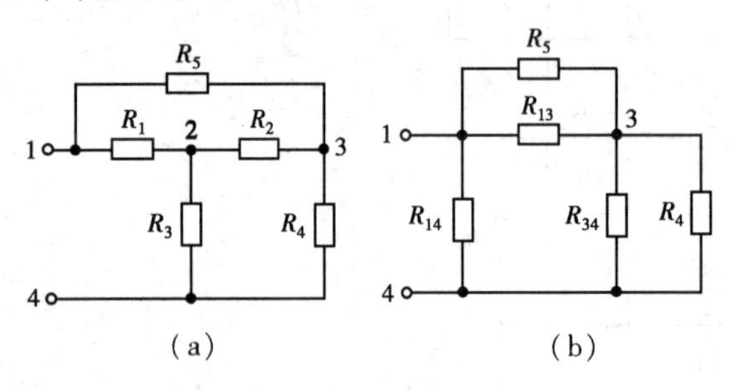

图 2.8 复杂电阻电路

如果能把图 2.8(a)中 R_1,R_2,R_3的 Y 联接等效变换成△联接(R_4,R_5不变),如图 2.8(b)中 R_{13},R_{14},R_{34}的△联接,就可以利用串并联关系进行等效化简了。

电阻 Y 联接和△联接如图 2.9 所示,都有三个端子与外部电路相接,也称为三端电阻电路。根据等效的概念,当两种联接的电阻之间满足一定关系时,它们在端子①,②,③以外的特性如果相同,则它们可以等效互换。也就是说,如果在它们对应端子之间施加相同的电压 u_{12},u_{23}和 u_{31},而流入对应端子的电流分别相等,即 $i_1=i'_1$,$i_2=i'_2$,$i_3=i'_3$,则它们彼此等效。这就是 Y-△等效变换的端子条件。

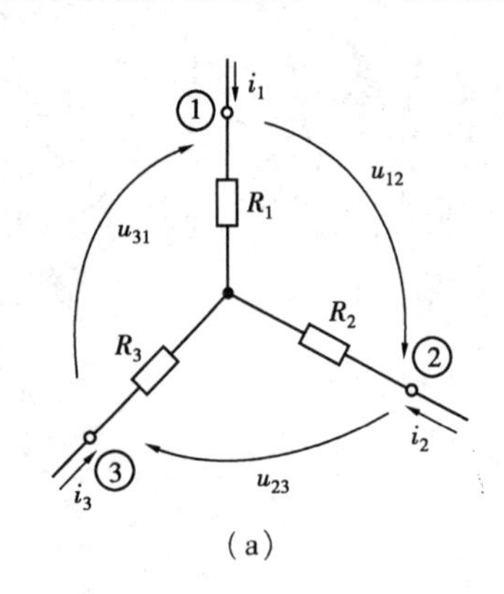

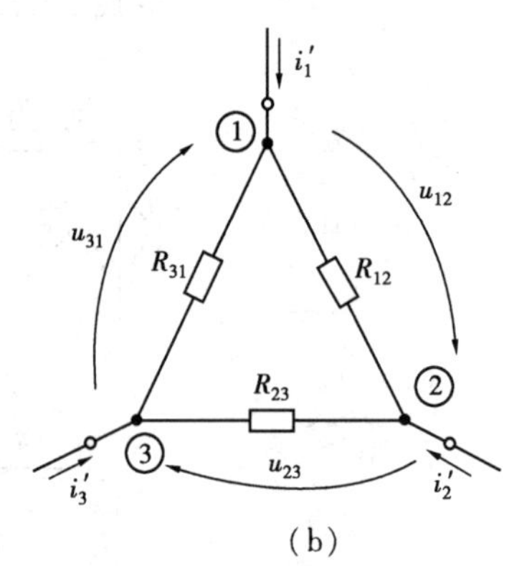

图 2.9 电阻的 Y-△等效变换

下面按等效变换的端子条件推导两种联接等效互换的参数条件。

由图 2.9(a),根据 KCL 和 KVL 有端子电压和电流之间的关系方程为

$$\begin{cases} u_{12}=R_1i_1-R_2i_2 \\ u_{31}=R_3i_3-R_1i_1 \\ i_1+i_2+i_3=0 \end{cases} \quad \begin{cases} u_{12}=i_1R_1-i_2R_2 \\ u_{23}=i_2R_2-i_3R_3 \\ i_1+i_2+i_3=0 \end{cases} \quad \left\{\begin{aligned} u_{23}&=R_2i_2-R_3i_3 \\ u_{31}&=R_3i_3-R_1i_1 \\ i_1+i_2&+i_3=0 \end{aligned}\right\}$$

可以解出端子电流

$$\left.\begin{aligned} i_1&=\frac{R_3}{R_1R_2+R_2R_3+R_3R_1}u_{12}-\frac{R_2}{R_1R_2+R_2R_3+R_3R_1}u_{31} \\ i_2&=\frac{R_1}{R_1R_2+R_2R_3+R_3R_1}u_{23}-\frac{R_3}{R_1R_2+R_2R_3+R_3R_1}u_{12} \\ i_3&=\frac{R_2}{R_1R_2+R_2R_3+R_3R_1}u_{31}-\frac{R_1}{R_1R_2+R_2R_3+R_3R_1}u_{23} \end{aligned}\right\} \tag{2.6}$$

由图 2.9(b),根据 KCL 和欧姆定律有,端子电压和电流之间的关系方程为

$$\left.\begin{aligned} i'_1 &= \frac{u_{12}}{R_{12}} - \frac{u_{31}}{R_{31}} \\ i'_2 &= \frac{u_{23}}{R_{23}} - \frac{u_{12}}{R_{12}} \\ i'_3 &= \frac{u_{31}}{R_{31}} - \frac{u_{23}}{R_{23}} \end{aligned}\right\} \tag{2.7}$$

对应比较等效变换条件,式(2.6)和式(2.7)对应系数分别相等,最后整理得到:
由 Y→△联接等效变换的电阻值转换式

$$\left.\begin{aligned} R_{12} &= \frac{R_1R_2 + R_2R_3 + R_3R_1}{R_3} \\ R_{23} &= \frac{R_1R_2 + R_2R_3 + R_3R_1}{R_1} \\ R_{31} &= \frac{R_1R_2 + R_2R_3 + R_3R_1}{R_2} \end{aligned}\right\} \tag{2.8}$$

由△→Y 联接等效变换的电阻值转换式

$$\left.\begin{aligned} R_1 &= \frac{R_{12}R_{31}}{R_{12} + R_{23} + R_{31}} \\ R_2 &= \frac{R_{23}R_{12}}{R_{12} + R_{23} + R_{31}} \\ R_3 &= \frac{R_{31}R_{23}}{R_{12} + R_{23} + R_{31}} \end{aligned}\right\} \tag{2.9}$$

若设 Y 联接中三个电阻值相等,即 $R_1 = R_2 = R_3 = R_Y$,则等效△联接中三个电阻值也相等,它们等于 $R_{12} = R_{23} = R_{31} = R_\triangle = 3R_Y$

反之,若已知△联接三个电阻相等,且 $R_{12} = R_{23} = R_{31} = R_\triangle$,则等效 Y 联接中三个电阻也相等,且 $R_1 = R_2 = R_3 = R_Y = \frac{1}{3}R_\triangle$。

利用式(2.8)和式(2.9)Y-△阻值等效变换公式,便可将原来不是串并联的电路等效变换为串并联的形式。

例 2.3　求图 2.10(a)所示电路中的电压 u_{ab}。

解　ab 端子右侧电路是一个由电阻组成的无源端口网络,利用等效变换先计算 ab 端的等效电阻 R_{ab},如图 2.10(d)所示。

将节点①,②,③内的△联接电路用等效 Y 联接电路替代,得到图 2.10(b)所示电路。其中

$$R_1 = \frac{4\ \Omega \times 6\ \Omega}{4\ \Omega + 6\ \Omega + 10\ \Omega} = 1.2\ \Omega$$

$$R_2 = \frac{4\ \Omega \times 10\ \Omega}{4\ \Omega + 6\ \Omega + 10\ \Omega} = 2\ \Omega$$

$$R_3 = \frac{6\ \Omega \times 10\ \Omega}{4\ \Omega + 6\ \Omega + 10\ \Omega} = 3\ \Omega$$

然后利用电阻串、并联等效的方法得到图 2.10(c),(d)电路,计算得到

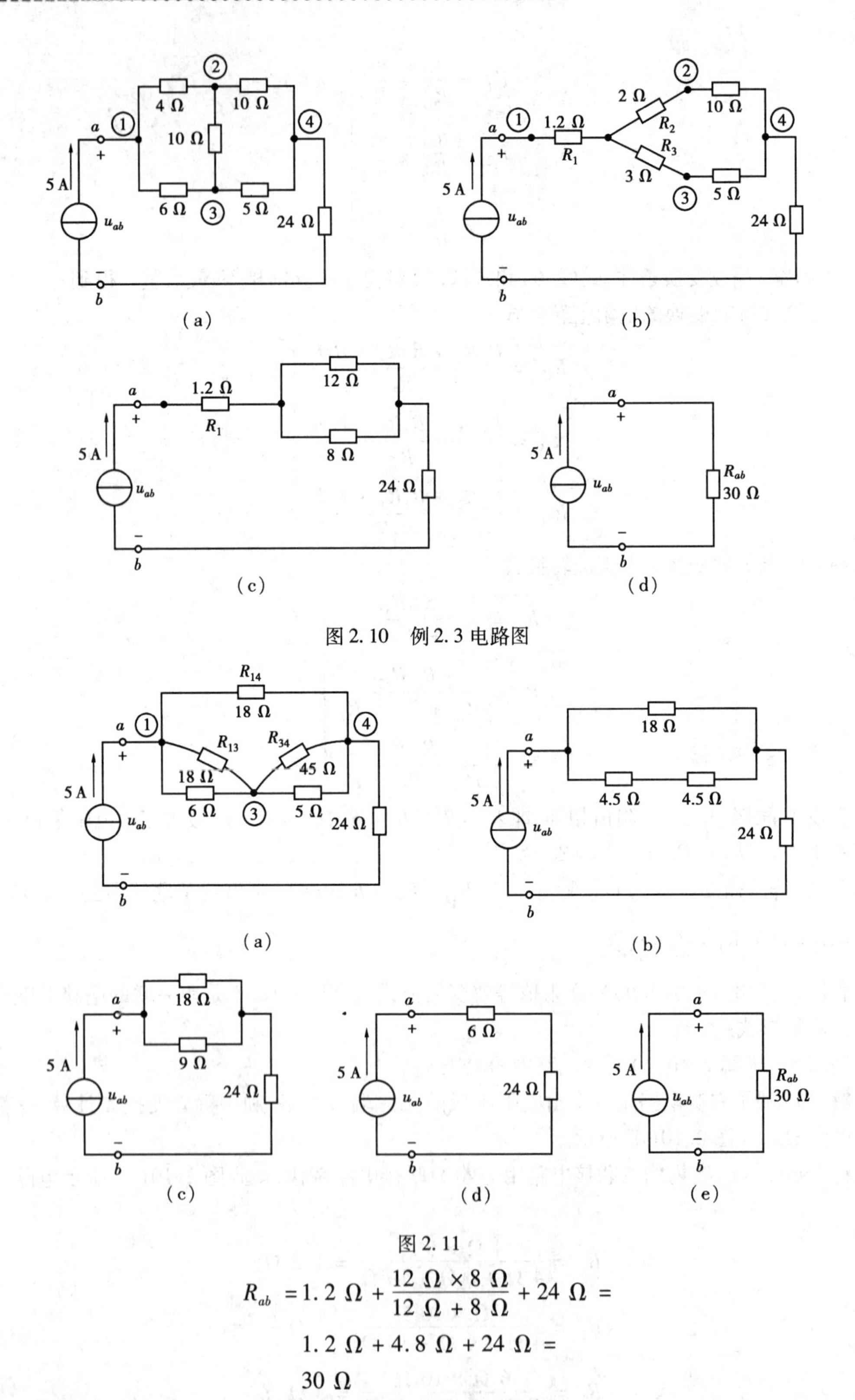

图 2.10　例 2.3 电路图

图 2.11

$$R_{ab}=1.2\ \Omega+\frac{12\ \Omega\times 8\ \Omega}{12\ \Omega+8\ \Omega}+24\ \Omega=$$

$$1.2\ \Omega+4.8\ \Omega+24\ \Omega=$$

$$30\ \Omega$$

由图 2.11(d)得　　　$u_{ab}=5\ \mathrm{A}\times 30\ \Omega=150\ \mathrm{V}$

另一种方法是用△联接电路等效替代节点①,③,④内的 Y 联接电路(以节点②为 Y 联接的公共点)，如图 2.11 所示。

其中
$$R_{14}=\frac{4\ \Omega\times10\ \Omega+4\ \Omega\times10\ \Omega+10\ \Omega\times10\ \Omega}{10\ \Omega}=18\ \Omega$$
$$R_{13}=\frac{4\ \Omega\times10\ \Omega+4\ \Omega\times10\ \Omega+10\ \Omega\times10\ \Omega}{10\ \Omega}=18\ \Omega$$
$$R_{34}=\frac{4\ \Omega\times10\ \Omega+4\ \Omega\times10\ \Omega+10\ \Omega\times10\ \Omega}{4\ \Omega}=45\ \Omega$$

2.4　电压源和电流源的串联和并联

由理想电压源、电流源的伏安特性，联系电路等效条件，不难得到下列几种情况的等效。

(1)理想电压源串联

当一端口网络由 n 个理想电压源串联组成时，可以用一个电压源等效替代，如图 2.12 所示。这个等效电压源的电压为

$$u_S = u_{S1} - u_{S2} + \cdots + u_{Sn} = \sum_{k=1}^{n} u_{Sk}$$

图 2.12(b)中等效电压源的电压 u_S 等于图 2.12(a)中 n 个理想电压源电压的代数和，其中与 u_S参考方向一致的取正值，相反的取负值。

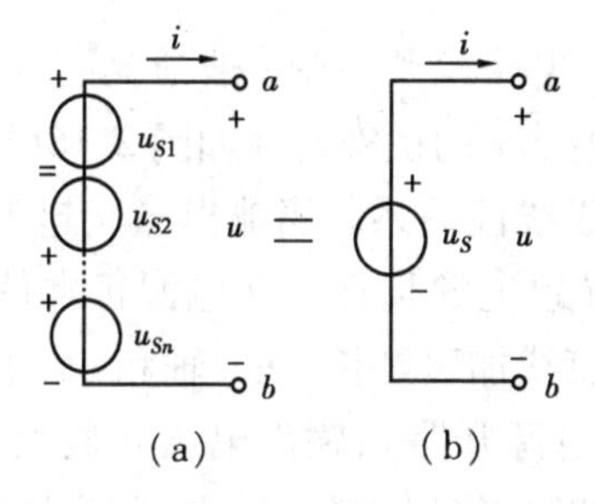

图 2.12　理想电压源串联等效

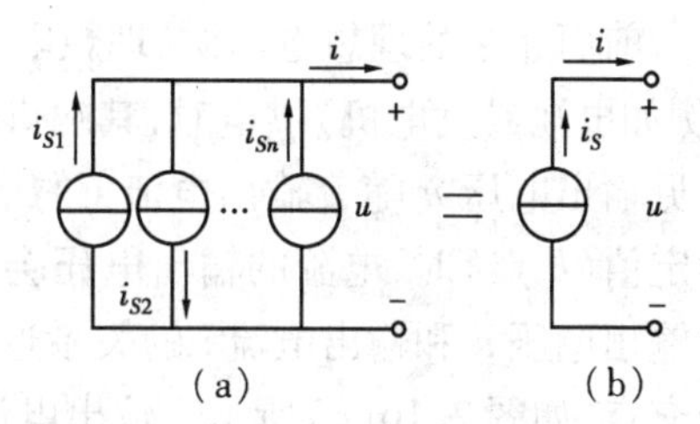

图 2.13　理想电流源并联等效

(2)理想电流源并联

当一端口网络由 n 个理想电流源并联组成时，可以用一个电流源等效替代，如图 2.13 所示。这个等效电流源的电流为

$$i_S = i_{S1} - i_{S2} + \cdots + i_{Sn} = \sum_{k=1}^{n} i_{Sk}$$

图 2.13(b)中等效电流源的电流 i_S 等于图 2.13(a)中 n 个理想电流源电流的代数和，其中与 i_S 参考方向一致的取正值，相反的取负值。

(3)任意电路元件(包括理想电流源)与理想电压源并联

当一端口网络由一个理想电压源 u_S 与其他电路元件或支路并联组成时，可以用该理想电压源 u_S 等效替代，如图 2.14 所示，注意：等效是对虚线框的外部电路等效。2.14(b)中电压源 u_S 流出的电流 i 不等于 2.14(a)中电压源 u_S 流出的电流 i'。

(4)任意电路元件(包括理想电压源)与理想电流源串联

当一端口网络由一个理想电流源 i_S 与其他电路元件串联组成时，可以用该理想电流源 i_S

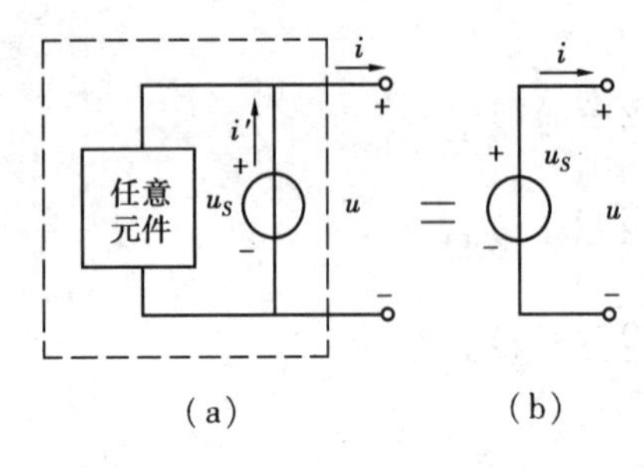

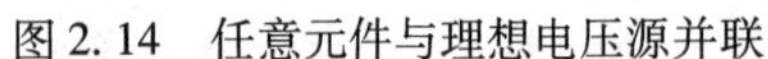
图 2.14　任意元件与理想电压源并联

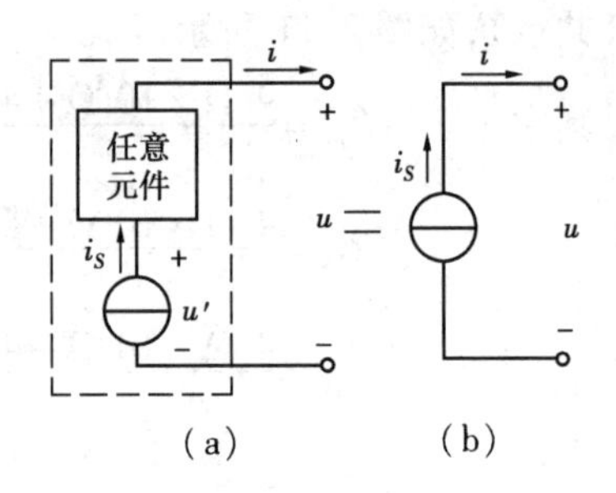

图 2.15　任意元件与理想电流源串联

等效替代,如图 2.15 所示,注意:等效是对虚线框的外部电路等效。2.15(b)中的电流源两端电压 u 不等于 2.15(a)中电流源两端电压 u'。

最后,还应明确:只有电压值相等、方向一致的理想电压源才允许并联;只有电流值相等、方向一致的理想电流源才允许串联。

2.5　实际电源的两种模型及其等效变换

2.5.1　实际电源的两种模型

前面介绍的理想电压源、理想电流源都是电源的理想电路模型。在一般情况下,实际电源(例如电池或发电机)供电时,其端口输出电压 u 与输出电流 i 的伏安特性如图 2.16(b)所示。可见输出电压 u 随着输出电流 i 的增加而减小,而且不成线性关系。当输出电流超出规定的额定值(B 点)时,电源的输出电压会迅速下降,而且会导致电源损坏。在电源正常使用范围内输出电压 u 和输出电流 i 的关系近似为直线。把这条直线加以延长,在 u 轴和 i 轴上各有一个交点,如图 2.16(c)所示。输出电流 i 为零时(相当于电源开路),输出电压 u 最大,称为开路电压,用 u_{oc} 表示。输出电压 u 为零时(相当于电源短路),输出电流 i 最大,称为短路电流,用 i_{Sc} 表示。根据此伏安特性,可以得到实际电源的电路模型为理想电压源和电阻的串联组合或理想电流源和电导的并联组合,如图 2.16(d),(e)所示。

图 2.16(d)所示为电压源和电阻的串联组合,其端口电压 u 和输出电流 i 的关系为

$$u = u_S - Ri \tag{2.10}$$

端口开路,即 $i=0$ 时,开路电压 $u_{oc}=u_S$;端口短路,即 $u=0$ 时,短路电流 $i_{Sc}=u_S/R$,这种模型称为电源的电压源模型(也称戴维南模型)。

图 2.16(e)所示为电流源 i_S 和电导 G 的并联组合,其端口电压 u 和输出电流 i 的关系为

$$i = i_S - Gu \tag{2.11}$$

端口开路即 $i=0$ 时,开路电压 $u_{oc}=i_S/G$;端口短路,即 $u=0$ 时,短路电流 $i_{Sc}=i_S$,这种模型称为电源的电流源模型(也称诺顿模型)。

2.5.2　电压源、电流源模型的等效变换

一个实际电源的伏安特性是客观存在的,可以用实验测绘出来。用于表示实际电源的两

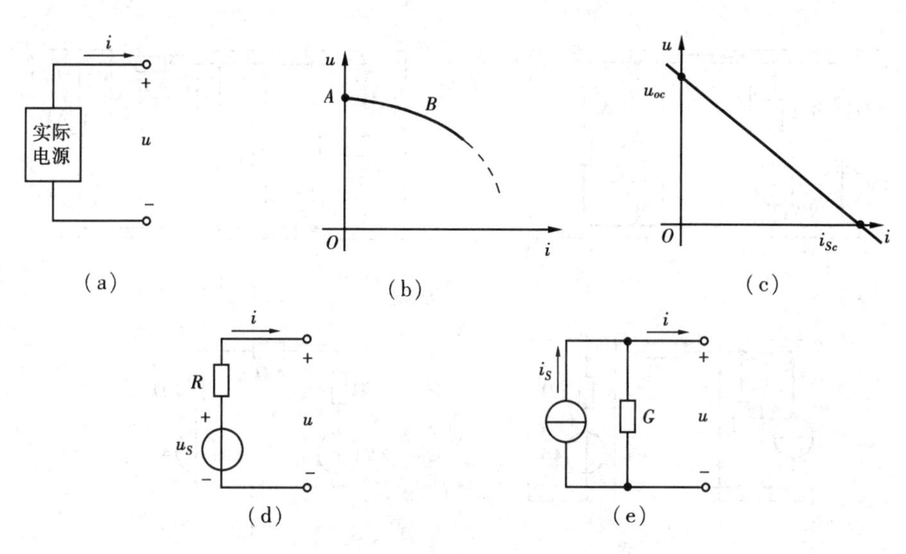

图 2.16　实际电源的伏安特性与电源模型

种模型都能反映电源的伏安特性，就是说它们都可以反映同一个实际电源的伏安特性，只是表现形式不同而已，因此实际电源的这两种模型之间必然存在着内在联系。

比较式(2.10)和式(2.11)，如果令

$$G = \frac{1}{R},\quad i_S = \frac{u_S}{R} \tag{2.12}$$

则式(2.10)和式(2.11)两个方程完全相同。即实际电源的两种模型对外部电路具有相同的输出电压和输出电流，它们对外电路等效。式(2.12)就是这两种模型彼此对外等效必须满足的等效条件(注意 u_S 和 i_S 的参考方向，u_S 电位升高的方向应与 i_S 流出方向一致)。

这种等效变换只能保证端子外部电路的电压、电流和功率相同(即对外等效)，对内部电路无等效可言。例如端子开路时，在电压源模型中输出电流为零，理想电压源 u_S 和电阻 R 吸收的功率为零；而在电流源模型中，理想电流源的电流 i_S 全部通过电导 G，电流源发出功率为 $p = i_S^2/G$。反之，端子短路时，电压源模型中理想电压源发出功率为 $p = u_S^2/R$，电流源模型中电流源发出功率为零。

当 $R=0$ 或 $G=0$ 时，实际电源的模型即等效为一个理想电压源或一个理想电流源，它们之间不存在等效关系。

利用电阻的等效变换和电源的等效变换，就可以分析求解由电压源、电流源和电阻组成的串、并联电路。

例 2.4　求解图 2.17(a)所示电路中的电流 i。

解　在保证所求电路变量所在支路为外电路的条件下，利用电源等效变换，图 2.17(a)可以简化为图 2.17(d)所示的单回路，而所求电路变量所在支路与原电路相同，简化过程如图 2.17(b),(c),(d)所示。由简化后的电路可求得电流为

$$u = \frac{2-4}{2+4+2}\ \mathrm{A} = -0.25\ \mathrm{A}$$

2.5.3　含有受控源的串并联电路的等效变换

前面所述电源等效变换的概念和方法，也可用于含受控源的串并联电路。与独立源一样，

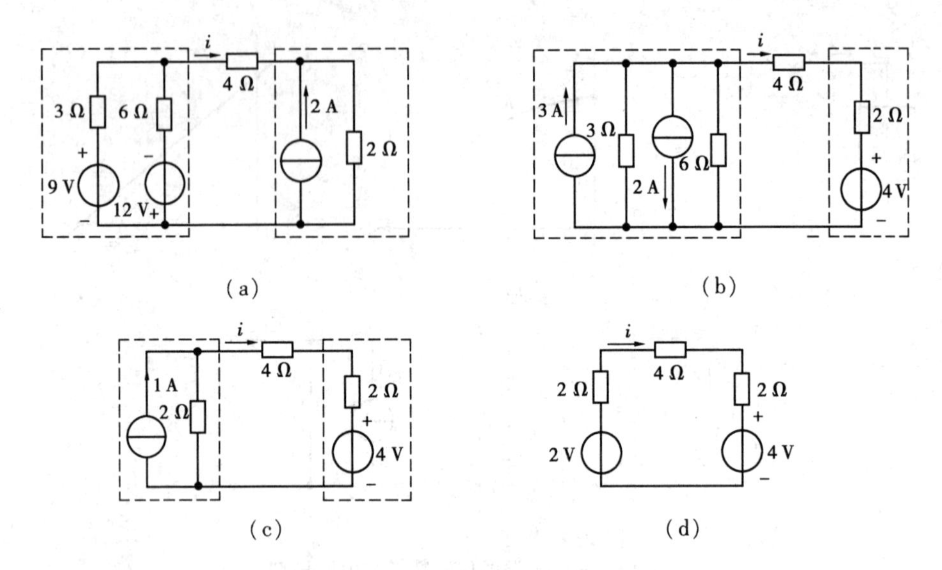

图 2.17

受控电压源和电阻的串联组合可以与一个受控电流源和电导的并联组合等效互换，而且互换关系相同；与受控电压源并联的支路可以去掉；与受控电流源串联的电路元件可以用短路线替代。但应注意在变换过程中，受控源的控制量不能丢失，即要与原电路等效。如果控制量所在支路在变换过程中会丢失，则应通过变量间的相互关系，先将控制量转移到不参与变换的电路部分中去，这就是控制量的转移。

例 2.5　图 2.18(a)所示电路中，已知 $u_S=12$ V，$R=2$ Ω，VCCS 的电流 i_C 受电阻 R 上的电压 u_R 控制，且 $i_C=gu_R$，$g=2$ S，求 u_R。

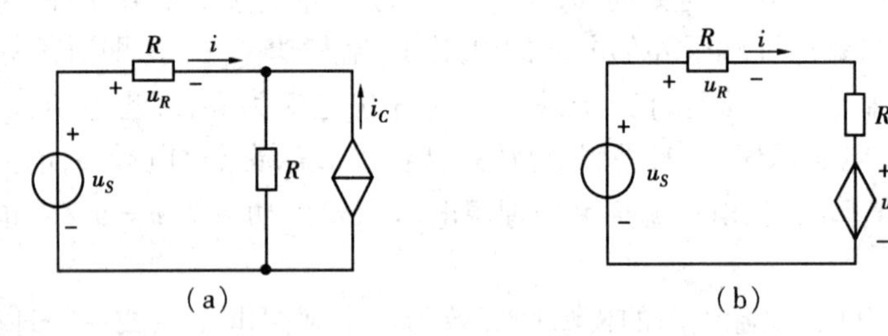

图 2.18

解　保证受控源的控制量 u_R 不变，利用等效变换，把受控电流源和电导的并联组合变换为受控电压源和电阻的串联组合，如图 2.18(b)所示。其中 $u_C=i_C\cdot R=2\times2\times u_R=4u_R$，而 $u_R=Ri$。由 KVL 有

$$Ri+Ri+u_C=u_S$$

$$2Ri+u_C=u_S$$

$$u_R=\frac{u_S}{6}=2\text{ V}$$

例 2.6　求图 2.19(a)电路中的电流 i。

解　保留待求电流 i 所在支路，对余下的一端口网络进行等效变换。由于接点 c,b 间为两条支路并联，变换时要丢失受控源的控制量 i_1，因此应先进行控制量的转移。将控制量 i_1 转变为 c,b 间电压 u_{cb}，则变量关系为

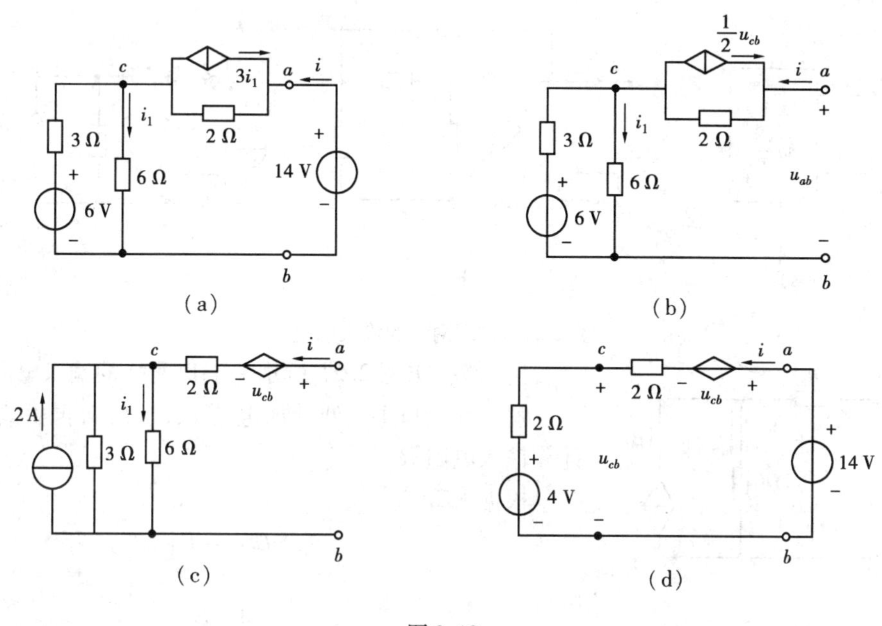

图 2.19

$$u_{cb}=6i_1,\quad i_1=\frac{1}{6}u_{cb},\quad 3i_1=\frac{1}{2}u_{cb}$$

控制量转移为 u_{cb}后,一端口网络如图 2.19(b)。利用等效变换简化为图 2.19(d)所示单回路电路。由 KVL 有

$$2i+u_{cb}+u_{cb}=14\ \text{V}$$

控制量

$$u_{cb}=4+2i$$

解得

$$i=1\ \text{A}$$

2.6　输入电阻

由电路的等效变换已经知道,只要保证电路与外电路连接端子上的伏安关系不变,进行电路等效变换,则外电路中的电流、电压和功率应保持不变。如果一个一端口网络内部仅含有电阻,则应用电阻的串并联和 Y-△变换等方法,可以得到一端口网络的等效电阻。如果一端口网络内部除电阻以外还含有受控源,但不含有任何独立电源,可以证明(见 4.3 节),不论内部如何复杂,端口电压与端口电流成正比。因此,一端口网络的输入电阻 R_{in}定义为

$$R_{\text{in}}\overset{\text{def}}{=\!=\!=}\frac{u}{i}\tag{2.13}$$

如图 2.20(a)所示,端口电压和端口电流为关联参考方向。

一端口网络的输入电阻也就是一端口网络的等效电阻,但两者的含义有区别。求一端口网络等效电阻的一般方法称为外加电源法,即在端口加以电压源 u_S,然后求出端口电流 i,如图 2.20(b)所示;或在端口加以电流源 i_S,然后求出端口电压 u,如图 2.20(c)所示。根据式(2.13)有 $R_{\text{in}}=u_S/i$ 或 $R_{\text{in}}=u/i_S$,可得一端口网络的输入电阻,即是其等效电阻。测量一个电阻器的电阻就可以采用这种方法。

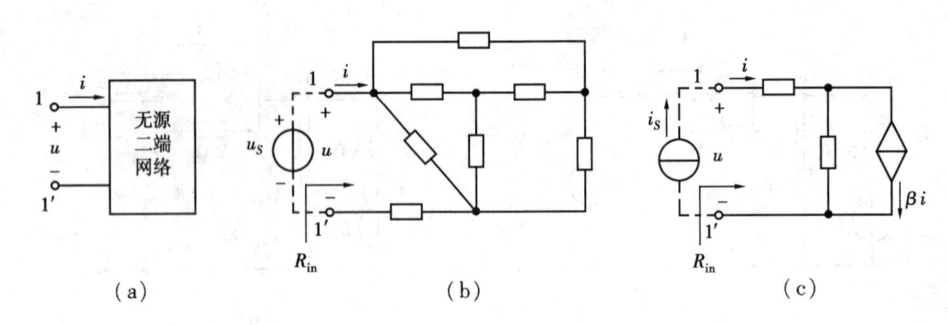

图 2.20　二端网络的输入电阻

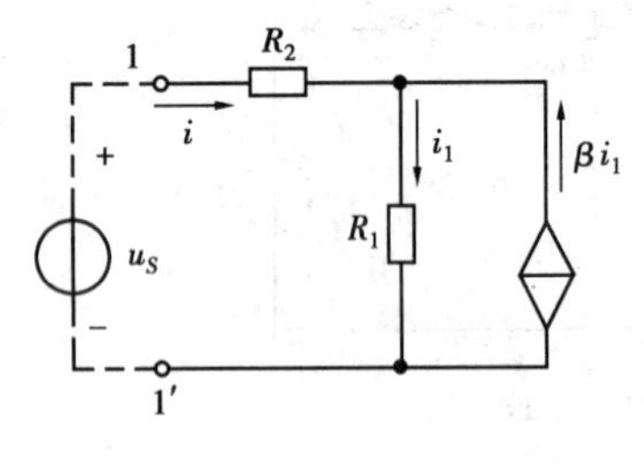

图 2.21　例 2.7 电路图

例 2.7　求图 2.21 所示一端口网络的输入电阻 R_{in}。

解　在端口 1-1′处外加电压 u_S，求出 i，再由式(2.13)计算输入电阻 R_{in}。

根据 KCL，有

$$i + \beta i_1 = i_1$$

解得

$$i_1 = \frac{i}{1-\beta} \qquad ①$$

根据 KVL，有

$$u_S = iR_2 + i_1R_1 \qquad ②$$

将式①代入式②，整理得

$$i = \frac{u_S}{R_2 + \dfrac{R_1}{1-\beta}}$$

输入电阻为

$$R_{in} = \frac{u_S}{i} = R_2 + \frac{R_1}{1-\beta}$$

由上式可见，在一定条件下，R_{in}有可能为零，也有可能为无穷大，还有可能为负值，这都是由于存在受控源的影响。当其输入电阻为负时，该一端口网络相当于一个负电阻元件，故一般情况下，把含有受控源的一端口网络（或网络）称作含源一端口网络（网络）。

习　题　2

2.1　求解图 2.22 所示电路中的电压 U 和电流 I。

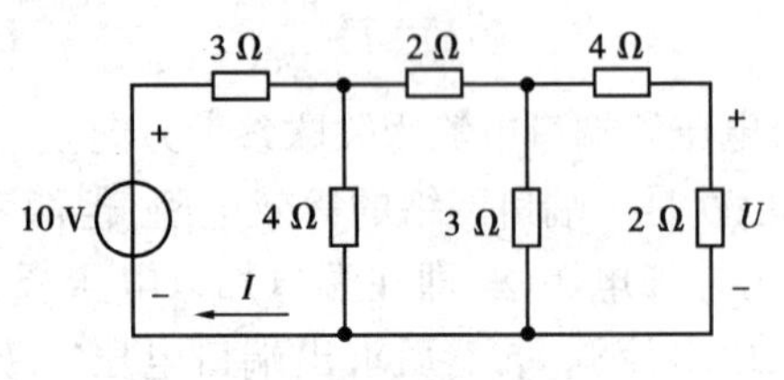

图 2.22

2.2　图 2.23 所示电路中，已知 $u_S = 6\ \text{V}$，$R_1 = 6\ \Omega$，$R_2 = 3\ \Omega$，$R_3 = 4\ \Omega$，$R_4 = 3\ \Omega$，$R_5 = 1\ \Omega$，

试求电路中的 I_3 和 I_4。

2.3　有一无源一端口电阻网络(如图 2.24 所示),通过实验测得:当 $U=10$ V 时,$I=2$ A;并已知该电阻网络由 4 个 3 Ω 的电阻构成,试问这 4 个电阻是如何联接的?

图 2.23　　　　图 2.24

2.4　求图 2.25 所示一端口网络的等效电阻 R_{ab} 和 R_{cd}。

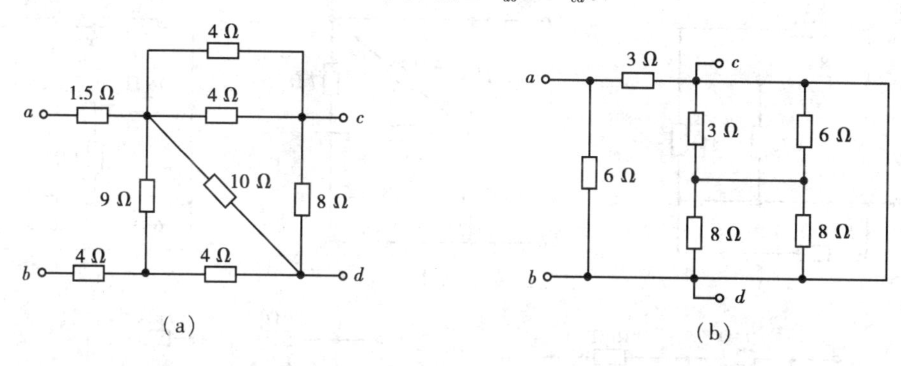

图 2.25

2.5　在图 2.26 所示的两个电路中,①负载电阻 R_L 中的电流及其两端的电压 U 各为多少?如果在图 2.26(a)中除去(断开)与理想电压源并联的理想电流源,在图 2.26(b)中除去(短接)与理想电流源串联的理想电压源,对计算结果有无影响?②判别理想电压源和理想电流源,何者为电源,何者为负载?③试分析功率平衡关系。

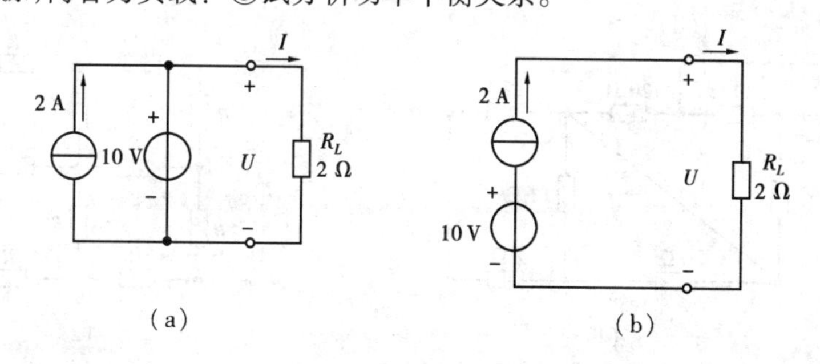

图 2.26

2.6　一电池的开路电压为 12 V,当其连接负载并输出 10A 电流时,电池的电压降为 11.7 V,电池的内阻为多少?

2.7　有一滑线电阻器作分压使用,如图 2.27(a)所示。其电阻为 500 Ω,额定电流为 1.8 A。若已知外加电压 $u=500$ V,$R_1=100$ Ω,求:

①输出电压 u_2;

②用内阻为 800 Ω 的电压表去测量输出电压,如图 2.27(b)所示。问电压表的读数为多

少？

③若将内阻为0.5 Ω，量程为2 A的电流表看成是电压表去测量输出电压，如图2.27(c)所示，将发生什么后果？

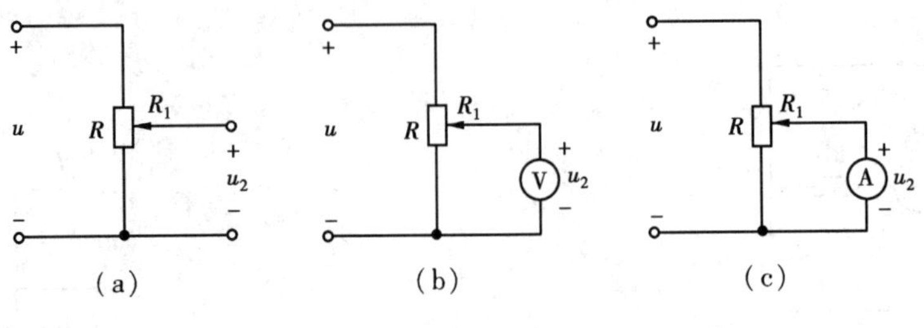

(a) (b) (c)

图2.27

2.8 计算图2.28所示各电路ab间的等效电阻R_{ab}。

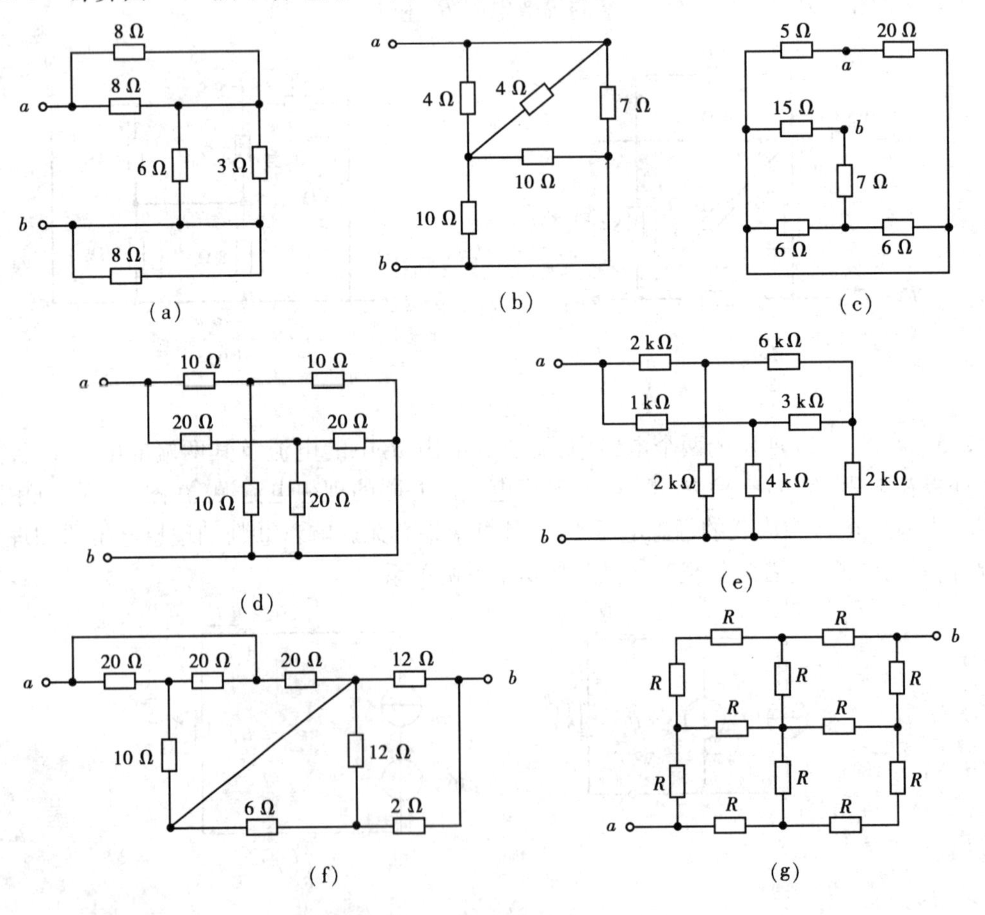

(a) (b) (c) (d) (e) (f) (g)

图2.28

2.9 绘出图2.29所示各电路的电压源模型或电流源模型。

2.10 利用电源的等效变换，求图2.30所示电路中的电流i。

2.11 求图2.31所示电路的u_o/u_S，已知：$R_1=R_2=2\ \Omega, R_3=R_4=1\ \Omega$。

2.12 试求图2.32所示电路的u_{10}，已知：$R_1=R_3=R_4, R_2=2R_1, K=4R_1, u_C=ki_1$。

2.13 试求图2.33(a)，(b)所示电路的输入电阻。

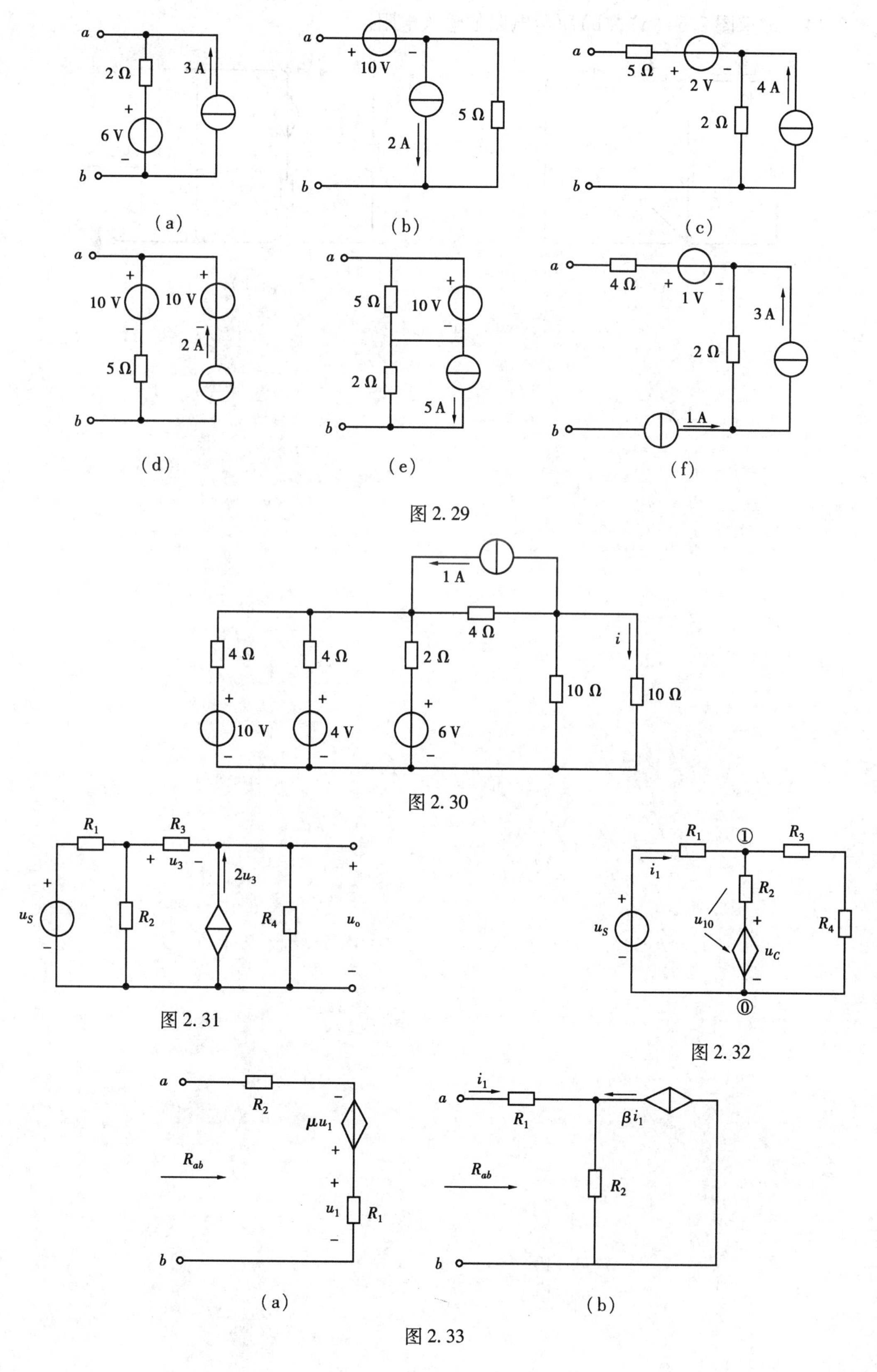

图2.29

图2.30

图2.31

图2.32

图2.33

2.14　试求图 2.34(a),(b)所示电路的输入电阻。

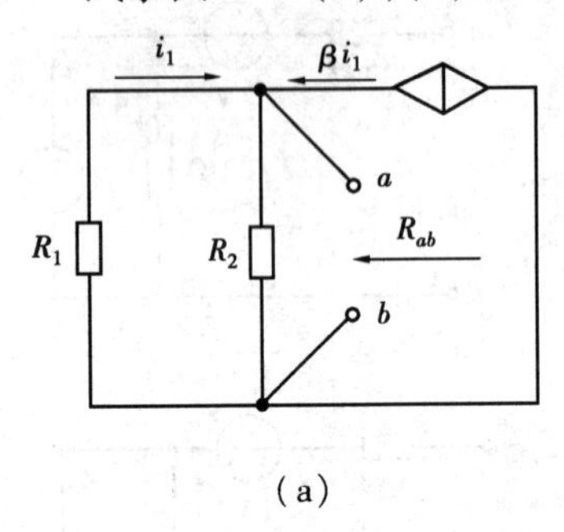

(a)

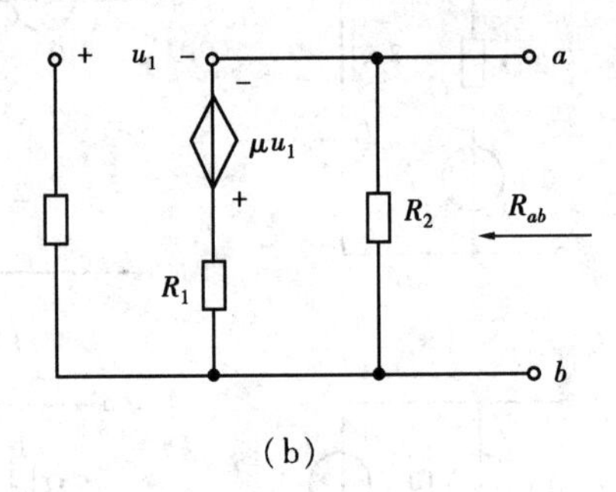

(b)

图 2.34

第 3 章
电阻电路的一般分析方法

内 容 简 介

利用等效变换概念对线性电阻电路进行分析和计算的方法是对电路逐步化简,用于分析简单电路是行之有效的。

本章将介绍几种线性电阻电路的一般分析方法,包括支路电流法、网孔电流法、回路电流法、节点电压法。

3.1 电 路 的 图

本节介绍一些有关图论的初步知识,主要目的是研究电路的连接性质,进一步用图的方法选择电路方程的独立变量。

一个图 G 是节点和支路的一个集合,每条支路的两端都连到相应的两个节点上。这里的支路是一个抽象的线段,把它画成直线或曲线都无关紧要。在图的定义中,节点和支路各自是一个整体,任一条支路必须终止在节点上,移去一条支路并不意味着同时把与它连接的节点也移去,因此允许有孤立的节点存在。若移去一个节点,则应当把与之连接的全部支路都同时移去。电路的“图”是指把电路中每一条支路画成抽象的线段形成的一个节点和支路的集合,此线段也就是图的支路。可见,电路中由具体元件构成的支路和节点与上述图论中关于支路和节点的概念有些差别,电路的支路是实体,节点只是支路的汇集点,它是由支路形成的。

图 3.1(a)中画出了一个具有 6 个电阻和 2 个独立电源的电路。如果把每一个二端元件看成电路的一条支路,则图 3.1(b)就是该电路的“图”,它共有 5 个节点 8 条支路。有时为了需要,可以把电压源和电阻的串联组合作为一条支路,则 3.1(c)为该电路的“图”,它共有 4 个节点 7 条支路。还可以把电流源和电阻的并联组合作为一条支路,则 3.1(d)为该电路的“图”,它共有 4 个节点和 6 条支路。所以,当用不同的元件结构来定义电路的一条支路时,该电路的图的节点数和支路数将随着发生变化。

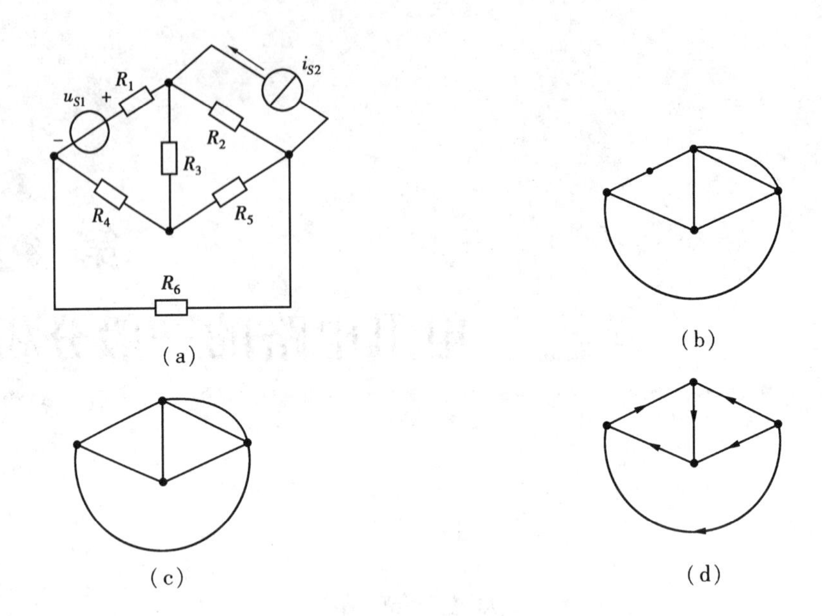

图 3.1　电路的图

在电路中通常指定每一条支路中的电流、电压为关联参考方向。则电路图 G 的每一条支路也可以指定一个方向，此方向既为该支路电流的参考方向，也为该支路电压的参考方向。指定了支路方向的图称为“有向图”，未指定支路方向的图称为“无向图”。图 3.1(b)，(c)为无向图，(d)为有向图。

基尔霍夫电流定律和电压定律是分别对电路中各节点上的支路电流和各回路中的支路电压的约束关系，且这种约束只取决于电路的联接方式，而与各支路的组成及元件性质无关。因此可以直接利用电路的图讨论如何列出 KCL，KVL 方程及方程的独立性。

3.2　KCL 和 KVL 的独立方程数

图 3.2 所示为一电路的有向图，它的节点和支路都已分别加以编号，并给出了支路的方向，该方向也是支路电流和与之关联的支路电压的参考方向。

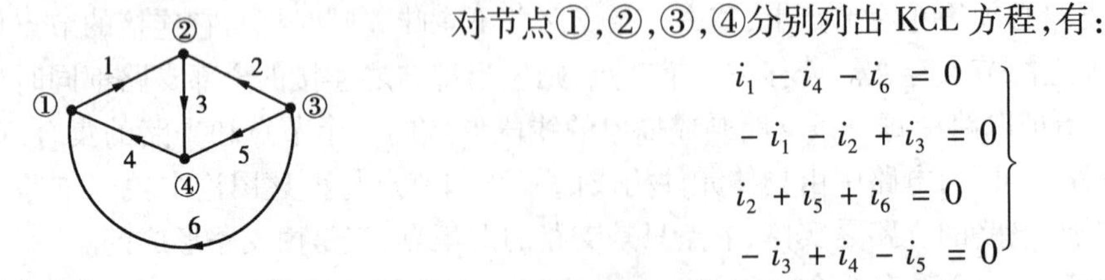

图 3.2　KCL 独立方程

对节点①，②，③，④分别列出 KCL 方程，有：

$$\left.\begin{aligned} i_1 - i_4 - i_6 &= 0 \\ -i_1 - i_2 + i_3 &= 0 \\ i_2 + i_5 + i_6 &= 0 \\ -i_3 + i_4 - i_5 &= 0 \end{aligned}\right\}$$

这 4 个方程中每个电流都出现了两次，一次为正，另一次为负，那是因为每一支路都与两个节点相连，如果支路的电流对一个节点为流出(取 +)，则对另一个节点必为流入(取 -)。若把以上任意 3 个方程相加，必然可得到第 4 个方程。这就是说，以上 4 个方程不是相互独立的，但 4 个方程中的任意 3 个方程是独立的。

可以证明，对于具有 n 个节点的电路，选择任意一个节点为参考节点，对任意$(n-1)$个节点可以得出$(n-1)$个独立的 KCL 方程,相应的$(n-1)$个节点称为独立节点。

讨论关于 KVL 独立方程数要用到独立回路的概念。由于回路和独立回路的概念与支路的方向无关,因此可以用无向图加以叙述。

从一个图 G 的某一节点出发,沿着一些支路移动到达另一节点(或回到原出发点),这一系列支路构成图 G 的一个路径,一条支路本身也算为一条路径。当 G 的任意两个节点之间至少存在一条路径时,G 就称为连通图,否则称为非联通图。如果一条路径的起点和终点重合,并且各节点都与两条支路相关联(称节点度数为 2),这条闭合路径就构成 G 的一个回路。一个图的一部分称为该图的子图。子图的定义是:如果图 G_1 的每个节点和支路都是图 G 的节点和支路,则称图 G_1 是图 G 的一个子图。也就是说,若已给定图 G,则可以从图 G 中移去某些节点和支路从而得到子图 G_1。

对于图 3.3 所示图 G,它有 5 个节点和 8 条支路,总共可构成 13 个不同的回路。可是其独立回路数有几个呢? 这一问题可借助“树”的概念来解决,并可得到独立的 KVL 方程组。

树的定义是:一个树 T 是图 G 的一个连通子图,它包含图 G 的全部节点,但不包含任何回路。图 3.4(a)中所示图 G 是由标号为 1,2,3,4,5 的 5 条支路所组成,如果移去其中的 4,5 两条支路以后,剩下的部分如图中 G_1 所示,G_1 就不存在任何回路了,但所有的节点仍然是联通的,则子图 G_1 就是图 G 的一个树。同理,图 3.4 中的 G_2,G_3,G_4 都是图 G 的树。

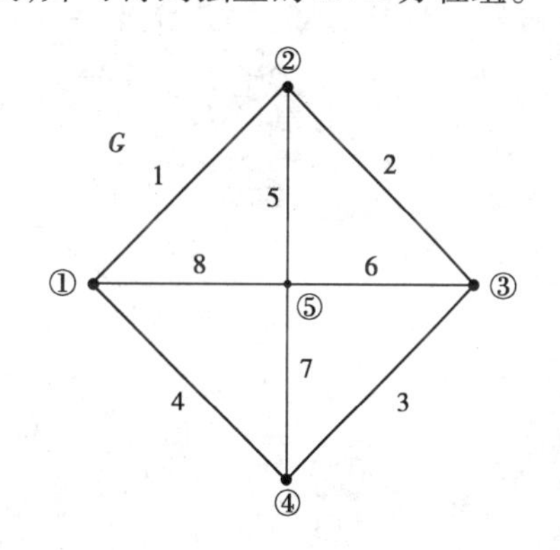

图 3.3　回路

一个具有 n 个节点的电路,如果每对节点之间都有一条支路相连,则该电路的图 G 共有 n^{n-2} 种树。虽然一个图 G 有多种树,但每一种树所包含的支路数是相同的。一个有 n 个节点、b 条支路的连通图,只要选定一种树以后,b 条支路就分成两类:一类是树支,另一类是连支。树中包含的支路称为该树的树支,而其他的支路则称为对应于该树的连支。树支不能构成回路,只有补上连支才能形成回路,故连支的集合也称为“补树”或“余树”。

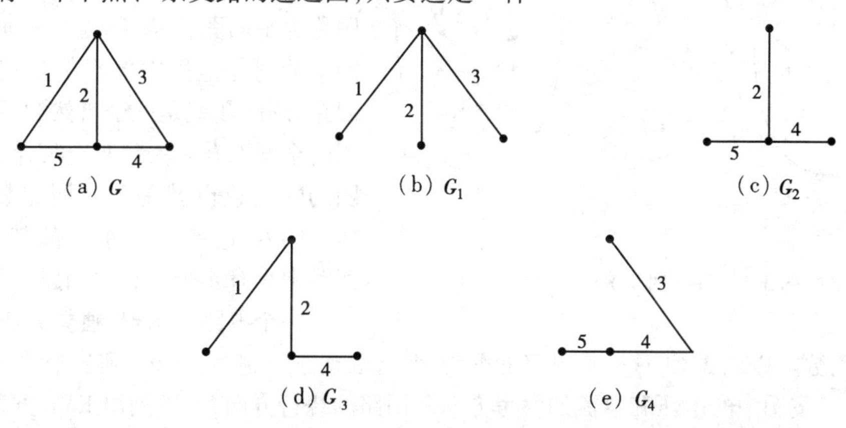

图 3.4　图 G 和它的 4 种树

一个具有 n 个节点、b 条支路的连通图 G,它的树支数和连支数的总和为 b,树支数为$(n-1)$,连支数为 $b-(n-1)$。

由于连通图 G 的树支连接所有节点而又不形成回路，因此，对于 G 的任意一个树，加入一条连支后，就会形成一个回路，并且这一回路除所加连支外均由树支组成，这种回路称为单连支回路或基本回路。图 3.5(a)所示图 G，选定支路(1,4,5)为树，在图 3.5(b)中以实线表示，相应的连支为(2,3,6)。对应于这一树的基本回路是(1,3,5)，(1,2,4,5)和(4,5,6)3 个回路。每一个基本回路仅含一条连支，且这一连支并不出现在其他基本回路中。显然，基本回路组是独立回路组，根据基本回路列出的 KVL 方程组是独立的方程。所以，对一个节点数为 n，支路数为 b 的连通图，其独立回路数为 $b-(n-1)$，选择不同的树就可以得到不同的基本回路组。

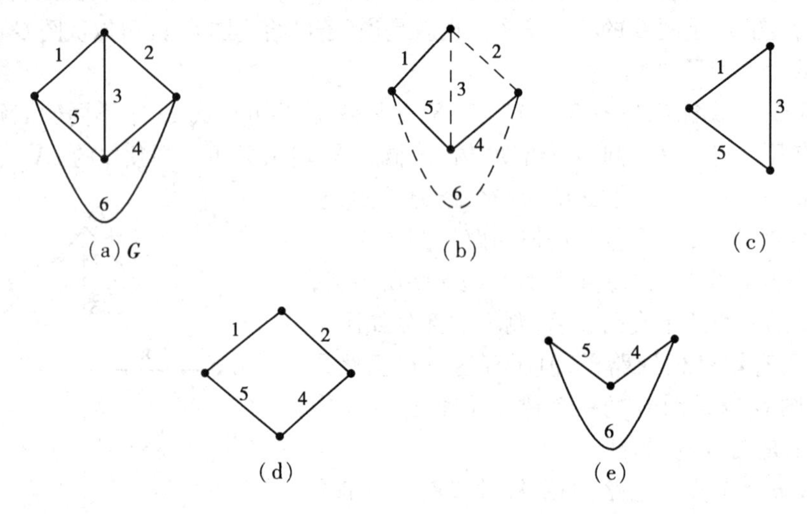

图 3.5　基本回路

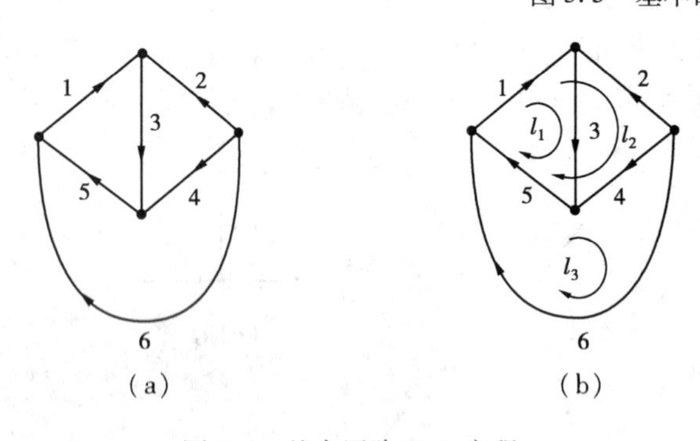

图 3.6　基本回路 KVL 方程

如果一个图画在平面上，能使它的各条支路除连接的节点外不再交叉，这样的图称为平面图，否则称为非平面图。平面图中的网孔是指内部不包含其他支路的回路，即网孔就是一个自然的“孔”。平面图的全部网孔是一组独立回路，所以平面图的网孔数也就是独立回路数。图 3.3 所示图 G，它有 4 个网孔，故其全部 13 个回路中只有 4 个是独立回路。

一个电路的 KVL 独立方程数等于它的独立回路数。以图 3.6(a)所示电路的图为例，选取支路(1,4,5)为树，则 3 个独立回路示于图 3.6(b)。按图中的电压和电流的参考方向及回路的绕行方向，可以列出 KVL 方程如下：

$$\left.\begin{aligned} l_1 \quad & u_1 + u_3 + u_5 = 0 \\ l_2 \quad & u_1 - u_2 + u_4 + u_5 = 0 \\ l_3 \quad & -u_4 - u_5 + u_6 = 0 \end{aligned}\right\}$$

3.3　支路电流法

支路法是以支路电流和支路电压作为电路的独立变量，直接列写电路方程进行电路分析的一种方法。

本节首先介绍支路法，然后主要介绍支路电流法。

一个电路是由许多支路组成的，电路分析就是在已知电路的结构及其参数的情况下求解各支路的电流和电压。假如一个电路有 b 条支路，那么将有 $2b$ 个未知量需要求解，即 b 个支路电流和 b 个支路电压。显然，为了得到解答，需要 $2b$ 个相互独立的电路方程式。这 $2b$ 个方程怎样得到呢？回答是，它们来源于电路遵循的基尔霍夫定律和电路中各支路的电流、电压的约束关系。

对于具有 n 个节点和 b 条支路的电路，其独立的 KCL 方程为 $(n-1)$ 个，独立的 KVL 方程数为 $(b-n+1)$，这样，由 KCL 和 KVL 可列写 $(n-1)+(b-n+1)=b$ 个独立方程。另外对于电路的 b 条支路可依其电流、电压的约束关系写出 b 个支路方程，于是，列写的独立方程总数为 $2b$ 个。因此求解上述 $2b$ 个独立方程，便可求得待求的 b 个支路电流和 b 个支路电压，故这种方法也称为 $2b$ 法。

对于图 3.7 所示平面电路，4 个节点编号为①，②，③，④，而 6 条支路编号由 1 到 6，支路电流 $(i_1,i_2,i_3,i_4,i_5,i_6)$ 和支路电压 $(u_1,u_2,u_3,u_4,u_5,u_6)$ 为关联参考方向。

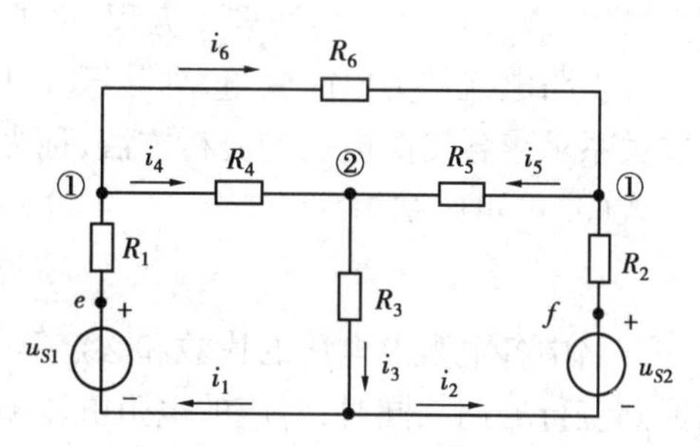

图 3.7　仅含电阻和电压源的电路

如果选定节点④为参考节点，对其余 3 个独立节点①，②，③，列写 KCL 方程，得

$$\left.\begin{aligned}-i_1+i_4+i_6&=0\\ i_3-i_4-i_5&=0\\ -i_2+i_5-i_6&=0\end{aligned}\right\}\tag{3.1}$$

该电路独立回路数 3 个。可以选择 3 个网孔作为独立回路，取顺时针方向作为网孔的回路绕行方向，列写 KVL 方程，得

$$\left.\begin{aligned}u_1+u_3+u_4&=0\\ -u_2-u_3-u_5&=0\\ -u_4+u_5+u_6&=0\end{aligned}\right\}\tag{3.2}$$

以上根据 KCL 和 KVL 共列写了 6 个独立方程。再对各支路列写电流、电压的约束关系，得

$$\left.\begin{aligned} u_1 &= R_1 i_1 - u_{S1} \\ u_2 &= R_2 i_2 - u_{S2} \\ u_3 &= R_3 i_3 \\ u_4 &= R_4 i_4 \\ u_5 &= R_5 i_5 \\ u_6 &= R_6 i_6 \end{aligned}\right\} \tag{3.3}$$

该电路共有6条支路,因此待求的支路电压和支路电流共有12个,而列写的KCL方程、KVL方程和支路方程刚好12个,分别如式(3.1),(3.2),(3.3)所示。独立方程数和待求量数目相等,联立求解这12个方程,便可求得全部支路电流和支路电压。

$2b$法是电路的一般分析方法,但需要列写的联立方程数较多,电路结构越复杂,方程数也就越多,计算工作量也就越繁重。如果我们在列写电路KVL时就直接用支路电流表示支路电压,这样,所需的方程数将由$2b$减少到b,只需列KCL和KVL方程。

现在仍以图3.7电路为例,把式(3.3)代入式(3.2)中,消去各支路电压变量,整理后得

$$\left.\begin{aligned} R_1 i_1 + R_3 i_3 + R_4 i_4 &= u_{S1} \\ -R_2 i_2 - R_3 i_3 - R_5 i_5 &= -u_{S2} \\ -R_4 i_4 + R_5 i_5 + R_6 i_6 &= 0 \end{aligned}\right\} \tag{3.4}$$

联立求解式(3.1),(3.4)所列6方程,可求出6个支路电流。

以支路电流作为电路变量,列写KCL和KVL方程并联立求解各支路电流,再利用支路的伏安关系求出各支路电压的分析方法,称为支路电流法。

式(3.4)可归纳为

$$\sum R_k i_k = \sum u_{Sk} \tag{3.5}$$

任一回路中各电阻上电压的代数和必定等于各电压源电压的代数和,其中支路电流参考方向与回路绕行方向相同时,对应的电阻电压项前面取"+"号,否则取"-"号;电压源的电压降方向与回路绕行方向相同时,该电压项前面取"-"号,否则取"+"号。

列写电路支路电流法方程的步骤如下:

①选定各支路电流的参考方向;

②任选一个参考节点,对其余$(n-1)$个独立节点列写KCL方程;

③选取$(b-n+1)$个独立回路,平面电路可选取网孔作为独立回路并指定回路的绕行方向,按(3.5)式列出KVL方程。

例3.1 电路如图3.8所示,用支路电流法求各支路电流i_1,i_2,i_3及电压u和两电压源的功率。

解 选节点②为参考节点,对独立节点①列KCL方程:

$$-i_1 - i_2 + i_3 = 0$$

假定以顺时针方向为绕行方向,对两个网孔列KVL方程

$$2i_1 - 2i_2 + 100 - 120 = 0$$

$$2i_2 + 54i_3 - 100 = 0$$

整理以上方程可得

$$-i_1 - i_2 + i_3 = 0$$

$$2i_1 - 2i_2 = 20$$
$$2i_2 + 54i_3 = 100$$

解得

$$i_1 = 6\ \text{A}, i_2 = -4\ \text{A}, i_3 = 2\ \text{A}$$

因此

$$u = 54i_3 = 54 \times 2\ \text{V} = 108\ \text{V}$$

120 V 电压源的功率为 $p_1 = 120i_1 = 120 \times 6 = 720$ W（产生）

100 V 电压源的功率为 $p_2 = 100i_2 = 100 \times (-4) = -400$ W（吸收）

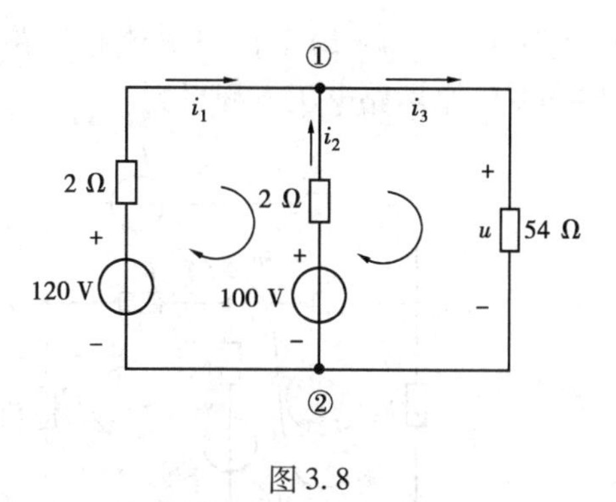

图 3.8

3.4　回路电流法

支路电流法对具有 b 条支路、n 个节点的电路可列 $(n-1)$ 个电流方程和 $(b-n+1)$ 个回路电压方程来求解电路中的支路电流。这个方法列方程很容易，但方程数目仍较多，求解比较麻烦。为解决减少方程数目问题，我们寻求另一种仍以电流为待求变量的方法，它就是回路电流法。

回路电流法是一种适用性较强并获得广泛应用的分析方法。

回路电流法的基本思想是：回路电流是在一个回路中连续流动的假想电流。回路电流法是以一组独立回路电流为电路变量的求解方法。电路的一组独立回路就是单连支回路，这样回路电流就将是相应的连支电流，而每一支路电流等于流经该支路的各回路电流的代数和。对每一回路列写回路电压方程，由这一组方程就可解出各回路电流，继而求出各支路电流。

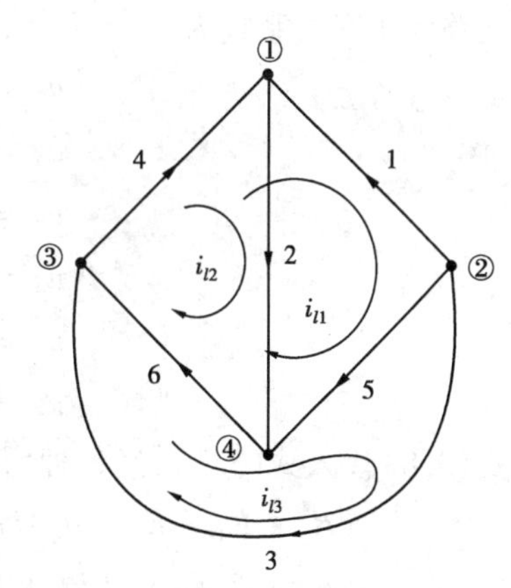

图 3.9　回路电流

以图 3.9 所示一电路的图为例，它有 4 个节点 6 条支路，选定支路（4,5,6）为树支，则支路（1,2,3）为连支，那么 3 个单连支回路即为独立回路。把连支电流 i_1, i_2, i_3 分别作为各单连支回路中流动的假想回路电流 $i_{l_1}, i_{l_2}, i_{l_3}$。图中各支路电流为

$$\left.\begin{aligned} i_1 &= i_{l_1} \\ i_2 &= i_{l_2} \\ i_3 &= i_{l_3} \\ i_4 &= +i_{11} + i_{12} \\ i_5 &= +i_{11} - i_{13} \\ i_6 &= +i_{11} + i_{12} - i_{13} \end{aligned}\right\} \tag{3.6}$$

从(3.6)式可见，全部支路电流都可以用回路电流来表达。对于具有 n 个节点 b 条支路

的电路，其$(b-n+1)$个回路电流是电路的一组独立变量，这些未知的回路电流可利用列出$(b-n+1)$个回路电压方程得到。

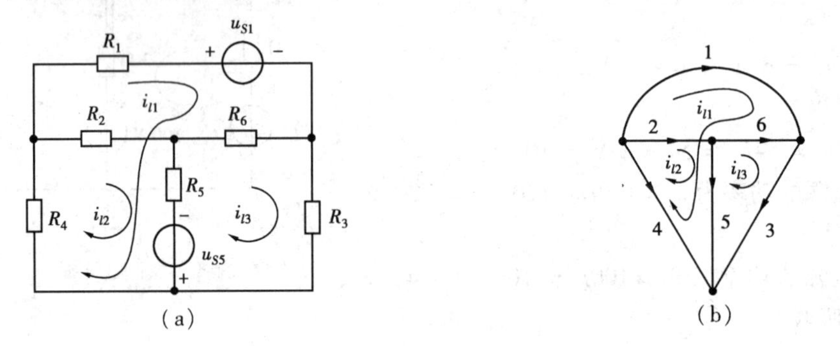

图 3.10　回路电流法

电路如图3.10(a)所示，电路的图为3.10(b)，它有4个节点6条支路，选择支路4,5,6为树，则3个独立回路绘于图中。连支电流i_1,i_2,i_3即为回路电流i_{l_1},i_{l_2},i_{l_3}。以回路电流方向为绕行方向，列出各回路的KVL方程：

$$\left.\begin{aligned} u_1+u_5-u_4-u_6&=0\\ u_2+u_5-u_4&=0\\ u_3-u_5+u_6&=0 \end{aligned}\right\} \tag{3.7}$$

各支路的伏安关系式为

$$\left.\begin{aligned} u_1&=R_1 i_{l1}+u_{S1}\\ u_2&=R_2 i_{l2}\\ u_3&=R_3 i_{l3}\\ u_4&=R_4\times(-i_{l1}-i_{l2})\\ u_5&=R_5\times(i_{l1}+i_{l2}-i_{l3})-u_{S5}\\ u_6&=R_6\times(i_{l3}-i_{l1}) \end{aligned}\right\} \tag{3.8}$$

将式(3.8)代入式(3.7)，经整理后有

$$\left.\begin{aligned} (R_1+R_4+R_5+R_6)i_{l1}+(R_4+R_5)i_{l2}-(R_5+R_6)i_{l3}&=-u_{S1}+u_{S5}\\ (R_4+R_5)i_{l1}+(R_2+R_4+R_5)i_{l2}-R_5 i_{l3}&=u_{S5}\\ -(R_5+R_6)i_{l1}-R_5 i_{l2}+(R_3+R_5+R_6)i_{l3}&=-u_{S5} \end{aligned}\right\} \tag{3.9}$$

式(3.9)即是以回路电流为求解变量的回路电流方程。式(3.9)可改写为

$$\left.\begin{aligned} R_{11}i_{l1}+R_{12}i_{l2}+R_{13}i_{l3}&=u_{S11}\\ R_{21}i_{l1}+R_{22}i_{l2}+R_{23}i_{l3}&=u_{S22}\\ R_{31}i_{l1}+R_{32}i_{l2}+R_{33}i_{l3}&=u_{S33} \end{aligned}\right\} \tag{3.10}$$

现在用R_{11}，R_{22}和R_{33}分别表示回路1、回路2和回路3的自阻，它们分别是各回路中所有电阻之和，即$R_{11}=R_1+R_4+R_5+R_6$，$R_{22}=R_2+R_4+R_5$，$R_{33}=R_3+R_5+R_6$；用R_{12}和R_{21}代表回路1和回路2的共有电阻，即互阻；同理R_{23}，R_{32}，R_{13}，R_{31}也代表回路间的互阻，即$R_{12}=R_{21}=R_4+R_5$，$R_{23}=R_{32}=-R_5$，$R_{13}=R_{31}=-(R_5+R_6)$，可见自阻总是正的，互阻取正还是取负，则由相关两个回路共有支路上两回路电流的方向是否相同来决定，相同时取正，相反时取负。方

程右方的 u_{S11}，u_{S22}，u_{S33} 分别为回路 1、回路 2 和回路 3 中的电压源的代数和，取和时，与回路电流方向一致的电压源前取“ - ”号，否则取“ + ”号。

对于有 n 个节点 b 条支路的电路，回路电流方程由 $(b-n+1)$ 个方程组成，其回路电流方程的一般形式为

$$\left.\begin{aligned} R_{11}i_{l1}+R_{12}i_{l2}+R_{13}i_{l3}+\cdots+R_{1l}i_{ll}&=u_{S11}\\ R_{21}i_{l1}+R_{22}i_{l2}+R_{23}i_{l3}+\cdots+R_{2l}i_{ll}&=u_{S22}\\ R_{31}i_{l1}+R_{32}i_{l2}+R_{33}i_{l3}+\cdots+R_{3l}i_{ll}&=u_{S33}\\ &\vdots\\ R_{l1}i_{l1}+R_{l2}i_{l2}+R_{l3}i_{l3}+\cdots\cdots+R_{ll}i_{ll}&=u_{Sll} \end{aligned}\right\} \tag{3.11}$$

例 3.2　图 3.10 电路所示，其中 $R_1=R_2=R_3=1\ \Omega$，$R_4=R_5=R_6=2\ \Omega$，$u_{S1}=4\ \text{V}$，$u_{S5}=2\ \text{V}$。确定一组独立回路如 3.10(b) 图，试列出回路电流方程并求出各回路电流和各支路电流。

解　按上述所讲，将已知的电路参数代入式(3.10)方程组中得回路电流方程，其中：

$$\begin{aligned} R_{11}&=R_1+R_4+R_5+R_6=7\ \Omega\\ R_{22}&=R_2+R_4+R_5=5\ \Omega\\ R_{33}&=R_3+R_5+R_6=5\ \Omega\\ R_{12}&=R_{21}=R_4+R_5=4\ \Omega\\ R_{23}&=R_{32}=-R_5=-4\ \Omega\\ R_{13}&=R_{31}=-(R_5+R_6)=-2\ \Omega\\ u_{S11}&=-u_{S1}+u_{S5}=-2\ \text{V}\\ u_{S22}&=u_{S5}=2\ \text{V}\\ u_{S33}&=-u_{S5}=-2\ \text{V} \end{aligned}$$

故回路电流方程为

$$\left.\begin{aligned} 7i_{l1}+4i_{l2}-4i_{l3}&=-2\\ 4i_{l1}+5i_{l2}-2i_{l3}&=2\\ -4i_{l1}-2i_{l2}+5i_{l3}&=-2 \end{aligned}\right\}$$

联立求解上述方程，求出

$$\left.\begin{aligned} i_{l1}&=-1.764\ \text{A}\\ i_{l2}&=1.294\ \text{A}\\ i_{l3}&=-1.294\ \text{A} \end{aligned}\right\}$$

再利用回路电流计算各支路电流

$$\left.\begin{aligned} i_1&=i_{l1}=-1.764\ \text{A}\\ i_2&=i_{l2}=1.294\ \text{A}\\ i_3&=i_{l3}=-1.294\ \text{A}\\ i_4&=-i_{l1}-i_{l2}=0.47\ \text{A}\\ i_5&=i_{l1}+i_{l2}-i_{l3}=0.824\ \text{A}\\ i_6&=-i_{l1}+i_{l3}=0.47\ \text{A} \end{aligned}\right\}$$

对于平面电路而言，它的全部网孔就是一组独立回路，网孔电流即是网孔中连续流动的假

想电流。对具有 m 个网孔的平面电路,网孔电流用 $i_{m1},i_{m2},i_{m3},\cdots,i_{mm}$ 来表示,那么网孔电流方程的一般形式为

$$\left.\begin{aligned}R_{11}i_{m1}+R_{12}i_{m2}+R_{13}i_{m3}+\cdots+R_{1m}i_{mm}&=u_{S11}\\R_{21}i_{m1}+R_{22}i_{m2}+R_{23}i_{m3}+\cdots+R_{2m}i_{mm}&=u_{S22}\\R_{31}i_{m1}+R_{32}i_{m2}+R_{33}i_{m3}+\cdots+R_{3m}i_{mm}&=u_{S33}\\&\vdots\\R_{m1}i_{m1}+R_{m2}i_{m2}+R_{m3}i_{m3}+\cdots+R_{mm}i_{mm}&=u_{Smm}\end{aligned}\right\}\tag{3.12}$$

具有相同下标的电阻 R_{11},R_{22},R_{33} 等是各网孔的自阻;有不同下标的电阻 R_{12},R_{13},R_{23} 等是网孔间的互阻。自阻总是正的,互阻的正负则视两网孔电流在共有支路上参考方向是否相同而定,方向相同时为正,方向相反时为负。如果将所有网孔电流都取为顺时针或反时针方向,则所有互阻总是负的,在不含受控源的电阻电路的情况下,总有 $R_{ik}=R_{ki}$。

网孔一定是独立回路,但独立回路不一定是网孔。网孔电流法是回路电流法的特例。

例 3.3　用网孔电流法求解图 3.11 电路的各支路电流,已知 $R_1=5\ \Omega,R_2=10\ \Omega,R_3=20\ \Omega$。

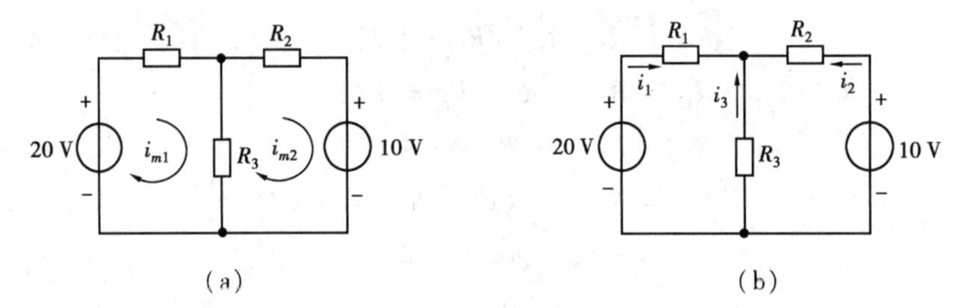

图 3.11

解　该电路有 2 个网孔,假设网孔电流为 i_{m1},i_{m2},假定它们都是顺时针方向。

则网孔电流方程为

$$\left.\begin{aligned}R_{11}i_{m1}+R_{12}i_{m2}&=u_{S11}\\R_{21}i_{m1}+R_{22}i_{m2}&=u_{S22}\end{aligned}\right\}$$

第一个网孔的自电阻:$R_{11}=R_1+R_3=25\ \Omega$

第一网孔和第二网孔间的互电阻:$R_{12}=R_{21}=-20\ \Omega$

第二个网孔的自电阻:$R_{22}=R_2+R_3=30\ \Omega$

u_{S11},u_{S22} 分别表示在第一、第二网孔内沿绕行方向(即网孔电流方向)电压源电压升的代数和,故 $u_{S11}=20\ \text{V},u_{S22}=-10\ \text{V}$。

得网孔方程为

$$25i_{m1}-20i_{m2}=20$$
$$-20i_{m1}+30i_{m2}=-10$$

用消去法或行列式法解得

$$i_{m1}=1.143\ \text{A}$$
$$i_{m2}=0.429\ \text{A}$$

那么各支路电流 i_1,i_2,i_3 如图 3.11(b),显然可得

$$i_1=i_{m1}$$

$$i_2 = -i_{m2}$$
$$i_3 = i_{m1} - i_{m2}$$

各支路电流均可以用网孔电流来表示，则各支路电流为

$$i_1 = 1.143\ \text{A} \qquad i_2 = -0.429\ \text{A} \qquad i_3 = -0.714\ \text{A}$$

如果电路中有电流源和电阻的并联组合，可经等效变换成为电压源和电阻的串联组合后再列回路电流方程。但当电路中存在无伴电流源时，就无法进行等效变换，这时可分如下两种情况分别处理：若电流源为某回路（网孔）所独有，则该回路（网孔）电流为已知，那么该回路（网孔）电流方程可省去；若电流源为两回路（网孔）所共有，则可将电流源两端电压设为未知变量，列出全部回路（网孔）方程后，再用辅助方程将电流源电流用回路（网孔）电流表示。

例 3.4 电路如图 3.12 所示，按图中闭合虚线所示独立回路（网孔）电流参考方向，列写回路（网孔）电流方程。

解 选定的独立回路正是该平面电路的网孔，因此列出的回路电流方程也是网孔电流方程。图 3.12 中电流源 i_{S1} 在公共支路上，设电流源两端的电压 u 为待求变量，其参考方向如图所示，同时增加一个电流源电流 i_{S1} 与回路电流 i_{l2}，i_{l3} 之间的关系方程。

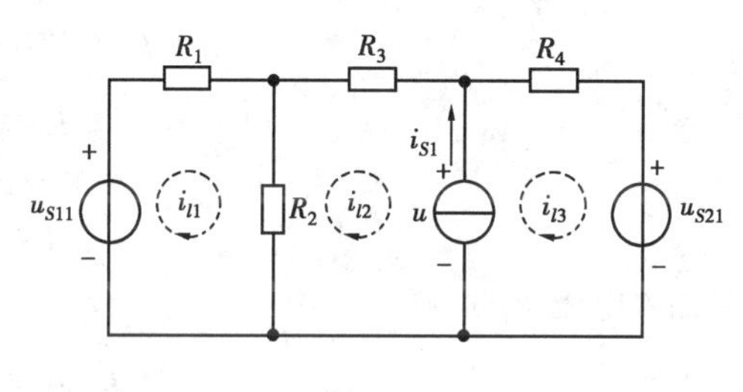

图 3.12

在选定的回路电流参考方向下，列写回路电流方程

$$(R_1 + R_2)i_{l1} - R_2 i_{l2} = u_{S1}$$
$$-R_2 i_{l1} + (R_2 + R_3)i_{l2} = -u$$
$$R_4 i_{l3} = u - u_{S2}$$
$$i_{S1} = i_{l3} - i_{l2}$$

联立求解上述 4 个方程，便可求得回路电流。

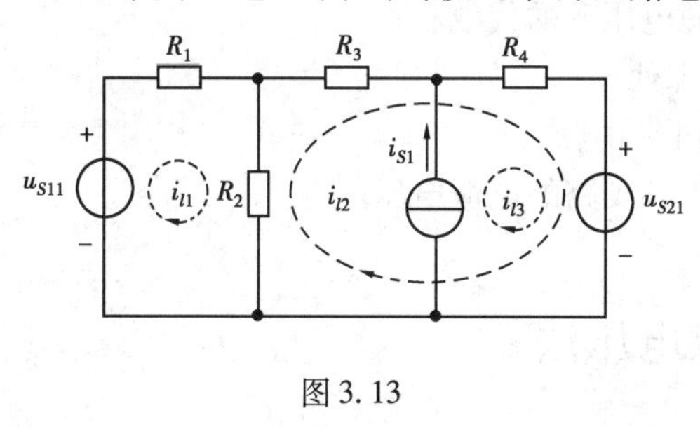

图 3.13

如果任意选择独立回路，现在选定独立回路与回路电流的参考方向如图 3.13 中所示，其特点是只有一个回路电流经过电流源支路，即这个回路也就是前面所述的单连支回路，故其回路电流即为该电流源的电流。于是只需对回路 1、回路 2 列写回路电流方程

$$(R_1 + R_2)i_{l1} - R_2 i_{l2} = u_{S1}$$
$$-R_2 i_{l1} + (R_2 + R_3 + R_4)i_{l2} + R_4 i_{l3} = -u_{S2}$$
$$i_{l3} = i_{S1}$$

可见回路电流法要比网孔电流法更加灵活。

当用回路（网孔）电流法分析含受控源电路时，可先将受控源按独立源一样对待，列写回路（网孔）电流方程，再用辅助方程将受控源的控制量用回路（网孔）电流表示。

例 3.5 电路如图 3.14 所示，用网孔分析法求输入电阻 R_i。

解 输入电阻即是该一端口网络的等效电阻，这是一个含受控源的一端口网络，为求其等

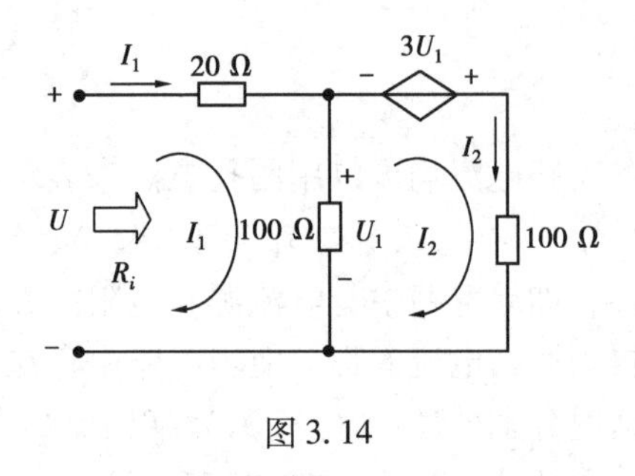

图 3.14

效电阻需要求其端口的伏安关系表达式。假定在其两端口上加一电压 U,用网孔分析法求出端口电流 I_1 与 U 的关系。

含受控源电路的网孔方程列法如下:首先把受控源作为独立源看待,按前述规律列写网孔方程。如果受控源的控制量不是某一网孔电流,则方程中就多出一个未知量,可以根据电路的具体结构补充一个控制量与网孔电流关系的方程,以使方程数与未知量数一致。如果受控源的控制量就是网孔电流之一,就不用补充方程了。本例所示电路的网孔方程及补充方程为

$$(20+100)I_1-100I_2=U$$

$$-100I_1+(100+100)I_2=3U_1$$

$$U_1=100(I_1-I_2)$$

解得

$$U=40I_1$$

所以输入电阻 R_i 为

$$R_i=\frac{U}{I_1}=40\ \Omega$$

回路电流法的步骤可归纳如下:

①根据给定的电路,通过选择一个树确定一组基本回路,并指定各回路电流(即连支电流)的参考方向,对于平面电路可直接选择全部网孔为一组独立回路,并指定各网孔的电流参考方向;

②按式(3.11)列出回路(网孔)电流方程,注意自阻总是正的,互阻的正负由相关的两个回路(网孔)电流通过共有电阻时,两者的参考方向是否相同而定,相同时取正,相反时取负,并注意方程右边项为各回路(网孔)中的各电压源电压升的代数和;

③当电路中有受控源或电流源时,需加以特殊处理;

④求解回路(网孔)电流方程组,解出回路(网孔)电流;

⑤由回路(网孔)电流和各支路电流的关系求各支路的电流电压。

3.5 节点电压法

节点电压法是以节点电压作为电路的独立变量进行电路分析的一种方法。任意选择电路中的某一节点作为参考节点,其余节点与此参考节点之间的电压称为对应节点的节点电压。节点电压的参考极性均以所对应节点为正极性端,以参考节点为负极性端。对于具有 n 个节点的电路,节点电压法是以 $(n-1)$ 个独立节点的节点电压为求解变量,并对独立节点用 KCL 列出用节点电压表达的有关支路电流方程。由于电路中的任一条支路都联接在两个节点之间,因此,根据 KVL 得知,电路中任一支路电压等于该支路联接的两个节点的节点电压之差。

设给定电路参数的电路如图 3.15(a)所示,该电路的节点数为 4,支路数为 6,其电路的有

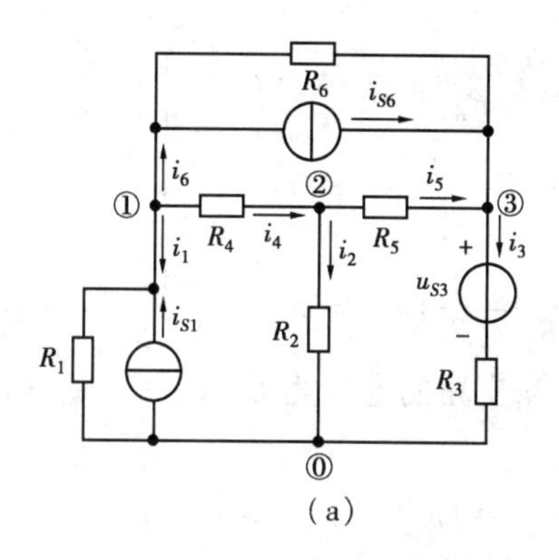

(a)

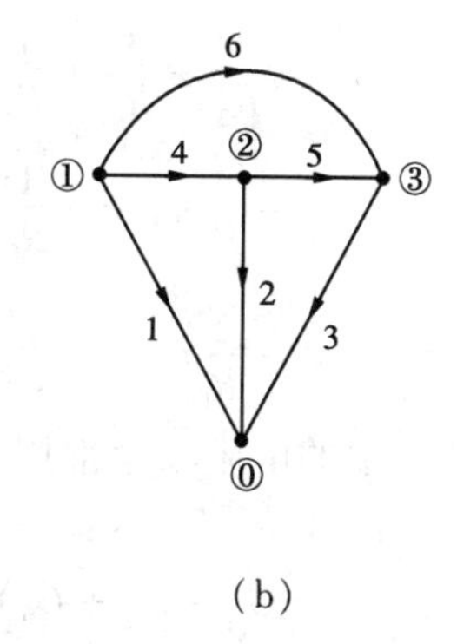

(b)

图3.15　节点电压法

向图如3.15(b)图所示,所有节点和支路的编号及其电流的参考方向如图3.15所示。若选择节点⓪为参考节点,则节点①,②,③均为独立节点,其节点电压分别用 u_{n1},u_{n2},u_{n3} 表示。那么各支路电压 u_1,u_2,u_3,u_4,u_5,u_6 均可用节点电压来表示,有

$$u_1 = u_{n1}$$
$$u_2 = u_{n2}$$
$$u_3 = u_{n3}$$
$$u_4 = u_{n1} - u_{n2}$$
$$u_5 = u_{n2} - u_{n3}$$
$$u_6 = u_{n1} - u_{n3}$$

而各支路电流 i_1,i_2,i_3,i_4,i_5,i_6 也可以用相关节点电压来表示

$$\left.\begin{aligned}
i_1 &= \frac{u_1}{R_1} - i_{S1} = \frac{u_{n1}}{R_1} - i_{S1} \\
i_2 &= \frac{u_2}{R_2} = \frac{u_{n2}}{R_2} \\
i_3 &= \frac{u_3 - u_{S3}}{R_3} = \frac{u_{n3} - u_{S3}}{R_3} \\
i_4 &= \frac{u_4}{R_4} = \frac{u_{n1} - u_{n2}}{R_4} \\
i_5 &= \frac{u_5}{R_5} = \frac{u_{n2} - u_{n3}}{R_5} \\
i_6 &= \frac{u_6}{R_6} + i_{S6} = \frac{u_{n1} - u_{n3}}{R_6} + i_{S6}
\end{aligned}\right\} \tag{3.13}$$

对3个独立节点①,②,③写KCL方程,有

$$\left.\begin{aligned}
i_1 + i_4 + i_6 &= 0 \\
i_2 - i_4 + i_5 &= 0 \\
i_3 - i_5 - i_6 &= 0
\end{aligned}\right\} \tag{3.14}$$

将式(3.13)的所有支路电流代入式(3.14)的KCL方程中,经整理后得到由节点电压为变量表示的方程

$$\left.\begin{aligned}(\frac{1}{R_2}+\frac{1}{R_4}+\frac{1}{R_6})u_{n1}-\frac{1}{R_4}u_{n2}-\frac{1}{R_6}u_{n3}&=i_{S1}-i_{S6}\\-\frac{1}{R_4}u_{n1}+(\frac{1}{R_2}+\frac{1}{R_4}+\frac{1}{R_5})u_{n2}-\frac{1}{R_5}u_{n3}&=0\\-\frac{1}{R_6}u_{n1}-\frac{1}{R_5}u_{n2}+(\frac{1}{R_3}+\frac{1}{R_5}+\frac{1}{R_6})u_{n3}&=i_{S6}+\frac{u_{S3}}{R_3}\end{aligned}\right\}\tag{3.15}$$

将式(3.15)中的电阻项全部用电导表示,6 条支路的电导为 G_1,G_2,G_3,G_4,G_5,G_6,则上式改写为

$$\left.\begin{aligned}(G_1+G_4+G_6)u_{n1}-G_4u_{n2}-G_6u_{n3}&=i_{S1}-i_{S6}\\-G_4u_{n1}+(G_2+G_4+G_5)u_{n2}-G_5u_{n3}&=0\\-G_6u_{n1}-G_5u_{n2}+(G_3+G_5+G_6)u_{n3}&=i_{S6}+G_3u_{S3}\end{aligned}\right\}\tag{3.16}$$

分析(3.16)方程组,可发现它有十分明显的规律:如第一个方程,是对节点①写的 KCL 方程,其第一项是节点电压 u_{n1} 和 3 个电导之和($G_1+G_4+G_6$)的乘积,而这 3 个电导就是直接与节点①相连接的电导,称这 3 个电导为自电导,自电导总是为正,用 G_{11} 表示,即 $G_{11}=G_1+G_4+G_6$;第二项是 $-G_4u_{n2}$,u_{n2} 是相邻的节点②的节点电压,节点①与节点②通过 G_4(R_4)相联系,G_4 是节点①,②的公共电导,称为互电导,注意:互电导总是为负,用 G_{12} 表示,即 $G_{12}=-G_4$;第三项是 $-G_6u_{n3}$,u_{n3} 是相邻节点③的节点电压,节点①与节点③通过 G_6(或 R_6)相联系,G_6 就是节点①,③的之间的互电导,即 $G_{13}=-G_6$;方程右边则是流入节点①的电流源电流的代数和,用 $i_{S11}=i_{S1}-i_{S6}$ 表示,流入节点为正,流出节点为负。从其余两个方程也可看出相同的规律,即各方程左边的自电导项为正,互电导项为负,当然如果两个节点之间没有公共电导时,互电导为零;方程右边均为流入节点的电流源电流之代数和,流入为正,流出为负。

需要说明的是图 3.15 电路中与节点③相接的支路 3 是电压源与电阻的串联支路,可以将其等效变换为电流源与电导的并联支路,故式(3.16)的第 3 个方程右边有一项为 G_3u_{S3},它正是等效电流源的电流值。

根据上述节点方程的规律性,可以由电路直接列写出节点电压方程。

若用 G_{11},G_{22},G_{33} 分别表示节点①,②,③的自电导,用 $G_{12},G_{13},G_{21},G_{31},G_{23},G_{32}$ 分别表示两个节点之间的互电导,用 i_{S11},i_{S22},i_{S33} 分别表示流入节点①,②,③的电流源的代数和,于是式(3.16)可写成式(3.17)的一般形式

$$\left.\begin{aligned}G_{11}u_{n1}+G_{12}u_{n2}+G_{13}u_{n3}&=i_{S11}\\G_{21}u_{n1}+G_{22}u_{n2}+G_{23}u_{n4}&=i_{S22}\\G_{31}u_{n1}+G_{32}u_{n2}+G_{33}u_{n3}&=i_{S33}\end{aligned}\right\}\tag{3.17}$$

当电路只含有独立源时,互电导 $G_{ij}=G_{ji}$,当电路含有受控源时,互电导 $G_{ij}\neq G_{ji}$。

由式(3.17)推广得到具有($n-1$)个独立节点的电路的节点电压方程,有

$$\left.\begin{aligned}G_{11}u_{n1}+G_{12}u_{n2}+G_{13}u_{n3}+\cdots+G_{1(n-1)}u_{n(n-1)}&=i_{S11}\\G_{21}u_{n1}+G_{22}u_{n2}+G_{23}u_{n3}+\cdots+G_{2(n-1)}u_{n(n-1)}&=i_{S22}\\&\vdots\\G_{(n-1)1}u_{n1}+G_{(n-1)2}u_{n2}+\cdots\cdots+G_{(n-1)(n-1)}u_{n(n-1)}&=i_{S(n-1)(n-1)}\end{aligned}\right\}\tag{3.18}$$

求得各节点电压后,可以利用各支路的伏安关系求出各支路的支路电流。

例 3.6 电路如图 3.16 所示,用节点电压法求各支路电压和电流 I。

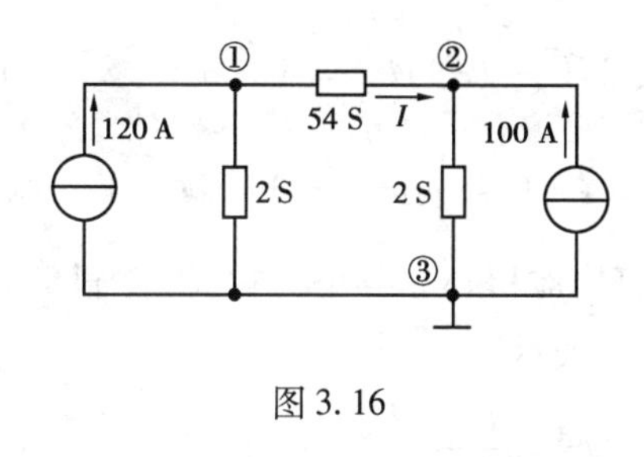

图 3.16

解　该电路有3个节点，选定节点③为参考节点，对独立节点①，②的节点电压为 U_1, U_2，且有 $G_{11}=2+54=56\ \mathrm{S}$，$G_{22}=2+54=56\ \mathrm{S}$，$G_{12}=G_{21}=54\ \mathrm{S}$，$I_{S11}=120\ \mathrm{A}$，$I_{S22}=100\ \mathrm{A}$。

根据式(3.17)列出其节点电压方程

$$56U_1-54U_2=120$$

$$-54U_1+56U_2=100$$

解得

$$U_1=6\ \mathrm{V}$$

$$U_2=4\ \mathrm{V}$$

电导为54 S的支路电压和电流 I 为

$$U_{12}=U_1-U_2=6-4=2\ \mathrm{V}$$

$$I=54\times U_{12}=54\times 2=108\ \mathrm{A}$$

例3.7　用节点电压法求图3.17所示电路中两个电压源中的电流 i_1 及 i_2。

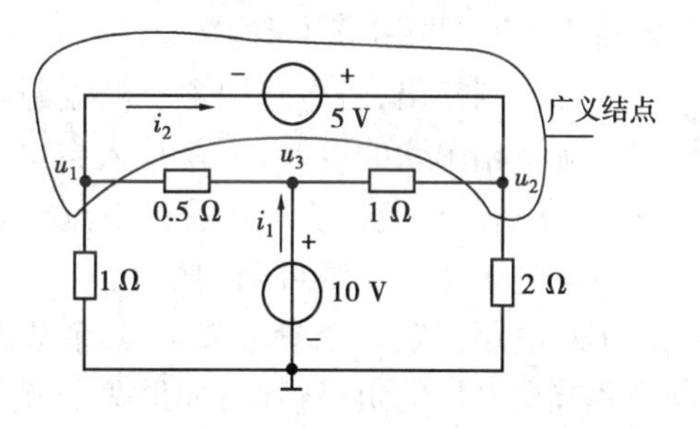

图 3.17

解　若电路中含有电压源和电阻的串联支路，可利用电源等效变换，将其变换为电流源和电导的并联支路来处理。若电路中含有一个无伴电压源的支路，应选择与电压源一极联接的节点为参考节点，可使节点电压方程的列写过程简化。但是，当电路中有多个无伴电压源支路时，且又不具有公共节点，只能另行处理。图3.17中有两个无伴电压源，应选择电压源的一极为参考点，如图3.17所示，节点③的电压 u_3 就等于电压源的电压，即 $u_3=10\mathrm{V}$；由于 u_3 成了已知量，节点③的方程可省去；另一无伴电压源支路联接在两个独立节点之间，故可用包围这两个节点的一个封闭面构成广义节点。这样，就只需在此广义节点上列写一个KCL方程(如图3.17中所示)，并利用两节点之间的电压降就是电压源的电压补充一个辅助方程。

根据上述原则，列写图3.17电路的节点电压方程

广义节点
$$\frac{u_1}{1}+\frac{u_1-u_3}{0.5}+\frac{u_2}{2}+u_2-u_3=0$$

节点③
$$u_3=10$$

补充方程
$$u_2-u_1=5$$

求解方程得到

$$u_1=5\ \mathrm{V}\qquad u_2=10\ \mathrm{V}$$

再利用节点③的KCL关系求得

$$i_1=10\ \mathrm{A}$$

例3.8　列出图3.18所示含受控源电路的节点电压方程，并求 I_1。

解　当电路中含有受控源时，先将受控源与独立源同样对待，仍可以用类似的方法来建立节点电压方程，所不同的是：必须把受控源的控制量用节点电压来表示，因此，需要再补充方程，如果控制量就是某节点电压，则不必再补充方程。设图3.18电路中两个独立节点的电压为 U_1, U_2，列出节点电压方程为

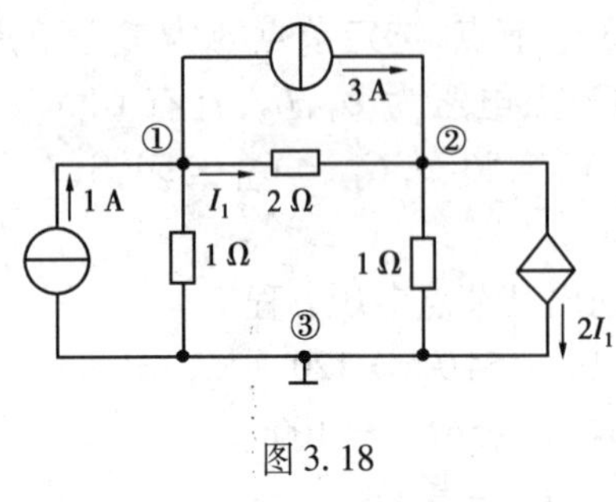

图 3.18

$$(1+\frac{1}{2})U_1-(\frac{1}{2})U_2=1-3 \qquad ①$$

$$-(\frac{1}{2})U_1+(1+\frac{1}{2})U_2=3-2I_1 \qquad ②$$

方程中有 3 个未知量,应再补充一个方程,把控制量 I_1 用节点电压 U_1,U_2来表示

$$I_1=\frac{U_1-U_2}{2} \qquad ③$$

将方程③代入②中,整理得

$$\frac{3}{2}U_1-\frac{1}{2}U_1=-2 \qquad ④$$

$$-\frac{3}{2}U_1+\frac{1}{2}U_2=3 \qquad ⑤$$

显然,上述受控源电路的节点电压方程中,互电导不再相等,即 $G_{kj}\neq G_{jk}$。联立求解以上两式便可求得 U_1,U_2,并由③再求得 I_1。

需要特别指出,若电路中含有电流源与电阻的串联支路时(两个元件之间没设定节点),该与电流源相串联的电导,不要计入自电导和互电导之中,因为节点电压方程的实质是 KCL 方程,该支路的电流已由电流源的电流在方程的右边体现出来。

节点电压法的步骤可归纳如下:

①对电路指定一个参考节点,其余节点到参考节点间的电压就是节点电压,这里以参考节点为各节点电压的负极性端;如果两个节点之间有无伴电压源,则应选择电压源的一端为参考节点,这样可以减少节点方程数目。

②按式(3.18)列出节点电压方程,注意自电导一定为正,互电导一定为负;与电流源(含受控电流源)相串联的电导不要计入自电导和互电导之中;方程右边则是流入节点的电流为正,流出节点的电流为负。

③若电路中有电压源接在两个独立节点之间,则可以包围电压源两节点的广义节点列写一个 KCL 方程,同时再写出一个辅助方程。

④若电路中含有受控源,把它当成独立源对待,但受控源的控制量必须用节点电压表示。

⑤联立求解节点电压方程组,解出各节点电压。

⑥由节点电压及各支路的伏安关系求出各支路的电压和电流。

习 题 3

3.1 如图 3.19 所示两种情况下,画出图示电路的图,并说明其节点数和支路数:①每个元件作为一条支路处理;②电压源和电阻的串联组合,电流源和电阻的并联组合作为一条支路处理。

3.2 指出题 3.1 中两种情况下,KCL,KVL 的独立方程数各为多少?

3.3 如图 3.20 所示 G,各画出 4 个不同的树,树枝数各为多少?

3.4 如图 3.21 所示电路共可画出 16 个不同的树,试列出树的组合。

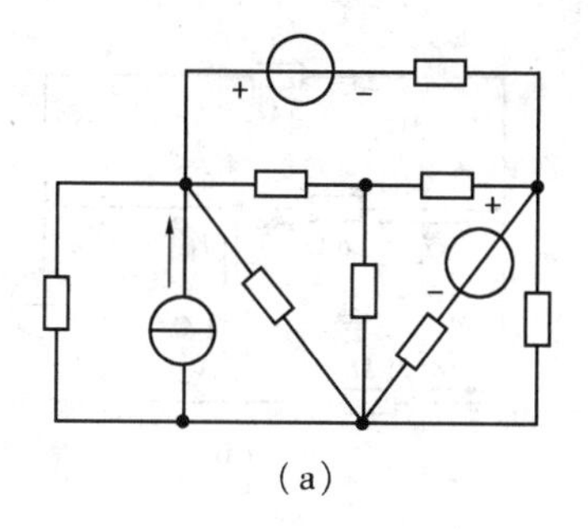

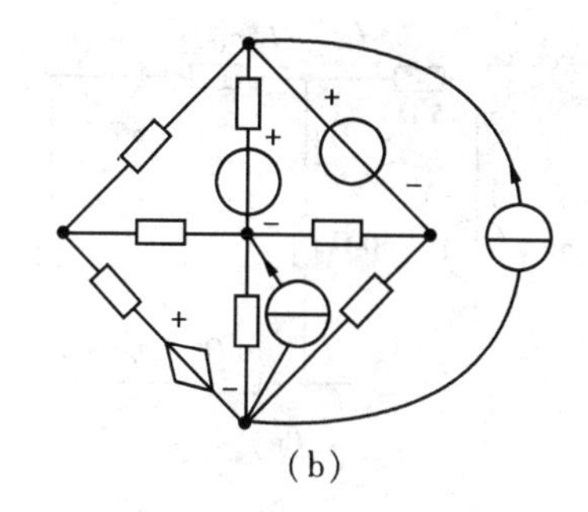

图 3.19

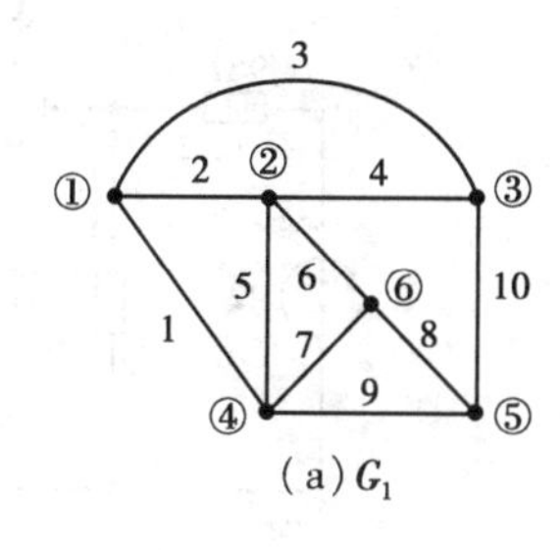

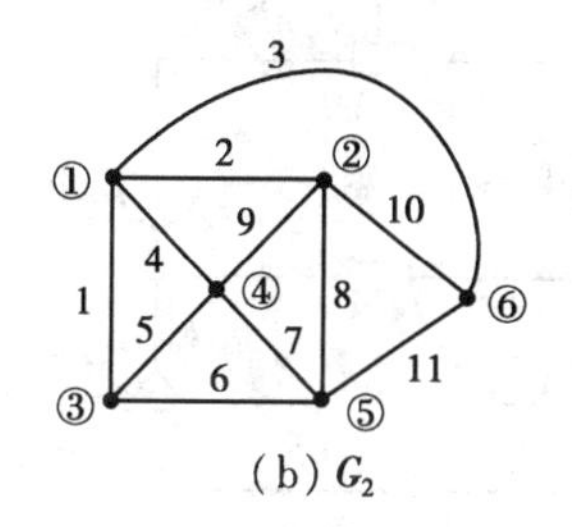

图 3.20

3.5　对图 3.20 所示 G_1 和 G_2，任选一树并确定其基本回路组，同时指出独立回路数和网孔数各为多少？

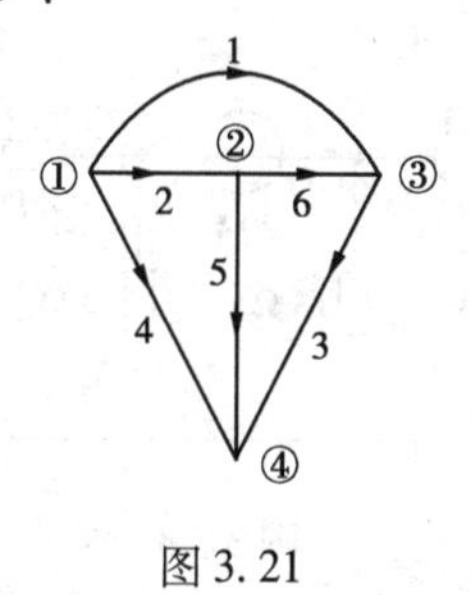

图 3.21

图 3.22

3.6　如图 3.22 所示电路，列出以支路电流为变量的电路方程，并解出各支路电流。

3.7　如图 3.23 所示电路，已知 $R_1 = R_2 = R_3 = 10\ \Omega$，$R_4 = R_5 = 8\ \Omega$，$R_6 = 2\ \Omega$，$u_{S3} = 20\ \text{V}$，$u_{S6} = 40\ \text{V}$，用支路电流法求解电流 i_5。

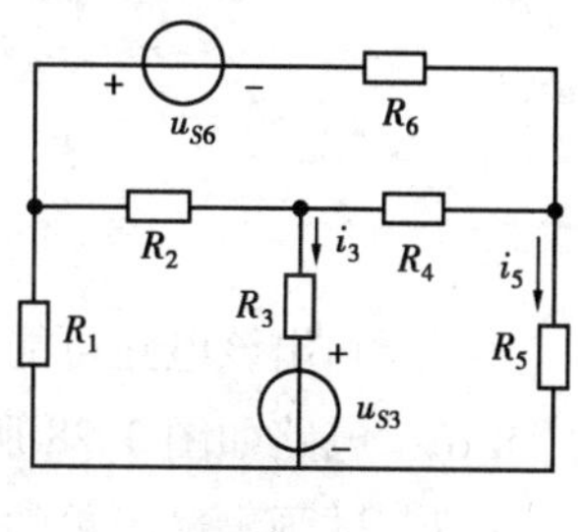

图 3.23

3.8　如图 3.24 所示电路，用支路电流法求解电路中各支路电流 。

3.9　用网孔电流法求解图 3.23 中的电流 i_5。

3.10　用回路电流法求解图 3.23 中的电流 i_3。

3.11　用回路电流法求解图 3.24(b) 中的电压 U。

3.12　用回路电流法求解图 3.25 中的电压 U。

3.13　用网孔电流法求图 3.26 所示电路中的电流 i 和电压 u 。

3.14　用网孔电流法求图 3.27 所示电路中的电流 i、受控源发出的功率 。

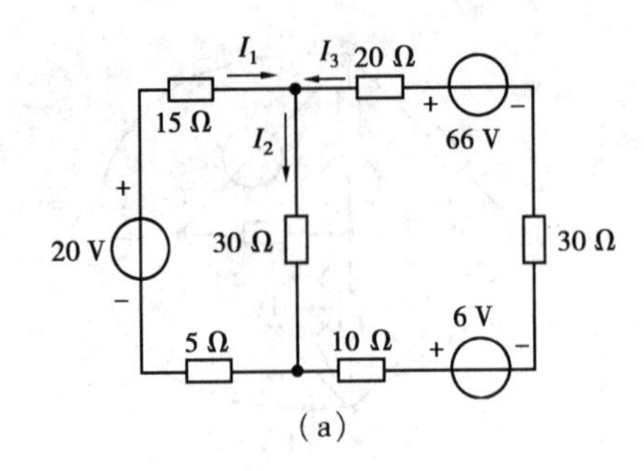

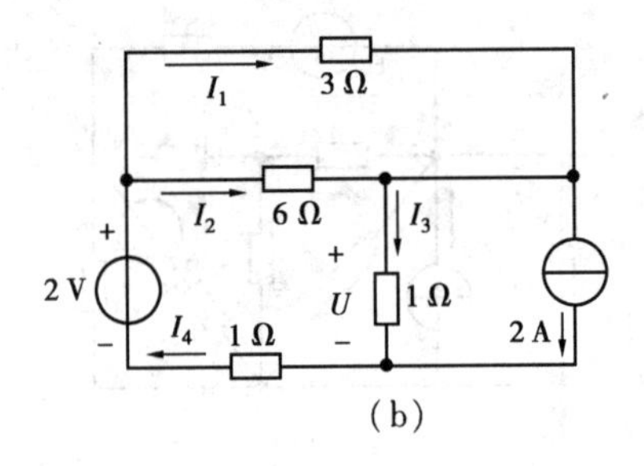

图 3.24

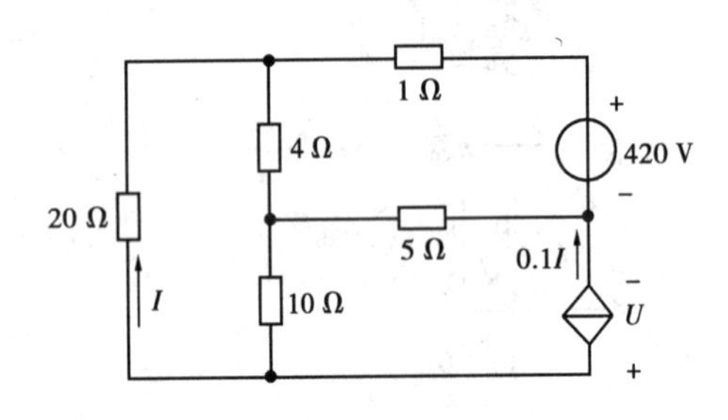

图 3.25

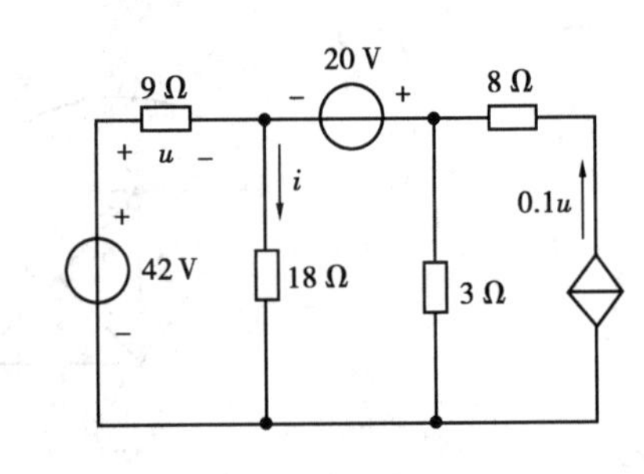

图 3.26

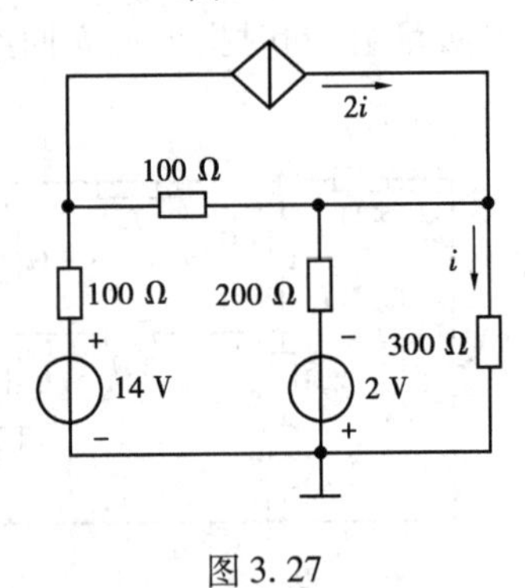

图 3.27

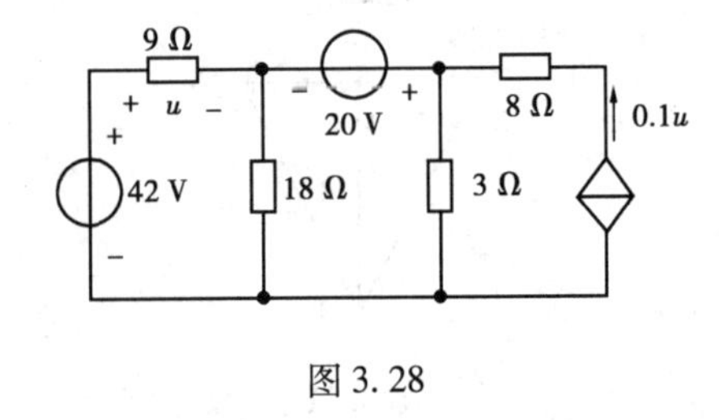

图 3.28

3.15 已知某一电阻电路的网孔电流方程组为

$$\left.\begin{aligned} 3I_1 - I_2 - 2I_3 &= 1 \\ -I_1 + 6I_2 - 3I_3 &= 0 \\ -2I_1 - 3I_2 + 6I_3 &= 6 \end{aligned}\right\}$$

画出该电路可能的一种结构图。

3.16 电路如图 3.28 所示，用网孔电流法求流过 8 Ω 电阻的电流。

3.17 试画出最简单的电路，若某一电路的节点电压方程为

$$\left.\begin{aligned} 1.6u_1 - 0.5u_2 - u_3 &= 1 \\ -0.5u_1 + 1.6u_2 - 0.1u_3 &= 0 \\ -u_1 - 0.1u_2 + 3.1u_3 &= 0 \end{aligned}\right\}$$

3.18 图 3.29 所示电路，用节点电压法求 U_0。

3.19 如图 3.30 所示电路，试用节点电压法求支路电流 I_2, I_3, I_5。

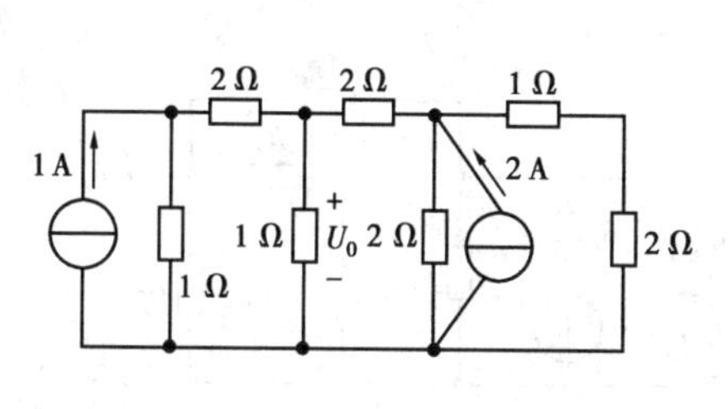

图 3.29

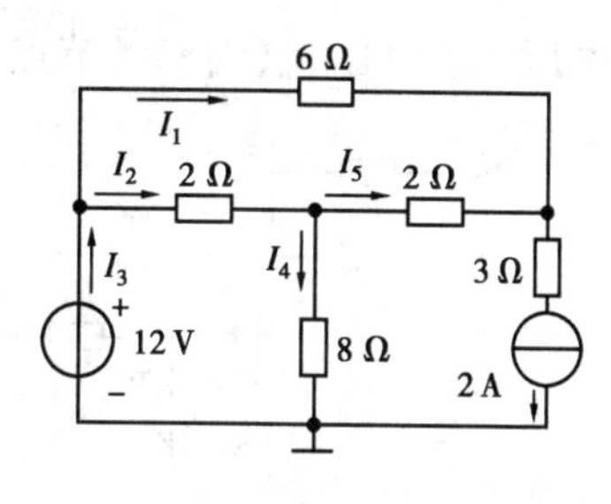

图 3.30

3.20　如图 3.31 所示电路，试用节点电压法求各节点电压 。

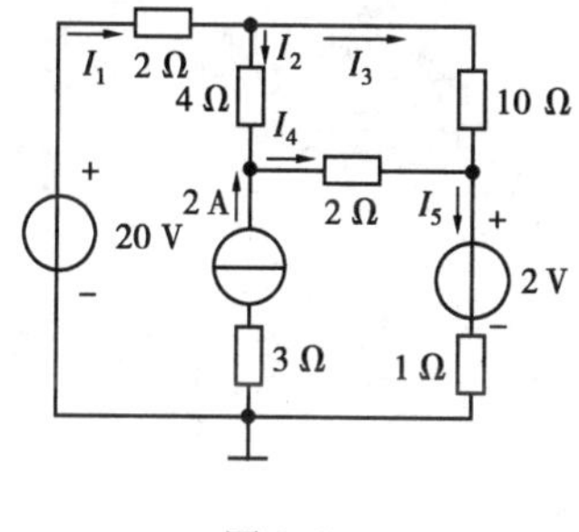

图 3.31

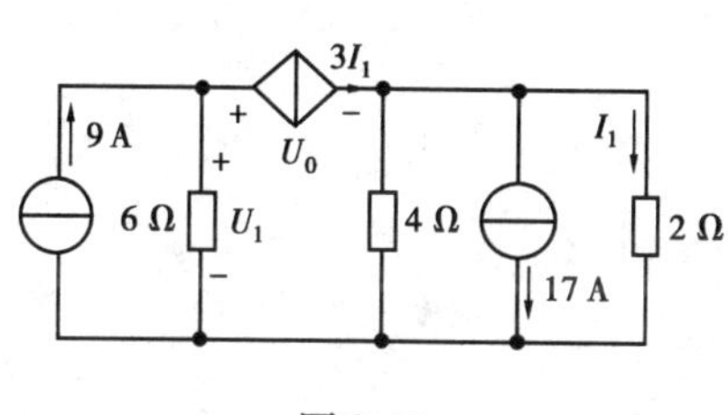

图 3.32

3.21　试用节点电压法求解图 3.32 中的电压 U_1，U_0。

3.22　试用节点电压法求解图 3.33 中的电压 U_0。

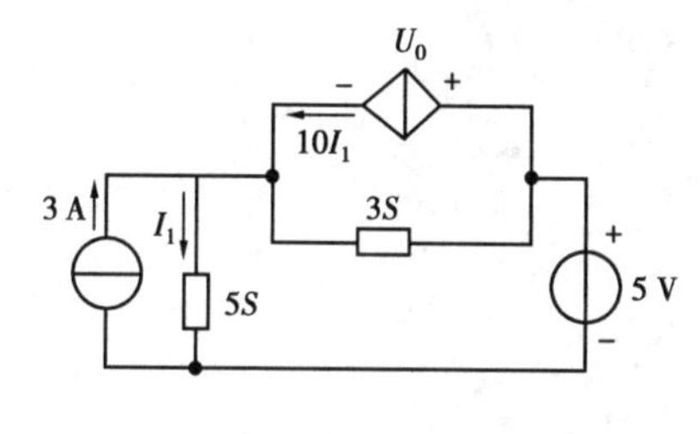

图 3.33

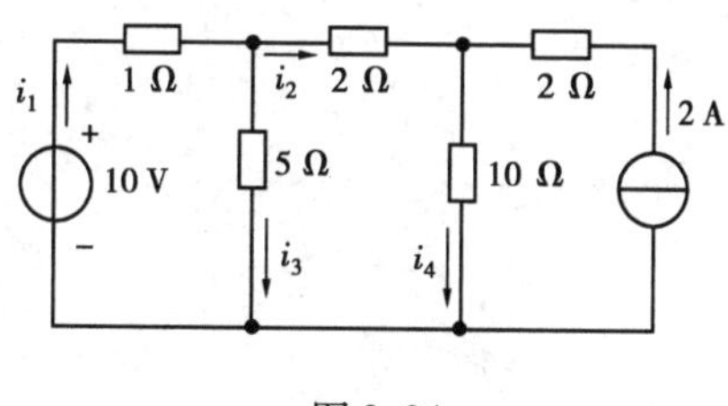

图 3.34

3.23　用节点电压法求解图 3.34 所示电路中各节点电压。

3.24　图 3.35 所示电路中电源为无伴电压源，用节点电压法求解电流 I_S 和 I_0。

3.25　试用节点电压法求解图 3.36 中的电压 U 。

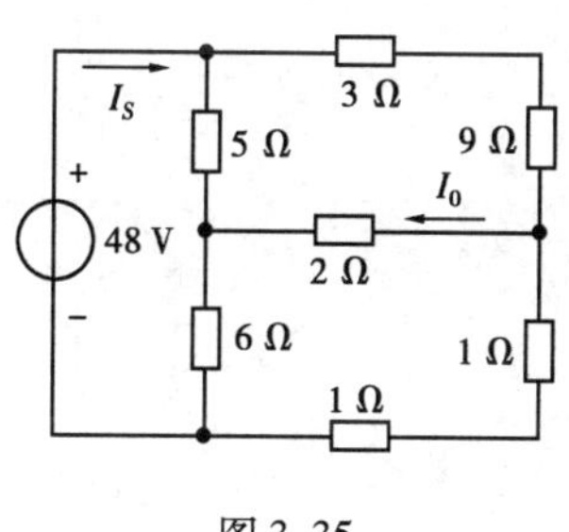

图 3.35

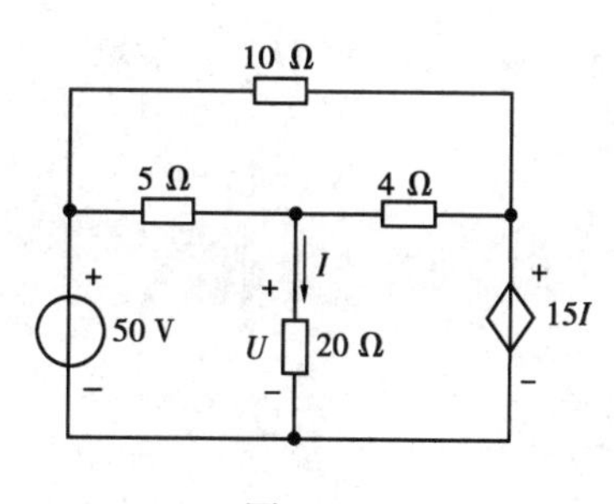

图 3.36

3.26　图 3.37 所示电路是电子电路的一种习惯画法，其中未画出电压源，只标出与电压源相连各点对参考节点（或地）的电压，即电位值。图 3.37(a) 可改画成图 3.37(b)。试用节

点电压法求电压 u_o（对参考节点）。

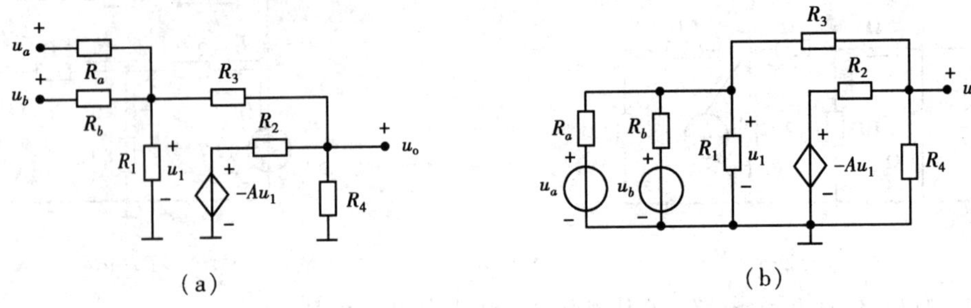

图 3.37

第 4 章 电路定理

内容简介

本章将介绍一些重要的电路定理，其中有叠加定理（包括齐性定理）、替代定理、戴维南定理、诺顿定理、特勒根定理、互易定理。同时还要简要介绍有关对偶原理的概念。

4.1 叠加定理

叠加定理是线性电路的一个重要定理，它为分析计算多个激励作用下线性电路的响应问题提供了一种新的理论根据和方法。同时，它也为线性电路中的其他定理提供了基本依据。

下面先看一个例子，图 4.1(a)所示电路中有两个独立电源（激励）作用，现在要求计算电路中的电流 i_1，i_2 和电压 u（响应）。

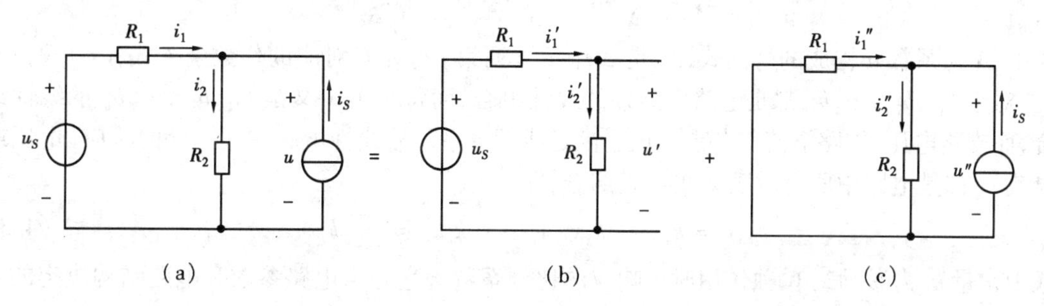

图 4.1 叠加定理

在图 4.1(a)电路中，根据第 3 章介绍的电路分析方法，可以很容易地解出

$$\left.\begin{aligned} i_1 &= \frac{u_S}{R_1 + R_2} - \frac{R_2}{R_1 + R_2} \times i_S \\ i_2 &= \frac{u_S}{R_1 + R_2} - \frac{R_1}{R_1 + R_2} \times i_S \\ u &= \frac{R_2}{R_1 + R_2} \times u_S + \frac{R_1 R_2}{R_1 + R_2} \times i_S \end{aligned}\right\} \tag{4.1}$$

从式(4.1)可以看出,响应 i_1, i_2, u 分别是激励 u_S 和 i_S 的线性组合。每个响应都可以看做由两部分组成:

①令 $i_S = 0$,电流源相当于开路,电路仅由电压源 u_S 作用,如图4.1(b)所示。

$$i'_1 = \frac{u_S}{R_1 + R_2}, \quad i'_2 = \frac{u_S}{R_1 + R_2}, \quad u' = \frac{R_2}{R_1 + R_2} u_S$$

②令 $u_S = 0$,电压源相当于短路,电路仅由电流源 i_S 作用,如图4.1(c)所示。

$$i''_1 = \frac{-R_2}{R_1 + R_2} i_S, \quad i''_2 = \frac{R_1}{R_1 + R_2} i_S, \quad u'' = \frac{R_1 R_2}{R_1 + R_2} i_S$$

以上分析计算说明,图4.1(a)电路中两个激励共同作用产生的响应 i_1, i_2, u 分别等于图4.1(b),(c)每个激励单独作用时在相应位置产生的响应 i'_1, i'_2, u' 和 i''_1, i''_2, u'' 的代数和。

$$i_1 = i'_1 + i''_1, \quad i_2 = i'_2 + i''_2, \quad u = u' + u''$$

对于一个具有 b 条支路,n 个节点的电路,可以用回路电流或节点电压作为电路变量列出电路方程。这种方程具有以下一般形式

$$\left.\begin{aligned} a_{11}x_1 + a_{12}x_2 + \cdots + a_{1n}x_x &= b_{11} \\ a_{21}x_1 + a_{22}x_2 + \cdots + a_{2n}x_n &= b_{22} \\ \cdots\cdots & \\ a_{n1}x_1 + a_{n2}x_2 + \cdots + a_{nn}x_n &= b_{nn} \end{aligned}\right\} \tag{4.2}$$

设 $x_1, x_2, \cdots, x_n$ 为 n 个节点电压,则系数 a 为自导或互导,b 为节点上的电流源和等效电流源注入电流的线性组合。式(4.2)解的一般形式为

$$x_k = \frac{\Delta_{1k}}{\Delta} b_{11} + \frac{\Delta_{2k}}{\Delta} b_{22} + \cdots + \frac{\Delta_{nk}}{\Delta} b_{nn}$$

式中,Δ 为系数 a 构成的行列式,Δ_{jk} 是 Δ 中第 k 列第 j 行元素对应的代数余子式,$j = 1, 2, \cdots, n$。对于 $b_{11}, b_{22}, \cdots, b_{nn}$ 都是电路中激励的线性组合,而每个解 x 又是 $b_{11}, b_{22}, \cdots, b_{nn}$ 的线性组合,而支路电压、支路电流与节点电压也满足线性关系。故线性电路中任一处的响应(电压或电流)y 都是电路中所有激励 x_j 的线性组合,即

$$y = k_1 x_1 + k_2 x_2 + \cdots + k_n x_n = \sum k_j x_j \tag{4.3}$$

式中常量 k_j 为激励 x_j 单独作用时该响应的比例系数。它是由电路参数和电路结构决定的常量,它的性质可能是电阻、电导或常数,可以是正值,也可以是负值。任何线性电路都具有式(4.3)这种特性,它具有普遍性,线性电路的这种特性就称为叠加定理。线性方程式(4.3)是叠加定理的数学表达式。

叠加定理可以表述为:在任何由线性元件、线性受控源及独立源组成的线性电路中,每个支路的响应(电压或电流)都可以看成是各个独立电源单独作用时在该支路中产生的响应的代数和。

叠加定理在线性电路的分析中起着重要的作用,它是分析线性电路的基础。在应用叠加定理时,应注意以下几点:

①叠加定理只适用于线性电路中电流、电压的计算,对非线性电路不适用,对线性电路中的功率计算也不适用;

②各个独立源单独激励时,其余独立源置零(电压源用短路线替代,电流源用开路替代)。电路联接形式不变,电阻阻值不变;

③叠加时各分电路中的电压和电流的参考方向与原电路相同的,在求代数和时取正号;与原电路不相同的,在求代数和时取负号;

④叠加的方式是任意的,可以一次使一个独立源单独作用,也可以一次使几个独立源同时作用,叠加方式的选择取决于对分析计算问题简便与否。

例4.1　求解图4.2(a)所示电路中的电压 u_{ab} 和电流 i_1。

解　本题独立源数目较多,每个独立源单独作用一次,需作4个分电路图,分别计算4次,比较麻烦。这里采用独立源分组作用,即3 A独立电流源单独作用一次,其余独立源共同作用一次。作出两个分电路图,如图4.2所示。

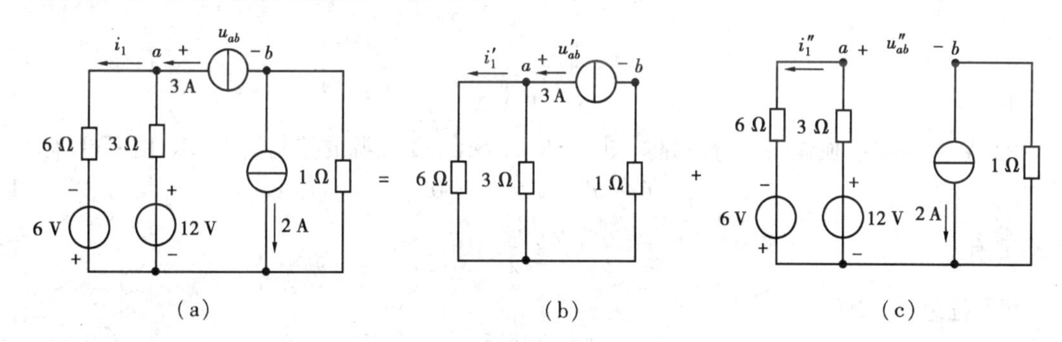

图4.2

由图(b)可得　$u'_{ab}=\left[\frac{6\times3}{6+3}+1\right]\times3=9\ \text{V}$

$$i'_1=\frac{3}{6+3}\times3=1\ \text{A}$$

由图(c)可得　$i''_1=\frac{6+12}{6+3}=2\ \text{A}$

$$u''_{ab}=6\times i''_1-6+2\times1=8\ \text{V}$$

所以,由叠加定理可得

$$u_{ab}=u'_{ab}+u''_{ab}=17\ \text{V}$$

$$i=i'_1+i''_1=1+2=3\ \text{A}$$

当电路中存在受控源时,叠加定理仍然适用。受控源的作用反映在回路电流方程或节点电压方程的自阻和互阻或自导和互导中,即式(4.2)的系数矩阵中。而这些系数并没有改变方程的线性关系,所以电路中任一处的电流或电压仍可按照各独立电源单独作用时在该处产生的电流或电压的叠加。但应注意,受控源离开控制量不能产生激励,没有独立电源时电路中当然没有控制量,因此受控源不能单独产生激励,它只是一个电路器件。因此在每个独立电源单独激励时电路中的受控源也就同时存在,而且受控源控制系数不变。不同独立电源激励时,产生的控制量的大小和方向都会不同,因而受控源的量值也会不同。

例 4.2 应用叠加定理求解图 4.3(a)所示电路中 4 Ω 电阻支路的电流。

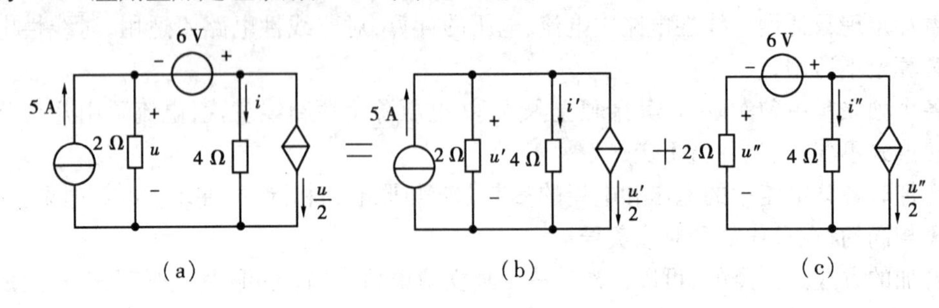

图 4.3

解 设 4 Ω 电阻支路的电流为 i,参考方向如图 4.3(a)所示。

①5 A 电流源单独作用的分电路如图 4.3(b)所示,受控源的控制量为 u'。由欧姆定律及 KVL 有

$$5 = \frac{u'}{2} + \frac{u'}{4} + \frac{u'}{2}$$

$$u' = 4\ \text{V}$$

所以

$$i' = 1\ \text{A}$$

②6 V 电压源单独作用的分电路如图 4.3(c)所示。受控源的控制量为 u''。由 KVL 有

$$6 + u'' - 4 \times i'' = 0 \qquad ①$$

由 KCL 有

$$\frac{u''}{2} + i'' + \frac{u''}{2} = 0 \qquad ②$$

解方程组①,②有

$$i'' = 1.2\ \text{A}$$

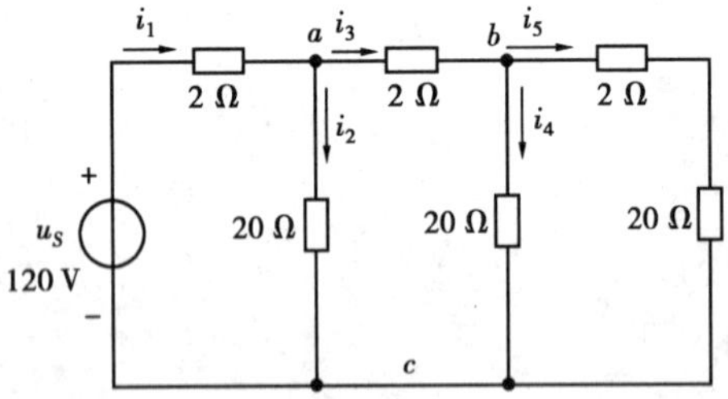

③由叠加定理可得

$$i = i' + i'' = 1 + 1.2 = 2.2\ \text{A}$$

图 4.4

在线性电路中,任一处的响应(电压或电流)都是电路中所有激励(电压源和电流源)的线性组合(式(4.3))。当所有激励(电压源和电流源)都同时增大或缩小 K 倍(K 为实常数)时,响应(电压和电流)也同时增大或缩小 K 倍。这就是线性电路的齐性定理。显然,当只有一个独立电源作用在线性电路中时,其响应必与激励成正比,此时应用齐性定理分析梯形电路特别有效。

例 4.3 求解图 4.4 所示梯形电路中通过各电阻的电流。

解 设 $i'_5 = 1$ A,则有

$$i'_4 = \frac{u'_{bc}}{20} = 1.1\ \text{A}$$

$$i'_3 = i'_4 + i'_5 = 2.1\ \text{A}$$

$$u'_{ac} = u'_{ab} + u'_{bc} = 2.1 \times 2 + 22 = 26.2\ \text{V}$$

$$i'_2 = \frac{u'_{ac}}{20} = \frac{26.2}{20} = 1.31\ \text{A}$$

$$i'_1 = i'_2 + i'_3 = 1.31 + 2.1 = 3.41\ \text{A}$$

$$u'_S = 2 \times i'_1 + u'_{ac} = 2 \times 3.41 + 26.2 = 33.02\ \text{V}$$

令 $u_S = 120$ V,即实际电路输入电压为 120 V,则

$$K = \frac{u_S}{u'_S} = \frac{120}{33.02} = 3.63\ (\text{倍})$$

由齐性定理得,各电阻中的电流为

$$i_1 = Ki'_1 = 12.38\ \text{A},\quad i_2 = Ki'_2 = 4.76\ \text{A},\quad i_3 = Ki'_3 = 7.62\ \text{A}$$

$$i_4 = Ki'_4 = 3.99\ \text{A},\quad i_5 = Ki'_5 = 3.63\ \text{A}$$

本例计算是应用齐性定理分析梯形电路的典型方法,称为倒推法。即从电路最远离电源的一端元件开始,先假定一个便于计算的电压或电流值,逐步向电源起始端推算,得到对应的电源端的电压、电流值,如本例设 $i'_5 = 1$ A,倒推计算得 $u'_S = 33.02$ V,再通过齐性定理修正,得到给定激励作用下各支路电压、电流待求值。

4.2 替代定理

替代定理(也叫置换定理)可以叙述如下:

在任何线性电路或非线性电路中,若某支路电压 u_k 和电流 i_k 已知,且该支路内不含有其他支路中受控电源的控制量,则无论该支路是由什么元件组成的,都可以用以下任何一个元件替代:

①电压等于 u_k 的理想电压源;

②电流等于 i_k 的理想电流源;

③阻值为 u_k/i_k 的电阻元件。

替代以后该电路中全部电压和电流均保持不变。图 4.5 是替代定理的示意图。

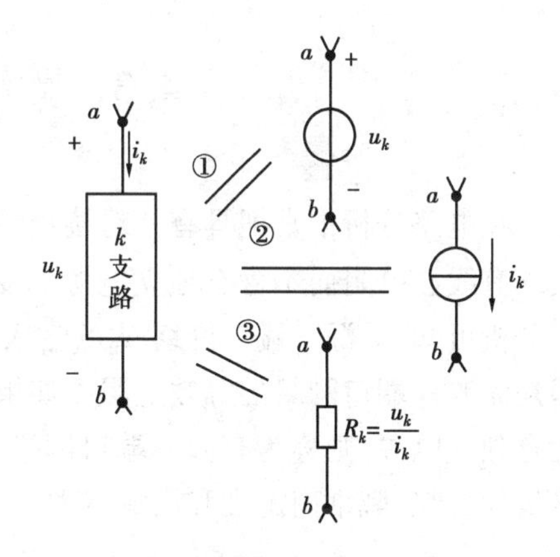

图 4.5 替代定理的示意图

图 4.6 给出一个简单例子来说明替代定理。在图 4.6(a)中,可求得 $u_3 = 8$ V, $i_3 = 1$ A,现将支路 3 分别用 $u_S = u_3 = 8$ V 的电压源或 $i_S = i_3 = 1$ A 的电流源或阻值为 8 Ω 的电阻元件替代,如图 4.6(b),(c),(d)所示。不难求得,图 4.6(a),(b),(c),(d)中全部支路电压和电流保持不变,即 $i_1 = 2$ A, $i_2 = 1$ A, $i_3 = 1$ A, $u_3 = 8$ V。

其实,前面介绍的零值电流源相当于开路,零值电压源相当于短路,就是替代定理的应用。

替代定理的正确性可证明如下,当第 k 条支路被一个电压源 u_k 或电流源 i_k 或电阻 $R_k = u_k/i_k$ 替代后,如图 4.6 所示。改变后的新电路和原电路的联接相同,因此两个电路的 KCL 和 KVL 约束方程完全相同。除第 k 条支路外,两个电路的全部支路的约束关系也相同。但新电路中第 k 条支路的电压或电流或两者的关系被约束为与原电路第 k 条支路相同。因此电路在改变前后,各支路电压、电流满足相同的约束方程,其解也是相同的。

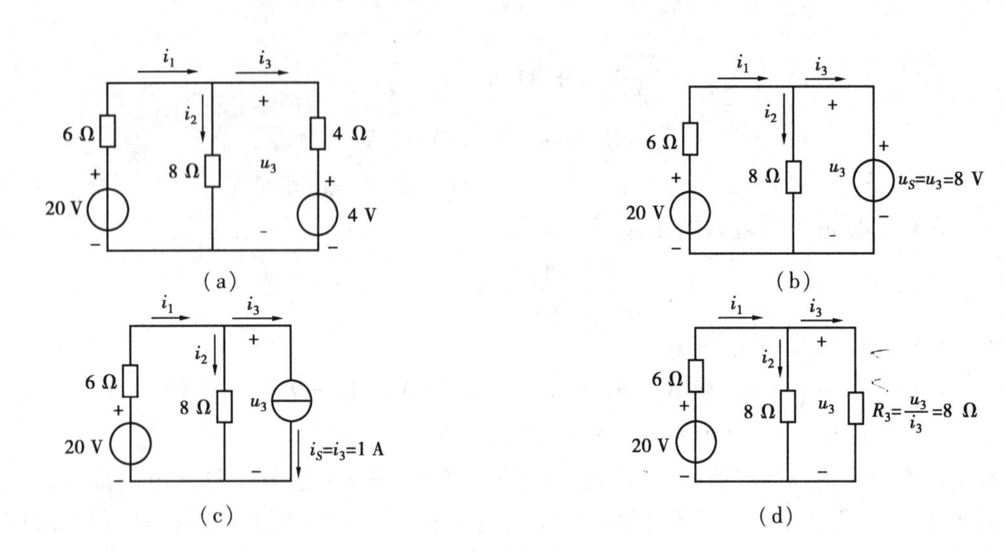

图 4.6　替代定理实例

在某种意义上,替代定理就是电路等效。注意:第 k 条支路从广义上讲也可以是一个一端口网络;在分析电路时,常常用它化简电路,辅助其他方法求解问题。但应注意的是“替代”与“等效”在内涵上不一样。替代定理是指在一个特定条件下,量值的等值替代关系,当外电路发生变化时,替代的量值也将随之变化;而等效变换是等效电路对外保持相同的伏安关系,当外电路发生变化时,等效电路对外电路的伏安关系保持不变。

4.3　戴维南定理和诺顿定理

在电路分析中常把具有一对接线端子的电路部分称为一端口网络。如果一端口网络内部仅含有线性电阻而不含有独立电源和受控源,则称为无源一端口网络,并标注字符 N_0。由前面分析可知,无源一端口网络 N_0 的输入电压和电流之比为一实常数,定义为 N_0 的输入电阻,也即是无源一端口网络的等效电阻。如果一端口网络内部不仅含有线性电阻和线性受控源,还含有独立电源,则称为有源一端口网络,并标注字符 N_S。那么一个有源一端口网络的等效电路是什么呢,戴维南定理和诺顿定理提供了分析求解的一般方法。

4.3.1　戴维南定理

任何一个线性有源一端口网络 N_S,对外电路而言,它可以用一个电压源 u_S 和电阻 R_0 的串联组合电路来等效。该等效电压源的电压 u_S 等于该有源一端口网络在端口处的开路电压,其等效电阻 R_0 等于该有源一端口网络 N_S 对应的令独立源为零时一端口网络 N_0 的等效电阻。戴维南定理的内容说明如图 4.7 所示,有源一端口网络 N_S 用戴维南等效电路变换后,不影响对外电路的分析计算。即等效变换后,外电路中的电压、电流保持不变,如图 4.7 所示电压 u 和电流 i。

当有源一端口网络内部含有受控源时,应用戴维南定理时要注意,受控源的控制量可以是该有源一端口网络内部的电压或电流,也可以是该有源一端口网络端口处的电压或电流,但不

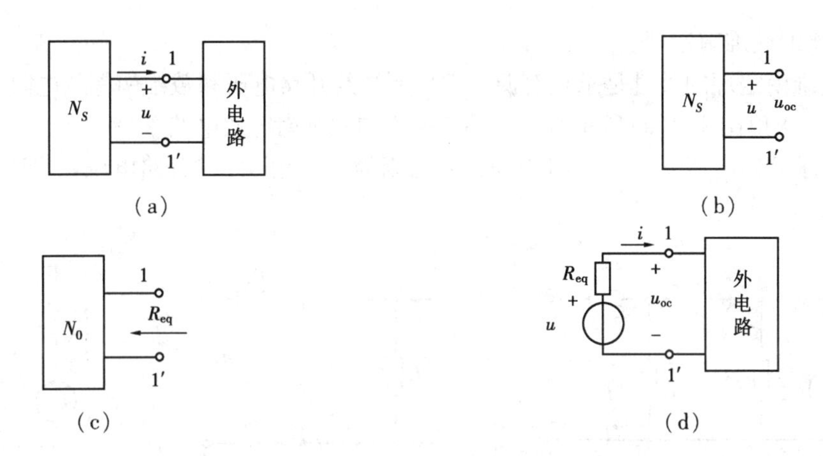

图4.7 戴维南定理说明

允许该有源一端口网络内部的电压或电流是外电路中受控源的控制量。

戴维南定理可用替代定理和叠加定理证明如下:如图4.7所示,设 N_S 接上外电路后端口电压为 u,电流为 i。根据替代定理,外电路可用一个电流为 $i_S=i$ 的电流源替代,且不影响有源一端口网络的工作状态,如图4.8(a)所示。

现在来求解端口电压 u 和电流 i 的关系,根据叠加定理,图4.8(a)中的电压 u 等于 N_S 内部独立电源作用时产生的电压 $u^{(1)}$(如图4.8(b))与电流源 i_S 单独作用时所产生的电压 $u^{(2)}$(如图4.8(c))之和。即

$$u = u^{(1)} + u^{(2)} \tag{4.4}$$

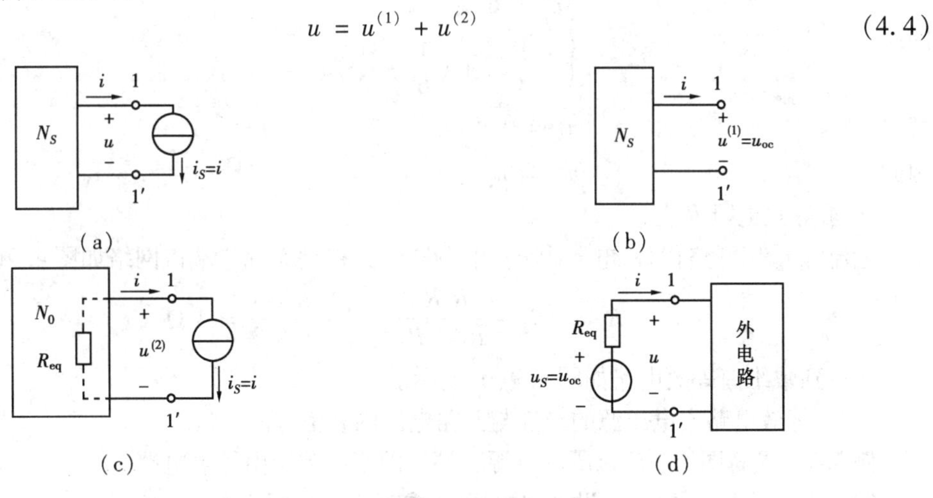

图4.8 戴维南定理证明

从图4.8(b)可见,$u^{(1)}$ 就是 N_S 在端口开路时的开路电压 u_{oc};在图4.8(c)中,N_S 内部独立电源为零时得到一个无独立源一端口网络 N_0,用等效电阻 R_{eq} 表示。因此,有

$$u^{(2)} = -R_{eq}i_S = -R_{eq}i \tag{4.5}$$

综上所述,一个线性有源一端口网络 N_S 的外特性(电压电流关系)为

$$u = u^{(1)} + u^{(2)} = u_{oc} - R_{eq}i \tag{4.6}$$

对于图4.8(d)中电压源 u_S 和电阻 R 的串联组合电路,如果令 $u_S=u_{oc}$,$R=R_{eq}$,则其伏安关系与上式完全相同。因此,图4.7(a)中的 N_S 可等效变换为图4.8(d)中电压源和电阻串联

组合电路,此即戴维南定理。

应用戴维南定理的关键是求出有源一端口网络的开路电压和戴维南等效电阻。

例 4.4 求解图 4.9(a)所示有源一端口网络的戴维南等效电路。

解 ①求开路电压 u_{oc}。如图 4.9(a)所示,因为 ab 端子开路,开路电压 u_{oc} 即是电阻 R_2 上的电压。

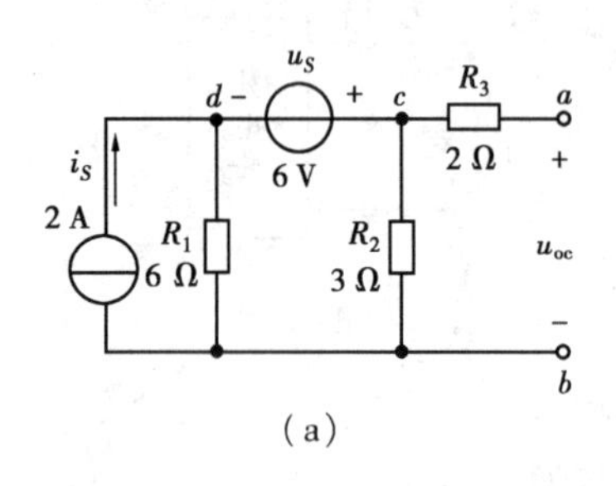

(a)

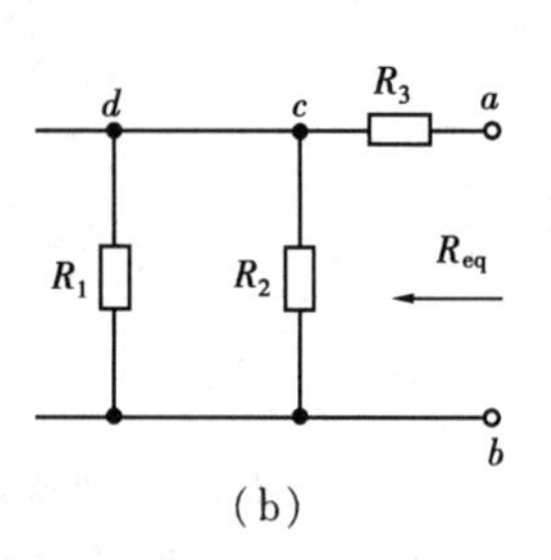

(b)

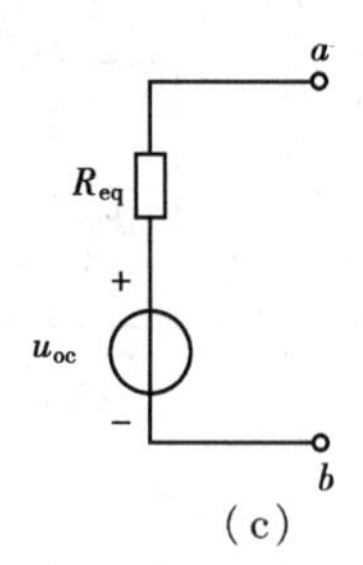

(c)

图 4.9

以 d 点为参考节点,设节点电压为 u_c 和 u_b,列节点电压方程为

$$\begin{cases} u_c = u_S = 6\ \text{V} \\ -\dfrac{1}{R_2}u_c + \left(\dfrac{1}{R_1} + \dfrac{1}{R_2}\right)u_b = -i_S \end{cases}$$

即

$$\begin{cases} u_c = 6\ \text{V} \\ -\dfrac{1}{3}u_c + \left(\dfrac{1}{6} + \dfrac{1}{3}\right)u_b = -2\ \text{A} \end{cases}$$

解得 $$u_b = 0\ \text{V}$$

因此 $$u_{oc} = u_c - u_b = 6\ \text{V}$$

② 求等效电阻 R_{eq}。

电流源 i_S 用开路代替,电压源 u_S 用短路代替,得到无源一端口网络如图 4.9(b)所示。

$$R_{eq} = R_3 + \frac{R_1R_2}{R_1 + R_2} = 2 + \frac{6\times 3}{6+3} = 4\ \Omega$$

③得到戴维南等效电路如图 4.9(c)所示。

注意,等效电路中电压源的极性与开路电压的参考方向一致。

例 4.5 求解图 4.10(a)所示有源一端口网络的戴维南等效电路。

解 ①求开路电压 u_{oc}。设开路电压 u_{oc} 参考方向如图 4.10(a)所示。

由 KVL,有 $$\begin{cases} R_1i_1 + R_2i_1 = u_S + 2i_1 \\ u_{oc} = R_1i_1 \end{cases}$$

即 $$\begin{cases} 3i_1 + 4i_1 - 2i_1 = 4 \\ u_{oc} = 3i_1 \end{cases}$$

解得 $$i_1 = 0.8\ \text{A}, u_{oc} = 2.4\ \text{V}$$

②求等效电阻 R_{eq}。如图 4.10(b)所示,令独立源为零,采用外加电源法。

由 KVL,有 $$i_1 = \frac{u}{R_1}$$

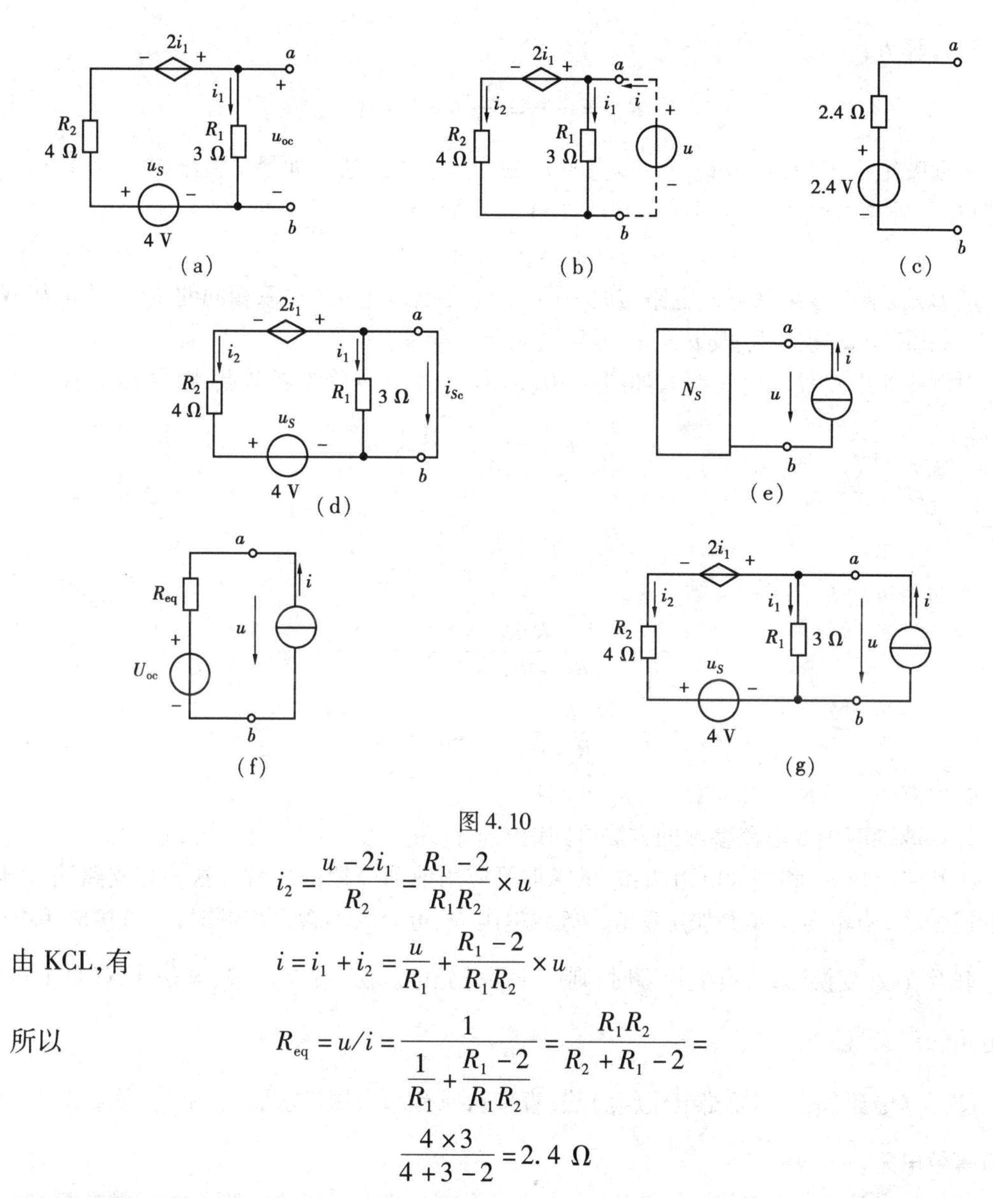

图 4.10

$$i_2=\frac{u-2i_1}{R_2}=\frac{R_1-2}{R_1R_2}\times u$$

由 KCL,有 $$i=i_1+i_2=\frac{u}{R_1}+\frac{R_1-2}{R_1R_2}\times u$$

所以 $$R_{eq}=u/i=\frac{1}{\dfrac{1}{R_1}+\dfrac{R_1-2}{R_1R_2}}=\frac{R_1R_2}{R_2+R_1-2}=$$

$$\frac{4\times3}{4+3-2}=2.4\ \Omega$$

③作出戴维南等效电路如图 4.10(c)所示。

下面介绍通过求取 u_{oc} 和 i_{Sc}(短路电流),确定有源一端口戴维南等效参数的方法。

1 开路电压 u_{oc},与上同。

2 短路电流 i_{Sc},根据式(4.6),令 $u=0$,即把有源一端口 N_S 短路,此时的电流 i 就是短路电流,用 i_{Sc} 标记,如图 4.10(d)所示。

可见,只要 u_{oc},i_{Sc} 求得或被测量出来,就可由上式求得 R_{eq},仍以上题为例。

解 1)求 u_{oc},与上同,$u_{oc}=2.4$ V

2)求 i_{Sc},把一端口 N_S 短路,如图 4.10(d)所示。

因为 R_1 被短路,故 $i_1=0$,所以 $2i_1=0$

$$i_{Sc}=\frac{u_S}{R_2}=\frac{4}{4}=1\ \text{A}$$

3）计算 R_{eq}

$$R_{eq} = \frac{u_{oc}}{i_{Sc}} = \frac{2.4}{1} = 2.4\ \Omega$$

根据戴维南定理，还可获得一步完成 u_{oc}，R_{eq} 的求取方法。如果给戴维南等效电路及有源一端口 N_S 外施电流源 i_S，如图 4.10（f），（g）所示，必有

$$u = R_{eq} i_S + u_{oc} \tag{4.7}$$

的一般形式，根据戴维南等效电路与原一端口 N_S 在端口上 u，i 关系相同的条件，故可从 N_S 的 u，i 关系式中立即得到 R_{eq} 及 u_{oc}——外施电流源一步法。

对例 4.5 电路外施电流源 i，如图 4.10（g）所示，如选 b 作参考节点，则由 KCL 有

$$\left.\begin{aligned} &\frac{u_a}{R_1} + \frac{u_a - 4 - 2i_1}{R_2} = i \\ &i_1 = \frac{u_a}{R_1} \end{aligned}\right\}$$

辅助方程

消去 i_1 且有 $u_a = u$，可得

$$u_a = u = \frac{R_1 R_2}{R_1 + R_2 - 2} i + \frac{4R_1}{R_1 + R_2 - 2}$$

所以 $$R_{eq} = \frac{R_1 R_2}{R_1 + R_2 - 2} \qquad u_{oc} = \frac{4R_1}{R_1 + R_2 - 2}$$

代入数据有 $R_{eq} = 2.4\ \Omega \qquad u_{oc} = 2.4\ \text{V}$

计算戴维南等效电路参数的方法可归纳入下：

①开路电压 u_{oc} 和等效电阻法：u_{oc} 的求取可应用前面介绍的各种方法。如支路法、回路法（网孔法）、节点电压法及叠加定理等。等效电阻 R_{eq} 可分为不含受控源时，可直接应用电阻的串并联及 Y-△变换法；含有受控源时，则可应用外施电源法，按 $R_{in} = R_{eq} = \frac{u}{i}$ 计算（见 1.6 节输入电阻的定义）。

②开路电压（u_{oc}）和短路电流（i_{Sc}）法：直接从原有源一端口求取 u_{oc} 和 i_{Sc}，然后按 $R_{eq} = \frac{u_{oc}}{i_{Sc}}$ 计算等效电阻。

③外施电流源一步法：考虑到 N_S 的戴维南等效电路有可能为一理想电压源的情况，外施电流源列写端电压 u 的标准式

$$u = k_1 i_S + k_2 \tag{4.8}$$

把式（4.7）与式（4.8）相比较，立即可得

$$R_{eq} = k_1, \quad u_{oc} = k_2 \tag{4.9}$$

4.3.2 诺顿定理

任何一个线性有源一端口网络 N_S 对外电路来说，它可以用一个电流源 i_S 和电导 G 的并联组合电路等效，该电流源的电流 i_S 等于该有源一端口网络在端口处的短路电流 i_{Sc}；电导 G 等于该有源一端口网络 N_S 对应的无独立源一端口网络 N_0 的等效电导（参看图 4.11）。

诺顿定理的证明和戴维南定理的证明类似。如图 4.11 所示，设 N_S 接上外电路后端口电

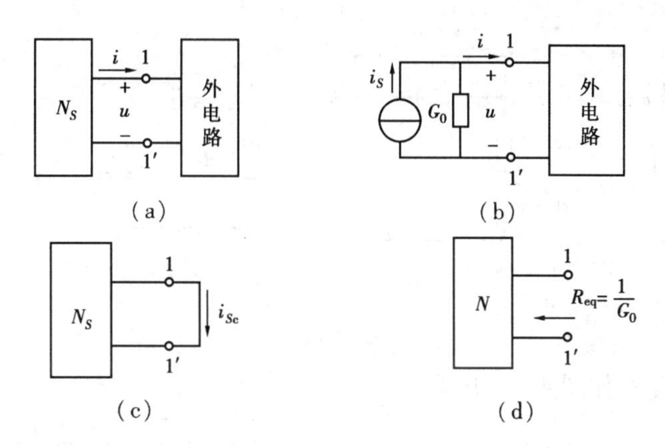

图 4.11　诺顿定理说明

压为 u，电流为 i。根据替代定理，外电路用一个电压为 $u_S=u$ 的电压源替代，且不影响有源一端口网络的工作状态，得到如图 4.12(a)所示电路。由叠加定理，端口处的电流 i 可以看成有源一端口网络内部所有独立电源和外部独立电源共同作用的结果。

当 N_S 内部独立电源单独作用时，电路如图 4.12(b)所示，电流 $i'=i_{Sc}$

当独立电压源 u 单独作用时，电路如图 4.12(c)所示。电流

$$i''=-\frac{u}{R_{eq}}=-G_{eq}u$$

所以

$$i=i'+i''=i_{Sc}-\frac{u}{R_{eq}}=i_{Sc}-G_{eq}u$$

表示这种伏安关系的等效电路模型如图 4.12(d)所示。因此，图 4.11(a)中的 N_S 可用图 4.12(d)中电流源和电导并联组合电路来等效置换，此即诺顿定理。

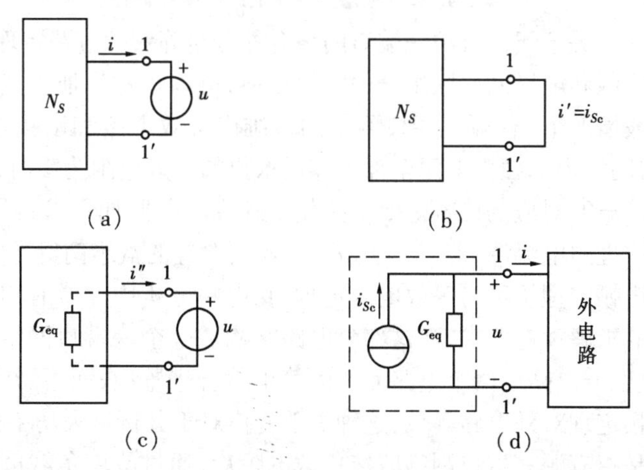

图 4.12　诺顿定理的证明

应用诺顿定理的关键是求出有源一端口网络的短路电流和诺顿电导。

例 4.6　如图 4.13(a)所示，应用诺顿定理求解电阻 $R=15\ \Omega$ 消耗的功率。

解　本例题只求解电阻 R 消耗的功率，如果把电阻 R(待求元件)视为外电路，其余部分便为一个有源一端口网络，其端口为 bc。可进行诺顿等效变换，电阻 R 在求解过程中保持不变。

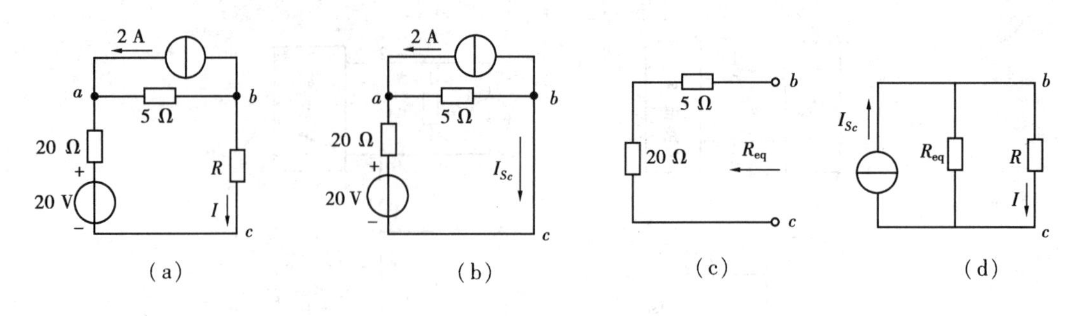

图 4.13

①求短路电流 I_{Sc}。如图 4.13(b)所示。

应用 KVL,有

$$20I_{Sc} + (2 + I_{Sc}) \times 5 = 20$$

解得

$$I_{Sc} = 0.4 \text{ A}$$

②求等效电导 G_{eq}(或等效电阻 $R_{eq} = 1/G_{eq}$)

把有源一端口网络中独立电源置零后,即 2 A 电流源开路,20 V 电压源短路,从端口 bc 看进去的等效电阻。如图 4.13(c)所示。

$$R_{eq} = 5 + 20 = 25 \ \Omega$$

③画出等效电路,如图 4.13(d)所示,其中 $I_{Sc} = 0.4$ A,$R_{eq} = 25$ Ω,计算电阻 R 消耗的功率。由分流公式,有电阻 R 中的电流

$$I = \frac{R_{eq}}{R_{eq} + R} I_{Sc} = \frac{25}{25 + 15} \times 0.4 \text{ A} = 0.25 \text{ A}$$

因此,电阻 R 消耗的功率为

$$P = I^2 R = (0.25)^2 \times 15 = 0.94 \text{ W}$$

诺顿定理也是一个关于线性有源一端口网络对外电路等效的电路定理。应用电压源和电阻的串联组合与电流源和电导的并联组合的等效变换,可以很容易地由戴维南等效电路导出诺顿等效电路。一般情况下,有源一端口网络的戴维南等效电路和诺顿等效电路同时存在。但是,当有源一端口网络内部独立电源全部置零后求得的等效电阻为零时,戴维南等效电路为一理想电压源,即 $R_{eq} = 0$,对应的诺顿等效电路便不存在;同理,如果求得等效电导为零时,诺顿定理等效电路为一理想电流源,即 $G_{eq} = 0$($R_{eq} = \infty$),对应的戴维南等效电路便不存在。

戴维南定理和诺顿定理统称为等效电源定理,在电路分析中非常有用。如果对于一个复杂电路的部分电路的求解没有要求,而这部分电路又构成一个一端口网络,在这种情况下,应用这两个定理,把这部分电路用两个电路元件的简单组合来置换,而不影响其余电路的求解。即戴维南定理和诺顿定理对外电路等效,这种等效变换对于分析最大功率传输问题尤其方便。所谓最大功率传输是指有源一端口网络联接负载电阻后,通过改变负载电阻的阻值使有源一端口网络传递最大功率,也就是说此时负载电阻获得功率最大。

例 4.7 例 4.6 中的电阻 R 取值为多少时,可获得最大功率?并计算此最大功率。

解 由例 4.6 可得,把电阻 R 视为外电路时,其余部分电路便为一个有源一端口网络,其诺顿等效电路重新画出,如图 4.14(a)所示。其中 $I_{Sc} = 0.4$ A,$R_{eq} = 25$ Ω。同理,该有源一端口网络亦可等效为戴维南等效电路,如图 4.14(b)所示,其中 $U_S = U_{oc} = I_{Sc} R_{eq} = 10\text{V}$,$R_{eq} = 25$ Ω。

对于图 4.14(a)所示电路,电阻 R 吸收的功率

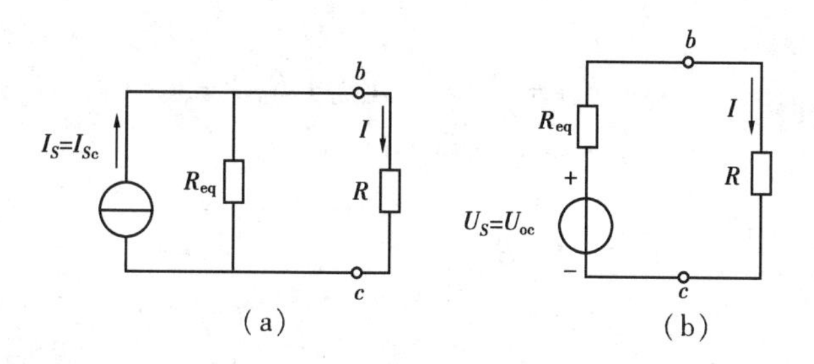

图4.14

$$P = I^2R = \left(\frac{R_{eq}}{R_{eq}+R} \times I_S\right)^2 \times R \tag{4.10}$$

对于图4.14(b)所示电路,电阻R吸收的功率

$$P = I^2R = \left(\frac{U_S}{R_{eq}+R}\right)^2 \times R \tag{4.11}$$

式(4.10)和式(4.11)中,I_S,U_S,R_{eq}都为实常数,保持不变。因此负载电阻R获得的功率P是电阻R的函数。当$\frac{dP}{dR}=0$时,电阻R获得最大功率,即有源一端口网络传输最大功率。得到电阻获得最大功率的条件为

$$R = R_{eq} \tag{4.12}$$

把式(4.12)代入式(4.10)和式(4.11)中,负载电阻R获得的最大功率为

$$P_{max} = \frac{I_S^2}{4G_{eq}} \tag{4.13}$$

或

$$P_{max} = \frac{U_S^2}{4R_{eq}} \tag{4.14}$$

式(4.13)和式(4.14)分别对应诺顿等效电路和戴维南等效电路的最大传输功率。

本例中,当$R=R_{eq}=25\ \Omega$时,电阻R可获得最大功率

$$P_{max} = \frac{U_S^2}{4R_{eq}} = 1\ \text{W}$$

注意:式(4.13)和式(4.14)最大功率输出条件的得出是在电源参数(u_{oc}和i_{Sc})及内阻不变的前提下推导出的,如果不具备这个条件,则不能套用$R=R_{eq}$这个条件求解最大功率。

例4.8　电路如图4.15(a)所示,求$R_L=?$时可获得最大功率,并求此功率。已知$u_S=40\ \text{V}$,$i_S=1\ \text{A}$,$\beta=-3$,$R_1=R_2=R_3=30\ \Omega$。

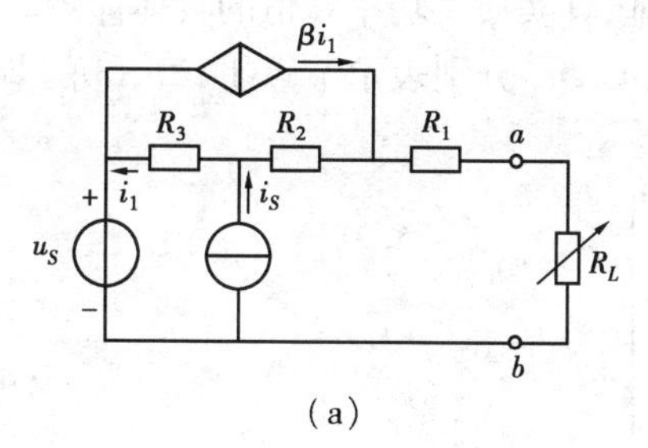

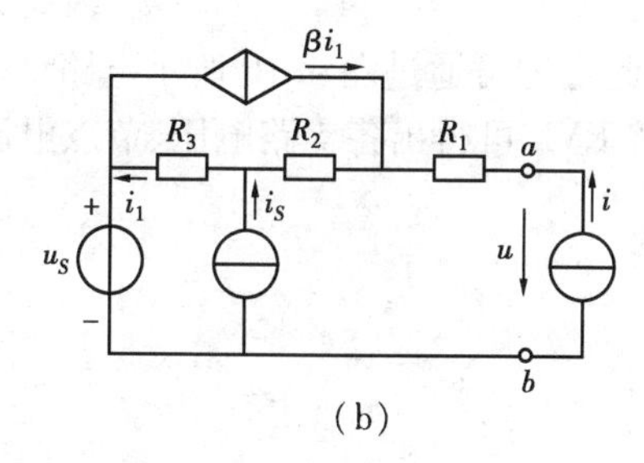

图4.15

解　在此有源一端口网络的端口上外施电流源i,其端电压为u,如图4.15(b)示,根据

KVL,KCL

$$u = R_1 i + R_2(i + \beta i_1) + R_3 i_1 + u_S \quad ①$$

$$-i_1 + i_S + (\beta i_1 + i) = 0 \quad ②$$

由②可得 $$i_1 = \frac{i + i_S}{1 - \beta} \quad ③$$

把③代入①得

$$u = (R_1 + R_2)i + (R_2\beta + R_3)\cdot\frac{i + i_S}{1 - \beta} + u_S =$$

$$i\left(R_1 + R_2 + \frac{R_2\beta + R_3}{1 - \beta}\right) + u_S + \frac{R_2\beta + R_3}{1 - \beta}i_S$$

所以

$$u_{oc} = u_S + \frac{R_2\beta + R_3}{1 - \beta}i_S \qquad R_{eq} = R_1 + R_2 + \frac{R_2\beta + R_3}{1 - \beta}$$

代入数据得

$$u_{oc} = 25\ \text{V} \qquad R_{eq} = 45\ \Omega$$

故当 $R_L = R_{eq} = 45\ \Omega$ 时,可获得最大功率 $P_{max} = \frac{u_{oc}^2}{4R_{eq}} = \frac{625}{4\times 45} = 3.47\ \text{W}$

4.4 特勒根定理

特勒根定理是电路理论中普遍适用的基本定理,它和基尔霍夫定理一样,与电路中各元件的性质无关。因此,适用于线性、非线性,时变和非时变电路。

特勒根定理有两种形式:

特勒根定理 1 “对于一个具有 n 个节点和 b 条支路的电路,若各支路电压电流取关联参考方向,并用 $i_1, i_2, \cdots, i_b$ 和 $u_1, u_2, \cdots, u_b$ 分别表示 b 条支路的电流和电压,则在任何瞬间,有

$$\sum_{k=1}^{b} u_k i_k = 0 \tag{4.15}$$

上式表明,在任一时刻各支路吸收或提供的功率之和等于零。因此又称为功率定理,其实质是功率守恒的具体体现。

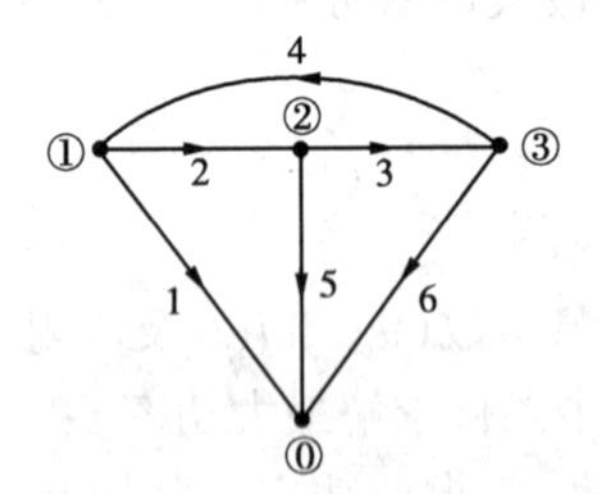

图 4.16　特勒根定理的证明

此定理可通过图 4.16 所示电路证明如下:令 u_{n1}, u_{n2}, u_{n3} 分别表示节点①,②,③的节点电压,按 KVL 可得出各支路电压、节点电压的关系为

$$\left.\begin{aligned} u_1 &= u_{n1} \\ u_2 &= u_{n1} - u_{n2} \\ u_3 &= u_{n2} - u_{n3} \\ u_4 &= u_{n3} - u_{n1} \\ u_5 &= u_{n2} \\ u_6 &= u_{n3} \end{aligned}\right\} \tag{4.16}$$

对节点①,②,③应用KCL,有

$$\left.\begin{aligned}i_1+i_2-i_4&=0\\-i_2+i_3+i_5&=0\\-i_3+i_4+i_6&=0\end{aligned}\right\}\tag{4.17}$$

而
$$\sum_{k=1}^{b}u_ki_k=u_1i_1+u_2i_2+u_3i_3+u_4i_4+u_5i_5+u_6i_6$$

把支路电压用节点电压表示后,代入上式整理得

$$\sum_{k=1}^{b}u_ki_k=u_{n1}i_1+(u_{n1}-u_{n2})i_2+(u_{n2}-u_{n3})i_3+(-u_{n1}+u_{n3})i_4+u_{n2}i_5+u_{n3}i_6=$$
$$(i_1+i_2-i_4)u_{n1}+(-i_2+i_3+i_5)u_{n2}+(-i_3+i_4+i_6)u_{n3}$$

引用式(4.17)得

$$\sum_{k=1}^{6}u_ki_k=0$$

上述证明可推广到任何具有 n 个节点和 b 条支路的电路,即有

$$\sum_{k=1}^{b}u_ki_k=0$$

特勒根定理2　如果有两个具有 n 个节点和 b 条支路的电路,它们具有相同的图,但由内容不同的支路组成。假设各支路电流和电压取关联参考方向,并分别用 $u_k(k=1,2,\cdots,b)$,$i_k(k=1,2,\cdots,b)$ 和 $\hat{u}_k(k=1,2,\cdots,b)$,$\hat{i}_k(k=1,2,\cdots,b)$ 来表示两个电路中 b 条支路的电流和电压,则在任何瞬间,有

$$\sum_{k=1}^{b}u_k\hat{i}_k=0\tag{4.18}$$

$$\sum_{k=1}^{b}\hat{u}_ki_k=0\tag{4.19}$$

以上两式中 $u_k\hat{i}_k$ 和 $\hat{u}_ki_k$ 虽然都具有功率量纲,但却不是 k 支路的功率,故不能用功率守恒来解释。以上两式仅仅是说明对具有相同拓扑图的电路,一个电路的支路电压和另一个电路对应支路的电流;或者是同一电路在不同时刻的相同支路的电压和电流所必须遵循的数学关系。不过因为仍有功率量纲,所以有时称之为"拟功率定理"。

特勒根定理2的证明:设两个电路的图如图4.16所示。对电路1应用KVL可写出式(4.16);对电路2应用KCL,有

$$\left.\begin{aligned}\hat{i}_1+\hat{i}_2-\hat{i}_4&=0\\-\hat{i}_2+\hat{i}_3+\hat{i}_5&=0\\-\hat{i}_3+\hat{i}_4+\hat{i}_6&=0\end{aligned}\right\}\tag{4.20}$$

利用式(4.16)可得出

$$\sum_{k=1}^{6}u_k\hat{i}_k=u_{n1}(\hat{i}_1+\hat{i}_2-\hat{i}_4)+u_{n2}(-\hat{i}_2+\hat{i}_3+\hat{i}_5)+u_{n3}(-\hat{i}_3+\hat{i}_4+\hat{i}_6)$$

再利用式(4.20)即可得出

$$\sum_{k=1}^{6} u_k \hat{i}_k = 0$$

此证明可推广到任何具有 n 个节点和 b 条支路的两个电路，只要它们具有相同的图。

同理

$$\sum_{k=1}^{b} \hat{u}_k i_k = 0$$

例 4.9　图 4.17 所示电路中 N 为线性无源电阻电路，求解图(b)中的电压 $\hat{u}_1$。

解　支路电压电流的参考方向如图 4.17(a)，(b)所示，由特勒根定理 2 有

$$u_1 \hat{i}_1 + u_2 \hat{i}_2 + \sum_{k=3}^{b} u_k \hat{i}_k = 0 \quad ①$$

$$\hat{u}_1 i_1 + \hat{u}_2 i_2 + \sum_{k=3}^{b} \hat{u}_k i_k = 0 \quad ②$$

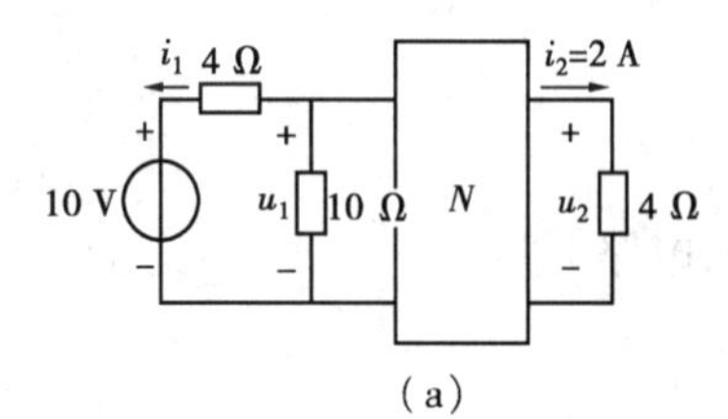

(a)

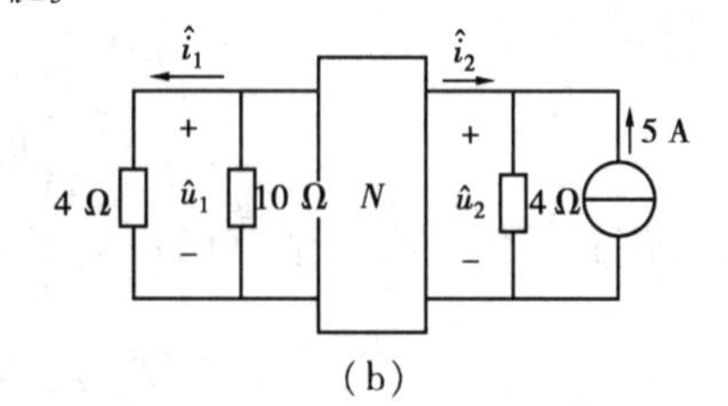

(b)

图 4.17

由于 N 内为无源电阻电路，所以

$$u_k \hat{i}_k = i_k R_k \hat{i}_k = i_k \hat{u}_k$$

即

$$\sum_{k=3}^{b} u_k \hat{i}_k = \sum_{k=3}^{b} \hat{u}_k i_k$$

所以由式①式②得

$$u_1 \hat{i}_1 + u_2 \hat{i}_2 = \hat{u}_1 i_1 + \hat{u}_2 i_2$$

由图 4.17(a)，(b)可知：$u_1 = 4i_1 + 10, i_2 = 2\ \text{A}, u_2 = 4i_2 = 8\ \text{V}$

$$\hat{u}_2 = (5 + \hat{i}_2) \times 4 = 4\hat{i}_2 + 20, \quad \hat{i}_1 = \frac{1}{4}\hat{u}_1$$

于是得

$$(4i_1 + 10) \times \frac{1}{4}\hat{u}_1 + 8\hat{i}_2 = \hat{u}_1 i_1 + (4\hat{i}_2 + 20) \times 2$$

即

$$\hat{u}_1 i_1 + 2.5\hat{u}_1 + 8\hat{i}_2 = \hat{u}_1 i_1 + 8\hat{i}_2 + 40$$

$$\hat{u}_1 = \frac{40}{2.5} = 16\ \text{V}$$

4.5　互 易 定 理

互易定理是线性电路的一个重要定理，它揭示了线性无源定常电路，在满足一定条件时还具有互易特性。所谓互易性是指当线性电路只有一个激励的情况下，激励与其在另一支路中的响应可以等价地互换位置，且由同一激励所产生的响应应保持不变。互易定理有 3 种基本

形式。

互易定理1　在图4.18(a)与(b)所示电路中,N_0 为仅由电阻组成的线性无源电阻电路,有 $\dfrac{i_2}{u_{S1}}=\dfrac{\hat{i}_1}{u_{S2}}$。

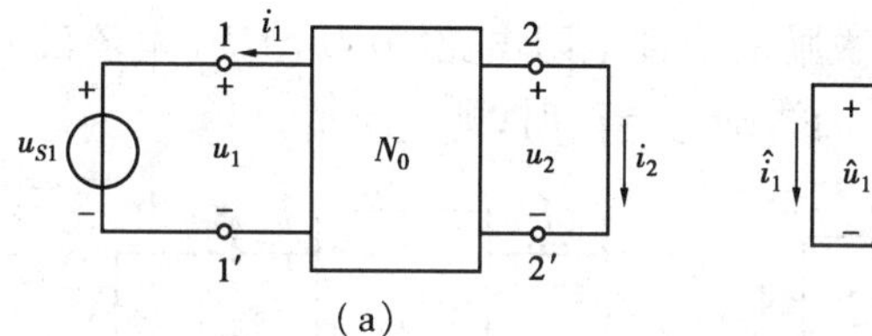

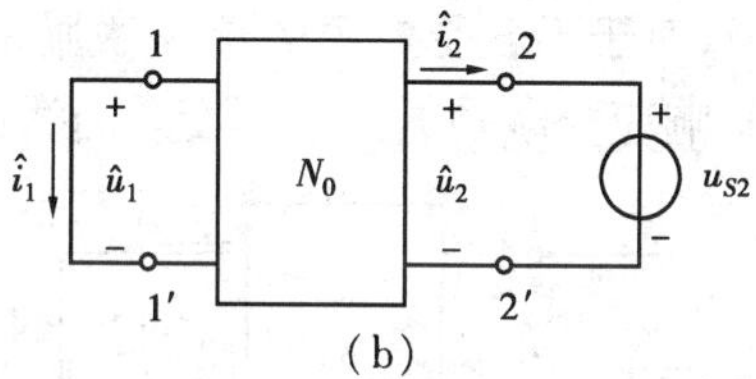

图4.18　互易定理1

互易定理1用特勒根定理2很容易证明。设图4.18(a)所示方框外接1.1′和2.2′支路电压和电流分别为 u_1,u_2 和 i_1,i_2,N 中有 $(b-2)$ 条支路,各支路电压为 $u_k(k=3,4,\cdots,b)$,支路电流为 $i_k(k=3,4,\cdots,b)$,且所有支路电压和电流均取关联参考方向。同理设图4.18(b)中支路电压和电流分别为 $\hat{u}_k$ 和 $\hat{i}_k(k=1,2,\cdots,b)$。根据特勒根定理2有

$$u_1\hat{i}_1+u_2\hat{i}_2+\sum_{k=3}^{b}u_k\hat{i}_k=0$$

$$\hat{u}_1i_1+\hat{u}_2i_2+\sum_{k=3}^{b}\hat{u}_ki_k=0$$

由于方框 N 内各支路均为电阻,所以

$$u_k\hat{i}_k=i_kR_k\hat{i}_k=i_k\hat{u}_k=\hat{u}_ki_k$$

因此

$$u_1\hat{i}_1+u_2\hat{i}_2=\hat{u}_1i_1+\hat{u}_2i_2 \tag{4.21}$$

由图4.18(a),(b)可见,$u_2=0,\hat{u}_1=0,u_1=u_{S1},\hat{u}_2=u_{S2}$

所以

$$u_{S1}\hat{i}_1=u_{S2}i_2$$

即

$$\frac{i_2}{u_{S1}}=\frac{\hat{i}_1}{u_{S2}}$$

互易定理2　在图4.19(a)与(b)所示电路中,N_0 为仅由电阻组成的线性无源电阻电路,有 $\dfrac{u_2}{i_{S1}}=\dfrac{\hat{u}_1}{i_{S2}}$。

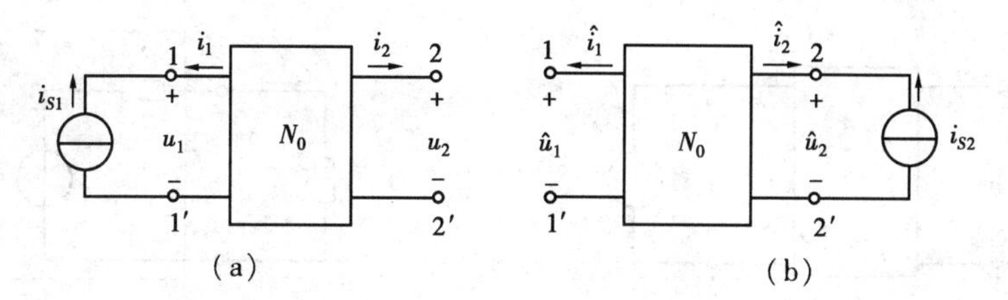

图4.19　互易定理2

证明:与定理1的假设相同,同理可得到式(4.21)。

$$u_1\hat{i}_1+u_2\hat{i}_2=\hat{u}_1i_1+\hat{u}_2i_2$$

由图 4.19 可见，$i_1=-i_{S1}, i_2=0, \hat{i}_1=0, \hat{i}_2=-i_{S2}$

因此 $$-i_{S1}\hat{u}_1=-i_{S2}u_2$$

即 $$\frac{u_2}{i_{S1}}=\frac{\hat{u}_1}{i_{S2}}$$

也就是说，对于不含受控源的单一激励的线性电阻电路，互易激励（电流源）与响应（电压）的位置，其响应与激励的比值不变。当激励 $i_{S1}=i_{S2}$时，则 $u_2=\hat{u}_1$。

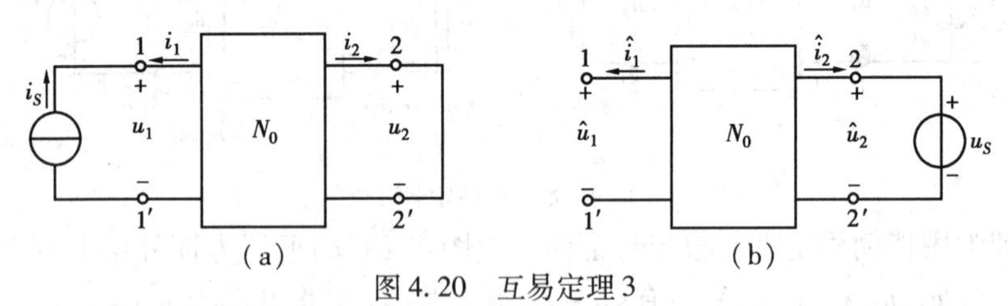

图 4.20　互易定理 3

互易定理 3　在图 4.20（a）与（b）所示电路中，N_0 为仅由电阻组成的线性无源电阻电路，有$\frac{i_2}{i_S}=\frac{\hat{u}_1}{u_S}$。

证明：与定理 1 的假设相同，同理可得到式（4.21）。

$$u_1\hat{i}_1+u_2\hat{i}_2=\hat{u}_1 i_1+\hat{u}_2 i_2$$

由图 4.20（a），（b）可见，$i_1=-i_S, u_2=0, \hat{i}_1=0, \hat{u}_2=u_S$。因此

$$-\hat{u}_1 i_S+u_S i_2=0$$

即 $$\frac{i_2}{i_S}=\frac{\hat{u}_1}{u_S}$$

对于不含受控源的单一激励的线性电阻电路，互易激励与响应的位置，且把电流源激励换为电压源激励，把原电流响应改为电压响应，则互换位置后响应与激励的比值保持不变。如果在数值上 $u_S=i_S$，则在数值上 $\hat{u}_1=i_2$。

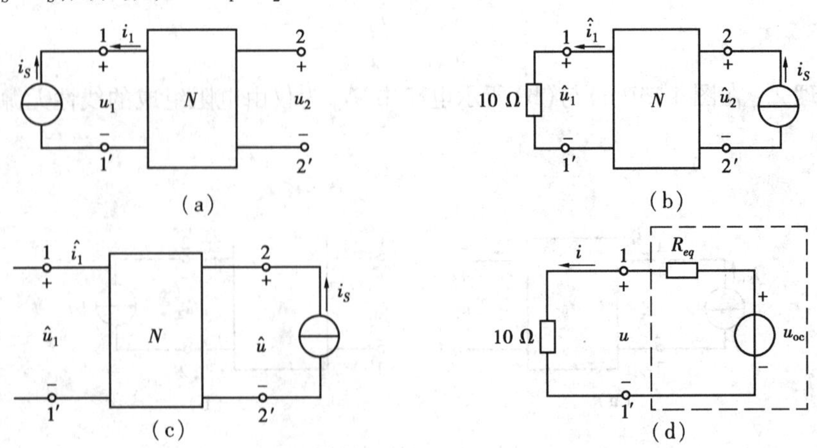

图 4.21

例 4.10　图 4.21（a）所示电路中，N 为线性无源电阻电路，已知 $i_S=2$ A，$u_1=20$ V，$u_2=5$ V。若把电流源接在输出端 2-2′端口，同时在输入端 1-1′接入一个 10 Ω 的电阻，如图 4.21

(b)所示,求解流过10 Ω电阻的电流。

解　电流源变换位置后,电路的结构发生了变化(图4.21(b)电路中接入了一个10 Ω电阻),不能直接应用互易定理。但若电流源换位置后,10 Ω电阻不接入,即可应用互易定理,如图4.21(c)所示。由互易定理2可得

$$\hat{u}_1 = u_2 = 5\ \text{V}$$

即1-1′端口的开路电压 $u_{oc} = \hat{u}_1 = 5$ V,由图4.21(a)可得1-1′端口以右部分的戴维南等效电阻:

$$R_{eq} = \frac{u_1}{-i_1} = \frac{u_1}{i_S} = \frac{20\ \text{V}}{2\ \text{A}} = 10\ \Omega$$

因此得到1-1′端口以右部分的戴维南等效电路如图4.21(d)虚线框所示,由图4.21(d)可得10 Ω电阻中的电流为

$$i = \frac{5}{10 + 10} = 0.25\ \text{A}$$

应用互易定理时必须注意:

①互易定理只适用于单一激励作用的不含受控源的线性电阻电路。

②所谓互易是指激励和响应的互易,不是电源和负载(例如电阻)的互换位置,即互易前后电路的拓扑结构应保持不变。

③激励和响应所在支路的参考方向,在互易前后应保持一致。

4.6　对偶原理

对偶原理在电路理论中占有重要地位。电路元件的特性,电路方程及其解答都可以通过它们的对偶元件,对偶方程的研究而获得。电路的对偶性,存在于电路变量、电路元件、电路定律、电路结构和电路方程之间的一一对应中。例如电阻的伏安关系式为 $u = Ri$,而电导的伏安关系式为 $i = Gu$。若将这两个关系式中 u,i 互换,R,G 互换,则这两个关系式即可彼此转换。再例如,电感元件的伏安关系式为 $u = L\dfrac{di}{dt}$,而电容元件的伏安关系式为 $i = C\dfrac{du}{dt}$,若将这两个关系式中 u,i 互换,L,C 互换,则这两个关系式即可彼此转换。再例如,图4.22(a)和(b)所示

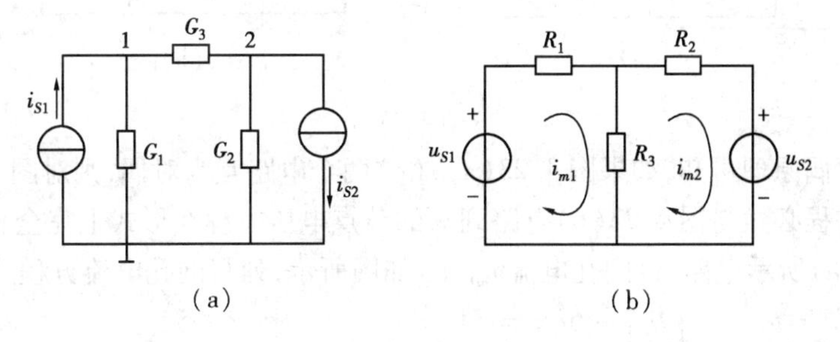

图4.22　对偶电路

电路的节点电压方程和网孔电流方程分别为

节点电压方程

$$\left.\begin{aligned}(G_1+G_2)u_{n1}-G_3u_{n2}&=i_{S1}\\-G_3u_{n1}+(G_2+G_3)u_{n2}&=-i_{S2}\end{aligned}\right\}\tag{4.22}$$

网孔电流方程

$$\left.\begin{aligned}(R_1+R_2)i_{m1}-R_3i_{m2}&=u_{S1}\\-R_3i_{m1}+(R_2+R_3)i_{m2}&=-u_{S2}\end{aligned}\right\}\tag{4.23}$$

考察式(4.22)和式(4.23)不难看出,这两组方程具有完全相同的形式。如果 G 和 R 互换,i_S 和 u_S 互换,节点电压 u_n 和网孔电流 i_m 互换,则上述两组方程即可彼此转换。而且如果 G 和 R 互换,i_S 和 u_S 互换,电路串联和并联互换,节点电压 u_n 和网孔电流 i_m 互换,则图 4.22(a)和 4.22(b)即可相互转换。

这些可以相互转换的元素称为对偶元素。如电阻 R 和电导 G,电压和电流,电感和电容,串联和并联。电路中某些元素之间的关系(或方程),用它们的对偶元素对应地置换后,所得的新关系(或新方程)也一定成立。这个新关系(或新方程)与原有关系(或方程)互为对偶,这就是对偶原理。如果两个平面电路,其中一个的网孔电流方程组(或节点电压方程组),由对偶元素对应地置换后,可以转换为另一个电路的节点电压方程组(网孔电流方程组),那么这两个电路便互为对偶,或称为对偶电路。

根据对偶原理,如果导出了一个电路的某一个关系式和结论,就等于解决了与之对偶的电路的另一个关系式和结论。但是必须指出,两个电路互为对偶,决非意指这两个电路等效,“对偶”和“等效”是两个完全不同的概念,不可混淆。

电路中一些对偶元素,对偶元件,对偶结构,对偶定律和对偶关系式如表 4.1 所示。

表 4.1 对偶元素表

电压源	电阻	电压	电感	串联	网孔	分压	Y 连接	KCL 定律	开路
电流源	电导	电流	电容	并联	节点	分流	△连接	KVL 定律	短路

例 4.11 验证图 4.23(a),(b)所示两个电路互为对偶电路。

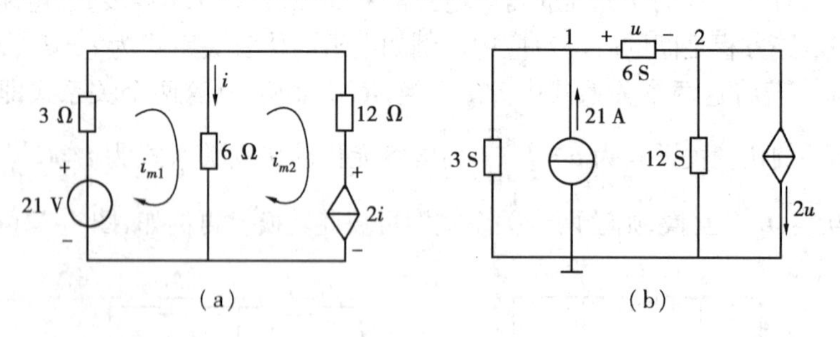

图 4.23

解 根据对偶原理可知,如果图 4.23(a),(b)两个电路互为对偶,则对图 4.23(a)电路列写的网孔电流方程必然与图 4.23(b)电路列写的节点电压方程在形式上完全相同。

对图 4.23(a)所示电路,设网孔电流 i_{m1},i_{m2} 如图所示,列写网孔电流方程式为

$$\begin{cases}9i_{m1}-6i_{m2}=21\\-6i_{m1}+18i_{m2}=-2i=-2(i_{m1}-i_{m2})\end{cases}$$

整理得

$$\begin{cases}9i_{m1}-6i_{m2}=21\\-4i_{m1}+16i_{m2}=0\end{cases}\tag{4.24}$$

对图4.23(b)所示电路,设节点电压为u_{n1},u_{n2},列写节点电压方程式为

$$\begin{cases}9u_{n1}-6u_{n2}=21\\-6u_{n1}+18u_{n2}=-2u=-2(u_{n1}-u_{n2})\end{cases}$$

整理得

$$\begin{cases}9u_{n1}-6u_{n2}=21\\-4u_{n1}+16u_{n2}=0\end{cases}\tag{4.25}$$

比较所得方程式(4.24)和式(4.25)可知,这两组方程互为对偶方程,所以对应的图4.23(a),(b)所示电路互为对偶电路。

习 题 4

4.1 用叠加定理求图4.24所示电路中的i和u。

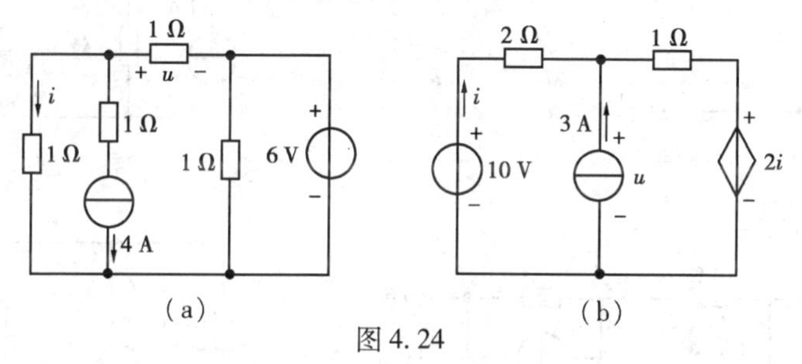

(a) (b)

图4.24

4.2 试用叠加定理求图4.25所示各电路中的电流I。

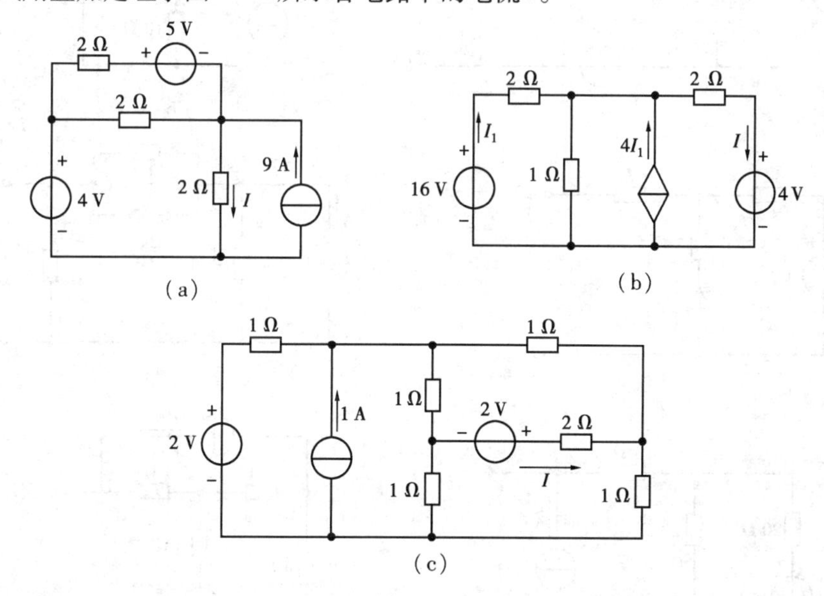

(a) (b)

(c)

图4.25

4.3 用叠加定理求解图4.26所示电路中的i_1,i_2和u。若电流源改为12 A,再求解i_1,i_2和u。

4.4 图4.27所示一端口网络N为线性有源网络,已知当$i_{S1}=8$ A,$i_{S2}=12$ A时,响应$u_x=80$ V;当$i_{S1}=-8$A,$i_{S2}=4$ A时,响应$u_x=0$;当$i_{S1}=i_{S2}=0$时,响应$u_x=-40$ V。求当$i_{S1}=i_{S2}$

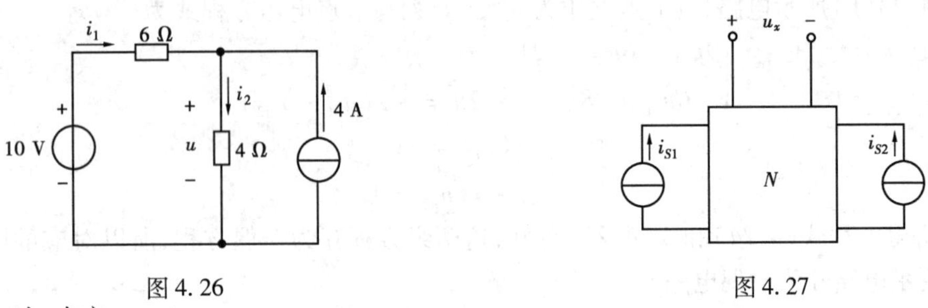

图 4.26

图 4.27

=20 A 时，响应 u_x = ？

4.5 求图 4.28 所示一端口网络的戴维南等效电路。其中 $R_1=R_2=1\ \mathrm{k}\Omega$，$\beta=0.5$。

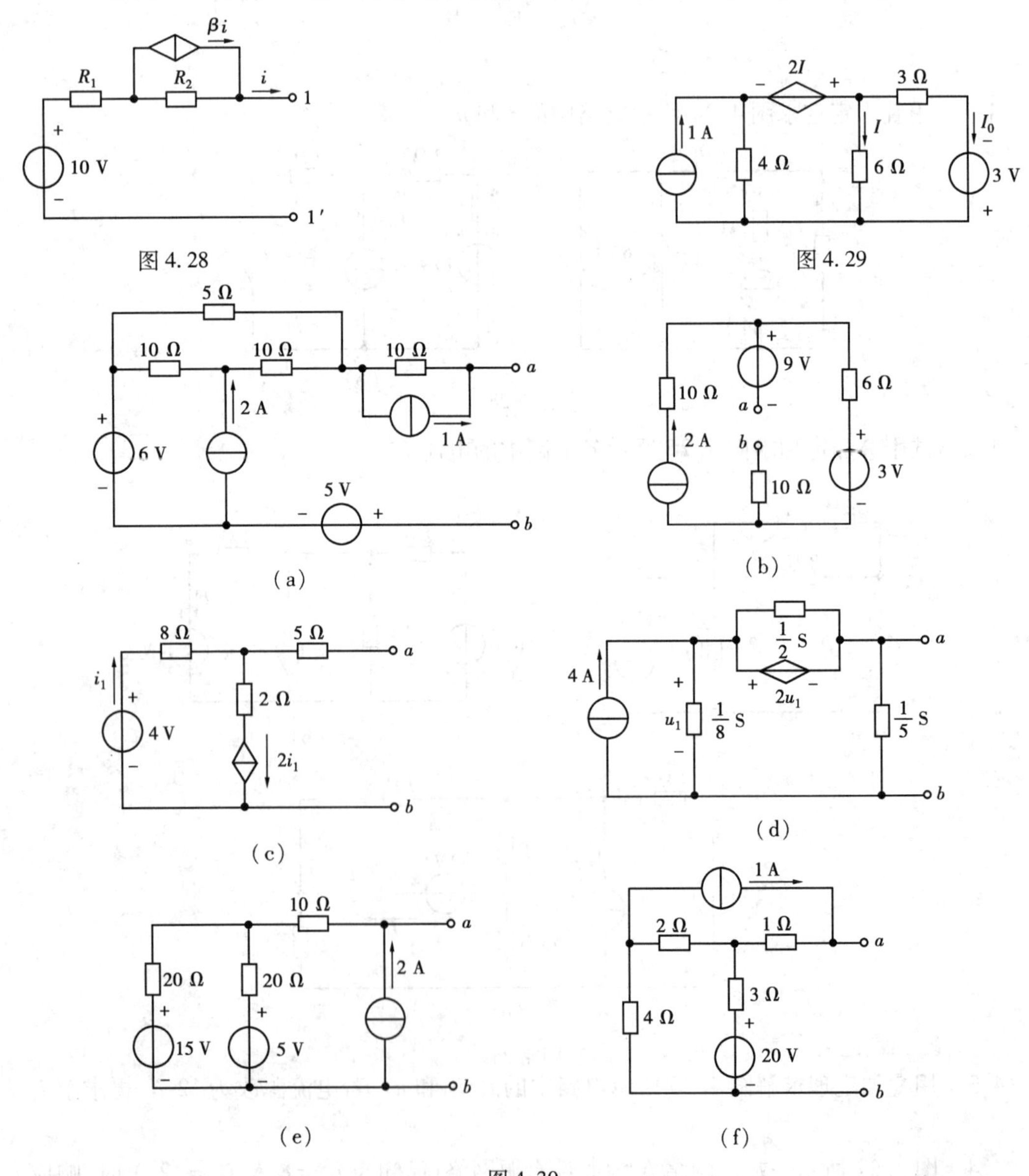

图 4.28

图 4.29

(a)

(b)

(c)

(d)

(e)

(f)

图 4.30

4.6 用戴维南定理求解图 4.29 所示电路中 3 V 电压源中的电流 I_0。

4.7　求图 4.30 所示各电路的戴维南等效电路或诺顿等效电路。

4.8　用叠加定理求解图 4.31 所示电路中的电压 U_1 和 U_2。

4.9　用叠加定理求解图 4.32 所示电路中的电压 u_1。

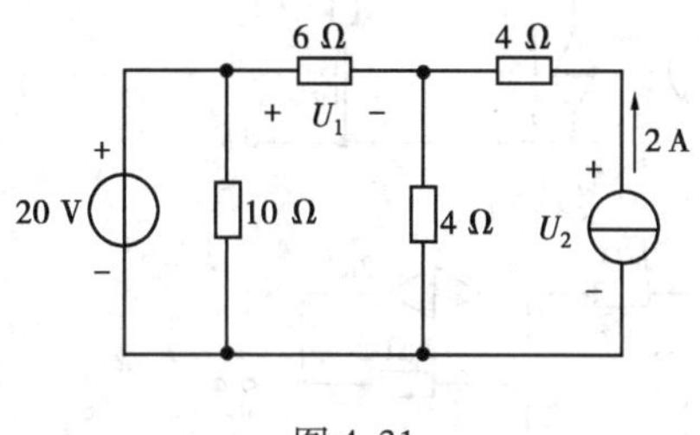

图 4.31

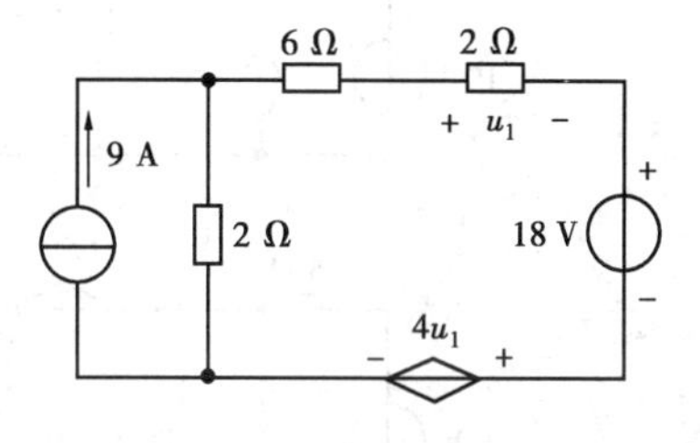

图 4.32

4.10　图 4.33 所示电路中，当无源网络 N 外接激励 $U_S=2$ V，$I_S=2$ A 时，响应 $I=10$ A；当 $U_S=2$ V，$I_S=0$ 时，响应 $I=5$ A。若 $U_S=4$ V，$I_S=2$ A，则响应 $I=$？

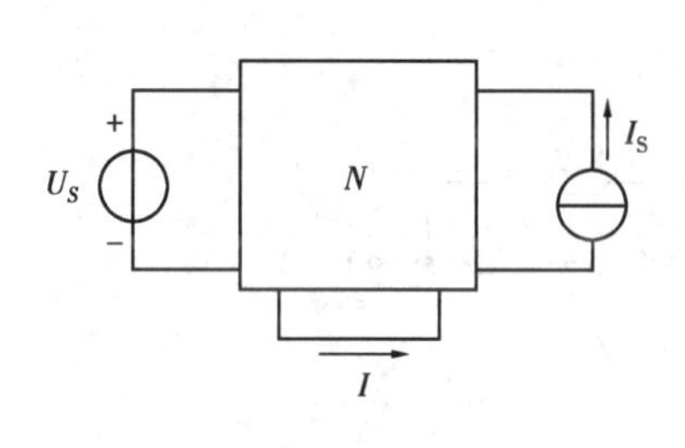

图 4.33

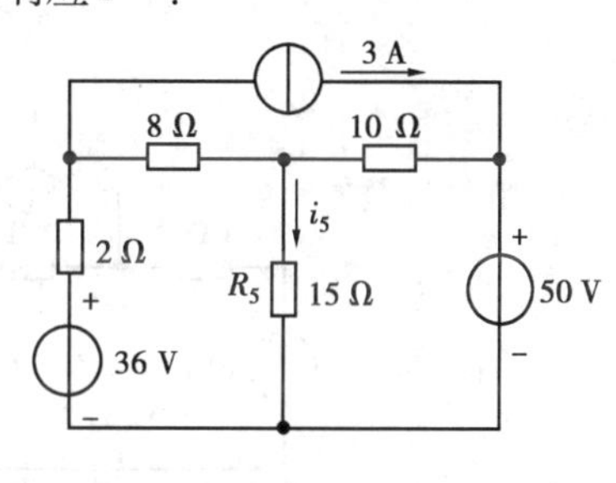

图 4.34

4.11　用戴维南定理求图 4.34 所示电路 R_5 支路中的电流 i 及吸收的功率。

4.12　图 4.35 所示电路，①当开关 S 打在 1 位置时，电流表的读数为 4 A；②当开关打在 2 位置时，电流表的读数为 2 A。求当开关 S 打在位置 3 时，电流表的读数为多少？

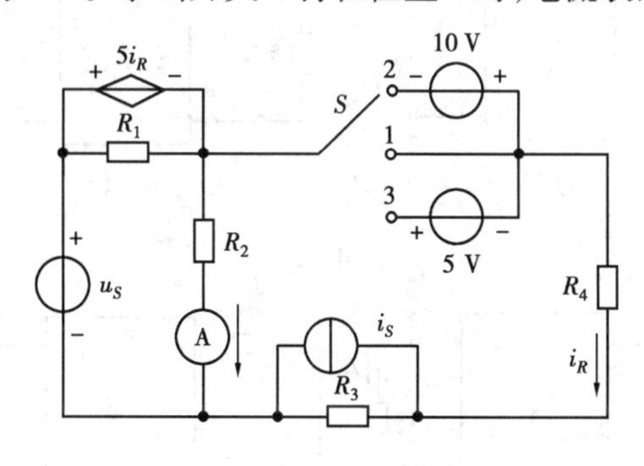

图 4.35

4.13　求图 4.36 所示各电路的等效电阻。

4.14　求图 4.37 所示两个一端口的戴维南或诺顿等效电路，并解释所得结果。

4.15　图 4.38 所示为一互易网络，已知图 4.38(b)所示 5 Ω 电阻，吸收功率为 125 W，求 $i_{S2}=$？

4.16　图 4.39 中 N 为纯电阻网络，已知图 4.39(a)中 $I_2=0.5$ A，则图 4.39(b)中 $U_1=$？

4.17　在图 4.40 所示电路中，N 为仅由电阻组成的无源线性网络。当 $R_2=2$ Ω，$u_1=6$ V 时，测得 $i_1=2$ A，$u_2=2$ V，当 $\hat{R}_2=4$ Ω，$\hat{u}_1=10$ V，时，又测得 $\hat{i}_1=3$ A。试用特勒根定理确定 $\hat{u}_2$ 的值。

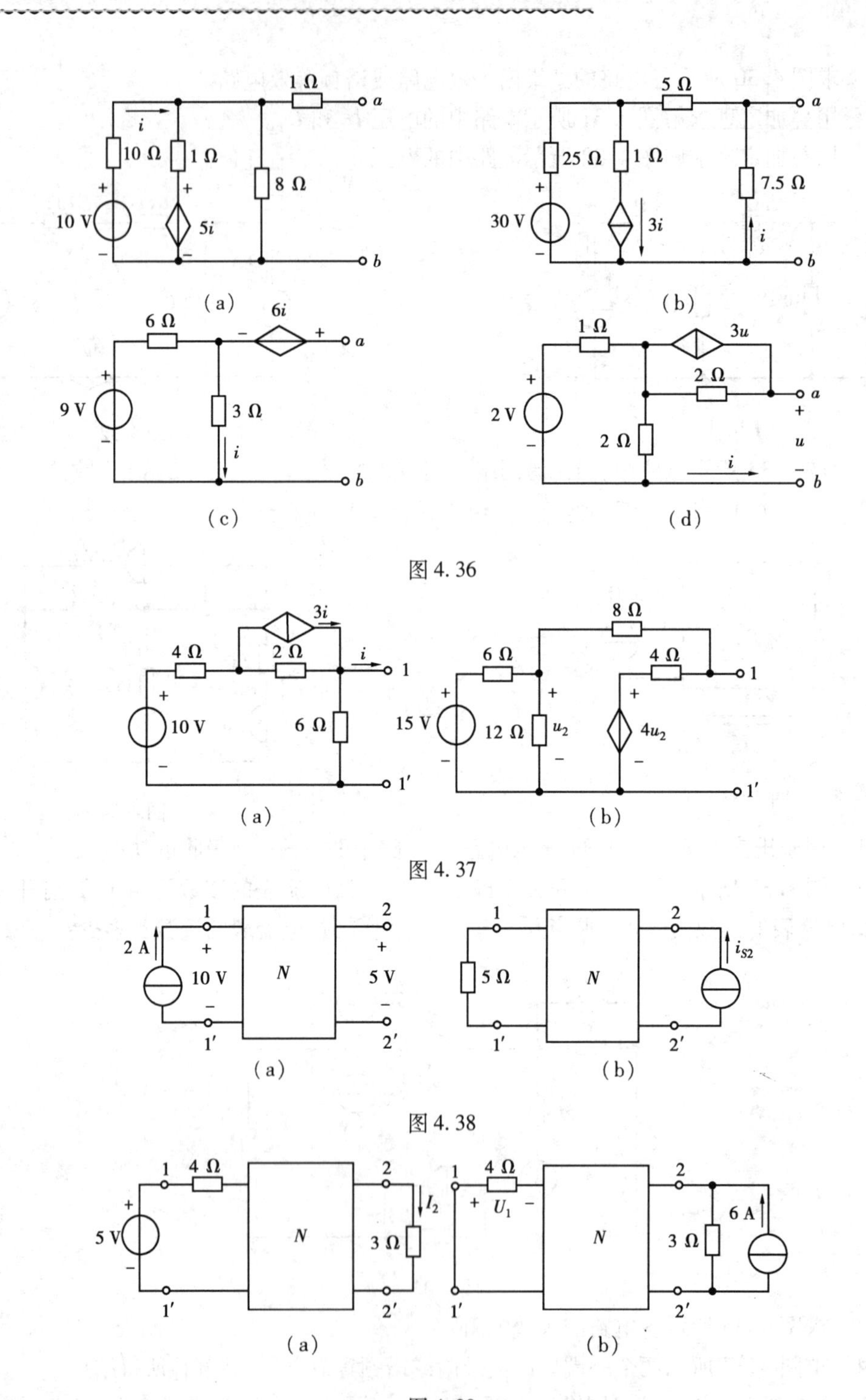

图 4.36

图 4.37

图 4.38

图 4.39

4.18　试用互易定理求解图 4.41 所示电路中直流电流表的读数(电流表内阻忽略不计)。

4.19　图 4.42 所示电路中 N(方框内部)仅由电阻组成。对不同的输入直流电压 U_S 及不同的 R_1,R_2 值进行了两次测量,得到下列数据:$R_1=R_2=2\ \Omega$ 时,$U_S=8\ \text{V}$,$I_1=2\ \text{A}$,$U_2=2\ \text{V}$;R_1

$=1.4\ \Omega, R_2=0.8\ \Omega$ 时，$\hat{U}_S=9\ \text{V}, \hat{I}_1=3\ \text{A}$，求 $\hat{U}_2$ 的值。

4.20　电路如图4.43所示，列出其网孔电流方程。用对换对偶元素的方法求出其对偶方程。试根据对偶方程画出对偶电路，与题4.21电路图进行比较。

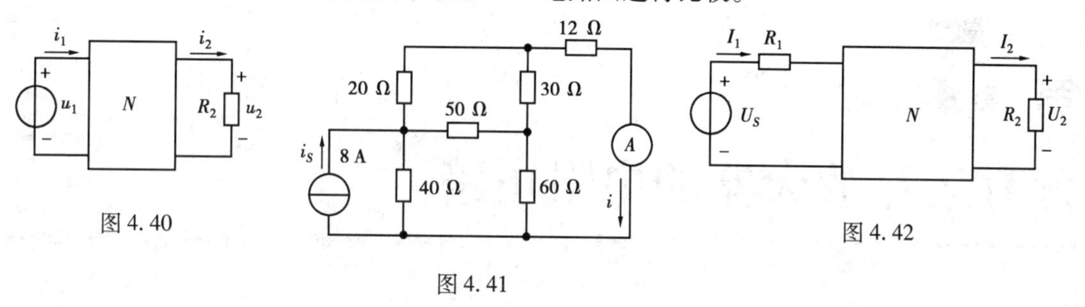

图4.40　图4.41　图4.42

4.21　电路如图4.44所示，列出其节点电压方程，用对换对偶元素的方法求出其对偶方程并与题4.20电路方程进行比较，试总结出从一电路画出其对偶电路的方法。

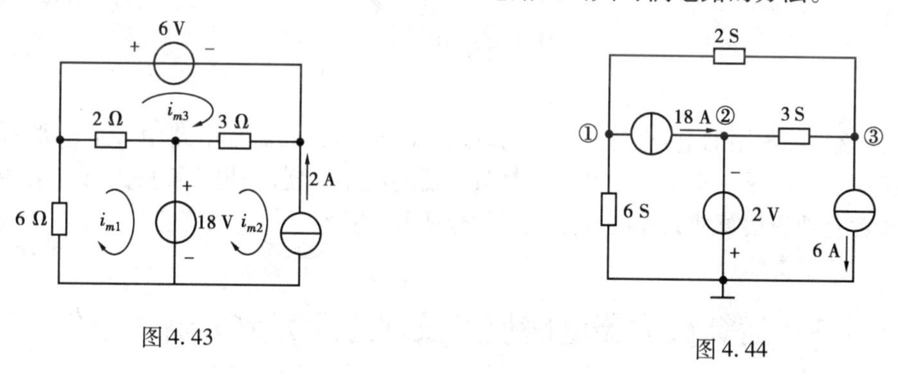

图4.43　图4.44

第 5 章
含有运算放大器的电阻电路

内 容 简 介

本章介绍一种常用的电路器件——运算放大器,运算放大器是电路中一个重要的多端器件,它的应用非常广泛。本章主要介绍运算放大器的电路模型,理想运算放大器的条件和分析规则,以及含有理想运算放大器的电阻电路的分析和计算。

5.1　运算放大器电路模型及理想运算放大器的条件

运算放大器(简称运放)是一种包含许多晶体管的集成电路,是一种在电路中有着广泛用途的电路器件。它首先应用于电子模拟计算机上,作为基本运算单元,可以完成加法、减法、积分、微分等数学运算而被称为运算放大器。早期的运算放大器是用电子管组成的,后来被晶体管和分立元件组成的运算放大器取代。随着半导体集成工艺的发展,自从 20 世纪 60 年代初第一个集成运算放大器问世以来,使运算放大器的应用在信号运算、信号处理、信号测量及波形产生等方面获得广泛应用。因为采用运算放大器可以很方便地构成许多有用的电路,如放大器、比较器、振荡器等,而且运放的制造成本随着集成电路制造技术的迅速发展而大幅度降低。现在,运算放大器已成为常用的构成电路的"积木块"。

一般放大器的作用是把输入电压放大一定倍数后再输送出去,其输出电压与输入电压的比值称为电压放大倍数。运算放大器是一种具有极高放大倍数、高输入电阻、低输出电阻的放大器。

虽然运放有多种型号,其内部结构也比较复杂且各不相同,但从电路分析的角度出发,我们感兴趣的仅仅是运放的外部特性及其电路模型。图 5.1(a)给出了运放的电路图形符号,其中"三角形"符号表示放大器的意思,注意实际运放的外部端子比图示的要多。运放有两个输入端 a,b 和一个输出端 o,图中 E^+ 和 E^- 是正负电源端,外接直流偏置电压,以维持运放的正常工作。E^+端接正电压,E^-端接负电压,这里电压的正负是对"地"或"公共端"而言的。在分析运放的放大作用时可以不考虑偏置电源,这样就可采用更简单的电路符号如图5.1(b)所示,甚至可以将接"地"的连线都省略,如图5.1(c)所示,但应理解它们的存在和作用。符号图中标出的a,b,o三个端子的工作状态是最需要关注的。a为反向输入端(也称为倒向输入端),在运放符号中标注"$-$",由此端输入信号,则输出信号u_o和输入信号u^-是反相的,即两者极性相反;b为同相输入端(也称为非倒向输入端),在运放符号中标注"$+$",由此端输入信号,则输出信号u_o和输入信号u^+是同相的,即两者极性相同。这几个端子的电压u^+,u^-,u_o都是指从该点到"地"或"公共端"的电压。在"地"或"公共端"在电路中未画出的情形下,尤其要注意到这一点。

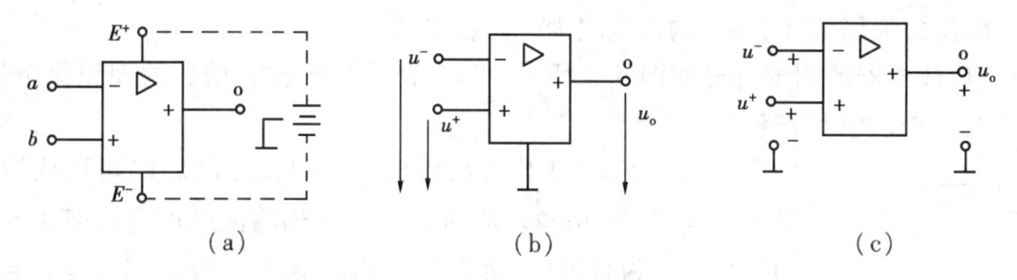

图5.1　运算放大器的电路符号图

运算放大器的一个主要特征是它的高放大倍数,即输出电压与输入电压的比值很大。用A来表示运放的电压放大倍数,如果在运放的反相输入端和同相输入端同时加输入电压u^-和u^+,则有

$$u_o = A(u^+ - u^-) = Au_d$$

其中$u_d = u^+ - u^-$,运放的这种输入情况称为差动输入,u_d称为差动输入电压。有时把同相输入端接地(或与公共端连接起来),而只在反相输入端加输入电压u^-,则有

$$u_o = -Au^-$$

上式中的负号说明输出电压u_o与输入电压u^-是反相的。若把反相输入端接地(或与公共端连接起来),而只在同相输入端加输入电压u^+,则有

$$u_o = Au^+$$

上式说明输出电压u_o与输入电压u^+是同相的。

表示运放输出电压u_o与输入电压u_d之间关系的特性曲线称为传输特性,如图5.2所示。这特性曲线可以分为3个区域:

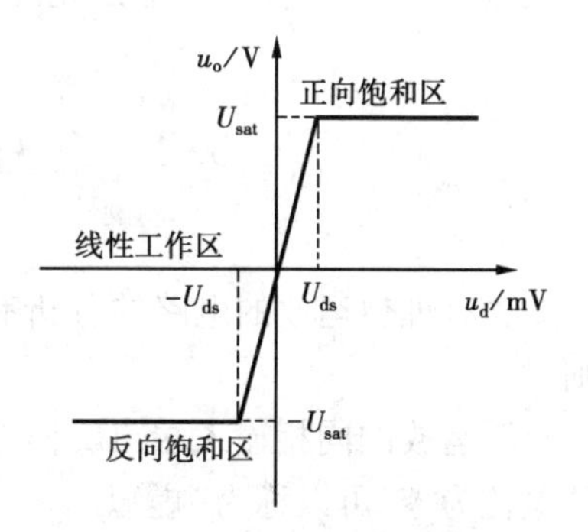

图5.2　运放的传输特性曲线

线性工作区　当$-U_{ds} < u_d < +U_{ds}$时,输出电压与输入电压成正比。

$$u_o = Au_d = A(u^+ - u^-) \tag{5.1}$$

其中A为运放的放大倍数,由于运放的A值是很大的,所以这段直线很陡。

正向饱和区　当$u_d > U_{ds}$时,输出电压为一正的恒定值,$u_o = U_{sat}$

反向饱和区　当$u_d < -U_{ds}$时,输出电压为一负的恒定值,$u_o = -U_{sat}$

运放工作在线性工作区时,放大倍数A很大,典型的值为10^5,即使输入毫伏级以下的信号,也足以使输出电压饱和,其饱和值U_{sat}和$-U_{sat}$达到或接近正电源电压或负电源电压值。

图 5.3 所示为运放的电路模型，其中电压控制电压源的电压为 $A(u^+ - u^-)$，R_{in} 为运放的输入电阻，其值都比较大，R_o 为运放的输出电阻，其值则较低。若运放工作在线性区，由于放大倍数 A 很大，从式(5.1)知输入电压必须很小。例如若 $U_{sat} = 13\ V, A = 10^5$，则有 $u_d = 0.13\ mV$。运放的这种工作状态称为“开环运行”，A 称为开环放大倍数。在运放的实际应用中，通常采用一定的方式将输出的一部分或全部反馈到输入中去，这种工作状态称为“闭环运行”。

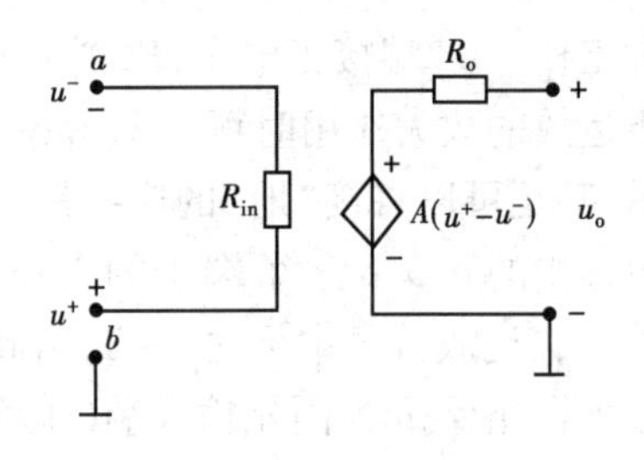

图 5.3　运放的电路模型

在分析含运算放大器的电路时，一般可以将它看成是一个理想的运算放大器，理想化的条件是：开环电压放大倍数 A 为∞，输入电阻为∞，输出电阻为 0。

理想运算放大器的图形符号如图 5.4 所示，“∞”表示开环放大倍数的理想化条件，图中接地（公共端）的连线已省略。

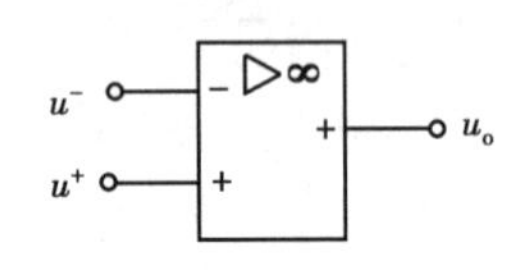

图 5.4　理想运算放大器的图形符号

所以当运放工作在线性放大区内，从式(5.1)可以认为 $u_d \approx 0$，即 $u^+ = u^-$，反相输入端的电压与同相输入端的电压基本相等。这是因为 u_o 为有限值，所以差动输入电压 u_d 被强制为零。若将同相输入端接地，即 $u^+ = 0$，则反相输入端的电压就强制为零值，即 $u^- = 0$，这就是说反相输入端是一个不接“地”的“地”电位端，通常称为“虚地”或“虚短”；同理将反相输入端接地，即 $u^- = 0$，则同相输入端的电压就强制为零值，即 $u^+ = 0$。

由于在理想情况下，运放的输入电阻 $R_{in} = \infty$，故可以认为运放的两个输入端的输入电流为零，即 $i^- = 0, i^+ = 0$，通常称为“虚断”或“虚开路”。

实际运放的技术指标接近理想化的条件，因此在分析时用理想运放代替实际运放所引起的误差并不严重，在工程上是允许的，然而这样就可使分析过程大为简化。

5.2　含有理想运算放大器的电路分析

含有理想运放的电路的分析有一些特点，根据上一节的分析，可以得到以下两条分析规则：

①运放的同相输入端与反相输入端的电位相等；如两个输入端中的某一个接地，则另一端的电位为零，可以称为“虚短”。

②运放的两个输入端流入的电流均为零，可以称为“虚断”。

运算放大器和其他元件组合可以完成比例、加减、积分、微分等运算，合理地运用这两条分析依据，将使这些电路的分析大为简化，下面举一些实例加以说明。

例 5.1　图 5.5 所示电路称为同相比例放大器，试求输出电压 u_o 与输入电压 u_{in} 之间的关系。

解　该电路中的运放是理想运放，按规则 2，有 $i_1 = i_2 = 0$，所以

$$u_2 = \frac{R_1}{R_1 + R_2} u_o$$

按规则 1，有 $u_{in} = u^{+} = u^{-} = u_2$，所以

$$u_{in} = \frac{R_1}{R_1 + R_2} u_o$$

则

$$\frac{u_o}{u_{in}} = 1 + \frac{R_2}{R_1} \tag{5.2}$$

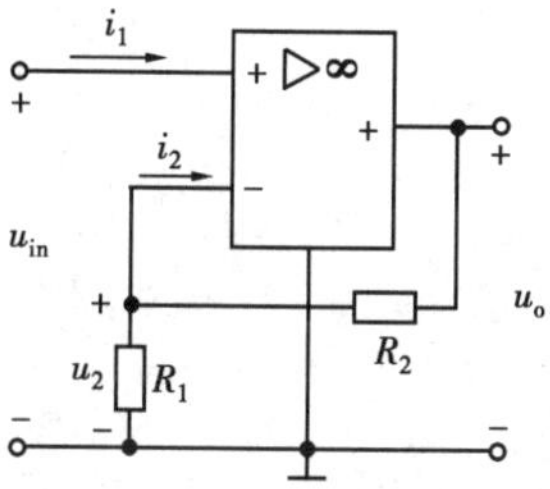

图 5.5

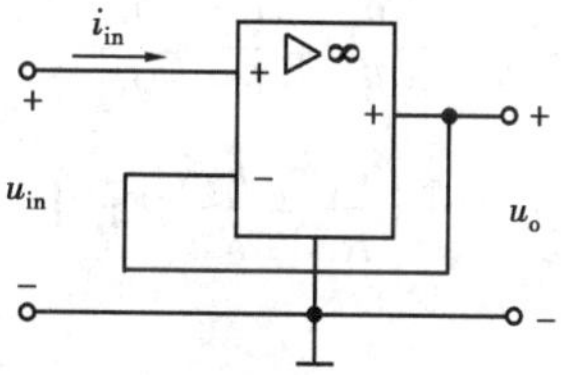

图 5.6　电压跟随器

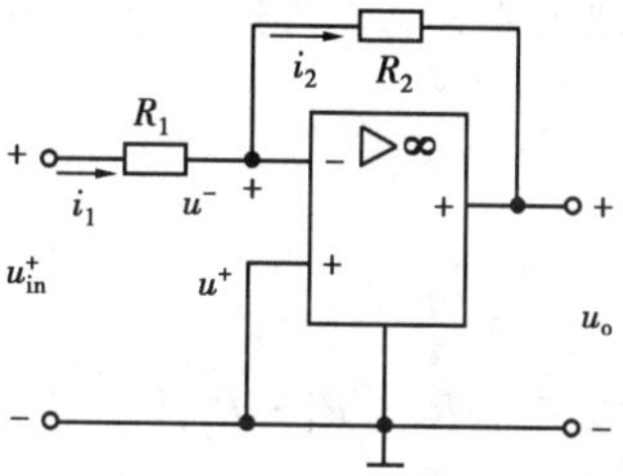

图 5.7

从式(5.2)可以看出，输出电压和输入电压是比例运算关系，选择不同的电路参数 R_1 和 R_2，输出电压 u_o 与输入电压 u_{in} 的比值将不同，但其比值一定大于 1，更不可能出现负值，即说明输出电压 u_o 与输入电压 u_{in} 总是同相的。

将图 5.5 中的电阻 R_1 改为开路，把电阻 R_2 改为短路，则得到图 5.6 所示电路。

由于 $R_1 = \infty$，$R_2 = 0$，则 $u_o = u_{in}$，即此电路的输出电压完全“跟随”输入电压的变化而变化，故称为电压跟随器。

例 5.2　图 5.7 所示电路为反相比例放大器。试求输出电压 u_o 与输入电压 u_{in} 之间的关系。

解　按规则 2 知，流入输入端的电流为零，所以有 $i_1 = i_2$。

按规则 1 知，$u^{+} = u^{-}$，而该电路的反相输入端接地，即 $u^{-} = 0$，所以有 $u^{+} = u^{-} = 0$。

由于

$$i_1 = \frac{u_{in}}{R_1} \qquad i_2 = -\frac{u_o}{R_2}$$

故

$$\frac{u_o}{u_{in}} = -\frac{R_2}{R_1}$$

上式表明，输出电压和输入电压是比例运算关系，选择不同的电路参数 R_1 和 R_2，输出电压 u_o 与输入电压 u_{in} 的比值将不同，但其比值一定为负值，式中的负号表示输出电压 u_o 与输入电压 u_{in} 总是反相的。

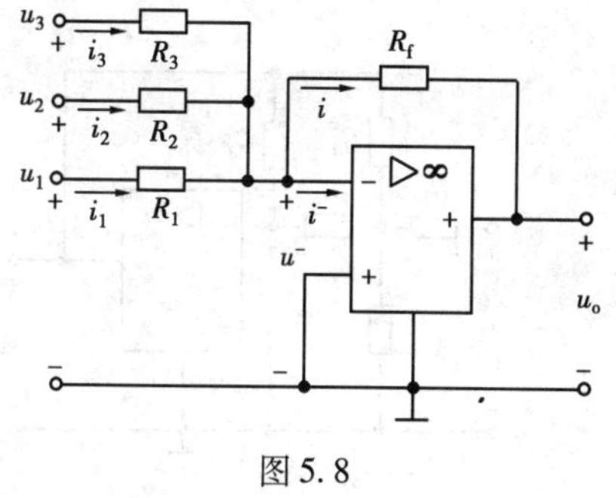

图 5.8

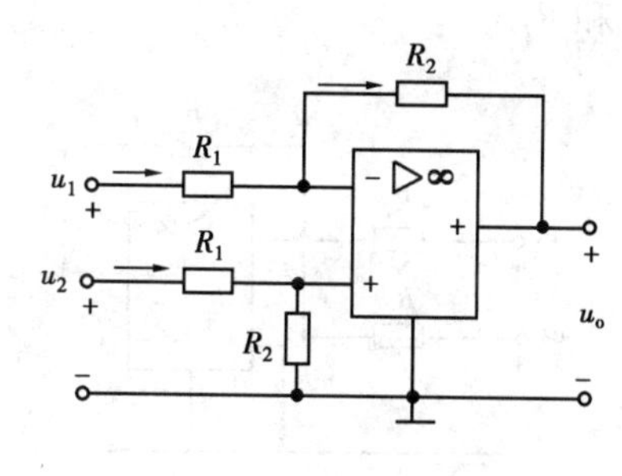

图 5.9　减法器电路

例 5.3 图5.8所示电路为加法器，在反相输入端加了3个输入电压，即构成反相输入加法运算电路，试说明它的工作原理。

解 电路中 $u^+=0$，按规则1：$u^-=u^+=0$，所以有

$$i_1=\frac{u_1}{R_1},i_2=\frac{u_2}{R_2},i_3=\frac{u_3}{R_3},i=-\frac{u_o}{R_f}$$

按规则2和KCL得 $i=i_1+i_2+i_3$，故

$$-\frac{u_o}{R_f}=\frac{u_1}{R_1}+\frac{u_2}{R_2}+\frac{u_3}{R_3}$$

$$u_o=-R_f\left(\frac{u_1}{R_1}+\frac{u_2}{R_2}+\frac{u_3}{R_3}\right)$$

如取 $R_1=R_2=R_3=R_f$，则

$$u_o=-(u_1+u_2+u_3)$$

从上式看出，输出电压等于3个输入电压之和，实现了加法运算，式中的负号表明输出电压和输入电压反相。

图5.9所示为理想运放构成的电路，运放的两个输入端都有电压输入，即差动输入，那么输出电压 u_o 与输入电压 u_1,u_2 之间是什么关系呢？

根据理想运放的分析规则和电路基本理论，可以推出

$$u_o=\frac{R_2}{R_1}(u_2-u_1)$$

当 $R_2=R_1$ 时，则得

$$u_o=u_2-u_1$$

由上式可见，输出电压 u_o 与两个输入电压的差值成正比，它可以完成减法运算，所以该电路称为减法器。

利用运放还可以构造实现积分、微分运算的电路；运放还在信号处理、信号产生、信号测量等技术中有着广泛的应用。

习 题 5

5.1 如图5.10所示，已知 $R_3=10\ \text{k}\Omega$，要求图示电路的输出 u_o 为 $-u_o=3u_1+0.2u_2$，求 R_1 和 R_2。

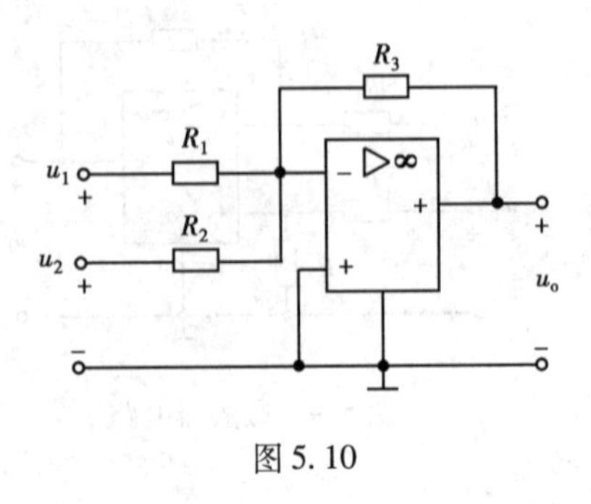

图5.10

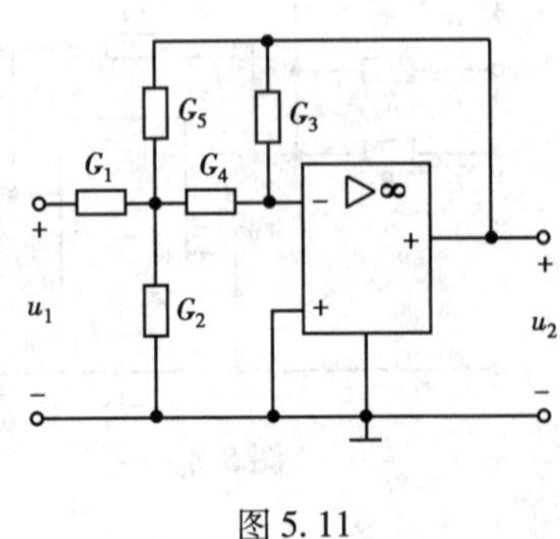

图5.11

5.2　求图5.11所示电路的输出电压与输入电压之比$\dfrac{u_2}{u_1}$。

5.3　求图5.12所示电路的电压比$\dfrac{u_o}{u_S}$。

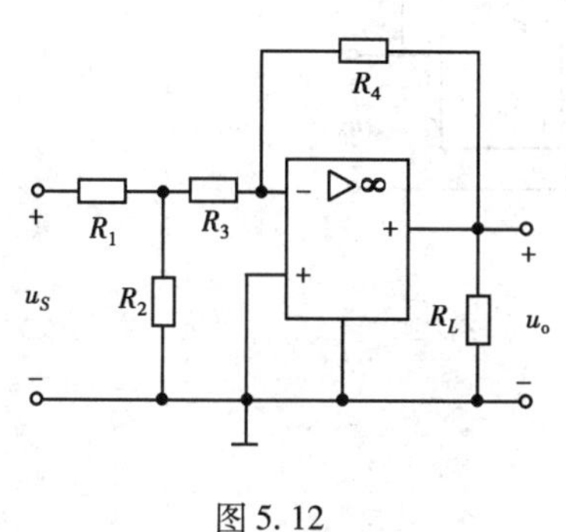

图5.12

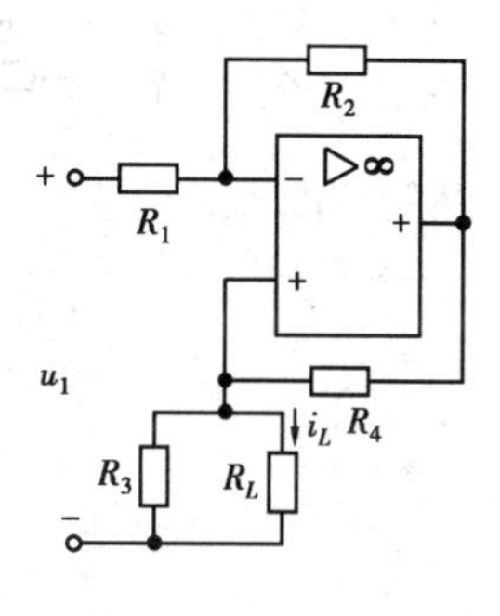

图5.13

5.4　试证明图5.13所示电路，若满足$R_1R_4 = R_2R_3$，则电流i_L仅决定于u_1而与负载电阻R_L无关。

5.5　求图5.14所示电路的电压比值$\dfrac{u_o}{u_1}$。

5.6　求图5.15所示电路的u_o与u_{S1}，u_{S2}之间的关系。

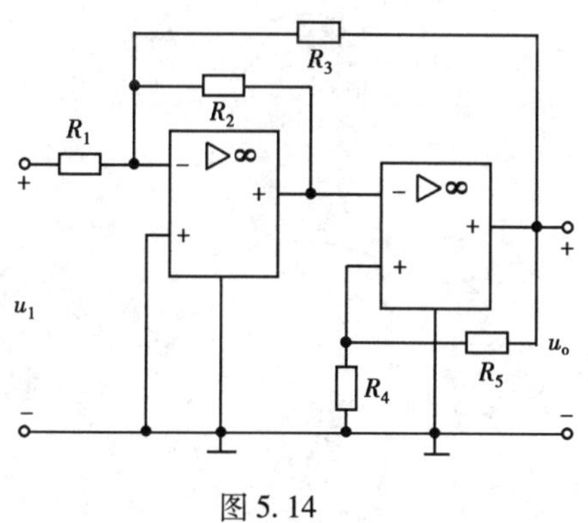

图5.14

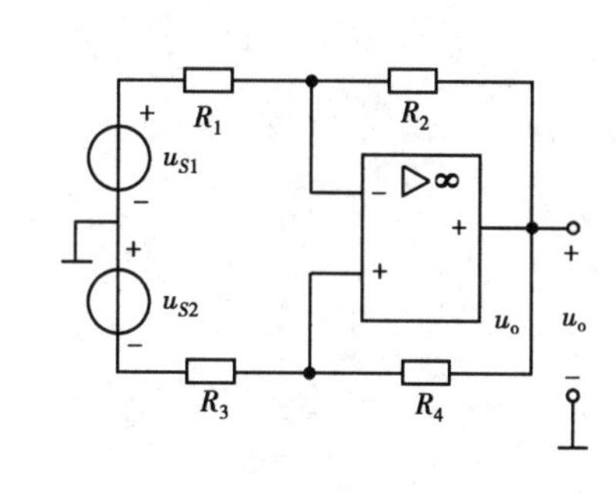

图5.15

5.7　如图5.16所示电路，已知$R_f = 2R_1$，$u_i = -2$ V，试求输出电压u_o。

5.8　如图5.17所示是由两个理想运放组成的电路，试求出u_o与u_{i1}，u_{i2}的关系式。

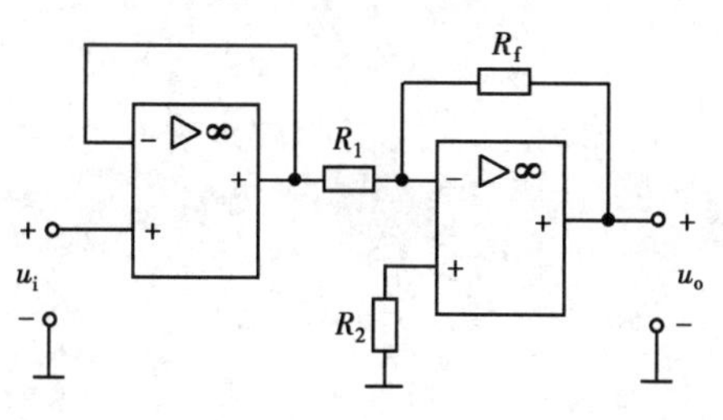

图5.16

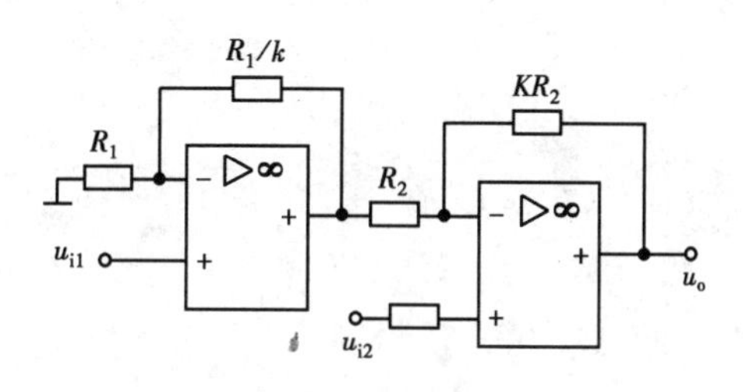

图5.17

5.9　如图5.9所示减法器电路中，已知$R_1 = 4\text{k}\Omega$，$R_2 = 20\text{k}\Omega$，$u_1 = 1.5\text{V}$，$u_2 = 1\text{V}$，试求输出电压u_o。

5.10　如图 5.18 所示电路,求电压 u_o 与 u_i 的关系式。

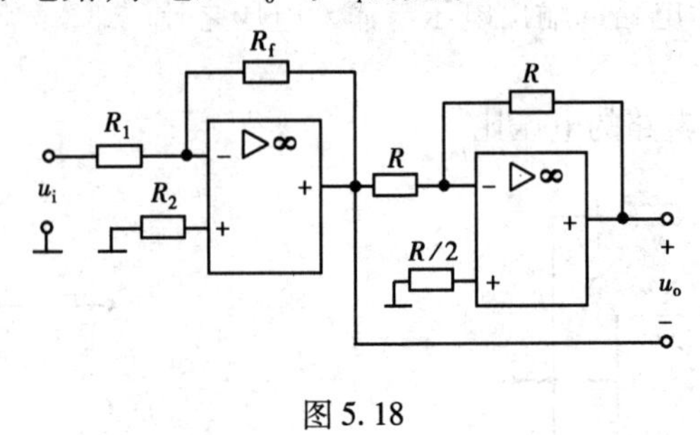

图 5.18

第 6 章 非线性电路简介

内容简介

本章主要内容有:非线性元件,非线性电阻电路,非线性电路方程,非线性电阻电路的两种主要分析方法:小信号分析法和折线法(分段线性化法)。

6.1 非线性元件

严格地讲,一切实际电路都是非线性电路。只是对于那些非线性程度较弱的电路元件,把它作为线性元件处理时不会带来本质的差异。但也有许多非线性元件的特征不能按线性处理,否则就将无法解释电路中发生的现象,甚至产生本质上的差异,或者虽无本质方面的影响,但却会造成量方面的显著差异。所以非线性电路具有很重要的意义。

包含非线性元件的电路就称为非线性电路。

6.1.1 电阻元件

线性电阻元件遵从欧姆定律。若选电阻元件的 u,i 为关联参考方向,则可用 $u=Ri$ 表示其伏安关系,若用 U-I 平面上的曲线表示,则为通过坐标原点的一条直线。而非线性电阻元件则不遵从欧姆定律,而遵从某种特定的非线性函数关系,其电路符号如图 6.1(a)所示。

以非线性电阻元件的 u,i 关系特征,可分为电流控制型、电压控制型和单调型 3 种。现分别介绍如下:

如果电阻元件的端电压是其电流的单值函数,这种电阻称为电流控制型电阻。其函数关系表示为

$$u = f(i) \tag{6.1}$$

其典型的伏安特性如图 6.1(b)所示。从特性曲线上可以看出:对于每一个电流值 i,有且

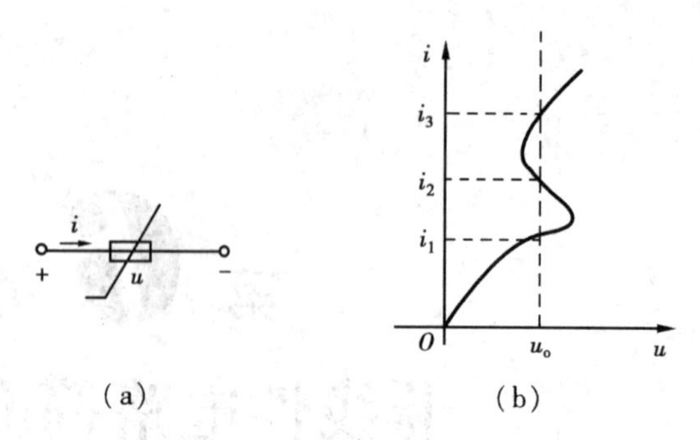

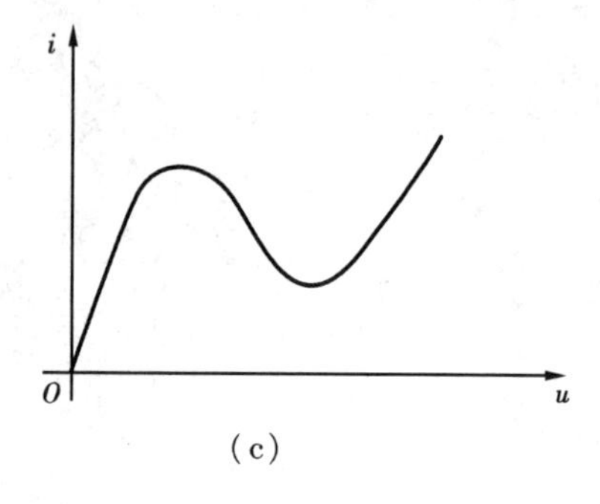

图6.1 非线性电阻

仅有一个电压值 u 与之对应;反之,对于同一电压值,电流可能是多值的。如 $u=u_o$ 时,就有 i_1,i_2,i_3 3个不同的值。某些充气二极管就具有这种伏安特性。

如果通过电阻的电流是其端电压的单值函数,则这种电阻就称为电压控制型电阻,其函数关系为

$$i = g(u) \tag{6.2}$$

其典型特性曲线如图6.1(c)示。从特性曲线上同样可以看到:对于每个电压值,有且仅有一个电流值与之对应;反之,对于同一个电流值,电压可能是多值的。隧道二极管就具有这样的特性。

如果某种非线性电阻的伏安关系既是压控的,又是流控的,且伏安特性是单调增加或单调下降的,这种非线性电阻就称为单调型非线性电阻。PN结二极管就属于这种电阻,其函数关系为

$$i = I_S(e^{\frac{qu}{kT}} - 1) \tag{6.3}$$

其中 I_S 为常数,称为反向饱和电流,q 是电子的电荷(1.6×10^{-19} C),k 是玻耳兹曼常数(1.38×10^{-23} J/K),T 为热力学温度。在 $T=300$ K(室温下)时

$$\frac{q}{kT} = 40(\text{J/C})^{-1} = 40\text{V}^{-1}$$

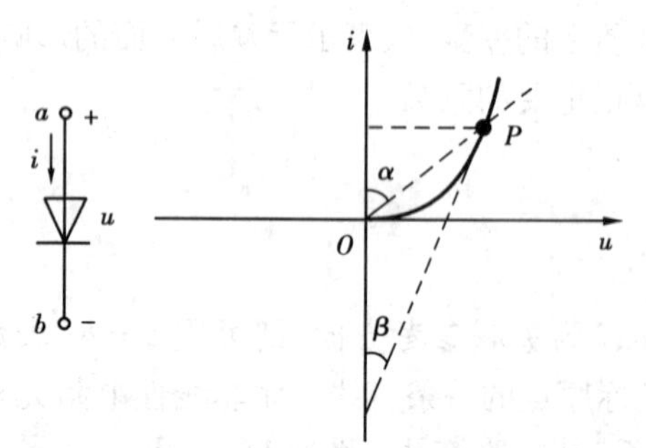

图6.2 晶体二极管特性曲线

因此

$$i = I_S(e^{40u} - 1)$$

从式(6.3)可求得

$$u = \frac{kT}{q}\ln\left(\frac{1}{I_S}i + 1\right)$$

也就是说,电压可用电流的单值函数表示。其伏安特性曲线如图6.2所示。

我们知道线性电阻是双向元件,而许多非线性电阻却是单向元件。也就是说,当加在非线性电阻两端的电压方向改变时,流过其中的电流就会完全不同,即其特性曲线并不对称于原点。如图6.2就是典型的例子。

非线性电阻元件在某工作点(如图6.2中 P 点)上的静态电阻 R 就定义为该点的电压值 u 与电流值 i 之比,即

$$R = \frac{u}{i} \tag{6.4}$$

P 点的静态电阻正比于 $\tan\alpha$。

非线性电阻元件在某工作点(如图6.2中 P 点)上的动态电阻就定义为电压对电流的导数,即

$$R_{\mathrm{d}} = \frac{\mathrm{d}u}{\mathrm{d}i} \tag{6.5}$$

P 点的动态电阻正比于 $\tan\beta$。对图6.1中(b),(c)所示伏安特性曲线的下倾段,其动态电阻为负值,因此这种非线性电阻具有“负电阻”的特性,但在此点上的静态电阻却仍为正值。

另外,非线性电阻还具有倍频作用,叠加定理不适用于非线性电阻。

6.1.2　电容元件

电容元件的特性常用电荷-电压(q-u)曲线,即库伏特性表示。如果电容的库伏特性在 q-u 平面上是一条通过坐标原点的直线,则称为线性电容,否则称为非线性电容,其电路符号和库伏特性曲线如图6.3所示。

如果电荷是电压的单值函数,该电容就称为电压控制型电容。其特性关系式为

$$q = f(u) \tag{6.6}$$

如果电压是电荷的单值函数,则该电容就称为电荷控制型电容。其特性关系式为

$$u = h(q) \tag{6.7}$$

另外,非线性电容还有单调型,其库伏特性在 q-u 平面上是单调增长或单调下降的。

非线性电容也有静态电容和动态电容的概念,其定义为

$$\left.\begin{aligned} C &= \left.\frac{q}{u}\right|_{p} \\ C_{\mathrm{d}} &= \left.\frac{\mathrm{d}q}{\mathrm{d}u}\right|_{p} \end{aligned}\right\} \tag{6.8}$$

说明,静、动态电容都与工作点 P 有关,且 P 点的静态电容与 $\tan\alpha$ 成正比,P 点的动态电容与 $\tan\beta$ 成正比。

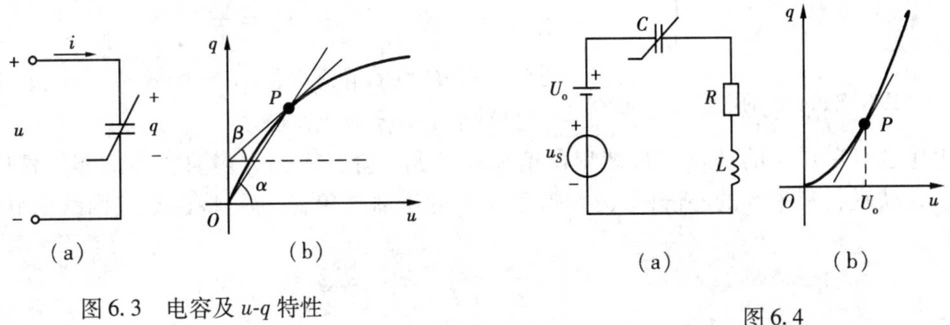

图6.3　电容及 u-q 特性

图6.4

例6.1　电路如图6.4(a)所示,为一非线性电容 C 的调谐电路,其中直流电压 U_o 是控制(偏置)用的,电容的 q-u 关系为 $q = \frac{1}{2}ku^2$,其特性曲线为图6.4(b)所示,试分析此电路的工作原理。

解　改变 U_o 的大小,就改变了非线性电容 C 的工作点 P。如果 $U_o \gg |u_S|$ 信号电压,则非

线性电容可作为线性电容处理,其电容值为

$$C_{\mathrm{d}} = \left.\frac{\mathrm{d}q}{\mathrm{d}u}\right|_{p} = ku\mid_{p}$$

是该工作点 P 上的动态电容。从上式可以看出,对于不同的 U_o 就可以改变电容的大小,从而达到调谐的目的,使电路对信号频率发生谐振,这样就代替了可变电容器的作用,减少了机械噪声。

6.1.3 电感元件

如果电感元件的韦安特性在 ψ-i 平面上不是通过坐标原点的一条直线,这种电感元件就称为非线性电感元件。其电路符号及韦安特性如图 6.5 所示。

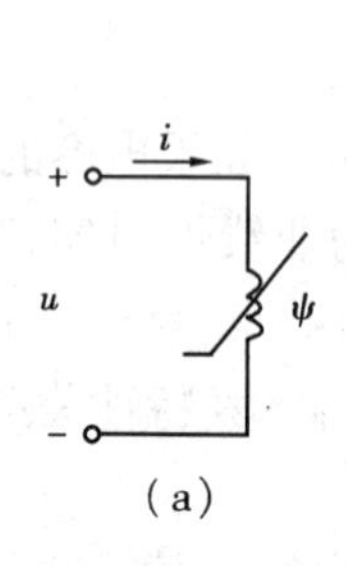

(a)

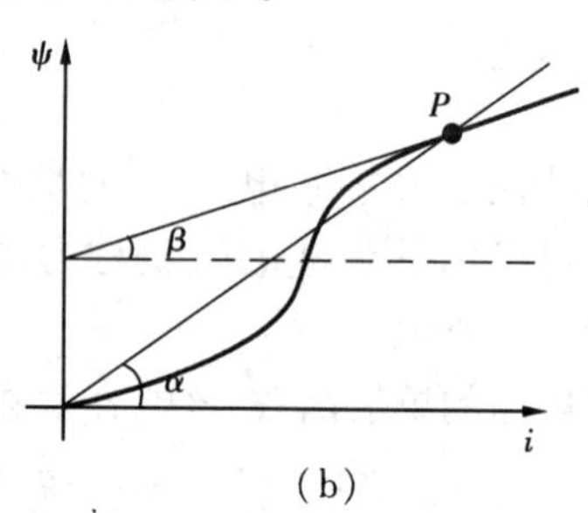

(b)

图 6.5 非线性电感

非线性电感元件电流与磁通链的一般关系为

$$\left.\begin{aligned} i &= h(\psi) \\ \psi &= f(i) \end{aligned}\right\} \tag{6.9}$$

其中前式称为磁通控制的电感,后者为电流控制的电感。同样,也有静态和动态电感的概念,它们分别定义如下:在工作点 P 上

$$\left.\begin{aligned} L &= \frac{\psi}{i} \\ L_{\mathrm{d}} &= \frac{\mathrm{d}\psi}{\mathrm{d}i} \end{aligned}\right\}$$

图 6.5 中,P 点的静态电感 L 与 $\tan\alpha$ 成正比,P 点的动态电感则与 $\tan\beta$ 成正比。

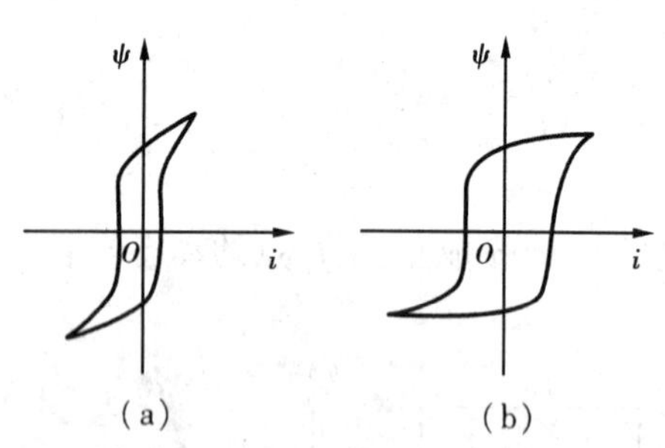

图 6.6 具有铁磁心子的电感的 ψ-i 曲线

电感也有单调型的,即 ψ-i 曲线单调增加或单调下降。因为大多数实际的非线性电感元件都包含铁磁材料做成的心子,考虑到铁磁材料的磁滞现象,故 ψ-i 特性具有回线形状,如图 6.6 所示。

6.2 非线性电阻电路

非线性电阻电路是最简单的非线性电路。本节将介绍非线性电阻元件的串联及非线性电阻电路解的方法和概念。

当非线性电阻元件串联或并联时，只要串并联的非线性电阻是同一控制类型的，就可以通过解析法进行等效分析。如图6.7所示，两非线性电阻串联，并设$u_1 = f_1(i_1)$，$u_2 = f_2(i_2)$，用$u = f(i)$表示其等效电阻特性关系。根据KVL，KCL有：

$$u = u_1 + u_2$$

所以有

$$u = f_1(i_1) + f_2(i_2)$$

又因

$$i = i_1 = i_2$$

所以

$$f(i) = f_1(i) + f_2(i)$$

当然，也可用图解法分析非线性电阻的串联电路。图6.7(b)说明了这种方法。把同一电流值(i')下的$u_1 = u'_1$，$u_2 = u'_2$相加，即$u = u'_1 + u'_2$，可得到等效值u'，即$u = f(i)$上的一点。取不同的i值，就可以逐点求得等效电阻的伏安特性$u = f(i)$，如图6.7(b)所示。

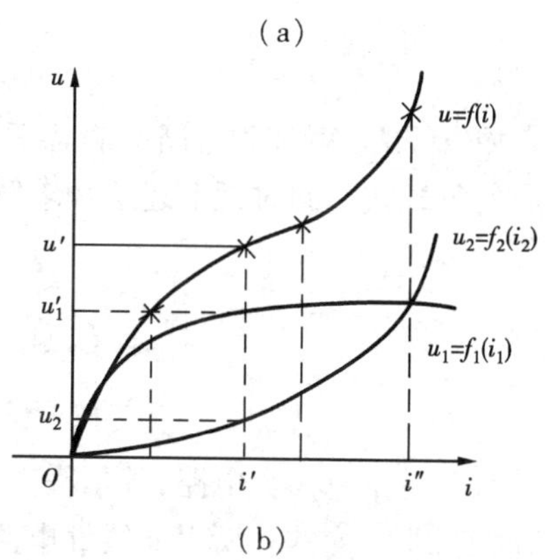

图6.7　非线性电阻串联图解法

如果两个串联的非线性电阻中有一个是压控的，则在电流值的某个范围内电压就是多值的，此时就很难写出等效电阻的解析表达式$u = f(i)$。但用图解法却可获得等效非线性电阻的伏安特性曲线。

任何一个非线性电阻接于电路中，它就有一个工作电压与电流的问题，即工作点。通过图6.8(a)的非线性电路介绍非线性电阻工作点的概念。图中R_o与U_o为供电电源，负载为一个非线性电阻。其中线性电阻R_o与电压源U_o的串联组合可看做是某线性一端口的戴维南等效电路，非线性电阻的特性曲线如图6.8(b)示。

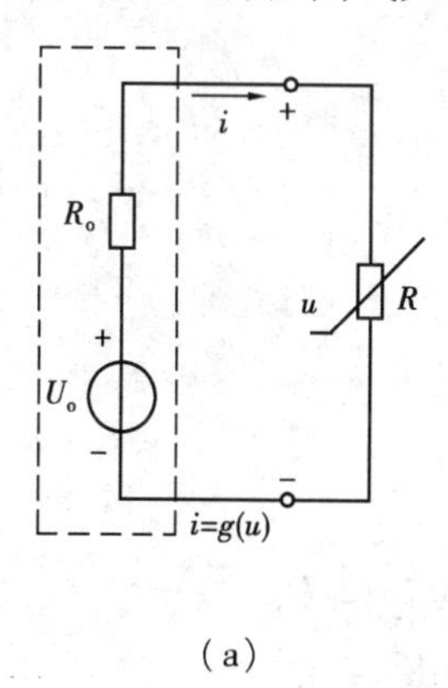

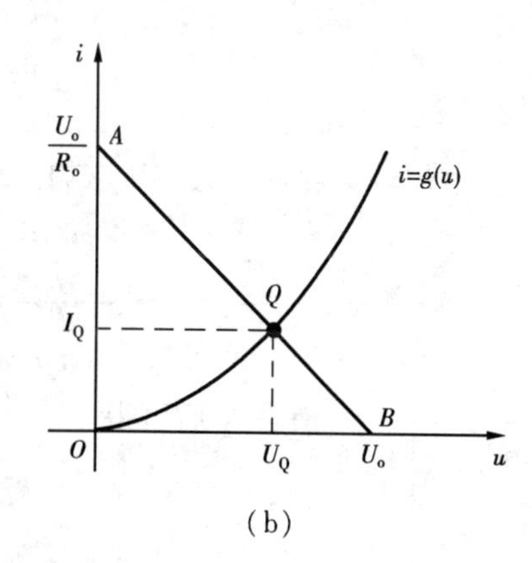

图6.8　非线性电阻电路的工作点

根据KVL，有

$$\left.\begin{aligned} U_o &= R_o i + u \\ u &= U_o - R_o i \end{aligned}\right\} \tag{6.10}$$

由此方程可作出等效电源在u-i平面上的伏安特性曲线，如图6.8(b)中$\overline{AB}$直线。如果非

线性电阻 R 的伏安特性为

$$i = g(u) \tag{6.11}$$

其特性曲线也如图 6.8(b)中所示,它与 $\overline{AB}$ 直线的交点为 $Q(U_Q, I_Q)$,其坐标同时满足式(6.10)和式(6.11),故有

$$\left.\begin{aligned} U_Q &= U_o - R_o I_Q \\ I_Q &= g(U_Q) \end{aligned}\right\}$$

交点 $Q(U_Q, I_Q)$ 就称为电路的静态工作点,它也就是图 6.8(a)电路的解。$\overline{AB}$ 这条直线常称为电源的负载线。同时把上述这种求解非线性电路的方法称为“曲线相交法”。

6.3 非线性电路的方程

只要是集总参数电路,基尔霍夫定律就都适用,而不管电路是线性、非线性的,有源、无源的,时变、非时变的。所以非线性电路方程与线性电路方程的差别也仅在元件的特性方程上。非线性电阻电路的方程则是一组非线性代数方程,而含有非线性储能元件的电路方程,则是一组非线性微分方程。下面通过实例来说明。

例 6.2 电路如图 6.9 所示,其中非线性电阻的特性方程为 $u_3 = 20 i_3^{1/2}$。试列写电路方程。

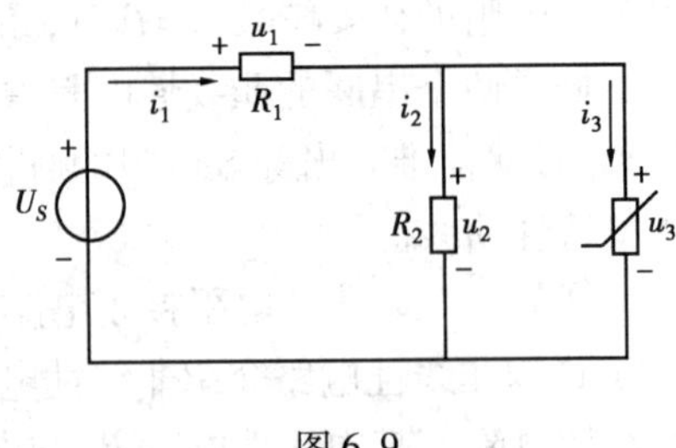

图 6.9

解 ①先列写各电阻的电压、电流约束关系为:

$$u_1 = R_1 i_1$$

$$u_2 = R_2 i_2$$

$$u_3 = 20 i_3^{1/2}$$

②根据 KCL,KVL 列写方程

$$i_1 = i_2 + i_3$$

$$u_1 + u_2 = U_S$$

$$u_2 = u_3$$

把①中电压、电流约束关系代入②中 KVL 有

$$i_1 = i_2 + i_3$$

$$R_1 i_1 + R_2 i_2 = U_S$$

$$R_2 i_2 = 20 i_3^{1/2}$$

消去 i_2 后可得

$$(R_1 + R_2) i_1 - R_2 i_3 = U_S$$

$$R_2 i_1 - R_2 i_3 - 20 i_3^{1/2} = 0$$

如果电路中既有压控电阻,也有流控电阻,方程的建立过程就比较复杂。

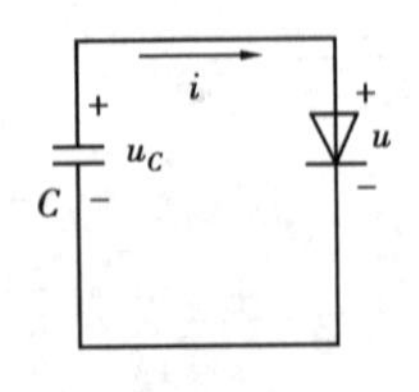

图 6.10

例 6.3 图 6.10 所示电路为一个充电的线性电容 C 向晶体二极管放电的电路。设二极管的伏安特性关系可近似表示为 $i = au + bu^2$,其中 a, b 为常数。试列写此电路的方程。

解　设 $u_C(0_+)=U_o$，电路方程为：

$$C\frac{\mathrm{d}u_C}{\mathrm{d}t}=-i$$

$$u_C=u$$

所以有

$$C\frac{\mathrm{d}u_C}{\mathrm{d}t}=-au_C-bu_C^2$$

$$\frac{\mathrm{d}u_C}{\mathrm{d}t}=-\frac{a}{C}u_C-\frac{b}{C}u_C^2$$

设 $\alpha=a/C,\beta=b/C$，方程可写作：

$$\frac{\mathrm{d}u_C}{\mathrm{d}t}=-\alpha u_C-\beta u_C^2$$

其中 u_C 为电路的状态变量。显然，这是一个一阶非线性微分方程。

非线性电路方程的解析解一般都是很难求得的，但现在却可以利用计算机应用数值法进行求解。

6.4　小信号分析法

在工程上常遇到的一些非线性电阻电路中，除直流电压源（或电流源）外，同时还有时变电压源（电流源）。这样，在非线性电阻上的响应中除了直流分量外，还存在时变分量，而且常常是时变分量远远小于直流分量。例如在半导体交流放大电路中，时变电源相当于信号，直流电源则相当于偏置电源。分析此类电路，可采用小信号分析法。

6.4.1　电阻电路的小信号分析

在图6.11(a)所示的电路中，U_S 为直流电压源，$u_S(t)$ 则为时变电压源，并且满足，$U_S\gg|u_S(t)|$，R_S 为线性电阻，非线性电阻为半导体二极管 D，其 u-i 特性曲线如图6.11(b)所示，也可表示为

$$i=h(u)\tag{6.12}$$

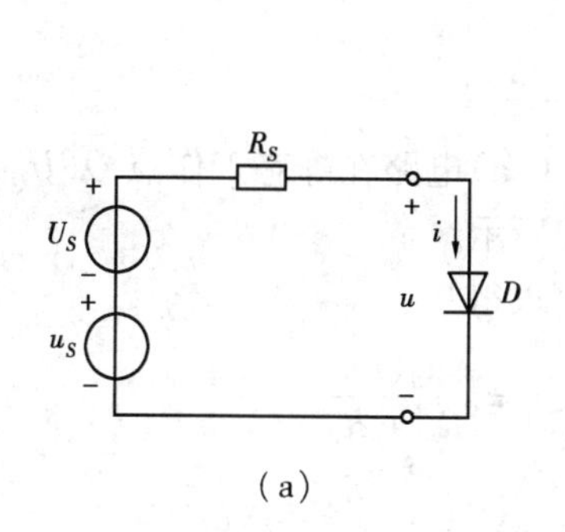

(a)

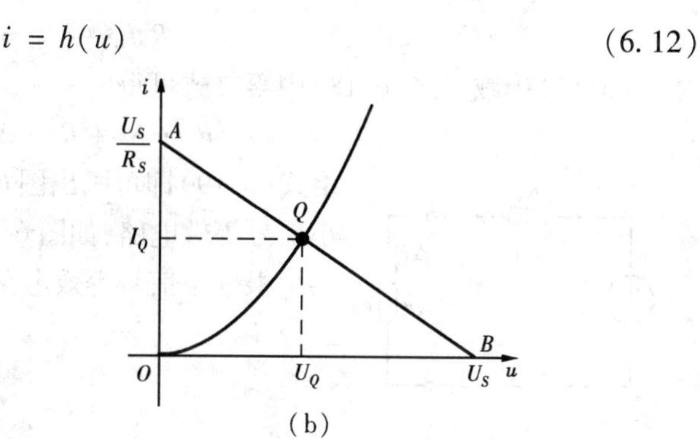

(b)

图6.11

根据 KVL 有

$$U_S + u_S(t) = R_S i(t) + u(t) \tag{6.13}$$

当 $u_S(t)=0$ 时,即只有直流电压源单独作用时,负载线如图 6.11(b)所示,它与二极管特性曲线的交点 $Q(U_Q,I_Q)$ 即为静态工作点。在上述 $U_S \gg |u_S(t)|$ 的条件下,电路的解 $u(t),i(t)$ 必须位于静态工作点 $Q(U_Q,I_Q)$ 附近,所以可近似地把 $u(t),i(t)$ 写为

$$\left.\begin{aligned} u(t) &= U_Q + \Delta u \\ i(t) &= I_Q + \Delta i \end{aligned}\right\} \tag{6.14}$$

其中 $\Delta u,\Delta i$ 是由时变电压源 $u_S(t)$ 所引起的电压和电流增量。由于上述条件,在任何时刻 t,也必有 $|\Delta u| \ll U_Q$,$|\Delta i| \ll I_Q$。

根据晶体二极管 D 的特性方程式(6.12)及式(6.14)则得

$$I_Q + \Delta i = h(U_Q + \Delta u)$$

由于 Δu 很小,故可将上式右边展开为泰勒级数,并取前两项,则有

$$I_Q + \Delta i \approx h(U_Q) + \left.\frac{\mathrm{d}h}{\mathrm{d}u}\right|_Q \cdot \Delta u$$

因为 $I_Q = h(U_Q)$,则由上式可得

$$\Delta i = \left.\frac{\mathrm{d}h}{\mathrm{d}u}\right|_Q \cdot \Delta u$$

根据动态电阻的定义,有

$$\left.\frac{\mathrm{d}h}{\mathrm{d}u}\right|_{U_Q} = G_\mathrm{d} = \frac{1}{R_\mathrm{d}}$$

上式中的 G_d 是二极管 D 在工作点 $Q(U_Q,I_Q)$ 处的动态电导,R_d 是其动态电阻,它们在工作点 $Q(U_Q,I_Q)$ 上都是常数。故有

$$\Delta i = G_\mathrm{d} \cdot \Delta u \tag{6.15}$$

或

$$\Delta u = R_\mathrm{d} \cdot \Delta i \tag{6.16}$$

于是式(6.13)便可写作

$$R_S(I_Q + \Delta i) + U_Q + \Delta u = U_S + u_S(t) \tag{6.17}$$

又因为在静态工作点 $Q(U_Q,I_Q)$ 上必有

$$\left.\begin{aligned} I_Q &= h(U_Q) \\ R_S I_Q + U_Q &= U_S \end{aligned}\right\} \tag{6.18}$$

从式(6.17)中减去式(6.18)中第二式可得

$$R_S \cdot \Delta i + R_\mathrm{d} \cdot \Delta i = u_S \tag{6.19}$$

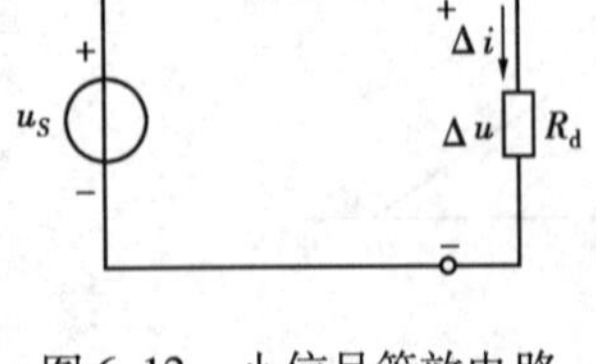

由式(6.19)即可画出图 6.11(a)电路在静态工作点 $Q(U_Q,I_Q)$ 上的小信号等效电路,如图 6.12 所示。

图 6.12 小信号等效电路

根据小信号等效电路可求得

$$\Delta i = \frac{u_S(t)}{R_S + R_\mathrm{d}}$$

$$\Delta u = R_\mathrm{d} \cdot \Delta i = \frac{R_\mathrm{d}}{R_S + R_\mathrm{d}} u_S(t)$$

代入式(6.14)便可获得此非线性电路的解

$$u(t) = U_Q + \frac{R_d}{R_S + R_d} \cdot u_S(t)$$

$$i(t) = I_Q + \frac{u_S(t)}{R_S + R_d}$$

例6.4　电路如图6.13(a)所示，I_S 为直流电流源，且 $I_S = 10\text{A}$，$R_S = \frac{1}{3}\Omega$，非线性电阻为压控型的，其特性曲线如图6.13(b)式，函数表达式 $i(t) = g(u) = \begin{cases} u^2 (u > 0) \\ 0 (u < 0) \end{cases}$，小信号电流源 $i_S(t) = 0.5\cos t\text{A}$。试求静态工作点和由小信号产生的电压和电流($\Delta u, \Delta i$)。

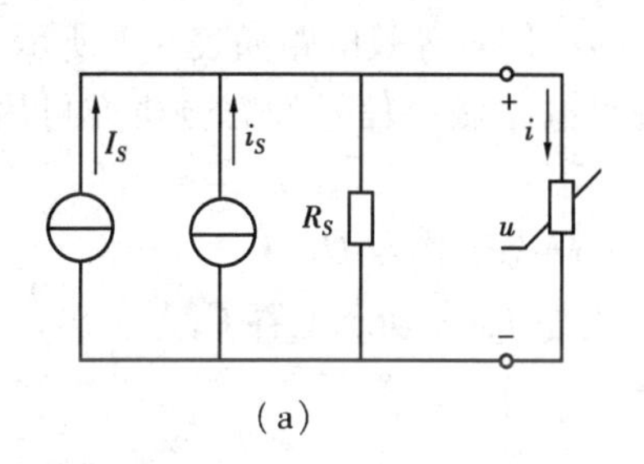

(a)

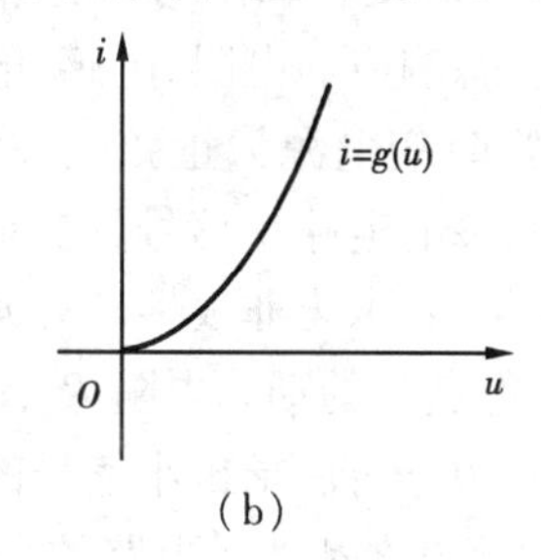

(b)

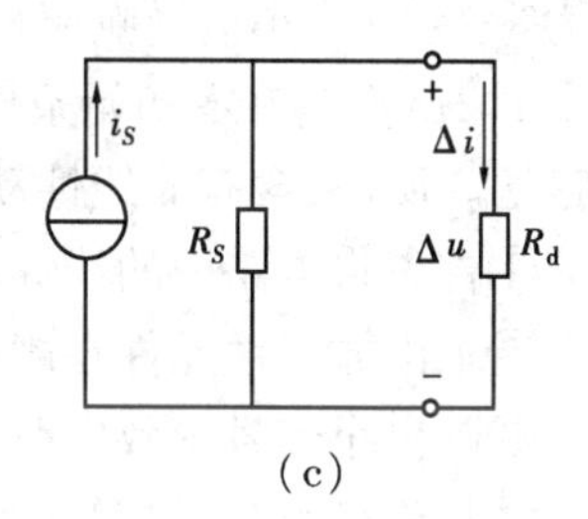

(c)

图6.13

解　应用KCL有

$$\frac{1}{R_S}u + i = i_S + I_S$$

或

$$3u + g(u) = 10 + 0.5\cos t$$

令 $i_S = 0$，则由上式得

$$3u + g(u) = 10$$

所以有

$$3u + u^2 = 10$$

解之得

$$U_Q = 2\text{V}, I_Q = 4\text{A}$$

静态工作点 $Q(2,4)$ 上的动态电导为

$$G_d = \left.\frac{\text{d}g(u)}{\text{d}u}\right|_{U_Q} = \left.\frac{\text{d}(u^2)}{\text{d}u}\right|_{U_Q} = 2u\Big|_{U_Q} = 4\text{S}$$

依此作出小信号等效电路，如图6.13(c)。并可求得

$$\Delta i = \frac{R_S}{R_S + R_d} \cdot i_S = \frac{2}{7}\cos t\text{A}$$

$$\Delta u = \Delta i \cdot R_d = \frac{0.5}{7}\cos t\text{V}$$

电路的全解则为

$$\begin{cases} i = I_Q + \Delta i = \left(4 + \frac{2}{7}\cos t\right) \text{A} \\ u = U_Q + \Delta u = \left(2 + \frac{0.5}{7}\cos t\right) \text{V} \end{cases}$$

6.4.2　非线性动态元件电路的小信号分析

与非线性电阻电路的小信号分析相类似，当时变电源 u_S 远远小于直流电源 U_S 时，即 $U_S \gg |u_S(t)|$ 时，电路的工作点就很有可能位于静态工作点附近，此时，电路的暂态分析就可采用时域（或复频域）的小信号分析法。当时变电源作用于电路之前，由小信号引起的小信号响应必然为零。所以，小信号响应是零状态响应。电阻、电感、电容的小信号等效电路如表 6.1 所示。其中 u_C，i_L 都具有零初始条件。当时变电源为正弦电源时，对电路做小信号稳态分析亦可用相量法。所以，含有非线性动态元件的电路小信号分析步骤如下：

①首先将电路中的线性部分化简，求出非线性动态元件的静态工作点 Q。

②求出非线性元件在静态工作点上的动态电阻 R_d、动态电感 L_d 和动态电容 C_d。

③画出小信号等效电路，用时域分析法求出小信号的解。

④小信号解与直流解（静态工作）之和便是电路的全解。

表 6.1　非线性电阻、电感、电容的小信号等效电路

元件种类	非线性电路	小信号时域分析电路
电阻	i, +, $u(t)$, −, $i=h(u)$	Δi, +, Δu, −, $G_d=\frac{di}{du}\big\|_Q$
电感	i, +, $u(t)$, −, $\psi=f(i)$	Δi, +, Δu, −, $L_d=\frac{d\psi}{di}\big\|_{I_Q}$
电容	i, +, $u(t)$, −, $q=f(u)$	Δi, +, Δu, −, $C_d=\frac{dq}{du}\big\|_{U_Q}$

例 6.5　在图 6.14 所示电路中，非线性电容的库伏特性为 $q=5u_C^2$，$R=1\ \text{k}\Omega$，输入电压 $u_S=[10\varepsilon(t)]\text{V}$，求响应 $u_C(t)$，$u_C(0_-)=10\ \text{V}$。

解　①根据 KVL 有

$$RC_d \frac{du_C}{dt} + u_C = U_S$$

②求动态电容 C_d

$$C_d = \frac{dq}{du_C}\bigg|_Q = \frac{d}{du_C}(5u_C^2)\bigg|_Q = 10u_C|_{U_{CQ}}\mu\text{F}$$

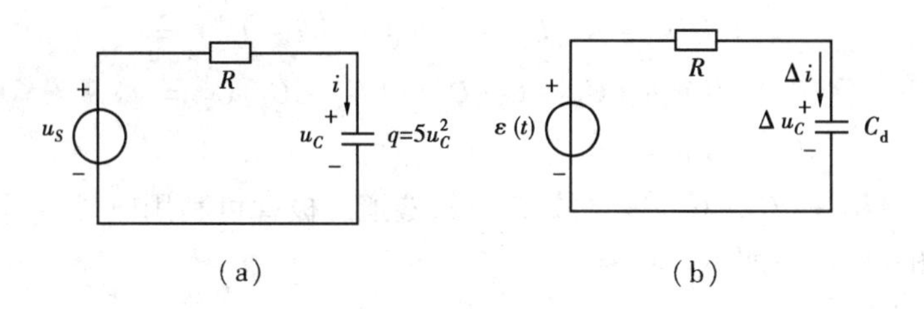

图 6.14

因为 $t\leqslant 0$ 时，$\varepsilon(t)=0$，$u_C(0_-)=U_{CQ}=10\text{ V}$，故

$$C_d = 10 \times 10 = 100\ \mu\text{F}。$$

③建立小信号等效电路。

如图 6.14(b)所示，其中

$$\Delta u_S = \varepsilon(t)\text{V},\Delta u_C(0_+) = 0,\Delta u_C(\infty) = 1\text{ V}$$

$$\tau = RC_d = 1\ 000 \times 100 \times 10^{-6} = 0.1\text{ s}。$$

故小信号的零状态响应为

$$\Delta u_C = (1 - e^{-10t})\varepsilon(t)\text{V}$$

所以，全响应为

$$u_C \approx U_{CQ} + \Delta u_C = [10 + (1 - e^{-10t})\varepsilon(t)]\text{V}$$

波形如图 6.15 所示。

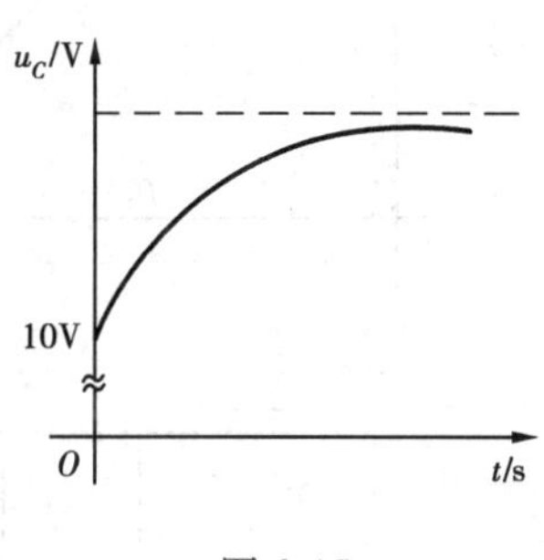

图 6.15

6.5　分段线性化方法

要对非线性电路进行整体解析计算，就必须将非线性元件的特性曲线的函数式写出来。然而要将一条非线性特性曲线用函数表示出来，往往是困难的，即使表示了出来，求解方程也有很大困难。

本节介绍的分段线性化方法，又称作折线法，它是研究非线性电路的一种有效方法。其特点是根据计算精度的要求，把非线性元件的特性曲线用几段直线来表示，并确定出直线段的线性等效电路，然后用线性电路的分析方法求解。

图 6.16(a)中的虚线是隧道二极管的伏安特性曲线，此特性曲线可用三段直线近似表示，即用$\overline{OA}$，$\overline{AB}$，$\overline{BC}$三段直线近似代替。各段直线的斜率(动态电导)分别为 G_a，G_b，G_c。在每个直线段内，隧道二极管的伏安特性可用相应的一个线性电路来等效。

在区间 a，$0\leqslant u\leqslant U_1$，有

$$i = G_a u$$

即可用一个线性电导 G_a 来等效，如图 6.16(b)所示。

在区间 b，$U_1\leqslant u\leqslant U_2$，有

$$i = G_a U_1 + G_b(u - U_1) = G_b u - (G_b - G_a)U_1 = G_b u - I_{Sb}$$

其中 $I_{Sb}=(G_b-G_a)U_1$，$G_b<0$。故在 b 段可用一个电导 G_b 与电流源 I_{Sb} 的并联电路来等效，如图 6.16(c)所示。

在 c 段，$u\geqslant U_2$，有

$$
\begin{aligned}
i &= G_a U_1 + G_b(U_2 - U_1) + G_c(u - U_2) = \\
&G_c u - (G_b - G_a)U_1 - (G_c - G_b)U_2 = \\
&G_c u - I_{Sc}
\end{aligned}
$$

其中 $I_{Sb} = (G_b - G_a)U_1 + (G_c - G_b)U_2$。故在 c 段,隧道二极管可利用电导 G_c 与电流源 I_{Sc} 的并联电路等效,如图 6.16(d)所示。

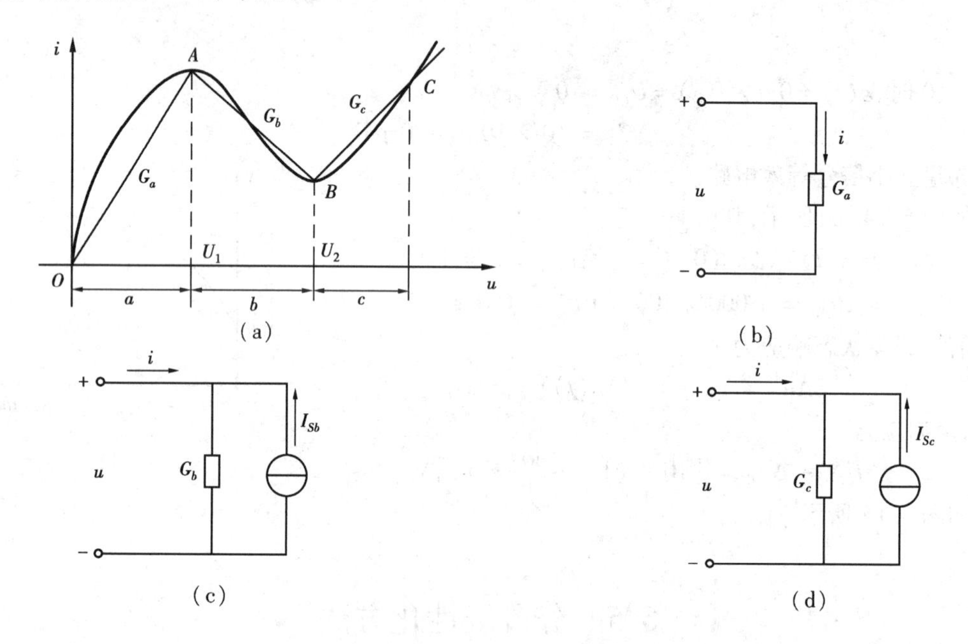

图 6.16　分段线性化方法

隧道二极管的静态工作点可用图解法确定。如果静态工作点位于图 6.17(a)所示位置,则表示该点确实是静态工作点,如果负载线与分段线性的伏安特性交点位于图 6.17(b)所示位置,则只有 Q_3 为实际工作点,而 Q_1,Q_2 并不代表实际工作点。

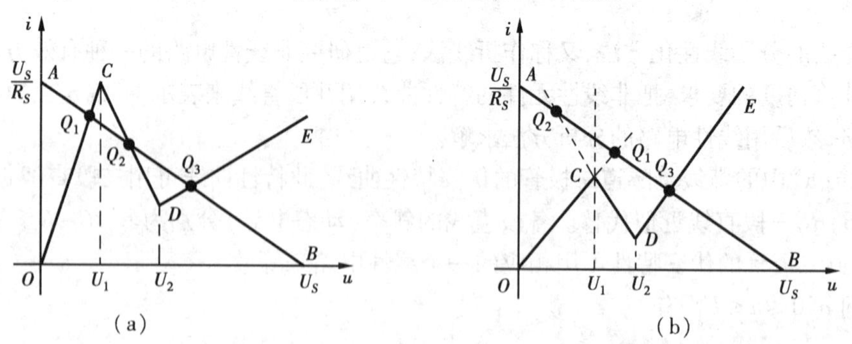

图 6.17　非线性电阻的工作点

在分段线性化法中,常常引入理想二极管的模型,它具有下列特性:加正向电压时,二极管全导通,它相当于短路;加反向电压时,二极管完全不导通,电流为零,它相当于开路。其伏安特性如图 6.18(a)所示。一个实际的晶体二极管的模型就可用一个理想二极管与一个理想电阻的串联来表示,其伏安特性就可用图 6.18(b)中的折线 $\overline{BOA}$ 表示。当二极管加正向电压时,它就相当于一个线性电阻,其伏安特性用直线 $\overline{OA}$ 表示;当加反向电压时,二极管完全不导通,其伏安特性用$\overline{OB}$表示。

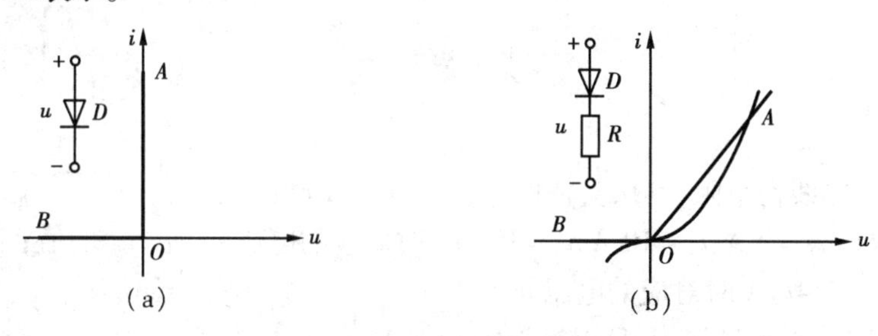

图6.18　晶体二极管的u-i曲线

例6.6　①电路如图6.19(a)所示,电阻R的伏安特性如图6.19(b)所示,D为理想二极管,U_S为理想直流电压源。试作出此电路的伏安特性曲线。

②把上图电路中的二极管D,电阻R与直流电流源I_S并联,如图6.19(d)所示,试作出此并联电路的伏安特性曲线。

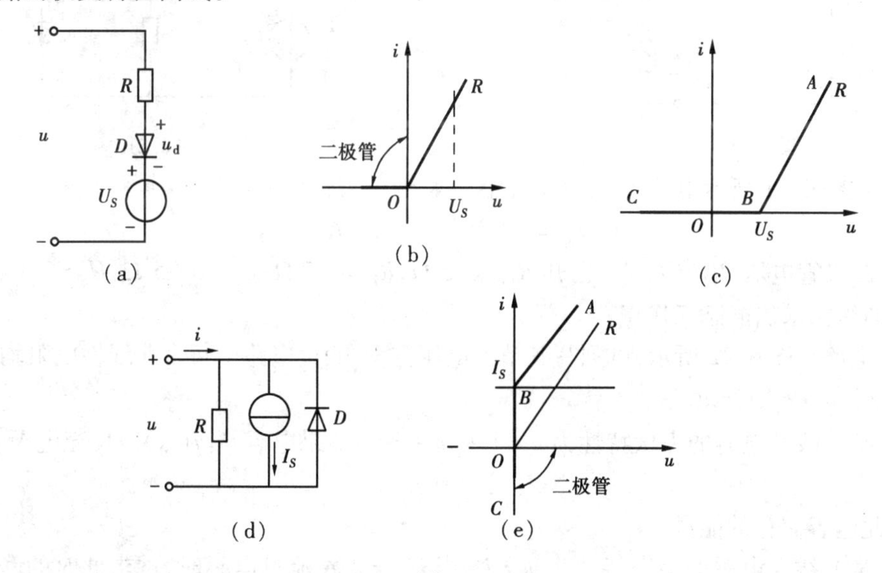

图6.19

解　①各元件的伏安特性如图6.19(b)所示,电路方程为

$$u = Ri + u_d + U_S \qquad i > 0$$

因为只有当$u > U_S$时,$i > 0$,$u_d = 0$。因此,把R的特性向右平移U_S,如图6.19(c),折线$\overline{ABC}$即为此串联电路的伏安特性曲线。

②电路方程为

$$i = \frac{u}{R} + I_S \qquad u > 0$$

当$u < 0$时,二极管完全导通,电路被短路。

当$u > 0$时,按与上述相同的图解法,可求得并联电路的伏安特性曲线为$\overline{COBA}$折线。

习 题 6

6.1 设有一非线性电阻,其伏安特性为 $u=f(i)=100i+i^3$。

①试分别求出 $i_1=2$ A,$i_2=10$ A,$i_3=10$ mA 时对应的电压 u_1,u_2,u_3 的值;

②求 $i=2\sin(314t)$ A 时对应的电压 u;

③设 $u_{12}=f(i_1+i_2)$,试问 u_{12} 是否等于 (u_1+u_2)?

6.2 电路如图 6.20 所示,已知 $U_S=9$ V,$R_1=2$ Ω,非线性电阻特性为 $u_2=(-2i+\frac{1}{3}i^2)$ V。若 $u_S=\sin t$V,试求电流 i。

图 6.20　　　　图 6.21

6.3 在图 6.21 所示电路中,二极管的伏安特性可表示如下:

$$i_d = 10^{-6}(e^{40u_d}-1)\ \text{A}$$

式中 u_d 为二极管电压,单位为 V。已知 $R_1=0.5$ Ω,$R_2=0.5$ Ω,$R_3=0.75$ Ω,$U_S=2$ V。

试用图解法求出静态工作点。

6.4 电路如图 6.22 所示,试列写其节点电压方程,假设电路中每个非线性电阻均为压控的,且 $i_1=u_1^3,i_2=u_2^2,i_3=u_3^{2/3}$。

6.5 某非线性电容的库伏特性为 $u=1+2q+3q^2$,如果电容从 $q(t_0)=0$ 充电至 $q(t)=1$ C。

试求此电容储存的能量。

6.6 某非线性电感的韦安特性为 $\psi=i^3$,当有 $i=2$ A 流过电感时,试求此时的静态电感值。

6.7 电路如图 6.23 所示。$U_S=84$ V,$R_1=2$ kΩ,$R_2=10$ kΩ,非线性电阻 R_3 的特性可表示为:$i_3=0.3u_3+0.04u_3^2$。试求电流 i_1,i_3。

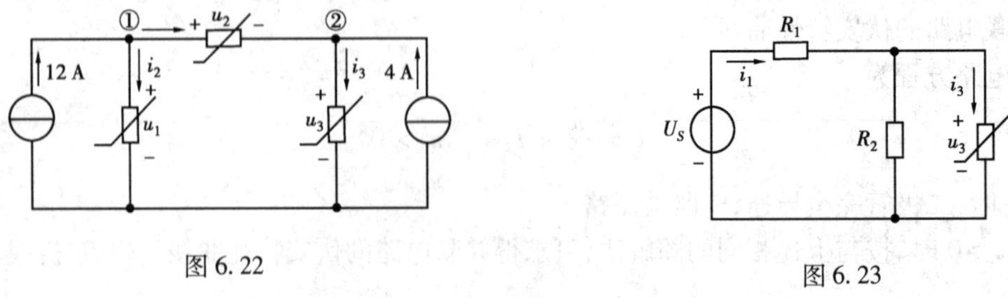

图 6.22　　　　图 6.23

6.8 在图 6.24 所示非线性电路中,非线性电阻的伏安特性为

$$u = 2i + i^3$$

现已知当 $u_S(t)=0$ 时,回路中电流为 $I_Q=1$ A。如果 $u_S(t)=\cos\omega t$V 时,试用小信号分析法求

回路电流 i。

6.9　在图6.25电路中，$R=2\ \Omega$，$U_S=9\ \text{V}$，非线性电阻的伏安特性为 $u=-2i+\frac{1}{3}i^3$，若 $u_S(t)=\cos t\text{V}$，试求电流 i。

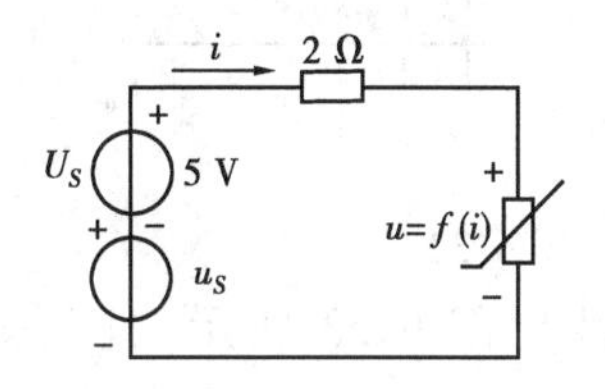

图6.24

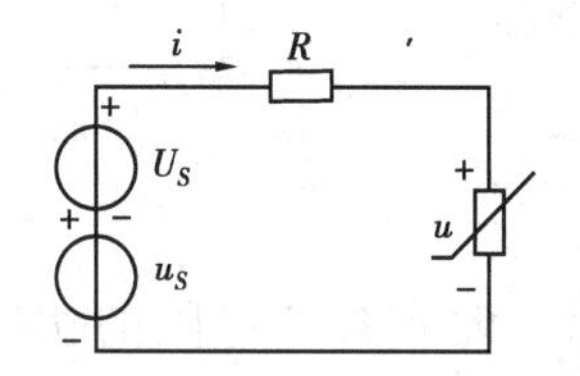

图6.25

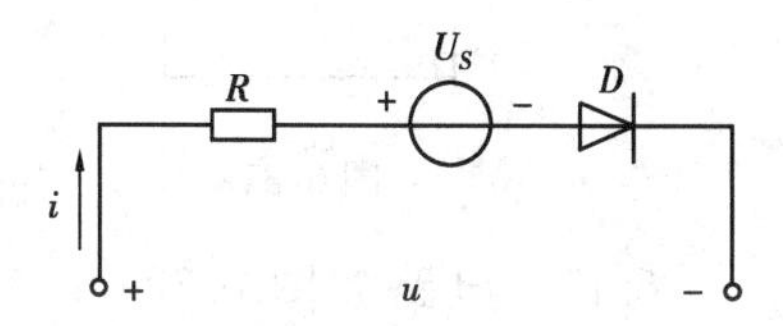

图6.26

6.10　在图6.26中，R 为线性电阻，D 为理想二极管。且已知 $R=2\ \Omega$，$U_S=1\ \text{V}$，在 $u\sim i$ 平面上画出对应的伏安特性。

6.11　在图6.27电路中，线性电阻 $R=1\ \Omega$，D 为理想二极管，$I_S=1\ \text{A}$，在 $u\sim i$ 平面上画出对应的伏安特性。

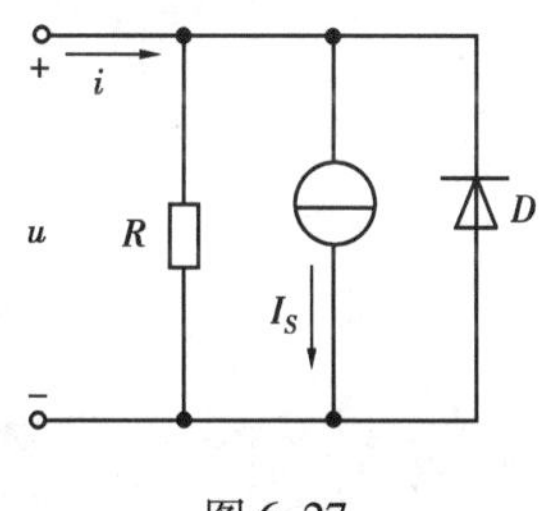

图6.27

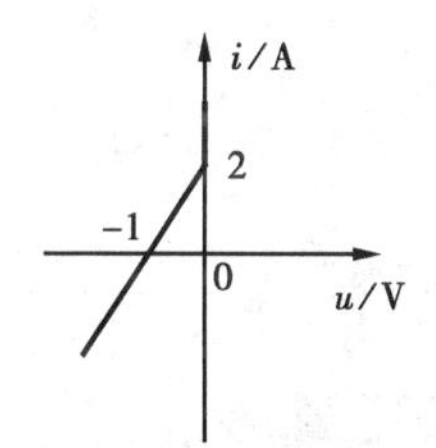

图6.28

6.12　设计一个由理想二极管 D、线性电阻 R 和独立源构成的二端口网络，要求它的伏安特性具有如图6.28所示的特性。

6.13　电路如图6.29所示，试画出该电路的输入输出关系。设输入电压 $u_S(t)=U_m\sin\omega t$，$U_m>U_1$，$U_m>U_2$，试画出 $u_2(t)$ 波形，图中二极管均为理想二极管。

6.14　电路如图6.30(a)所示，试判断限幅电路的输入输出关系是否如图6.30(b)所示？设 $u_1=U_m\sin t$，式中 $U_m>U_1$，试画出 u_2 波形。图中二极管 D 为理想二极管。

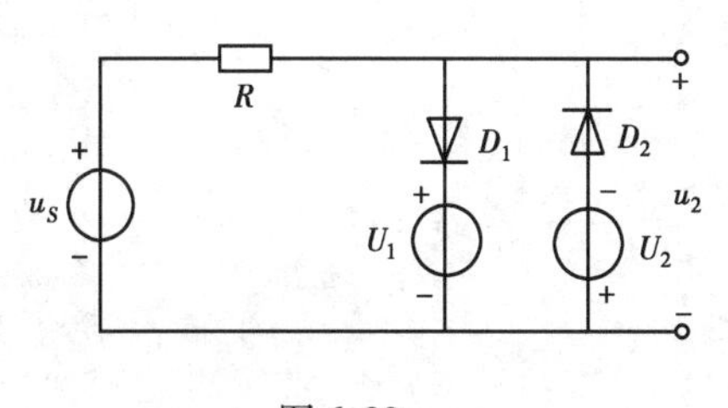

图6.29

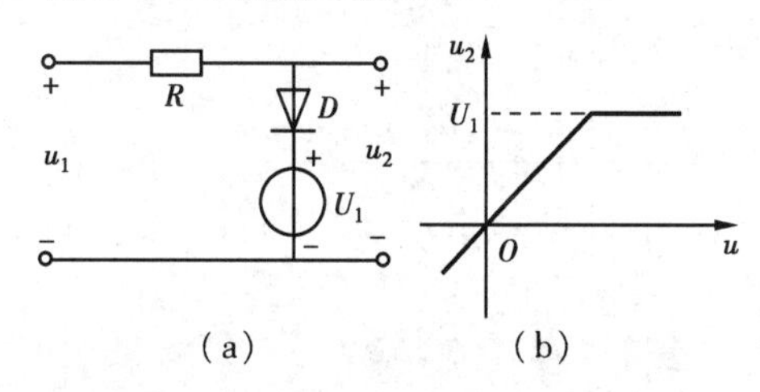

图6.30

6.15　电路如图6.31所示。$t=0$ 时，K 闭合，$u_C(0_+)=U_o$。试求 $t\geqslant0$ 时的 $u_C(t)$。

*6.16　电路如图6.32(a)所示。充电的电容 C 通过非线性电阻放电，非线性电阻的伏安特性如图6.32(b)所示。已知 $C=1\ \text{F}$，$u_C(0_-)=3\ \text{V}$，试求 $u_C(t)$。

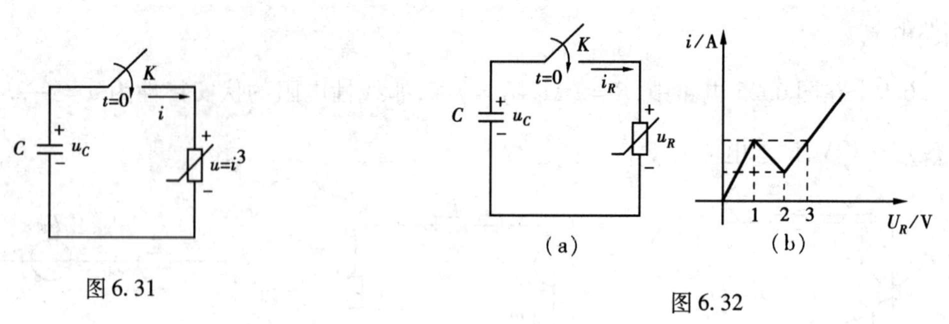

图6.31

图6.32

6.17　电路如图6.32(a)所示。设非线性电阻的伏安特性如图6.33所示，且已知$u_C(0_-)=2$ V，试求$u_C(t)$。

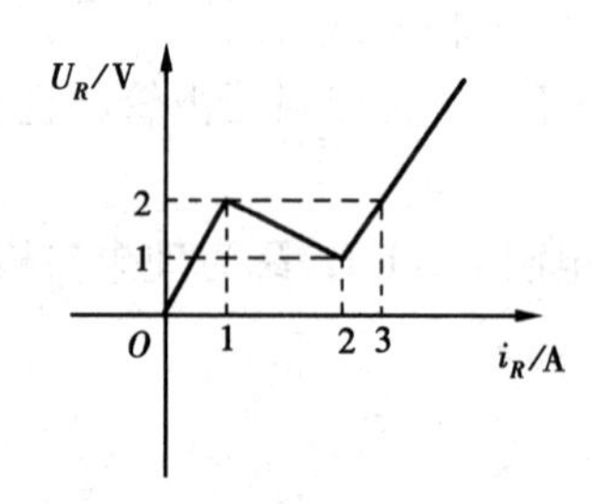

图6.33

第 7 章
一阶电路

内容简介

本章的主要内容有动态电路及其方程,动态电路的换路定则及初始条件的计算,一阶电路的时间常数,一阶电路的零输入响应,一阶电路的零状态响应,一阶电路的全响应,一阶电路的阶跃响应,一阶电路的冲激响应。

7.1 动态电路

自然界事物的运动,在一定的条件下有一定的稳定状态。当条件改变,就要过渡到新的稳定状态。像电动机从静止状态(一种稳定状态)起动,它的转速从零逐渐上升,最后到达稳态值(新的稳定状态);当电动机停下来时,它的转速从某一稳态值逐渐下降,最后为零。又像电动机通电运转时,就要发热,温升(比周围环境温度高出之值)从零逐渐上升,最后到达稳态值;当电动机冷却时,温升也是逐渐下降的。由此可见,从一种稳定状态转变到另一种新的稳定状态往往不能跃变,而是需要一定过程(时间)的,这个物理过程就称为过渡过程。

在电路中也有过渡过程。譬如 RC 串联直流电路,其中电流为零,而电容元件上的电压等于电源电压。这是已到达稳定状态时的情况。实际上,当接通直流电压后,电容器被充电,其电压是逐渐增长到稳态值的,电路中有充电电流,它是逐渐衰减到零的。也就是说,RC 串联电路从其与直流电压接通 $t=0$ 时,直至到达稳定状态,要经历一个过渡过程。

前面几章所讨论的是电路的稳定状态。所谓稳定状态,就是电路中的电流和电压在给定的条件下已到达某一稳定状态(对交流讲是指它的幅值到达稳定),稳定状态简称稳态。电路的过渡过程往往为时短暂所以电路在过渡过程中的工作状态常称为暂态,因而过渡过程又称为暂态过程。暂态过程虽然为时短暂,但在不少实际工作中却是极为重要的。

因此研究暂态过程的目的就是:认识和掌握这种客观存在的物理现象的规律,在生产上既要充分利用暂态过程的特性,同时也必须预防它所产生的危害。

电路有两种工作状态:稳态和暂态。比如当电路在直流电源的作用下,电路的响应也都是直流时,或当电路在正弦交流电源的作用下,电路的响应也都是正弦交流时,这种电路称为稳态电路,即电路处于稳定工作状态。描述直流稳态电路的方程是代数方程。用相量法分析正弦交流电路时,描述正弦交流稳态电路的方程也是代数方程。前面第 2 章至第 5 章所述就是稳态电路。当电路中存在储能元件(电感和电容),并且电路中的开关被断开或闭合,使电路的接线方式或元件参数发生变化(称此过程为换路),电路将从一种稳态过渡到另外一种稳态。这一过渡过程一般不会瞬间完成,需要经历一段时间,在这一段时间里电路处于一种暂态过程,所以称它为动态电路。

描述动态电路的方程是微分方程。动态电路中独立储能元件的个数称为电路的阶数,电路的阶数也就是微分方程的阶数。例如有一个独立储能元件的电路就称为一阶电路,如图 7.1(a)所示电路,描述这个一阶电路的方程是一阶微分方程;有两个独立储能元件的电路就称为二阶电路,描述这个二阶电路的方程是二阶微分方程;有两个或两个以上独立储能元件的电路称为高阶电路。

当电路中的开关被断开或闭合,使电路的接线方式或元件参数发生变化,则称此过程为换路。如果换路这一时刻记为 $t=0$,换路前的一瞬间记为 $t=0_-$,换路后的一瞬间记为 $t=0_+$。换路后电路达到新的稳态所需时间,理论上讲是 $t=\infty$。

分析计算电路中发生过渡过程时电路的响应,首先是根据换路后的电路结构根据 KCL, KVL 及支路的电压、电流关系约束列写以某电路响应为未知量的微分方程;然后是求解微分方程,计算出方程的通解;最后由电路的初始条件确定积分常数,求出满足电路初始条件的解。分析动态电路的这种方法通常称为时域分析法,亦称为经典法。

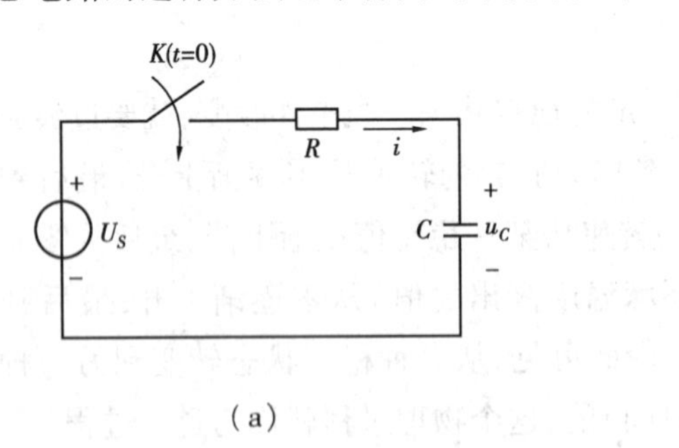

(a)

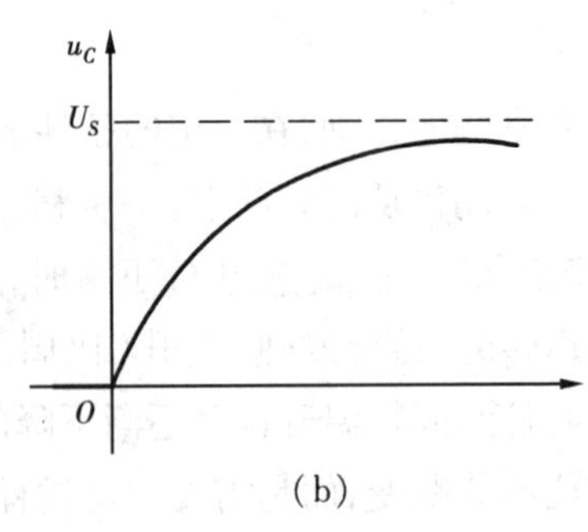

(b)

图 7.1 RC 一阶电路及其响应

例如对于图 7.1(a)所示一阶电路,开关 K 原先是断开的,且电路已处于稳定状态。当 $t=0$ 时开关 K 闭合,求 $t\geqslant 0$ 时电容电压 $u_C(t)$。

求解此题的步骤如下:

①由换路后的电路结构列写以 $u_C(t)$ 为未知量的电路微分方程。根据 KVL

$$Ri+u_C=U_S$$

因为

$$i = C\frac{\mathrm{d}u_C}{\mathrm{d}t}$$

代入上式有

$$RC\frac{\mathrm{d}u_C}{\mathrm{d}t} + u_C = U_S$$

上式即为以 $u_C(t)$ 为未知量的微分方程,显然它是一个一阶线性非奇次常系数微分方程,故电路被称作一阶电路。

②求解上述微分方程。

由数学知识,其通解有如下形式

$$u_C = U_S + A\mathrm{e}^{-\frac{t}{RC}}$$

其中,A 为积分常数。

③根据电路的初始条件确定积分常数。

如果这个电路的初始条件 $u_C(0_-)=0$,则可求得

$$u_C(t) = U_S(1 - \mathrm{e}^{-\frac{t}{RC}})$$

$u_C(t)$ 随 t 变化的曲线标绘于图7.1(b)中。分析此曲线不难发现:$t<0$ 时,电容电压 $u_C=0$ 的稳态;当 $t=\infty$ 时,电容电压又处于 $u_C=U_S$ 的另一稳态;在 $0<t<\infty$ 时,电路从处于 $u_C=0$ 到 $u_C=U_S$ 的变化之中,即处于过渡过程中。

关于动态电路的其他问题都将在以后各节中介绍。

7.2　电路动态过程的初始条件

7.2.1　电路的换路定则

对于线性电容来说,在任意时刻 t,其电荷、电压、电流的关系为:

$$q(t) = q(t_0) + \int_{0_-}^{t_+} i_C\mathrm{d}t$$

$$u_C(t) = u_C(t_0) + \frac{1}{C}\int_{0_-}^{t_+} i_C(\xi)\mathrm{d}\xi$$

令 $t_0=0_-$,$t=0_+$ 可得

$$q(0_+) = q(0_-) + \int_{0_-}^{0_+} i_C\mathrm{d}t \tag{7.1}$$

$$u_C(0_+) = u_C(0_-) + \frac{1}{C}\int_{0_-}^{0_+} i_C\mathrm{d}t \tag{7.2}$$

在一般情况下,时间由 0_- 到 0_+,即在换路前后瞬间,电容电流 i_C 为有限值,故式(7.1),(7.2)中的积分项等于零,因此可以得到

$$q(0_+) = q(0_-) \tag{7.3}$$

$$u_C(0_+) = u_C(0_-) \tag{7.4}$$

由式(7.3),(7.4)可以看出,在换路前后瞬间,电容的电荷和电压都不能发生跃变。即电容的

电荷和电压在换路前后瞬间是相等的,式(7.4)中的 $u_C(0_+)$ 称为电容的初始条件,该条件称为独立初始条件。

对于线性电感来说,在任意时刻其磁链与电压的关系为:

$$\psi(t) = \psi(t_0) + \int_{t_0}^{t} u_L(\xi)\mathrm{d}\xi$$

$$i_L(t) = i_L(t) + \frac{1}{L}\int_{t_0}^{t} u_L(\xi)\mathrm{d}\xi$$

令 $t_0 = 0_-$, $t = 0_+$ 可以得到

$$\psi(0_+) = \psi(0_-) + \int_{t_0}^{0_+} u_L(\xi)\mathrm{d}\xi \tag{7.5}$$

$$i_L(0_+) = i_L(0_-) + \frac{1}{L}\int_{t_0}^{0_+} u_L(\xi)\mathrm{d}\xi \tag{7.6}$$

在一般情况下,时间由 0_- 到 0_+,即在换路前后瞬间,电感电压 u_L 为有限值,故式(7.5)、式(7.6)中的积分项等于零。因此可得:

$$\psi(0_+) = \psi(0_-) \tag{7.7}$$

$$i_L(0_+) = i_L(0_-) \tag{7.8}$$

由式(7.7)、式(7.8)可以看出,在换路前后瞬间,电感的磁链和电流都不能发生跃变。即电感的磁链和电流在换路前后瞬间是相等的。式(7.8)中的 $i_L(0_+)$ 称为电感的初始条件,该条件也是独立初始条件。式(7.3)、式(7.4)、式(7.7)、式(7.8)等统称为动态电路的换路定则。

从功率和能量的关系看,在换路前瞬间,电容的能量为 $\frac{1}{2}Cu_C^2(0_-)$,在换路后瞬间,电容的能量为 $\frac{1}{2}Cu_C^2(0_+)$。在换路前后瞬间电容的能量通常是守恒的,所以在换路前后电容的电压应该相等。由于功率 $p = \frac{\mathrm{d}W}{\mathrm{d}t}$,如果在换路前后瞬间电容的能量不相等,则电源的功率就必为无限大,这在一般情况下是不可能的。同样地在换路前瞬间,电感的能量为 $\frac{1}{2}Li_L^2(0_-)$,在换路后瞬间,电感的能量为 $\frac{1}{2}Li_L^2(0_+)$。在换路前后瞬间电感的能量一般也是守恒的,所以在换路前后电感的电流应该相等。由于功率 $p = \frac{\mathrm{d}W}{\mathrm{d}t}$,所以在换路前后瞬间电感的能量如不相等,则电源的功率就必为无限大,这一般也是不可能的。

7.2.2 如何计算电路的初始条件

对于一个动态电路,其独立的初始条件是 $u_C(0_+)$ 或 $q(0_+)$ 和 $i_L(0_+)$ 或 $\psi(0_+)$,其余的是非独立初始条件。如果要计算电路的初始条件,首先应计算独立的初始条件 $u_C(0_+)$ 和 $i_L(0_+)$。这应根据换路前的电路计算出 $u_C(0_-)$ 和 $i_L(0_-)$,然后用换路定则求得 $u_C(0_+)$ 和 $i_L(0_+)$。其次将换路后电路中的电容用一个电压源替代,这个电压源的电压值等于 $u_C(0_+)$;将换路后的电感用一个电流源替代,这个电流源的电流值等于 $i_L(0_+)$;如果 $u_C(0_+) = u_C(0_-) = 0$ 及 $i_L(0_+) = i_L(0_-) = 0$,则电容相当于短路,电感相当于开路。电路中的独立电源按 $t = 0_+$ 取值(如果是直流电源则不变);这样就可以画出一个换路后的等效电路,在这个等效

电路中就可以求出所需要的非独立初始条件。

例7.1 图7.2示电路原已处于稳定状态，且电容 C 上无电荷。已知 $U=100\ \text{V}$，$R=4\ \Omega$，$R_1=6\ \Omega$，$C=10\ \mu\text{F}$，$L=3\ \text{H}$，求开关闭合后瞬间各条支路电流及电容、电感电压。

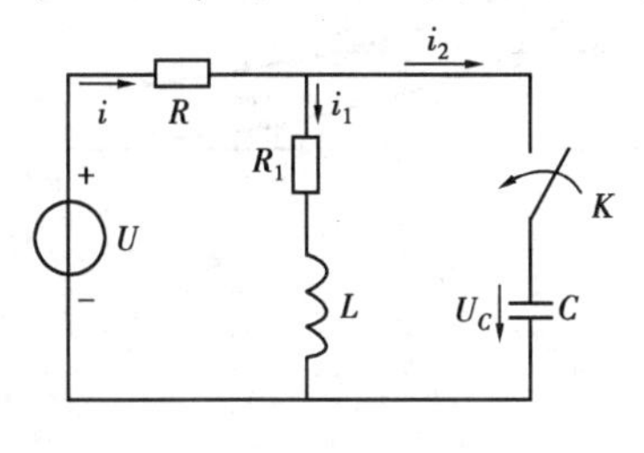

图7.2 例7.1图

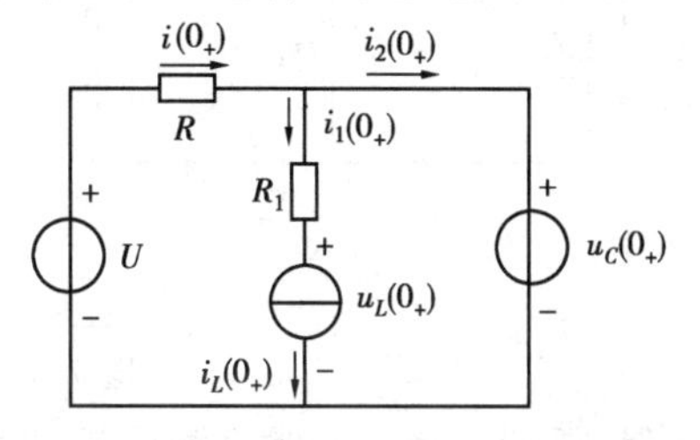

图7.3 例7.1等效电路

解 ①求独立初始条件。开关 K 闭合之前，电路处于稳定状态，由于电容 C 上无电荷，所以

$$u_C(0_+)=0\ \text{V}$$

$$i_L(0_+)=\frac{U}{R+R_1}=\frac{100}{4+6}=10\ \text{A}$$

②画等效电路。用换路定则，$u_C(0_+)=u_C(0_-)=0\ \text{V}$；$i_L(0_+)=i_L(0_-)=10\ \text{A}$。将换路后电路中的电容用一个电压源替代，这个电压源的电压值等于 $u_C(0_+)=0\ \text{V}$；将换路后电路中的电感用一个电流源替代，这个电流源的电流值等于 $i_L(0_+)=10\ \text{A}$，电路中的电压源则不变；这样就可以画出一个换路后的等效电路如图7.3所示。

③求非独立初始条件。

$$i(0_+)=U/R=100/4=25\ \text{A}$$

$$i_1(0_+)=i_L(0_+)=10\ \text{A}$$

$$i_2(0_+)=i(0_+)-i_1(0_+)=25-10=15\ \text{A}$$

由于

$$R_1i_1(0_+)+u_L(0_+)=0$$

故

$$u_L(0_+)=-R_1i_1(0_+)=-6\times10=-60\ \text{V}$$

7.3 一阶电路的零输入响应

如果动态电路在换路之后电路中无独立电源，电路由换路之前储能元件储存的能量产生的响应，则称这种响应为零输入响应。零输入响应实质上就是储能元件释放能量的过程。

7.3.1 *RC* 电路的零输入响应

如图7.4(a)所示电路，U_0 是一个直流电压源，换路之前开关 K 接通触点1，且电路已处于稳定状态。当 $t=0$ 时开关 K 由触点1切换到触点2，当 $t\geqslant0$，试分析 RC 电路中 u_C，u_R，i 的变化规律。

当 $t\geqslant0$ 时，在 RC 回路中，可列出KVL方程：$u_C-u_R=0$。由于 $u_R=Ri$，$i=-C\dfrac{\mathrm{d}u_C}{\mathrm{d}t}$，代入

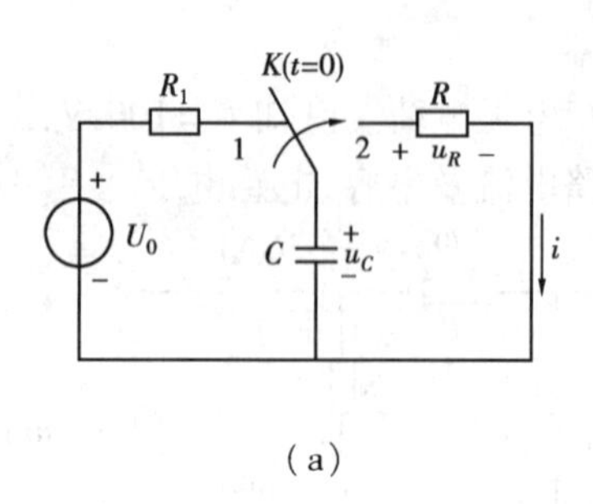

(a)

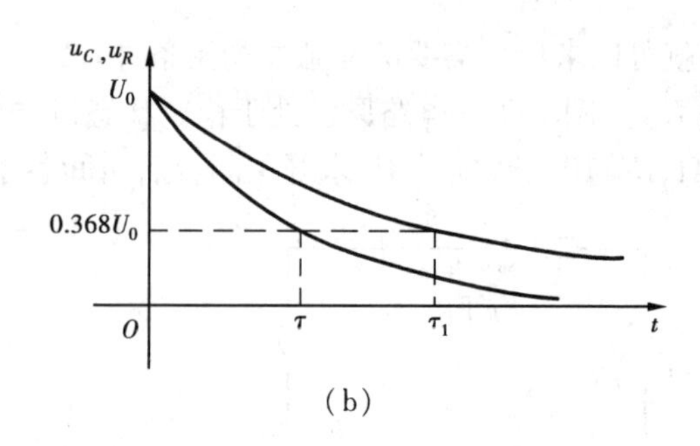

(b)

图 7.4　R,C 电路的零输入响应

KVL 方程,得到一个一阶常系数线性齐次微分方程

$$RC\frac{\mathrm{d}u_C}{\mathrm{d}t}+u_C=0 \tag{7.9}$$

上述微分方程可以用分离变量法积分求解。在此用常系数线性齐次微分方程的一般解法求出它的通解,其具体步骤是首先令其通解形式为

$$u_C(t)=Ae^{pt}$$

将此代入式(7.9),消去公因子 Ae^{pt} 便得到原微分方程的特征方程:$RCp+1=0$。特征方程的特征根为 $p=-\frac{1}{RC}$。微分方程的通解为

$$u_C(t)=Ae^{pt}=Ae^{-\frac{t}{RC}} \tag{7.10}$$

其中,A 为积分常数,由电路的初试条件来确定。由于电路在换路之前已处于稳定状态,电容在直流稳态电路中相当于开路,故 U_0,R_1,C 回路中的电流为零,也就是说按回路的 KVL 方程可计算出换路前电容电压 $u_C(0_-)=U_0$,即电容被充电至电源电压。由换路定则 $u_C(0_-)=u_C(0_+)$,求出 $u_C(0_+)=U_0$ 将 $t=0_+$ 代入式(7.10)可得到积分常数 $A=U_0$。从而得到给定初始条件下电容电压的零输入响应

$$u_C=U_0e^{-\frac{t}{RC}}\qquad(t\geqslant 0) \tag{7.11}$$

这就是在换路之后 RC 电路中 $u_C(t)$ 的变化规律。回路中的电流和电阻电压也可以计算出来

$$i=-C\frac{\mathrm{d}u_C}{\mathrm{d}t}=-C\frac{\mathrm{d}}{\mathrm{d}t}(U_0e^{-\frac{t}{RC}})=-C\left(-\frac{1}{RC}\right)U_0e^{-\frac{t}{RC}}=\frac{U_0}{R}e^{-\frac{t}{RC}}\quad(t\geqslant 0) \tag{7.12}$$

$$u_R=u_C=U_0e^{-\frac{t}{RC}}\quad(t\geqslant 0) \tag{7.13}$$

根据电容电压和电阻电压的表达式,绘出换路之后它们的变化规律如图 7.4(b)所示。从图中可以看出,电容电压和电阻电压都是按同样的指数衰减规律变化的。电容电压在换路前后瞬间没有发生跃变,从初始值 U_0 开始按指数规律衰减,从理论上讲,当 $t=\infty$ 时,电容电压衰减到零,达到新的稳态。这实际上就是换路前已充电的电容在换路后放电的物理过程。电路中电阻电压在换路前后瞬间发生了跃变,换路前瞬间其值为零,换路后瞬间其值为 U_0;电路中的电流在换路前后瞬间也发生了跃变,换路前瞬间其值为零,换路后瞬间其值为$\frac{U_0}{R}$。

从能量的角度来分析 RC 电路的零输入响应,即电容在换路之前储存有电场能量,在换路之后,电容在放电过程中不断释放电场能量,电阻则不断消耗能量,将电场能量转变为热能。电容储存的电场能量为

$$W_C = \frac{1}{2}CU_0^2$$

电阻消耗的能量为

$$W_R = \int_0^{\infty} i^2 R\mathrm{d}t = \int_0^{\infty}\left(\frac{U}{R}\mathrm{e}^{-\frac{t}{RC}}\right)^2 R\mathrm{d}t = \left[\left(-\frac{RC}{2}\right)\cdot R\frac{U_0^2}{R^2}\mathrm{e}^{-\frac{2t}{RC}}\right]_0^{\infty} = \frac{1}{2}CU_0^2$$

电阻消耗的能量,恰好与电容器储存的电场能量相等。

7.3.2　时间常数

动态电路的过渡过程所经历的时间长短,取决于电容电压衰减的快慢。而电容电压衰减的快慢又取决于衰减指数$\frac{1}{RC}$。令 $RC=\tau$,τ 称为时间常数,它的单位为秒,这是因为

$$[\tau] = [RC] = [\text{欧姆}][\text{法拉}] = \frac{[\text{伏特}][\text{库仑}]}{[\text{安培}][\text{伏特}]} = [\text{秒}]$$

将它代入式(7.11),(7.12)可得到

$$u_C = U_0\mathrm{e}^{-\frac{t}{\tau}} \qquad (t \geqslant 0) \tag{7.14}$$

$$i = \frac{U_0}{R}\mathrm{e}^{-\frac{t}{\tau}} \qquad (t \geqslant 0) \tag{7.15}$$

在式(7.14)中,令 $t=\tau$,则电容电压在这一时刻的值为

$$u_C = U_0\mathrm{e}^{-\frac{t}{\tau}} = U_0\mathrm{e}^{-1} = 0.368U_0$$

也就是说,在时间为 τ 这一时刻,电容电压衰减到初始电压 U_0 的 36.8%,如图 7.4(b)所示。换句话说,τ 就是电容电压衰减到初始电压的 0.368 倍所需要的时间。τ 值越大,电压衰减越慢,像图 7.4(b)中 $\tau_1>\tau$,相对说来 τ_1 所对应的曲线比 τ 所对应的曲线衰减要慢一些。电路的时间常数 τ 与 R,C 之乘积成正比,与电路的初始状态无关。在一些时间控制电路中,正是通过改变 RC 电路的参数来调整时间常数,以达到改变电容的放电曲线。

从理论上来讲,RC 电路的动态过程需要经过无限长时间才能结束,即是说当 $t=\infty$ 时,式(7.14)中的电压和式(7.15)中的电流才衰减到零,达到新的稳态。然而,当时间 $t=5\tau$ 时,$u_C=U_0\mathrm{e}^{-5}=0.007U_0$。此时电容电压已接近于零,电容的放电过程已基本结束。所以工程上一般认为动态电路的暂态过程持续时间为 $4\tau\sim5\tau$。

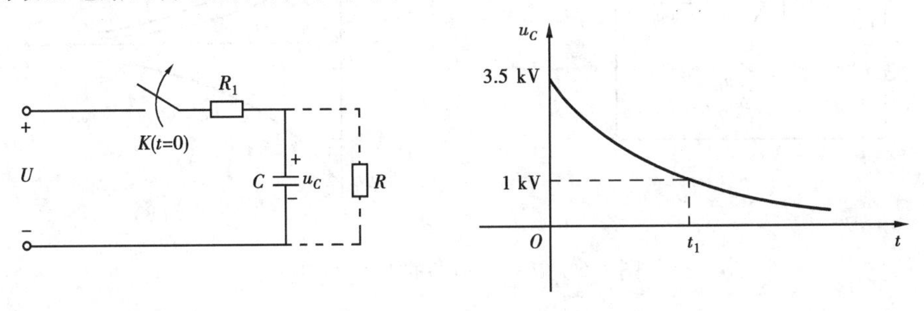

图 7.5　例 7.2 电路图

例 7.2　一组电容量为 40 μF 的电容器从高压电网上退出运行,在退出前瞬间电容器电压为 3.5 kV,退出后电容器经本身的泄漏电阻放电,等效电路如图 7.5 所示。已知其泄漏电阻 $R=100\ \mathrm{M\Omega}$。求:

①电路的时间常数;

②经过多长时间电容电压下降到 1 000 V;

③经过多长时间电容放电基本结束。

解 ①电容从高压电网上退出运行,即开关 K 断开之后,就是一个 R,C 放电电路。由于 $u_C(0_-)=3\,500$ V,所以 $u_C(0_+)=u_C(0_-)=3\,500$ V。电容放电时电压的变化规律为

$$u_C(t)=3\,500\mathrm{e}^{-\frac{t}{RC}}\ \mathrm{V} \qquad (t\geqslant 0)$$

电路的时间常数 $\tau=RC=100\times10^6\times40\times10^{-6}=4\,000$ s

②电容电压下降到 1 000V 的时间为 t_1。则

$$1\,000=3\,500\mathrm{e}^{-\frac{t_1}{4\,000}}$$

解之得

$$t_1=5\,000\ \mathrm{s}$$

即电容退出运行后经过 5 000 s,其电压降到 1 000 V。

③整个放电过程经历的时间为

$$t=5\tau=5\times4\,000=20\,000\ \mathrm{s}$$

即电容退出运行后经过 20 000 s,其放电过程基本结束。

通过以上例题分析可知,当储能元件电容从电路中退出运行后,电容器的两个极板仍然带有电荷,其端电压不为零,这一电压可能会危害设备安全或人身安全。电感电流也具有相似的特性,在工作中应特别注意。

7.3.3 *RL* 电路的零输入响应

如图 7.6(a)所示电路,U_0 是一个直流电源,换路之前开关 K 接通触点 1,且电路已处于稳定状态。当 $t=0$ 时开关 K 由触点 1 切换到触点 2。当 $t\geqslant0$ 时,试分析 RL 电路中 i,u_L,u_R 的变化规律。

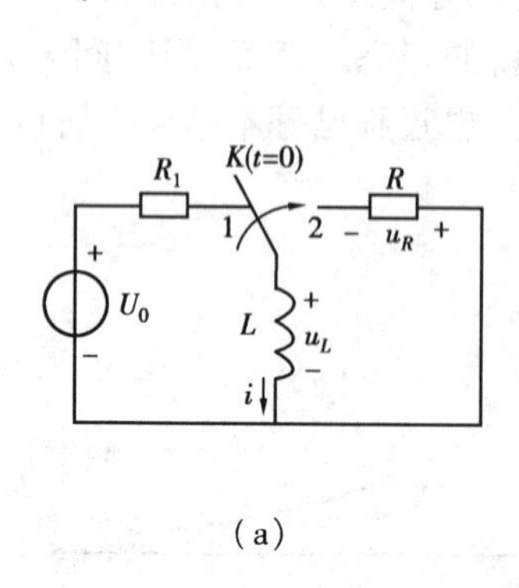

(a)

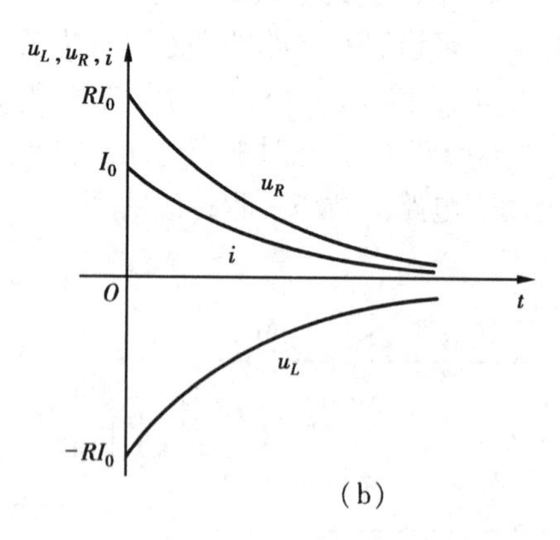

(b)

图 7.6 *RL* 一阶电路的零输入响应

当 $t\geqslant0$ 时,在 RL 回路中,可列出 KVL 方程:$u_L+u_R=0$。由于 $u_R=Ri,u_L=L\dfrac{\mathrm{d}i}{\mathrm{d}t}$,代入 KVL 方程,得到一个一阶常系数线性齐次微分方程

$$L\frac{\mathrm{d}i}{\mathrm{d}t}+Ri=0$$

其特征方程为 $Lp+R=0$,特征根为 $p=-\frac{R}{L}$。故微分方程的通解为

$$i = Ae^{pt} = Ae^{-\frac{R}{L}t} \tag{7.16}$$

令 $\frac{L}{R}=\tau$,τ 称为 RL 电路的时间常数,它的单位为秒。式(7.16)为

$$i = Ae^{-\frac{t}{\tau}}$$

其中,A 为积分常数。依照电路的初始条件,电路在换路之前已处于稳定状态,电感在直流稳态电路中相当于短路,故 U_0,R_1,L 回路中的电流为 $i_L(0_-)=U_0/R_1$,令 $U_0/R_1=I_0$。由换路定则 $i_L(0_+)=i_L(0_-)$,所以得到 $i_L(0_+)=I_0$。将 $t=0_+$ 带入式(7.16)可以求得积分常数 $A=I_0$。从而得到给定初始条件下电感电流的零输入响应

$$i = I_0 e^{-\frac{t}{\tau}} \quad (t \geqslant 0) \tag{7.17}$$

电感电压

$$u_L = L\frac{di}{dt} = -RI_0 e^{-\frac{t}{\tau}} \quad (t \geqslant 0) \tag{7.18}$$

电阻电压

$$u_R = Ri = RI_0 e^{-\frac{t}{\tau}} \quad (t \geqslant 0) \tag{7.19}$$

将 i,u_L,u_R 的波形绘出来,如图7.6(b)所示。从图7.6(b)中可以看出,电感电压、电阻电压和电感电流都是按同样的指数衰减规律变化的。电感电流在换路前后瞬间没有发生跃变,从初始值 I_0 开始按指数规律衰减,从理论上讲,当 $t=\infty$ 时,电感电流衰减到零,达到新的稳态。这实际上就是换路前储存磁场能量的电感,在换路后释放能量的物理过程。电路中电阻 R 的电压在换路前后瞬间发生跃变,换路前瞬间值为零,换路后瞬间其值为 RI_0;电路中的电感电压在换路前后瞬间也发生了跃变,换路前瞬间其值为零,换路后瞬间其值为 $-RI_0$。

从能量的角度来分析 RL 电路的零输入响应:电感在换路之前储存有磁场能量,在换路后不断释放磁场能量,电阻 R 则不断消耗能量,将磁场能量转变为热能。

应该注意的是,在 RC 电路中时间常数 τ 与电阻 R 成正比,电阻 R 越大,时间常数 τ 越大;而在 RL 电路中时间常数 τ 与电阻 R 成反比,电阻 R 越大,时间常数 τ 越小。

例7.3　图7.7(a)所示电路是用直流电压表测量电感线圈电压的接线。已知线圈电阻 $R=1\ \Omega$,电感 $L=2$ H,电压表内阻 $R_V=5\ 000\ \Omega$,电源电压 $U=10$ V,电路已处于稳定状态。求开关 K 断开后流过电压表的电流和电压表承受的最高电压。

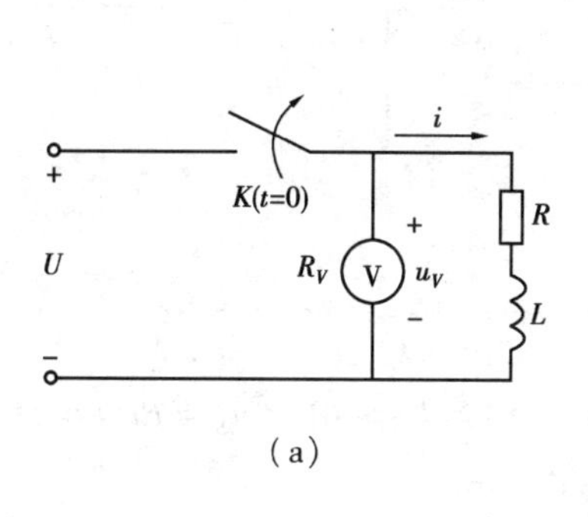

(a)

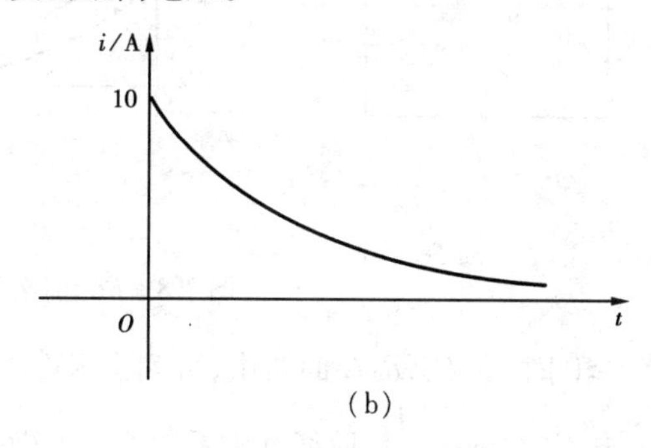

(b)

图7.7

解 当开关 K 断开后,电路中的响应为零输入响应。电路的时间常数

$$\tau = \frac{L}{R+R_V} = \frac{2}{1+5\ 000} \approx 0.4\times10^{-3}\text{s}$$

开关 K 断开后流过电压表的电流为

$$i = Ae^{-\frac{t}{\tau}} = Ae^{-2\ 500t}$$

电感电流的初始值为

$$i_L(0_+) = i_L(0_-) = U/R = 10/1 = 10\ \text{A}$$

将 $t=0_+$ 代入电流表达式,求得 $A=10$。所以

$$i = 10e^{-2\ 500t}\text{A} \qquad (t \geqslant 0)$$

电压表承受的电压为

$$u_V = -Ri = -5\ 000\times10e^{-2\ 500t} = -50\ 000e^{-2\ 500t} \qquad (t \geqslant 0)$$

当 $t=0_+$ 时,电压表承受的电压最高,其值为

$$u_V(0_+) = -50\ 000\ \text{V}$$

7.4 一阶电路的零状态响应

如果动态电路在换路之前,电路中的储能元件没有储存能量,即在换路之前电容电压或电感电流为零,像这种电路的独立初始条件为零的情形便称为零状态。这时,由换路之后电路中的电源在电路中产生的响应,称为零状态响应。零状态响应实质上就是储能元件储存能量的过程。

7.4.1 *RC* 电路的零状态响应

如图 7.8(a)所示电路,U_S 是一个直流电压源,开关 K 在 $t=0$ 时闭合。当 $t\geqslant0$ 时,试分析 RC 电路中 u_C,u_R,i 的变化规律。

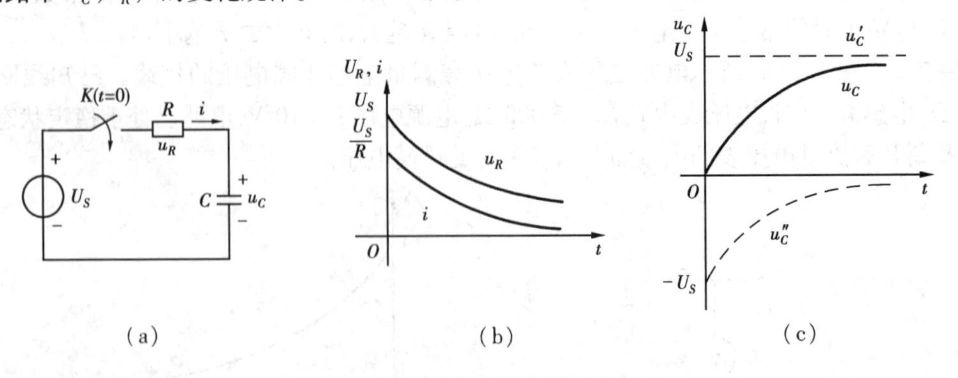

图 7.8 *RC* 电路的零状态响应

当 $t\geqslant0$ 时,在 U_S,R,C 回路中,可列出 KVL 方程:$u_C+u_R=U_S$。由于 $u_R=Ri,i=C\dfrac{du_C}{dt}$代入 KVL 方程,得到一个一阶线性常系数非齐次微分方程

$$RC\frac{du_C}{dt}+u_C=U_S \tag{7.20}$$

由数学知识可知,该方程的通解由两部分组成。即

$$u_C=u'_C+u''_C \tag{7.21}$$

式(7.21)中u'_C是方程的特解,u''_C是补充函数。方程的特解u'_C应满足

$$RC\frac{du'_C}{dt}+u'_C=U_S \tag{7.22}$$

补充函数u''_C应满足

$$RC\frac{du''_C}{dt}+u''_C=0 \tag{7.23}$$

由于适合于式(7.22)的解就是方程的特解。那么,当电路达到新的稳态,必定也满足方程。而电路达到新的稳态时,电容电压u_C应等于电源电压U_S。故特解为

$$u'_C=U_S \tag{7.24}$$

式(7.23)的解为原方程所对应的齐次式通解,故

$$u''_C=Ae^{pt}=Ae^{-\frac{t}{RC}} \tag{7.25}$$

故原方程的通解为

$$u_C=u'_C+u''_C=U_S+Ae^{-\frac{t}{RC}} \tag{7.26}$$

依照电路的初始条件去确定积分常数。由于电路在换路之前已处于稳定状态,$u_C(0_-)=0$。由换路定则$u_C(0_+)=u_C(0_-)=0$,将$t=0_+$代入式(7.26)可得到积分常数$A=-U_S$。故在此初始条件下的电容电压响应为

$$u_C=U_S-U_Se^{-\frac{t}{RC}}=U_S(1-e^{-\frac{t}{RC}})\quad(t\geqslant 0) \tag{7.27}$$

这就是在换路之后R,C电路中电容电压的变化规律。回路中的电流和电阻电压也可以计算出来

$$i=C\frac{du_C}{dt}=C\frac{d}{dt}(U_S-U_Se^{-\frac{t}{RC}})=\frac{U_S}{R}e^{-\frac{t}{RC}}\quad(t\geqslant 0) \tag{7.28}$$

$$u_R=Ri=U_Se^{-\frac{t}{RC}}\quad(t\geqslant 0) \tag{7.29}$$

分别将电容电流、电阻电压和电容电压的波形画于图7.8(b),(c)中。RC电路的零状态响应实际上就是电源经过一个电阻给电容充电的过程。由图中可以看出:在换路前后电容电压没有发生跃变,当充电开始后电容电压逐渐上升,当电路达到稳定状态时,电容电压等于电源电压;充电电流在换路前后发生了跃变,由零突然上升至U_S/R,当充电开始后电流逐渐下降,当电路达到稳定状态时,充电电流等于零。

电容电压u_C由两部分组成,其中特解$u'_C=U_S$是电容电压的稳定值,故称为稳态分量。稳态分量的函数形式与电源的函数形式相同,即当电源为直流、正弦交流或指数函数时,其稳态分量的函数形式也为直流、正弦交流或指数函数,故又称它为强制分量。补充函数u''_C的变化规律与电源无关,不管电源是什么形式,它都是按指数规律衰减到零,故称它为暂态分量,也称为自由分量。电路动态过程的特点主要反映在自由分量上,电路动态过程进展的快慢取决于自由分量衰减的快慢,也就是取决于电路时间常数τ的大小。

从能量的角度来分析RC电路的零状态响应:电容在换路之前没有储存电场能量,在换路

之后,电源通过电阻给电容充电,将电能转换为电场能量,电容最后储存的电场能量为

$$W_C = \frac{1}{2}CU_S^2$$

在充电过程中电阻消耗的能量为

$$W_R = \int_0^{\infty} i^2 R\mathrm{d}t = \int_0^{\infty}\left(\frac{U_S}{R}\mathrm{e}^{-\frac{t}{RC}}\right)^2 R\mathrm{d}t = \left[-\frac{RC}{2}\ \frac{U_S^2}{R}\mathrm{e}^{-\frac{2t}{RC}}\right]_0^{\infty} = \frac{1}{2}CU_S^2$$

电阻消耗的能量,刚好与电容器储存的电场能量相等。这说明电源输出的能量有一半储存在电容中,另外一半被电阻消耗了,充电的效率为50%。

7.4.2 *RL* 电路的零状态响应

如图7.9(a)所示电路,I_S 是一个直流电流源,开关 K 在 $t=0$ 由触点1切换到触点2,当 $t\geqslant 0$时,试分析电感电流 i_L 的变化规律。

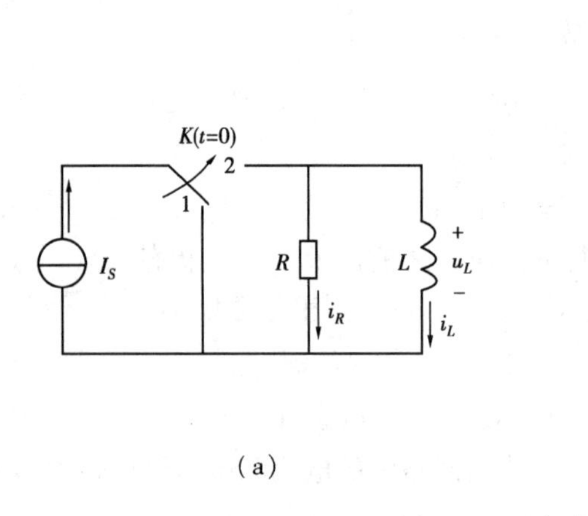

(a)

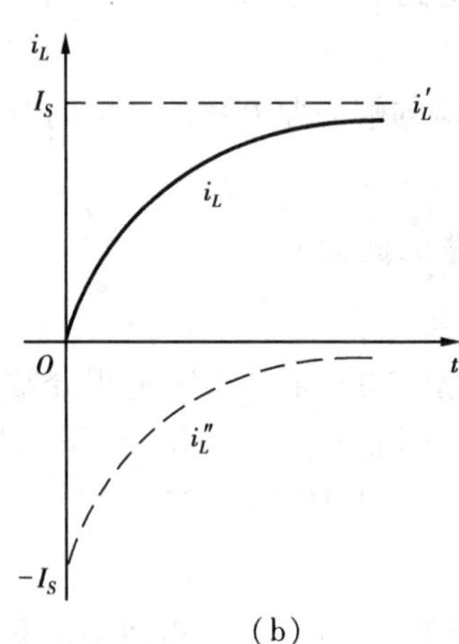

(b)

图7.9 *RL* 电路的零状态响应

当 $t\geqslant 0$ 时,可列出 KCL 方程:$i_R + i_L = I_S$。由于 $i_R = u_L/R = \frac{L}{R}\frac{\mathrm{d}i_L}{\mathrm{d}t}$,代入 KCL 方程,得到一个一阶常系数线性非齐次微分方程

$$\frac{L}{R}\frac{\mathrm{d}i_L}{\mathrm{d}t} + i_L = I_S \tag{7.30}$$

由数学知识可知,该方程的通解由两部分组成。即

$$i_L = i'_L + i''_L \tag{7.31}$$

式(7.31)中 i'_L 是方程的特解,i''_L 是补充函数。方程的特解 i'_L 应满足

$$\frac{L}{R}\frac{\mathrm{d}i'_L}{\mathrm{d}t} + i'_L = I_S \tag{7.32}$$

补充函数 i''_L 应满足

$$\frac{L}{R}\frac{\mathrm{d}i''_L}{\mathrm{d}t} + i''_L = 0 \tag{7.33}$$

适合于式(7.32)的任何一个解都可以作为方程的特解。而电路达到新的稳态时必定满足方程。故可推知,电感电流 i_L 应等于电源电流 I_S。故特解为

$$i'_L = I_S \tag{7.34}$$

式(7.33)的解为

$$i''_L = Ae^{pt} = Ae^{-\frac{R}{L}t} \tag{7.35}$$

方程的通解为

$$i_L = i'_L + i''_L = I_S + Ae^{-\frac{R}{L}t} \tag{7.36}$$

依照电路的初始条件,电路在换路之前已处于稳定状态,$i_L(0_-)=0$。由换路定则 $i_L(0_+) = i_L(0_-)=0$,将 $t=0_+$ 代入式(7.36)可得到积分常数 $A=-I_S$。在给定初始条件下电感电流响应为

$$i_L = I_S - I_S e^{-\frac{R}{L}t} = I_S(1-e^{-\frac{R}{L}t}) \quad (t \geqslant 0) \tag{7.37}$$

电感电流的变化规律如图7.9(b)所示。

例7.4　图7.10(a)电路中,电容原未充电。已知 $U_S=200$ V, $R=500$ Ω, $C=2$ μF。当 $t=0$ 时开关 K 闭合,求:①开关闭合后电路中的电容电压和充电电流;②开关闭合后1 ms时电路中的电容电压和充电电流;③电容电压达到100 V所需的时间。

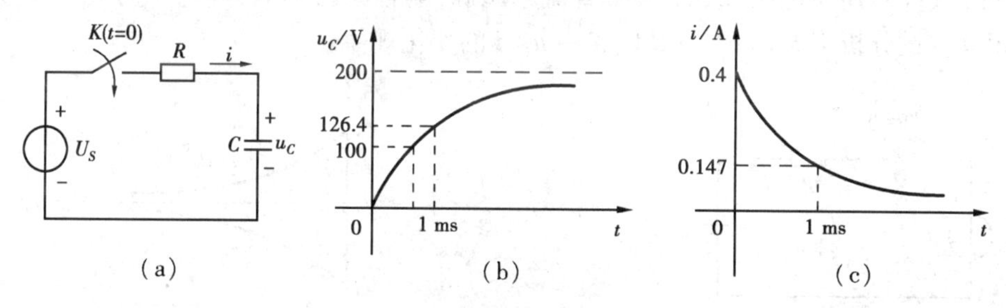

图7.10　例7.4图

解　①开关闭合后电路中的电容电压和充电电流。

电路的时间常数 $\tau=RC=500\times2\times10^{-6}=1/\text{ms}$,根据式(7.27)、式(7.28)可计算电路中的电容电压和充电电流

$$u_C = U_S - U_S e^{-\frac{t}{RC}} = U_S(1-e^{-\frac{t}{RC}}) = 200(1-e^{-1\,000t})\text{V} \quad (t \geqslant 0)$$

$$i = C\frac{du_C}{dt} = C\frac{d}{dt}(U_S - U_S e^{-\frac{t}{RC}}) = \frac{U_S}{R}e^{-\frac{t}{RC}} = 0.4e^{-1\,000t}\text{A} \quad (t \geqslant 0)$$

②开关闭合后1 ms时电路中的电容电压和充电电流。

当 $t=1$ ms 时

$$u_C = 200(1-e^{-1\,000t}) = 200(1-e^{-1}) = 126.4\text{ V}$$

$$i = 0.4e^{-1\,000t} = 0.4e^{-1} = 0.147\text{ A}$$

③电容电压达到100 V所需的时间。

$$200(1-e^{-1\,000t}) = 100$$

$$200e^{1\,000t} = 100$$

解之得 $t=0.693$ ms。

图7.10(b),(c)描绘了电容电压和电流的变化曲线。

7.5 一阶电路的全响应

前面研究了一阶电路的零状态响应,在此基础上,这里再来分析一阶电路的全响应。所谓全响应就是指在换路之前,电路中的储能元件储存有能量,在换路之后,电路中有独立电源,这种电路的响应就称为全响应。

7.5.1 *RC* 电路的全响应

求解一阶电路的全响应的问题仍然是求解一阶常系数线性非齐次微分方程的问题。其步骤与求解一阶电路的零状态响应是一样的,只不过在确定积分常数时初始条件不为零。下面来分析 *RC* 电路的全响应。

如图7.11(a)所示电路,U_S 是一个直流电压源,电容原已充电,其电压为 U_0。开关 K 在 $t=0$时闭合。试分析当 $t \geqslant 0$ 时, *RC* 电路中 u_C,i 的变化规律。

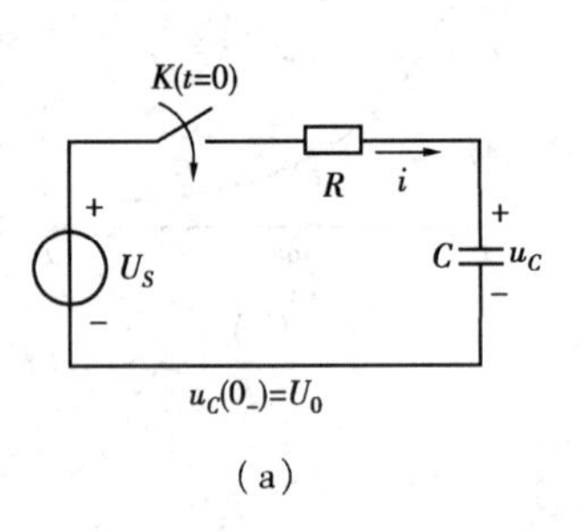

(a)

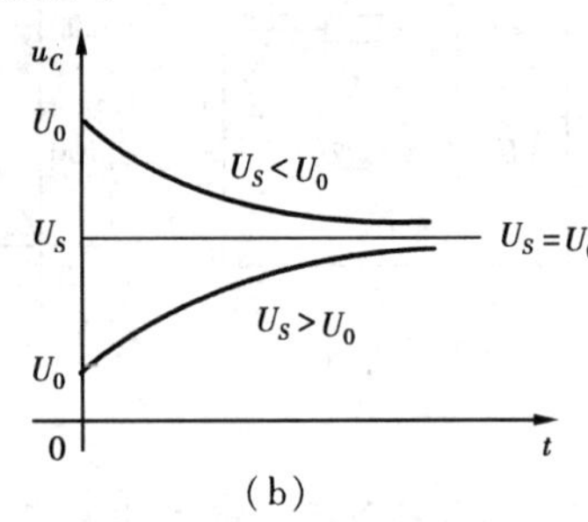

(b)

图7.11 一阶电路的全响应

由于其求解步骤与一阶电路的零状态响应一样,故其通解为

$$u_C = u'_C + u''_C = U_S + A\mathrm{e}^{-\frac{t}{RC}} \tag{7.38}$$

其差别为,电路在换路之前已处于稳定状态,$u_C(0_-) = U_0$,而不为零。由换路定则 $u_C(0_+) = u_C(0_-)$,将 $t=0_+$代入式(7.38)可得到积分常数 $A = U_0 - U_S$。电容电压为

$$u_C = U_S + (U_0 - U_S)\mathrm{e}^{-\frac{t}{RC}} \quad (t \geqslant 0) \tag{7.39}$$

上式中的第一项 U_S 是电容电压的稳态分量,第二项$(U_0 - U_S)\mathrm{e}^{-\frac{t}{RC}}$是电容电压的暂态分量。也就是说,一阶电路的全响应 = 稳态分量 + 暂态分量。

电路中的电流

$$i = C\frac{\mathrm{d}u_C}{\mathrm{d}t} = C\frac{\mathrm{d}}{\mathrm{d}t}\left[U_S + (U_0 - U_S\mathrm{e}^{-\frac{t}{RC}})\right] = \frac{U_S - U_0}{R}\mathrm{e}^{-\frac{t}{RC}}$$

电流响应也应当是稳态分量与暂态分量之和。只是这里只有电流的暂态分量,其稳态分量为零。

图7.11(b)画出了 $U_S > U_0$,$U_S = U_0$,$U_S < U_0$ 3 种情况下电容电压的波形,将式(7.39)作一下调整,可改写为

$$u_C = U_S(1 - \mathrm{e}^{-\frac{t}{RC}}) + U_0\mathrm{e}^{-\frac{t}{RC}} \quad (t \geqslant 0) \tag{7.40}$$

式(7.40)中的第一项 $U_S(1-\mathrm{e}^{-\frac{t}{RC}})$ 是原电路的零状态响应,第二项 $U_0\mathrm{e}^{-\frac{t}{RC}}$ 是原电路的零输入响应。也就是说:

一阶电路的全响应=零状态响应+零输入响应

其电流

$$i=\frac{U_S-U_0}{R}\mathrm{e}^{-\frac{t}{RC}}=\frac{U_S}{R}\mathrm{e}^{-\frac{t}{RC}}-\frac{U_0}{R}\mathrm{e}^{-\frac{t}{RC}}$$

也是由零状态响应与零输入响应相叠加的结果。前一项是零状态响应,而后一项是零输入响应。

7.5.2　求解一阶电路的三要素法

在前面分析了 RC 一阶电路的全响应,其步骤是根据换路后的电路列 KVL 方程,然后求解微分方程,最后由电路的初始条件确定积分常数,求出电容电压为

$$u_C=U_S+(U_0-U_S)\mathrm{e}^{-\frac{t}{RC}}$$

上式中的第一项 U_S 是电容电压的稳态分量,也就是 $t=\infty$ 时,当电路达到稳定状态后电容电压的值,可以表示为 $u_C(\infty)=U_S$。第二项 $(U_0-U_S)\mathrm{e}^{-\frac{t}{RC}}$ 是电容电压的暂态分量,其中 U_0 是电容电压的初始值,也就是 $t=0_+$ 时刻电容电压值,可以表示为 $u_C(0_+)=U_0$;其中 U_S 是电容电压的稳态值,故可以表示为 $u_C(\infty)_{t=0_+}=U_S$。RC 为电路的时间常数,令 $RC=\tau$。也就是说电容电压的表达式为

$$u_C(t)=u_C(\infty)+[u_C(0_+)-u_C(\infty)|_{t=0_+}]\mathrm{e}^{-\frac{t}{\tau}} \tag{7.41}$$

如果电路中的电源是直流电源,电容电压的稳态值 $u_C(\infty)$ 不是时间的函数,也就是说 $u_C(\infty)|_{t=0_+}=u_C(\infty)$。电容电压的表达式为

$$u_C(t)=u_C(\infty)+[u_C(0_+)-u_C(\infty)]\mathrm{e}^{-\frac{t}{\tau}} \tag{7.42}$$

将上述分析推广到一般情况:$f(t)$ 表示待求响应的稳态值;$f(0_+)$ 表示待求响应的初始值;τ 为电路的时间常数。则待求响应

$$f(t)=f(\infty)+[f(0_+)-f(\infty)|_{t=0_+}]\mathrm{e}^{-\frac{t}{\tau}} \tag{7.43}$$

将待求响应的稳态值——$f(\infty)$、待求响应的初始值——$f(0_+)$、电路的时间常数——τ 称之为求解一阶电路全响应的三要素,这种求一阶电路全响应的方法称之为三要素法。

因为电路中的电源是直流电源,待求响应的稳态值 $f(\infty)$ 不是时间的函数,也就是说 $f(\infty)|_{t=0_+}=f(\infty)$。待求响应的表达式为

$$f(t)=f(\infty)+[f(0_+)-f(\infty)]\mathrm{e}^{-\frac{t}{\tau}} \tag{7.44}$$

如果电路中的电源是时间的函数,则其稳态解(或强制分量)用 $f_S(t)$ 表示,则有

$$f(t)=f_S(t)+[f(0_+)-f_S(0_+)]\mathrm{e}^{-\frac{t}{\tau}} \tag{7.45}$$

需要强调说明的是,求解一阶电路全响应的三要素法,不仅仅用于求全响应,也可以用于求零输入响应和零状态响应。如果待求响应的稳态值 $f(\infty)=0$,则式(7.43)为

$$f(t)=f(0_+)\mathrm{e}^{-\frac{t}{\tau}} \tag{7.46}$$

这就是一阶电路的零输入响应。如果待求响应的初始值 $f(0_+)=0$,则式(7.49)为

$$f(t)=f(\infty)(1-\mathrm{e}^{-\frac{t}{\tau}}) \tag{7.47}$$

这就是一阶电路的零状态响应。

电路的时间常数 τ 的确定：由式(7.39)可知，响应中含有 τ 的这一项是暂态分量，暂态分量是解齐次方程得到的，齐次方程中电源激励为零。所以在求时间常数时，在电路中令其全部电源为零，即将电压源短路，将电流源开路，从储能元件处看进去，将电路中的电阻支路进行化简，简化为一个电阻 R' 和电容 C(或电感 L)的串联回路。对于 RC 电路，$\tau = R'C$；对于 RL 电路，$\tau = \dfrac{L}{R'}$。

例 7.5 在图 7.12(a)所示电路中，$U = 10$ V，$R_1 = R_2 = 30\ \Omega$，$R_3 = 20\ \Omega$，$L = 1$ H。设换路前电路已工作了很长时间，试用三要素法求换路后各支路的电流。

解 开关闭合前 $t = 0_-$ 时电感中的电流，按开关闭合前的稳定状态[见图 7.12(b)]计算，为

$$i_3(0_-) = \frac{U}{R_1 + R_3} = \frac{10}{30 + 20}\ \text{A} = 0.2\ \text{A}$$

开关闭合后 $t = 0_+$ 时电感中的电流不可能发生跳变，即

$$i_3(0_+) = i_3(0_-) = 0.2\ \text{A}$$

用等效电流源代替电感电流的初始值，作出换路后 $t = 0_+$ 时的等效电路[图 7.12(c)]，并按网孔分析法列出以网孔电流 $i_1(0_+)$ 为未知量的网孔方程

$$(R_1 + R_2)i_1(0_+) - R_2 i_3(0_+) = U$$

即

$$60 i_1(0_+) - 30 \times 0.2 = U$$

从而解出

$$i_1(0_+) = \frac{16}{60}\ \text{A} = 0.267\ \text{A}$$

根据换路后的稳态等效电路[图 7.12(d)]求出电流 $i_1(t)$ 和 $i_3(t)$ 的稳态分量：

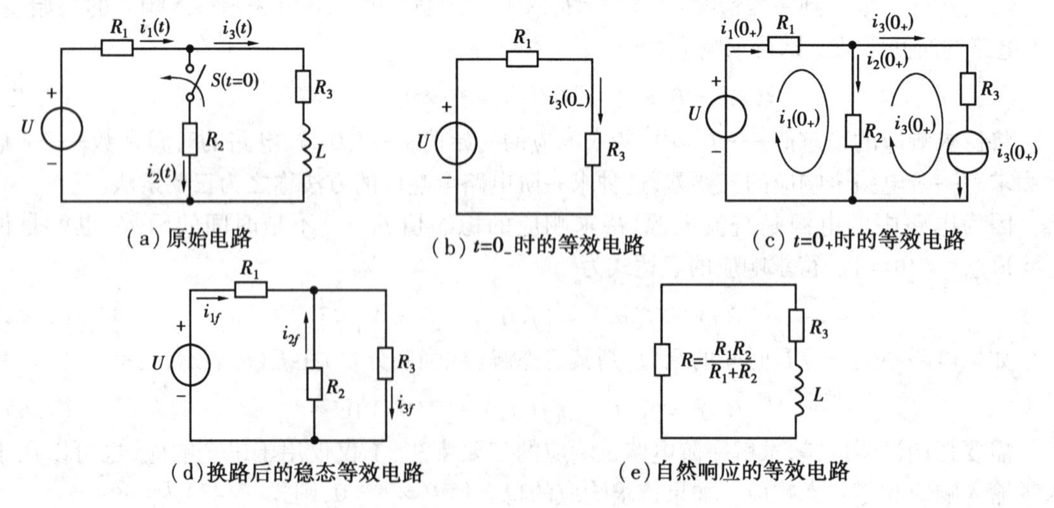

图 7.12

$$i_1(\infty) = \frac{U}{R_1 + \frac{R_2R_3}{R_2 + R_3}} = \frac{10}{30 + \frac{30 \times 20}{30 + 20}}\text{A} = \frac{10}{30 + 12}\text{A} = 0.238\text{ A}$$

$$i_3(\infty) = \frac{R_2}{R_2 + R_3}i_1(\infty) = \left(\frac{30}{30 + 20} \times 0.238\right)\text{A} = 0.143\text{ A}$$

时间常数按自由响应的等效电路[图7.12(e)]计算。为

$$\tau = \frac{L}{R + R_3} = \frac{1}{15 + 20}\text{s} = \frac{1}{35}\text{s}$$

于是,各支路电流的解答分别为

$$i_1(t) = i_1(\infty) + [i_1(0_+) - i_1(\infty)]e^{-\frac{t}{\tau}} = [0.238 + (0.267 - 0.238)e^{-35t}]\text{ A} = (0.238 + 0.029e^{-35t})\text{ A}\qquad (t \geqslant 0_+)$$

$$i_3(t) = i_3(\infty) + [i_3(0_+) - i_3(\infty)]e^{-\frac{t}{\tau}} = [0.143 + (0.2 - 0.143)e^{-35t}]\text{ A} = (0.143 + 0.057e^{-35t})\text{ A}\qquad (t \geqslant 0_+)$$

$$i_2(t) = i_1(t) - i_3(t) = (0.095 - 0.028e^{-35t})\text{ A}\qquad (t \geqslant 0_+)$$

例7.6　图7.13(a)所示电路,已知 $U_S = 20$ V, $u_C(0_-) = 5$ V, $R_1 = R_2 = 10\ \Omega$, $R_3 = 5\ \Omega$, $C = 40\ \mu\text{F}$。求开关闭合后的电容电压。

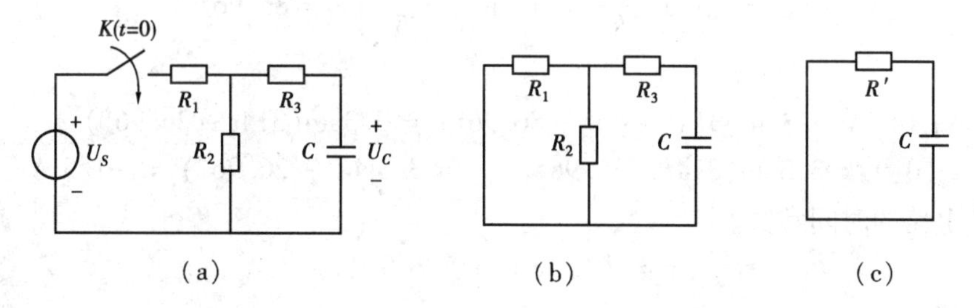

图7.13　例7.6图

解　用三要素法求解该例题。

①计算电容电压的初始值。

由换路定则可得

$$u_C(0_+) = u_C(0_-) = 5\text{V}$$

②计算电容电压的稳态值。

当电路达到稳定状态时,电容电压为

$$u_C(\infty) = \frac{R_2}{R_1 + R_2}U_S = 10\text{ V}$$

③求电路的时间常数。

将电压源短接,如图7.13(b)所示。从电容两端看进去,将电阻进行串并简化为 R',如图7.13(c)所示。

$$R' = \frac{R_1R_2}{R_1 + R_2} + R_3 = 10\ \Omega$$

电路的时间常数

$$\tau = R'C = 10 \times 40 \times 10^{-6} = 400\ \mu\text{s}$$

④计算电容电压。

由式(7.42)可得

$$u_C(t)=u_C(\infty)+[u_C(0_+)+u_C(\infty)]e^{-\frac{t}{\tau}}=$$
$$10+[5-10]e^{-2\,500t}=$$
$$10-5e^{-2\,500t}\ \text{V}\qquad(t\geqslant 0)$$

例 7.7 正弦交流电源 $u(t)=311\sin(314t+60°)$ 与电阻 $R=5\ \Omega$、电感 $L=0.3$ H 的线圈在 $t=0$ 时接通，求电路中的电流 $i(t)$。

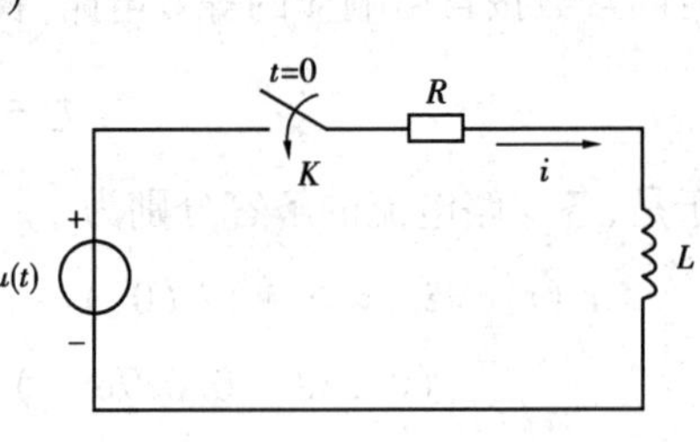

图 7.14 例 7.7 图

解 由于是一阶电路，可以用三要素法进行分析。

①计算电流的初始值解。

$$i(0_+)=i(0_-)=0$$

②计算电流的稳态解。

$$i_S(t)=I_m\sin(314t+60°-\varphi)$$

其中

$$I_m=U_m/\sqrt{R^2+(\omega L)^2}=311/\sqrt{5^2+(314\times 0.3)^2}=3.3\ \text{A}$$
$$\varphi=\arctan\frac{\omega L}{R}=\arctan\frac{314\times 0.3}{5}=86.96°$$

即

$$i_S(t)=3.3\sin(314t+60°-86.96°)=3.3\sin(314t-26.96°)\ \text{A}$$
$$i_S(0_+)=3.3\sin(314t-26.96°)_{t=0_+}=3.3\sin(-26.96°)=-1.5\ \text{A}$$

③计算电路的时间常数。

$$\tau=L/R=0.3/5=0.06\ \text{s}$$

计算电路电流

$$i(t)=i_S(t)+[i(0_+)-i_S(t)_{t=0_+}]e^{-\frac{t}{\tau}}=$$
$$3.3\sin(314t-26.96°)+[0-(-1.5)]e^{-16.67t}=$$
$$3.3\sin(314t-26.96°)+1.5e^{-16.67t}\ \text{A}\qquad(t\geqslant 0)$$

7.6 一阶电路的阶跃响应

7.6.1 阶跃函数

(1)单位阶跃函数

对于图 7.15(a)所示零状态电路中，开关 K 的动作引起电压 $u(t)$ 的变化，可以用单位阶跃函数 $\varepsilon(t)$ 来表示。单位阶跃函数的定义式为

$$\varepsilon(t)=\begin{cases}0 & (t\leqslant 0_-)\\ 1 & (t\geqslant 0_+)\end{cases}\tag{7.48}$$

其波形如图 7.15(b)所示。函数在 $t=0$ 处出现一个台阶形跃变，且台阶的高度为一个单位，

故称它为单位阶跃函数。函数在 $t=0$ 时正处于跃变过程中，其值是不确定的。但这并无关紧要，因此，从概念上讲，可以用单位阶跃函数来替代开关 K 把 1 V 电压源施加在 RC 串联电路上的效果。如图 7.15(a)所示零状态电路就可以用图 7.15(c)所示零状态电路来描述。因为开关 K 闭合之前即 $t \leqslant 0_-$ 时，电压 $u(t)=0$ V；开关 K 闭合之后即 $t \geqslant 0_+$ 时，电压$u(t)=1$ V。由于 1 V 的电压源是突然加上去的，可以看作是一个单位阶跃函数激励。由于单位阶跃函数能表达所述电路中开关 K 的动作，它可以作为这一物理过程的数学模型，所以也称它为开关函数。

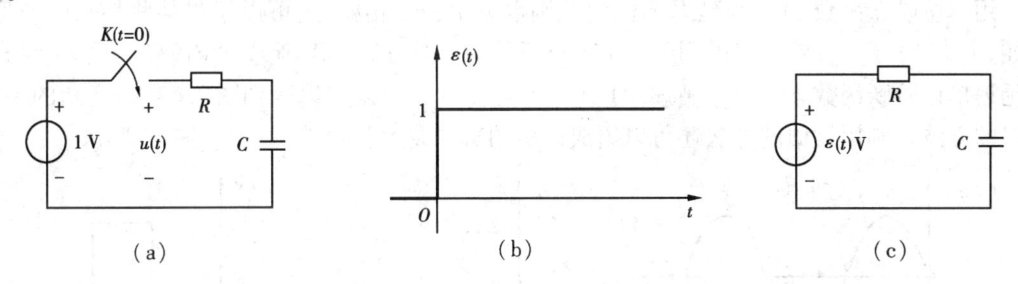

图 7.15 单位阶跃函数

(2) 阶跃函数

阶跃函数用 $k\varepsilon(t)$ 来表示，其中 k 为常数。阶跃函数的定义式为

$$k\varepsilon(t) = \begin{cases} 0 & (t \leqslant 0_-) \\ k & (k \geqslant 0_+) \end{cases} \tag{7.49}$$

阶跃函数的波形与图 7.15(b)是一样的，只不过它的高度不是 1 而是 k。在电路中，如果电压源 u_S 在 $t=0$ 时接入，其表达式为 $u_S(t)=u_S\varepsilon(t)$；如果电流源 i_S 在 $t=0$ 时接入，其表达式为 $i_S(t)=i_S\varepsilon(t)$。如果电源激励都是直流时，u_S 或 i_S 都是常数，$u_S\varepsilon(t)$ 或 $i_S\varepsilon(t)$ 就是阶跃函数。

(3) 延迟单位阶跃函数

延迟单位阶跃函数用 $\varepsilon(t-t_0)$ 来表示。延迟单位阶跃函数的定义式为

$$\varepsilon(t-t_0) = \begin{cases} 0 & (t \leqslant t_{0_-}) \\ 1 & (t \geqslant t_{0_+}) \end{cases} \tag{7.50}$$

其波形图如图 7.16(a)所示。函数在 $t=t_0$ 处出现一个台阶形跃变，且台阶的高度为 1 个单位，它比单位阶跃函数的出现时间延迟了 t_0，故称它为延迟单位阶跃函数。

用某已知函数与延迟单位阶跃函数相乘，可以改变已知函数的波形。如图 7.16(b)所示的函数 $f(t)=A\sin\omega t$ 的正弦波形。

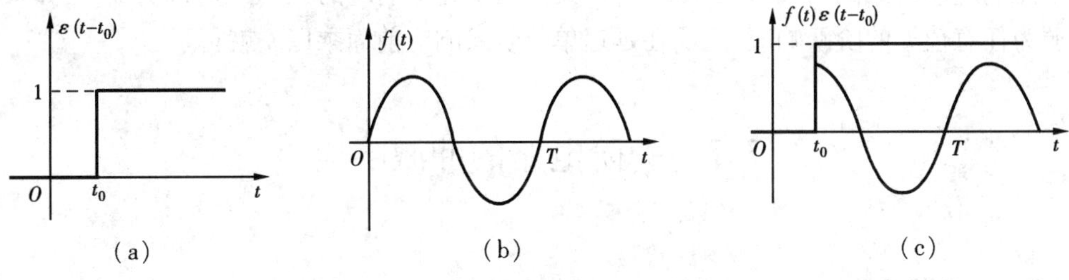

图 7.16 延迟单位阶跃函数及其应用

如果将延迟单位阶跃函数 $\varepsilon(t-t_0)$ 乘以正弦函数 $f(t)$，就得到图 7.16(c)所示的波形。

延迟单位阶跃函数乘以某已知函数的作用，是在任意时刻“起始”某一个函数。

用某已知函数与该函数的延迟函数相加，也可以改变已知函数的波形。如图 7.16(b)所示的函数 $f(t)=A\sin\omega t$ 的正弦波形，如果将正弦函数延迟 $\frac{T}{2}$ 即成为 $f\left(t-\frac{T}{2}\right)\times\varepsilon\left(t-\frac{T}{2}\right)$，也就是图 7.17(a)中的虚线构成的波形。$f(t)\varepsilon(t)+f\left(t-\frac{T}{2}\right)\varepsilon\left(t-\frac{T}{2}\right)$ 就成为图 7.17(a)波形的左端部分——单个正弦波的前半周期，其余部分全部为零。

用单位阶跃函数 $\varepsilon(t)$ 与延迟单位阶跃函数 $\varepsilon(t-t_0)$ 相减，还可以组成某些特殊的波形。例如 $\varepsilon(t)-\varepsilon(t-t_0)$ 就可以得到图 7.17(b)所示的一个方波。用延迟单位阶跃函数 $\varepsilon(t-t_1)$ 与延迟单位阶跃函数 $\varepsilon(t-t_2)$ 相减，即 $\varepsilon(t-t_1)-\varepsilon(t-t_2)$ 就可以得到图 7.17(c)所示的一个延迟的方波。利用类似的方法还可以组成许多的特殊波形。

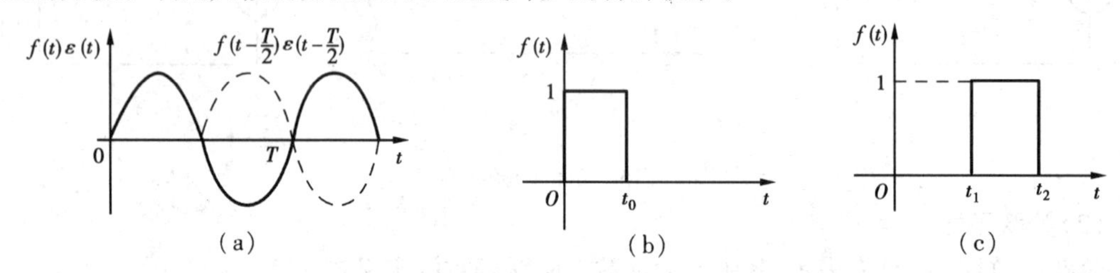

图 7.17 用单位阶跃函数和延迟单位阶跃函数组成的波形

7.6.2 一阶电路阶跃响应

要计算图 7.15(c)所示 RC 串联电路的单位阶跃响应，仍然可以用三要素法来求解。电容电压的初值 $u_C(0_+)=u_C(0_-)=0$ V，电容电压稳态值 $u_C(\infty)=1$ V，电路的时间常数 $\tau=RC$，所以电容电压为：

$$u_C(t)=1+[0-1]\mathrm{e}^{-\frac{t}{\tau}}=(1-\mathrm{e}^{-\frac{t}{\tau}})\varepsilon(t)$$

电容电压响应表达式的后面乘以 $\varepsilon(t)$，其作用是确定响应的“起始”时间为 0_+。如果要计算电源为任意值 k 的阶跃响应，只要在单位阶跃响应前面乘以 k 就行了。

如果要计算图 7.15(c)所示 RC 串联电路的延迟单位阶跃响应，即电源的接入时间为 t_0，电源电压的表达式应为 $\varepsilon(t-t_0)$ V。其响应的表达式将单位阶跃响应中的 t 改变为 $t-t_0$ 就可以了。即 RC 串联电路的延迟单位阶跃响应为：

$$u_C(t-t_0)=(1-\mathrm{e}^{-\frac{t-t_0}{\tau}})\varepsilon(t-t_0)$$

电容电压响应表达式的后面乘以 $\varepsilon(t-t_0)$，其作用是确定响应的“起始”时间为 t_{0_+}。如果要计算电源为任意值 k 的阶跃响应，只要在延迟单位阶跃响应前面乘以 k 就行了。

7.7 一阶电路的冲激响应

7.7.1 冲激函数

在讲述冲激函数之前，先介绍单位脉冲函数的概念

(1)单位脉冲函数

单位脉冲函数的定义为

$$p(t)=\begin{cases}0 & (t<0)\\ \dfrac{1}{\Delta} & (0\leqslant t<\Delta)\\ 0 & (t\geqslant\Delta)\end{cases}\tag{7.51}$$

其波形图如图7.18(a)所示。它是一个在 $t=0$ 处出现一个矩形脉冲,脉冲的宽度为 Δ,脉冲的高度为 $1/\Delta$。脉冲波形与横轴所包围的面积为1,所以称它为单位脉冲函数。

即

$$S=\int_0^{\infty}f(t)\mathrm{d}t=\Delta\frac{1}{\Delta}=1$$

(2)单位冲激函数

单位冲激函数用 $\delta(t)$ 表示,其定义为

$$\begin{cases}\delta(t)=0 & (t\neq0)\\ \int_{-\infty}^{\infty}\delta(t)\mathrm{d}t=1\end{cases}\tag{7.52}$$

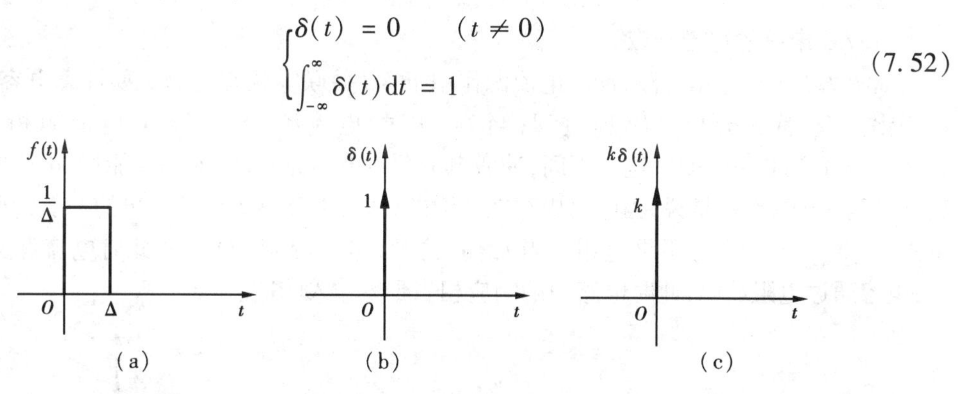

图7.18　脉冲函数和冲激函数

其波形图如图7.18(b)所示。它是一个在 $t=0$ 时刻出现的一个向上的冲激量,这个冲激量的宽度很窄,即出现的时间很短,冲激量的高度很高,用一个向上的箭头来表示它,并在其旁边标明一个数字“1”,表示冲激量所包围的面积为1,这表明了冲激量的强度。电路中已充电的电容器被突然短路放电、自然界的雷击放电现象等,都是在极短时间里出现的强电流,这种电流就可以用单位冲激函数 $\delta(t)$ 来近似模拟。

如果单位冲激函数 $\delta(t)$ 的出现时间不是0而是 t_0,称它为延迟单位冲激函数,其表达式为 $\delta(t-t_0)$。如果单位冲激函数 $\delta(t)$ 前面的系数不是1而是一个任意常数 k,称它为冲激函数,其表达式为 $k\delta(t)$,其波形图如图7.18(c)所示,其旁边标明一个数字“k”,表示冲激量所包围的面积为 k,即由此表明冲激量的强度。如果冲激函数 $k\delta(t)$ 的出现时间不是0而是 t_0 称它为延迟冲激函数,其表达式为 $k\delta(t-t_0)$。

7.7.2　阶跃函数、脉冲函数、冲激函数

阶跃函数、脉冲函数、冲激函数之间存在一定的关系,我们分别予以研究。

单位脉冲函数的脉冲宽度 Δ 趋近于零,取极限就是单位冲激函数,即

$$\lim_{\Delta\to0}p(t)=\delta(t)\tag{7.53}$$

当单位脉冲函数的脉冲宽度 Δ 趋近于零,则其高度$\frac{1}{\Delta}$就趋于无限大时,单位脉冲函数就成为单位冲激函数。

单位冲激函数在时间段 $-\infty$ 到 t 的积分就是单位阶跃函数,即

$$\int_{-\infty}^{t}\delta(t)\,\mathrm{d}t = \int_{0_-}^{0_+}\delta(t)\,\mathrm{d}t = \begin{cases}0 & (t \leqslant 0_-)\\ 1 & t \geqslant 0_+)\end{cases} = \varepsilon(t) \tag{7.54}$$

单位阶跃函数是一种理想波形的抽象,在 $t=0$ 处它的上升速率非常大,在该处求导就是一个宽度很小而高度很大的脉冲;当 $t\neq 0$ 时的各点求导则等于零,所以单位阶跃函数的导数就是单位冲激函数,即

$$\frac{\mathrm{d}}{\mathrm{d}t}\varepsilon(t) = \delta(t) \tag{7.55}$$

7.7.3　一阶电路的冲激响应

(1) RC 电路的冲激响应

如图 7.19(a)所示电路,冲激电流源作用于 RC 并联零状态电路。要计算电容电压、电流的变化规律,首先分析其物理过程:当 $t\leqslant 0$ 时,电流源 $k\delta(t)=0$,电流源相当于开路,$u_C(0_-)=0$。当 $0_-<t<0_+$ 这一瞬间,冲激电流源对电容充电,电容储存能量,电容电压突然升高,$u_C(0_+)\neq 0$;也就是说,当电路中存在冲激电源时,本章第 2 节推导出的一般情况下的换路定则 $u_C(0_-)=u_C(0_+)$不再适用。当 $t\geqslant 0_+$ 之后,电流源 $k\delta(t)=0$,此时电流源又相当于开路,电容通过电阻放电,此时电路中的响应相当于零输入响应。

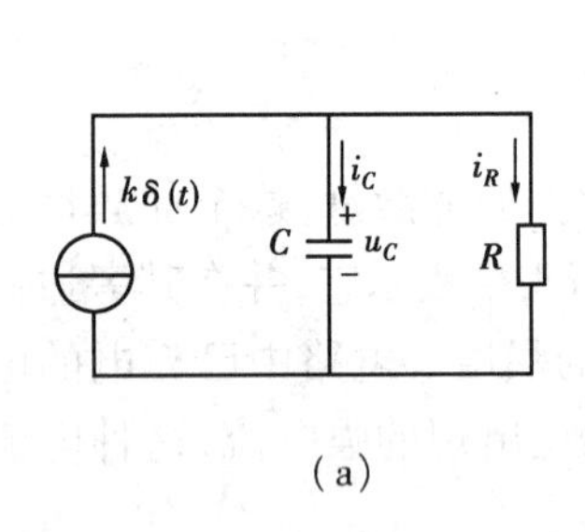

(a)

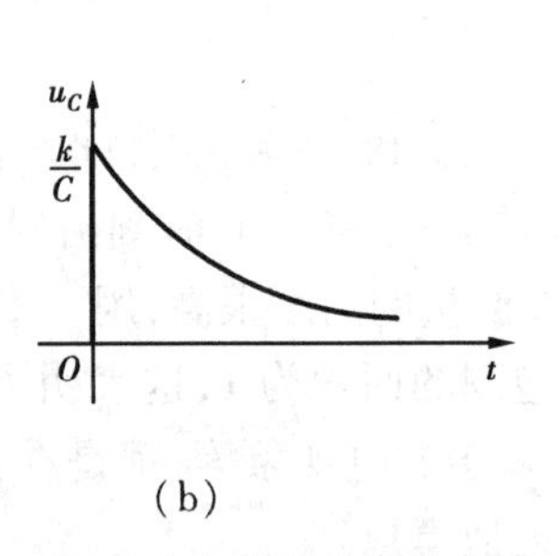

(b)

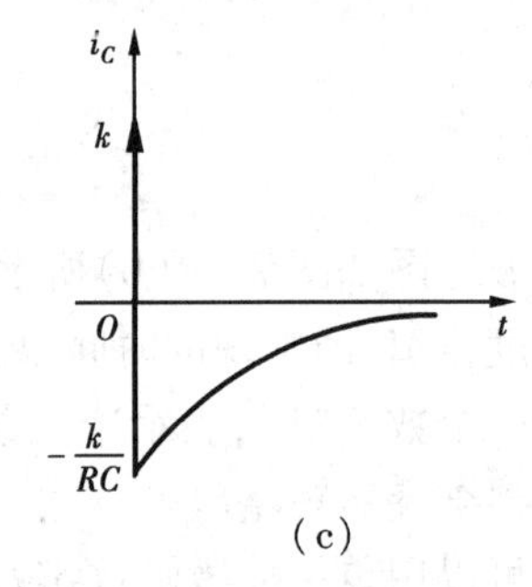

(c)

图 7.19　RC 电路的冲激响应

当 $t\geqslant 0_+$ 之后,电路的电流方程为 $i_C+i_R=0$。其微分方程

$$C\frac{\mathrm{d}u_C}{\mathrm{d}t}+\frac{u_C}{R}=0 \tag{7.56}$$

方程的解为

$$u_C = A\mathrm{e}^{-\frac{t}{\tau}} \tag{7.57}$$

上式中 $\tau=RC$。为了确定积分常数 A,现在来计算电路中电容电压的初始值 $u_C(0_+)$。当 $t=0$ 时,电路的电流方程为 $i_C+i_R=k\delta(t)$。其微分方程为

$$C\frac{\mathrm{d}u_C}{\mathrm{d}t}+\frac{u_C}{R}=k\delta(t) \tag{7.58}$$

在式(7.58)中,$C\frac{\mathrm{d}u_C}{\mathrm{d}t}$与$\frac{u_C}{R}$相加等于一个冲激函数,那么是否这两项分别都是冲激函数呢?回

答是否定的。如果$\frac{u_C}{R}$是冲激函数，则$C\frac{\mathrm{d}u_C}{\mathrm{d}t}$应该是冲激函数的一阶导数，这显然不能和方程的右边相等。也就是说$\frac{u_C}{R}$不是冲激函数，而$C\frac{\mathrm{d}u_C}{\mathrm{d}t}$则是冲激函数。对上述方程两边同时积分

$$\int_{0_-}^{0_+} C\frac{\mathrm{d}u_C}{\mathrm{d}t} + \int_{0_-}^{0_+}\frac{u_C}{R}\mathrm{d}t = \int_{0_-}^{0_+} k\delta(t)\,\mathrm{d}t \tag{7.59}$$

在式(7.59)中由于$\frac{u_C}{R}$不是冲激函数，这一项积分为零。所以

$$C[u_C(0_+) - u_C(0_-)] = k$$

$$u_C(0_+) = \frac{k}{C}$$

由此可求得积分常数$A=\frac{k}{C}$，代入式(7.57)求出电容电压为

$$u_C = \frac{k}{C}\mathrm{e}^{-\frac{t}{\tau}} = \frac{k}{C}\mathrm{e}^{-\frac{t}{RC}}\varepsilon(t)\,\mathrm{V}$$

电容电流为

$$i_C = C\frac{\mathrm{d}u_C}{\mathrm{d}t} = k\left[\mathrm{e}^{-\frac{t}{RC}}\delta(t) - \frac{1}{RC}\mathrm{e}^{-\frac{t}{RC}}\varepsilon(t)\right] =$$

$$k\left[\delta(t) - \frac{1}{RC}\mathrm{e}^{-\frac{t}{RC}}\varepsilon(t)\right]\mathrm{A}$$

电容电压、电流的波形如图7.19(b)，(c)所示。在$t=0$瞬间，冲激电流源$k\delta(t)$全部流入电容，给电容充电，使电容电压发生跃变。随后电源支路相当于开路，电容通过电阻放电，电容电压降低，放电电流逐渐减小，直至为零。

(2) *RL* 电路的冲激响应

图7.20(a)所示电路，冲激电压源作用于*RL*串联零状态电路。要计算电感电流、电压的变化规律，首先分析其物理过程：当$t\leqslant 0_-$时，电压源$k\delta(t)=0$，电压源相当于短路，$i_L(0_-)=0$。当$0_- < t < 0_+$这一瞬间，冲激电压源对电感提供能量，电感储存能量，电感电流突然增大，$i_L(0_+)\neq 0$；也就是说，当电路中存在冲激电源时，本章第2节推导出的一般情况下的换路定则$i_L(0_-)=i_L(0_+)$不再适用。当$t\geqslant 0_+$之后，电压源$k\delta(t)=0$，此时电压源又相当于短路，电感通过电阻释放能量，此时电路中的响应相当于零输入响应。

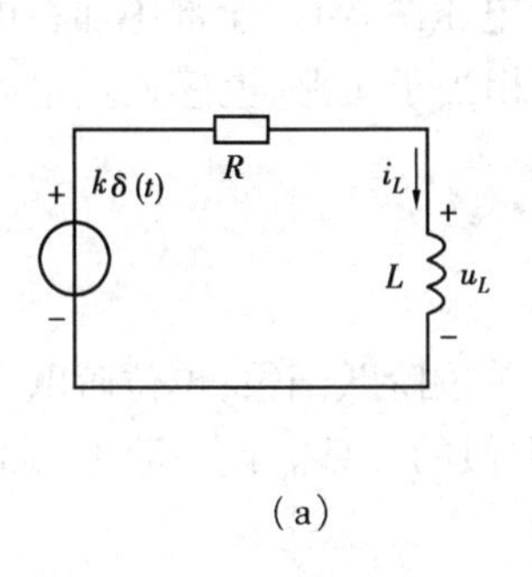

(a)

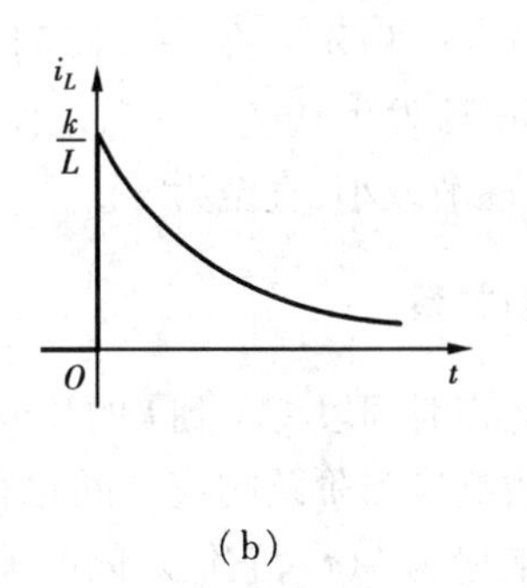

(b)

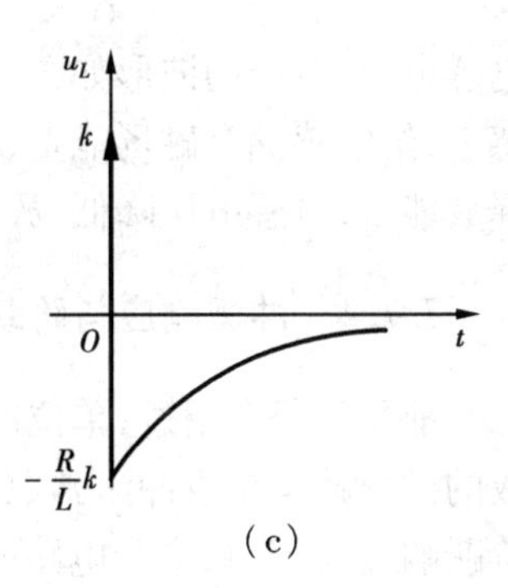

(c)

图7.20　*RL*电路的冲激响应

当 $t \geqslant 0$ 之后，电路的电压方程为 $u_C + u_R = 0$。其微分方程为

$$Ri_L + L\frac{\mathrm{d}i_L}{\mathrm{d}t} = 0 \tag{7.60}$$

方程的解为

$$i_L = Ae^{-\frac{t}{\tau}} \tag{7.61}$$

上式中 $\tau = L/R$。为了确定积分常数 A，现在来计算电路中电感电流的初始值 $i_L(0_+)$。当 $t=0$ 时，电路的电压方程为 $u_L + u_R = k\delta(t)$。其微分方程为

$$Ri_L + L\frac{\mathrm{d}i_L}{\mathrm{d}t} = k\delta(t) \tag{7.62}$$

在式(7.62)中，$L\frac{\mathrm{d}i_L}{\mathrm{d}t}$与 Ri_L 相加等于一个冲激函数，那么是否这两项分别都是冲激函数呢？回答也是否定的。如果 Ri_L 是冲激函数，$L\frac{\mathrm{d}i_L}{\mathrm{d}t}$则应该是冲激函数的一阶导数，这显然不能和方程的右边相等。也就是说 Ri_L 不是冲激函数，而 $L\frac{\mathrm{d}i_L}{\mathrm{d}t}$则是冲激函数。对上述方程两边同时积分

$$\int_{0_-}^{0_+} Ri_L\mathrm{d}t + \int_{0_-}^{0_+} L\frac{\mathrm{d}i_L}{\mathrm{d}t} = \int_{0_-}^{0_+} k\delta(t)\,\mathrm{d}t \tag{7.63}$$

在式(7.63)中由于 Ri_L 不是冲激函数，所以这一项积分为零。

$$L[i_L(0_+) - i_L(0_-)] = k$$

$$i_L(0_+) = \frac{k}{L}$$

将上式代入式(7.61)，可求得积分常数 $A = \frac{k}{L}$，将 A 代回式(7.61)求出电感电流为

$$i_L = \frac{k}{L}\mathrm{e}^{-\frac{t}{\tau}} = \frac{k}{L}\mathrm{e}^{-\frac{R}{L}t}\varepsilon(t) \qquad \mathrm{A}$$

电感电压为

$$u_L = L\frac{\mathrm{d}i_L}{\mathrm{d}t} = k\left[\mathrm{e}^{-\frac{R}{L}t}\delta(t) - \frac{R}{L}\mathrm{e}^{-\frac{R}{L}t}\varepsilon(t)\right] =$$

$$k\left[\delta(t) - \frac{R}{L}\mathrm{e}^{-\frac{R}{L}t}\varepsilon(t)\right] \mathrm{V}$$

电感电流、电压的波形如图 7.20(b)，(c)所示。在 $t=0$ 瞬间，冲激电压源 $k\delta(t)$ 全部施加在电感上，给电感储存磁场能量，使电感电流发生跃变。随后电源支路相当于短路，电感通过电阻释放能量，电感电压降低，放电电流逐渐减小，直至为零。

7.7.4 冲激响应与阶跃响应的关系

前面已经介绍过，单位冲激函数在时间段 $-\infty$ 到 t 的积分就是单位阶跃函数；单位阶跃函数的微分就是单位冲激函数，而冲激响应与阶跃响应之间也存在类似的关系。设一阶电路的阶跃响应为 $s(t)$，一阶电路的冲激响应为 $h(t)$，它们之间的关系为

$$h(t) = \frac{\mathrm{d}s(t)}{\mathrm{d}t} \tag{7.64}$$

即线性电路的单位阶跃响应对时间的导数就是该电路的单位冲激响应。反之，线性电路的单位冲激响应对时间的积分就是该电路的单位阶跃响应，即

$$s(t)=\int_{-\infty}^{t}h(t)\mathrm{d}t$$

例如计算图7.21所示电路的单位冲激响应，可以先用三要素法计算该电路的单位阶跃响应：

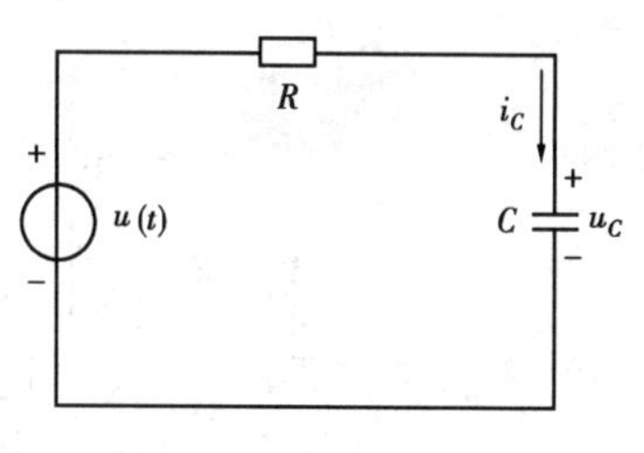

图7.21　RC电路的冲激响应

$$u_C(t)=s(t)=(1-\mathrm{e}^{-\frac{t}{RC}})\times\varepsilon(t)$$

然后再求导推出其单位冲激响应为

$$u_C(t)=h(t)=\frac{\mathrm{d}s(t)}{\mathrm{d}t}=\frac{\mathrm{d}}{\mathrm{d}t}(1-\mathrm{e}^{-\frac{t}{RC}})\varepsilon(t)=$$

$$\frac{1}{RC}\mathrm{e}^{-\frac{t}{RC}}\varepsilon(t)+(1-\mathrm{e}^{-\frac{t}{RC}})\delta(t)=\frac{1}{RC}\mathrm{e}^{-\frac{t}{RC}}\varepsilon(t)\ \mathrm{V}$$

习　题　7

7.1　图7.22所示电路原已处于稳定状态。已知 $U_S=20$ V，$R_1=R_2=5\ \Omega$，$L=2$ H，$C=1$ F。求：

①开关闭合后瞬间（$t=0_+$）各支路电流和各元件上的电压；

②开关闭合后电路达到新的稳态时（$t=\infty$）各支路电流和各元件上的电压。

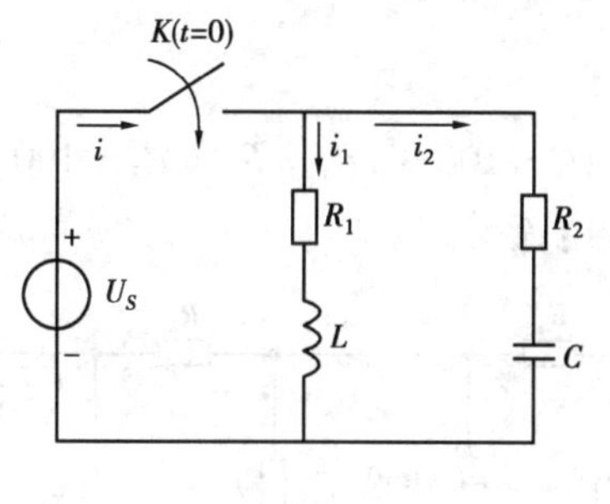

图7.22

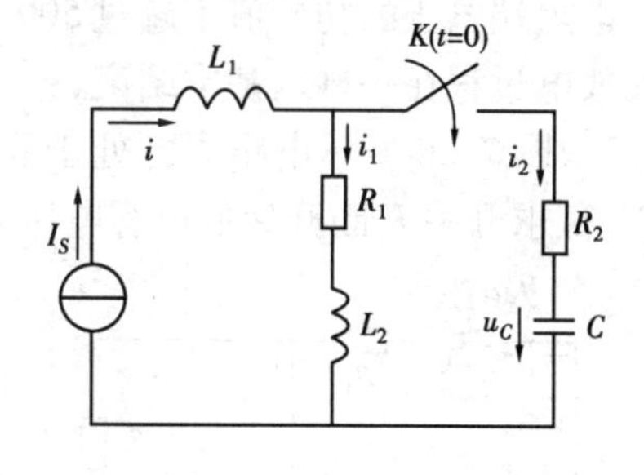

图7.23

7.2　图7.23所示电路原已处于稳定状态。已知 $I_S=5$ A，$R_1=10\ \Omega$，$R_2=5\ \Omega$，$L_1=2$ H，$L_2=1$ H，$C=0.5$ F，$u_C(0_-)=0$，求：

①开关闭合后瞬间（$t=0_+$）各支路电流和各元件上的电压；

②开关闭合后电路达到新的稳态时（$t=\infty$）各支路电流和各元件上的电压。

7.3　图7.24所示电路在换路前已工作了很长的时间，试求换路后30 Ω电阻支路电流的初始值。

7.4　图7.25所示电路在换路前已工作了很长的时间，试求电路的初始状态以及开关断开后电感电流和电容电压的一阶导数的初始值。

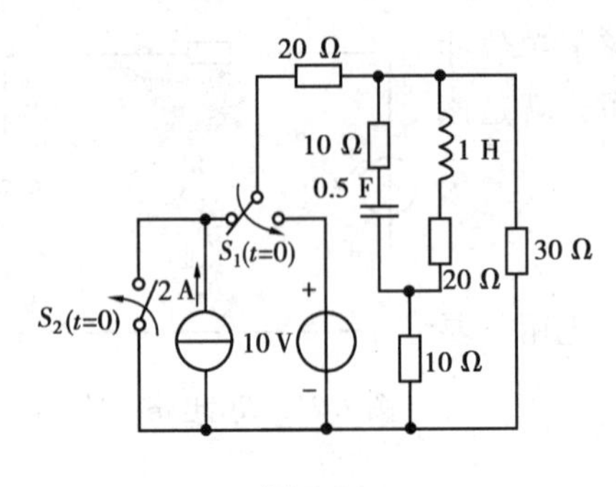

图 7.24

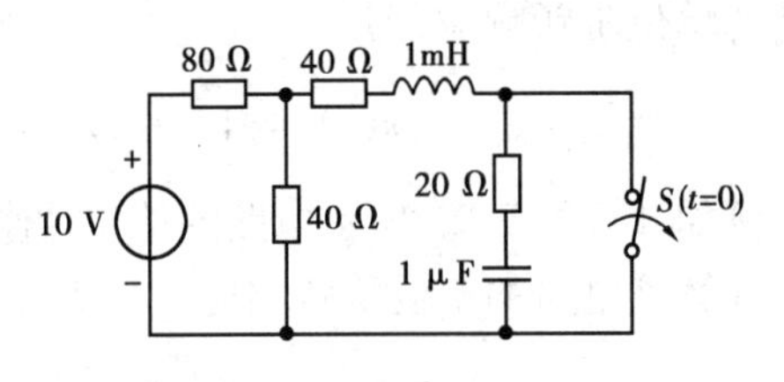

图 7.25

7.5 图 7.26 所示电路原已处于稳定状态。已知 $I_S = 10$ mA，$R_1 = 3\ 000\ \Omega$，$R_2 = 6\ 000\ \Omega$，$R_3 = 2\ 000\ \Omega$，$C = 2.5\ \mu\text{F}$。求开关 K 在 $t=0$ 时闭合后电容电压 u_C 和电流 i 并画出它们随时间变化曲线。

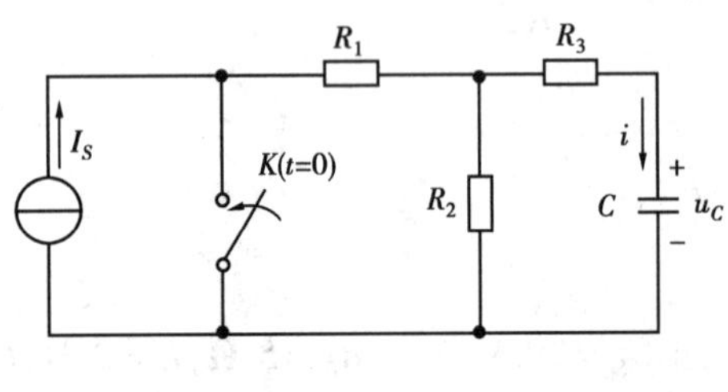

图 7.26

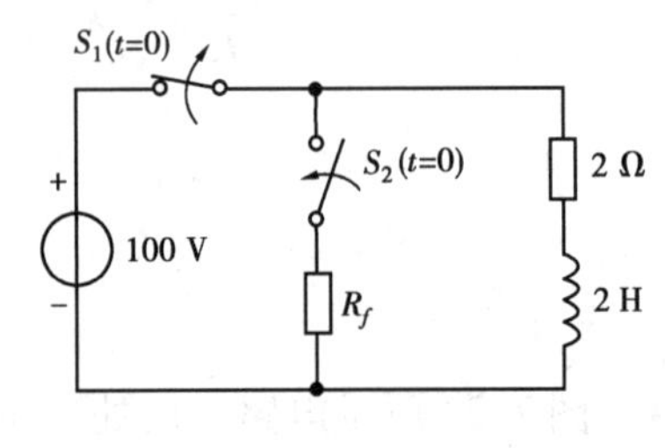

图 7.27

7.6 在工作了很长时间的图 7.27 所示电路中，开关 S_1 和 S_2 同时开、闭，以切断电源并接入放电电阻 R_f。试选择 R_f 的阻值，以期同时满足下列要求：

①电阻端电压的初始值不超过 500 V；

②放电过程在一秒内基本结束。

7.7 图 7.28 所示电路原已处于稳定状态。已知 $U_S = 100$ V，$R_1 = R_2 = R_3 = 100\ \Omega$，$C = 10\ \mu\text{F}$。试求开关 K 断开后的电容电压 u_C 和流过 R_2 的电流 i_2。

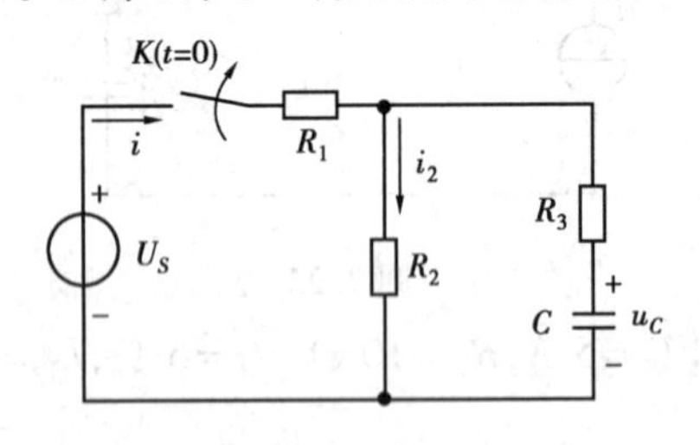

图 7.28

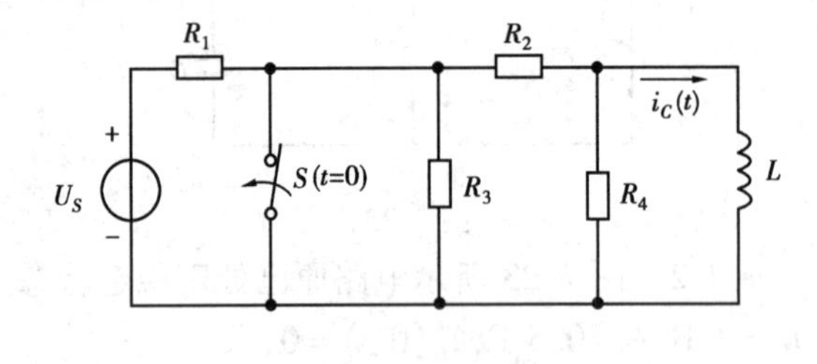

图 7.29

7.8 在图 7.29 所示电路中，已知 $R_1 = 10\ \Omega$，$R_2 = 10\ \Omega$，$L = 1$ H，$R_3 = 10\ \Omega$，$R_4 = 10\ \Omega$，$U_S = 15$ V。设换路前电路已工作了很长的时间，试求零输入响应 $i_L(t)$。

7.9 给定电路如图 7.30 所示。设 $i_{L_1}(0_-) = 20$ A，$i_{L_2}(0_-) = 5$ A。求：

①$i(t)$；②$u(t)$；③$i_{L_1}(t)$，$i_{L_2}(t)$。

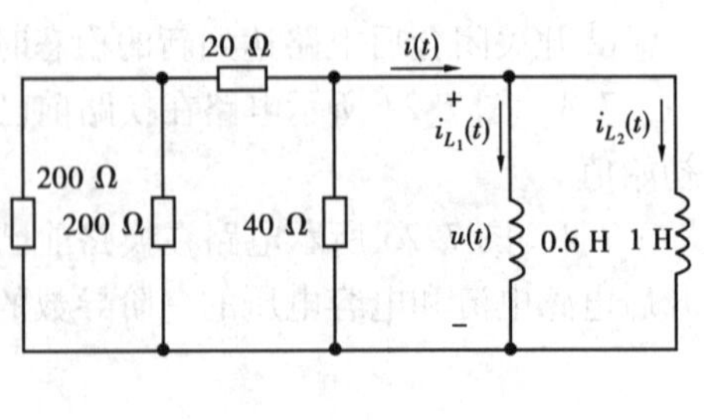

图 7.30

7.10　试求图7.31所示电路换路后的零状态响应 $i(t)$。

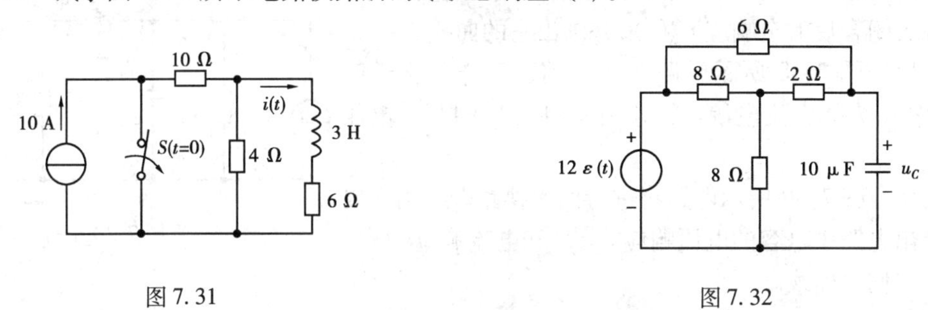

图7.31　　图7.32

7.11　将图7.32所示电路中电容端口左方的部分电路化成戴维南模型，然后求解电容电压的零状态响应 $u_C(t)$。

7.12　设图7.33(a)所示电路中电流源电流 $i_S(t)$ 的波形如图7.33(b)所示，试求零状态响应 $u(t)$，并画出它的曲线。

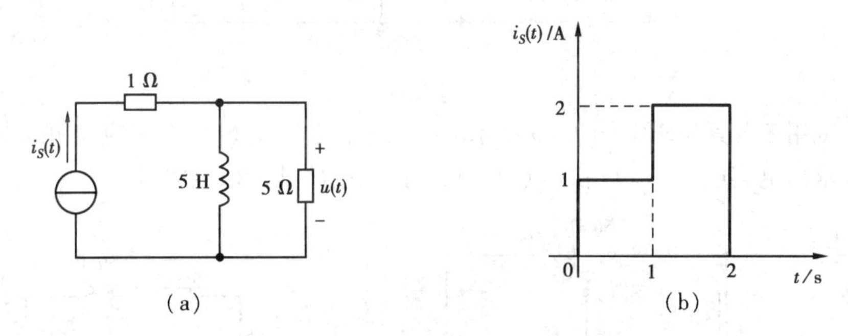

图7.33

7.13　对图7.34所示电路，在 $t=0$ 时先断开开关 S_1 使电容充电，到 $t=0.1$ s时再闭合开关 S_2。试求响应 $u_C(t)$ 和 $i_C(t)$，并画出它们的曲线。

7.14　试求图7.35所示电路中的电流 $i(t)$，设换路前电路处于稳定状态。

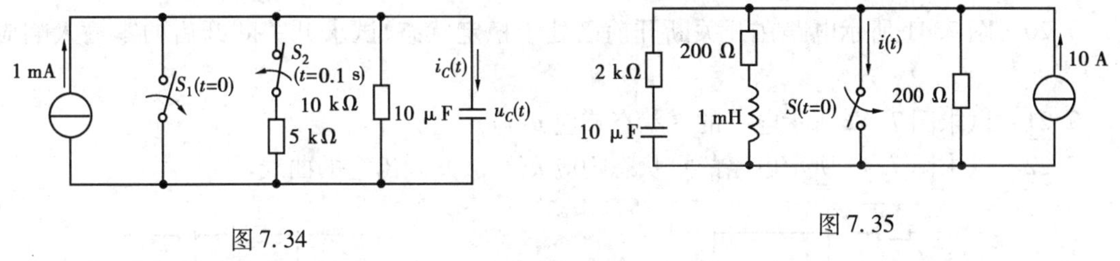

图7.34　　图7.35

7.15　在图7.36所示电路中，电容电压的初始值为 -4 V，试求开关闭合后的全响应 $u_C(t)$ 和 $i(t)$，并画出它们的曲线。

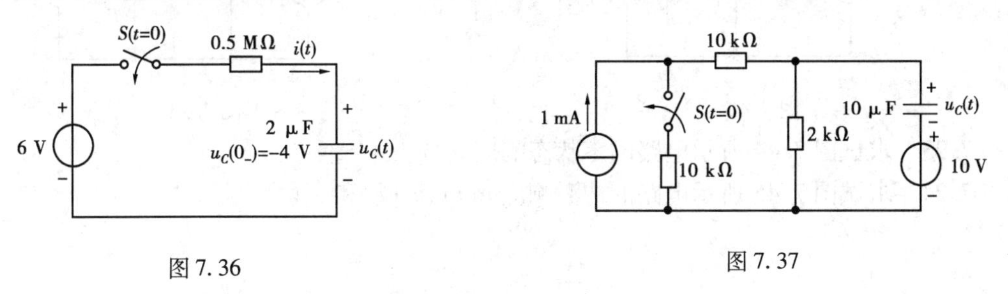

图7.36　　图7.37

7.16　图 7.37 所示电路在换路前已建立稳定状态，试求开关闭合后的全响应 $u_C(t)$，并画出它的曲线。

7.17　图 7.38 所示电路在换路前已工作了很长时间，图中 I_S 为一直流电源。试求开关断开后的开关电压 $u_S(t)$。

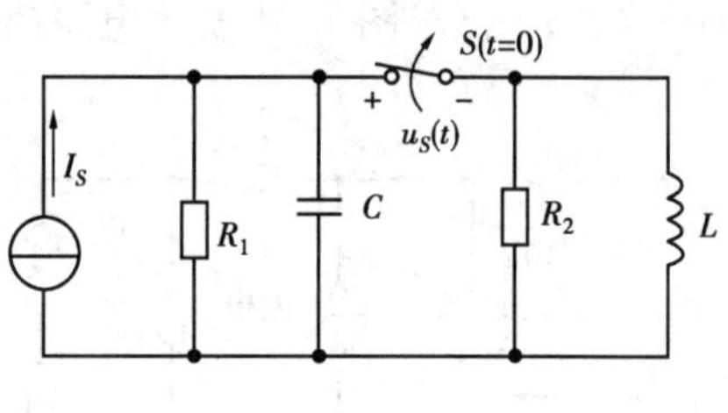

图 7.38

7.18　图 7.39 所示电路将进行两次换路。试用三要素法求出电路中电容的电压响应 $u_C(t)$ 和电流响应 $i_C(t)$，并画出它们的曲线。

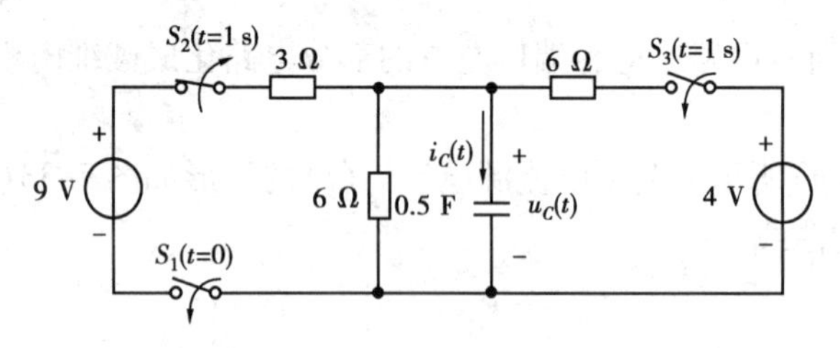

图 7.39

7.19　试用三要素法求解图 7.40 所示电路的电容电压 $u_C(t)$（全响应），并根据两个电容电压的解答求出电容电流 $i_{C_1}(t)$ 和 $i_{C_2}(t)$。设换路前电路处于稳定状态。

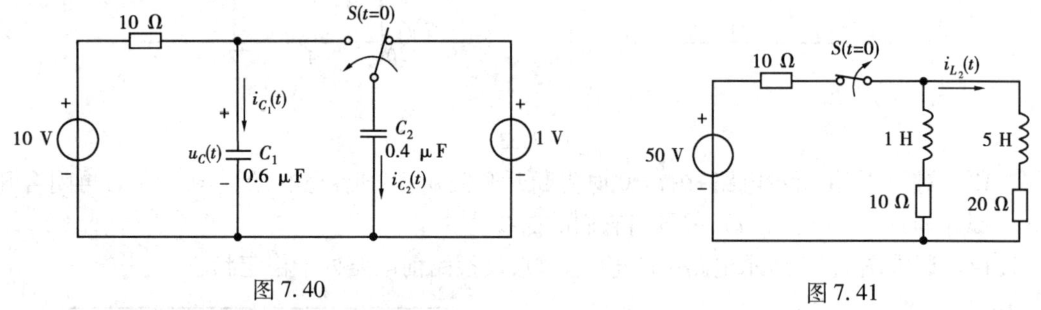

图 7.40　　　　图 7.41

7.20　图 7.41 所示电路在开关断开前已处于稳定状态，试求开关断开后的零输入响应 $i_{L_2}(t)$。

7.21　试求图 7.42 所示电路的零状态响应 $u(t)$。

7.22　试求图 7.43 所示电路的零状态响应 $u(t)$。并画出它的曲线。

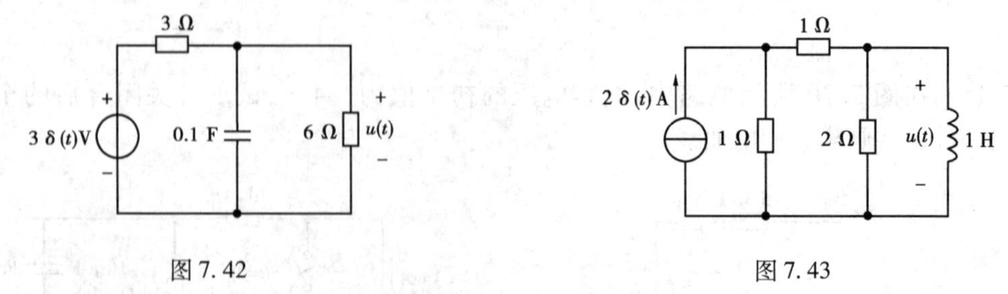

图 7.42　　　　图 7.43

7.23　求试图 7.44 所示电路的零状态响应 $i(t)$。

7.24　求试图 7.45 所示电路的冲激响应 $u(t)$，$u_1(t)$ 和 $u_2(t)$。

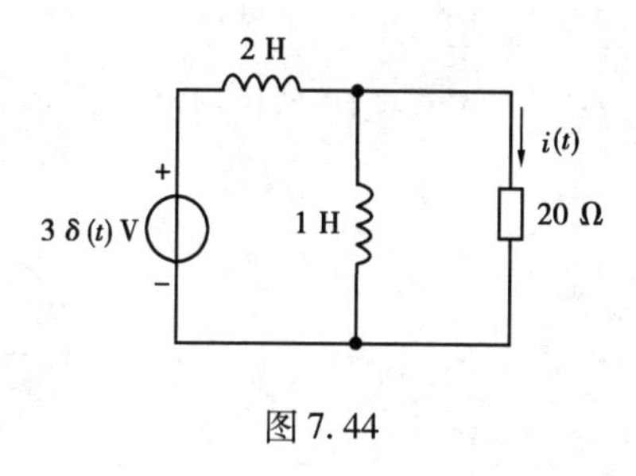

图7.44

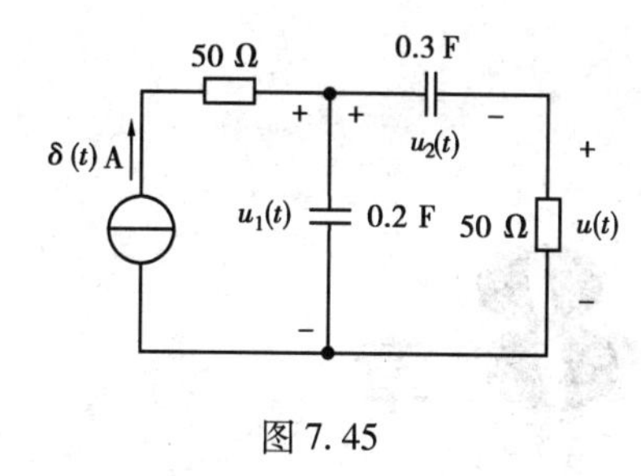

图7.45

第 8 章

二阶电路

内容简介

本章将在一阶电路的基础上,用经典法分析二阶电路。通过简单的实例,阐明二阶动态电路的零输入响应、零状态响应、全响应、阶跃响应和冲激响应等基本概念。

8.1 二阶电路的零输入响应

当电路中有两个独立的储能元件时,描述这种二阶电路的方程是二阶微分方程。电路中有一个电感元件和一个电容元件的电路是一种典型的二阶电路。二阶电路中无独立源,其过渡过程由初始储能引起,电路的这种响应就称作零输入响应。

8.1.1 *RLC* 电路的方程及求解

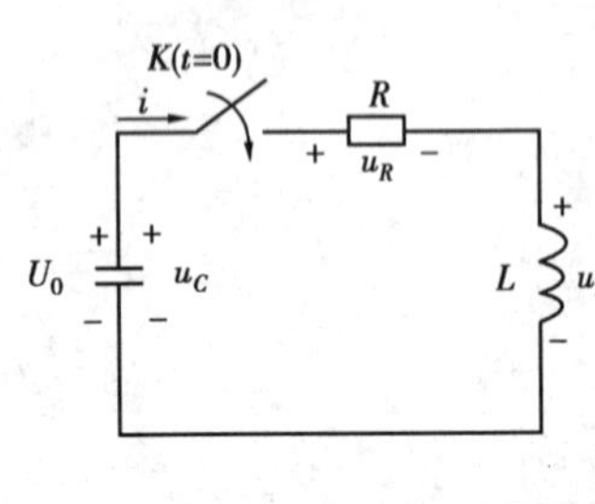

图 8.1 *RLC* 放电电路

如图 8.1 所示 *RLC* 串联电路中,$t<0$ 时电容已充电,其电压为 U_0。当 $t=0$ 时开关 K 闭合,现在来分析 $t\geqslant 0$ 时电容电压、电感电压和回路电流的变化规律。$t>0$ 时电路的电压方程为

$$u_R + u_L - u_C = 0$$

其中,$u_R = Ri = -RC\dfrac{\mathrm{d}u_C}{\mathrm{d}t}$,$u_L = L\dfrac{\mathrm{d}i}{\mathrm{d}t} = -LC\dfrac{\mathrm{d}^2u_C}{\mathrm{d}t^2}$,将 u_R,u_L 代入上式得到

$$LC\frac{\mathrm{d}^2u_C}{\mathrm{d}t^2} + RC\frac{\mathrm{d}u_C}{\mathrm{d}t} + u_C = 0 \tag{8.1}$$

上式是一个以电容电压 u_C 为待求量的二阶常系数线性齐次微分方程。该方程的特征方程为

$$LCp^2 + RCp + 1 = 0$$

特征方程的特征根为

$$\left.\begin{aligned} p_1 &= -\frac{R}{2L} + \sqrt{\left(\frac{R}{2L}\right)^2 - \frac{1}{LC}} = -\alpha + \sqrt{\alpha^2 - \omega_0^2} \\ p_2 &= -\frac{R}{2L} - \sqrt{\left(\frac{R}{2L}\right)^2 - \frac{1}{LC}} = -\alpha - \sqrt{\alpha^2 - \omega_0^2} \end{aligned}\right\} \tag{8.2}$$

其中，$\alpha = \frac{R}{2L}, \omega_0 = \frac{1}{\sqrt{LC}}$。当 $p_1 \neq p_2$ 时，方程的通解为

$$u_C = A_1 e^{p_1 t} + A_2 e^{p_2 t} \tag{8.3}$$

其中，A_1, A_2 为积分常数，它们由式(8.1)的初始条件确定。电路的初始条件为

$$u_C(0_+) = u_C(0_-) = U_0$$

$$i_L(0_+) = i_L(0_-) = 0$$

由于电感电流 $i_L = -C\frac{du_C}{dt}$，故可以得到 $C\frac{du_C}{dt}\Big|_{t=0_+} = 0$。将电容电压的初始条件代入式(8.3)得到

$$A_1 + A_2 = U_0 \tag{8.4}$$

$$p_1 A_1 + p_2 A_2 = 0 \tag{8.5}$$

联立求解式(8.4)，(8.5)两个方程可得

$$A_1 = \frac{p_2}{p_2 - p_1} U_0$$

$$A_2 = -\frac{p_1}{p_2 - p_1} U_0$$

将求得的积分常数 A_1, A_2 代入式(8.3)即可得到电容电压

$$u_C = \frac{U_0}{p_2 - p_1}(p_2 e^{p_1 t} - p_1 e^{p_2 t}) \tag{8.6}$$

电感电流为

$$i_L = -C\frac{du_C}{dt} = -\frac{U_0}{L(p_2 - p_1)}(e^{p_1 t} - e^{p_2 t}) \tag{8.7}$$

电感电压为

$$u_L = L\frac{di}{dt} = -\frac{U_0}{p_2 - p_1}(p_1 e^{p_1 t} - p_2 e^{p_2 t}) \tag{8.8}$$

在此，电感电流、电压的计算过程中应用了关系式 $p_1 p_2 = 1/LC$。可见电容放电过程的规律与式(8.1)的特征方程的特征根 p_1, p_2 的性质有关，而 p_1 和 p_2 又决定于电路的参数 R, L, C。由式(8.2)和式(8.3)可见，根据 ω 和 ω_0 的相对大小，p_1, p_2 可以是两个不相等的负实根，可以是一对实部为负的共轭复根，也可以是一对相等的负实根。现就这三种情况讨论如下：

8.1.2 讨论

(1) $\alpha > \omega_0\left(即\frac{R}{2L} > \frac{1}{\sqrt{LC}}或 R > 2\sqrt{\frac{L}{C}}\right)$

这时，特征根 p_1, p_2 是不相等的负实根，由式(8.6)可以看出电容电压是衰减的指数函数。因为 $|p_1| < |p_2|$，故 $(p_1 - p_2) > 0$。随着时间 t 的增长，$e^{p_2 t}$ 比 $e^{p_1 t}$ 衰减得快，因此 $(e^{p_1 t} - e^{p_2 t}) > 0$。

电容电压的波形如图 8.2(a)所示,从图 8.2(a)中可以看出,电容电压从 U_0 开始单调地衰减到零,电容一直处于放电状态。所以称这种情况为非振荡放电过程。

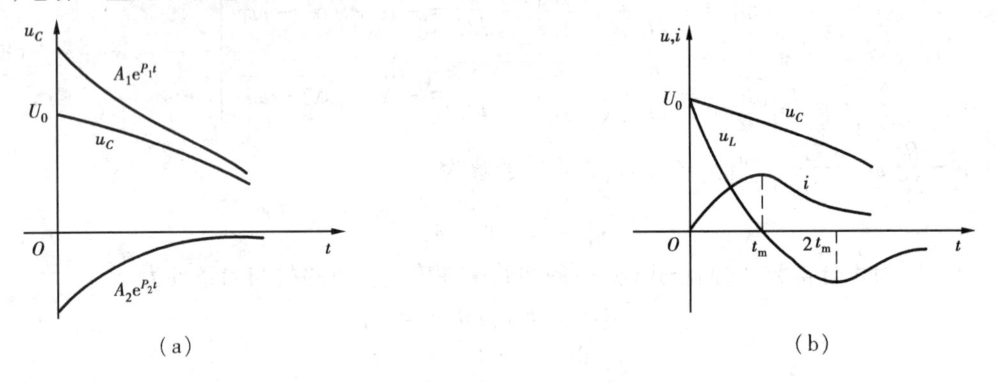

图 8.2 非振荡放电过程的电流、电压波形

图 8.2(b)绘出了电容电压、电感电压和回路电流随时间的变化曲线。由式(8.7)可知,当 $t=0$ 时,回路电流 $i=0$。此时电容电压最高,电感电压最大,随着时间的增加,回路电流逐渐增大,电容电压、电感电压逐渐减小。在这个过程中,电容释放电场能量,电阻将部分电场能量转变成为热能,电感将部分电场能量转变成为磁场能量。当 $t=t_m$ 时,回路电流达到最大,此时电容电压继续减小,电感电压减小到零,电感储存的磁场能量达到最大。当 $t>t_m$ 时,回路电流逐渐减小,此时电容电压继续减小,电感电压变为负值,即改变了方向,在这个过程中,电容继续释放电场能量,电感的磁场能量开始减少,这些能量全部由电阻吸收,转变成为热能。当这些能量全部被电阻消耗完时,$u_C=0$,$i=0$,放电过程全部结束。

当 $t=t_m$ 时,回路电流达到最大,此时$\frac{di_L}{dt}$,即电感电压 $u_L=0$,也就是

$$p_1e^{p_1t_m}-p_2e^{p_2t_m}=0$$

解得

$$t_m=\frac{\ln(p_2/p_1)}{p_1-p_2}$$

在 t_m 这一时刻,电感电压为零;当 $t\to\infty$ 时,电感电压也为零。在 t_m 到 ∞ 之间,电感电压有一个极小值,其出现的时间为$\frac{du_L}{dt}=0$ 这一时刻。因而有

$$t=2\frac{\ln(p_2/p_1)}{p_1-p_2}=2t_m$$

(2) $\alpha<\omega_0$ $\left(即\frac{R}{2L}<\frac{1}{\sqrt{LC}}或 R<2\sqrt{\frac{L}{C}}\right)$

当 $\alpha<\omega_0$ 时,p_1,p_2 是一对共轭复根

$$p_1=-\alpha+\sqrt{\alpha^2-\omega_0^2}=-\alpha+j\sqrt{\omega_0^2-\alpha^2}=-\alpha+j\omega \tag{8.9}$$

$$p_2=-\alpha-\sqrt{\alpha^2-\omega_0^2}=-\alpha-j\sqrt{\omega_0^2-\alpha^2}=-\alpha-j\omega \tag{8.10}$$

上式中 $\omega=\sqrt{\omega_0^2-\alpha^2}$,将 p_1,p_2 代入式(8.6)中,得到电容电压

$$u_C=\frac{U_0}{p_2-p_1}(p_2e^{p_1t}-p_1e^{p_2t})=$$

$$\frac{U_0}{(-\alpha-\mathrm{j}\omega)-(-\alpha+\mathrm{j}\omega)}\left[(-\alpha-\mathrm{j}\omega)\mathrm{e}^{(-\alpha+\mathrm{j}\omega)t}-(-\alpha+\mathrm{j}\omega)\mathrm{e}^{(-\alpha-\mathrm{j}\omega)t}\right]=$$

$$-\frac{U_0}{2\mathrm{j}\omega}\mathrm{e}^{-\alpha t}\left[-\alpha(\mathrm{e}^{\mathrm{j}\omega t}-\mathrm{e}^{-\mathrm{j}\omega t})-\mathrm{j}\omega(\mathrm{e}^{\mathrm{j}\omega t}+\mathrm{e}^{-\mathrm{j}\omega t})\right]=$$

$$U_0\mathrm{e}^{-\alpha t}\left\{\frac{\alpha}{\omega}\cdot\frac{1}{2\mathrm{j}}(\mathrm{e}^{\mathrm{j}\omega t}-\mathrm{e}^{-\mathrm{j}\omega t})+\frac{1}{2}(\mathrm{e}^{\mathrm{j}\omega t}+\mathrm{e}^{-\mathrm{j}\omega t})\right\}=$$

$$\frac{\omega_0}{\omega}U_0\mathrm{e}^{-\alpha t}\left(\frac{\alpha}{\omega_0}\sin\omega t+\frac{\omega}{\omega_0}\cos\omega t\right)$$

用一个直角三角形来描述 ω,ω_0 与 α 的关系,如图 8.3 所示。

由图中可以得出:$\frac{\alpha}{\omega_0}=\cos\beta,\frac{\omega}{\omega_0}=\sin\beta$。于是电容电压的表示式为

$$u_C=\frac{\omega_0}{\omega}U_0\mathrm{e}^{-\alpha t}(\cos\beta\sin\omega t+\sin\beta\cos\omega t)=$$

$$\frac{\omega_0}{\omega}U_0\mathrm{e}^{-\alpha t}\sin(\omega t+\beta) \tag{8.11}$$

图 8.3　表示 ω,ω_0,α 和 β 相互关系的三角形

回路电流为

$$i=-C\frac{\mathrm{d}u_C}{\mathrm{d}t}=\frac{U_0}{\omega L}\mathrm{e}^{-\alpha t}\sin\omega t \tag{8.12}$$

电感电压为

$$u_L=L\frac{\mathrm{d}i}{\mathrm{d}t}=-\frac{\omega_0}{\omega}U_0\mathrm{e}^{-\alpha t}\sin(\omega t-\beta) \tag{8.13}$$

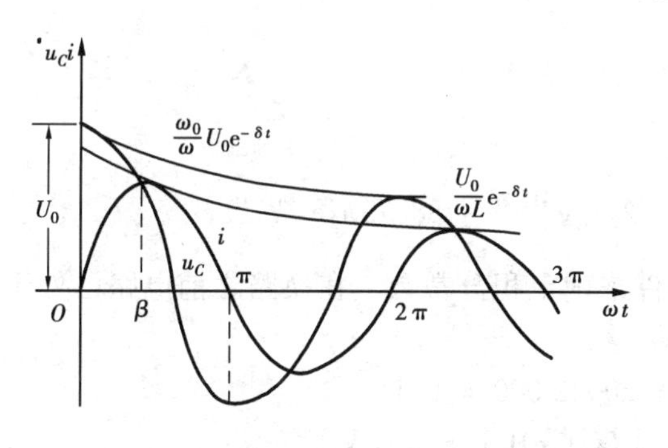

图 8.4　振荡放电过程中 u_C,i 的波形

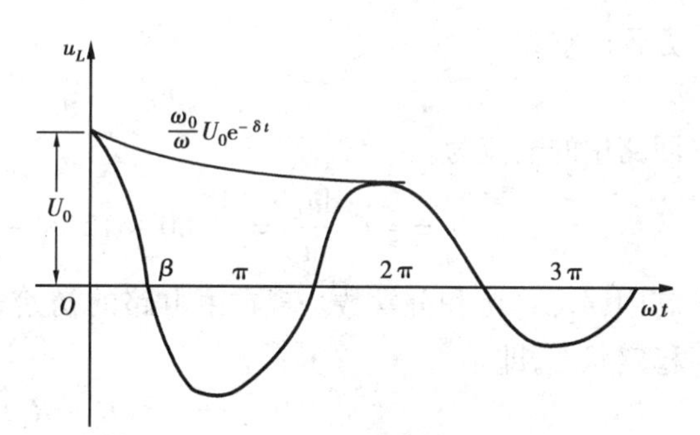

图 8.5　振荡放电过程中 u_L 的波形

从电容电压的表达式可以看出,它是一个振幅按指数规律衰减的正弦函数,其振幅的变化规律是 $\pm\frac{\omega_0}{\omega}U_0\mathrm{e}^{-\alpha t}$。它的波形是以此为包络线衰减的正弦曲线,电容电压幅值衰减的快慢取决于 α,故称它为衰减系数,或阻尼系数。α 数值越小,幅值衰减越慢;当 $\alpha=0$ 时,即电阻 $R=0$ 时,幅值就不衰减,电容电压波形就是一个等幅振荡波形。电容电压作周期性变化,即是说它的极板电压时正时负,这说明电容并不是一直处于放电状态,而是处于放电和充电的交替状态。也就是说,电容和电感之间存在着能量交换,这种能量交换是通过电流来实现的,电流方向的不断变化,正好说明了能量在电容与电感之间转移。在能量的转移过程中,电阻总是消耗能量的,使整个电路系统的能量减少,从而使电容电压的振幅值衰减。当 $t\to\infty$ 时,电容电压衰

减到零,电容的放电过程结束。正弦函数的角频率为 ω,称为电路的固有角频率。电路的这种状态称为振荡放电。电容电压和回路电流的波形如图 8.4 所示,振荡放电过程中电感电压的波形如图 8.5 所示。

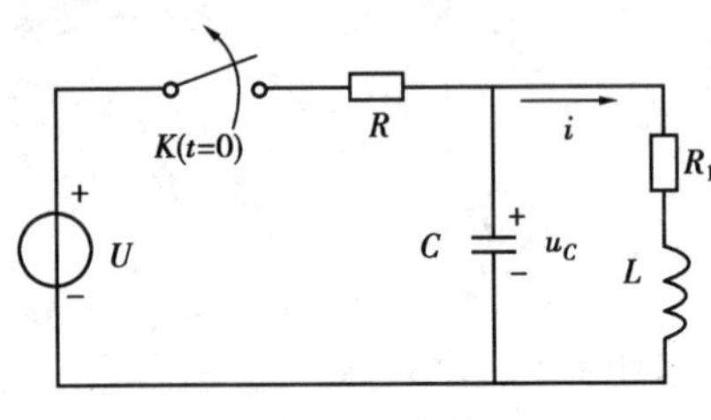

图 8.6 例 8.1 电路

例 8.1 图 8.6 电路开关 K 原来是闭合的,且电路已处于稳定状态。已知 $U=200\ \mathrm{V}, R=R_1=1\ 000\ \Omega, C=100\ \mu\mathrm{F}, L=10\ \mathrm{H}$。开关 K 在 $t=0$ 时断开,试求 $t\geqslant 0$ 时的电容电压 u_C 和回路电流 i。

解 当开关 K 在 $t=0$ 时断开,即 $t\geqslant 0$ 时,电路的 KVL 方程为

$$LC\frac{\mathrm{d}^2u_C}{\mathrm{d}t^2}+RC\frac{\mathrm{d}u_C}{\mathrm{d}t}+u_C=0$$

该方程的特征方程为

$$LCp^2+RCp+1=0$$

代入 R,L,C 的参数可得

$$10^{-3}p^2+10^{-1}p+1=0$$

即

$$p^2+100p+1\ 000=0$$

特征方程的特征根为

$$p_1=\frac{-100+\sqrt{10\ 000-4\ 000}}{2}=-11.27$$

$$p_2=\frac{-100-\sqrt{10\ 000-4\ 000}}{2}=-88.73$$

方程的解为

$$u_C=A_1\mathrm{e}^{-11.27t}+A_2\mathrm{e}^{-88.73t}$$

回路中的电流为

$$i=-C\frac{\mathrm{d}u_C}{\mathrm{d}t}=-100\times 10^{-6}(-11.27A_1\mathrm{e}^{-11.27t}-88.73A_2\mathrm{e}^{-88.73t})$$

其中,A_1,A_2 为积分常数。现在由电路的初始条件来确定积分常数。在换路之前电路已处于稳定状态,即

$$i(0_-)=U/(R+R_1)=200/2\ 000=0.1\ \mathrm{A}$$

$$u_C(0_-)=R_1\times i(0_-)=1\ 000\times 0.1=100\ \mathrm{V}$$

电路的初始条件为 $u_C(0_+)=u_C(0_-)=100\ \mathrm{V}, i_L(0_+)=i_L(0_-)=0.1\ \mathrm{A}$。代入电容电压 u_C 和回路电流 i 的表达式可得

$$A_1+A_2=100$$

$$-100\times 10^{-6}(-11.27A_1-88.73A_2)=0.1$$

解得 $A_1=101.64, A_2=-1.64$。最后求得电容电压 u_C 和回路电流 i 的值:

$$u_C=(101.64\mathrm{e}^{-11.27t}-1.64\mathrm{e}^{-88.73t})\ \mathrm{V}\qquad(t\geqslant 0)$$

$$i=-100\times 10^{-6}(-11.27\times 101.64\mathrm{e}^{-11.27t}+88.73\times 1.64\mathrm{e}^{-88.73t})=$$
$$(0.114\ 5\mathrm{e}^{-11.27t}+0.014\ 55\mathrm{e}^{-88.73t})\ \mathrm{A}\qquad(t\geqslant 0)$$

解毕。

(3) 当 $\alpha=\omega_0\left(即\dfrac{R}{2L}=\dfrac{1}{\sqrt{LC}},或 R=2\sqrt{\dfrac{L}{C}}\right)$

当 $\alpha=\omega_0$ 时,p_1,p_2 是一对相等的负实根,即特征方程具有重根。

$$p_1 = p_2 = -\alpha \tag{8.14}$$

此时将 $p_1=p_2=-\alpha$ 代入式(8.6)计算电容电压:

$$u_C = \frac{U_0}{p_2-p_1}(p_2 e^{p_1 t} - p_1 e^{p_2 t})$$

由于 $p_1=p_2$,上式电容电压是一个不定式,利用罗比塔法则来计算其结果。即

$$u_C = U_0 \lim_{p_1\to p_2} \frac{\dfrac{d}{dp_1}(p_2 e^{p_1 t} - p_1 e^{p_2 t})}{\dfrac{d}{dp_1}(p_2 - p_1)} =$$

$$U_0 \lim_{p_1\to p_2} \frac{p_2 t e^{p_1 t} - e^{p_2 t}}{-1} =$$

$$U_0(1-p_2 t)e^{p_2 t} =$$

$$U_0(1+\alpha t)e^{-\alpha t} \tag{8.15}$$

同时可以求出回路电流和电感电压

$$i = -C\frac{du_C}{dt} = \frac{U_0}{L} t e^{-\alpha t} \tag{8.16}$$

$$u_L = L\frac{di}{dt} = U_0(1-\alpha t)e^{-\alpha t} \tag{8.17}$$

从以上3式可以看出,电容电压、回路电流和电感电压是单调衰减函数,电路的放电过程仍然属于非振荡性质。但是,它正好介于振荡与非振荡之间,所以称它为临界非振荡状态。此时的电阻值 $R=2\sqrt{\dfrac{L}{C}}$ 称为临界电阻,其波形图与图8.2相似。令 $\dfrac{di}{dt}=0$ 可以得到电流出现最大值的时间为

$$t = t_m = \frac{1}{\alpha}$$

根据以上分析可知,二阶电路的零输入响应的变化规律取决于特征方程的特征根,而特征根又取决于电路的结构和电路的参数。当电阻值 $R>2\sqrt{\dfrac{L}{C}}$ 时,电路的响应为非振荡性质,习惯上称它为过阻尼情况;当电阻值 $R<2\sqrt{\dfrac{L}{C}}$ 时,电路的响应为振荡性质,习惯上称它为欠阻尼情况;当电阻值 $R=2\sqrt{\dfrac{L}{C}}$ 时的过渡过程称为临界非振荡过程,习惯上称它为临界阻尼情况;当电阻值 $R=0$ 时,电路的响应为等幅振荡,习惯上称它为无阻尼情况。

8.2 二阶电路的零状态响应和阶跃响应

图 8.7 所示的 RLC 串联电路中,电容 C 原先没有储存能量,开关 K 原来是断开的,且电路已处于稳定状态。开关 K 在 $t=0$ 时闭合与直流电源接通,求 $t\geqslant 0$ 时的电容电压 u_C、回路电流 i 和电感电压 u_L。这就是 RLC 串联电路在阶跃函数激励下的零状态响应。

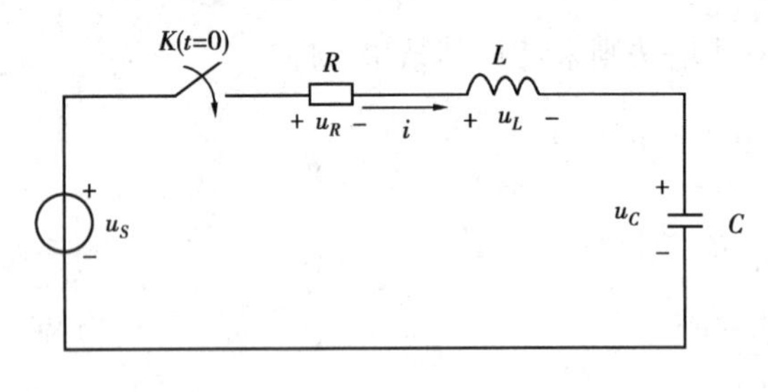

图 8.7 RLC 电路的阶跃响应

8.2.1 R,L,C 电路的方程及求解

如图 8.7 所示 RLC 串联电路中,$t<0$ 时电容没有充电,其电压为 0。当 $t=0$ 时开关 K 闭合,现在来分析 $t\geqslant 0$ 时电容电压、电感电压和回路电流的变化规律。$t>0$ 电路的电压方程为

$$u_R + u_L + u_C = U_S$$

其中,$u_R = Ri = RC\dfrac{du_C}{dt}$,$u_L = L\dfrac{di}{dt} = LC\dfrac{d^2u_C}{dt^2}$。将 u_R,u_L 代入上式得到

$$LC\frac{d^2u_C}{dt^2} + RC\frac{du_C}{dt} + u_C = U_S \tag{8.18}$$

式(8.18)是一个以电容电压为待求量的二阶常系数线性非齐次微分方程。该方程的特解即电容电压 u_C 的稳态解 $u_C' = U_S$,补函数即电容电压 u_C 的暂态解 u_C''为式(8.18)相对应的齐次微分方程:

$$LC\frac{d^2u_C}{dt^2} + RC\frac{du_C}{dt} + u_C = 0 \tag{8.19}$$

的通解,即

$$u''_C = A_1 e^{p_1 t} + A_2 e^{p_2 t} \tag{8.20}$$

回路电流为

$$i'' = C\frac{du''_C}{dt} = C(p_1 A_1 e^{p_1 t} + p_2 A_2 e^{p_2 t}) \tag{8.21}$$

8.2.2 讨 论

(1) 当 $\alpha > \omega_0\left(\text{即}\dfrac{R}{2L} > \dfrac{1}{\sqrt{LC}}\text{或 } R > 2\sqrt{\dfrac{L}{C}}\right)$,非振荡充电过程

电容电压

$$u_C = u'_C + u''_C = U_S + A_1 e^{p_1 t} + A_2 e^{p_2 t} \tag{8.22}$$

回路电流

$$i = C\frac{du_C}{dt} = C(p_1 A_1 e^{p_1 t} + p_2 A_2 e^{p_2 t}) \tag{8.23}$$

根据电路的初始条件来确定积分常数 A_1,A_2,电路的初始条件为

$$u_C(0_+) = u_C(0_-) = 0$$
$$i(0_+) = i(0_-) = 0$$

将此条件代入式(8.22)、式(8.23)可以得到

$$U_S + A_1 + A_2 = 0$$
$$C(p_1A_1 + p_2A_2) = 0$$

解得

$$A_1 = -\frac{p_2U_S}{p_2 - p_1}, A_2 = \frac{p_1U_S}{p_2 - p_1}$$

于是得到电容电压

$$u_C = U_S - \frac{p_2U_S}{p_2 - p_1}e^{p_1t} + \frac{p_1U_S}{p_2 - p_1}e^{p_2t} =$$
$$U_S - \frac{U_S}{p_2 - p_1}(p_2e^{p_1t} - p_1e^{p_2t}) \tag{8.24}$$

回路电流

$$i = C\left(-p_1\frac{p_2U_S}{p_2 - p_1}e^{p_1t} + p_2\frac{p_1U_S}{p_2 - p_1}A_2e^{p_2t}\right) \tag{8.25}$$

由于 $p_1p_2 = \frac{1}{LC}$，代入上式可得

$$i = \frac{U_S}{L(p_1 - p_2)}(e^{p_1t} - e^{p_2t}) \tag{8.26}$$

电感电压

$$u_L = L\frac{di}{dt} = \frac{U_S}{p_1 - p_2}(p_1e^{p_1t} - p_2e^{p_2t}) \tag{8.27}$$

电容电压、回路电流、电感电压随时间变化的曲线如图8.8所示。由于 $\alpha > \omega_0\left(R > 2\sqrt{\frac{L}{C}}\right)$，$p_1$，$p_2$ 是两个不相等的负实根，所以电容电压、回路电流、电感电压不会出现周期性的变化，电容连续充电，电压 u_C 单调上升最终接近于电源电压 U_S，因而称这种充电过程为非振荡充电。

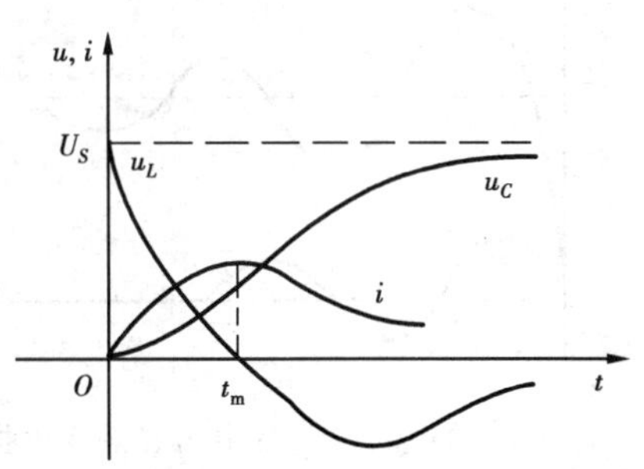

图8.8　非振荡充电过程中的 u_C，u_L，i 的变化曲线

(2)当 $\alpha < \omega_0\left(即\frac{R}{2L} < \frac{1}{\sqrt{LC}}或 R < 2\sqrt{\frac{L}{C}}\right)$时，振荡充电过程

根据上一节的分析可知，当 $\alpha < \omega_0\left(即\frac{R}{2L} < \frac{1}{\sqrt{LC)}}或R < 2\sqrt{\frac{L}{C}}\right)$时，二阶齐次微分方程的特征方程的特征根 p_1，p_2 是两个不相等的共轭复根：$p_1 = -\alpha + j\omega$，$p_2 = -\alpha - j\omega$。将 p_1，p_2 的值代入式(8.20)，经过运算整理可得到电容电压的暂态解

$$u''_C = Ae^{-\alpha t}\sin(\omega t + \beta) \tag{8.28}$$

式(8.28)中的 A，β 为待定积分常数。电容电压的通解为

$$u_C = u'_C + u''_C = U_S + Ae^{-\alpha t}\sin(\omega t + \beta) \tag{8.29}$$

回路电流

$$i = C\frac{\mathrm{d}u_C}{\mathrm{d}t} = CA\omega \mathrm{e}^{-\alpha t}\cos(\omega t + \beta) - A\alpha \mathrm{e}^{-\alpha t}\sin(\omega t + \beta) \tag{8.30}$$

现在,根据电路的初始条件来确定积分常数 A,β。电路的初始条件为

$$u_C(0_+) = u_C(0_-) = 0$$
$$i(0_+) = i(0_-) = 0$$

将此条件代入式(8.29)、式(8.30)可以得出

$$U_S + A\sin\beta = 0$$
$$CA\omega\cos\beta - A\alpha\sin\beta = 0$$

解得

$$A = -\frac{U_S}{\sin\beta} = -\frac{\omega_0}{\omega}U_S, \qquad \beta = \arctan\frac{\omega}{\alpha}$$

将积分常数 A,β 的值代入式(8.29)、式(8.30)可以得到电容电压

$$u_C = u'_C + u''_C = U_S - \frac{\omega_0}{\omega}U_S\mathrm{e}^{-\alpha t}\sin\left(\omega t + \arctan\frac{\omega}{\alpha}\right) \tag{8.31}$$

回路电流

$$i = C\frac{\mathrm{d}u_C}{\mathrm{d}t} = \frac{U_S}{\omega L}\mathrm{e}^{-\alpha t}\sin\omega t \tag{8.32}$$

电感电压

$$u_L = L\frac{\mathrm{d}i}{\mathrm{d}t} = -\frac{\omega_0}{\omega}U_S\mathrm{e}^{-\alpha t}\sin(\omega t - \beta) \tag{8.33}$$

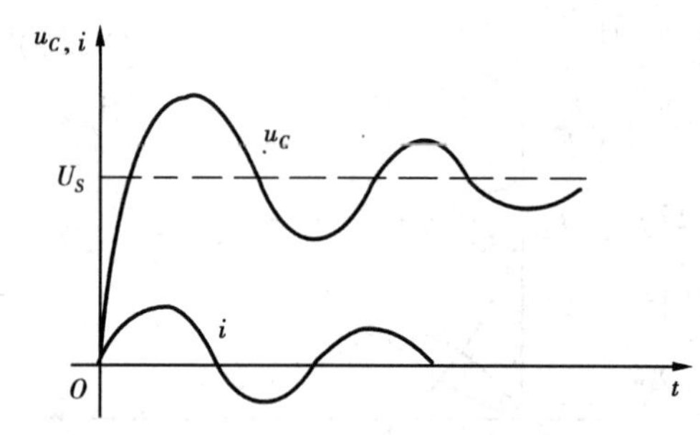

图 8.9　振荡充电过程中 u_C, i 的变化曲线

图 8.9 画出了电容电压和回路电流随时间变化的曲线。由曲线可以看出,当 $\alpha < \omega_0\left(\text{即}\frac{R}{2L} < \frac{1}{\sqrt{LC}}\text{或} R < 2\sqrt{\frac{L}{C}}\right)$时,电路发生振荡充电过程,电容电压的最大值要超过电源电压。当 t 趋向于无穷大时,即电路达到新的稳态时,电容电压接近于外加电源电压 U_S,而回路电流趋近于零。

(3)当 $\alpha = \omega_0\left(\text{即}\frac{R}{2L} = \frac{1}{\sqrt{LC}}, \text{或} R = 2\sqrt{\frac{L}{C}}\right)$时,临界非振荡充电过程

当 $\alpha = \omega_0\left(\text{即}\frac{R}{2L} = \frac{1}{\sqrt{LC}}, \text{或} R = 2\sqrt{\frac{L}{C}}\right)$时二阶齐次微分方程的特征方程的特征根 p_1, p_2 是两个相等的负实根:$p_1 = p_2 = -\alpha$。将 p_1, p_2 代入式(8.24),可得到电容电压的通解

$$u_C = U_S - \frac{U_S}{p_2 - p_1}(p_2\mathrm{e}^{p_1 t} - p_1\mathrm{e}^{p_2 t}) =$$

$$U_S - U_S \lim_{p_1 \to p_2} \frac{\frac{d}{dp_1}(p_2 e^{p_1 t} - p_1 e^{p_2 t})}{\frac{d}{dp_1}(p_2 - p_1)} =$$

$$U_S - U_S(1 + \alpha t)e^{-\alpha t} \tag{8.34}$$

回路电流

$$i = C\frac{du_C}{dt} = \frac{U_S}{L}te^{-\alpha t} \tag{8.35}$$

电感电压

$$u_L = L\frac{di}{dt} = U_S(1 - \alpha t)e^{-\alpha t} \tag{8.36}$$

当 $\alpha = \omega_0\left(\text{即}\frac{R}{2L} = \frac{1}{\sqrt{LC}}, \text{或 } R = 2\sqrt{\frac{L}{C}}\right)$时,电路发生临界非振荡充电过程。电容电压、回路电流和电感电压随时间变化的曲线与图8.8所示的非振荡充电过程相似。

8.3 二阶电路的冲激响应

当冲激电源作用于零状态电路,其响应称为冲激响应。要计算二阶电路的冲激响应,可以采用与计算一阶电路的冲激响应相同的方法,即从冲激电源的定义出发,直接计算冲激响应;也可以利用已经学习过的一阶电路的冲激响应与阶跃响应的关系,即一阶线性电路的单位阶跃响应对时间 t 的微分就是该电路的单位冲激响应。对于二阶电路,这个结论仍然适用。在此以计算图8.10所示电路的冲激响应 u_C 为例。

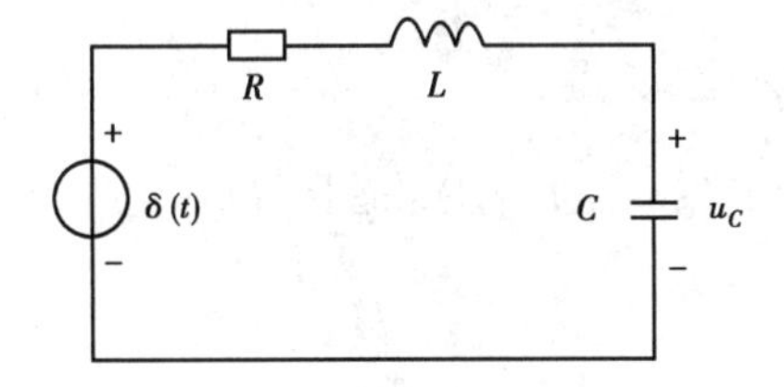

图8.10 R,L,C 电路的冲激响应

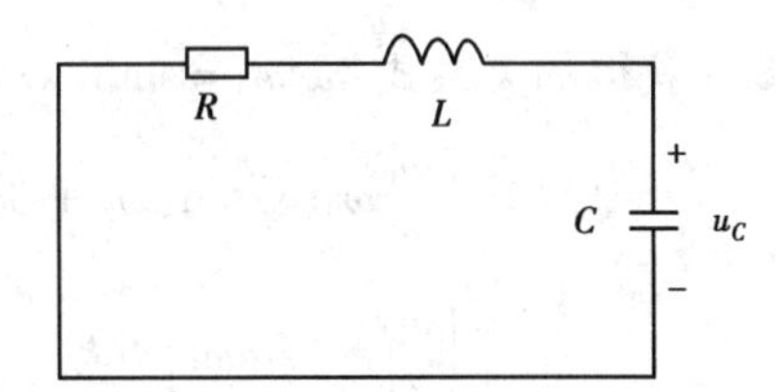

图8.11 $t>0$ 时图8.10的等效电路

8.3.1 当 $\alpha > \omega_0\left(\text{即}\frac{R}{2L} > \frac{1}{\sqrt{LC}}\text{或 } R > 2\sqrt{\frac{L}{C}}\right)$,非振荡过程

图8.10所示电路的电压源为单位阶跃函数时,由式(8.24)得到电容电压的单位阶跃响应为

$$u_C = 1 - \frac{1}{p_2 - p_1}(p_2 e^{p_1 t} - p_1 e^{p_2 t}) \qquad (t \geqslant 0) \tag{8.37}$$

电容电压的单位阶跃响应(见图8.11)也可以表示为

$$s(t) = \left[1 - \frac{1}{p_2 - p_1}(p_2 e^{p_1 t} - p_1 e^{p_2 t})\right]\varepsilon(t)$$

由此可以计算出电容电压的单位冲激响应为

$$h(t)=\frac{\mathrm{d}s(t)}{\mathrm{d}t}=\left[-\frac{1}{p_2-p_1}(p_1p_2\mathrm{e}^{p_1t}-p_1p_2\mathrm{e}^{p_2t})\right]\varepsilon(t)+$$

$$\left[1-\frac{1}{p_2-p_1}(p_2\mathrm{e}^{p_1t}-p_1\mathrm{e}^{p_2t})\right]\delta(t)$$

由于 $t=0$ 时,上式中的$\left[1-\frac{1}{p_2-p_1}(p_2\mathrm{e}^{p_1t}-p_1\mathrm{e}^{p_2t})\right]=0$,故电容电压的单位冲激响应为

$$h(t)=\frac{p_1p_2}{p_1-p_2}(\mathrm{e}^{p_1t}-\mathrm{e}^{p_2t})\varepsilon(t)$$

8.3.2 $\alpha<\omega_0\left(即\frac{R}{2L}=\frac{1}{\sqrt{LC}}或 R<2\sqrt{\frac{L}{C}}\right)$,振荡过程

由式(8.31)得到电容电压的单位阶跃响应为

$$s(t)=\left[1-\frac{\omega_0}{\omega}\mathrm{e}^{-\alpha t}\sin(\omega t+\beta)\right]\varepsilon(t)$$

由此可以计算出电容电压的单位冲激响应为

$$h(t)=\frac{\mathrm{d}s(t)}{\mathrm{d}t}=\left[\frac{\omega_0}{\omega}\alpha\mathrm{e}^{-\alpha t}\sin(\omega t+\beta)-\omega_0\mathrm{e}^{-\alpha t}\cos(\omega t+\beta)\right]\varepsilon(t)+$$

$$\left[1-\frac{\omega_0}{\omega}\mathrm{e}^{-\alpha t}\sin(\omega t+\beta)\right]\delta(t)$$

由于 $t=0$ 时,上式中的$\left[1-\frac{\omega_0}{\omega}\mathrm{e}^{-\alpha t}\sin(\omega t+\beta)\right]=0$,故电容电压的单位冲激响应为

$$h(t)=\left[\frac{\omega_0}{\omega}\alpha\mathrm{e}^{-\alpha t}\sin(\omega t+\beta)-\omega_0\mathrm{e}^{-\alpha t}\cos(\omega t+\beta)\right]\varepsilon(t)$$

将图 8.3 获得的关系式:$\omega/\omega_0=\sin\beta$, $\alpha/\omega_0=\cos\beta$ 代入上式,得

$$h(t)=\left[\frac{\omega_0}{\omega}\omega_0\mathrm{e}^{-\alpha t}\sin(\omega t+\beta)\cos\beta-\frac{\omega_0}{\omega}\omega_0\mathrm{e}^{-\alpha t}\cos(\omega t+\beta)\sin\beta\right]\varepsilon(t)=$$

$$\left[\frac{\omega_0^2}{\omega}\mathrm{e}^{-\alpha t}\sin\omega t\right]\varepsilon(t)$$

上式即为电容电压的单位冲激响应。

以上研究了 RLC 串联二阶电路的单位冲激响应,根据电路元件参数间关系,我们只研究了振荡过程和非振荡过程,临界振荡过程也可以用类似的方法进行分析。如果冲激电源的强度不是 1,而是任意值 k,其冲激响应则应在单位冲激响应前面乘以 k。

例 8.2 求图 8.12 所示电路的冲激响应 $u_C(t)$。设图中 $R=1\ \Omega, L=1\ \mathrm{H}, C=1\ \mathrm{F}$。

解 当 $t=0$ 时,$\delta(t)$加于电感元件两端[注意 $i_L(0_-)=0, u_C(0_-)=0$],使电感电流发生跳变。当 $t=0_+$ 时,

$$i_L(0_+)=\frac{1}{L}\int_{0_-}^{0_+}\delta(t)\mathrm{d}t=1\ \mathrm{A}$$

$$u_C(0_+)=u_C(0_-)=0$$

当 $t>0$ 时,$\delta(t)=0$,等效电路如图 8.12(b)所示。

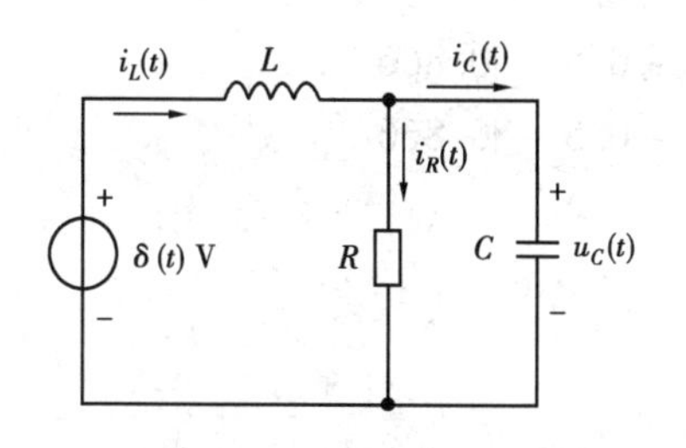

(a)原始电路

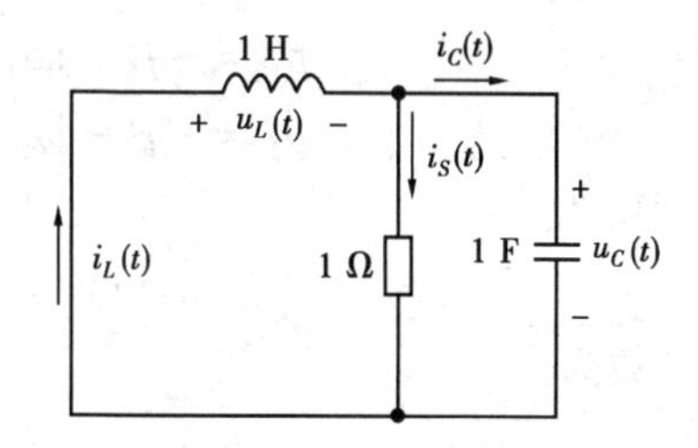

(b)$t>0$ 时的等效电路

图 8.12 二阶电路冲激响应的计算示例

根据图 8.12(b),应用基尔霍夫电流定律可得节点方程

$$i_L(t) = i_R(t) + i_C(t) = Gu_C(t) + C\frac{\mathrm{d}u_C(t)}{\mathrm{d}t}$$

式中 $G=\frac{1}{R}$。

选择 $u_C(t)$ 作为输出变量并应用关系式 $i_L(t) = \frac{1}{L}\int_{-\infty}^{t} u_L(t')\mathrm{d}t' = -\frac{1}{L}\int_{-\infty}^{t} u_C(t')\mathrm{d}t'$,该方程可写为

$$C\frac{\mathrm{d}u_C(t)}{\mathrm{d}t} + Gu_C(t) + \frac{1}{L}\int_{-\infty}^{t} u_C(t')\mathrm{d}t' = 0 \tag{8.38}$$

此方程的特征方程为

$$LCp^2 + LGp + 1 = 0$$

特征根为

$$p_1 = -\frac{G}{2C} + \sqrt{\left(\frac{G}{2C}\right)^2 - \frac{1}{LC}}$$

$$p_2 = -\frac{G}{2C} - \sqrt{\left(\frac{G}{2C}\right)^2 - \frac{1}{LC}}$$

令

$$\beta = \frac{G}{2C} \qquad \omega_0 = \frac{1}{\sqrt{LC}}$$

两特征根可简写为

$$p_1 = -\beta + \sqrt{\beta^2 - \omega_0^2}$$

$$p_2 = -\beta - \sqrt{\beta^2 - \omega_0^2}$$

此处 β 与前面所述 RLC 串联电路的衰减系数 $\alpha=\frac{R}{2L}$ 互为对偶,称之为 RLC 并联电路的衰减系数。根据图 8.12 给出的元件参数,可算得

$$\beta = \frac{G}{2C} = 0.5 \qquad \omega_0 = \frac{1}{\sqrt{LC}} = 1$$

显然 $\beta<\omega_0$,故本例属于振荡情形。阻尼振荡角频率:

$$\omega_{\mathrm{d}} = \sqrt{\omega_0^2 - \beta^2} = \sqrt{1 - 0.5^2} = 0.866$$

电路的两个自然频率[即方程式(8.38)的两个特征根]分别为

$$p_1 = -\beta + \mathrm{j}\omega_\mathrm{d} = -0.5 + \mathrm{j}0.866$$

$$p_2 = -\beta - \mathrm{j}\omega_\mathrm{d} = -0.5 - \mathrm{j}0.866$$

式(8.38)的通解为

$$u_C(t) = A_1 \mathrm{e}^{p_1 t} + A_2 \mathrm{e}^{p_2 t} \tag{8.39}$$

此式的一阶导数为

$$u_C'(t) = A_1 p_1 \mathrm{e}^{p_1 t} + A_2 p_2 \mathrm{e}^{p_2 t} \tag{8.40}$$

微分方程的初始条件为

$$u_C(0_+) = u_C(0_-) = 0$$

$$u_C'(0_+) = \frac{1}{C} i_C(0_+) = \frac{1}{C} i_L(0_+) = \frac{1}{LC} = 1$$

由式(8.39)及式(8.40),令 $t=0_+$,并代入初始条件可得

$$A_1 + A_2 = 0$$

$$p_1 A_1 + p_2 A_2 = 1$$

联立求解此方程组,即得积分常数

$$A_1 = \frac{1}{p_1 - p_2} = -\mathrm{j}\frac{1}{2 \times 0.866} = -\mathrm{j}\frac{1}{\sqrt{3}}$$

$$A_2 = \mathrm{j}\frac{1}{\sqrt{3}}$$

故冲激响应

$$u_C(t) = \left[-\mathrm{j}\frac{1}{\sqrt{3}} \mathrm{e}^{(-\beta + \mathrm{j}\omega_\mathrm{d})t} + \mathrm{j}\frac{1}{\sqrt{3}} \mathrm{e}^{(-\beta - \mathrm{j}\omega_\mathrm{d})t} \right] \varepsilon(t) =$$

$$\mathrm{j}\frac{1}{\sqrt{3}} \mathrm{e}^{-\beta t} (-\mathrm{e}^{\mathrm{j}\omega_\mathrm{d} t} + \mathrm{e}^{\mathrm{j}\omega_\mathrm{d} t}) \varepsilon(t) =$$

$$\mathrm{j}\frac{1}{\sqrt{3}} \mathrm{e}^{-\beta t} [-2\mathrm{j}\sin(\omega_\mathrm{d} t)] \varepsilon(t) =$$

$$\frac{2}{\sqrt{3}} \mathrm{e}^{-0.5t} \sin(0.866t) \varepsilon(t) \ \mathrm{V}$$

*8.4 卷 积 积 分

前面分析研究了线性电路的零状态响应,其外加电源激励都是一些规则的波形。如果外加电源激励是一些不规则的波形,即它们是一些任意波形,则可以用卷积积分来计算它的零状态响应。

8.4.1 卷积积分的定义

设有两个时间函数:$f_1(t)$和$f_2(t)$[在 $t<0$ 时,$f_1(t)=f_2(t)=0$],则

$$f_1(t) * f_2(t) = \int_0^t f_1(t-\xi) f_2(\xi) \mathrm{d}\xi$$

且$f_1(t)*f_2(t)=f_2(t)*f_1(t)$，即

$$\int_0^t f_1(t-\xi)f_2(\xi)\mathrm{d}\xi = \int_0^t f_2(t-\xi)f_1(\xi)\mathrm{d}\xi$$

证明：设$\tau=t-\xi$，ξ为变量，$\mathrm{d}\tau=-\mathrm{d}\xi$；当$\xi=0$，$\tau=t$，$\tau=0$。则

$$\begin{aligned}f_1(t)*f_2(t) &= \int_t^0 f_1(t-\xi)f_2(\xi)\mathrm{d}\xi = \\ & -\int_0^t f_1(\tau)f_2(t-\tau)\mathrm{d}\tau = \\ & \int_0^t f_1(t-\tau)f_2(\tau)\mathrm{d}\tau = \\ & f_2(t)*f_1(t)\end{aligned}$$

8.4.2　用卷积积分计算任意激励的零状态响应

图8.13所示激励函数$e(t)$作用于一个线性电路，假定此电路的单位冲激响应$h(t)$已知，则可按下述方法计算电路在$e(t)$作用下的零状态响应$r(t)$。

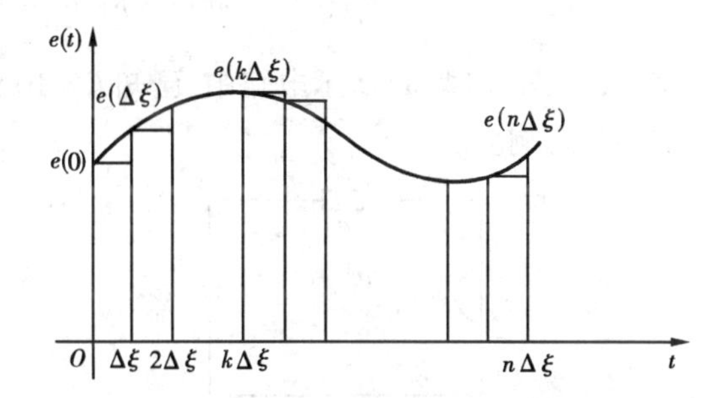

图8.13　激励函数$e(t)$的近似分解

用n个宽度为$\Delta\xi$的矩形脉冲近似代替由$0\sim t$区间里的激励函数$e(t)$。各脉冲的高度分别取其前沿的函数值：$e(0)$，$e(\Delta\xi)$，$e(2\Delta\xi)$，…，$e(k\Delta\xi)$，…，$e[(n-1)\Delta\xi]$。n越大，$\Delta\xi$取得越小，脉冲的总和越接近$e(t)$。

假使在时间$t=k\Delta\xi$时出现的单位脉冲为

$$p(t-k\Delta\xi) = \frac{1}{\Delta}\{\varepsilon(t-k\Delta\xi) - \varepsilon[t-(k+1)\Delta\xi]\}$$

便有

$$e(t) \approx \sum_{k=0}^{n-1} e(k\Delta\xi)\cdot\Delta\xi\cdot p(t-k\Delta\xi)$$

即

$$e(t) = \lim_{\substack{\Delta\xi\to 0\\(n\to\infty)}} \sum_{k=0}^{n-1} e(k\Delta\xi)\cdot\Delta\xi\cdot p(t-k\Delta\xi) \tag{8.41}$$

结合第7章公式(7.58)有

$$\lim_{\Delta\to 0} p(t) = \delta(t)$$

即每个脉冲可看成是面积相等的冲激函数。各脉冲的面积为：$e(0)\Delta\xi$，$e(\Delta\xi)\Delta\xi$，$e(2\Delta\xi)\Delta\xi$，…，$e(k\Delta\xi)\Delta\xi$，…，$e[(n-1)\Delta\xi]\Delta\xi$。设每个冲激函数出现在脉冲函数的前沿，则各冲激函数分别为：$e(0)\Delta\xi\delta(t)$，$e(\Delta\xi)\Delta\xi\delta(t-\Delta\xi)$，$e(2\Delta\xi)\Delta\xi\delta(t-2\Delta\xi)$，…，$e(k\Delta\xi)\Delta\xi\delta(t-k\Delta\xi)$，…，$e[(n-1)\Delta\xi]\Delta\xi\delta[t-(n-1)\Delta\xi]$。也就是说，式(8.41)可改写为

$$e(t) = \int_0^t \mathrm{e}(\xi)\mathrm{d}\xi\cdot\delta(t-\xi) = \int_0^t e(\xi)\cdot\delta(t-\xi)\mathrm{d}\xi \tag{8.42}$$

由于每一个冲激函数作用于电路将产生一个冲激响应。而各冲激函数的强度(即图形的面积)不同,开始作用的时间也不同,所以电路中响应的幅值和出现的时间也不同。根据叠加原理,电路对任意激励 $e(t)$ 的响应 $r(t)$,等于各个冲激响应的总和。即

$$r(t) = \int_0^t e(\xi)h(t-\xi)\mathrm{d}\xi \tag{8.43}$$

这个积分就是卷积积分。式(8.43)表明:线性电路在任意时刻 t 对任意激励的零状态响应,等于从激励函数开始作用的时刻($\xi=0$)到指定时刻($\xi=t$)的区间内,无穷多个幅度不同并依次连续出现的冲激响应的总和。

式(8.43)卷积积分通常写为

$$e(t) * h(t) = \int_0^t e(\xi)h(t-\xi)\mathrm{d}\xi \tag{8.44}$$

所以

$$r(t) = e(t) * h(t) = \int_0^t e(\xi)h(t-\xi)\mathrm{d}\xi$$

例 8.3 图8.14(a)所示电路中,已知 $R=10\ \Omega, C=1\ \mathrm{F}$,电源 $e(t)=5\mathrm{e}^{-2t}\varepsilon(t)\ \mathrm{V}$。求电容电压的零状态响应。

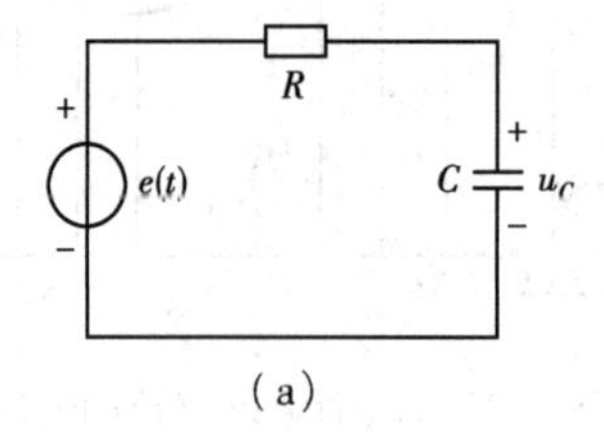

(a)

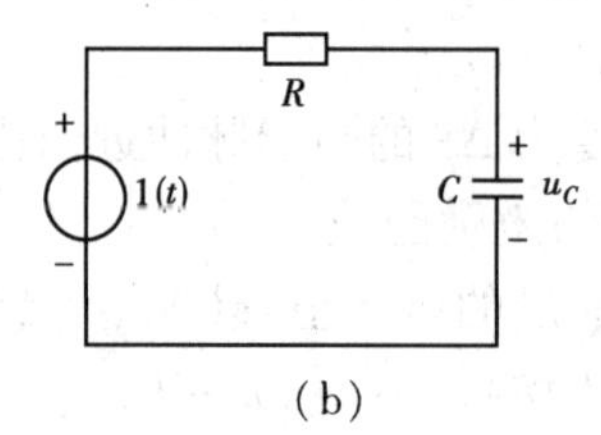

(b)

图8.14 卷积积分计算示例

解 首先计算图8.14(b)所示电路的单位阶跃响应:$u_C(\infty)=1\ \mathrm{V}, u_C(0_+)=0\ \mathrm{V}, \tau=RC=10\ \mathrm{s}$。所以

$$S(t) = (1-\mathrm{e}^{-0.1t})\varepsilon(t)\ \mathrm{V}$$

电路的单位冲激响应

$$\begin{aligned} h(t) &= \frac{\mathrm{d}}{\mathrm{d}t}S(t) = \frac{\mathrm{d}}{\mathrm{d}t}(1-\mathrm{e}^{-0.1t})\varepsilon(t) = \\ &(1-\mathrm{e}^{-0.1t})\delta(t) + 0.1\mathrm{e}^{-0.1t}\varepsilon(t) = \\ &0.1\mathrm{e}^{-0.1t}\varepsilon(t)\ \mathrm{V} \end{aligned}$$

用卷积积分计算 $e(t)=5\mathrm{e}^{-2t}\mathrm{V}$ 指数电源激励下的电容电压

$$\begin{aligned} u_C(t) &= \int_0^t \mathrm{e}(\xi)h(t-\xi)\mathrm{d}\xi = \\ &\int_0^t 5\mathrm{e}^{-2\xi}0.1\mathrm{e}^{-0.1(t-\xi)}\varepsilon(t-\xi)\mathrm{d}\xi = \\ &0.5\mathrm{e}^{-0.1t}\int_0^t \mathrm{e}^{(0.1\xi-2\xi)}\mathrm{d}\xi = \\ &0.5\mathrm{e}^{-0.1t}\int_0^t \mathrm{e}^{-1.9\xi}\mathrm{d}\xi = \end{aligned}$$

$$0.5e^{-0.1t} \cdot \left(-\frac{1}{1.9}e^{-1.9\xi}\right)\Bigg|_0^t =$$
$$-0.263e^{-0.1t}(e^{-1.9t}-1) =$$
$$0.263(e^{-0.1t}-e^{-2t})\varepsilon(t)\ \text{V}$$

习　题　8

8.1　图8.15所示电路在开关换位之前已工作了很长的时间,试求开关换位后的电感电流 $i_L(t)$ 和电容电压 $u_C(t)$。

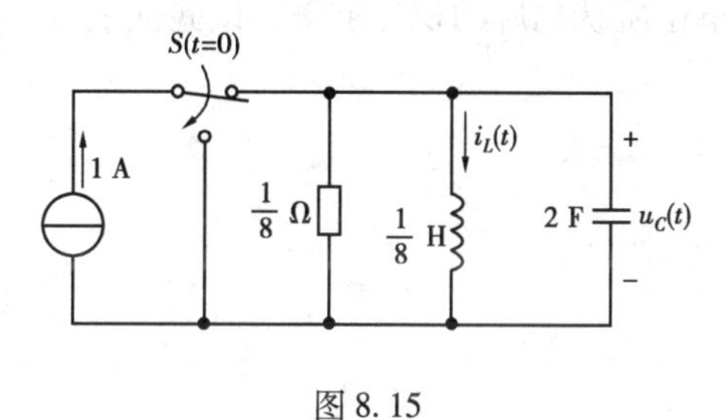

图8.15

8.2　如图8.16所示电路,$t=0$ 时刻开关 K 断开,开关动作前电路处于稳态。求:

①$t\geqslant 0$ 时以 u_C 电路变量的微分方程;

②$t\geqslant 0$ 时电容电压 $u_C(t)$ 和电流 $i_L(t)$。

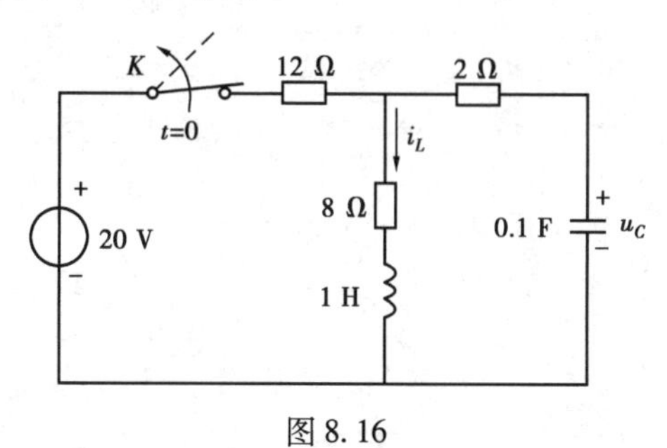

图8.16

8.3　确定图8.17所示电路中电容电压、电感电流,其初始值分别为 $u_C(0_+)$,$i_L(0_+)$,设电路激励分别为

①$i_S=\varepsilon(t)$ A,$u_S=10\varepsilon(t)$ V;

②$i_S=\delta(t)$ A,$u_S=10\delta(t)$ V。

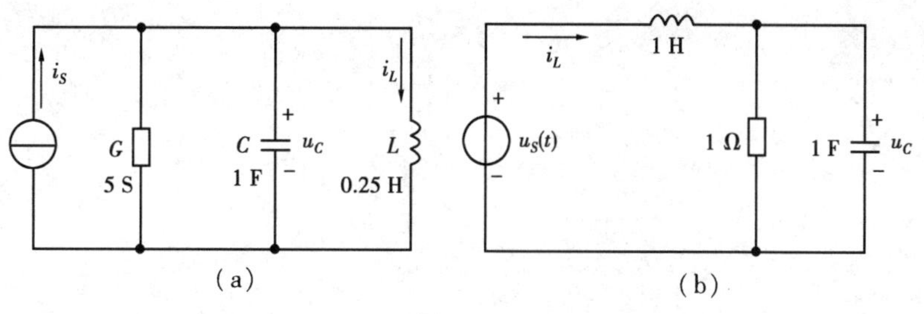

图8.17

8.4　图 8.18 所示电路已知 $U_S=\delta(t)$ V, $R=1\ \Omega$, $L=1$ H, $C=1$ F,试求电路的冲激响应 u_C, i_L。

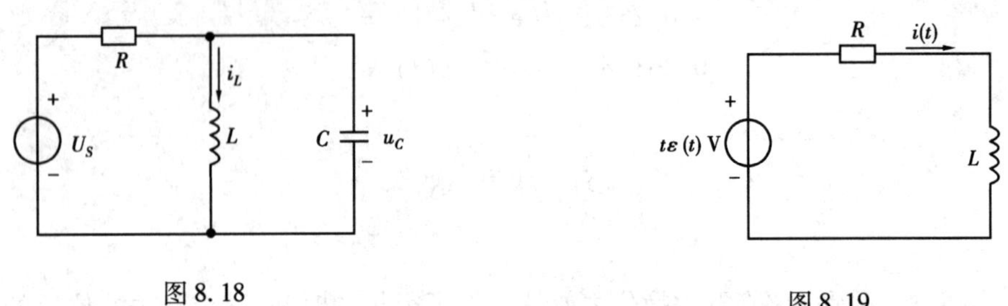

图 8.18

图 8.19

8.5　用卷积积分求图 8.19 所示电路对单位斜变电压激励 $t\varepsilon(t)$ 的零状态响应 $i(t)$。此响应可否通过同一电路的单位阶跃响应的积分求得？试验证之。

第 9 章 相 量 法

内容简介

因为相量法是分析正弦稳态电路的有效方法。本章将介绍正弦量的三要素,相量法的基础,及电路定律的相量形式。

9.1 正 弦 量

在线性电路中,如果施加同频率的正弦电源,则其响应也必为与电源同频率的正弦电压和电流,这类电路就称之为正弦交流电路。

电路中的正弦电压和正弦电流统称为正弦量。正弦量有三个要素,现以电流为例作以说明。在图9.1表示的元件中,电流 i 的参考方向如图示,其解析表达式为

$$i = I_m\cos(\omega t + \psi_i)$$

图9.1 元件中的正弦电流

式中的 I_m,ω,ψ_i 就称作正弦量 i 的三要素。

I_m 称作正弦量 i 的振幅。它是正弦量 i 在变化过程中能够达到的最大值,即 $\cos(\omega t+\psi_i)=1$ 时的电流值

$$i_{max} = I_m$$

这也是正弦量 i 的极大值。当 $\cos(\omega t+\psi_i) = -1$ 时,电流有最小值 $i_{min} = -I_m$。而 $i_{max}-i_{min} = 2I_m$ 称作正弦量的峰-峰值。ω 称作正弦量 i 的角频率,单位为rad/s。它是正弦量 i 的相位(相位角)$(\omega t+\psi_i)$随时间变化的角速度,即

$$\omega = \frac{d}{dt}(\omega t + \psi_i)$$

它与正弦量 i 的周期 T 和频率 f 有如下关系

$$\omega T = 2\pi,\omega = 2\pi f,f = \frac{1}{T}$$

频率f的单位为1/s，称为Hz（赫兹，简称赫）。我国电力工业使用的频率为$f=50$ Hz，世界上有些国家也有用$f=60$ Hz的，这一频率称作工频。在工程中电路也可按所使用的频率分为音频电路、高频电路、甚高频电路等。

ψ_i是正弦量i在$t=0$时刻的相位，称作正弦量i的初相位角，简称初相，即

$$\psi_i = (\omega t + \psi_i)\big|_{t=0} \tag{9.1}$$

单位为rad或度，通常规定在主值范围内取值，即$|\psi_i| \leqslant 180°$。ψ_i与正弦量计时起点的选择有关。ψ_i是距坐标原点最近的一个极大值点到坐标原点的角度，这个极大值点位于坐标原点之左时，$\psi_i>0$，位于之右时，$\psi_i<0$。

由于正弦量的计时起点的选择是任意的，因此，正弦量初相的选择也就是任意的。在同一个电路中，计时起点的选择只能是共同的，电路中各正弦量的初相也就只能据此一个计时起点来确定。

可见，只要知道了某正弦量的三要素，也就知道了这一正弦量。例如，已知某正弦电流振幅$I_m=5$ A，频率$f=50$ Hz，初相$\psi_i=30°$，则此正弦电流的表达式为

$$i = I_m\cos(\omega t + \psi_i) = 5\cos(314t + 30°)\ \text{A}$$

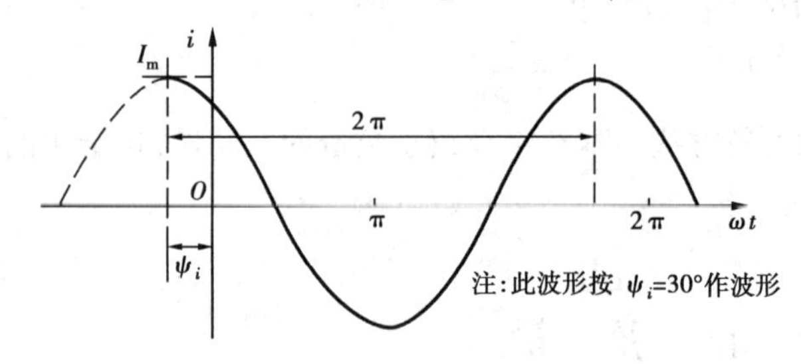

图9.2　正弦量i的波形($\psi_i>0$)

正弦量的三要素是正弦量之间相互区别的依据。正弦量乘以常数，正弦量的微分、积分、同频率正弦量的代数和等运算，其结果仍为一个同频率的正弦量。正弦量的这一性质对我们用相量法求解正弦交流电路非常重要。

在工程上，把与周期量（电压或电流）在某种效应上等效的直流量（电压或电流）的值就定义为该周期量的有效值。并用相应的大写字母表示。对周期电流i的有效值I可定义如下

$$I = \sqrt{\frac{1}{T}\int_0^T i^2 \mathrm{d}t} \tag{9.2}$$

定义式说明，周期量的有效值就等于其瞬时值的平方在一个周期内积分的平均值再开平方，故有效值又有均方根之称。当i为正弦量时，则有

$$I = \sqrt{\frac{1}{T}\int_0^T I_m^2\cos^2(\omega t + \psi_i)\mathrm{d}t}$$

由于

$$\cos^2(\omega t + \psi_i) = \frac{1 + \cos2(\omega t + \psi_i)}{2}$$

代入上式后可求得

$$I = \frac{I_m}{\sqrt{2}} = 0.707 I_m$$

正弦量的有效值与正弦量的频率和初相无关。由此关系式，可将电流i改写为下述形式

$$i = \sqrt{2} I\cos(\omega t + \psi_i)$$

即I与I_m有等同作用。

工程上，常说的交流电压和电流的大小都是指有效值；各种电气设备铭牌上标出的是额定电压、电流值，一般交流电压表和电流表表面上的刻度数都是有效值。但在进行电气设备耐压值的设计时，却必须按正弦电压的最大值考虑。

同频率正弦量的"相位差"也是我们在分析正弦交流电路时应该考察的一个问题。设有两个同频率的正弦电流 i、电压 u 分别为

$$i = \sqrt{2}I\cos(\omega t + \psi_i)$$

$$u = \sqrt{2}U\cos(\omega t + \psi_u)$$

故这两个同频率正弦量的相位差 φ 就等于它们的相位之差。即

$$\varphi = (\omega t + \psi_i) - (\omega t + \psi_u) = \psi_i - \psi_u$$

可见，同频率正弦量的相位差就等于其初相之差，是与时间无关的一个常数。φ 也是在主值范围内取值，即 $|\varphi| \leqslant \pi$。

当 $\varphi > 0$ 时，称为 i 超前 u；$\varphi < 0$ 时，称为 i 滞后于 u；当 $\varphi = 0$ 时，i 与 u 同相；当 $|\varphi| = \frac{\pi}{2}$ 时，称 i 与 u 正交，$|\varphi| = \pi$ 时，称 i 与 u 反相。

相位差也可通过观察波形确定，如图9.3所示。相位差与计时起点的选择无关。但由于正弦量的初相却与正弦量参考方向的选择有关，故当改变某正弦量的参考方向时，则该正弦量的初相也必然改变 π，当然它与其他正弦量的相位差也将相应改变 π。

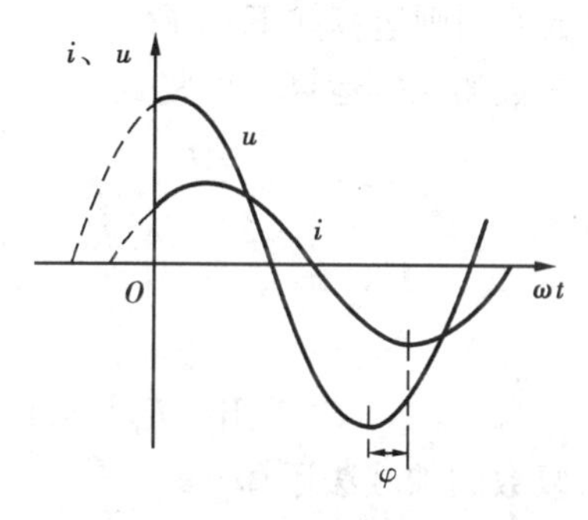

图9.3　同频率正弦量的相位差

9.2　复　　数

相量法是线性正弦稳态电路分析的一种有效而又简便的方法。但复数运算是其基础，为此，对复数的相关知识作一简单复习。

复数的主要表示形式有以下几种：

(1) 代数形式

$$F = a + \mathrm{j}b$$

称作复数 F 的代数形式。$\mathrm{j} = \sqrt{-1}$ 为虚单位（数学中用 i 表示，电路中已用 i 表示电流，故改用 j）。a,b 是两个实数，分别称作复数 F 的实部与虚部，记作

$$a = \mathrm{Re}[F] \qquad b = \mathrm{Im}[F]$$

复数 F 既可以在复平面上用一个点 F 表示，亦可用一条从坐标原点 O 指向 F 的有向线段表示，如图9.4示。a,b 则表示 F 在复平面上对应的坐标。

(2) 复数的三角形式

$$F = |F|(\cos\theta + \mathrm{j}\sin\theta)$$

$|F|$ 称作复数 F 的模（值），θ 为复数的幅角，即 $\theta = \arg F$。上述两种表示形式之间的关系为

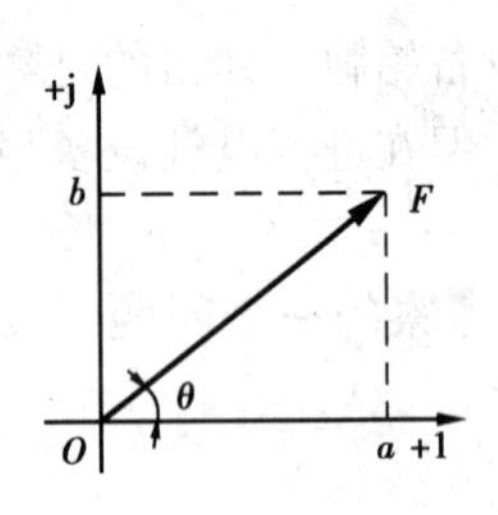

图 9.4　复数的表示

$$a = |F| \cos\theta \qquad b = |F| \sin\theta$$

$$|F| = \sqrt{a^2 + b^2} \qquad \theta = \arg\tan\left(\frac{b}{a}\right)$$

(3) 指数形式

根据欧拉公式

$$e^{j\theta} = \cos\theta + j\sin\theta \tag{9.3}$$

可从复数的三角形式得到复数的指数形式为

$$F = |F| e^{j\theta} \tag{9.4}$$

(4) 极坐标形式

复数 F 的极坐标形式为

$$F = |F| \angle\theta$$

复数的四则运算如下：

1) 复数的相等运算　设复数：

$$F_1 = a_1 + jb_1, F_2 = a_2 + jb_2, F_1 = F_2$$

则有

$$a_1 = a_2 \qquad b_1 = b_2$$

即

$$\mathrm{Re}[F_1] = \mathrm{Re}[F_2] \qquad \mathrm{Im}[F_1] = \mathrm{Im}[F_2]$$

2) 复数的加减法运算

$$F_1 \pm F_2 = (a_1 + jb_1) \pm (a_2 + jb_2) = (a_1 \pm a_2) + j(b_1 \pm b_2)$$

复数的加减运算也可以按平行四边形法则在复平面上用向量的相加减完成，见图 9.5。

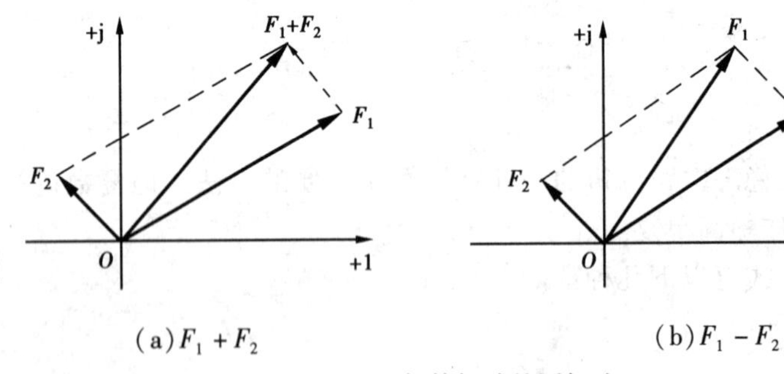

(a) $F_1 + F_2$　　(b) $F_1 - F_2$

图 9.5　复数加减的图解法

3) 复数相乘除运算　设

$$F_1 = a_1 + jb_1 = |F_1| e^{j\theta_1}, F_2 = a_2 + jb_2 = |F_2| e^{j\theta_2}$$

则有

$$F_1 F_2 = |F_1| \angle\theta_1 |F_2| \angle\theta_2 = |F_1||F_2| \angle\theta_1 + \theta_2$$

$$\frac{F_1}{F_2} = \frac{|F_1| \angle\theta_1}{|F_2| \angle\theta_2} = \frac{|F_1|}{|F_2|} \angle\theta_1 - \theta_2$$

或

$$\frac{F_1}{F_2}=\frac{a_1+\mathrm{j}b_1}{a_2+\mathrm{j}b_2}=\frac{(a_1+\mathrm{j}b_1)(a_1-\mathrm{j}b_1)}{(a_2+\mathrm{j}b_2)(a_2-\mathrm{j}b_2)}=$$

$$\frac{a_1a_2+b_1b_2}{a_2^2+b_2^2}+\mathrm{j}\frac{a_2b_1-a_1b_2}{a_2^2+b_2^2}$$

式中 $a_2-\mathrm{j}b_2=F_2^*$ 称作 F_2 的共扼复数。即 $F_1F_1^*=|F_1|^2$。

图9.6(a),(b)为复数乘除的图解表示。

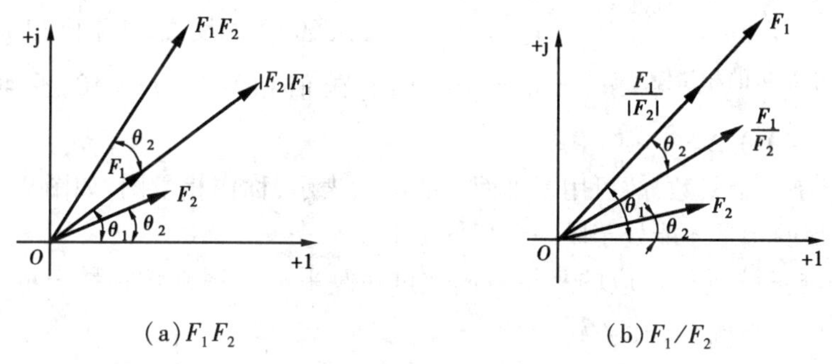

(a) F_1F_2　　(b) F_1/F_2

图9.6　复数的乘除图解示意图

复数 $\mathrm{e}^{\mathrm{j}\varphi}=1\angle\varphi$ 是一个模等于1而幅角为 φ 的复数,故任意复数 $F=|F|\angle\theta$ 乘以 $\mathrm{e}^{\mathrm{j}\varphi}$ 就等于把复数 F 逆时针方向旋转了一个角度 φ,而 F 的模保持不变,故把 $\mathrm{e}^{\mathrm{j}\varphi}$ 称作旋转因子。

根据欧拉公式,不难得出 $\mathrm{e}^{\mathrm{j}\frac{\pi}{2}}=\mathrm{j}$, $\mathrm{e}^{-\mathrm{j}\frac{\pi}{2}}=-\mathrm{j}$, $\mathrm{e}^{\mathrm{j}\pi}=-1$。因此"$\pm\mathrm{j}$"和"$-1$"都可看成是旋转因子。如某复数乘j就等于把该复数逆时针旋转90°;某复数除以j,就等于该复数顺时针旋转90°。且 $\mathrm{j}\cdot\mathrm{j}=-1$, $\mathrm{j}^3=-\mathrm{j}$, $\mathrm{j}^4=+1$。

9.3 相量法的基础

相量法是分析正弦交流电路的一种有效方法。

下面介绍正弦量的相量表示法。以正弦电流

$$i=\sqrt{2}I\cos(\omega t+\psi_i) \tag{9.5}$$

为例,根据欧拉公式(9.3)及复数的指数形式(9.4),可以构造一个表示该正弦电流 i 的复数指数函数。

$$\sqrt{2}I\mathrm{e}^{\mathrm{j}(\omega t+\psi_i)}=\sqrt{2}I\cos(\omega t+\psi_i)+\mathrm{j}\sqrt{2}I\sin(\omega t+\psi_i) \tag{9.6}$$

显然

$$i=\mathrm{Re}[\sqrt{2}I\mathrm{e}^{\mathrm{j}(\omega t+\psi_i)}]=\mathrm{Re}[\sqrt{2}I\cdot\mathrm{e}^{\mathrm{j}\psi_i}\cdot\mathrm{e}^{\mathrm{j}\omega t}] \tag{9.7}$$

此式说明,通过数学方法,我们得到了一个实数域的正弦函数与一个复数域的复指数函数的一一对应关系。即可用复指数 $\sqrt{2}I\mathrm{e}^{\mathrm{j}(\omega t+\psi_i)}$ 表示正弦电流 i。式(9.7)中,复指数函数中的 $I\mathrm{e}^{\mathrm{j}\psi_i}$ 是以正弦量的有效值为模,以初相为幅角的一个复常数,这个复常数就定义为正弦量(电流)的相量,记作 $\dot{I}$

$$\dot{I}=I\mathrm{e}^{\mathrm{j}\psi_i}=I\angle\psi_i \tag{9.8}$$

字母上的小圆点是用来表示相量,既与有效值区分,又与一般复数区分。按正弦量有效值定义的相量称作“有效值”相量。

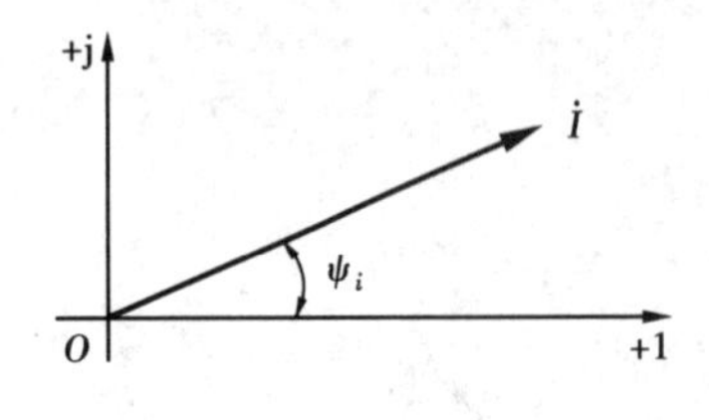

图 9.7 正弦量的相量图

在应用中,不必经过上述变换过程,而可直接根据正弦量写出与之对应(而不是相等)的相量;当然,如果已知某正弦量的角频率 ω,根据其相量同样可直接写出正弦量表达式。如 $u=220\sqrt{2}\cos(\omega t-50°)$ V 的有效值相量为 $\dot U=220\angle -50°$ V。反之,如果已知 $\omega=1\ 000$ rad/s 正弦量 i 的有效值相量为 $\dot I=10\angle 40°$ A,则 $i=10\sqrt{2}\cos(1\ 000t+40°)$ A。

相量实际上是一个复数,故可用复平面上的向量表示,称作相量图,如图 9.7 示。应该指出:同频率正弦量的相量才能处于同一个相量图中。

式(9.7)中与正弦量相对应的复指数函数可在复平面上用旋转相量表示。其中复常数 $\dot I_m=\sqrt{2}I\angle\psi_i$(以 i 为例)称作旋转相量的复振幅,$e^{j\omega t}$ 则是以 ω 为角速度随时间变化而逆时针旋转的旋转因子,可见 $\sqrt{2}\dot I e^{j\omega t}$ 确实是一个逆时针方向旋转的相量。这就是复指数函数的几何意义。式(9.7)的几何意义为:正弦电流 i 的瞬时值就等于对应旋转相量在实轴上的投影(即取实部),正弦电流 i 与旋转相量的对应关系如图 9.8 所示。

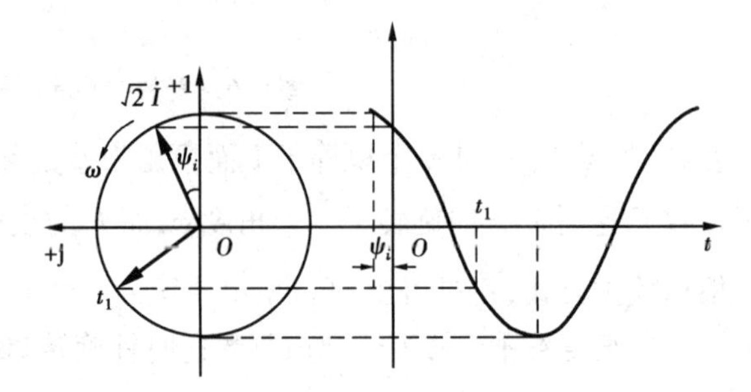

图 9.8 正弦波与旋转相量

现在讨论正弦量的微分、积分以及同频率正弦量代数和等运算转换为相应相量的问题。

(1) 同频率正弦量的代数和

设 $i_1=\sqrt{2}I_1\cos(\omega t+\psi_1)$,$i_2=\sqrt{2}I_2\cos(\omega t+\psi_2)$,…,求 $i=i_1+i_2+\cdots$。则有

$$
\begin{aligned}
i &= \mathrm{Re}[\sqrt{2}\dot I_1 e^{j\omega t}]+\mathrm{Re}[\sqrt{2}\dot I_2 e^{j\omega t}+\cdots]=\\
&\mathrm{Re}[\sqrt{2}(\dot I_1+\dot I_2+\cdots)e^{j\omega t}]
\end{aligned}
$$

因

$$i=\mathrm{Re}[\sqrt{2}\dot I e^{j\omega t}]$$

所以有

$$\mathrm{Re}[\sqrt{2}\dot I e^{j\omega t}]=\mathrm{Re}[\sqrt{2}(\dot I_1+\dot I_2+\cdots)e^{j\omega t}]$$

由于上式对任何时刻 t 都成立,故有

$$\dot I=\dot I_1+\dot I_2+\cdots \tag{9.9}$$

(2) 正弦量的微分

设正弦量 $i=\sqrt{2}I\cos(\omega t+\psi_i)=\mathrm{Re}[\sqrt{2}\dot I e^{j\omega t}]$ 则有

$$\frac{di}{dt}=\frac{d}{dt}\mathrm{Re}[\sqrt{2}\dot I e^{j\omega t}]=\mathrm{Re}\left[\frac{d}{dt}(\sqrt{2}\dot I e^{j\omega t})\right]$$

即对复指数函数实部的导数就等于对复指数函数求导后取实部。其结果为

$$\frac{\mathrm{d}i}{\mathrm{d}t}=\mathrm{Re}[\sqrt{2}(\mathrm{j}\omega\dot{I})\mathrm{e}^{\mathrm{j}\omega t}] \tag{9.10}$$

即$\frac{\mathrm{d}i}{\mathrm{d}t}$的相量为 i 的相量 $\dot{I}\cdot\mathrm{j}\omega=\mathrm{j}\omega\dot{I}$。

(3)正弦量的积分

即

$$\int i\mathrm{d}t=\int\mathrm{Re}[\sqrt{2}\dot{I}\mathrm{e}^{\mathrm{j}\omega t}]\mathrm{d}t=\mathrm{Re}[\int(\sqrt{2}\dot{I}\mathrm{e}^{\mathrm{j}\omega t})\mathrm{d}t]=$$

$$\mathrm{Re}\left[\sqrt{2}\left(\frac{\dot{I}}{\mathrm{j}\omega}\right)\mathrm{e}^{\mathrm{j}\omega t}\right] \tag{9.11}$$

可见，$\int i\mathrm{d}t$ 的相量为$\frac{\dot{I}}{\mathrm{j}\omega}$。

例 9.1　已知 $i_1=15\sqrt{2}\cos(314t+53.1°)$ A，$i_2=25\sqrt{2}\cos(314t-120°)$ A。

求：①$i=i_1+i_2$；　②$\frac{\mathrm{d}i}{\mathrm{d}t}$；　③$\int i_2\mathrm{d}t$。

解　①设 $i=i_1+i_2=\sqrt{2}\cos(314t+\psi_i)$，则 $\dot{I}=I\angle\psi_i$，

$$\dot{I}=\dot{I}_1+\dot{I}_2=15\angle 53.1°+25\angle -120°=$$

$$(9+\mathrm{j}12)+(-12.5-\mathrm{j}21.65)=$$

$$(-3.5-\mathrm{j}9.65)=10.27\angle -110°\ \mathrm{A}$$

$$i=10.27\sqrt{2}\cos(314t-110°)\ \mathrm{A}$$

②$\frac{\mathrm{d}i}{\mathrm{d}t}$用相量法求解。

设$\frac{\mathrm{d}i_1}{\mathrm{d}t}$对应的相量为 $D_1\angle\psi_1$。由上述讨论可知

$$D_1\angle\psi_1=\mathrm{j}\omega\dot{I}_1=\mathrm{j}314\times 15\angle 53.1°=4710\angle 143.1°$$

所以

$$\frac{\mathrm{d}i_1}{\mathrm{d}t}=4\ 710\sqrt{2}\cos(314t+143.1°)$$

③设 $\int i_2\mathrm{d}t$ 的相量为 $J\angle\psi_2$，即

$$J\angle\psi_2=\frac{\dot{I}_2}{\mathrm{j}\omega}=\frac{25\angle -120°}{\mathrm{j}314}=0.08\angle 150°$$

所以

$$\int i_2\mathrm{d}t=0.08\sqrt{2}\cos(314t+150°)$$

9.4　电路定律的相量形式

在正弦交流电路中，由于激励源都是同频率的正弦量，电路中的所有响应（电压和电流）

也都必然是与激励同频率的正弦量，应用相量法就可以得到KVL的相量形式。

在时域电路中，对任何一个节点，根据KCL必有

$$\sum i = 0$$

由于各支路电流也都是同频率正弦量，故可得其相量形式为

$$\sum \dot{I} = 0$$

同理，对电路中的任何一个回路，根据KVL必有

$$\sum u = 0$$

由于各支路电压也都是同频率正弦量，故可得其相量形式为

$$\sum \dot{U} = 0$$

下面，讨论R,L,C元件的电压、电流关系式的相量形式及相量模型。在图9.9(a)所示电阻元件R中，则其u_R,i_R符合欧姆定律

$$u_R = Ri_R \qquad \left(\text{或 } i_R = Gu_R, G = \frac{1}{R}\right)$$

若$i_R = \sqrt{2}I_R\cos(\omega t + \psi_i)$，则$u_R$也必为同频率的正弦量，其一般式为

$$u_R = \sqrt{2}U_R\cos(\omega t + \psi_u)$$

代入电阻R的电压、电流的关系式，即可获得其VCR的相量形式为

$$\dot{U}_R = R\dot{I}_R \qquad \left(\text{或 } \dot{I}_R = G\dot{U}_R, G = \frac{1}{R}\right)$$

其中

$$\dot{U}_R = U_R \angle\psi_u, \dot{I}_R = I_R \angle\psi_i$$

所以有

$$U_R = RI_R, \ \psi_u = \psi_i$$

由此可得电阻元件在相量电路中的电路模型。如图9.9(b)所示。由于u_R与i_R(或$\dot{U}_R$与$\dot{I}_R$)同相位，故相位差$\varphi = \psi_u - \psi_i = 0$，电压$\dot{U}_R$，电流$\dot{I}_R$的相量图以及$u_R$,$i_R$的波形如图9.9(c)，(d)所示。

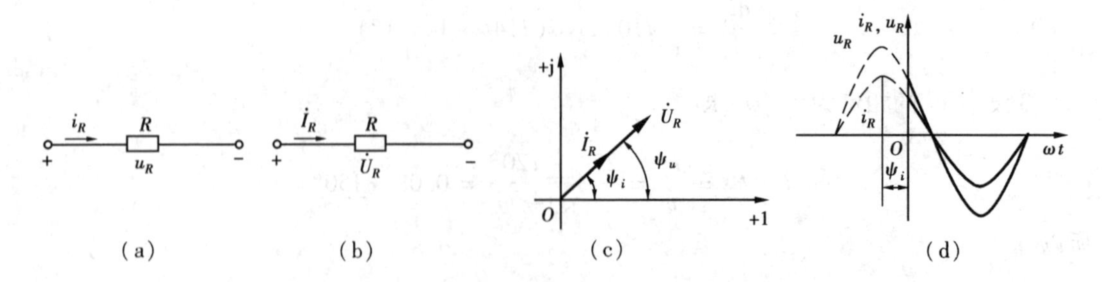

图9.9 电阻R的电压、电流关系式的相量图

在图9.10(a)所示的电感元件L中，其端电压u_L和电流i_L取关联参考方向，则有$u_L = L\dfrac{di_L}{dt}$，若设

$$i_L = \sqrt{2}I_L\cos(\omega t + \psi_i)$$

根据上式u_L必有下述一般形式

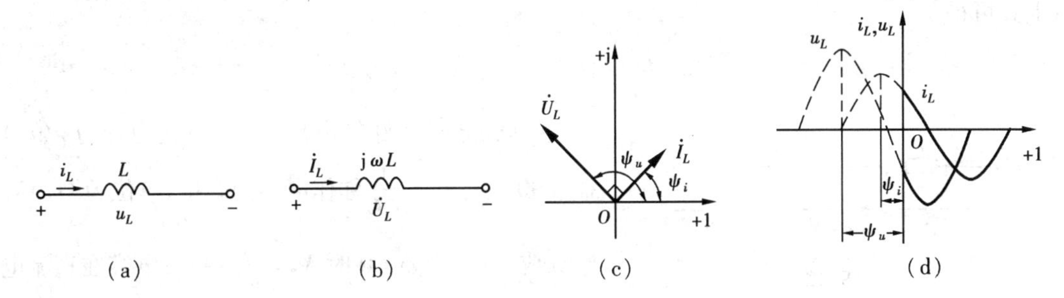

图9.10 电感L的电压、电流关系、相量图

$$u_L = \sqrt{2}U_L\cos(\omega t + \psi_u)$$

利用正弦量微分的相量形式,电感元件的电压、电流关系式的相量形式为

$$\dot{U}_L = \mathrm{j}\omega L\dot{I}_L$$

其中

$$\dot{U}_L = U_L \angle\psi_u,\ \dot{I}_L = I_L \angle\psi_i,$$

由上式可得

$$U_L = \omega LI_L$$

$$\psi_u = \psi_i + 90°$$

由上述讨论可以看出:电感的电压$\dot{U}_L$比电流$\dot{I}_L$超前90°,式中$X_L = \omega L$称作电感的感抗,单位为Ω。X_L与ω成正比,当$\omega = 0$时$\omega L = X_L = 0$。说明电感在直流电路中相当于短路。电感元件的u_L, i_L波形图,$\dot{U}_L$, $\dot{I}_L$相量图,以及L在相量电路中的电路模型如图9.10(b),(c),(d)。

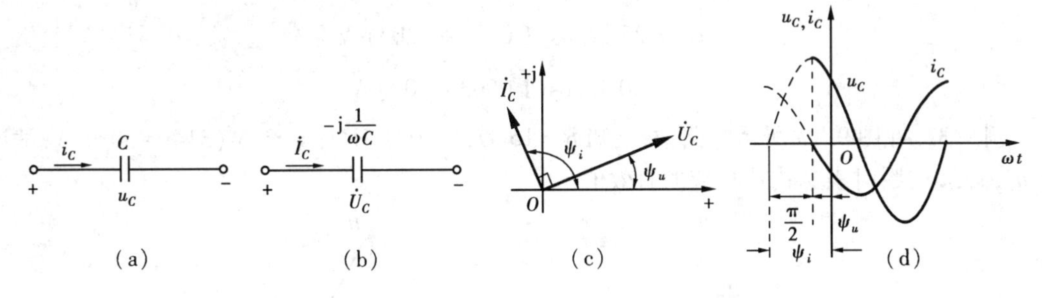

图9.11 电容C的电压、电流关系、相量图

在图9.11(a)所示电容电路中,u_C, i_C取关联参考方向,则有

$$i_C = C\frac{\mathrm{d}u_C}{\mathrm{d}t}$$

若设$u_C = \sqrt{2}U_C\cos(\omega t + \psi_u)$,则$i_C$也必为同频正弦量,其一般式为

$$i_C = \sqrt{2}I_C\cos(\omega t + \psi_i)$$

利用正弦量的相量形式,电容元件的电压、电流关系式的相量形式为

$$\dot{I} = \mathrm{j}\omega C\dot{U}_C \qquad \dot{U} = \frac{1}{\mathrm{j}\omega C}\dot{I}_C$$

其中

$$\dot{U} = U_C \angle\psi_u \qquad \dot{I} = I_C \angle\psi_i$$

由上式可得

$$U_C = \frac{1}{\omega C} I_C \qquad \psi_u = \psi_i - 90^\circ$$

可见,电容元件的电压 $\dot{U}_C(u_C)$ 比电流 $\dot{I}_C(i_C)$ 滞后 90°,式 $X_C = \frac{1}{\omega C}$ 称作电容的容抗,单位为 Ω。X_C 与 ω 成反比,当 ω = 0 时 $X_C = \frac{1}{\omega C} \to \infty$,电容在直流电路中相当于开路,即电容元件具有隔直作用。电容在相量电路中的电路模型、$\dot{U}_C$,$\dot{I}_C$ 相量图,电容元件的 u_C,i_C 波形图均表示于图 9.11(b),(c),(d)中。

图 9.12

例 9.2 在图 9.12 所示的 *RLC* 串联电路中,已知 $R = 30\ \Omega$,$L = 0.05\ \text{H}$,$C = 25\ \mu\text{F}$,流过电路的电流 $i = 0.5\sqrt{2}\cos(1\ 000t + 30^\circ)\ \text{A}$。求各元件的电压 u_R,u_L,u_C。

解 电流 i 的相量

$$\dot{I} = 0.5\ \angle 30^\circ\ \text{A}$$

根据元件电压、电流关系式的相量形式有

$$\dot{U}_R = R\dot{I} = 30 \times 0.5\ \angle 30^\circ = 15\ \angle 30^\circ\ \text{V}$$

$$\dot{U}_L = \text{j}\omega L\dot{I} = \text{j}1\ 000 \times 0.05 \times 0.5\ \angle 30^\circ = 25\ \angle 120^\circ\ \text{V}$$

$$\dot{U}_C = \frac{1}{\text{j}\omega C}\dot{I} = \frac{10^6}{\text{j}1\ 000 \times 25} \times 0.5\ \angle 30^\circ = 20\ \angle -60^\circ\ \text{V}$$

所以有

$$u_R = 15\sqrt{2}\cos(1\ 000t + 30^\circ)\ \text{V}$$

$$u_L = 25\sqrt{2}\cos(1\ 000t + 120^\circ)\ \text{V}$$

$$u_C = 20\sqrt{2}\cos(1\ 000t - 60^\circ)\ \text{V}$$

例 9.3 在图 9.13 所示电路中,已知 $R = 15\ \Omega$,$L = 0.1\ \text{H}$,$i_S = \sqrt{2}\cos(314t + 30^\circ)\ \text{A}$,试计算 u_L,u_R,u 的瞬时表达式及相应的有效值。

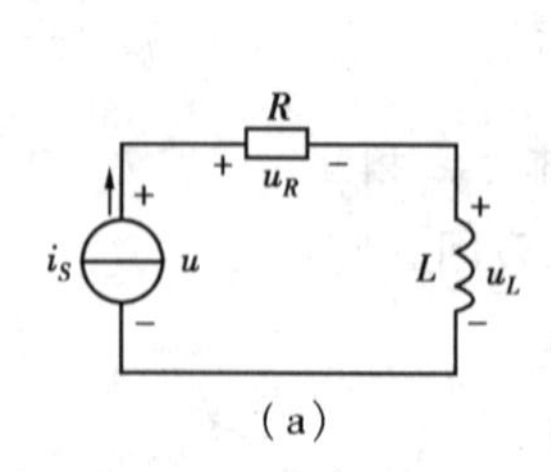

(a)

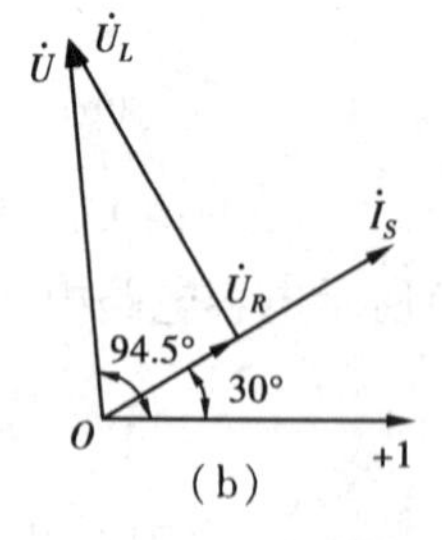

(b)

图 9.13

解 $X_L = \omega L = 314 \times 0.1 = 31.4\ \Omega$

$\dot{I}_S = 1\ \angle 30^\circ\ \text{A}$

$\dot{U}_R = R\dot{I}_S = 15 \times 1\ \angle 30^\circ = 15\ \angle 30^\circ\ \text{V}$

$\dot{U}_L = \text{j}\omega L\dot{I}_S = \text{j}314 \times 1\ \angle 30^\circ = 31.4\ \angle 120^\circ\ \text{V}$

$$\dot{U}=\dot{U}_R+\dot{U}_L=15\angle 30^\circ+31.4\angle 120^\circ=$$
$$(13+j7.5)+(-15.7+j27.2)=34.8\angle 94.5^\circ\ \text{V}$$

相应的有效值

$$U_R=15\ \text{V},U_L=31.4\ \text{V},U=34.8\ \text{V}$$

所以

$$u_R=15\sqrt{2}\cos(314t+30^\circ)\ \text{V}$$
$$u_L=31.4\sqrt{2}\cos(314t+120^\circ)\ \text{V}$$
$$u=34.8\sqrt{2}\cos(314t+94.5^\circ)\ \text{V}$$

电路的相量图如图9.13(b)所示。

例9.4 在图9.14所示的*RLC*并联电路中,已知交流电流表均为理想电流表,读数均为有效值,且$A_1=3$ A,$A_2=20$ A,$A_3=24$ A,试求A,A_4读数。

解 设: $\dot{U}_S=U_S\angle 0^\circ$ V

即选$\dot{U}_S$作参考相量,则由此$\dot{U}_S$便可获得相关支路电流的初相。它们分别为

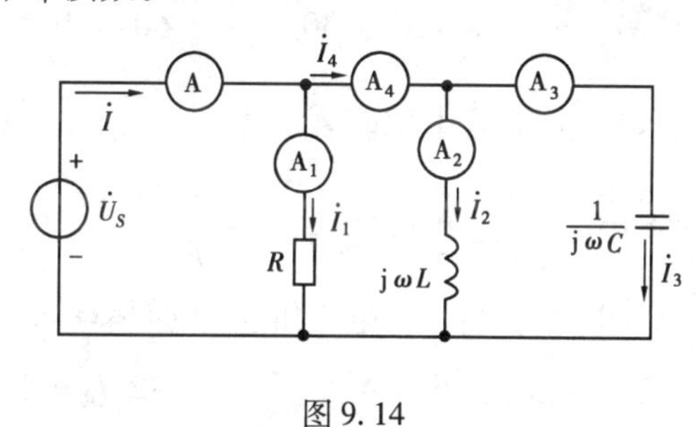

图9.14

$$\dot{I}_1=3\angle 0^\circ\ \text{A}$$
$$\dot{I}_2=20\angle -90^\circ\ \text{A}$$
$$\dot{I}_3=24\angle 90^\circ\ \text{A}$$

根据KCL,有

$$\dot{I}_4=\dot{I}_2+\dot{I}_3=20\angle -90^\circ+24\angle 90^\circ=j4=4\angle 90^\circ\ \text{A}$$
$$\dot{I}=\dot{I}_1+\dot{I}_4=3\angle 0^\circ+4\angle 90^\circ=5\angle 53.1^\circ\ \text{A}$$

所以

$$A=5\ \text{A}\qquad A_4=4\ \text{A}$$

习 题 9

9.1 已知某正弦电流的振幅为15 A,频率$f=50$ Hz,初相30°。

①设此电流i参考方向已选定,试写出此正弦电流的表达式。

②计算$t=0.0025$ s,0.0075 s,0.01 s,0.0125 s的电流瞬时值。

③标绘此电流i的波形图。

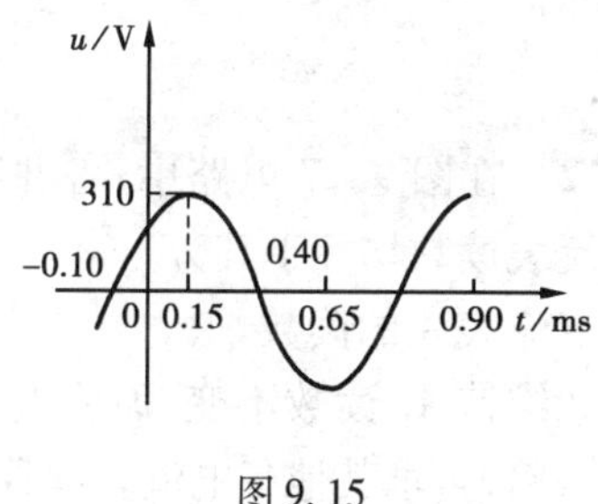

图9.15

9.2 已知某正弦电压u的波形图如图9.15所示。

①试求此正弦电压的振幅、周期,频率、初相。

②试写出此正弦电压u的表达式。

9.3 对上题的电压波形。

①如将纵坐标左移0.10 ms和右移0.20 ms,试写出相应的正弦电压函数表达式;

②如果电压 u 的参考方向在电路中反过来,再重写此正弦电压表达式。

9.4　已知:$u_1 = 110\sqrt{2}\cos(314t - 30°)$ V,$u_2 = 220\sqrt{2}\cos(314t + 110°)$ V。

①画出 u_1, u_2 的波形,求它们的相位差 φ,试判断哪个超前?

②写出 u_1, u_2 的相量,并画出它们的相量图。

9.5　将下列复数化为极坐标形式:

①$F_1 = -10 - j10$　　②$F_2 = -3 + j4$　　③$F_3 = 15 + j20$

④$F_4 = j5$　　⑤$F_6 = -6$　　⑥$F_6 = 3.5 + j9$

9.6　将下列复数化为代数形式。

①$F_1 = 12\angle -63°$　　②$F_2 = 20\angle 115.2°$　　③$F_3 = 1.2\angle 152°$

④$F_4 = 6\angle -90°$　　⑤$F_5 = 3\angle -180°$　　⑥$F_6 = 25\angle -135°$

9.7　若已知 $120\angle 30° + A\angle 60° = 165\angle \psi$。求 A, ψ。

9.8　计算9.1中的 $F_2 \cdot F_6$ 及 $\dfrac{F_2}{F_6}$。

9.9　求9.2中的 $F_1 + F_5$ 及 $\dfrac{F_1}{F_5}$。

9.10　已知各正弦电压和电流的频率 $f - 50$ Hz,试根据下列各相量写出电压与电流的表达式。

① $\dot{I}_1 = 10\angle 60°$ A　　② $\dot{I}_2 = 5\angle -120°$ A　　③ $\dot{I}_3 = 7\angle 0°$ A

④$\dot{U}_1 = 100\angle 120°$ V　　⑤$\dot{U}_1 = 200\angle 0°$ V　　⑥$\dot{U}_3 = 150\angle -90°$ V

9.11　在图9.16电路中,各电压表读数均标于其旁。

①求电路的端电压 U_S。

②如果外施电压为直流($\omega = 0$)且 $U_S = 30$ V,再求各表读数。

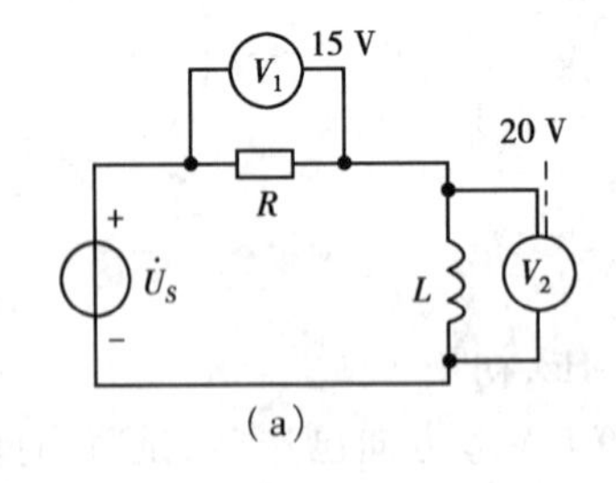

(a)

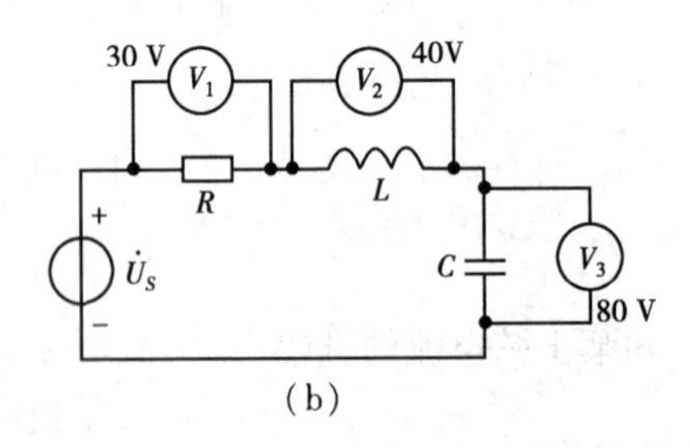

(b)

图9.16

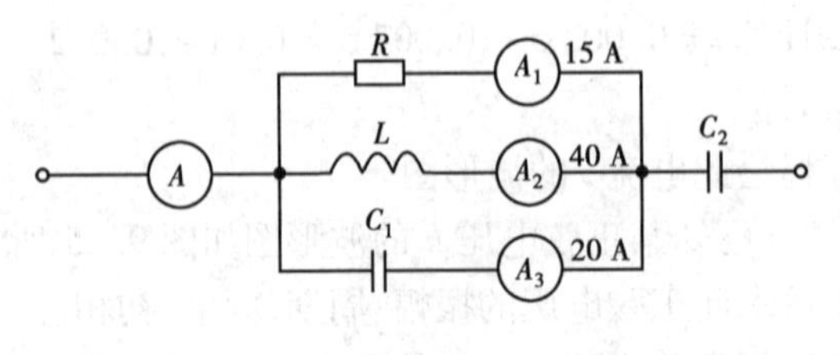

图9.17

9.12　在图9.17电路中,各并联支路中电流表读数均标于其旁。

①电流表 A 的读数。

②如维持 A_1 读数不变,而将电源频率增加一倍,再求其他各电流表读数。

9.13　对 RL 串联电路作如下两次测量:

①端口施加90 V直流电压($\omega=0$)时,输入电流为3 A;

②端口施加$f=540$ Hz正弦电压90 V时,输入电流为1.8 A。求R,L的值。

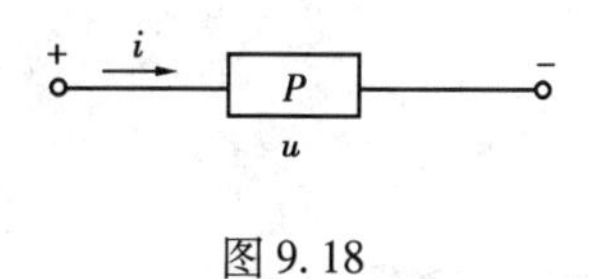

图9.18

9.14　某元件P的电压电流取关联参考方向,试就以下4种情况说明P为何种元件?如图9.18所示。

①$u=5\sin(314t+45°)$ V　　$i=2\cos(314t-45°)$ A

②$u=10\cos(314t-90°)$ V　　$i=2\cos314t$ A

③$u=10\cos(314t+45°)$ V　　$i=2\cos314t°$ A

④$u=-10\cos314t$ V　　$i=-2\sin314t$ A

9.15　已知某支路中的电流为

$i=8.5\sin(314t-30°)+5\sin(314t-90°)+4\cos(314t-45°)+10\cos(314t-90°+\theta)$ A

试求使振幅最大时的θ值。

9.16　在RL串联电路上施加电压源$u_S=100\cos1\,000t$ V,已知$L=0.05$ H,$U_L=50$ V。求R及电流表达式。设u_S与i取关联参考方向。

9.17　已知图9.19电路中的$I_1=I_2=20$ A。求$\dot{I}$及$\dot{U}_S$。

9.18　已知图9.20电路中的$\dot{I}_S=4\angle 0°$ A。求电压$\dot{U}$。

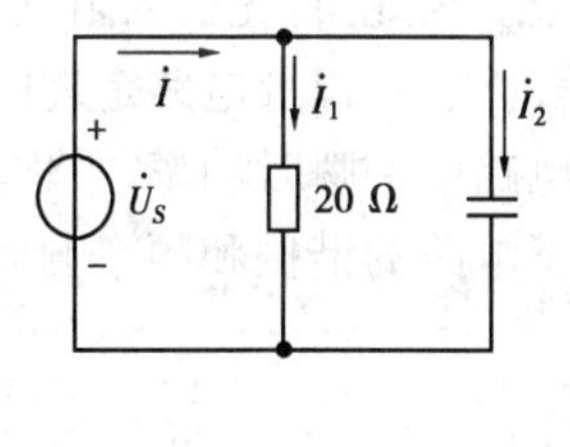

图9.19

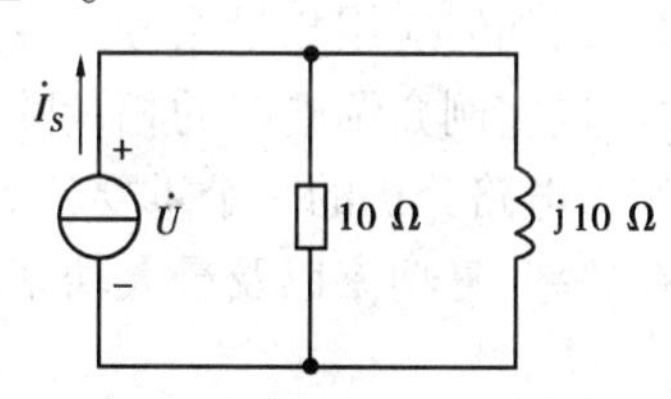

图9.20

第10章 正弦稳态电路的分析

内容简介

本章介绍如何应用相量法分析线性电路的正弦稳态响应。为此,首先引入阻抗、导纳的概念。其次通过实例介绍电路的相量图的作法,电路相量方程的列写,以及电路定理的相量描述和应用,作为电路分析的一个重要任务,还介绍了正弦稳态电路中的瞬时功率、平均功率、无功功率、视在功率、复功率以及最大功率传输定理。最后介绍了电路的谐振和频率响应。

10.1 复阻抗和复导纳

复阻抗和复导纳的概念及运算是正弦稳态电路分析的重要内容之一。为使概念的引入和描述方便,假设 N_0 是由 *RLC* 串联电路组成(无独立源)的,如图 10.1(a)所示。其端口电流为

$$i = \sqrt{2}I\cos(\omega t + \psi_i)$$

根据 KVL,端口电压为

$$u = u_R + u_L + u_C = \sqrt{2}U\cos(\omega t + \psi_u)$$

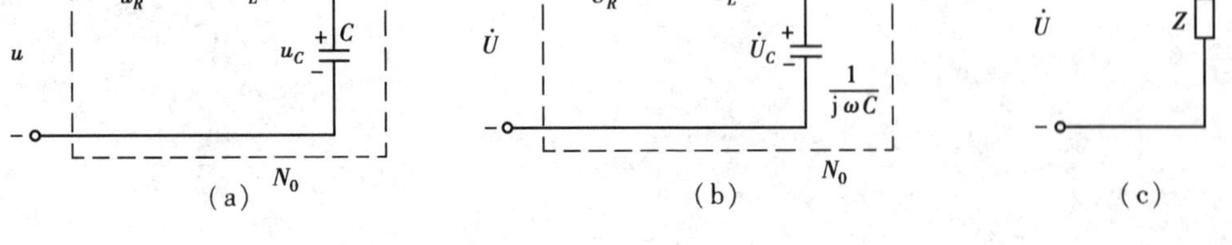

图 10.1 *RLC* 串联构成一端口 N_0

用相量表示时域电路的电压和电流，用 $R,\mathrm{j}\omega L,\dfrac{1}{\mathrm{j}\omega C}$代替 R,L,C。便得到图10.1(b)所示相量电路。则有

$$\dot{I} = I\angle\psi_i$$

$$\dot{U} = \dot{U}_R + \dot{U}_L + \dot{U}_C = U\angle\psi_u$$

把元件的VCR相量关系式代入上式得

$$\dot{U} = R\dot{I} + \mathrm{j}\omega L\dot{I} + \frac{1}{\mathrm{j}\omega C}\dot{I} = \left[R + \mathrm{j}\left(\omega L - \frac{1}{\omega C}\right)\right]\dot{I} = [R + \mathrm{j}(X_L - X_C)]\dot{I} \tag{10.1}$$

令

$$Z = R + \mathrm{j}(X_L - X_C) = R + \mathrm{j}X = |Z|\angle\varphi \tag{10.2}$$

则有

$$\dot{U} = Z\dot{I} \qquad Z = \frac{\dot{U}}{\dot{I}} = \frac{U}{I}\angle\psi_u - \psi_i = |Z|\angle\varphi \tag{10.3}$$

式(10.3)称作欧姆定律的相量形式。Z 称作电路的复阻抗，简称阻抗。$R = \mathrm{Re}[Z]$，$X = \mathrm{Im}[Z] = X_L - X_C$ 称作电抗，可正可负。其等效电路如图10.1(c)所示。Z 用矩形框表示。其中

$$\left.\begin{aligned} |Z| &= \sqrt{R^2 + X^2} = \sqrt{R^2 + (X_L - X_C)^2} = \frac{U}{I} \\ \varphi &= \arctan\frac{X}{R} = \arctan\frac{X_L - X_C}{R} = \psi_u - \psi_i \end{aligned}\right\} \tag{10.4}$$

$|z|$称作复阻抗 Z 的模，φ 称作阻抗角或为端口电压电流的相位差。

根据 φ 或 X 均可判断电路的性质。现讨论如下：

当 $X_L > X_C$ 时，$X = X_L - X_C > 0$，$\varphi > 0$，则电压 u 超前电流 i，$\varphi > 0$ 电路呈感性；当 $X_L < X_C$ 时，$X = X_L - X_C < 0$，$\varphi < 0$，则电压 u 滞后电流 i，$\varphi < 0$ 电路呈容性；当 $X_L = X_C$ 时，$X = X_L - X_C = 0$，$\varphi = 0$，电压 u 与电流 i 同相位，电路呈阻性，此时电路发生谐振(后面讨论)。

根据端口电压 u 的一般式及式(10.4)有

$$\psi_u = \psi_i + \varphi$$

根据式(10.1)可作出图10.2所示的相量图，其中10.2(a)为 $\varphi > 0$ 的相量图。图10.2(b)为 $\varphi < 0$ 的相量图。因是串联电路，可选 $\dot{I}$ 作参考相量并把它画在水平面上(即令 $\psi_i = 0$)。则如图10.2中所示，$\dot{I}$ 在正实轴方向上，$\dot{U}_R$ 与 $\dot{I}$ 同相位，$\dot{U}_L = \mathrm{j}\omega L\dot{I}$ 超前 $\dot{I}$ 90°，$\dot{U}_C = -\mathrm{j}\dfrac{1}{\omega C}\dot{I}$ 滞后 $\dot{I}$ 90°，故 $\dot{U}_L$ 与 $\dot{U}_C$ 相位差为180°，即反相位，$\dot{U} = \dot{U}_R + \dot{U}_L + \dot{U}_C$ 是作此相量图的依据。今后相量图中不再画出坐标。

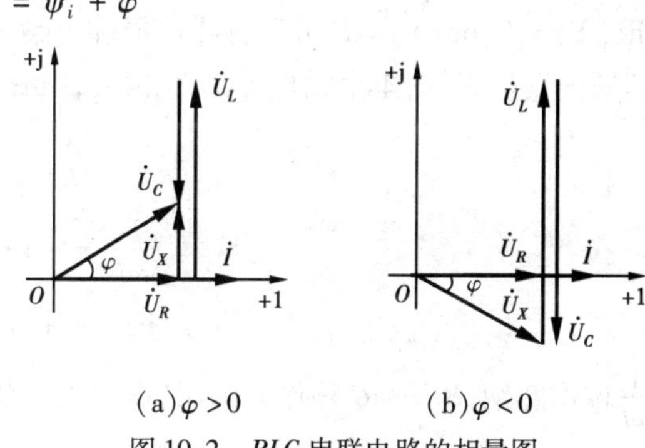

(a) $\varphi > 0$　　(b) $\varphi < 0$

图10.2　RLC串联电路的相量图

在相量图中

$$\dot{U}_X = \dot{U}_L + \dot{U}_C = jX_L\dot{I} - jX_C\dot{I} = j(X_L - X_C)\dot{I} = jX\dot{I}$$

$\dot{U}_X$ 称作电抗电压相量。由相量图中可以看出:电压 $\dot{U}, \dot{U}_R, \dot{U}_X$ 构成一直角三角形,称作电压三角形。故有

$$\left.\begin{aligned} U &= \sqrt{U_R^2 + U_X^2} = \sqrt{U_R^2 + (U_L - U_C)^2} \\ \varphi &= \arctan\frac{U_X}{U_R} = \arctan\frac{U_L - U_C}{U_R} \end{aligned}\right\} \tag{10.5}$$

由式(10.4)可以看出,$R, |X|, |Z|$ 也构成一个三角形,称作阻抗三角形。如图 10.3 所示。电压三角形和阻抗三角形是相似的。

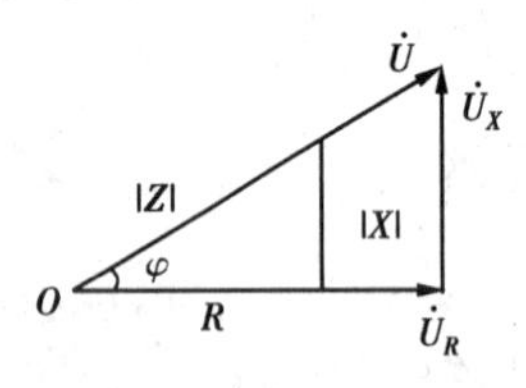

图 10.3 阻抗三角形与电压三角形

如果一端口 N_0 内部仅由单个元件 R, L, C 构成,则对应的阻抗分别为

$$Z_R = R$$

$$Z_L = j\omega L$$

$$Z_C = \frac{1}{j\omega C}$$

一般情况下,由式(10.3)定义的阻抗又称作一端口 N_0 的等效阻抗、输入阻抗、或驱动点(入端)阻抗。它们的实部和虚部都将是正弦电源角频率 ω 的函数。此时 Z 又可写做

$$Z(j\omega) = R(\omega) + jX(\omega) \tag{10.6}$$

$R(\omega)$ 称作 $Z(j\omega)$ 的电阻分量,而 $X(\omega)$ 则称作电抗分量。

对同一个一端口 N_0 而言,复导纳 Y 可定义为复阻抗 Z 的倒数,即

$$Y = \frac{\dot{I}}{\dot{U}} = \frac{1}{\dot{U}/\dot{I}} = \frac{1}{Z} = \frac{I}{U}\angle\psi_i - \psi_u = |Y|\angle\phi \tag{10.7}$$

其中 $|Y|$ 称作为 Y 的模,ϕ 称作导纳角,即

$$|Y| = \frac{I}{U} \qquad \phi = \psi_i - \psi_u \tag{10.8}$$

导纳的代数形式可写做

$$Y = G + jB \tag{10.9}$$

其中 $\mathrm{Re}[Y] = G$, $\mathrm{Im}[Y] = B$ 分别称作电导和电纳。

如果一端口 N_0 由单个元件 R, L, C 构成,则有

$$Y_R = G = \frac{1}{R}$$

$$Y_L = \frac{1}{j\omega L} = -j\frac{1}{\omega L} = -jB_L$$

$$Y_C = j\omega C = +jB_C$$

$B_L = \dfrac{1}{\omega L}$ 称作感纳,$B_C = \omega C$ 称作容纳,其单位均为 S(西)。

① $B \overset{\Delta}{=} B_C - B_L$,若 $B \overset{\Delta}{=} B_L - B_C$,则有

$$Y = G - jB$$

如果一端口 N_0 由 R,L,C 并联构成，如图10.4(a)所示。根据KCL有

$$\dot{I} = \dot{I}_R + \dot{I}_L + \dot{I}_C \tag{10.10}$$

根据元件VCR关系式

$$\dot{I}_R = \frac{\dot{U}}{R} \qquad \dot{I}_L = \frac{\dot{U}}{\mathrm{j}\omega L} \qquad \dot{I}_C = \mathrm{j}\omega C\dot{U}$$

故有

$$Y = \frac{\dot{I}}{\dot{U}} = \frac{1}{R} + \frac{1}{\mathrm{j}\omega L} + \mathrm{j}\omega C = G + \mathrm{j}\left(\omega C - \frac{1}{\omega L}\right) =$$

$$G + \mathrm{j}(B_C - B_L) = G + \mathrm{j}B = |Y| \angle \phi \tag{10.11a}$$

其中

$$\left.\begin{aligned} |Y| &= \sqrt{G^2 + B^2} = \sqrt{G^2 + (B_C - B_L)^2} \\ \phi &= \arctan\frac{B}{G} = \arctan\frac{\omega C - \dfrac{1}{\omega L}}{G} \end{aligned}\right\} \tag{10.11b}$$

根据式(10.11a)可作出相量图，如图10.4(b)，(c)所示。根据式(10.11b)可作出由$|Y|,G,B$构成导纳三角形。如图10.4(d)所示。

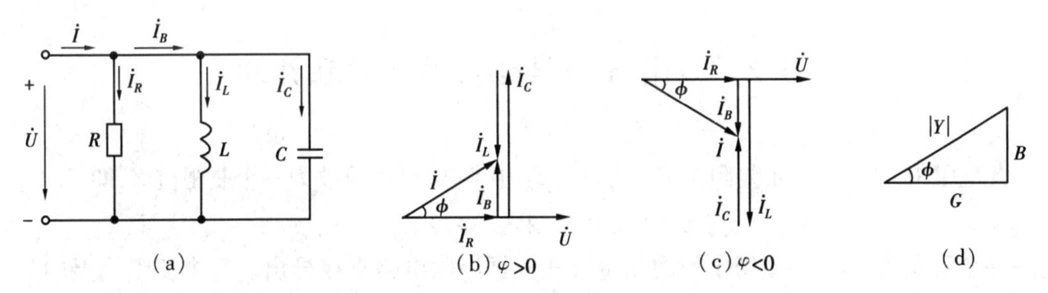

图10.4　*RLC*并联电路、相量图

一般情况下，由式(10.7)定义的导纳称作一端口 N_0 的等效导纳、输入(入端)导纳或驱动点导纳，其实部和虚部均为电源角频率 ω 的函数，Y 可写作

$$Y(\mathrm{j}\omega) = G(\omega) + \mathrm{j}B(\omega)$$

$G(\omega)$称作电导分量，$B(\omega)$称作电纳分量。根据 B 的正负便可判断电路的性质：当 $B>0$，电路呈容性；当 $B<0$，电路呈感性。

复阻抗和复导纳等效互换的条件是式(10.7)，即

$$Z(\mathrm{j}\omega)Y(\mathrm{j}\omega) = 1$$

由此式可得

$$\left.\begin{aligned} |Z(\mathrm{j}\omega)||Y(\mathrm{j}\omega)| &= 1 \\ \varphi + \phi &= 0 \end{aligned}\right\} \tag{10.12}$$

如果已知阻抗(串联结构)而要求导纳(并联结构)，则有

$$Y(\mathrm{j}\omega) = \frac{1}{Z(\mathrm{j}\omega)} = \frac{R(\omega)}{R^2(\omega) + X^2(\omega)} - \mathrm{j}\frac{X(\omega)}{R^2(\omega) + X^2(\omega)} =$$

$$\frac{R(\omega)}{|Z(\mathrm{j}\omega)|^2} - \mathrm{j}\frac{X(\omega)}{|Z(\mathrm{j}\omega)|^2} = G(\omega) + \mathrm{j}B(\omega)$$

故有

$$G(\omega) = \frac{R(\omega)}{|Z(j\omega)|^2}$$

$$B(\omega) = -\frac{X(\omega)}{|Z(j\omega)|^2}$$

或者

$$R(\omega) = \frac{G(\omega)}{|Y(j\omega)|^2}$$

$$X(\omega) = \frac{B(\omega)}{|Y(j\omega)|^2}$$

由此可直接写出 R,L,C 串联电路的等效导纳为

$$Y(j\omega) = \frac{R}{\sqrt{R^2 + X^2}} - j\frac{X}{\sqrt{R^2 + X^2}}$$

以及 RLC 并联电路的等效阻抗为

$$Z(j\omega) = \frac{G}{\sqrt{G^2 + B^2}} - j\frac{B}{\sqrt{G^2 + B^2}}$$

10.2 复阻抗(复导纳)的串联和并联

与电阻电路一样,n 个复阻抗 $Z_1,Z_2,\cdots,Z_n$ 相串联,可以等效为一个复阻抗 Z,即

$$Z = Z_1 + Z_2 + \cdots + Z_n$$

这一关系可应用 KVL 和欧姆定律的相量形式根据串联电路直接导出。每个复阻抗上的分压为

$$\dot{U}_k = \frac{Z_k}{Z}\dot{U} \qquad k = 1,2,\cdots,n$$

其中 $\dot{U}$ 为总电压,$\dot{U}_k$ 为第 k 个复阻抗 Z_k 上的分压。

同理,n 个导纳 $Y_1,Y_2,\cdots,Y_n$ 相并联,可以等效为一个复导纳

$$Y = Y_1 + Y_2 + \cdots + Y_n$$

这一关系式可应用 KCL 和欧姆定律的相量形式根据并联电路直接导出。每个复导纳上的电流为

$$\dot{I}_k = \frac{Y_k}{Y}\dot{I} \qquad k = 1,2,\cdots,n$$

其中 $\dot{I}$ 为总电流,$\dot{I}_k$ 为第 k 个复导纳 Y_k 中的电流。

如果有两个复阻抗 Z_1,Z_2 相并联,如图 10.5 所示。

其等效阻抗为

$$Z = \frac{Z_1 Z_2}{Z_1 + Z_2}$$

各阻抗上的分流为

$$\dot{I}_1 = \frac{Z_2}{Z_1 + Z_2}\dot{I} \qquad \dot{I}_2 = \frac{Z_1}{Z_1 + Z_2}\dot{I}$$

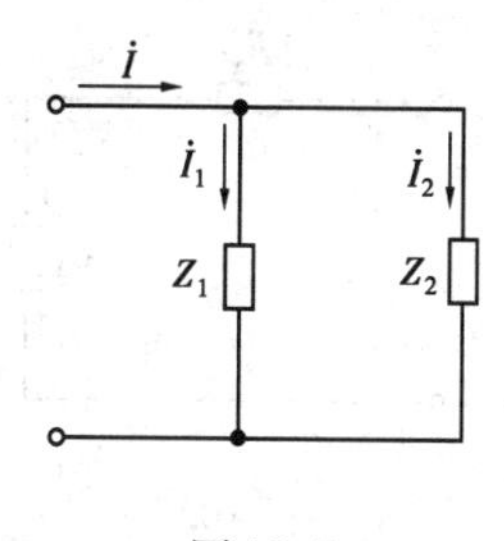

图10.5

例10.1　在图10.1电路中,已知:$u_S = 100\sqrt{2}\cos 5\,000t$ V,$R = 30\ \Omega$,$L = 8$ mH,$C = 2.5\ \mu$F。试求:①电路的等效阻抗,并判断性质;②求 $\dot{I}$,i,及各元件上的电压 $\dot{U}_R$,$\dot{U}_L$,$\dot{U}_C$;③并作电路的相量图。

解　用相量法求解电路时,先要写出已知相量及待求相量。本例中 $\dot{U}_S = 100\angle 0°$ V,待求相量 $\dot{I}$,$\dot{U}_R$,$\dot{U}_L$,$\dot{U}_C$。如图10.1(b)所示。

①计算等效阻抗:因　$Z_R = 30\ \Omega$

$$Z_L = \mathrm{j}\omega L = \mathrm{j}5\,000 \times 8 \times 10^{-3} = \mathrm{j}40\ \Omega$$

$$Z_C = \frac{1}{\mathrm{j}\omega C} = \frac{10^6}{\mathrm{j}5\,000 \times 2.5} = -\mathrm{j}80\ \Omega$$

电路的等效阻抗

$$Z = Z_R + Z_L + Z_C = 30 + \mathrm{j}(40 - 80) = 30 - \mathrm{j}40 = 50\angle -53.1°\ \Omega$$

显然电路呈容性。

②计算 $\dot{I}$,$\dot{U}_R$,$\dot{U}_L$,$\dot{U}_C$

根据欧姆定律的相量形式

$$\dot{I} = \frac{\dot{U}}{\dot{Z}} = \frac{100\angle 0°}{50\angle -53.1°} = 2\angle 53.1°\ \mathrm{A}$$

$$i = 2\sqrt{2}\cos(5\,000t + 53.1°)\ \mathrm{A}$$

$$\dot{U}_R = R\dot{I} = 30 \times 2\angle 53.1° = 60\angle 53.1°\ \mathrm{V}$$

$$\dot{U}_L = \mathrm{j}\omega L = \mathrm{j}40 \times 2\angle 53.1° = 80\angle 143.1°\ \mathrm{V}$$

$$\dot{U}_C = \frac{1}{\mathrm{j}\omega C}\dot{I} = -\mathrm{j}80 \times 2\angle 53.1° = 160\angle -36.9°\ \mathrm{V}$$

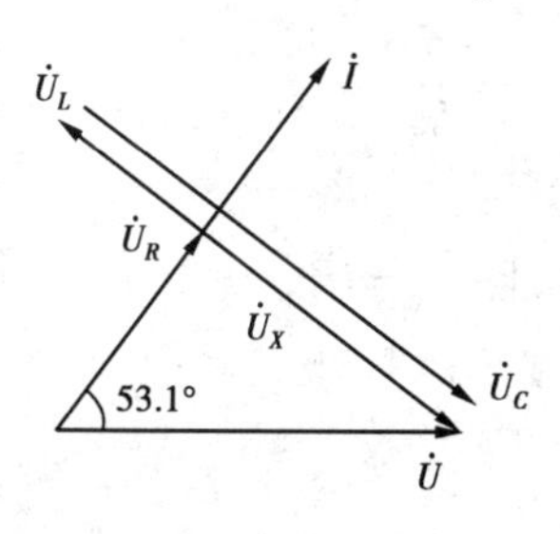

图10.6　相量图

注意本例中 $U_C > U_S$(如果电源频率可变,则等效阻抗 $Z(\mathrm{j}\omega)$的性质会不会又变为呈感性或阻性)。

③作相量图

因该电路为串联电路,电流相同,故在作电路相量图时可从 $\dot{I}$ 出发去做;应该注意作相量的依据是电路的KVL(或KCL)方程,即

$$\dot{U} = R\dot{I} + \mathrm{j}\omega L\dot{I} - \mathrm{j}\frac{1}{\omega C}\dot{I} = \dot{U}_R + \dot{U}_L + \dot{U}_C$$

其相量图如图10.6所示。因 $\dot{U} = 100\angle 0°$故把 $\dot{U}$ 画在水平方向上,然后画 $\dot{I}$ 超前 $\dot{U}$53.1°作 $\dot{U}_R$ 与 $\dot{I}$ 同相,在 $\dot{U}_R$ 末端作 $\dot{U}_L$ 超前 $\dot{I}$($\dot{U}_R$)90°。然后再从 $\dot{U}_L$ 末端作 $\dot{U}_C$ 滞后 $\dot{I}$90°。恰与 $\dot{U}$ 末端闭合。至此,完成该电路相量图。

例10.2　在图10.7所示电路中,已知 $U = 50$ V,$U_1 = U_2 = 30$ V,电阻 $R_1 = 10\ \Omega$,求复阻抗

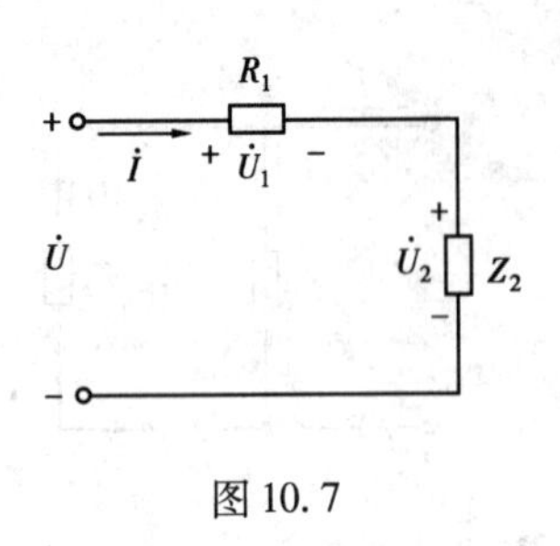

图 10.7

Z_2。

解法 1 设 $\dot{U}_1=30\angle 0°$ V，$\dot{U}_2=30\angle\psi_2$ V，$\dot{U}=50\angle\psi$ V。根据 KVL 有

$$\dot{U}=\dot{U}_1+\dot{U}_2$$

即

$$50\angle\psi=30\angle 0°+30\angle\psi_2$$

由此可得

$$\left.\begin{aligned}50\cos\psi&=30+30\cos\psi_2\\50\sin\psi&=30\sin\psi_2\end{aligned}\right\}$$

把上式两边平方后相加，消去 ψ 得

$$\cos\psi_2=\frac{7}{18}\qquad 所以\quad \psi_2=\pm 67.1°$$

所以有

$$\dot{U}_2=30\angle\pm 67.1°\ \text{V}$$

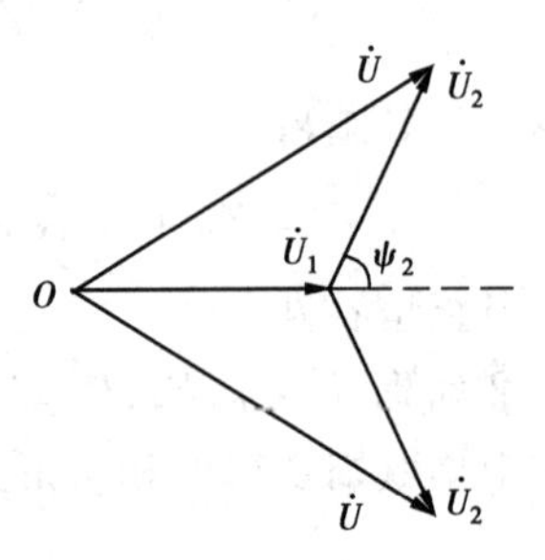

图 10.8

因为

$$\dot{I}=\frac{\dot{U}_1}{R_1}=\frac{30\angle 0°}{10}=3\angle 0°\ \text{A}$$

所以

$$Z_2=\frac{\dot{U}_2}{\dot{I}}=\frac{30\angle\pm 67.1°}{3\angle 0°}=10\angle\pm 67.1°=3.89\pm j9.21\ \Omega$$

解法 2 设 $\dot{U}_1$ 为参考相量，考虑到 Z_2 可为感性和容性的情况，$\dot{U}_2$ 就有超前和滞后 $\dot{U}_1$（$\dot{I}$）两种情况，其电压相量如图 10.8 示。根据余弦定理有

$$\begin{aligned}U^2&=U_1^2+U_2^2-2U_1U_2\cos(\pi-\psi_2)=\\&U_1^2+U_2^2+2U_1U_2\cos\psi_2\end{aligned}$$

由此式可得

$$\cos\psi_2=\frac{U^2-U_1^2-U_2^2}{2U_1U_2}=\frac{50^2-30^2-30^2}{2\times 30\times 30}=\frac{7}{18}$$

所以 $\qquad\psi_2=\pm 67.1°\qquad$（以下各步略）

解法 3 设 $Z_2=R_2+jX_2$，因 R_1 与 Z_2 相串联（电流均为 $\dot{I}$），且 $U_1=U_2$，故有

$$|Z_2|=\sqrt{R_2^2+X_2^2}=R_1$$

总阻抗

$$|Z|=\sqrt{(R_1+R_2)^2+X_2^2}=\frac{U}{I}$$

代入数据得

$$\left.\begin{aligned}\sqrt{R_2^2+X_2^2}&=10\\\sqrt{(10+R_2)^2+X_2^2}&=\frac{50}{30/10}\end{aligned}\right\}$$

联立求解得　　$R_2 = 3.89\ \Omega$　　$X_2 = \pm 9.21\ \Omega$

即　　$Z_2 = 3.89 \pm \mathrm{j}9.21\ \Omega$

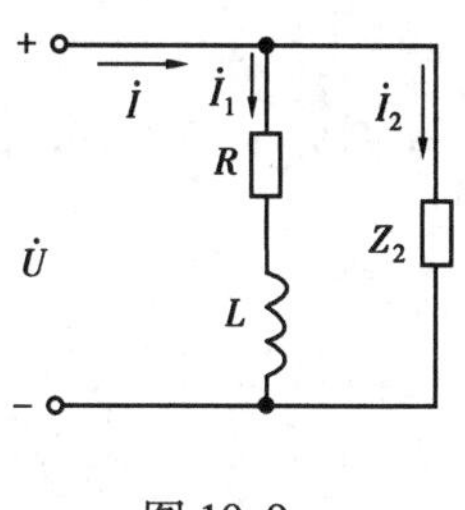

图 10.9

例 10.3　在图 10.9 所示电路中，已知 $R=15\ \Omega, X_L=20\ \Omega, U=100$ V，$\dot{U}$ 与 $\dot{I}$ 同相位；且并联 Z_2 前后 I 保持不变。求 Z_2。

解　设 $\dot{U}=100\angle 0°$ V，则有

$$\dot{I}_1 = \frac{\dot{U}}{R+\mathrm{j}X_L} = \frac{100\angle 0°}{15+\mathrm{j}20} = 4\angle -53.1°\ \mathrm{A}$$

由题意知 $I=I_1=4$A，$\dot{I}$ 又与 $\dot{U}$ 同相位，故 $\dot{I}=4\angle 0°$ A，根据 KCL 有

$$\dot{I}_2 = I - \dot{I}_1 = 4\angle 0° - 4\angle -53.1° = 4 - 2.4 + \mathrm{j}3.2 = 3.58\angle 63.4°\ \mathrm{A}$$

根据定义可得

$$Z_2 = \frac{\dot{U}}{\dot{I}_2} = \frac{100\angle 0°}{3.58\angle 63.4°} = 27.93\angle -63.4° = 12.5 - \mathrm{j}25\ \Omega$$

也可根据下式求得

$$Y = \frac{\dot{I}}{\dot{U}} = \frac{4\angle 0°}{100\angle 0°} = \frac{1}{15+\mathrm{j}20} + \frac{1}{Z_2}$$

$$Z_2 = 12.5 - \mathrm{j}25\ \Omega$$

例 10.4　在图 10.10 所示电路中，已知 $L=63.7$ mH，$U=70$ V，$U_1=100$ V，$U_2=150$ V，电源频率 $f=50$ Hz。求电阻 R 及电容 C 值。

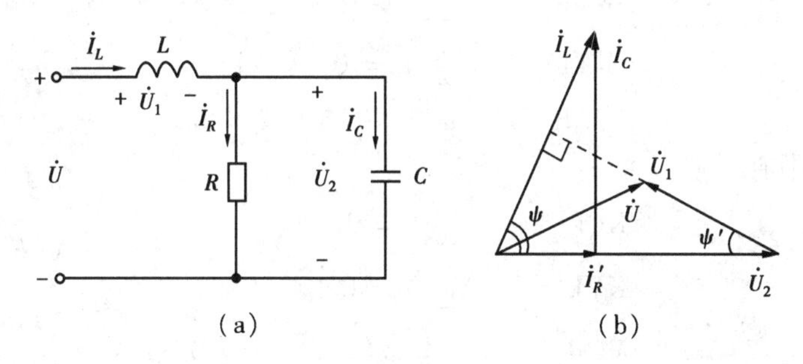

图 10.10

解　分析因 U_2 已知，求 R, C，只要求得了 I_R, I_C 就可以了。由电路可知，$\dot{I}_L = \dot{I}_R + \dot{I}_C$ 构成直角三角形，而 I_L 又可通过 U_1, L 求得，然后借助相量图求取 I_R, I_C。以 $\dot{I}_R$ 为参考相量可作电流相量图如图 10.10(b)所示，考虑 $\dot{U}_1$ 超前 $\dot{I}_L 90°$，获得电压相量图 $\dot{U}=\dot{U}_1+\dot{U}_2$。利用此电压三角形，根据余弦定理可求得 ψ'，进而得到 ψ。

根据余弦定理有

$$U^2 = U_1^2 + U_2^2 - 2U_1U_2\cos\psi'$$

所以

$$\cos\psi' = \frac{U_1^2+U_2^2-U^2}{2U_1U_2} = \frac{100^2+150^2-70^2}{2\times 100\times 150} = 0.92$$

$$\psi' = 23.1° \qquad \psi = 90° - 23.1° = 66.9°$$

根据

$$I_L = \frac{U_1}{X_L} = \frac{U_1}{2\pi fL} = \frac{100}{2\pi \times 50 \times 0.0637} = 5\ \text{A}$$

所以

$$I_R = I_L\cos\psi = 5\cos 66.9° = 1.96\ \text{A}$$

$$I_C = I_L\sin\psi = 5\sin 66.9° = 4.6\ \text{A}$$

$$R = \frac{U_2}{I_R} = \frac{150}{1.96} = 76.53\ \Omega$$

$$X_C = \frac{1}{2\pi fC} = \frac{U_2}{I_C} = \frac{150}{4.6} = 32.61\ \Omega$$

$$C = \frac{1}{2\pi fX_C} = \frac{1}{314 \times 32.61} = 97.7\ \mu\text{F}$$

当然,此例也可用解析法解之。

10.3 正弦稳态电路的分析

从以上各节的讨论可以看出:应用相量法分析正弦交流电路是通过引入正弦量的相量、复阻抗、复导纳的概念和元件的 VCR 及 KVL,KCL 的相量形式实现的,它们在形式上都与线性电阻电路相似。在电阻电路中有

$$\text{KCL} \qquad \sum i = 0$$

$$\text{KVL} \qquad \sum u = 0$$

$$\text{VCR} \qquad u = Ri \qquad i = Gu$$

在正弦交流电路中有

$$\text{KCL} \qquad \sum \dot{I} = 0$$

$$\text{KVL} \qquad \sum \dot{U} = 0$$

$$\text{VCR} \qquad \dot{U} = Z\dot{I} \qquad \dot{I} = Y\dot{U}$$

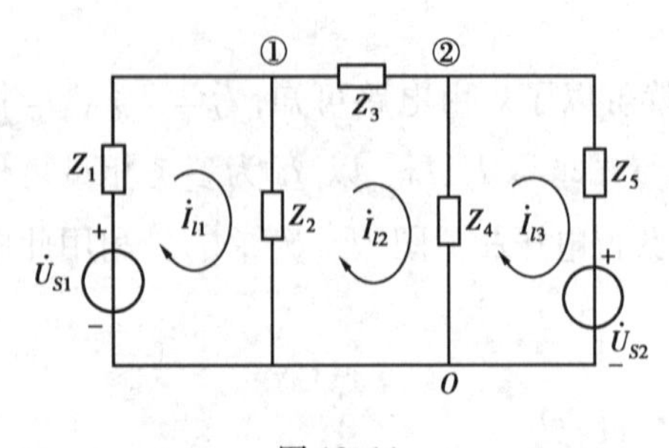

图 10.11

可见,用相量法分析线性正弦稳态电路时,在线性电阻电路中使用的各种分析方法和电路定理、定律这里均可应用,只是要注意这里的方程都将是相量形式的代数方程,定理、定律也都是用相量形式描述的,其计算则为复数运算。

例 10.5 电路如图 10.11 所示,试列写该电路的回路电流方程和节点电压方程。

解 选网孔作为独立回路,其电流分别为 $\dot{I}_{l1}$,$\dot{I}_{l2}$,$\dot{I}_{l3}$。

根据 KVL 有

$$(Z_1 + Z_2)\dot{I}_{l1} - Z_2\dot{I}_{l2} = \dot{U}_{S1}$$

$$-Z_2\dot{I}_{l1} + (Z_2 + Z_3 + Z_4)\dot{I}_{l2} - Z_4\dot{I}_{l3} = 0$$

$$-Z_4\dot{I}_{l2}+(Z_4+Z_5)\dot{I}_{l3}=-\dot{U}_{S5}$$

选 o 作参考节点,其余节点电压方程为

$$\frac{\dot{U}_{n1}-\dot{U}_{S1}}{Z_1}+\frac{\dot{U}_{n1}}{Z_2}+\frac{\dot{U}_{n1}-\dot{U}_{n2}}{Z_3}=0$$

$$\frac{\dot{U}_{n2}-\dot{U}_{n1}}{Z_3}+\frac{\dot{U}_{n2}}{Z_4}+\frac{\dot{U}_{n1}-\dot{U}_{S5}}{Z_5}=0$$

整理之得

$$\left(\frac{1}{Z_1}+\frac{1}{Z_2}+\frac{1}{Z_3}\right)\dot{U}_{n1}-\frac{1}{Z_3}\dot{U}_{n2}=$$

$$\left(\frac{1}{Z_1}\dot{U}_{S1}-\frac{1}{Z_3}\right)\dot{U}_{n1}+\left(\frac{1}{Z_3}+\frac{1}{Z_4}+\frac{1}{Z_4}\right)\dot{U}_{n2}=\frac{1}{Z_5}\dot{U}_{S5}$$

例 10.6　电路如图 10.12 所示,试列写电路的节点电压方程和回路电流方程。

解　此电路中存在无半电流源和无伴电压源。列节点电压方程时,可选②作参考节点,使

$$\dot{U}_{n1}=\dot{U}_{S2}$$

只需对节点③,④列节点方程如下

$$-Y_3\dot{U}_{n1}+(Y_3+Y_4+Y_5)\dot{U}_{n3}-Y_5\dot{U}_{n4}=-Y_3\dot{U}_{S3}$$

$$-Y_1\dot{U}_{n1}-Y_5\dot{U}_{n3}+(Y_1+Y_5)\dot{U}_{n4}=\beta\dot{I}_3-Y_1\dot{U}_{S1}$$

辅助方程为

$$\dot{I}_3=Y_3(\dot{U}_{n1}-\dot{U}_{n3}-U_{S3})$$

$$\dot{U}_{n1}=\dot{U}_{S2}$$

列回路电流方程时,选网孔作为独立回路,并指定电流方向,如图 10.12 所示。设受控电流源的端电压为 $\dot{U}_6$,根据 KVL,有

$$\dot{I}_{l1}Z_1+\dot{U}_6=\dot{U}_{S1}-\dot{U}_{S2}$$

$$-\dot{U}_6+(Z_4+Z_5)\dot{I}_{l2}-Z_4\dot{I}_{l3}=0$$

$$-Z_4\dot{I}_{l2}+(Z_3+Z_4)\dot{I}_{l3}=\dot{U}_{S2}-\dot{U}_{S3}$$

辅助方程为

$$\dot{I}_{l1}-\dot{I}_{l2}=\beta\dot{I}_3$$

$$\dot{I}_3=\dot{I}_{l3}$$

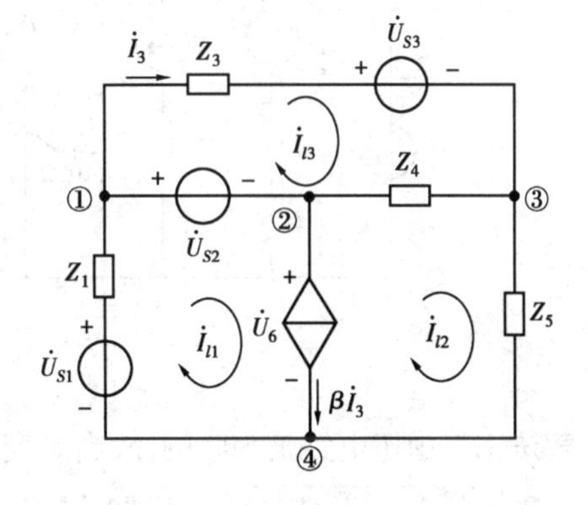

图 10.12

例 10.7　求图 10.13(a)所示有源一端口的戴维南等效电路。若已知 $Z_1=6+\mathrm{j}10\ \Omega$,$Z_2=6\ \Omega$,$\dot{U}_S=6\angle 0^\circ$ V,$Z=\mathrm{j}5\ \Omega$,$\dot{U}_{oc}$,Z_{eq}为何值?

解　应用外施电流源一步法,如图 10.13(b)所示,外施电流源 $\dot{I}_S$,根据 KVL 有

$$\dot{U}=Z\dot{I}_1-Z_1\dot{I}_1+\dot{U}_S$$

$$\dot{U}_S=Z_1\dot{I}_1+Z_2(\dot{I}_1+\dot{I}_S)$$

联立上两式,消去 $\dot{I}_1$得

$$\dot{U}=\frac{Z_2(Z_1-Z)}{Z_1+Z_2}\dot{I}_S+\frac{Z+Z_2}{Z_1+Z_2}\dot{U}_S$$

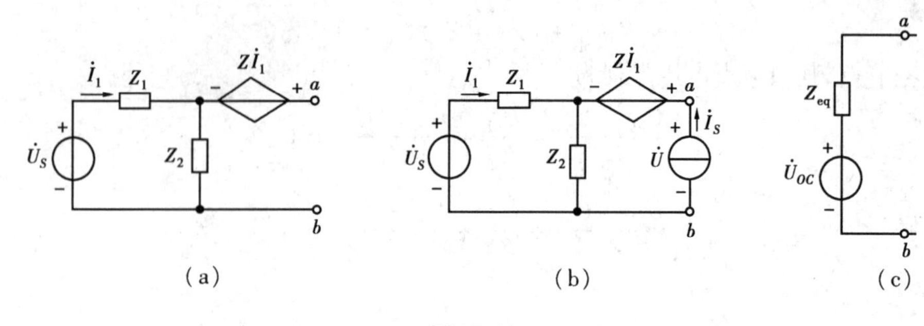

图 10.13

所以有

$$Z_{eq} = \frac{Z_2(Z_1 - Z)}{Z_1 + Z_2} \qquad \dot{U}_{oc} = \frac{Z + Z_2}{Z_1 + Z_2}\dot{U}_S$$

把数据代入得

$$Z_{eq} = \frac{6(6 + j10 - j5)}{6 + j10 + 6} = 3\ \Omega$$

$$\dot{U}_{oc} = \frac{6 + j5}{6 + j10 + 6} \times 6\ \angle 0° = 3\ \angle 0°\ V$$

戴维南等效电路如图 10.13(c)所示。

例 10.8 电路如图 10.14(a)所示。正弦电压 $\dot{U}_S = 220$ V, $f = 50$ Hz, 其中电容 C 可调, 当 $C = 115\ \mu$F 时, Ⓐ读数最小且Ⓐ $= 3$ A。试求图示电路中A_1, A_2的读数。

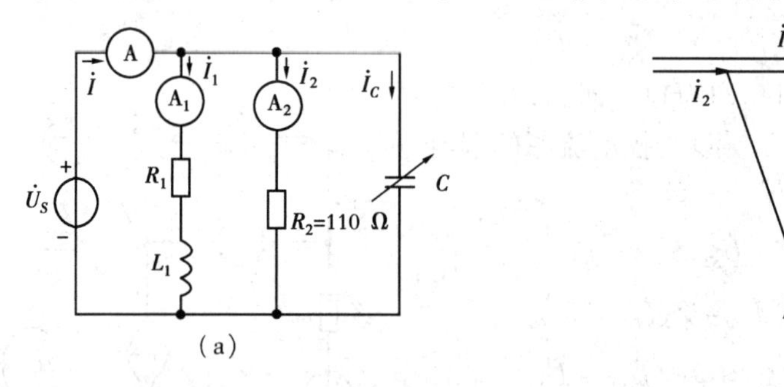

图 10.14

解法① 由于电路是并联的,故当 C 变化时, $\dot{I}_1$, $\dot{I}_2$ 始终保持不变,且 $\dot{I}_2$ 与 $\dot{U}_S$同相, $\dot{I}_1$ 滞后于 $\dot{U}_S$,且 $\dot{I} = \dot{I}_1 + \dot{I}_2 + j\omega \dot{C} U_S$,可见,调节 C 可使 $\dot{I}_C$沿着 $\dot{I}_C$末端伸长或缩短,当 $C = 115\ \mu$F 时Ⓐ最小,说明 $\dot{I}_C$ 末端恰位于图中 a 点上,故有

$$(I - I_2)^2 + I_C^2 = I_1^2$$

其中

$$I = 3\ A, \qquad I_2 = \frac{U_S}{R_2} = \frac{220}{110} = 2\ A$$

$$I_C = \omega C U_S = 314 \times 115 \times 10^{-6} \times 220 = 7.94\ A$$

所以 $I_1 = \sqrt{1^2 + 7.94^2} = 8.00$ A 即 $A_1 = 8.00$ A, $A_2 = 2$ A

解法② 当Ⓐ读数最小时,表示并联于 $\dot{U}_S$的导纳最小(或阻抗最大),故有

$$Y = \mathrm{j}\omega C + \frac{1}{R_2} + \frac{R_1}{|Z_1|^2} - \mathrm{j}\frac{\omega L_1}{|Z_1|^2}$$

改变 C，只可能改变 $\mathrm{Im}Y$，$|Y|$ 最小则意味着 $|\mathrm{Im}Y| = 0$，即 $\dot{U}_S$ 与 $\dot{I}$ 同相位。设 $\dot{U}_S = 220\angle 0°\ \mathrm{V}$，则

$$\dot{I} = 3\angle 0°\ \mathrm{A}$$

$$\dot{I}_C = \mathrm{j}\omega C\dot{U}_S = \mathrm{j}314 \times 115 \times 10^{-6} \times 220 = 7.94\angle 90°\ \mathrm{A}$$

$$\dot{I}_2 = \frac{\dot{U}_S}{R_2} = \frac{220\angle 0°}{110} = 2\ \mathrm{A}$$

根据 KCL 有

$$3\angle 0° = \mathrm{j}7.94 + 2\angle 0° + I_1\angle \psi_1$$

因为

$$\left.\begin{aligned} I_1\cos\psi_1 &= 3 - 2 \\ I_1\sin\psi_1 &= -7.94 \end{aligned}\right\}$$

所以

$$\psi_1 = \arctan\frac{-7.94}{1} = -82.82°$$

$$I_1 = \frac{1}{\cos\psi_1} = \frac{1}{\cos 82.82°} = 8\ \mathrm{A}$$

即

$$Ⓐ_1 = 8\ \mathrm{A}\ ,\ Ⓐ_2 = 2\ \mathrm{A}$$

$$Z_1 = \frac{\dot{U}_S}{\dot{I}_1} = \frac{220\angle 0°}{8\angle -82.82°} = 27.5\angle 82.82° = 3.437 + \mathrm{j}27.28$$

故

$$R_1 = 3.437\ \Omega$$

$$L_1 = \frac{27.28}{314} = 86.8\ \mathrm{mH}$$

10.4　正弦稳态电路的功率

对图 10.15(a)所示的任意一端口网络，在正弦稳态条件下，设其端口电压和端口电流为关联参考方向，且

$$u = \sqrt{2}U\cos(\omega t + \psi_u)$$

$$i = \sqrt{2}I\cos(\omega t + \psi_i)$$

按瞬时功率的定义，网络吸收的瞬时功率为

$$\begin{aligned} p = ui = \sqrt{2}U\cos(\omega t + \psi_u)\cdot\sqrt{2}I\cos(\omega t + \psi_i) &= \\ UI[\cos(\psi_u - \psi_i) + \cos(2\omega t + \psi_u + \psi_i)] &= \\ UI\cos\varphi + UI\cos(2\omega t + \psi_u + \psi_i) & \end{aligned} \tag{10.13}$$

其中 $\varphi = \psi_u - \psi_i$ 是电压 u 与电流 i 的相位差。式(10.13)说明，网络吸收的瞬时功率包含有恒

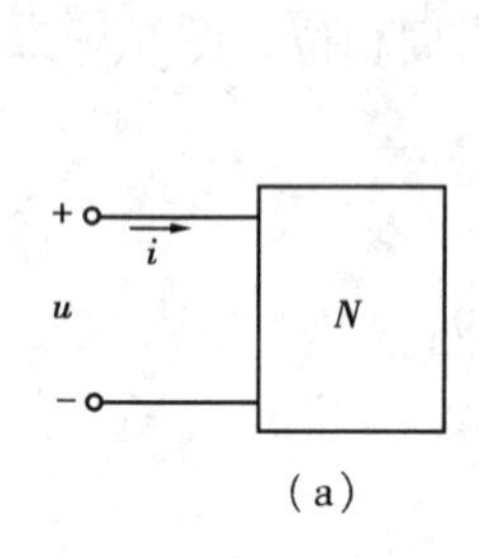

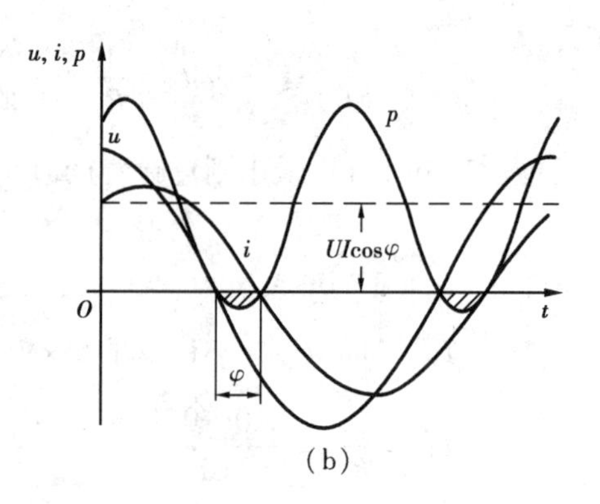

图 10.15　一端口的功率

定分量(第一项)和正弦分量(第二项)两部分,且正弦分量的频率为电流(或电压)频率的二倍。

瞬时功率 p、电压 u、电流 i 的波形表示于图 10.15(b)。从图示波形可以看出:当 u,i 同符号时,$p>0$,表示网络 N 从外电路吸收功率;当 u,i 符号相反时,$p<0$,表示网络 N 向外电路供出功率。网络 N 向外电路供出功率的大小,取决于 $|\varphi|$ 的大小。当 $\varphi=0$(即 u,i 同相)时,p 始终为非负值,此时网络 N 只从外电路吸收功率;随着 $|\varphi|$ 的逐渐增大,p 的波形逐渐下移,$p<0$ 的区域逐渐增大;当 $|\varphi|=\dfrac{\pi}{2}$ 时,$p>0$ 和 $p<0$ 各占正弦波的半周,此时的物理过程反映了网络 N 完全的储存与释放能量过程,表现出电感和电容元件的功率特性;$|\varphi|$ 继续增大,p 波形继续下移,此时,p 的波形大部分在横轴之下;当 $|\varphi|=\pi$(即 u,i 反相)时,则 p 的波形全部位于横轴之下,此时,网络只向外电路供出功率。

从上述讨论可以看出,就一般网络而言,事实上,当 $|\varphi|>\dfrac{\pi}{2}$ 时,网络 N 向外电路供出的功率大于从外电路吸收的功率,网络实际上是向外电路供电,N 中必有独立源。如果网络 N 是无源的,则 φ 必为该一端口的阻抗角,即 $0\leqslant|\varphi|\leqslant\dfrac{\pi}{2}$,此时,$p<0$ 的波形包围的面积不会大于 $p>0$ 的波形包围的面积。其中两种极端情况是:①$\varphi=0$,$p\geqslant0$,此时网络呈现纯阻性质,即只从外电路吸收功率;②$|\varphi|=\dfrac{\pi}{2}$,$p>0$ 和 $p<0$ 各占正弦波半周,此时网络呈纯电抗性质,一周期中,一半时间从外电路吸收功率(能量)并储存于电抗元件的电磁场中,另一半时间把储存的能量向外电路释放(供出),网络本身不消耗能量(功率)。处于这两种情况之间时,网络从外电路吸收功率大于网络向外电路释放(供出)的功率,这主要是因为 N 吸收的功率的一部分被网络 N 中的电阻消耗掉了,而网络 N 吸收功率的另一部分则反映了外施电源与网络 N 之间的能量交换。

由于瞬时功率不便于测量,实际意义也不大,故引入了平均功率的概念。平均功率是指瞬时功率在一个周期 $\left(T=\dfrac{2\pi}{\omega}\right)$ 内的平均值,又称作有功功率。其定义式为

$$P=\frac{1}{T}\int_0^T p(t)\,\mathrm{d}t=\frac{1}{T}\int_0^T UI[\cos\varphi+\cos(2\omega t+\psi_u+\psi_i)]\,\mathrm{d}t=UI\cos\varphi \qquad (10.14)$$

有功功率表示一端口网络 N 实际消耗的功率,显然,它是瞬时功率的恒定分量。它不仅

与电压、电流有效值的乘积有关,而且还与它们之间的相位差有关,工程上把 $\cos\varphi$ 称作功率因数。因为电压和电流的相位差取决于电路的参数和频率,所以 $\cos\varphi$ 也就取决于电路的参数和频率。当网络 N 的输入阻抗 $Z_{in}=R$ 时,$\cos\varphi=1$;当 $Z_{in}=\pm jX$ 时 $\cos\varphi=0$;一般情况下,$Z_{in}=R\pm jX$,则 $0<\cos\varphi<1$,故电路的有功功率 $P<UI$。极端情况下,当 $|\varphi|=\dfrac{\pi}{2}$时,不管 U,I 为何值,总有 $P=UI\cos\left(\pm\dfrac{\pi}{2}\right)=0$。

当网络 N 为单个元件 R,L,C(或等效为 R,L,C)时,此时有:$\varphi=0,\dfrac{\pi}{2},-\dfrac{\pi}{2}$,所以有:

$$P_R = UI = RI^2 = \frac{U^2}{R}$$

$$P_L = 0 \qquad P_C = 0$$

可见,由于 L,C 元件均不消耗有功功率,所以,一个无源网络消耗的有功功率实际上就是网络 N 内各电阻元件消耗的功率。

工程上,把电压和电流的乘积定义为网络的视在功率,是因为电力设备的容量是由其额定电压和额定电流的乘积决定的,用 S 标记,定义为

$$S \overset{\Delta}{=} UI \tag{10.15}$$

引入视在功率后

$$P = UI\cos\varphi = S\cos\varphi$$

所以

$$\cos\varphi = \frac{P}{S} \tag{10.16}$$

与有功功率相对应,工程上还引入了无功功率的概念,用 Q 标记,其定义为

$$Q = UI\sin\varphi = S\sin\varphi \tag{10.17}$$

对无源网络而言,当 $\varphi>0$ 网络为感性时,$Q>0$,此时就说网络 N“吸收”无功功率;当 $\varphi<0$ 网络为容性时,$Q<0$,此时就说网络 N“发出”无功功率。按照定义,对电感元件$\left(\varphi=\dfrac{\pi}{2}\right)$而言,有

$$Q_L = U_LI_L\sin\varphi = +U_LI_L = \frac{1}{\omega L}U_L^2 > 0$$

$$Q_C = U_CI_C\sin\varphi = -U_CI_C = -\omega CU_C^2 < 0$$

所以电容元件是“发出”无功功率。

无功功率并不表示网络 N 在单位时间消耗的能量。但却表示网络 N 与外电路进行能量交换的速率。

有功功率、无功功率和视在功率有下列关系

$$P = S\cos\varphi \qquad Q = S\sin\varphi$$

$$S = \sqrt{P^2+Q^2} \qquad \varphi = \arctan\left(\frac{Q}{P}\right)$$

显然,S,P,Q 可构成一个直角三角形,如图 10.16 所示,称作功率三角形。S,P,Q 的量纲显然

均相同(VA),但为了区别,在SI单位之中,P为瓦特(W),Q为乏(Var),S为伏安(VA)。

例10.9 测量线圈参数的电路如图10.17所示,其中Ⓥ=100 V,Ⓐ=5 A,Ⓦ=300 W,电源频率$f=50$ Hz。试计算此线圈的参数R,L及$\cos\varphi$。

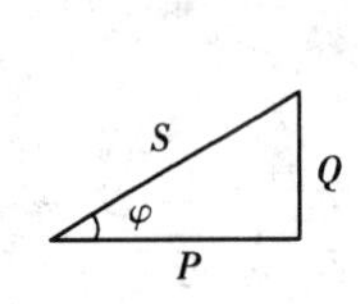

图10.16 功率三角形

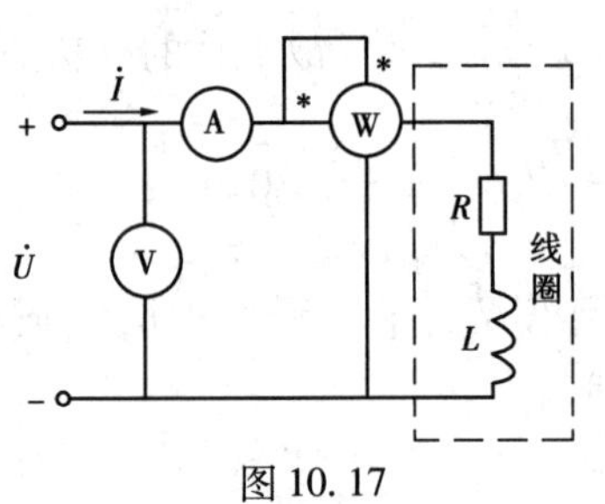

图10.17

解法①

1)先求功率因数

$$\cos\varphi = \frac{P}{UI} = \frac{300}{100 \times 5} = 0.6$$

$$\varphi = \arccos 0.6 = 53.1°$$

2)再求$|Z|$

$$|Z| = \frac{U}{I} = \frac{100}{5} = 20\ \Omega$$

3)求R,L

因为 $Z = |Z| \angle \varphi = 20 \angle 53.1° = (12 + \mathrm{j}16)\ \Omega$

所以 $R = 12\ \Omega$

$$L = \frac{X}{\omega} = \frac{16}{50 \times 2\pi} = 51\ \text{mH}$$

解法②

1)利用阻抗三角形计算R,L

$$P = I^2 R$$

因为

$$R = \frac{P}{I^2} = \frac{300}{5^2} = 12\ \Omega$$

$$|Z| = \frac{U}{I} = \frac{100}{5} = 20\ \Omega$$

根据阻抗三角形有

$$\omega L = \sqrt{|Z|^2 - R^2} = \sqrt{20^2 - 12^2} = 16$$

所以

$$L = \frac{16}{2\pi \times 50} = 51\ \text{mH}$$

2)求$\cos\varphi$与上同。

10.5 复 功 率

复功率是正弦交流电路中的有功功率、无功功率和视在功率三者的复合“表述”形式。如果假设一端口的电压相量为 $\dot{U} = U \angle\psi_u$，电流相量为 $\dot{I} = I \angle\psi_i$，则一端口的复功率 $\overline{S}$ 可定义为

$$\begin{aligned}\overline{S} &= \dot{U}\overset{*}{I} = U \angle\psi_u \cdot I \angle-\psi_i = UI \angle\psi_u - \psi_i = \\ &UI\cos\varphi + \mathrm{j}UI\sin\varphi = \\ &P + \mathrm{j}Q \end{aligned} \tag{10.18}$$

其中 $\overset{*}{I} = I \angle-\psi_i$，称作 $\dot{I}$ 的共扼复数。如果 $\dot{U}$，$\dot{I}$ 取关联参考方向，则 $\overline{S}$ 为一端口吸收的复功率，否则，$\overline{S}$ 为一端口发出的复功率。从式(10.18)可以看出，复功率把正弦交流电路中的三种功率和电路的功率因数统一于一个公式之中，它使我们根据电路中计算出的电压相量 $\dot{U}$ 和电流相量 $\dot{I}$ 求取正弦稳态电路的功率及功率因数成为可能。

应该强调指出：$\dot{U}$，$\dot{I}$ 相乘并无实际意义。另外，功率并不是瞬时功率的相量，其原因是瞬时功率不是正弦量，而是非正弦周期量，故不能用相量表示。

如果一端口 N 不含独立源，端口电压 $\dot{U}$ 与端口电流 $\dot{I}$ 取关联参考方向，其等效阻抗为 $Z = R_e + \mathrm{j}X_e$ 和等效导纳为 $Y = G_e + \mathrm{j}B_e$ 则有

$$\begin{aligned}\overline{S} &= \dot{U}\overset{*}{I} = Z\dot{I}\overset{*}{I} = ZI^2 = \\ &R_eI^2 + \mathrm{j}X_eI^2\end{aligned} \tag{10.19}$$

及

$$\begin{aligned}\overline{S} &= \dot{U}\overset{*}{I} = \dot{U}(Y\dot{U})^* = \dot{U}\overset{*}{Y}\overset{*}{U} = \\ &\overset{*}{Y}U^2 = GeU^2 - \mathrm{j}BeU^2\end{aligned} \tag{10.20}$$

其中
$$\overset{*}{Y} = Ge - \mathrm{j}Be。$$

可以证明，任何一个正弦交流电路中总的有功功率就等于电路中各部分有功功率之和，总的无功功率就等于电路中各部分无功功率之和，即有功功率和无功功率分别守恒，所以电路中的复功率也守恒，但视在功率不守恒；另外，电路的有功功率都是电阻所消耗的功率。

例10.10　试计算例10.9中线圈吸收的复功率 $\overline{S}$。

解　设 $\dot{U} = 100 \angle 0^\circ$ V，则 $\dot{I} = 5 \angle -53.1^\circ$ A，则

$$\overset{*}{I} = 5 \angle 53.1^\circ \text{ A} \qquad \overline{S} = \dot{U}\overset{*}{I} = 100 \angle 0^\circ \cdot \angle 53.1^\circ = (300 + \mathrm{j}400) \text{ VA}$$

下面，讨论在电力工程中有实际意义的功率因数提高问题。

提高功率因数的意义主要有两条：一条是可以充分利用供电设备（发电机，变压器）的容量（$S = U_NI_N$）。如某台发电机的容量 $S_N = 1\,000$ kVA，如果由它供电的负载的功率因数 $\cos\varphi = 1$，则此发电机供出的最大有功功率就等于1 000 kW；但若负载的功率因数降为 $\cos\varphi = 0.5$，则发电机能供出的最大功率就只有500 kW了。另外一条就是可降低输电线路的功率损耗，因为 $I = \dfrac{P}{U\cos\varphi}$，可见在 U，P 一定的情况下，当 $\cos\varphi$ 提高时，I 就减小，从而使输送同功率条件下的输电线路损耗 $I^2r = \left(\dfrac{P}{U\cos\varphi}\right)^2 r$ 减小。可见提高功率因数确有很大的经济效益。

提高功率因数，从原理上讲，就是要减小电压、电流的相位差 $|\varphi| = |\psi_u - \psi_i|$。由于在工程中，广泛应用感性负载（如各种电机、日光灯等），故通常均采用并联（因并联不改变负载的工作状态）电容或容性设备的办法来提高电路的功率因数。其原理如图10.18所示。

例10.11　设负载功率为 P，功率因数为 $\cos\varphi$，电源电压为 U，频率为 $f(\omega)$，今欲将功率因

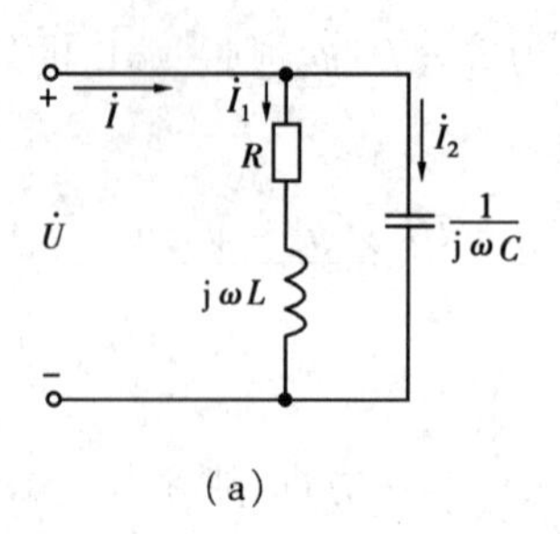

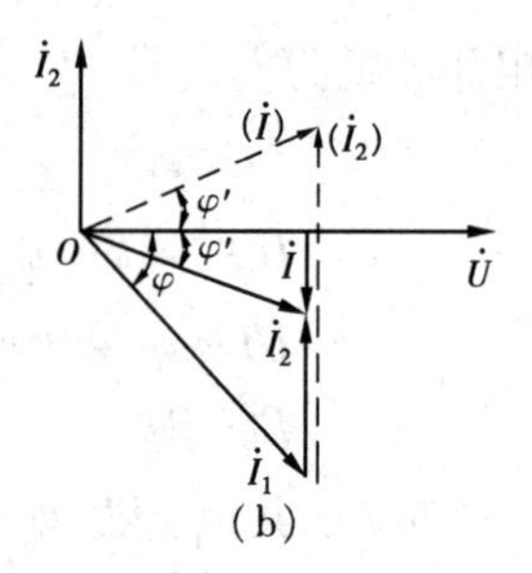

图 10.18　功率因数提高

数提高到 $\cos\varphi'$,试确定并联的电容 C。

解　　因为　$P = UI_1\cos\varphi$　　故　$I_1 = \dfrac{P}{U\cos\varphi}$

及　　$P = UI\cos\varphi'$　　故　$I = \dfrac{P}{U\cos\varphi'}$

根据 KCL 及相量图有:

$$\dot{I} = \dot{I}_1 + \dot{I}_C \qquad 或 \qquad \dot{I}_C = \dot{I} - \dot{I}_1$$

其中

$$\dot{I} = I\cos\varphi' - \mathrm{j}I\sin\varphi' \qquad \dot{I}_1 = I_1\cos\varphi - \mathrm{j}I_1\sin\varphi$$

$$\dot{I}_C = \mathrm{j}\omega C\dot{U} \qquad 又因为 \quad I_1\cos\varphi = I\cos\varphi'$$

所以有

$$I_C = I_1\sin\varphi - I\sin\varphi'$$

把 I_1,I 代入此式

$$I_C = \frac{P}{U\cos\varphi}\sin\varphi - \frac{P}{U\cos\varphi'}\sin\varphi'$$

所以

$$C = \frac{P}{\omega U^2}(\tan\varphi - \tan\varphi') \tag{10.21}$$

如果已知 $P = 30$ kW,$\cos\varphi = 0.75$,今欲将功率因数提高到 $\cos\varphi' = 0.95$,$U = 380$ V, $\omega = 314$ rad/s。可求得

$$C = \frac{P}{\omega U^2}(\tan\varphi - \tan\varphi') = \frac{30 \times 10^3}{314 \times 380^2}(0.882 - 0.329) = 366\ \mu\mathrm{F}$$

事实上,还有一个满足要求的解答,如相量图(图 10.18(b))中所示。只是此时电路处于过补偿而呈容性,此时补偿电容值更大,不经济,不可取。

还可计算一下补偿前后的总电流

$$I_1 = \frac{P}{U\cos\varphi} = \frac{30\ 000}{380 \times 0.75} = 105.26\ \mathrm{A}$$

$$I = \frac{P}{U\cos\varphi'} = \frac{30\ 000}{380 \times 0.95} = 83.10\ \mathrm{A}$$

可见,补偿后的总电流减小了,随之其视在功率也减小了。

10.6　最大功率传输

在工程实际中,特别是在电子技术中,有时只需考虑和研究负载在什么条件下可获得最大功率问题。

在这种情况下,除负载之外网络的其余部分就是一个有源一端口网络。根据戴维南定理,就可以将整个网络等效为图 10.19 所示的电路。其中 Z 为负载阻抗,$\dot{U}_{oc}$,Z_o为该有源一端口的戴维南等效参数。当网络给定后,其 $\dot{U}_{oc}$ 及 Z_o 就是确定值,问题就可以从等效电路 10.19(b)研究。

如设图中 $Z_o = R_o + jX_o$, $Z = R + jX$ 则

$$P = RI^2 = \frac{RU_{oc}^2}{(R_o + R)^2 + (X_o + X)^2} \tag{10.22}$$

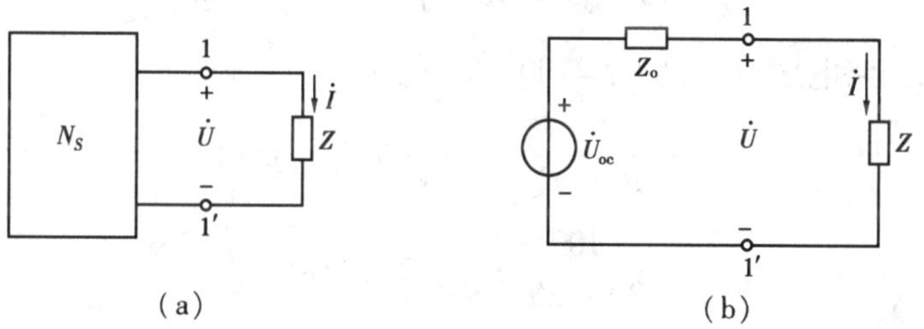

(a)　　　　　　　　(b)

图 10.19

如果 R,X 可任意变动,而其他参数不变时,则获得最大功率的条件,从式(10.22)可得

$$X_o + X = 0$$

$$\frac{d}{dR}\left[\frac{(R_o + R)^2}{R}\right] = 0$$

解得

$$X = -X_o \qquad R = R_o$$

即有

$$Z = R_o - jX_o = \overset{*}{Z}_{eq} = \overset{*}{Z}_o$$

此时获得最大功率

$$P_{max} = \frac{U_{oc}^2}{4R_o}$$

常把这种情况称作共扼匹配或最佳匹配。即负载阻抗等于给定网络(或电源)内阻抗的共扼复数时,负载就可以获得最大功率,这就是最大功率传输定理,条件就是 $Z = \overset{*}{Z}_o$。若为诺顿等效电路时,其条件可表示为 $Y = \overset{*}{Y}_o$。其他可变情况这里不再一一列举。

实现最佳匹配时,内阻抗 Z_o 与负载 Z 消耗相等的功率。作为电源的电能传输效率仅为 50%。因此,在电力系统中,电路不能工作在这种状态。但在电子、通讯及控制系统中,由于电路传输的功率一般都很小,所以总希望电路工作在最佳匹配状态以求负载获得最大功率传输。

例 10.12　在图 10.20(a)所示电路中,已知 $R_1 = R_2 = 20\ \Omega$,$X_L = X_C = 40\ \Omega$,$U_S = 100\ V$,求

负载 Z 的最佳匹配值及可获得的最大功率。

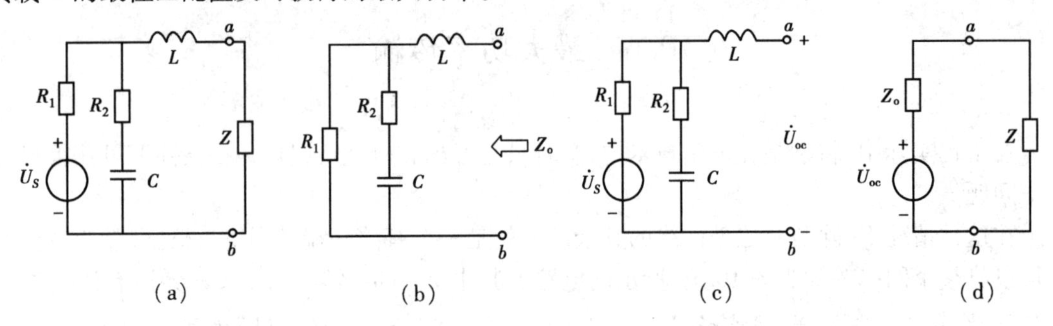

图 10.20

解 按图 10.20(b)求戴维南等效阻抗 Z_o

$$Z_o = jX_L + \frac{R_1(R_2 - jX_C)}{R_1 + R_2 - jX_C} = j40 + \frac{20(20 - j40)}{20 + 20 - j40} =$$

$$j40 + 15 - j5 = 15 + j35 = 38.1 \angle 66.8° \ \Omega$$

按图 10.20(c)求开路电压 $\dot{U}_{oc}$，设 $\dot{U}_S = 100 \angle 0° \text{ V}$，则

$$\dot{U}_{oc} = \frac{U_S}{R_1 + R_2 - jX_C} \times (R_2 - jX_C) =$$

$$\frac{100 \angle 0°}{20 + 20 - j40}(20 - j40) =$$

$$\frac{100 \times 44.72 \angle -63.43°}{40\sqrt{2} \angle -45°} =$$

$$79.1 \angle -18.43° \text{ V}$$

戴维南等效电路如图 10.20(d)所示。当负载阻抗 Z 满足：

$$Z = \overset{*}{Z}_o = 15 - j35 = 38.1 \angle -66.8° \ \Omega$$

时，Z 可获得最大功率，且：

$$P_{max} = \frac{U_{oc}^2}{4R_o} = \frac{79.1^2}{4 \times 15} = 104.28 \text{ W}$$

10.7 串联电路的谐振

谐振是由 RLC 元件组成的电路在一定条件下出现的一种工作状态。一方面，谐振现象得到广泛的应用，如电子技术中的选频和滤波等；另一方面，谐振因可能破坏系统或电路的正常工作而需要设法加以避免。所以，研究谐振现象具有重要的实际意义。

下面，先分析 RLC 串联电路谐振的条件及谐振时电路的特性。电路如图 10.21(a)所示，在正弦电压源 $u = \sqrt{2}U\cos(\omega t + \psi_u)$ 的激励下，其复阻抗为

$$Z(j\omega) = R + j\left(\omega L - \frac{1}{\omega C}\right) = R + j[X_L(\omega) - X_C(\omega)]$$

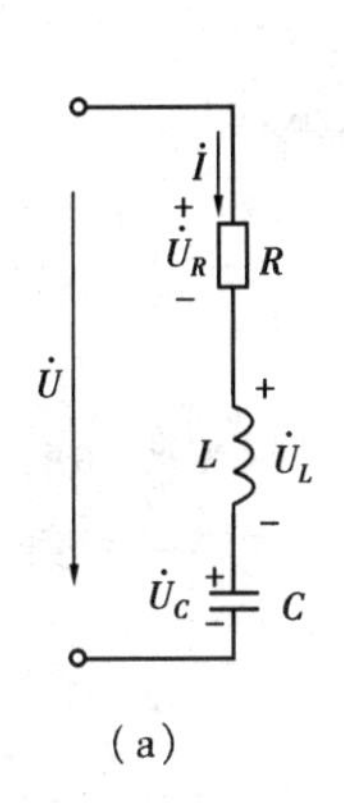

(a)

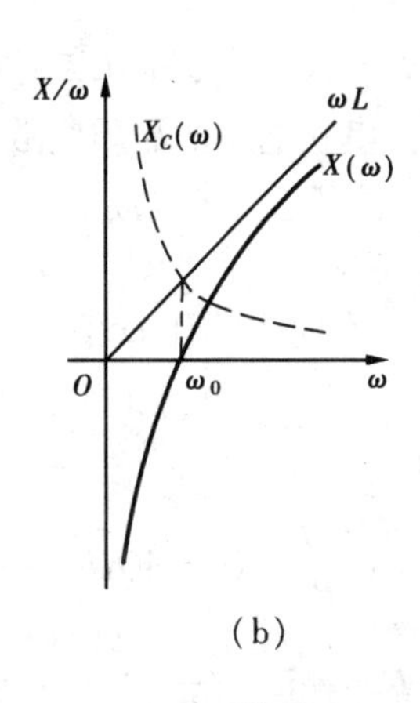

(b)

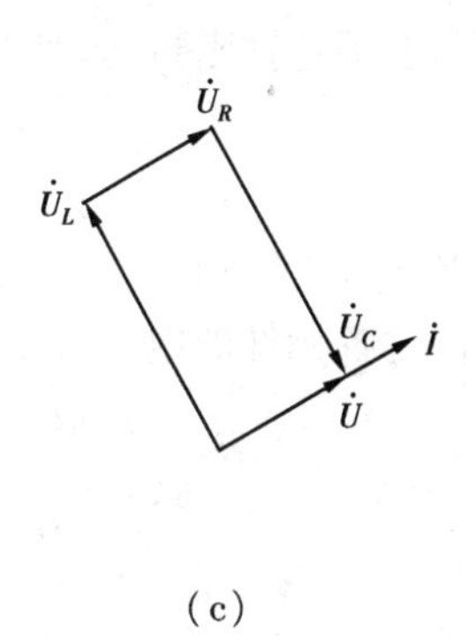

(c)

图 10.21

当电源频率 ω 变化时，$Z(\mathrm{j}\omega)$ 及电路的工作状态随 ω 而变化，$X_L(\omega)$ 与 ω 成正比，$X_C(\omega)$ 与 ω 成反比，电抗 $X(\omega)=X_L(\omega)-X_C(\omega)$ 随 ω 变化的曲线如图 10.21(b)所示。

在串联电路中，当 $\omega=\omega_0$ 时，$X_L(\omega)$ 与 $X_C(\omega)$ 互相抵消，$X(\omega)=0$，此时的端口电压 $\dot{U}$ 与端口电流 $\dot{I}$ 同相位，工程上把电路的这种工作状态称作谐振，由于是在 RLC 串联电路中发生，故称作串联谐振。显然，发生串联谐振的条件是

$$\left.\begin{aligned}\mathrm{Im}Z(\mathrm{j}\omega)&=0\\ \omega_0L-\frac{1}{\omega_0C}&=0\end{aligned}\right\}\qquad(10.23)$$

发生串联谐振时的角频率 ω_0 和频率 f_0 分别为

$$\left.\begin{aligned}\omega_0&=\frac{1}{\sqrt{\omega C}}\\ f_0&=\frac{1}{2\pi\sqrt{LC}}\end{aligned}\right\}\qquad(10.24)$$

其中，L 单位为亨利(H)，C 单位为法拉(F)，ω_0 为 rad/s，f_0 为 Hz。由于 $\omega_0(f_0)$ 是由电路的自身的参数 L，C 决定的，与外部条件无关，故又称作电路的固有频率。改变 L，C 即可改变电路的固有(谐振)频率，使电路在某一频率下谐振或避免谐振。这种串联谐振也会在电路中某条含 L，C 串联的支路中发生。

谐振时阻抗值最小

$$Z(\mathrm{j}\omega_0)=R+\mathrm{j}\left(\omega_0L-\frac{1}{\omega_0C}\right)=R$$

如果外施电压有效值不变，则电流 I 和 $U_R=\mathrm{RI}$ 为最大，即

$$I=\frac{U}{|Z|}=\frac{U}{R}$$

$$U_R=RI=U$$

据此，可在实验时判断串联电路发生谐振与否。把谐振时的感抗 ω_0L 及容抗 $\frac{1}{\omega_0C}$ 称作串联谐振电路的特性阻抗 ρ，即

$$\rho=\omega_0L=\frac{1}{\omega_0C}=\frac{1}{\sqrt{LC}}\cdot L=\sqrt{\frac{L}{C}}\qquad(10.25)$$

其单位为欧姆(Ω)。它也是由电路参数 L,C 决定的,与频率无关。

工程上把特性阻抗与电阻的比值称作串联电路的品质因数,用 Q 表示,即

$$Q = \frac{\rho}{R} = \frac{\omega_0 L}{R} = \frac{1}{R}\sqrt{\frac{L}{C}} = \frac{U_C(\omega_0)}{U} = \frac{U_L(\omega_0)}{U} \tag{10.26}$$

它是由 RLC 共同决定的一个无量纲的量。有时也称作 Q 值。

谐振时各元件的电压分别为

$$\dot{U}_R = R\dot{I} = \dot{U}$$

$$\dot{U}_L = \mathrm{j}\omega_0 L\dot{I} = \mathrm{j}\frac{\omega_0 L}{R}\cdot\dot{U} = \mathrm{j}Q\dot{U}$$

$$\dot{U}_C = -\mathrm{j}\frac{1}{\omega_0 C}\dot{I} = -\mathrm{j}\frac{1}{\omega_0 CR}\cdot\dot{U} = -\mathrm{j}Q\dot{U}$$

因 $\dot{U}_L + \dot{U}_C = 0$ 且 $U_L = U_C = QU$,故又把串联谐振称作电压谐振,谐振时串联电路的相量图如图 10.21(c)所示。如果 $Q \gg 1$,则谐振时 $U_L = U_C \gg U$,称作过电压现象,经常会造成电路器件的损坏。

谐振时,因 $\dot{U}$ 与 $\dot{I}$ 同相,故 $\varphi(\omega_0) = 0$,所以电路的功率因数 $\cos\varphi = 1$。

$$P(\omega_0) = UI\cos\varphi(\omega_0) = UI = \frac{1}{2}U_{\mathrm{m}}I_{\mathrm{m}}$$

$$Q_L(\omega_0) = \omega_0 LI^2 \qquad Q_C(\omega_0) = -\frac{1}{\omega_0 C}I^2$$

整个电路的复功率

$$\bar{S} = P + \mathrm{j}(Q_L + Q_C) = P$$

即有

$$Q_L(\omega_0) + Q_C(\omega_0) = 0$$

但 $Q_L(\omega_0) \neq 0$ 及 $Q_C(\omega_0) \neq 0$。说明电路谐振时与外电路无能量交换,但电路的内部的电感与电容之间周期性的进行着磁场能量与电场能量的安全交换,其总和为

$$W(\omega_0) = \frac{1}{2}Li^2 + \frac{1}{2}Cu_C^2$$

因谐振时有

$$i = \sqrt{2}\frac{U}{R}\cos(\omega_0 t + \psi_u), \quad u_C = \sqrt{2}QU\sin(\omega_0 t + \psi_u),$$

且

$$Q^2 = \frac{1}{R^2}\frac{L}{C},$$

把以上各式代入上式得

$$W(\omega_0) = \frac{L}{R^2}U^2\cos^2(\omega_0 t + \psi_u) + CQ^2U^2\sin^2(\omega_0 t + \psi_u) =$$

$$\frac{L}{R^2}U^2 = CQ^2U^2 = \frac{1}{2}CQ^2U_{\mathrm{m}}^2 = 常量$$

另外,根据 Q 的定义有

$$Q = \frac{\omega_0 L}{R} = \omega_0 \frac{\frac{1}{2}LI_m^2}{\frac{1}{2}RI_m^2} = \frac{\omega_0 W(\omega_0)}{P(\omega_0)}$$

串联电路中电阻的大小,虽然不影响电路的固有频率,但却有控制与调节谐振时电压、电流及消耗功率幅度的作用。

例 10.13　一个线圈与电容相串联,线圈电阻 $R=16.2\ \Omega$,电感 $L=0.26$ mH,当调节电容 $C=100$ pF 时发生谐振。①求电路的谐振频率和品质因数;②若外施电压为 10 μV,试求谐振时电路中的电流及电容电压;③若外施电压仍为 10 μV,但其频率比谐振时高 10%,再求此时的电容电压。

解　①电路的谐振频率和品质因数分别为

$$f_0 = \frac{1}{2\pi\sqrt{LC}} = \frac{1}{2\pi\sqrt{0.26\times10^{-3}\times100\times10^{-12}}} = 990\times10^3\ \text{Hz}$$

$$Q = \frac{2\pi f_0 L}{R} = \frac{2\pi\times990\times10^{-3}\times0.26\times10^{-3}}{16.2} = 100$$

②谐振时的电流及电容电压:

$$I_0 = \frac{U}{R} = \frac{10\times10^{-6}}{16.2} = 0.617\ \mu\text{A}$$

$$X_C = \frac{1}{\omega_0 C} = \frac{1}{2\pi\times990\times10^3\times100\times10^{-12}} = 1\ 608\ \Omega$$

$$U_C = X_C I_0 = 1\ 608\times0.617\times10^{-6} = 1\ \text{mV}$$

或

$$U_C = QU = 100\times10\times10^{-6} = 1\ \text{mV}$$

③电源频率高于谐振频率10%时

$$f' = (1+0.1)f_0 = 1.1\times10^3\times990 = 1\ 089\times10^3\ \text{Hz}$$

$$X_L' = \omega' L = 2\pi\times1\ 089\times10^3\times0.26\times10^{-3} = 1\ 780\ \Omega$$

$$X_C' = \frac{1}{\omega' C} = \frac{1}{2\pi\times1\ 089\times10^3\times100\times10^{-12}} = 1\ 460\ \Omega$$

$$|Z'| = \sqrt{R^2 + (X'_L - X'_C)^2} = \sqrt{16.2^2 + (1\ 780 - 1\ 460)^2} = 320\ \Omega$$

$$U_C' = \frac{U}{|Z'|}X'_C = \frac{10\times10^{-6}}{320}\times1\ 460 = 0.046\ \text{mV}$$

可见,电路中的阻抗(导纳)是随频率的变化而变化的。当输入的有效值保持不变时,电路中的电流和电压也会随频率而变化。$|Z(\omega)|$,$I(\omega)$,$U(\omega)$统称为频率特性。而把串联电路中的 $I(\omega)$ 及 $U(\omega)$ 的曲线称作谐振曲线。收音机正是利用串联电路的这一特性来选择被收听电台的信号,而抑制非收听电台的信号的。

在 $Z(j\omega)$,$U_R(\omega)$ 中引入 $\eta = \frac{\omega}{\omega_0}$,则有

$$Z(j\omega) = R + j\left(\omega L - \frac{1}{\omega C}\right) = R\left[1 + j\frac{\omega_0 L}{R}\left(\frac{\omega}{\omega_0} - \frac{\omega_0}{\omega}\right)\right]$$

所以有

$$Z(j\eta) = R\left[1 + jQ\left(\eta - \frac{1}{\eta}\right)\right]$$

及

$$U_R(\eta) = R \cdot \frac{U}{|Z(j\eta)|} = \frac{U}{\sqrt{1 + Q^2\left(\eta - \frac{1}{\eta}\right)^2}}$$

所以有

$$\frac{U_R(\eta)}{U} = \frac{1}{\sqrt{1 + Q^2\left(\eta - \frac{1}{\eta}\right)^2}} \tag{10.27}$$

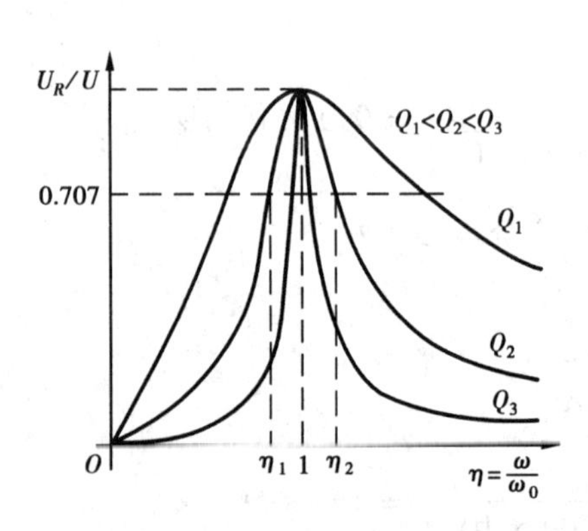

图 10.22

此式适用于不同参数的 RLC 串联电路，在同一横坐标下，取不同的 Q 值，将得到不同形状的 $U_R(\eta)/U$ 谐振曲线，如图 10.22 所示。该曲线被称作通用谐振曲线。从图 10.22 中可以看出：如果 U 为输入，$U_R(\eta)$ 为输出，则在 $\eta=1$（谐振点）时，曲线出现了峰值，输出 $U_R(\eta)$ 达到了最大值（U）；当 $\eta>1$ 或 $\eta<1$（偏离谐振点）时，输出逐渐下降，并随 $\eta\to\infty$ 和 $\eta\to0$ 而逐渐下降到零。这就说明串联谐振电路具有选择谐振频率附近信号而抑制其他信号的能力，把电路的这种性能就称为电路的选择性。从图中可以看出，Q 值越大，谐振曲线在谐振点附近的形状就越尖锐，只要信号频率稍微偏离谐振频率，输出信号就急剧下降，说明电路的选择性就越好。反之，Q 值越小，在谐振频率附近谐振曲线就越平园，选择性就越差。

在工程上为了定量的衡量电路的选择性，常定义$\frac{U_R(\eta)}{U}=\frac{1}{\sqrt{2}}=0.707$①两频率之差 $\omega_2-\omega_1$ 或 f_2-f_1 为通频带 B。即

$$B \overset{\Delta}{=} \omega_2 - \omega_1$$

根据此定义有

$$\frac{1}{\sqrt{1 + Q^2\left(\eta - \frac{1}{\eta}\right)^2}} = \frac{1}{\sqrt{2}}$$

或

$$Q^2\left(\eta - \frac{1}{\eta}\right)^2 = 1$$

$$\eta^2 \mp \frac{1}{Q}\eta - 1 = 0$$

解上两式可得两正根为

$$\eta_1 = -\frac{1}{2Q} + \sqrt{\frac{1}{4Q^2} + 1}, \qquad \eta_2 = \frac{1}{Q} + \sqrt{\frac{1}{4Q^2} + 1}$$

所以有

$$\eta_2 - \eta_1 = \frac{1}{Q} \qquad \omega_2 - \omega_1 = \frac{\omega_0}{Q} = B$$

可见,Q 值大,通频带 B 窄,选择性越好。

用类似的方法可分析 $U_C(\eta)/U$ 和 $U_L(\eta)/U$ 的频率特性:

$$\frac{U_C(\eta)}{U} = \frac{U_R(\eta)}{U} \cdot \frac{1}{\omega CR} = \frac{U_R(\eta)}{U} \cdot \frac{Q}{\eta} = \frac{Q}{\sqrt{\eta^2 + Q^2(\eta^2 - 1)^2}}$$

$$\frac{U_L(\eta)}{U} = \frac{U_R(\eta)}{U} \cdot \frac{\omega L}{R} = \frac{U_R(\eta)}{U} \cdot Q \cdot \eta = \frac{Q}{\sqrt{\eta^2 + Q^2\left(1 - \frac{1}{\eta^2}\right)^2}}$$

按照同样的方法标绘它们的曲线如图 10.23 所示。

可以证明,当 $Q > \frac{1}{\sqrt{2}} = 0.707$ 时,特性曲线会出现峰值。对于 $U_C(\eta)/U$,峰值的频率为

$$\eta_1 = \sqrt{1 - \frac{1}{2Q^2}} < 1$$

或

$$\omega_1 = \omega_0\sqrt{1 - \frac{1}{2Q^2}} < \omega_0$$

而峰值为

$$\left.\frac{U_C(\eta)}{U}\right|_{\max} = \frac{Q}{\sqrt{1 - \frac{1}{4Q^2}}}$$

对于 $U_L(\eta)/U$,峰值的频率为

$$\eta_2 = \sqrt{\frac{2Q^2}{2Q^2 - 1}} > 1$$

或:

$$\omega_2 = \omega_0\sqrt{\frac{2Q^2}{2Q^2 - 1}} > \omega_0$$

峰值为

$$\left.\frac{U_L(\eta)}{U}\right|_{\max} = \frac{Q}{\sqrt{1 - \frac{1}{4Q^2}}}$$

显然,$U_{C\max} = U_{L\max}$。当 Q 值很大时,η_1,η_2 向 1 靠近。当 $Q < \frac{1}{\sqrt{2}}$ 时 $U_C(\eta)/U$ 及 $U_L(\eta)/U$ 均无峰值。如图 10.23 所示。

如果变量不是电源频率,而是参数 L,C,则另当别论。

10.8　并联谐振电路

电流源激励的 GCL 并联电路如图 10.24(a)所示,它与由电压源激励的 RLC 串联电路互

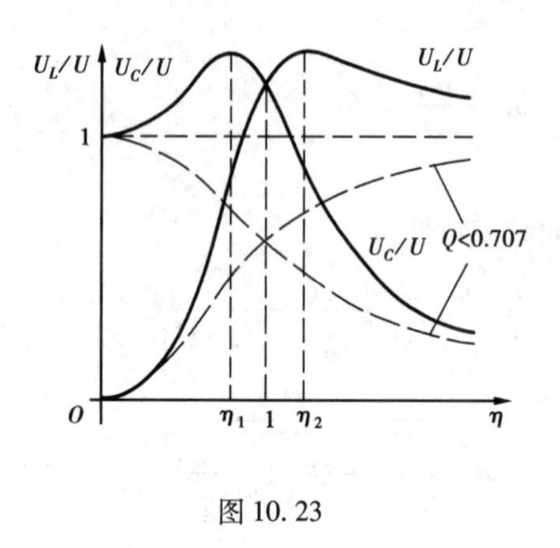

图 10.23

为对偶电路。其分析方法与 RLC 串联谐振电路相对偶。

并联谐振仍然定义为端口电压 $\dot{U}$ 与电流 $\dot{I}$ 同相位,由于是在并联电路中,故称作并联谐振。并联谐振的条件是:

$$\mathrm{Im}Y(\mathrm{j}\omega_0) = \mathrm{Im}\left[G + \mathrm{j}\left(\omega_0 C - \frac{1}{\omega_0 L}\right)\right] = 0$$

所以,其谐振频率为

$$\omega_0 = \frac{1}{\sqrt{LC}}$$

$$f_0 = \frac{1}{2\pi\sqrt{LC}}$$

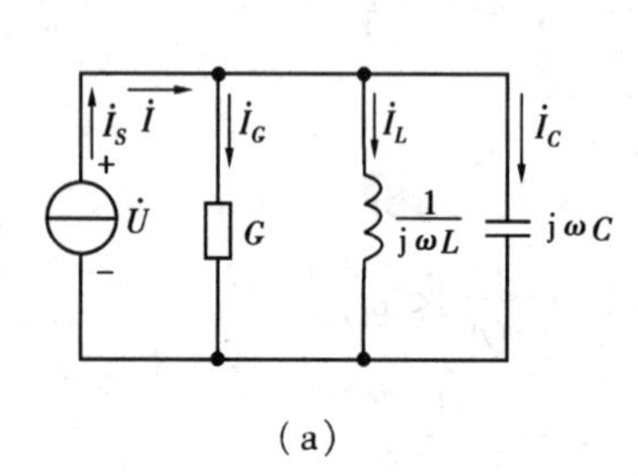

(a)

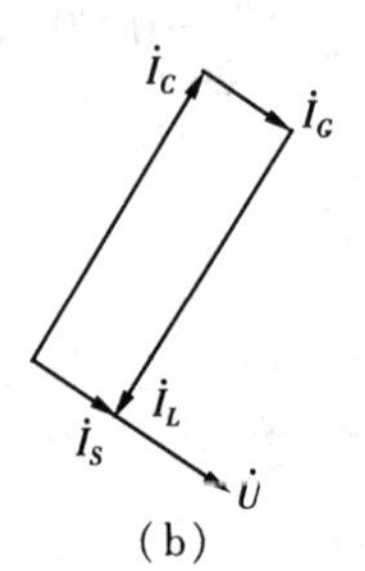

(b)

图 10.24

这个频率同样称作电路的固有频率。

谐振时,由于导纳为最小值:

$$Y(\mathrm{j}\omega_0) = G + \mathrm{j}\left(\omega_0 C - \frac{1}{\omega_0 L}\right) = G,$$

或输入阻抗最大 $Z(\mathrm{j}\omega_0) = \dfrac{1}{Y(\mathrm{j}\omega_0)} = R$,当电流源电流有效值不变时,其端电压达到最大值:

$$U(\omega_0) = \frac{I}{|Y(\mathrm{j}\omega_0)|} = I_S R$$

这一特点也可作为判断并联电路是否谐振的依据。

在并联电路中,也有品质因数的概念,其定义为

$$Q = \frac{I_C(\omega_0)}{I_S} = \frac{I_L(\omega_0)}{I_S} = \frac{1}{\omega_0 LG} = \frac{1}{G}\sqrt{\frac{C}{L}}$$

因并联谐振时有

$$\dot{I}_L(\omega_0) = -\mathrm{j}\frac{1}{\omega_0 L}\dot{U} = -\mathrm{j}\frac{1}{\omega_0 LG}\dot{I}_S = -\mathrm{j}Q\dot{I}_S$$

$$\dot{I}_C(\omega_0) = \mathrm{j}\omega_0 C\dot{U} = \mathrm{j}\frac{\omega_0 C}{G}\dot{I}_S = \mathrm{j}Q\dot{I}_S$$

当 $Q \gg 1$,则谐振时电感和电容中都会出现过电流,但 L,C 两元件的并联支路导纳为零。$B = B_C - B_L = 0$,阻抗为无穷大 $X = \dfrac{1}{B} \Rightarrow \infty$,相当于开路。而 $\dot{I}_L + \dot{I}_C = 0$,说明 $\dot{I}_L$ 与 $\dot{I}_C$ 完全补

偿,互相抵消,故又称作电流谐振。谐振时的相量图如图 10.24(b)所示。

谐振时的无功功率

$$Q_L = \frac{1}{\omega_0 L}U^2 \qquad Q_C = -\omega_0 CU^2$$

所以有

$$Q_L + Q_C = 0$$

说明谐振时电路与电源之间并无能量交换,但电感的磁场能量与电容的电场能量却彼此相互交换,两种能量的总和为

$$W(\omega_0) = W_L(\omega_0) + W_C(\omega_0) = LQ^2 I_S^2 = \text{常数}$$

工程中经常应用电感线圈和电容并联的谐振电路,其中用 R,L 串联表示电感线圈的等效电路,如图 10.25(a)时。其等效导纳为

$$Y(\mathrm{j}\omega) = \mathrm{j}\omega C + \frac{1}{R + \mathrm{j}\omega L} = \mathrm{j}\omega C + \frac{R}{|Z(\mathrm{j}\omega)|^2} - \mathrm{j}\frac{\omega L}{|Z(\mathrm{j}\omega)|^2}$$

谐振时必有:

$$\mathrm{Im}Y(\mathrm{j}\omega) = 0$$

即

$$\omega_0 C - \frac{\omega_0 L}{|Z(\mathrm{j}\omega_0)|} = 0$$

可求得

$$\omega_0 = \frac{1}{\sqrt{LC}}\sqrt{1 - \frac{CR^2}{L}}$$

显然,只有当 $1 - \frac{CR^2}{L} > 0$,即 $R < \sqrt{\frac{L}{C}}$ 时,ω_0 才是实数,电路才能发生谐振,当 $R > \sqrt{\frac{L}{C}}$ 时,电路不会发生谐振。谐振时的相量图如图 10.25(b)所示。且有:

$$I_C = I_1 \sin\varphi_1 = I_S \tan\varphi_1$$

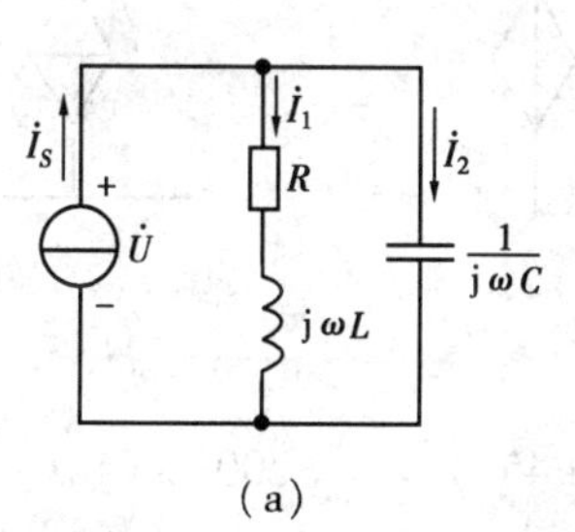

(a)

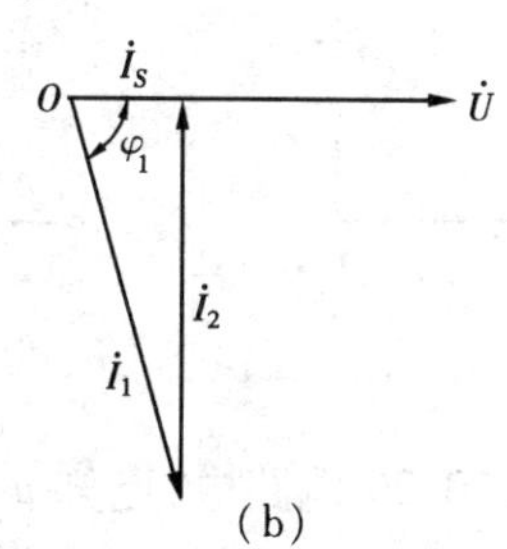

(b)

图 10.25

当电感线圈的阻抗角 φ_1 很大时,则谐振时,在电容和电感支路中就会出现过电流。

谐振时的输入导纳为

$$Y(\mathrm{j}\omega_0) = \frac{R}{|Z(\mathrm{j}\omega_0)|^2} = \frac{CR}{L}$$

由输入导纳 $Y(\mathrm{j}\omega)$ 的表达式可以证明,电路调频谐振时,$Y(\mathrm{j}\omega_0) = \frac{CR}{L}$ 并不是最小值,其输入阻抗

$Z(\mathrm{j}\omega_0)=\dfrac{1}{Y(\mathrm{j}\omega_0)}=\dfrac{L}{CR}$也就不是最大值，当 ω 略高于 ω_0 时，$Y(\mathrm{j}\omega)$达到最小值，而阻抗达到最大值。

习 题 10

10.1 在图 10.26 所示电路中，电流表读数分别为Ⓐ₁=0.1 A，Ⓐ₂=0.38 A，Ⓐ=0.4 A。试求容纳 B_C 和电导 G。

10.2 在图 10.27 电路中，已知 $R_1=60\ \Omega$，$R_2=100\ \Omega$，$L=0.2\ \mathrm{H}$，$C=10\ \mu\mathrm{F}$；若电流源 $i_S(t)=6\sqrt{2}\cos(314t+30°)\ \mathrm{A}$，试求两并联支路的电流 i_R，i_C 和电流源的端电压 u。

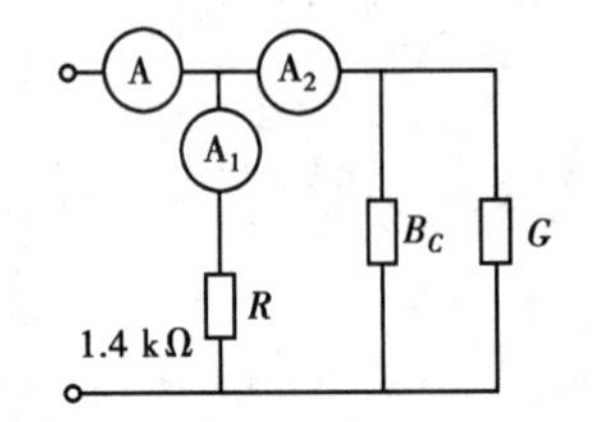

图 10.26

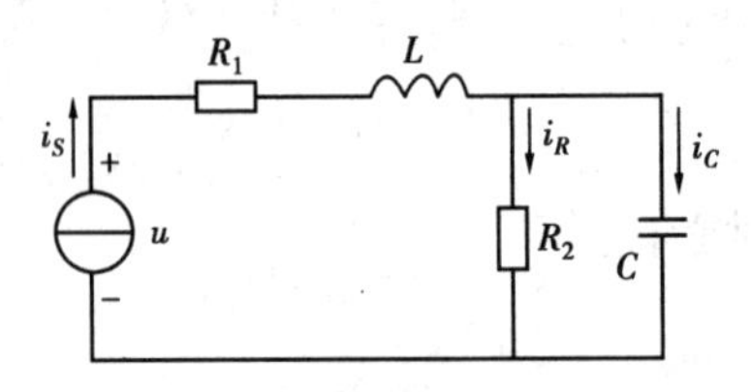

图 10.27

10.3 试求图 10.28 所示电路的输入阻抗 Z 和导纳 Y。

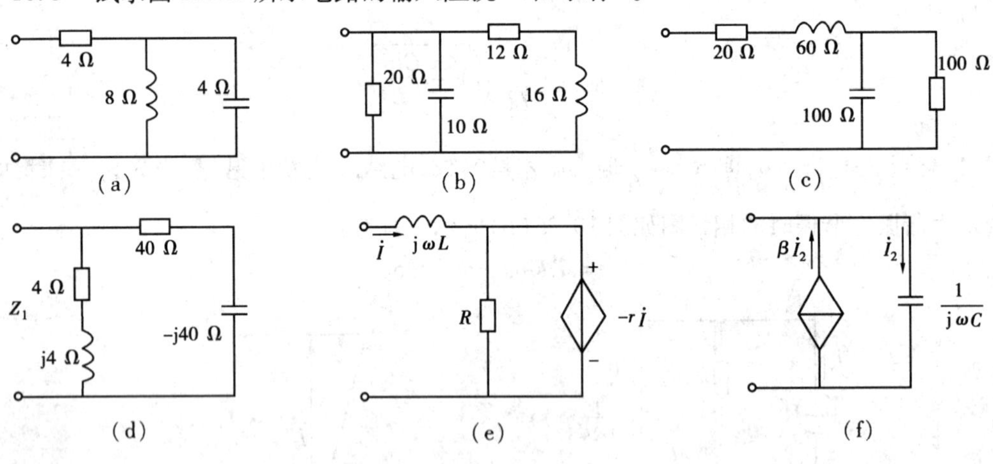

图 10.28

10.4 在图 10.29 电路中，已知 $u=100\sin(10t+45°)\ \mathrm{V}$，$i=200\cos(10t+30°)\ \mathrm{A}$，试确定电路图中合适的元件值（等效）。

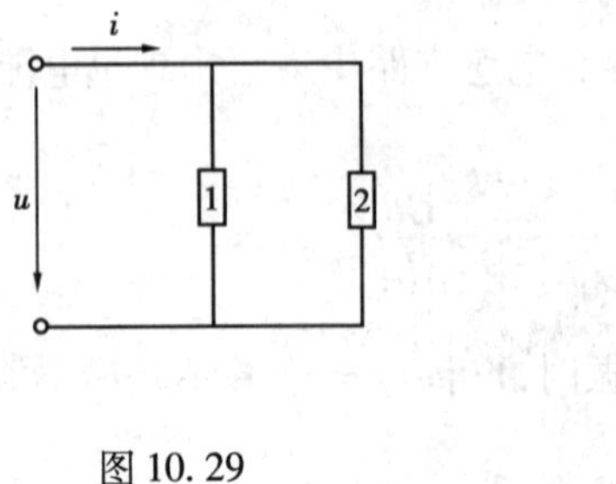

图 10.29

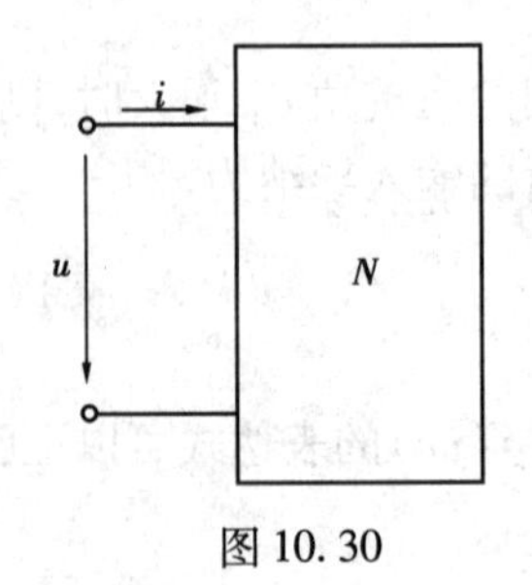

图 10.30

10.5　已知图 10.30 所示一端口电路 N 中不含独立源，试确定在下述各端口电压 u 和电流 i 情况下 N 的输入阻抗 Z 和导纳 Y，并画出等效电路图。

① $\begin{cases} u = 200\cos 500t \text{ V} \\ i = 50\cos 500t \text{ A} \end{cases}$　　② $\begin{cases} u = 100\cos(100t + 45°) \text{ V} \\ i = 50\cos(100t - 90°) \text{ A} \end{cases}$

③ $\begin{cases} u = 220\cos(314t + 60°) \text{ V} \\ i = 11\cos(314t - 30°) \text{ A} \end{cases}$　　④ $\begin{cases} u = 120\cos(1\,000t + 17°) \text{ V} \\ i = 30\cos(1\,000t - 90°) \text{ A} \end{cases}$

10.6　在图 10.31 所示电路中，已知 $R_1 = 200\ \Omega$，$R_2 = 1\ \text{k}\Omega$，$L = 1\ \text{H}$，$C = 10\ \mu\text{F}$，电源频率 $f = 50\ \text{Hz}$，若 R_2 中电流 $I_2 = 100\ \text{mA}$，求电源电压 $\dot{U}_S$。

10.7　在图 10.32 所示电路中，已知 $L_1 = 63.7\ \text{mH}$，$L_2 = 31.8\ \text{mH}$，$R_2 = 100\ \Omega$，电路工作频率 $f = 500\ \text{Hz}$，电容 C 值可调，试求使 $\dot{I}$ 与 $\dot{I}_2$ 相位差分别为 $\varphi = 0°, 60°, 90°$ 的 C 值。

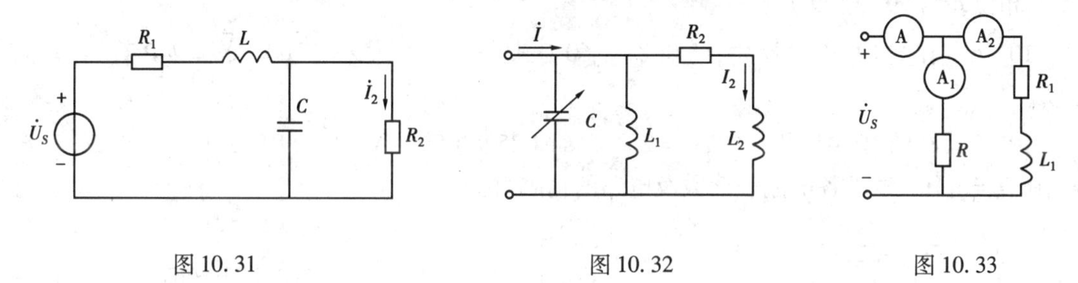

图 10.31　　图 10.32　　图 10.33

10.8　在图 10.33 所示电路中，已知 $R = 10\ \Omega$，电流表读数分别为 $Ⓐ_1 = 3\ \text{A}$，$Ⓐ_2 = 2\ \text{A}$，$Ⓐ = 4\ \text{A}$。电源频率 $f = 50\ \text{Hz}$，试求 R_1，L_1 的值。

10.9　在图 10.34 电路中，若已侧得 $U = 100\ \text{V}$，$I_1 = I_2 = I = 10\ \text{A}$，电源频率为 $\omega = 10^4\ \text{rad/s}$，求 R，L，C 的值。

10.10　在图 10.35 电路中，已知$Ⓥ_1 = 81.65\ \text{V}$，$Ⓥ_2 = 111.54\ \text{V}$，$U_S = 100\ \text{V}$，$X_C = 50\ \Omega$，试求 R，X_L 值。

10.11　在图 10.35 电路中，已知 $u_S = 200\sqrt{2}\sin(314t + 60°)\ \text{V}$，$Ⓥ_1 = Ⓥ_2 = 200\ \text{V}$，$Ⓐ = 2\ \text{A}$。求 R，L，C 的值，并作相量图。

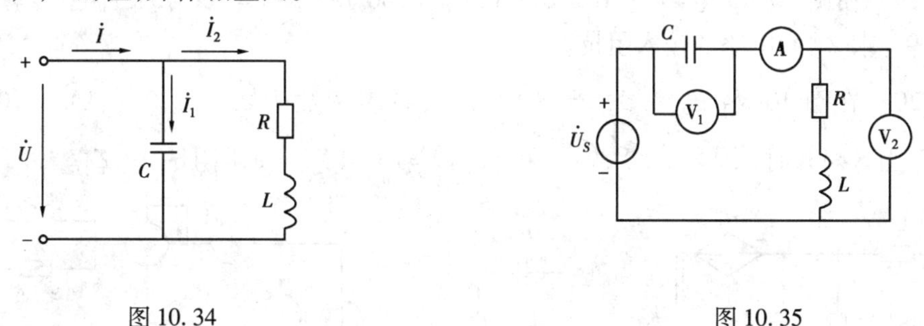

图 10.34　　图 10.35

10.12　在图 10.36 电路中，已知 $R_1 = 50\Omega$，$R_2 = 25\ \Omega$，若 $\dot{U} = 100\angle 0°\ \text{V}$，$\omega = 10^3\ \text{rad/s}$，试求电容 C 为何值时电压 $\dot{U}$ 与电流 $\dot{I}$ 相位差最大？其值为多大？

10.13　在图 10.37 电路中，调节电容 C 使 $\dot{I}_S$ 与 $\dot{U}$ 同相位，并测得$Ⓐ = 14\ \text{mA}$，$Ⓐ_1 = 50\ \text{mA}$，求$Ⓐ_2 = ?$

10.14　在图10.38电路中，已知 $Z_1=(10+\mathrm{j}50)\ \Omega$，$Z_2=(400+\mathrm{j}1\ 000)\ \Omega$，求使 $\dot{I}_2$ 与 $\dot{U}_S$ 正交(90°)的 β 值。如将CCCS用可变电容替换，再求 ωC。

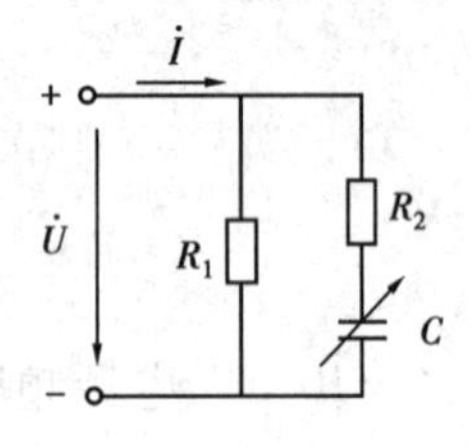

图10.36

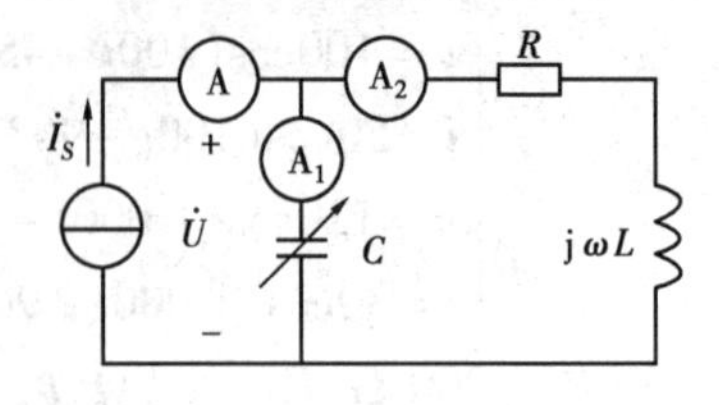

图10.37

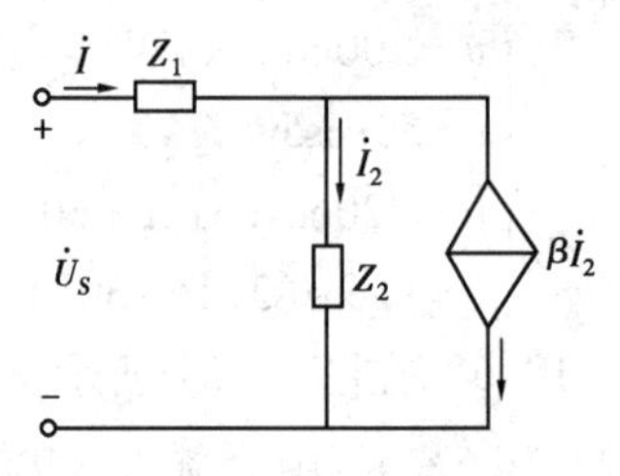

图10.38

10.15　在图10.39电路中，已知 $R_1=X_C=5\ \Omega$，$R=8\ \Omega$，试确定 R_O 为何值时可使 $\dot{I}_O$ 与 $\dot{U}_S$ 的相位差为90°(正交)。

10.16　在图10.40电路中，已知 $Z_2=\mathrm{j}60\ \Omega$，Ⓥ$=100$ V，$V_1=171$ V，$V_2=240$ V。试求阻抗 Z_1。

10.17　在图10.41电路中，$u=200\sqrt{2}\sin(250t+20°)$ V，$R=110\ \Omega$，$C_1=20\ \mu\mathrm{F}$，$C_2=80\ \mu\mathrm{F}$，$L=1$ H。试求各电流表读数及电路的输入阻抗。

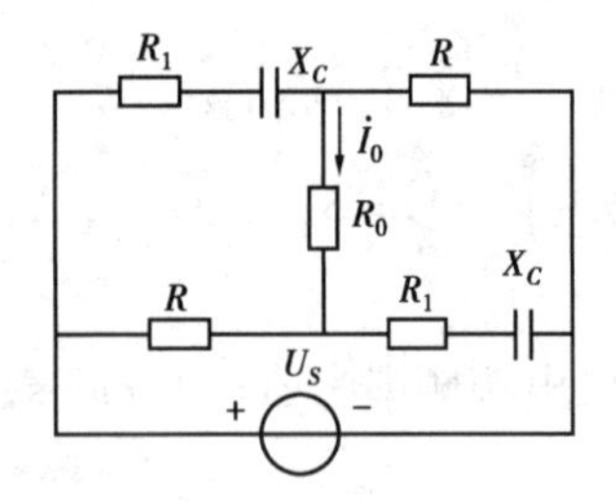

图10.39

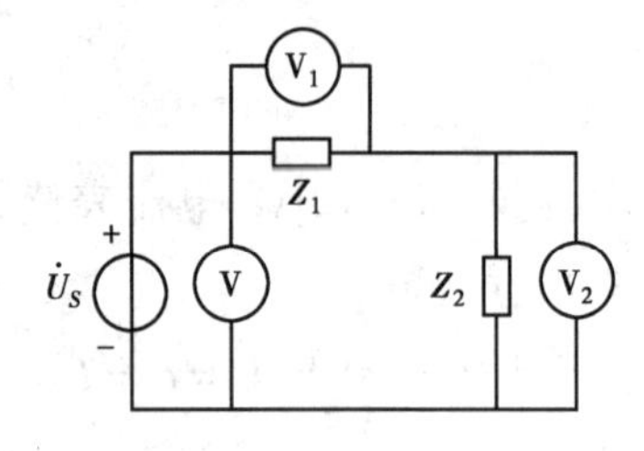

图10.40

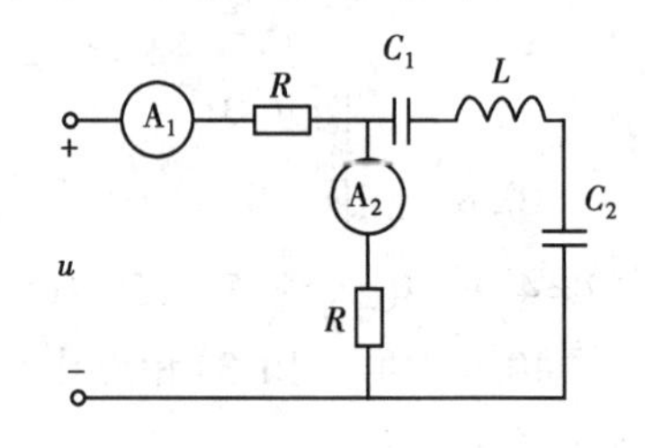

图10.41

10.18　在图10.42电路中，$\dot{U}_S=6\angle 0°$ V，$Z=(20-\mathrm{j}10)\ \Omega$，$R_1=5\ \Omega$，$R_2=20\ \Omega$，$X_C=20\ \Omega$，$r=30\ \Omega$，求流经 Z 的电流 $\dot{I}$。

10.19　在图10.43电路中，$U=100$ V，$U_C=100\sqrt{3}$ V，$X_C=100\sqrt{3}\ \Omega$，阻抗 Z_X 的阻抗角 $|\varphi_X|=60°$。求 Z_X 和电路的输入阻抗。

10.20　在图10.44电路中，当 S 闭合时，各表读数为Ⓥ$=220$ V，Ⓐ$=10$ A，Ⓦ$=1\ 000$ W，当 S 断开时，Ⓥ$=220$ V，Ⓐ$=12$ A，Ⓦ$=1\ 600$ W。试求阻抗 Z_1，Z_2。

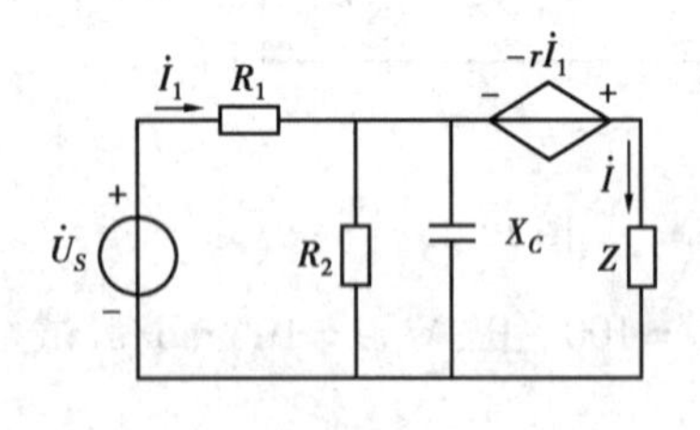

图10.42

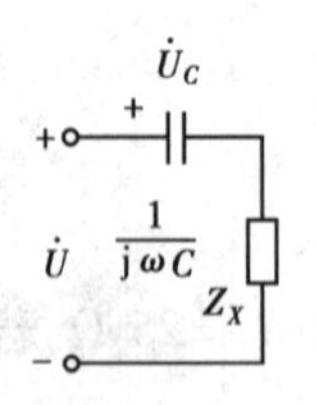

图10.43

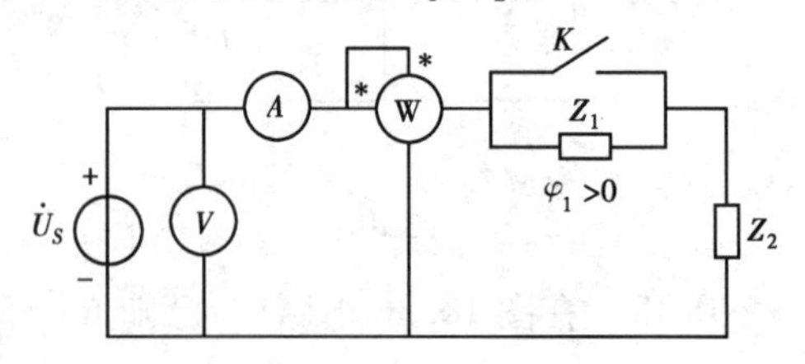

图10.44

10.21　在图10.45路中，$R_1=100\ \Omega$，$L_1=1$ H，$R_2=2\ 000\ \Omega$，$L_2=1$ H，$U_S=100\sqrt{2}$ V，$\omega=$

100 rad/s,$I_2=0$,求各支路电流。

10.22　在图 10.46 电路中,R 改变时电流 I 保持不变,L,C 应满足什么条件?

10.23　在图 10.47 电路中,已知 $I_S=60$ mA,$R=1$ kΩ,$C=1$ μF。如果电源角频率可变,试确定使电容电流 I_C 取得最大值的角频率,并求此电流 I_C。

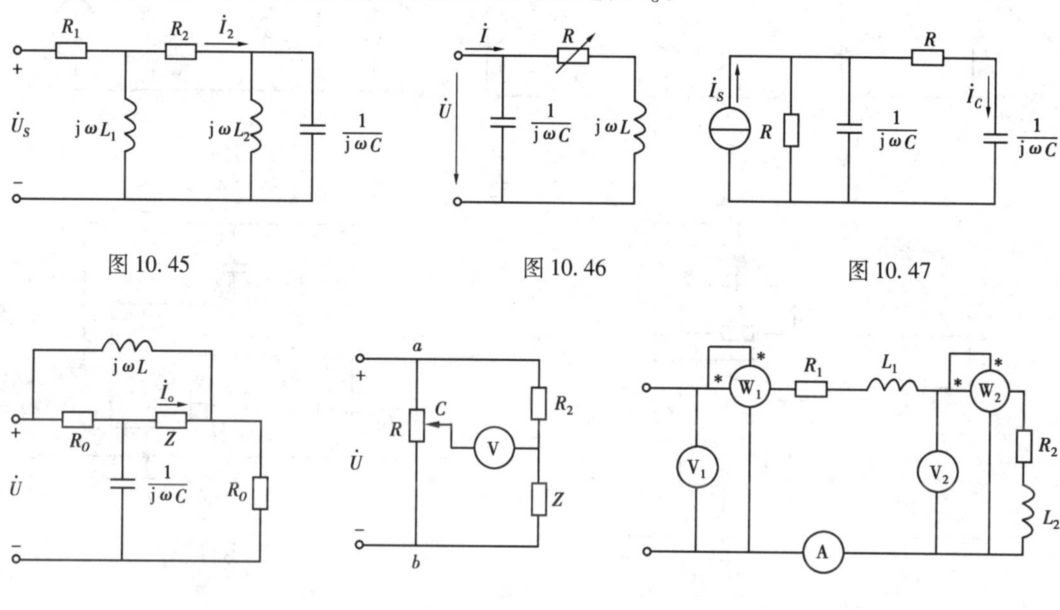

图 10.45　　图 10.46　　图 10.47

图 10.48　　图 10.49　　图 10.50

10.24　在图 10.48 所示的正弦交流电路中,$L=1$ mH,$R_o=1$ kΩ,$Z=(3+j5)$ Ω。试求:①当 $\dot{I}_o=0$ 时,C 值若何?②当条件①满足时,试证明输入阻抗 $Z_{in}=R$。

10.25　在图 10.49 电路中,$U=100$ V,$R_2=65$ Ω,$R=20$ Ω,当调节触点 C 使 $R_{ac}=4$ Ω 时,电压表的读数最小,其值为 30 V。求阻抗 Z。

10.26　在图 10.50 电路中,各表的读数分别为Ⓐ$=2$ A,Ⓥ₁$=220$ V,Ⓦ₁$=400$ W,Ⓥ₂$=64$ V,Ⓦ₂$=100$ W 求电路元件参数 R_1,R_2,L_1,L_2。电源频率 $f=50$ Hz。

10.27　试列写图 10.51 中各电路的回路电流方程和节点电压方程。已知 $u_S=14.14\cos 2t$ V,$i_S=1.414\cos(2t+30°)$ A。

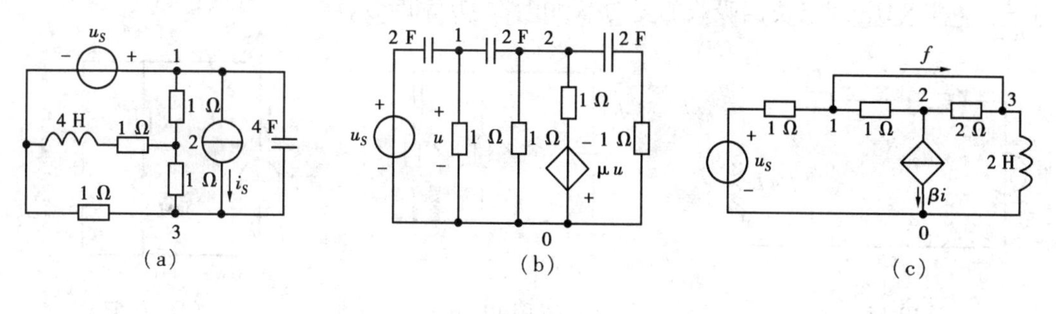

图 10.51

10.28　求图 10.52 所示一端口的戴维南(或诺顿)等效电路。

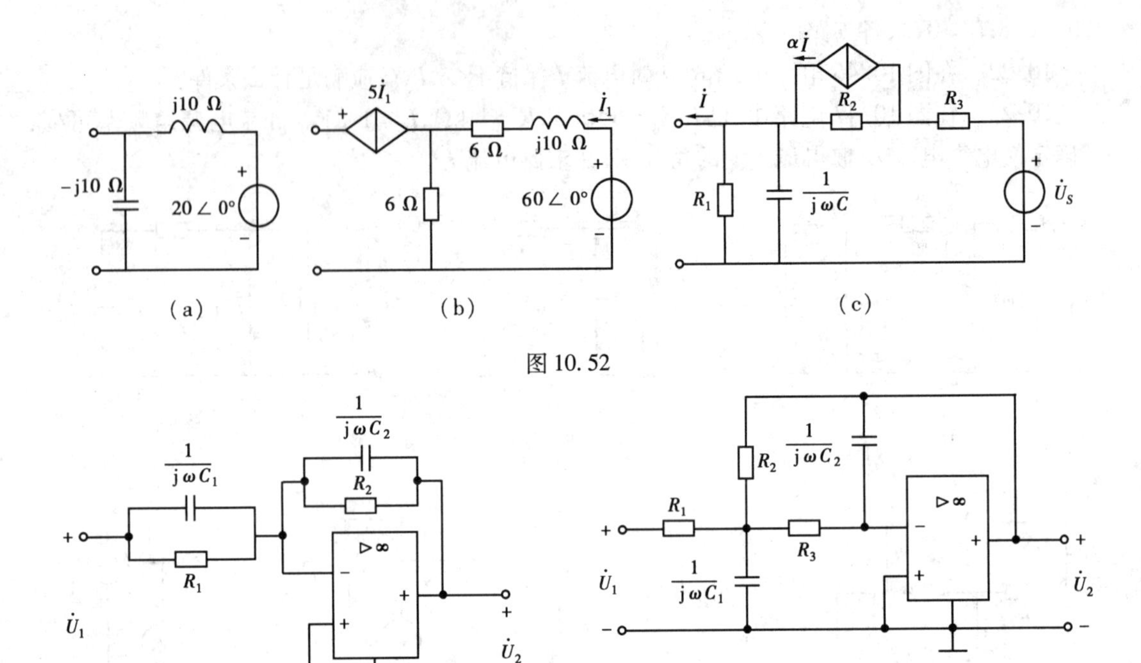

图 10.52

图 10.53

图 10.54

10.29 在图 10.53 所示电路中，已知 $R_1=R_2=1\ \text{k}\Omega, C_1=1\ \mu\text{F}, C_2=0.01\ \mu\text{F}$。求 $\dot{U}_2/\dot{U}_1$。

10.30 求图 10.54 电路中的 $\dot{U}_2/\dot{U}_1$。

10.31 求图 10.2 电路中各支路的复功率和电源发出的复功率。

10.32 在图 10.55 电路中，$u_S=100\sqrt{2}\cos(314t-30°)\ \text{V}, R_1=3\ \Omega, R_2=2\ \Omega, L=9.55\ \text{mH}$。试求各元件的端电压，作电路的相量图，计算电源发出的复功率。

10.33 在图 10.56 电路中，$i_S=5\sqrt{2}\cos 10^4 t\ \text{A}, Z_1=(10+\text{j}50)\ \Omega, Z_2=-\text{j}50\ \Omega$。求 Z_1, Z_2 吸收的复功率，并验证整个电路的复功率守恒，即有 $\sum\overline{S}=0$。

10.34 在图 10.57 电路中，$I_S=10\ \text{A}, \omega=1\ 000\ \text{rad/s}, R_1=10\ \Omega, \text{j}\omega L_1=\text{j}25\ \Omega, R_2=5\ \Omega, -\text{j}\frac{1}{\omega C}=-\text{j}15\ \Omega$。求各支路吸收的复功率和电路的功率因数。

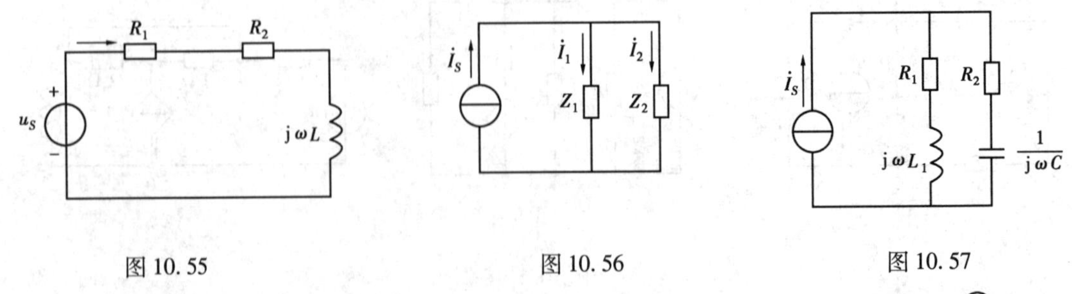

图 10.55　　图 10.56　　图 10.57

10.35 在图 10.58 电路中，$R_1=R_2=10\ \Omega, L=0.25\ \text{H}, C=10^{-3}\ \text{F}$，电压表读数Ⓥ=20 V，功率表读数Ⓦ=120 W，试求 $\dot{U}_2/\dot{U}_S$ 和电源发出的复功率 $\overline{S}$，$w=100\ \text{rad/s}$。

10.36　在图 10.59 电路中，$R_1=1\ \Omega$，$R_2=2\ \Omega$，$C_1=10^{-3}\ \mu\text{F}$，$L_1=0.4\ \text{mH}$，$\dot{U}_S=10\angle{-45^\circ}\ \text{V}$，$\omega=10^3\ \text{rad/s}$。求 Z_L 能获得的最大功率。

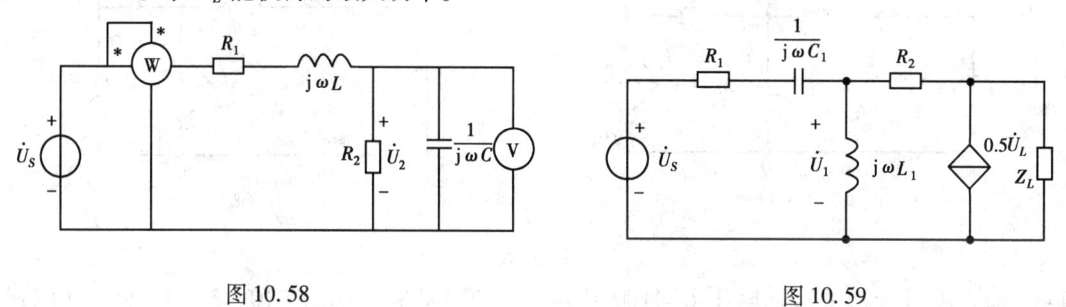

图 10.58　　　　图 10.59

*10.37　电路如图 10.60 所示，已知：$\dfrac{1}{\omega C_2}=1.5\omega L_1$，$R=1\ \Omega$，$\omega=10^4\ \text{rad/s}$，电压表读数Ⓥ$=10\ \text{V}$，电流表读数Ⓐ₁$=30\ \text{A}$。求电流表Ⓐ₂，功率表Ⓦ的读数及电路的输入阻抗 Z_{in}。

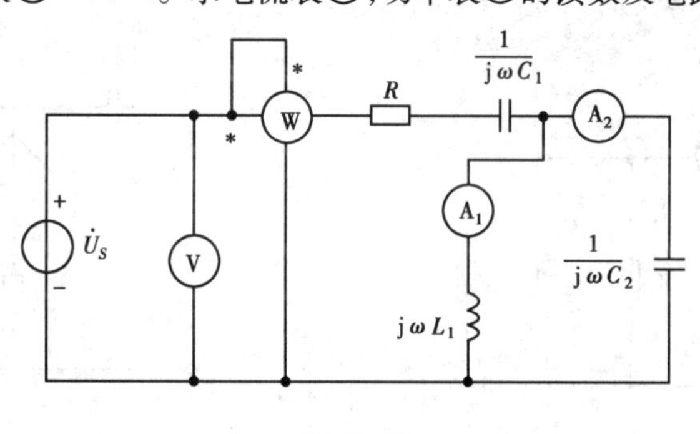

图 10.60

10.38　在图 10.61 所示电路中，当开关 S 断开时，Ⓥ$=25\ \text{V}$。电路中阻抗 $Z_1=(6+\text{j}12)\ \Omega$，$Z_2=2Z_1$。求开关 S 闭合后的电压表读数Ⓥ。

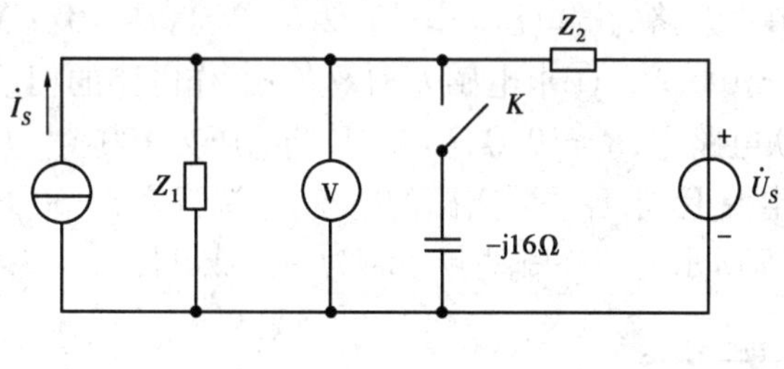

图 10.61

10.39　对图 10.62 所示电路列写节点电压方程和网孔电流方程。

10.40　把三个负载并联连接到 220 V 正弦交流电源上，各负载取用的功率和电流分别为 $P_1=4.4\ \text{kW}$，$I_1=44.7\ \text{A}$（感性）；$P_2=8.8\ \text{kW}$，$I_2=50\ \text{A}$（感性）；$P_3=6.6\ \text{kW}$，$I_3=60\ \text{A}$（容性）。求电源供出的总电流和电路的功率因数。

10.41　功率为 60 W，功率因数为 0.5 的日光灯（感性）负载与功率为 100 W 的白炽灯各 50 只并联在 220 V 的正弦交流电源上（$f=50\ \text{Hz}$）。如果要把电路功率因数提高到 0.92，应并联多大电容？

10.42　在图 10.63 所示电路中，$I_1=10\ \text{A}$，$I_2=20\ \text{A}$，其功率因数分别为 $\cos\varphi_1=0.8$（φ_1 <

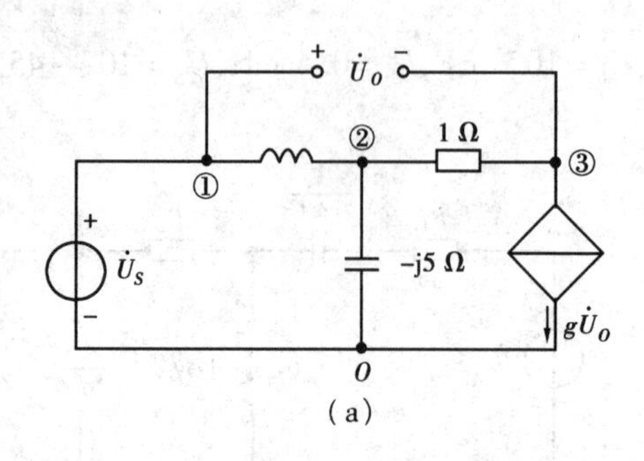

(a)

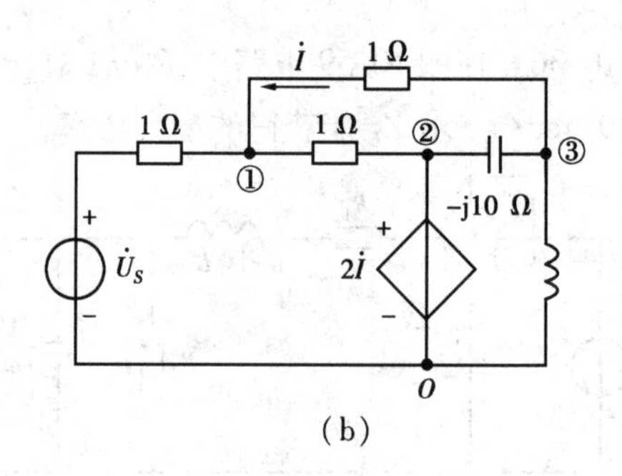

(b)

图 10.62

0)，$\cos\varphi_2=0.5(\varphi_2>0)$，端电压 $U=100$ V，$\omega=1\ 000$ rad/s。①求图 10.63 中电流表、功率表的读数和电路的功率因数；②若电源额定电流 $I_N=30$ A，那么还能并联多大的电阻？求并联此电阻后Ⓦ的读数及电路的功率因数；③如使原电路功率因数提高到 0.9，需要并联多大电容？

10.43　求图 10.64 电路中 Z 的最佳匹配值。

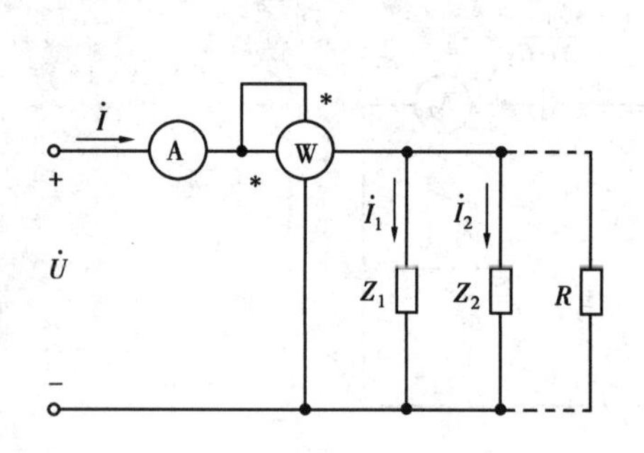

图 10.63

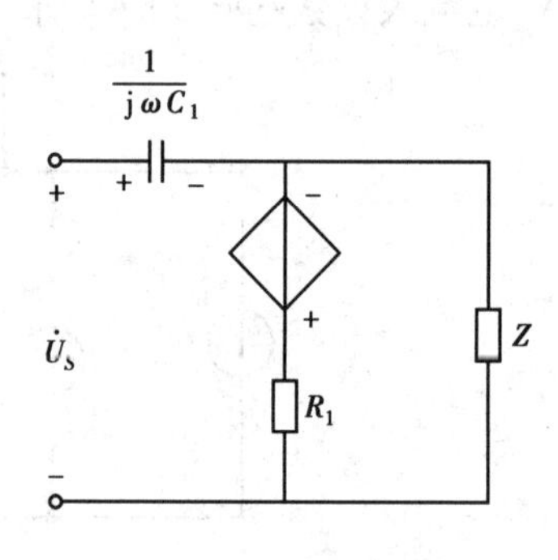

图 10.64

10.44　当 $\omega=5\ 000$ rad/s 时，RLC 串联电路发生谐振，已知 $R=5\ \Omega$，$L=400$ mH，端电压 $U=1$ V。求电容 C 的值及电路中的电流和各元件电压的瞬时表达式。

10.45　已知 RLC 串联电路的端电压 $u_S=10\sqrt{2}\cos(2\ 500t+10°)$ V，当 $C=8\ \mu$F 时，电路中吸收的功率最大，$P_{max}=100$ W。①求电感 L 和 Q 值；②作电路的相量图。

10.46　在 RLC 串联电路中，$R=10\ \Omega$，$L=1$ H，端电压为 100 V，电流为 10 A。如果把 R，L，C 改成并联接到同一电源上，求各并联支路的电流，电源频率 $f=50$ Hz。

*10.47　求图 10.65 所示电路在哪些频率时为短路或开路。

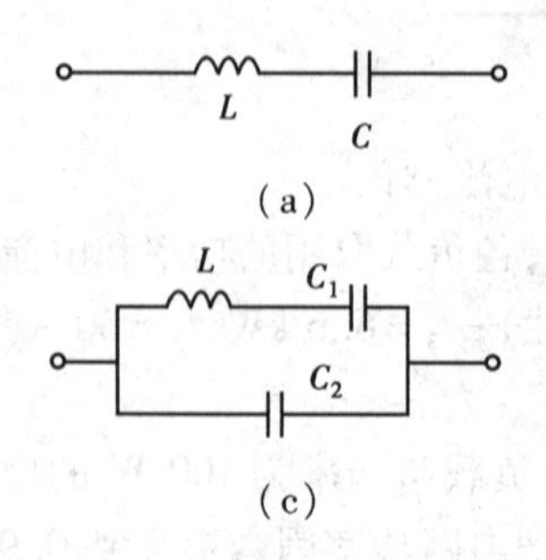

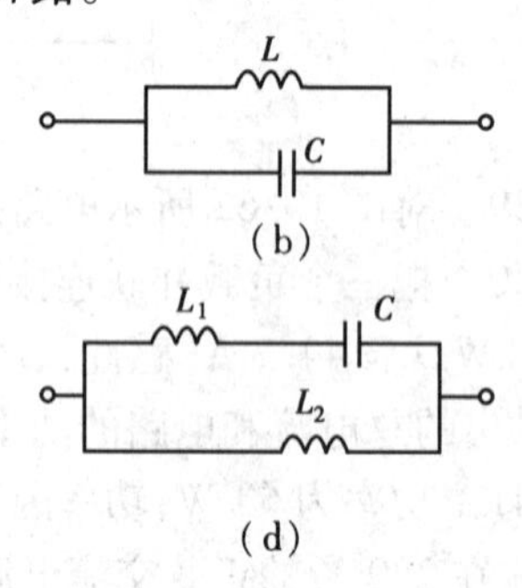

图 10.65

10.48　求图 10.66 所示电路的谐振频率。

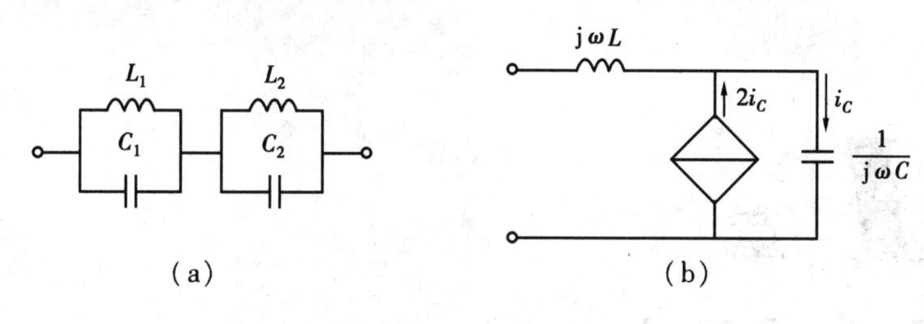

图 10.66

第 11 章 含有耦合电感的电路

内容简介

由于耦合电路在工程中有着广泛的应用。本章主要介绍磁耦合现象、互感和耦合因数、同名端、磁通链、耦合电路中的电压电流关系;然后介绍含有耦合电感电路的分析计算以及空心变压器、理想变压器的初步概念。

11.1　互感及耦合系数

在第 1 章就介绍过电感元件,它的磁通和感应电压是由流过其本身的电流产生的,故有时把它又称作自感元件。如果一个线圈中的磁通和感应电压是由流经靠近它的另一个线圈中的电流产生的,则这种现象就称作磁耦合现象,我们就说这两个线圈之间存在磁耦合现象或互感,把电磁能量从一个线圈传递到另一个线圈。变压器就是应用磁耦合原理制成的电路器件。

具有磁耦合的两个或几个线圈就成为耦合线圈或互感线圈。含有磁耦合(互感)的电路就称为互感电路。互感电路的特殊问题是互感电压,而互感电压又与同名端、电压、电流的参考方向关系密切。

图 11.1 为两个具有互感的线圈 N_1,N_2(既代表线圈也代表匝数)。假定在 N_1 中通入电流 i_1 时,由它产生的磁通除与 N_1 本身铰链外,还有一部分与 N_2 相铰链。如图 11.1(a)所示。穿过线圈 N_1 的磁通称作自感磁通,用 Φ_{11} 表示;由 i_1 产生同时又穿过线圈 N_2 的磁通称作线圈 N_2 的互感磁通,用 Φ_{21} 表示。为简单起见,设穿过线圈每一匝的磁通都一样,则 N_1 的自感磁链为 $\psi_{11}=N_1\Phi_{11}$,N_1 对 N_2 的互感磁链 $\psi_{21}=N_2\Phi_{21}$。根据电感的定义有

$$L_1=\frac{\psi_{11}}{i_1}=\frac{N_1\Phi_{11}}{i_1}\tag{11.1}$$

互感

$$M_{21} = \frac{\psi_{21}}{i_1} = \frac{N_2\Phi_{21}}{i_1} \tag{11.2}$$

同理,假设在 N_2 中通入电流 i_2 时,也会产生穿过两个线圈 N_1,N_2 的磁通,如图11.1(b)所示。

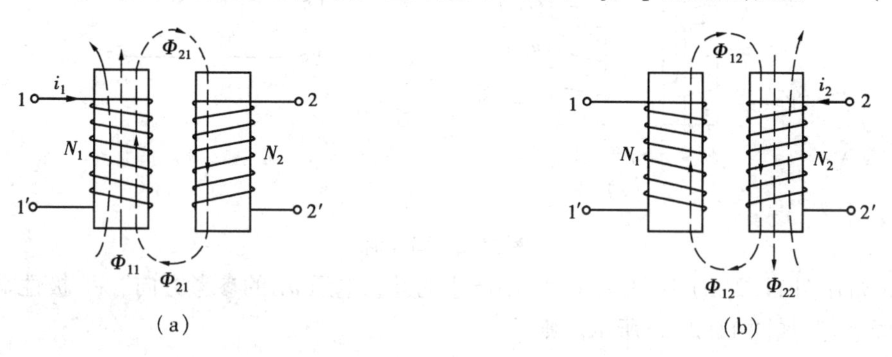

图11.1　自感与互感磁通

其中　$\psi_{22} = N_2\Phi_{22}$　　$\psi_{12} = N_1\Phi_{12}$

所以有

$$L_2 = \frac{\psi_{22}}{i_2} = \frac{N_2\Phi_{22}}{i_2} \qquad M_{12} = \frac{\psi_{12}}{i_2} = \frac{N_1\Phi_{12}}{i_2} \tag{11.3}$$

并且可以证明,N_1,N_2 相互间的互感系数是相等的,即 $M_{12} = M_{21} = M$。如果两个线圈 N_1,N_2 同时都通入电流 i_1,i_2,由这两个电流产生的磁通方向可用右手法则判断,如图11.2(a)所示。因线圈 N_1 中的磁通链 ψ_{11},ψ_{12}方向相同,是互相加强的,及 N_2 中的磁通链 ψ_{22},ψ_{21}也是互相加强的,所以,N_1,N_2 中的磁通链 ψ_1,ψ_2 分别为

$$\psi_1 = \psi_{11} + \psi_{12}$$

$$\psi_2 = \psi_{22} + \psi_{21}$$

即在 ψ_{12},ψ_{21}之前均取"+"号,否则取"-"号。正因为 Φ_{12}与 Φ_{11}在 N_1 中和 Φ_{21}与 Φ_{22}在 N_2 中都是互相加强的,故通入电流 i_1,i_2(或流出电流 i_1,i_2)的一对端钮就称作是互为同名端。互感线圈的电路符号如图11.2(b)所示。同名端用相同的记号"•"或"Δ"标记(未标记的一对端钮也是同名端)。

把上述互感的定义代入上式可得

$$\left.\begin{aligned} \psi_1 &= L_1 i_1 + M i_2 \\ \psi_2 &= M i_1 + L_2 i_2 \end{aligned}\right\} \tag{11.4}$$

如果电流是变动的,则有

$$\left.\begin{aligned} u_1 &= \frac{d\psi_1}{dt} = L_1\frac{di_1}{dt} + M\frac{di_2}{dt} \\ u_2 &= \frac{d\psi_2}{dt} = M\frac{di_1}{dt} + L_2\frac{di_2}{dt} \end{aligned}\right\} \tag{11.5}$$

式(11.5)即为互感线圈忽略电阻后的电压电流关系式。由式(11.5)可以看出,N_1(N_2)的端电压不仅与流过自身的电流 i_1(i_2)有关,同时还与和它有互感的另一个电感中的电流 i_2(i_1)有关。令自感电压为 $u_{11} = L_1\frac{di_1}{dt}$,$u_{22} = L_2\frac{di_2}{dt}$,互感电压为 $u_{12} = M\frac{di_2}{dt}$,$u_{21} = M\frac{di_1}{dt}$。可见耦合电感的端电压是自感电压与互感电压叠加的结果。互感电压前"+","-"号的确定:如果互感电压"+"极性端钮与产生它的电流流入的端钮互为同名端,则互感电压前取"+"号,否则取

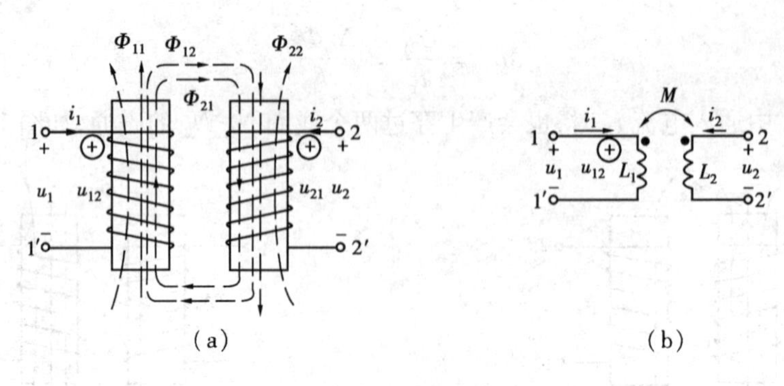

(a)　　　　　　　　　　　　　(b)

图 11.2　同名端

“－”号。如在图 11.2(b)中,由 i_2 在 L_1 中产生的互感电压 u_{12} 的参考方向“＋”极性端如果选在 L_1 的同名端,如图 11.2(a)所示。则

$$u_{12} = M\frac{\mathrm{d}i_2}{\mathrm{d}t}$$

如果选在 L_1 的非同名端,则

$$u_{12} = -M\frac{\mathrm{d}i_2}{\mathrm{d}t}$$

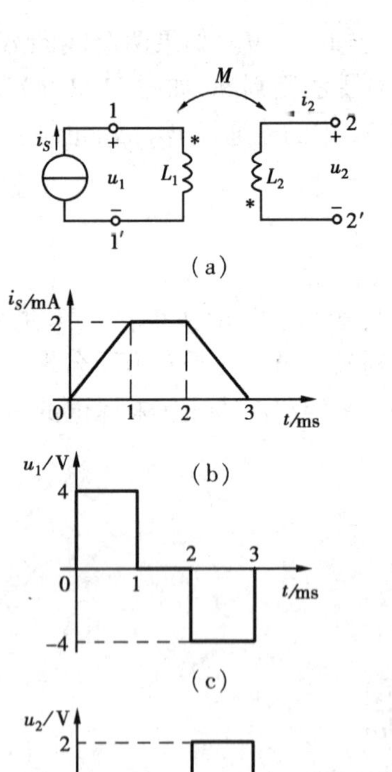

图 11.3

例 11.1　电路如图 11.3(a)所示,电流源的波形表示于图 11.3(b),已知 $L_1 = L_2 = 2$ H,$M - 1$ H,如果 L_2 开路,试求这两个线圈的端电压 u_1, u_2,并画出它们的波形。

解　由于 L_2 开路,故 L_1 端电压只含自感电压而无互感电压,L_2 端电压却只含互感电压而无自感电压。根据电压电流的参考方向及同名端的位置,有

$$u_1 = L_1\frac{\mathrm{d}i_S}{\mathrm{d}t}$$

$$u_2 = -M\frac{\mathrm{d}i_S}{\mathrm{d}t}$$

i_S 的波形可写成表达式为

$$i_S = \begin{cases} 2t(\mathrm{mA}) & 0 \leqslant t \leqslant 1\ \mathrm{ms} \\ 2(\mathrm{mA}) & 1\ \mathrm{ms} \leqslant t \leqslant 2\ \mathrm{ms} \\ -2t + 6(\mathrm{mA}) & 2\ \mathrm{ms} \leqslant t \leqslant 3\ \mathrm{ms} \end{cases}$$

把 i_S 分别分时段代入 u_1, u_2 得:

$$u_1 = L\frac{\mathrm{d}i_S}{\mathrm{d}t} = \begin{cases} 4(\mathrm{V}) & 0 \leqslant t \leqslant 1\ \mathrm{ms} \\ 0 & 1\ \mathrm{ms} \leqslant t \leqslant 2\ \mathrm{ms} \\ -4(\mathrm{V}) & 2\mathrm{ms} \leqslant t \leqslant 3\ \mathrm{ms} \end{cases}$$

$$u_2 = -M\frac{\mathrm{d}i_S}{\mathrm{d}t} = \begin{cases} -2(\mathrm{V}) & 0 \leqslant t \leqslant 1\ \mathrm{ms} \\ 0 & 1\ \mathrm{ms} \leqslant t \leqslant 2\ \mathrm{ms} \\ +2(\mathrm{V}) & 2\ \mathrm{ms} \leqslant t \leqslant 3\ \mathrm{ms} \end{cases}$$

u_1,u_2 波形分别如图 11.3(c),(d)所示。

两线圈的同名端可根据其绕行方向及其相对位置来判断。对于绕向不清楚的互感线圈同名端,则可通过实验来确定。关于这方面的知识将在例题及习题中加以说明。

如果磁耦合出现在正弦交流电路中,那么,式(11.5)也就可以用式(11.6)表示

$$\left.\begin{aligned}\dot{U}_1 &= j\omega L_1 \dot{I}_1 + j\omega M \dot{I}_2 \\ \dot{U}_2 &= j\omega M \dot{I}_1 + j\omega L_2 \dot{I}_2\end{aligned}\right\} \tag{11.6}$$

其中互感电压:$\dot{U}_{12} = j\omega M\dot{I}_2$,$\dot{U}_{21} = j\omega M\dot{I}_1$,而 $Z_M = j\omega M$ 称作互感阻抗,单位仍为 Ω。互感电压还可被看作是一个 CCVS。故图 11.2(b)的互感电路也可用图 11.4 的等效电路表示。

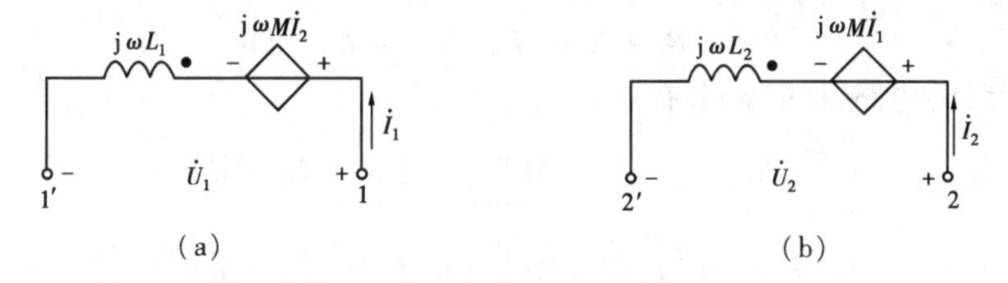

图 11.4　用受控源表示的互感等效电路

两个线圈耦合的松紧程度可用耦合系数 k 定义

$$k \overset{\text{def}}{=} \sqrt{\frac{\psi_{21}}{\psi_{11}} \cdot \frac{\psi_{12}}{\psi_{22}}}$$

把 $\psi_{11} = L_1 i_1$,$\psi_{22} = L_2 i_2$,$\psi_{12} = M i_2$,$\psi_{21} = M i_1$ 代入上式可得

$$k = \frac{M}{\sqrt{L_1 L_2}} \tag{11.7}$$

又因为 $\psi_{21} \leqslant \psi_{11}$,$\psi_{12} \leqslant \psi_{22}$,所以有 $0 \leqslant k \leqslant 1$。$k = 0$ 时,说明两线圈无磁耦合,k 越大说明耦合越紧密。$k = 1$ 时,由于 $\psi_{11} = \psi_{21}$,$\psi_{22} = \psi_{12}$,说明两线圈是全耦合,且 $M = \sqrt{L_1 L_2}$。

k 的大小取决于线圈的结构、两线圈的相对位置以及周围介质的导磁性能。为使两线圈耦合紧密,可采用密绕、双线并绕、也可采用铁磁材料做为线圈芯子的办法;为了减弱以致消除磁耦合,则可采用远离、线圈轴线互相垂直,直至用磁屏蔽的方法。

11.2　含有耦合电感电路的计算

包含耦合电感电路(简称互感电路)的正弦稳态分析可采用相量法。只是要注意列写 KVL 方程时,要正确计入互感电压,即耦合电感支路的电压不仅与本支路的电流有关,而且还和其他与此支路有互感关系的支路电流有关。

首先介绍两耦合电感支路相串联的情况,因同名端位置不同又分为串联顺接(如图 11.5(a))和串联反接(如图 11.5(b))。根据图 11.5(a)所示参考方向及同名端位置,由 KVL 有

$$u_1 = R_1 i + \left(L_1 \frac{di}{dt} + M \frac{di}{dt}\right) = R_1 i + (L_1 + M)\frac{di}{dt}$$

$$u_2 = R_2 i + \left(L_2 \frac{di}{dt} + M \frac{di}{dt}\right) = R_2 i + (L_2 + M)\frac{di}{dt}$$

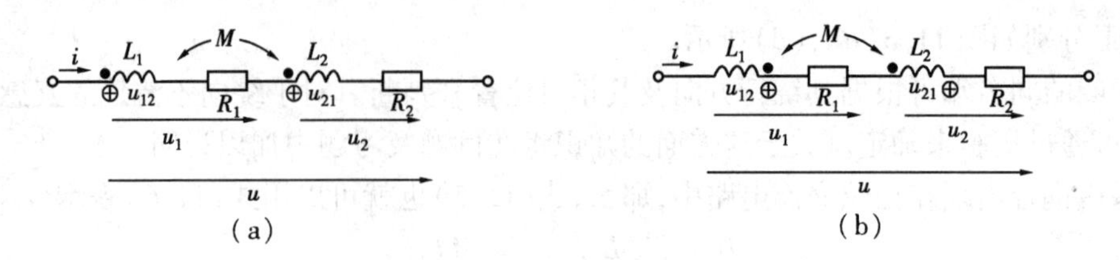

图 11.5 两互感线圈串联

$$u = u_1 + u_2 = (R_1 + R_2)i + (L_1 + L_2 + 2M)\frac{\mathrm{d}i}{\mathrm{d}t}$$

可见其等效电阻和电感可表示为

$$R_{\mathrm{eq}} = R_1 + R_2, \quad L_{\mathrm{eq}} = L_1 + L_2 + 2M。$$

对图 11.5(b)电路,根据 KVL 有

$$u_1 = R_1 i + \left(L_1\frac{\mathrm{d}i}{\mathrm{d}t} - M\frac{\mathrm{d}i}{\mathrm{d}t}\right) = R_1 i + (L_1 - M)\frac{\mathrm{d}i}{\mathrm{d}t}$$

$$u_2 = R_2 i + \left(L_2\frac{\mathrm{d}i}{\mathrm{d}t} - M\frac{\mathrm{d}i}{\mathrm{d}t}\right) = R_2 i + (L_2 - M)\frac{\mathrm{d}i}{\mathrm{d}t}$$

$$u = u_1 + u_2 = (R_1 + R_2)i + (L_1 + L_2 - 2M)\frac{\mathrm{d}i}{\mathrm{d}t}$$

其等效电阻和电感为

$$R_{\mathrm{eq}} = R_1 + R_2, \quad L_{\mathrm{eq}} = L_1 + L_2 - 2M$$

对正弦稳态电路,则可用相量形式表示为

串联顺接

$$\dot{U}_1 = [R_1 + \mathrm{j}\omega(L_1 + M)]\dot{I}$$

$$\dot{U}_2 = [R_2 + \mathrm{j}\omega(L_2 + M)]\dot{I}$$

$$\dot{U} = \dot{U}_1 + \dot{U}_2 = [(R_1 + R_2) + \mathrm{j}\omega(L_1 + L_2 + 2M)]\dot{I}$$

$$Z_1 = R_1 + \mathrm{j}\omega(L_1 + M)$$

$$Z_2 = R_2 + \mathrm{j}\omega(L_2 + M)$$

$$Z = Z_1 + Z_2 = (R_1 + R_2) + \mathrm{j}\omega(L_1 + L_2 + 2M)$$

如果端电压及元件参数已知,则支路电流为

$$\dot{I} = \frac{\dot{U}}{Z_1 + Z_2} = \frac{\dot{U}}{(R_1 + R_2) + \mathrm{j}\omega(L_1 + L_2 + 2M)}$$

串联反接

$$\dot{U}_1 = [R_1 + \mathrm{j}\omega(L_1 - M)]\dot{I}$$

$$\dot{U}_2 = [R_2 + \mathrm{j}\omega(L_2 - M)]\dot{I}$$

$$\dot{U} = \dot{U}_1 + \dot{U}_2 = [(R_1 + R_2) + \mathrm{j}\omega(L_1 + L_2 - 2M)]\dot{I}$$

$$Z_1 = R_1 + \mathrm{j}\omega(L_1 - M)$$

$$Z_2 = R_2 + \mathrm{j}\omega(L_2 - M)$$

$$Z = Z_1 + Z_2 = (R_1 + R_2) + \mathrm{j}\omega(L_1 + L_2 - 2M)$$

可以看出,串联反接时,每条耦合电感支路的阻抗以及串联电路的输入阻抗都比无互感时的阻抗小(电抗变小),这种现象被称作容性效应。每条耦合电感支路的等效电感分别为

(L_1-M)和(L_2-M),有可能其中之一为负值,但绝不可能都为负,整个串联组合的等效电感$(L_1+L_2-2M)>0$。另外,根据串联顺接等效电感大和串联反接等效电感小这一结论,通过实验也可判断两耦合电感同名端。

例11.2　在图11.5(b)所示电路中,若正弦电压$U=100$ V,$R_1=15\ \Omega$,$\omega L_1=25\ \Omega$,$R_2=20\ \Omega$,$\omega L_2=40\ \Omega$,$\omega M=28\ \Omega$。试求耦合系数k以及各耦合电感支路吸收的复功率$\bar{S}_1$,$\bar{S}_2$。

解　耦合系数k为

$$k=\frac{M}{\sqrt{L_1L_2}}=\frac{\omega M}{\sqrt{(\omega L_1)(\omega L_2)}}=\frac{28}{\sqrt{25\times 40}}=0.885$$

支路阻抗及串联输入阻抗

$$Z_1=R_1+\mathrm{j}(\omega L_1-\omega M)=(15-\mathrm{j}3)\ \Omega \qquad \text{——容性}$$

$$Z_2=R_2+\mathrm{j}(\omega L_2-\omega M)=(20+\mathrm{j}12)\ \Omega \qquad \text{——感性}$$

$$Z=Z_1+Z_2=(35+\mathrm{j}9)\ \Omega=36.14\angle 14.4^\circ \qquad \text{——感性}$$

设$\dot{U}=100\angle 0^\circ$ V,则支路电流

$$\dot{I}=\frac{\dot{U}}{Z}=\frac{100\angle 0^\circ}{36.14\angle 14.4^\circ}=2.77\angle -14.4^\circ\ \mathrm{A}$$

各支路吸收的复功率分别为

$$\bar{S}_1=I^2Z_1=2.77^2(15-\mathrm{j}3)=(115.1-\mathrm{j}23.0)\mathrm{VA}$$

$$\bar{S}_2=I^2Z_2=2.77^2(20+\mathrm{j}12)=(153.5+\mathrm{j}92.1)\mathrm{VA}$$

电源发出的复功率

$$\bar{S}=\dot{U}\overset{*}{I}=100\times 2.77\angle 14.4^\circ=(268.3+\mathrm{j}68.9)\ \mathrm{VA}=Z\dot{I}\overset{*}{I}=(Z_1+Z_2)I^2=\bar{S}_1+\bar{S}_2$$

现在讨论耦合电感支路相并联的情况,并联又分为同侧并联[图11.6(a)]和异侧并联[图11.6(b)]。同名端连接在同一个节点上时,则称作同侧并联电路。当异名端连接在同一个节点上时,则称作异侧并联电路。在正弦稳态情况下,对同侧并联电路有

$$\left.\begin{aligned}\dot{U}&=(R_1+\mathrm{j}\omega L_1)\dot{I}_1+\mathrm{j}\omega M\dot{I}_2\\ \dot{U}&=(R_2+\mathrm{j}\omega L_2)\dot{I}_2+\mathrm{j}\omega M\dot{I}_1\end{aligned}\right\}\tag{11.8}$$

对异侧并联电路有

$$\left.\begin{aligned}\dot{U}&=(R_1+\mathrm{j}\omega L_1)\dot{I}-\mathrm{j}\omega M\dot{I}_2\\ \dot{U}&=-\mathrm{j}\omega M\dot{I}_1+(R_2+\mathrm{j}\omega L_2)\dot{I}_2\end{aligned}\right\}\tag{11.9}$$

根据图11.6(a),(b)均有$\dot{I}=\dot{I}_1+\dot{I}_2$,并把$\dot{I}_2=\dot{I}-\dot{I}_1$分别代入式(11.8),(11.9)的第一个方程,把$\dot{I}_1=\dot{I}-\dot{I}_2$分别代入以上两式的第二个方程,整理后可得

$$\left.\begin{aligned}\dot{U}&=\pm\mathrm{j}\omega M\dot{I}+\mathrm{j}\omega(L_1\mp M)\dot{I}_1\\ \dot{U}&=\pm\mathrm{j}\omega M\dot{I}+\mathrm{j}\omega(L_2\mp M)\dot{I}_2\end{aligned}\right\}\tag{11.10}$$

式(11.10)中上面的"+","-"号对应于同侧并联,而下面的"+","-"号对应于异侧并联。根据式(11.10)便可获得并联互感电路的去耦等效电路,如图11.6(c)。等效电路与电流、电压的参考方向无关。

如果把并联互感支路从"×"处断开,如图11.6(b)所示,便得到一个三端互感电路,其去

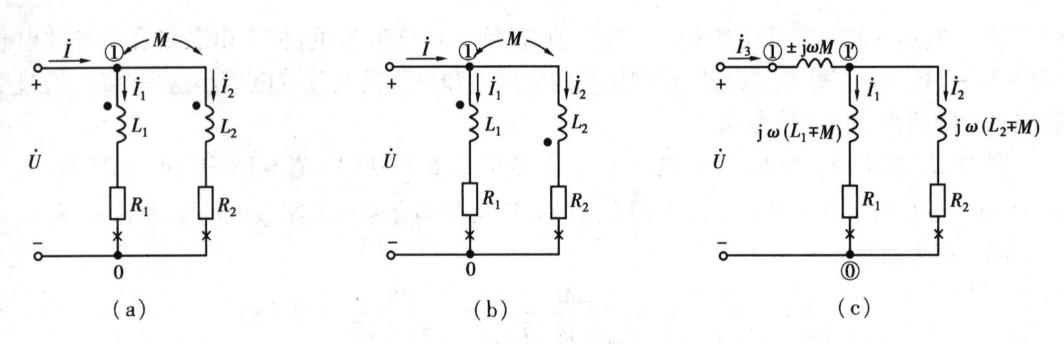

图 11.6　两互感线圈并联

耦等效电路的推导方法与并联互感电路相同,只要把图 11.6(c)从"×"处断开,也就得到了它的去耦等效电路。

例 11.3　在图 11.6(a)电路中,外施正弦电压和电路元件参数与例 11.2 同,试计算这两条支路的复功率。

解　在式(11.8)中,令 $Z_1 = R_1 + j\omega L_1, Z_2 = R_2 + j\omega L_2, Z_M = j\omega M$,并对式(11.8)中的 $\dot{I}_1$, $\dot{I}_2$ 进行求解得

$$\dot{I}_1 = \frac{Z_2 - Z_M}{Z_1 Z_2 - Z_M^2}\dot{U} \qquad \dot{I}_2 = \frac{Z_1 - Z_M}{Z_1 Z_2 - Z_M^2}\dot{U},$$

令 $\dot{U} = 100\angle 0°$,并把参数代入上两式得

$$\dot{I}_1 = \frac{(20 + j40 - j28) \times 100}{(15 + j25)(20 + j40) + 28^2} = \frac{23.32\angle 30.96° \times 100}{1\,103.9\angle 85.6°} = 2.11\angle -54.64°\ \mathrm{A}$$

$$\dot{I}_2 = \frac{(15 + j25 - j28) \times 100}{1\,103.9\angle 85.6°} = \frac{1\,529.7\angle -11.31°}{1\,103.9\angle 85.6°} = 1.386\angle -96.91°\ \mathrm{A}$$

计算复功率 $\overline{S}_1, \overline{S}_2$ 为

$$\overline{S}_1 = \dot{U}\overset{*}{I}_1 = 100 \times 2.11\angle 54.64° = (122.1 + j172)\ \mathrm{VA}$$

$$\overline{S}_2 = \dot{U}\overset{*}{I}_2 = 100 \times 1.386\angle 96.91° = (-16.67 + j137.6)\ \mathrm{VA}$$

11.3　空心变压器

变压器是电工电子技术领域中的一种电气设备,它就是依靠磁耦合实现电磁能量或电磁信号传递的。最简单的变压器就是由两个具有互感的线圈构成。如果绕制线圈的芯子是由非铁磁材料制成或是空心的,这种变压器就称作空心变压器。由于其周围介质的导磁系数为常数,所以它是一种线性电路元件,常应用于高频电子线路中。

空心变压器的电路符号如图 11.7 所示,通常一个线圈与电源相接,称作原边或初级线圈,另一个线圈与负载相接,称作副边或次级线圈;其中 R_1, L_1, R_2, L_2 及 M 是空心变压器的参数,由虚线框包围。$\dot{U}_1$ 为正弦电压源的电压,Z_L 为负载复阻抗。根据 KVL

$$\left.\begin{aligned} \dot{U}_1 &= (R_1 + j\omega L_1)\dot{I}_1 + j\omega M\dot{I}_2 \\ \dot{U}_2 &= (R_2 + j\omega L_2)\dot{I}_2 + j\omega M\dot{I}_1 \end{aligned}\right\} \tag{11.11}$$

其中

$$\dot{U}_2 = -Z_L\dot{I}_2$$

$$Z_L = R_L + jX_L$$

令 $Z_{11}=R_1+j\omega L_1, Z_M=j\omega M, Z_{22}=R_2+j\omega L_2+R_L+jX_L$，$Z_{11}$称作原边回路阻抗，$Z_{22}$称作副边回路阻抗，$Z_M$为互感阻抗，由上三式可求得

$$\dot{I}_1 = \frac{\dot{U}_1}{Z_{11}-Z_M^2Y_{22}} = \frac{\dot{U}_1}{Z_{11}+(\omega M)^2Y_{22}} \tag{11.12}$$

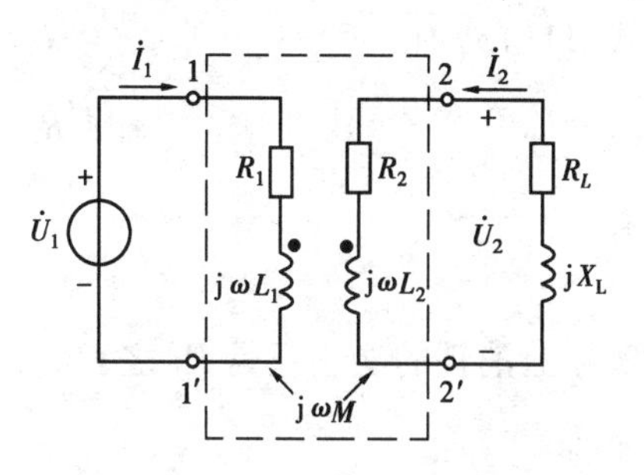

图11.7　空心变压器

式中 $Y_{22}=\frac{1}{Z_{22}}$。

由式(11.12)可以看出，空心变压器的初级等效电路如图11.8(a)所示。空心变压器的输入阻抗为

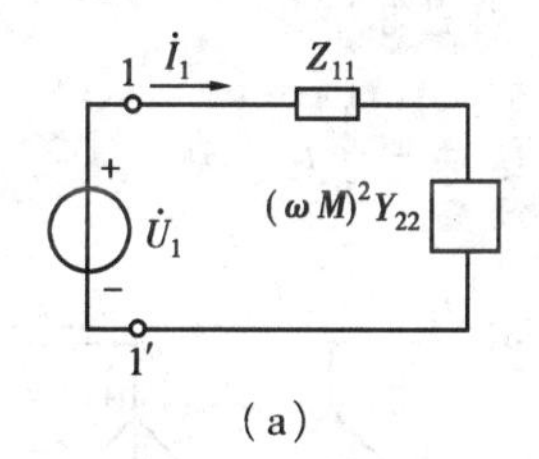

(a)

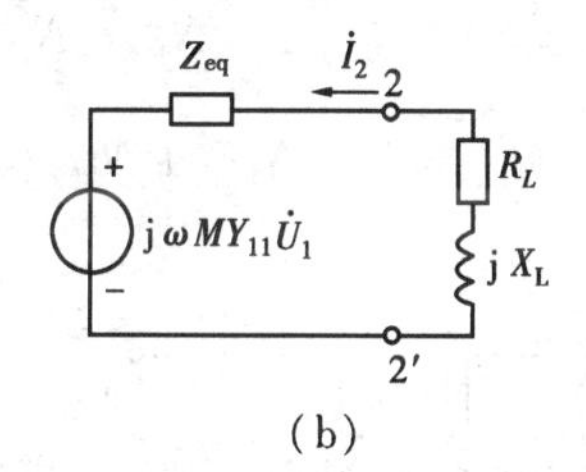

(b)

图11.8

$$Z_{in} = Z_{11} + (\omega M)^2Y_{22}$$

其中

$$Z_f = (\omega M)^2Y_{22} = \frac{R_{22}(\omega M)^2}{R_{22}^2+X_{22}^2} - j\frac{X_{22}(\omega M)^2}{R_{22}^2+X_{22}^2} = R_f - jX_f \tag{11.13}$$

称作空心变压器的引入阻抗或反映阻抗。它是副边的回路阻抗通过互感反映到原边的等效阻抗。从表达式可以看出，引入阻抗 Z_f 的性质和 Z_{22} 相反，即感性(容性)变为容性(感性)。

根据空心变压器的方程式或通过求空心变压器从负载两端看进去的戴维南等效电路。如图11.8(b)所示。

其中

$$\dot{U}_{oc} = Z_MY_{11}\dot{U}_1, Z_{eq} = R_2 + j\omega L_2 + \frac{(\omega M)^2}{Z_{11}}$$

可以证明，负载获得的功率实际上是通过磁耦合从初级回路传递到次级回路的。次级回路对初级回路的反映电阻 R_f 上消耗的功率就是次级回路通过磁耦合获得的功率。由空心变压器的基本方程(11.11)可求得次级电流

$$I_2 = \frac{\omega M}{|Z_{22}|}I_1 = \frac{\omega M}{\sqrt{R_{22}^2+X_{22}^2}}I_1$$

次级回路消耗的总功率为 P_2

$$P_2 = R_{22}I_2^2 = R_{22}\cdot\frac{(\omega M)^2}{R_{22}^2+X_{22}^2}I_1^2$$

根据式(11.13)有

$$R_f = R_{22} \cdot \frac{(\omega M)^2}{R_{22}^2 + X_{22}^2}$$

所以有

$$R_{22} I_2^2 = R_f I_1^2$$

负载实际上消耗的功率只是 P_2 之一部分 $P_L = R_L I_2^2$。

11.4 理想变压器

理想变压器是空心变压器的电路模型,如图 11.9(a)所示。N_1,N_2 分别为初级和次级的匝数,在图中的参考方向下,初、次级电压电流符合下列关系

$$\frac{u_1}{N_1} = \frac{u_2}{N_2} \quad \text{或}\ u_1 = \frac{N_1}{N_2} u_2 = n u_2$$

$$N_1 i_1 + N_2 i_2 = 0\ \text{或}\ i_1 = -\frac{N_2}{N_1} i_2 = -\frac{1}{n} i_2$$

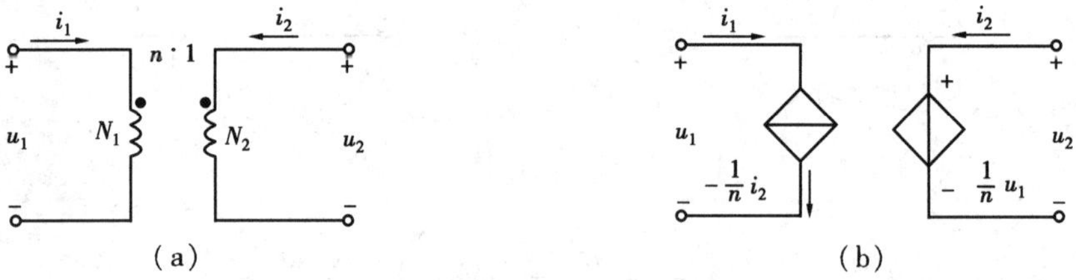

图 11.9 理想变压器

式中 $n = \frac{N_1}{N_2}$ 称为理想变压器的变比。理想变压器是只有一个参数 n 的电路元件,根据描述方程可知,理想变压器不是一个动态元件。

把理想变压器的两个方程相乘得:$u_1 i_1 + u_2 i_2 = 0$ 即输入理想变压器的瞬时功率等于零,所以它既不耗能也不储能,它将电能从原边(初级)全部传输到副边(次级)输出,在传输过程中,它仅仅将电压、电流按变比作数值变换。

下面,讨论空心变压器在满足以下三个条件时,就变为理想变压器。

①空心变压器本身无损耗;即 $R_1 = R_2 = 0$ 空心变压器的时域方程变为

$$\left.\begin{aligned} L_1 \frac{\mathrm{d}i_1}{\mathrm{d}t} + M \frac{\mathrm{d}i_2}{\mathrm{d}t} &= u_1 \\ M \frac{\mathrm{d}i_1}{\mathrm{d}t} + L_2 \frac{\mathrm{d}i_2}{\mathrm{d}t} &= u_2 \end{aligned}\right\} \tag{11.14}$$

②耦合系数 $k = 1$,即全耦合时,$M = \sqrt{L_1 L_2}$,代入式(11.14)有

$$\left.\begin{aligned} L_1 \frac{\mathrm{d}i_1}{\mathrm{d}t} + \sqrt{L_1 L_2} \frac{\mathrm{d}i_2}{\mathrm{d}t} &= u_1 \\ \sqrt{L_1 L_2} \frac{\mathrm{d}i_1}{\mathrm{d}t} + L_2 \frac{\mathrm{d}i_2}{\mathrm{d}t} &= u_2 \end{aligned}\right\}$$

③L_1,L_2,M 均为无穷大，但却保持$\sqrt{\frac{L_1}{L_2}}=n$ 不变，n 为匝数比，把以上两式相比得

$$\frac{u_1}{u_2}=\frac{\sqrt{L_1}\left(\sqrt{L_1}\frac{\mathrm{d}i_1}{\mathrm{d}t}+\sqrt{L_2}\frac{\mathrm{d}i_2}{\mathrm{d}t}\right)}{\sqrt{L_2}\left(\sqrt{L_1}\frac{\mathrm{d}i_1}{\mathrm{d}t}+\sqrt{L_2}\frac{\mathrm{d}i_2}{\mathrm{d}t}\right)}=\sqrt{\frac{L_1}{L_2}}=n$$

由(11.14)第一式，可得

$$i_1=\frac{1}{L_1}\int u_1\mathrm{d}t-\frac{M}{L_1}\int\frac{\mathrm{d}i_2}{\mathrm{d}t}\mathrm{d}t=\frac{1}{L_1}\int u_1\mathrm{d}t-\sqrt{\frac{L_2}{L_1}}\int\mathrm{d}i_2$$

因为　$L_1\to\infty,L_2\to\infty,M\to\infty$，而$\sqrt{\frac{L_1}{L_2}}=n$ 保持不变，有

$$i_1=-\frac{1}{n}i_2$$

理想变压器用受控源表示的电路模型如图 11.9(b)所示。理想变压器还具有阻抗变换作用。在正弦稳态下，如

$$Z_{\text{in}}=\frac{\dot{U}_1}{\dot{I}_1}=\frac{n\dot{U}_2}{-\frac{1}{n}\dot{I}_2}=n^2\left(\frac{\dot{U}_2}{-\dot{I}_2}\right)=n^2Z_L$$

n^2Z_L 即为次级折算到初级的等效阻抗。如果次级分别接入 R,L,C 时，折算到初级将为 $n^2R,n^2L,\frac{C}{n^2}$。

例 11.4　电路如图 11.10 所示的理想变压器电路。已知 $u_S=15\cos100t$ V，$R_1=1\ \Omega$，试求①当 $R_2=\infty$ 时的 u_2；②当 $R_2=200\ \Omega$ 时的 u_2；③当 $R_2=0$ 时的 u_2。

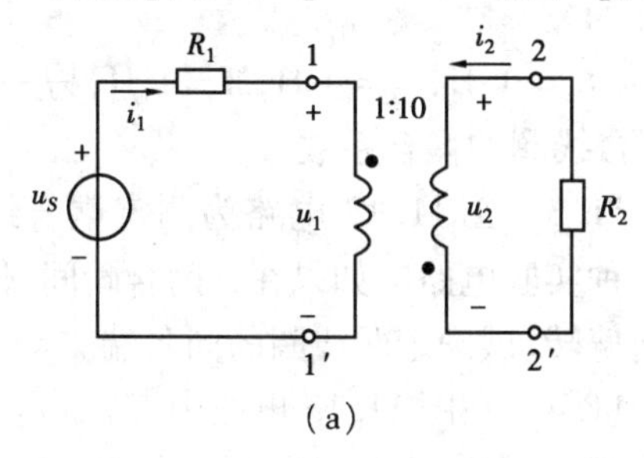

(a)

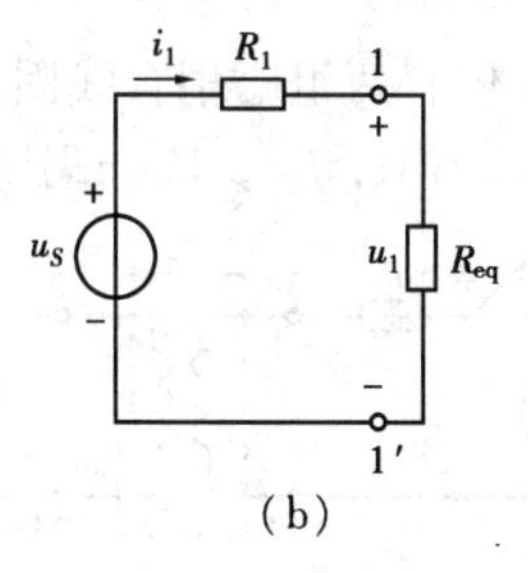

(b)

图 11.10

解　图 11.10(a)的初级等效电路如图 11.10(b)所示。理想变压器的描述方程为

$$\left.\begin{aligned}\frac{u_1}{u_2}&=-\frac{1}{10}\\ \frac{i_1}{i_2}&=10\end{aligned}\right\}$$

由初级等效电路有：

①当 $R_2=\infty$ 时，$u_1=u_S$

$$u_2=-10u_1=-10u_S=-150\cos100t\text{ V}$$

②当 $R_2=200\ \Omega$ 时，

$$u_1 = \frac{u_S}{1+2} \times 2 = \frac{2}{3}u_S$$

所以
$$u_2 = -10u_1 = -\frac{20}{3}u_S = -100\cos 100t\ \text{V}$$

③当 $R_2 = 0$ 时，$u_1 = 0$，$i_1 = \frac{u_S}{R_1} = u_S$ A

所以
$$i_2 = \frac{1}{10}i_1 = \frac{1}{10}u_S = 1.5\cos 100t\ \text{A}$$

由上题可以看出，理想变压器的次级开路，则初级也开路；次级短路，则初级也短路。

习　题　11

11.1　试确定图 11.11(a)中两线圈同名端。若已知互感 $M = 0.4$ H，流经 L_1 的电流 i_1 的波形如图 11.11(b)所示，试画出 L_2 两端的互感电压 u_{21} 波形。

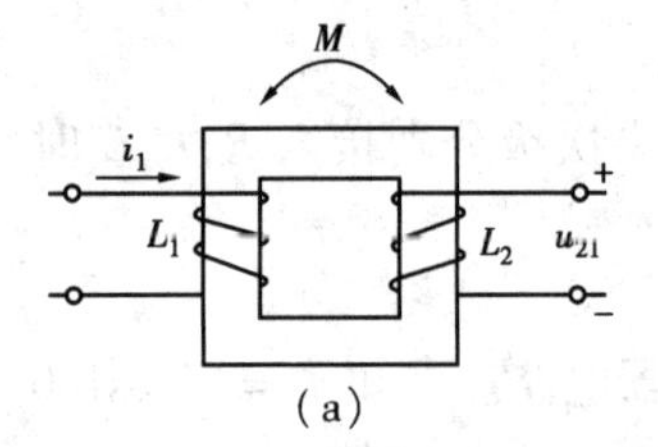

(a)

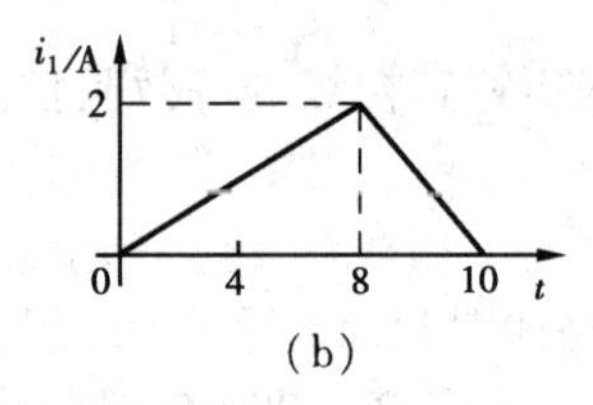

(b)

图 11.11

11.2　仅有两组磁耦合线圈，一组的参数为 $L_1 = 1$ H，$L_2 = 4$ H，$M = 1$ H；另一组参数为，$L_3 = 4$ H，$L_4 = 6$ H，$M = 2$ H。试比较这两组磁耦合线圈的耦合系数。

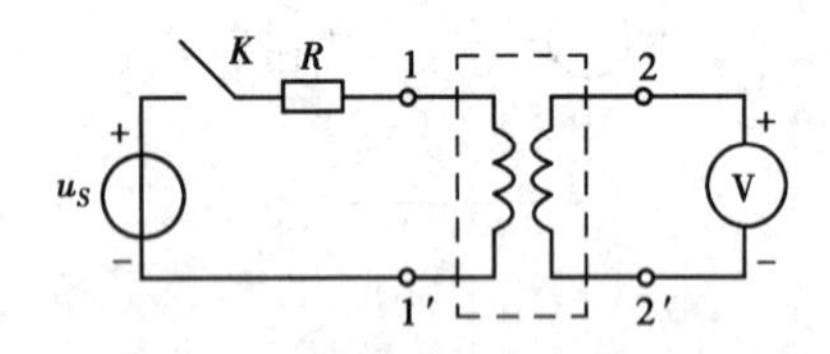

图 11.12

11.3　图 11.12 电路为测定耦合线圈同名端的一种实验电路。如果在 k 闭合瞬间，伏特表指针反向偏转，试确定两线圈的同名端。

11.4　在图 11.13 电路中，已知 $L_1 = 6$ H，$L_2 = 3$ H，$M = 4$ H。试求电路的入端等效电感。

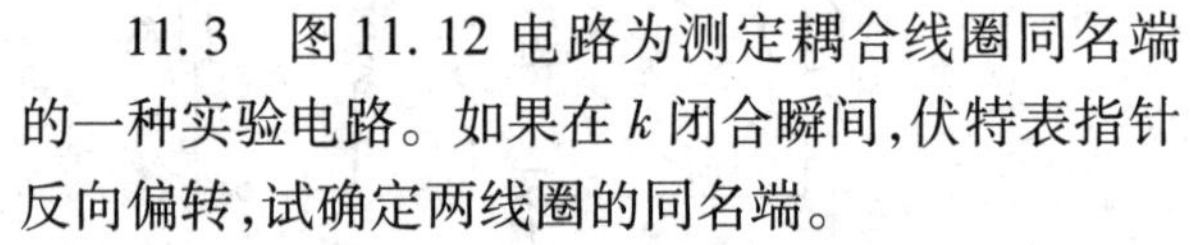

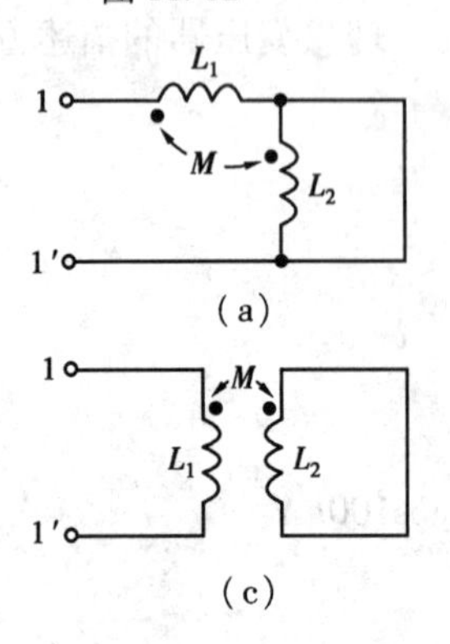

(a)　(c)

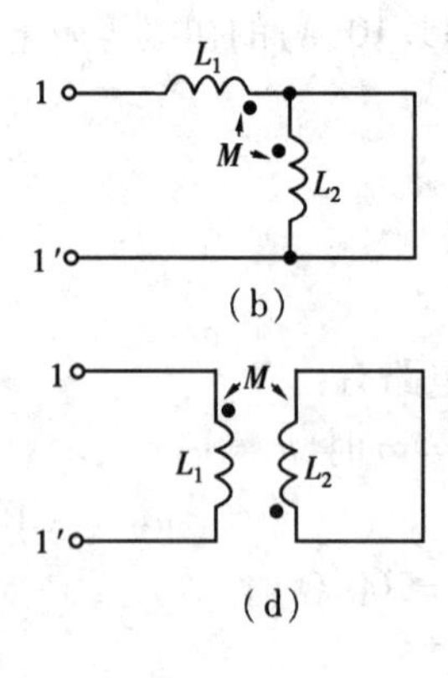

(b)　(d)

图 11.13

11.5　求图 11.14 电路的输入阻抗 $Z(\omega)$，$\omega=10$ rad/s。

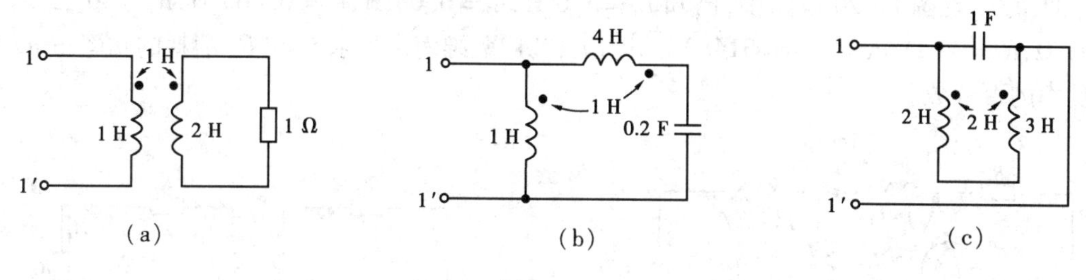

图 11.14

11.6　把两个磁耦合线圈串联起来接到 50 Hz，220 V 的正弦交流电源上，顺接时测得电流 $I=2.7$ A，功率 218.7 W；反接时电流为 7 A，求互感 M。

11.7　在图 11.15 所示电路中，$R_1=R_2=10\ \Omega$，$\omega L_1=30\ \Omega$，$\omega L_2=20\ \Omega$，$\omega M=20\ \Omega$，$U=220$ V。求①开关 K 打开时和闭合时的电流 $\dot I_1$；②K 闭合时各支路和电源的复功率。

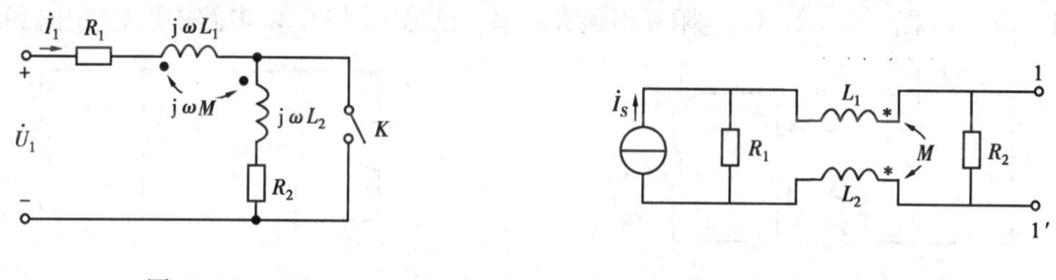

图 11.15　　　　图 11.16

11.8　把图 11.15 电路中两个磁耦合线圈同侧并联后接至正弦交流电源上，电源电压 $U=220$ V，$\omega=100$ rad/s。①此时要用两个功率表测量两线圈的功率，试画出它们的接线图，求功率表读数，并试解释之；②计算电路的等效阻抗。

11.9　求图 11.16 电路的戴维南等效电路参数。

11.10　图 11.17 电路中，$k=1$，若 $\dot U_S=100$ V，$R_1=10\ \Omega$，$\omega L_1=20\ \Omega$，$\dfrac{1}{\omega C}=320\ \Omega$。求 $\dot I_1$ 和 $\dot U_2$。

11.11　在图 11.18 电路中，i_S 为周期性电流源，图示 i_S 一个周期波形，副边电压表读数有效值 25 V。①试画出原、副边端电压波形，并计算互感 M；②如果同名端弄错，对①的结果有无影响？

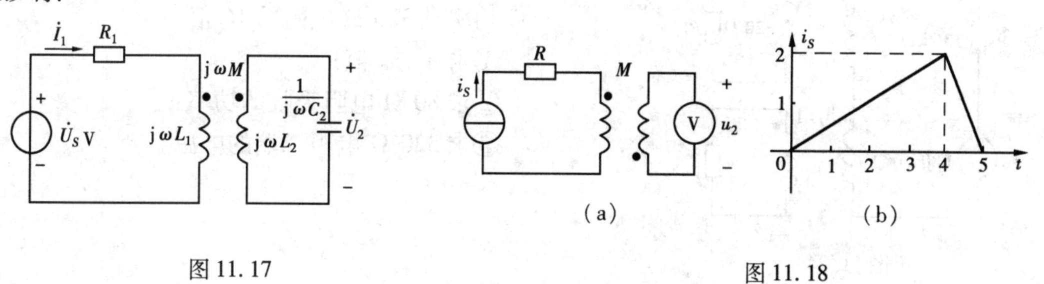

图 11.17　　　　图 11.18

11.12　试列写图 11.19 所示电路的回路电流方程。

11.13　在图 11.20 电路中，已知 $L_1 = 3.6\ \text{H}, L_2 = 0.06\ \text{H}, M = 0.465\ \text{H}, R_1 = 20\ \Omega, R_2 = 0.08\ \Omega, R_L = 42\ \Omega, u_S = 115\cos 314t\ \text{V}$。求①$i_1$；②用戴维南定理求 i_2，③R_L 消耗的功率占 u_S 发送功率的百分数。

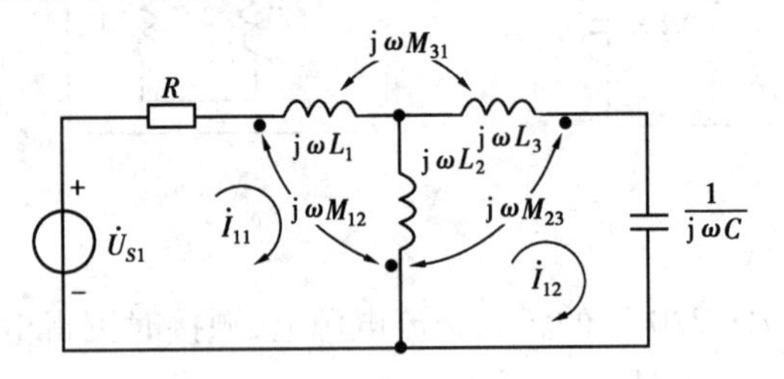

图 11.19

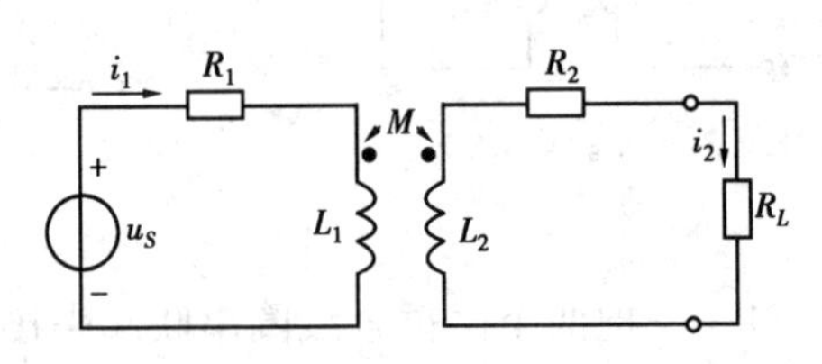

图 11.20

11.14　求图 11.21 电路中的电压 $\dot{U}_2$。

11.15　如果使 $R_L = 10\ \Omega$，电阻获得最大功率。试确定图 11.22 电路中理想变压器变比 n。

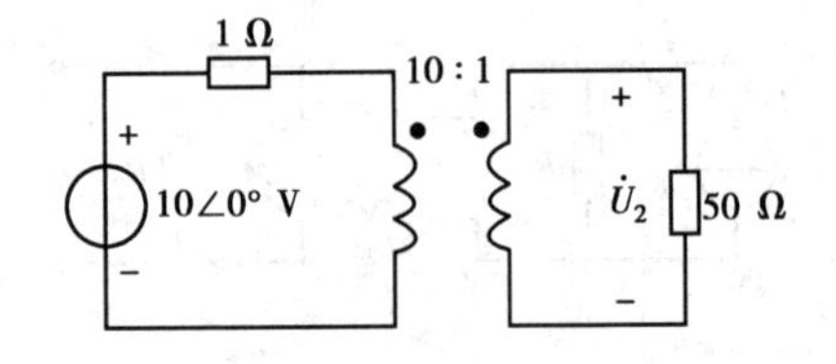

图 11.21

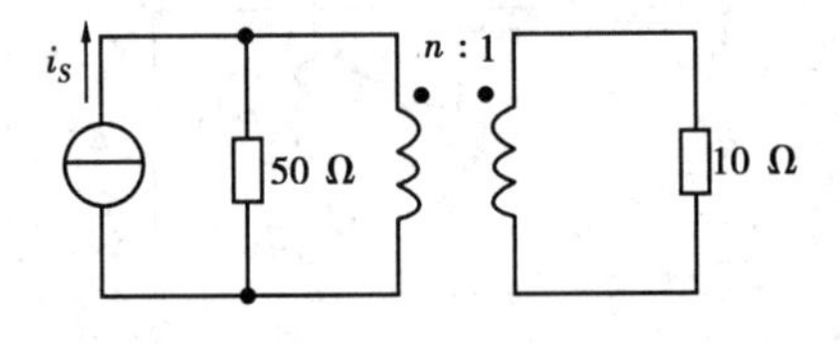

图 11.22

11.16　求图 11.23 电路中的阻抗 Z。已知：Ⓐ $= 10\ \text{A}, U = 10\ \text{V}$。

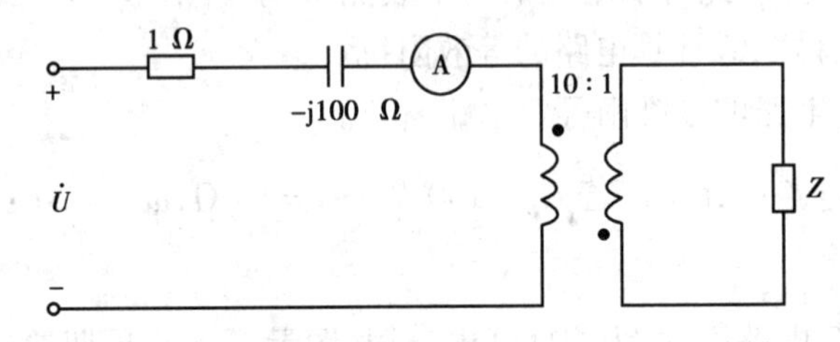

图 11.23

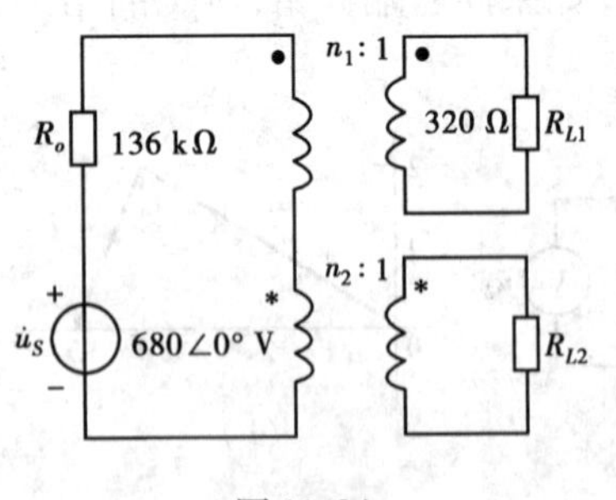

图 11.24

11.17　电路如图 11.24 所示，已知 80 Ω 电阻吸收的功率是 320 Ω 电阻的 16 倍。

①求 n_1, n_2 值；

②求 80 Ω 电阻吸收的功率；

③求 320 Ω 电阻二端的电源。

第 12 章 三相电路

内容简介

目前我国和世界上电力系统的供电方式绝大多数仍采用三相制。之所以这种供电方式得到广泛应用,就是因为这种供电方式在电能的产生、传输、分配、及应用等诸方面都具有十分显著的优越性。

本章主要介绍三相电源及三相电路、对称三相电路及其化归一相电路的计算方法;线电压、线电流与相电压、相电流之间的关系;三相电路的功率及其测量;不对称三相电路的计算。

12.1 三相电路

三个频率、幅值分别相等,相位互差 120° 的按一定方式连接而成的电源系统就称作对称三相电源。如果三个电源的电压为

$$\left.\begin{aligned} u_A &= U_m\cos\omega t \\ u_B &= U_m\cos(\omega t - 120°) \\ u_C &= U_m\cos(\omega t - 240°) = U_m\cos(\omega t + 120°) \end{aligned}\right\} \tag{12.1}$$

式中 u_A 被选作参考正弦量。其相量形式为

$$\dot{U}_A = U\angle 0° \qquad \dot{U}_B = U\angle -120° = \alpha^2\dot{U}_A \qquad \dot{U}_C = U\angle 120° = \alpha\dot{U}_A$$

式中 $\alpha = 1\angle 120° = -\frac{1}{2} + \mathrm{j}\frac{\sqrt{3}}{2}$,称作旋转因子。

对称三相电源电压的波形和相量分别表示于图 12.1(b),(c)中。根据电压表达式、波形、相量图均可得出

$$u_A + u_B + u_C = 0 \text{ 或 } \quad \dot{U}_A + \dot{U}_B + \dot{U}_C = 0$$

即对称三相电源电压之和等于零。

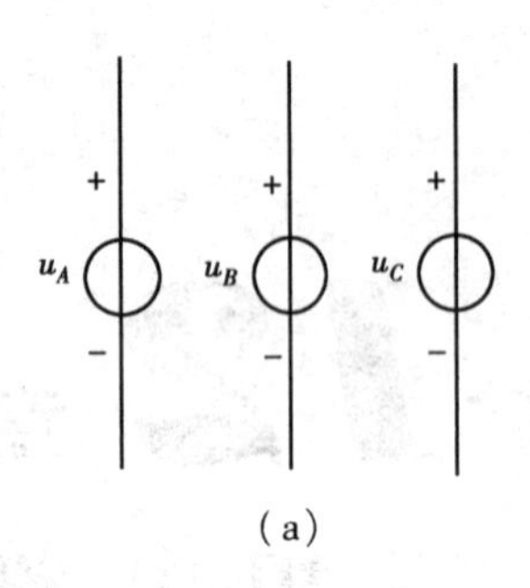

(a)

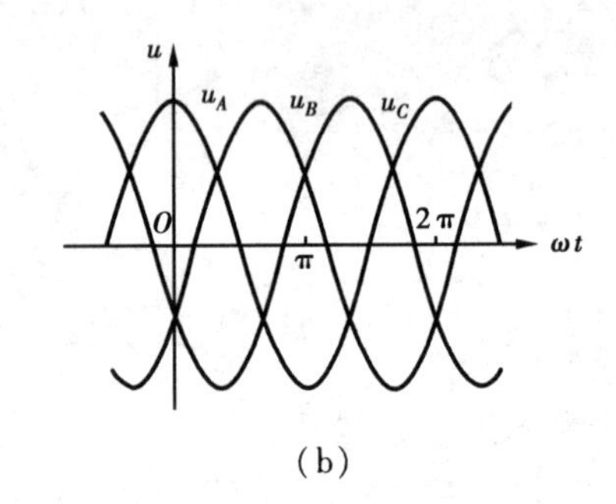

(b)

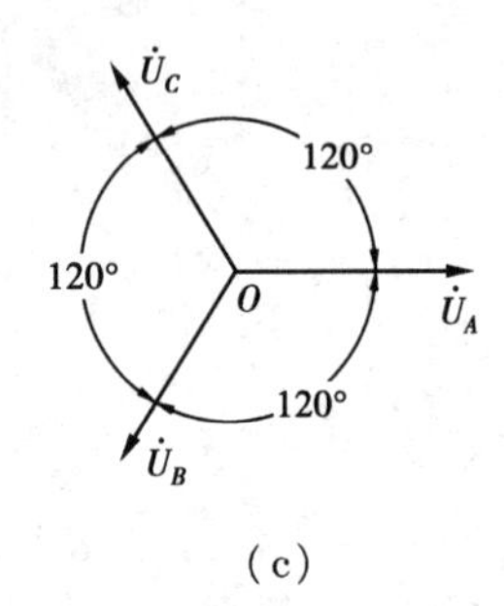

(c)

图 12.1　三相电压源

工程上把三个电源电压的每一个就称作电源的一相，依次称作 A,B,C 相。又把各相电压经过同一值(如最大值)的先后顺序称相序。像上面的三个电源的相序就称作正相序(顺序)(ABC,BCA,CAB)，如果把上述电源中的任何两相倒相，其相序就变为负序(逆序)了，电力系统一般均采用正序。

对称三相电源有两种基本连接方式：一种是星形(Y)连接，一种是三角形(△)连接。如图 12.2(a)，(b)所示为星形(Y)方式，即把三个电源的负极性端连接在一起形成一个节点，称作电源中性点，用 N 表示，三个电源正极性端的引出线称作电源的端线，用 A,B,C 标记。三相电源中每个电源的电压就称作相电压，各端点 A,B,C 之间的电压就称作线电压。每相电源中流过的电流称作相电流，端线中流过的电流称作线电流。把三相电源依次连接成一个回路，再从连接处 A,B,C 引出端线，如图 12.2(c)，就称作三相电源的三角形(△)连接。三角形连接(△)的三相电源也有相电压、线电压、相电流、线电流的概念，它们与 Y 形连接相同，只是三角形(△)连接的电源无中性点 N。

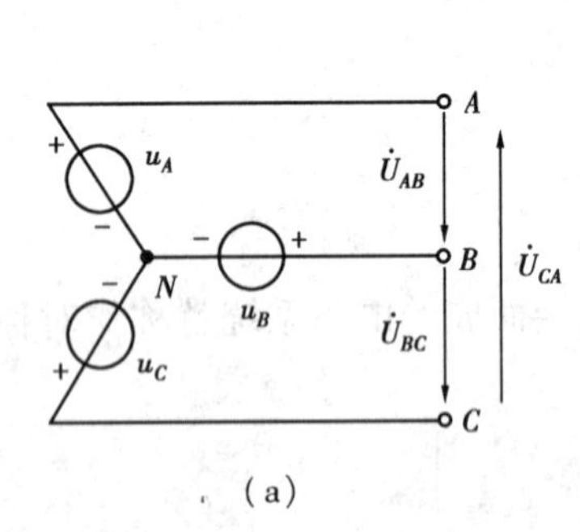

(a)

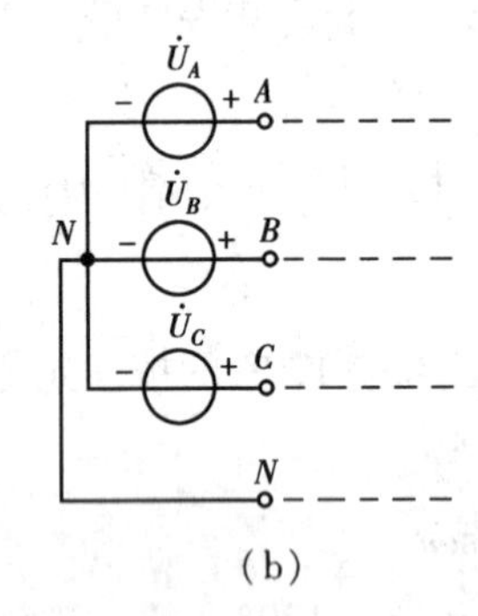

(b)

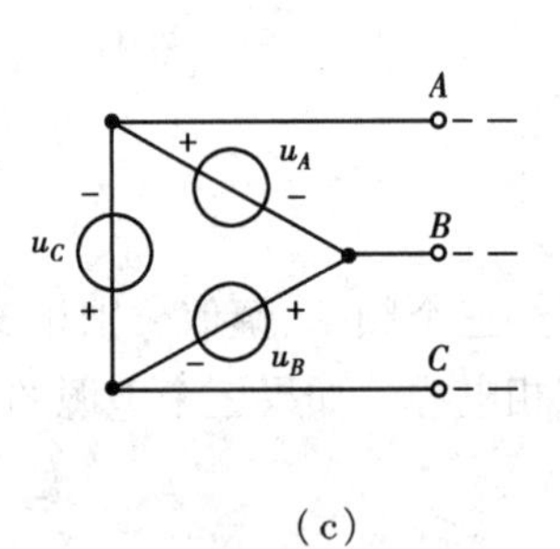

(c)

图 12.2　三相电源连接方式

在 Y 形连接的[如图 12.2(a)]电源中，根据 KVL 有

$$\left.\begin{aligned}\dot{U}_{AB} &= \dot{U}_A - \dot{U}_B = (1-\alpha^2)\dot{U}_A = \sqrt{3}\dot{U}_A \angle 30^\circ \\ \dot{U}_{BC} &= \dot{U}_B - \dot{U}_C = (1-\alpha^2)\dot{U}_B = \sqrt{3}\dot{U}_B \angle 30^\circ \\ \dot{U}_{CA} &= \dot{U}_C - \dot{U}_A = (1-\alpha^2)\dot{U}_B = \sqrt{3}\dot{U}_C \angle 30^\circ\end{aligned}\right\} \tag{12.2}$$

或通过作相量图(如图 12.3)同样可以得到上述结果。把以上 3 式相加得

$$\dot{U}_{AB} + \dot{U}_{BC} + \dot{U}_{CA} = 0$$

说明(12.2)只有两式独立。根据上述讨论可以得出：如果三相电源是对称的，则电源端的线电压就等于相应的相电压$\sqrt{3}$倍，角度超前 30°，线电压也对称，即只要算出其中一个电压 $\dot{U}_{AB}$，

其余两个就可依次写出

$$\dot{U}_{BC} = \alpha^2 \dot{U}_{AB}, \dot{U}_{CA} = \alpha \dot{U}_{AB}$$

在△形连接的三相电源中

$$\dot{U}_{AB} = \dot{U}_A, \dot{U}_{BC} = \dot{U}_B, \dot{U}_{CA} = \dot{U}_C$$

说明△形连接的电源端,其线电压等于相应的相电压。三相电路的负载通常也都接成Y形和△形。如图12.4所示。其中每个负载就称作三相负载的一相。如果三相负载相等即 $Z_A = Z_B = Z_C = Z$,就称作对称三相负载。每个负载中流过的电流和其端电压就称作相电流和相电压。三相负载引出线上的电流称作线电流,每两个端子之间的电压称作负载的线电压。

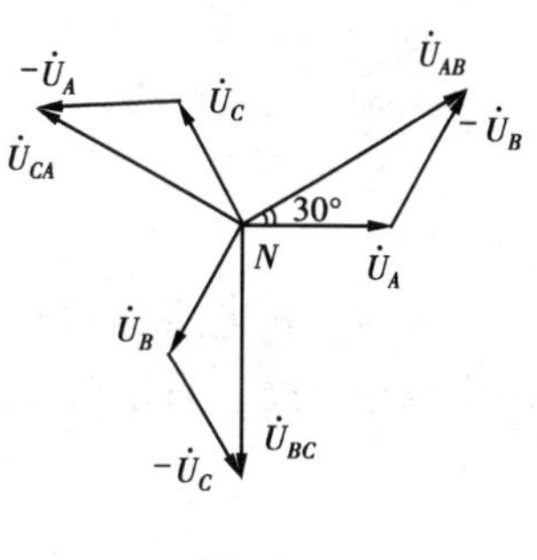

图12.3

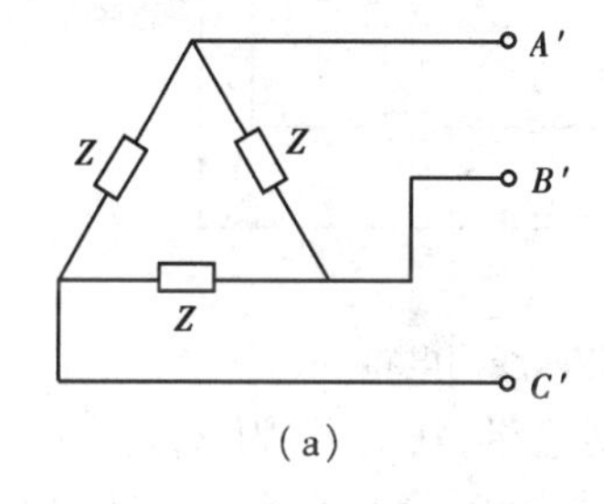

(a)

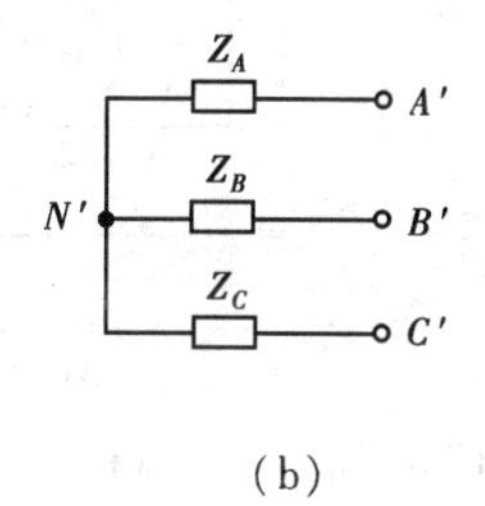

(b)

图12.4　三相负载的连接形式

三相电路由三相电源、三相负载和连接电源和负载的三相输电线组成,如图12.5所示。如果电源和负载都是对称的,三相电路就称作是对称三相电路,否则称作不对称三相电路。三相电路按电源和负载的连接形式可分为Y-Y连接,Y-△连接,△-Y连接,△-△连接4种形式,其中 Z_e 为输电线阻抗。

在Y-Y连接中,如果电源中性点 N 负载中性点 N' 用导线连接,其阻抗为 Z_N,如图12.5(a)中所示。这种连接形式又称作三相四线制,其余各种连接形式均称作三相三线制。

把负载端的电压电流及其关系放到对称三相电路的计算一节中介绍。

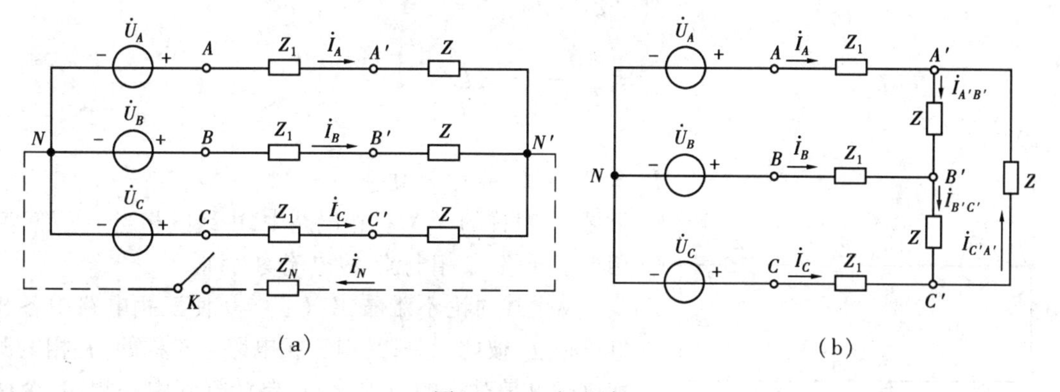

图12.5　三相电路

12.2 对称三相电路的计算

因为三相电路实际上是正弦交流电路的一种特殊情况。故正弦稳态电路的分析方法都适用于三相电路。只是对称三相电路有其简化计算的方法。

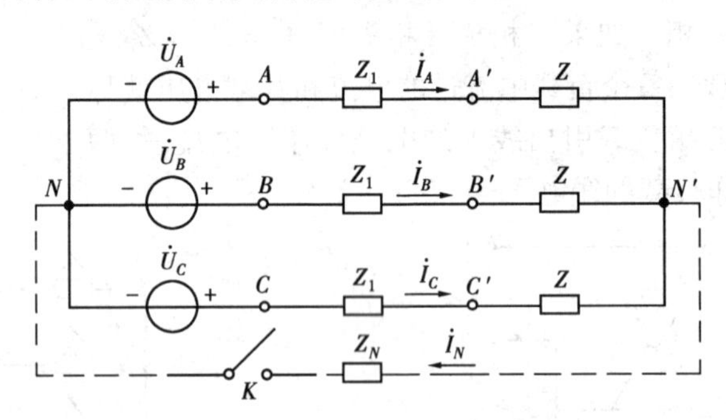

图 12.6　对称 Y-Y 三相四线制电路

电路如图 12.6 所示，为对称的 Y-Y 三相四线制电路，其中 Z_e 为端线阻抗，Z_N 为中性线阻抗，N,N'为中性点。分析此电路，可先选 N'为独立节点，N 为参考节点，根据 KCL 有：

$$\left(\frac{1}{Z_N}+\frac{3}{Z_l+Z}\right)\dot{U}_{N'N}=\frac{\dot{U}_A+\dot{U}_B+\dot{U}_C}{Z_l+Z}$$

因为 $\dot{U}_A+\dot{U}_B+\dot{U}_C=0$，所以有 $\dot{U}_{N'N}=0$。从电路图中可以看出，Y-Y 对称二相电路中的线电流就等于相应相的相电流，且

$$\dot{I}_A=\frac{\dot{U}_A-\dot{U}_{N'N}}{Z_l+Z}=\frac{\dot{U}_A}{Z_l+Z}$$

$$\dot{I}_B=\frac{\dot{U}_B}{Z_l+Z}=\alpha^2\dot{I}_A$$

$$\dot{I}_C=\frac{\dot{U}_C}{Z_l+Z}=\alpha\dot{I}_A$$

所以

$$\dot{I}_N=\dot{I}_A+\dot{I}_B+\dot{I}_C=0$$

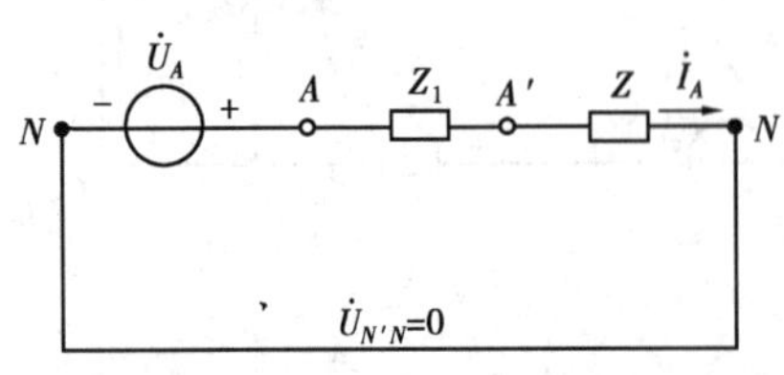

图 12.7　一相计算电路

可见，在对称的 Y-Y 三相电路中，中线既相当于短路，又相当于开路，其相电流，线电流均对称。

从上述讨论不难看出，$\dot{U}_{N'N}=0$ 使三相电路中各相电流独立，彼此无关；又因三相电路是对称的，三相电源和负载也是对称的。因此，只要计算其中一相，其余两相的电压电流也就能依次写出，这就是对称三相电路归结为一相电路的计算方法。图 12.7 为一相计算电路（A 相）。中性线阻抗未画在电路中，是因 $\dot{U}_{N'N}=0$，它被短路了。

例 12.1　在图 12.6 所示的对称三相电路中，已知三相电源线电压 $u_{AB}=380\sqrt{2}\cos\omega t\text{V}$，Y

形负载阻抗 $Z=10+\mathrm{j}12\Omega$，线路阻抗 $Z_l=2+4\ \mathrm{j}\Omega$，试计算 $\dot{I}_A,\dot{I}_B,\dot{I}_C$。

解 根据：$U_l=\sqrt{3}U_{\mathrm{ph}}$

所以
$$U_{\mathrm{ph}}=\frac{U_l}{\sqrt{3}}=\frac{380}{\sqrt{3}}=220\ \mathrm{V}$$

设 $\dot{U}_A=220\angle 0°\ \mathrm{V}$，取 A 相电路计算，如图 12.7 所示。

$$\dot{I}_A=\frac{\dot{U}_A}{Z_l+Z}=\frac{220\angle 0°}{12+j16}=11\angle -53.1°\ \mathrm{A}$$

根据对称性有

$$\dot{I}_B=11\angle -173.1°\ \mathrm{A}\quad \dot{I}_C=11\angle 66.9°\ \mathrm{A}$$

例 12.2　在图 12.5(b)电路中，$Z_l=1+\mathrm{j}2\ \Omega$，$Z=21+\mathrm{j}24\ \Omega$，已知三相电源线电压 $U_l=380\ \mathrm{V}$，试求负载端的线电压、线电流以及△负载的相电流。

解　先把该电路转换为对称 Y-Y 三相电路，如图 12.8所示。其中 Z'为△负载变换为 Y 形负载的阻抗：

$$Z'=\frac{1}{3}Z=\frac{21+\mathrm{j}24}{3}=(7+\mathrm{j}8)\ \Omega$$

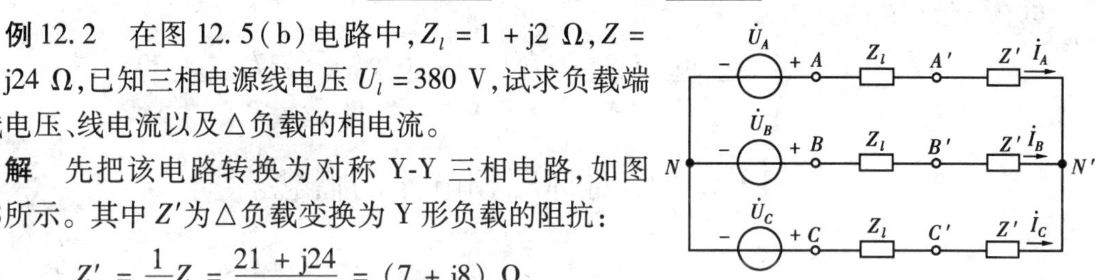

图 12.8

设 $\dot{U}_A=220\angle 0°\ \mathrm{V}$，

根据一相计算电路有线电流为

$$\dot{I}_A=\frac{\dot{U}_A}{Z_l+Z}=\frac{220\angle 0°}{8+\mathrm{j}10\ \Omega}=17.17\angle -51.34°\ \mathrm{A}$$

所以

$$\dot{I}_C=17.17\angle +68.66°\ \mathrm{A}$$
$$\dot{I}_B=17.17\angle -171.34°\ \mathrm{A}$$

再求负载相电压

$$\dot{U}_{A'N'}=\dot{I}_AZ'=17.17\angle -51.34°\times(7+\mathrm{j}8)=182.52\angle -2.53°\ \mathrm{V}$$
$$\dot{U}_{B'N'}=\dot{I}_BZ'=17.17\angle -171.34°\times(7+\mathrm{j}8)=182.52\angle -122.53°\ \mathrm{V}$$
$$\dot{U}_{C'N'}=\dot{I}_CZ'=17.17\angle 68.66°\times(7+\mathrm{j}8)=182.52\angle 117.47°\ \mathrm{V}$$

由此便可求得负载端的线电压

$$\dot{U}_{A'B'}=\sqrt{3}\dot{U}_{A'N'}\angle 30°=316.13\angle 27.47°\ \mathrm{V}$$
$$\dot{U}_{B'C'}=\sqrt{3}\dot{U}_{B'N'}\angle 30°=316.13\angle -92.53°\ \mathrm{V}$$
$$\dot{U}_{C'A'}=\sqrt{3}\dot{U}_{C'N'}\angle 30°=316.13\angle 147.47°\ \mathrm{V}$$

最后再求△形连接负载的相电流。根据图 12.5(b)电路可得

$$\dot{I}_{A'B'}=\frac{\dot{U}_{A'B'}}{Z}=\frac{316\angle 27.47°}{21+\mathrm{j}24}=9.9\angle -21.34°\ \mathrm{A}$$

$$\dot{I}_{B'C'}=\frac{\dot{U}_{B'C'}}{Z}=\frac{316\angle -92.53°}{21+\mathrm{j}24}=9.9\angle -141.34°\ \mathrm{A}$$

$$\dot{I}_{C'A'} = \frac{\dot{U}}{Z} = 9.9 \angle 98.66° \text{ A}$$

由上述例题不难看出：

①对称三相电路的相电压、相电流、线电压、线电流都是对称的；

②Y-Y 连接的对称三相电路中，$\dot{I}_A = \dot{I}_{A'N'}$，$\dot{I}_B = \dot{I}_{B'N'}$，$\dot{I}_C = \dot{I}_{C'N'}$；

在电源端

$$\dot{U}_{AB} = \sqrt{3}\dot{U}_A \angle 30°, \dot{U}_{BC} = \sqrt{3}\dot{U}_B \angle 30°, \dot{U}_{CA} = \sqrt{3}\dot{U}_C \angle 30°;$$

在负载端

$$\dot{U}_{A'B'} = \sqrt{3}\dot{U}_{A'N'} \angle 30°, \dot{U}_{B'C'} = \sqrt{3}\dot{U}_{B'N'} \angle 30°, \dot{U}_{C'A'} = \sqrt{3}\dot{U}_{C'N'} \angle 30°$$

③在△形连接的负载端

$$\dot{I}_A = \sqrt{3}\dot{I}_{A'B'} \angle -30°, \dot{I}_B = \sqrt{3}\dot{I}_{B'C'} \angle -30°, \dot{I}_C = \sqrt{3}\dot{I}_{C'A'} \angle -30°$$

12.3 不对称三相电路的概念

在三相电路中，只要电源或负载或传输线有一部分不对称，就是不对称三相电路。由于三相电路的不对称，三相电路也就失去了对称三相电路的那些特点及计算方法。在电力系统中，造成三相电路不对称的原因尽管是多方面的，但主要的却是三相负载的不对称。现简单介绍不对称三相电路的一些特点。

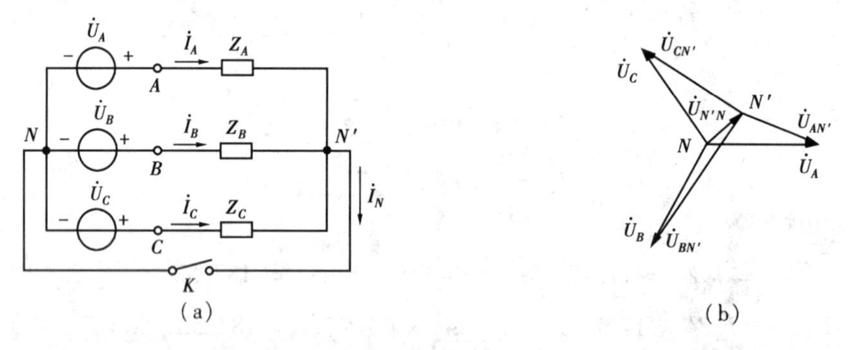

图 12.9 不对称三相电路

电路如图 12.9(a)所示，这是一个电源对称而负载不对称的 Y-Y 三相电路。先讨论 Y-Y 三相三线制(即 K 断开)的情况。仍选 N 为参考节点，用节点电压法可求得节点电压 $\dot{U}_{N'N}$ 为

$$\dot{U}_{N'N} = \frac{\dot{U}_A Y_A + \dot{U}_B Y_B + \dot{U}_C Y_C}{Y_A + Y_B + Y_C}$$

因为 $Z_A \neq Z_B \neq Z_C$ 不对称，所以有 $\dot{U}_{N'N} \neq 0$，即 N' 与 N 的电位就不相等了。从相量图 12.9(b)也可看出 N' 与 N 不重合了，这一现象称作中性点位移。当电源对称时，可根据中性点位移的情况判断负载端相电压不对称的程度。如果中性点位移过大，就可能造成负载不能正常工作。并且任何一相负载的变化都将引起其余两相的工作状态的变化。

在电力系统中，为消除因负载不对称产生的中性点位移，常强制 $\dot{U}_{N'N} = 0$(即将 K 闭合)，尽管三相负载不对称，却仍可使各相电路保持其独立性，各相电路的工作状态互不影响，因而

各相电路可独立计算，这样就克服了无中性线时所产生的缺点。由此可见，中性线在电力系统中是多么重要。

尽管强制使 $\dot{U}_{N'N}=0$，但由于负载的不对称，仍然使三相电路的相电流不对称，从而使中性线电流一般不为零，即：$\dot{I}_N=\dot{I}_A+\dot{I}_B+\dot{I}_C\neq 0$。

例 12.3　电路如图 12.10 所示，三相电源对称，且 $U_A=220$ V，三相负载不对称，R_A 是一只 40 W/220 V 的灯泡，$R_B=R_C$ 各为一只 100 W/220V 灯泡。①计算各相负载中的电流及中性线电流；②若中性线断开，再计算各相负载的电压。

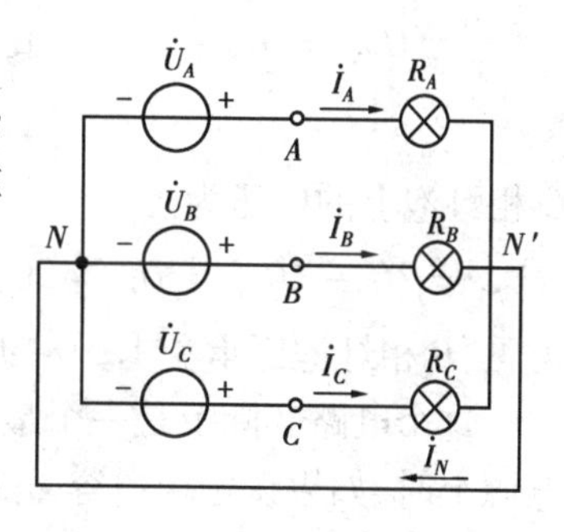

图 12.10

解　①灯泡的电阻

$$R_A=\frac{U_A^2}{P_A}=\frac{220^2}{40}=1\ 210\ \Omega$$

$$R_C=R_B=\frac{220^2}{100}=484\ \Omega$$

设 $\dot{U}_A=220\angle 0°$ V，因有中性线，故各相电流可单独计算

$$\dot{I}_A=\frac{\dot{U}_A}{R_A}=\frac{220\angle 0°}{1\ 210}=0.182\angle 0°\ \text{A}$$

$$\dot{I}_B=\frac{\dot{U}_B}{R_B}=\frac{220\angle -120°}{484}=0.455\angle -120°\ \text{A}\qquad \dot{I}_C=\frac{\dot{U}_C}{R_C}=\frac{220\angle 120°}{484}=0.455\angle 120°\ \text{A}$$

$$\dot{I}_N=\dot{I}_A+\dot{I}_B+\dot{I}_C=0.182\angle 0°+0.455\angle -120°+0.455\angle 120°=$$
$$-0.273=0.273\angle 180°$$

②中性线断开，计算 $\dot{U}_{N'N}$

$$\dot{U}_{N'N}=\frac{\dfrac{\dot{U}_A}{R_A}+\dfrac{\dot{U}_B}{R_B}+\dfrac{\dot{U}_C}{R_C}}{\dfrac{1}{R_A}+\dfrac{1}{R_B}+\dfrac{1}{R_C}}=\frac{-0.273}{\dfrac{1}{1\ 210}+\dfrac{2}{484}}=-55=55\angle 180°\ \text{V}$$

故各相负载电压分别为

$$\dot{U}_{AN'}=\dot{U}_A-\dot{U}_{N'N}=220-(-55)=275\angle 0°\ \text{V}$$

$$\dot{U}_{BN'}=\dot{U}_B-\dot{U}_{N'N}=220\angle 120°-(-55)=-55-\text{j}190.5=198\angle -106°\ \text{V}$$

$$\dot{U}_{CN'}=\dot{U}_C-\dot{U}_{N'N}=220\angle 120°-(-55)=-55+\text{j}190.5=198\angle 106°\ \text{V}$$

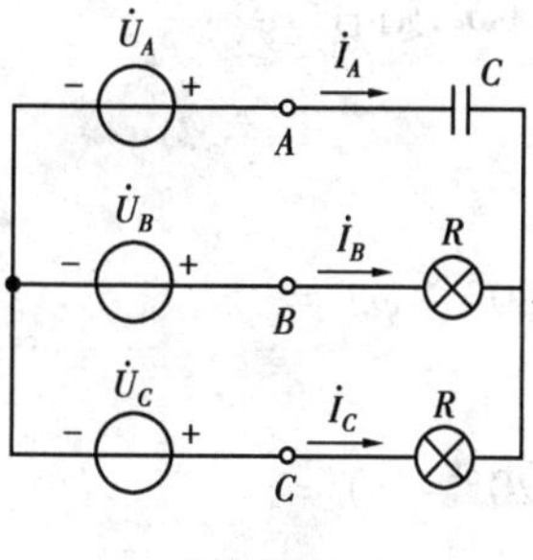

例 12.4　在图 12.11 所示电路中，R 为两只功率相等的灯泡，若 $\dfrac{1}{\omega C}=R$，求在电源对称条件下，两个灯泡哪个较亮？

解　设 $\dot{U}_A=U\angle 0°$，则 $\dot{U}_{N'N}$ 为：

$$\dot{U}_{N'N}=\frac{\text{j}\omega C\dot{U}_A+\dfrac{\dot{U}_B}{R}+\dfrac{\dot{U}_C}{R}}{\text{j}\omega C+\dfrac{2}{R}}$$

图 12.11

把$\frac{1}{\omega C}=R$代入上式可得

$$\dot{U}_{N'N}=(-0.2+\mathrm{j}0.6)U=0.63U\angle 108.4^\circ$$

故 B 相灯泡上的电压为

$$\dot{U}_{BN'}=\dot{U}_B-\dot{U}_{N'N}=U\angle -120^\circ-(-0.2+\mathrm{j}0.6)U=(-0.3-\mathrm{j}1.466)U=1.5U\angle -101.6^\circ$$

C 相灯泡上的电压为

$$\dot{U}_{CN'}=\dot{U}_C-\dot{U}_{N'N}=U\angle 120^\circ-(-0.2+\mathrm{j}0.6)U=(-0.3+\mathrm{j}0.266)U=0.4U\angle 138.4^\circ$$

可见，B 相灯泡因承受 $1.5U$ 的电压而较亮，C 相灯泡暗。

这个电路实际上是一个最简单的相序指示器，可测定相序。当把它接在相序未知的三相电源上时，如果认定接电容 C 的一相为 A 相，则灯泡亮的一相为 B 相，灯泡暗的一相为 C 相。

12.4 三相电路的功率及其计算

在如图 12.9(a)所示的电路中，三相负载的平均功率就等于各相平均功率之和，即：

$$P=P_A+P_B+P_C=U_{AN'}I_{AN'}\cos\varphi_A+U_{BN'}I_{BN'}\cos\varphi_B+U_{CN'}I_{CN'}\cos\varphi_C$$

其中 $\varphi_A,\varphi_B,\varphi_C$ 分别为各相电压电流的相位差，也就是各相负载阻抗的阻抗角。

同理，三相电路的无功功率为

$$Q=Q_A+Q_B+Q_C=U_{AN'}I_{AN'}\sin\varphi_A+U_{BN'}I_{BN'}\sin\varphi_B+U_{CN'}I_{CN'}\sin\varphi_C$$

如果用复功率表示则有

$$\bar{S}_A=P_A+\mathrm{j}Q_A=\dot{U}_{AN'}\overset{*}{I}_{AN'}$$

$$\bar{S}_B=P_B+\mathrm{j}Q_B=\dot{U}_{BN'}\overset{*}{I}_{BN'}$$

$$\bar{S}_C=P_C+\mathrm{j}Q_C=\dot{U}_{CN'}\dot{I}_{CN'}$$

三相电路复功率为

$$\bar{S}=\bar{S}_A+\bar{S}_B+\bar{S}_C=P+\mathrm{j}Q$$

在对称三相电路中，必然有 $\bar{S}_A=\bar{S}_B=\bar{S}_C$，因而

$$\bar{S}=3\bar{S}_A=3U_{AN'}I_{AN'}\cos\varphi_A+\mathrm{j}3U_{AN'}I_{AN'}\sin\varphi_A$$

现在研究对称三相电路的瞬时功率。以图 12.6 为例，设 $u_{AN}=\sqrt{2}U\cos\omega t$，则有

$$p_A=u_{AN}i_A=\sqrt{2}U_{AN}\cos\omega t\times\sqrt{2}I_A\cos(\omega t-\varphi)=U_{AN}I_{AN}[\cos\varphi+\cos(2\omega t-\varphi)]$$

$$p_B=u_{BN}i_B=\sqrt{2}U_{AN}\cos(\omega t-120^\circ)\times\sqrt{2}I_A\cos(\omega t-120^\circ-\varphi)=U_{AN}I_{AN}[\cos\varphi+\cos(2\omega t-\varphi-240^\circ)]$$

$$p_C=u_{CN}i_C=\sqrt{2}U_{AN}\cos(\omega t+120^\circ)\times\sqrt{2}I_A\cos(\omega t+120^\circ-\varphi)=U_{AN}I_{AN}[\cos\varphi+\cos(2\omega t-\varphi+240^\circ)]$$

所以

$$p = p_A + p_B + p_C = 3U_{AN}I_{AN}\cos\varphi$$

此式说明,对称三相电路的瞬时功率是一个常量,其值等于对称三相电路的平均功率。这是三相电路的独有特性。它使三相电动机转轴上获得了一个恒定的转矩,从而使三相电动机得到广泛应用。

下面讨论三相电路功率的测量问题。

在电力系统中,经常要测量三相电路的功率。对于三相三线制的电路,不管其对称与否,均可用两只瓦特表测量出该三相电路的功率。图12.12即为两瓦特表的一种连接方式。两瓦特表的电流线圈分别串入两端线(A,B)中,它们的电压线圈则分别跨接在这两条端线(A,B)与第三条端线(C)之间。可以看出,这种功率测量方法与负载及电源的连接方式无关,习惯上称作二瓦法。

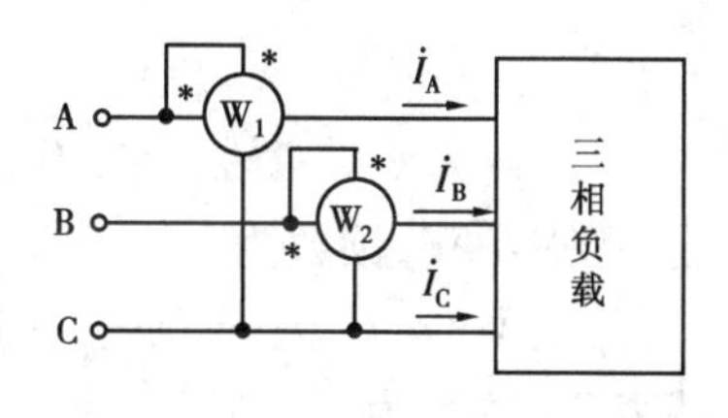

图12.12

可以证明,图12.12中两个瓦特表读数的代数和即为该三相负载吸收的平均功率。设其读数分别为 W_1, W_2,按照瓦特表读数的原理有

$$W_1 = \mathrm{Re}[\dot{U}_{AC}\overset{*}{I}_A] \qquad W_2 = \mathrm{Re}[\dot{U}_{BC}\overset{*}{I}_B]$$

所以

$$W_1 + W_2 = \mathrm{Re}[\dot{U}_{AC}\overset{*}{I}_A + \dot{U}_{BC}\overset{*}{I}_B]$$

因为

$$\dot{U}_{AC} = \dot{U}_A - \dot{U}_C, \dot{U}_{BC} = \dot{U}_B - \dot{U}_C, \overset{*}{I}_A + \overset{*}{I}_B = -\overset{*}{I}_C$$

代入上式得

$$\begin{aligned} W_1 + W_2 &= \mathrm{Re}[\dot{U}_A\overset{*}{I}_A + \dot{U}_B\overset{*}{I}_B - \dot{U}_C(\overset{*}{I}_A + \overset{*}{I}_B)] = \\ &\mathrm{Re}[\dot{U}_A\overset{*}{I}_A + \dot{U}_B\overset{*}{I}_B + \dot{U}_C\overset{*}{I}_C] = \\ &\mathrm{Re}[\overline{S}_A + \overline{S}_B + \overline{S}_C] = \mathrm{Re}[\overline{S}] \end{aligned}$$

上述结论得到证明。在对称三相电路中有:

$$\left.\begin{aligned} W_1 &= \mathrm{Re}[\dot{U}_{AC}\overset{*}{I}_A] = U_{AC}I_A\cos(\varphi - 30°) \\ W_2 &= \mathrm{Re}[\dot{U}_{BC}\overset{*}{I}_B] = U_{BC}I_B\cos(\varphi + 30°) \end{aligned}\right\} \tag{12.3}$$

其中 φ 为负载阻抗角。根据式(12.3)可知,当 $|\varphi| = 60°$ 时,其中一只瓦特表读数为零;当 $|\varphi| > 60°$ 时,则其中另一只瓦特表读数为负。

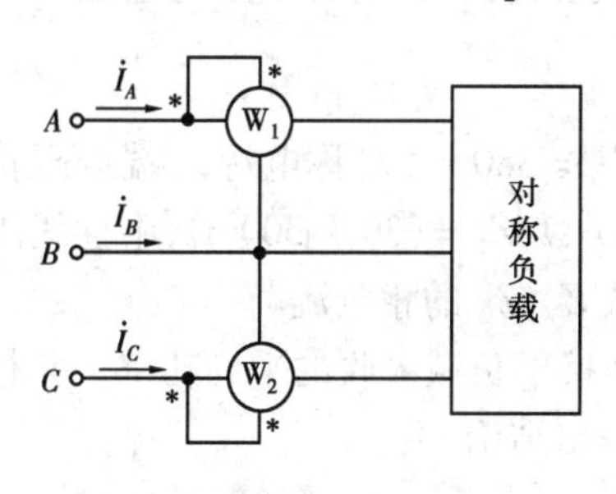

图12.13

三相四线制电路不能用二瓦表测量三相电路的功率,其原因是一般情况下

$$\dot{I}_A + \dot{I}_B + \dot{I}_C \neq 0$$

例12.5　已知图12.13电路中,对称三相负载的功率因数为 $\cos\varphi = 0.766$(感性),功率为2.4 kW,对称电源线电压 $U_l = 380$ V。试求这两只瓦特表读数各为多少?

解　欲求瓦特表 W_1, W_2 读数,只要求得相关的线电压和线电流相量即可。因电路对称,

故

$$I_l = \frac{P}{\sqrt{3}U_l\cos\varphi} = \frac{2\ 400}{\sqrt{3} \times 380 \times 0.766} = 4.76\ \text{A}$$

$$\varphi = \arccos 0.766 = 40°$$

设 $\dot{U}_{AN'} = 220\angle 0°$ V,则

$$\dot{U}_{AB} = 380\angle 30°\ \text{V}, \dot{I}_A = 4.76\angle -40°\ \text{A}$$

$$\dot{U}_{CB} = -\dot{U}_{BC} = 380\angle 90°\ \text{V}, \dot{I}_C = 4.76\angle 80°\ \text{A}$$

于是,瓦特表 W_1 读数为

$$W_1 = U_{AB}I_A\cos(\psi_{u_{AB}} - \psi_{i_A}) = 380 \times 4.76\cos(30° + 40°)\ \text{W} = 618.6\ \text{W}$$

瓦特表 W_2 读数为

$$W_2 = U_{CB}I_C\cos(\psi_{u_{CB}} - \psi_{i_C}) = 380 \times 4.76\cos(90° - 80°)\ \text{W} = 1\ 781.3\ \text{W}$$

习 题 12

12.1 把对称三相负载 $Z = 40 + j30\ \Omega$,分别以 Y 和△连接于对称三相电源上,电源线电压为 $U_l = 380$ V,试计算①负载 Y 形连接时的相电压和相电流,并画出其相量图;②负载为△连接时相电压、相电流和线电流,并画出其相量图。

12.2 已知对称三相电路的线电压 $U_l = 380$ V(电源端),三角形负载阻抗 $Z = (4.5 + j14)\ \Omega$,端线阻抗 $Z_l = (1.5 + j2)\ \Omega$。求线电流及负载的相电流,并作相量图。

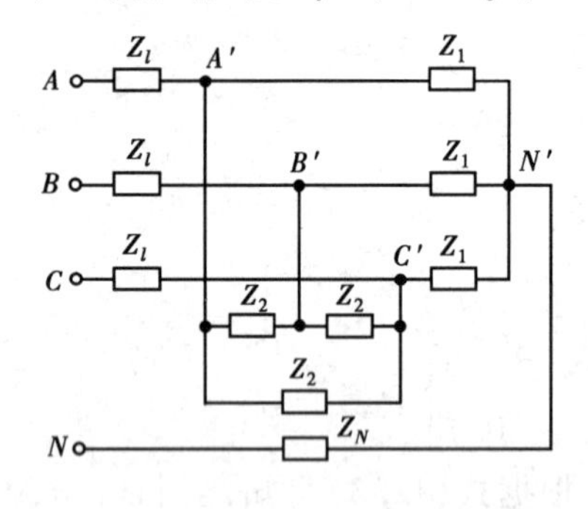

图 12.14

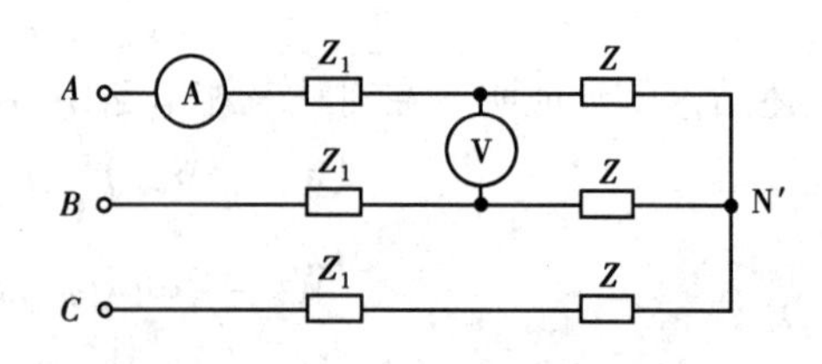

图 12.15

12.3 电路如图 12.14 所示,已知 $U_l = 380$ V(对称电源),端线阻抗 $Z_l = (30 + j20)\ \Omega$,负载阻抗 $Z_1 = (2 + j4)\ \Omega$,$Z_2 = (30 + j30)\ \Omega$,中性线阻抗 $Z_N = (2 + j4)\ \Omega$,求总的线电流及负载 Z_1,Z_2 的相电流。

12.4 试计算题 12.1 中负载两种连接下负载吸收的平均功率。并把这两种连接下的计算结果进行比较,并得出结论。

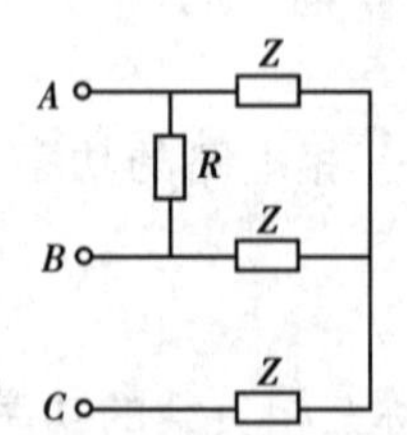

图 12.16

12.5 图 12.15 所示 Y-Y 对称三相电路中,Ⓥ = 1 143.16 V,$Z = (15 + j15\sqrt{3})\ \Omega$,$Z_1 = (1 + j2)\ \Omega$。试求图 12.15 所示电路中的读数及线电压 U_{AB}。

12.6 电路如图 12.16 所示,电源对称,$R = 380\ \Omega$,$Z = 220\angle -30°\ \Omega$,$U_l = 380$ V,试求各

线电流。

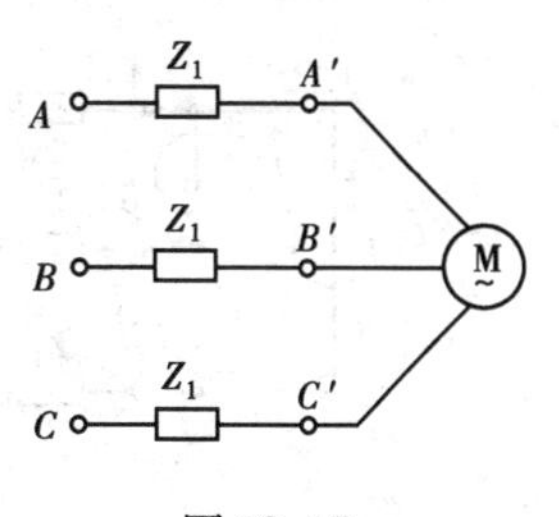

图12.17

12.7　在图12.17所示对称三相电路中，$U_{A'B'}=380$ V，三相电动机M吸收的平均功率$P_M=1.4$ kW，其功率因数$\cos\varphi'=0.866$（滞后），$Z_1=\mathrm{j}55\ \Omega$。求U_{AB}及电源端的$\cos\varphi$。

12.8　有一个Y-△对称三相电路，每相负载阻抗$Z=(15+\mathrm{j}20)\ \Omega$，电源端线电压为380 V。

①求负载相电流和线电流，并作电流相量图；②设AB相负载开路，重做本题。

12.9　两组对称负载（均为感性）并联连接在电源的输出端线上，其中一组接成三角形，负载功率为10 kW，功率因数为0.8；另一组接成星形，负载功率也为10 kW，功率因数为0.855，端线阻抗$Z_l=0.1+\mathrm{j}0.2\ \Omega$，欲使负载端线电压保持为380 V，求电源端线电压为多少伏？

12.10　电路如图12.18所示，$U_l=380$ V，$I_l=5.5$ A，负载阻抗角$\varphi=79°$，试求两只瓦特表读数及电路总功率。

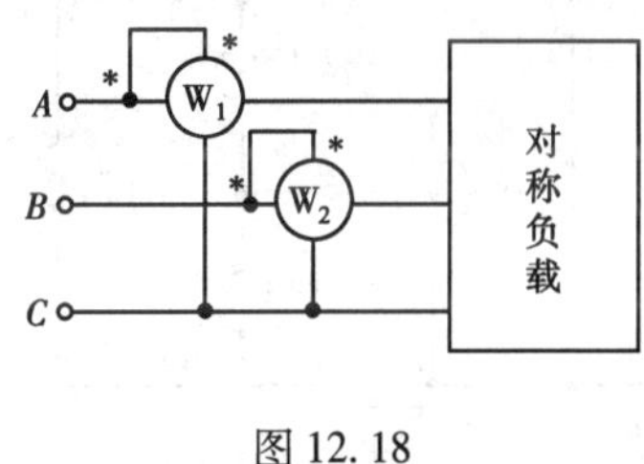

图12.18

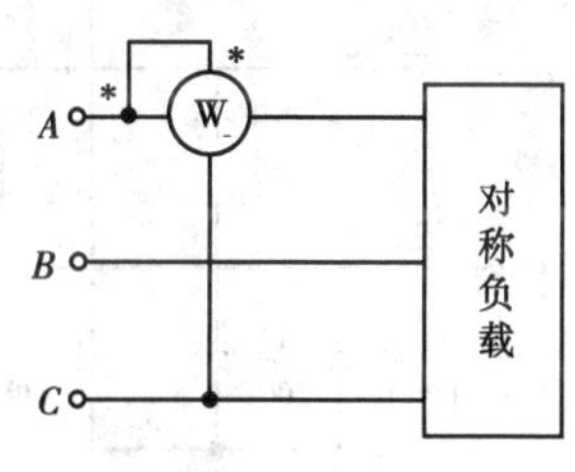

图12.19

12.11　电路接线如图12.19所示。试证明由瓦特表读数可求得电路中负载吸收的无功功率，且$Q=\sqrt{3}$Ⓦ。

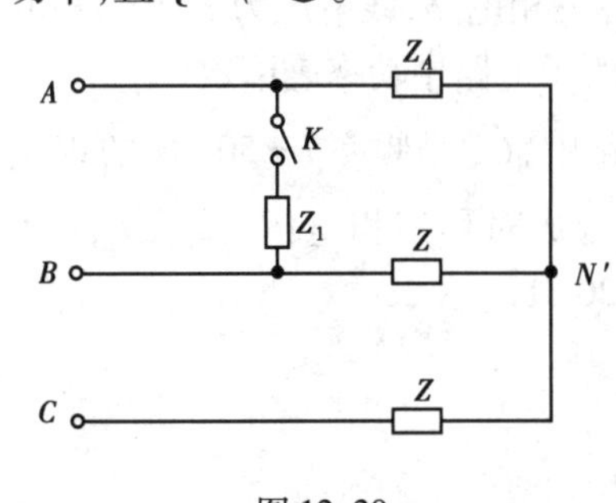

图12.20

12.12　已知不对称三相四线制电路中的线端阻抗为零，电源对称，线电压为380 V，不对称Y形三相负载阻抗分别为$Z_A=(3+\mathrm{j}2)\ \Omega$，$Z_B=(4+\mathrm{j}4)\ \Omega$，$Z_C=(2+\mathrm{j}1)\ \Omega$。试求：①当中性线阻抗$Z_N=(4+\mathrm{j}3)\ \Omega$时的中性点电压、线电流、和负载吸收的总功率；②当$Z_N=0$且$A$相开路时的线电流，如无中性线（$Z_N=\infty$）又会怎么样？

12.13　图12.20电路中对称三相电源端的线电压$U_l=380$ V，Z_A为R，L，C串联组成，$R=50\ \Omega$，$X_L=314\ \Omega$，$X_C=264\ \Omega$，$Z=(50+\mathrm{j}50)\ \Omega$，$Z_1=(100+\mathrm{j}100)\ \Omega$。试求：①开关$K$断开时的线电流；②试画出用二瓦表法测量三相电源端功率的接线图，并求功率表读数，（开关K闭合时）。

12.14　已知对称三相电路的负载吸收的功率为2.4 kW，功率因数为0.4（感性）。试求：①两功率表读数；②怎样能使功率因数提高到0.8？并重新求功率表读数。

12.15　已知图12.21所示对称三相电路变换为图12.21(b)的一相计算电路，试说明变换的步骤。

12.16　在图12.22时对称三相电路中，$U_l=380$ V，$R=200\ \Omega$，负载吸收的无功功率为$1\ 520\sqrt{3}$Var。

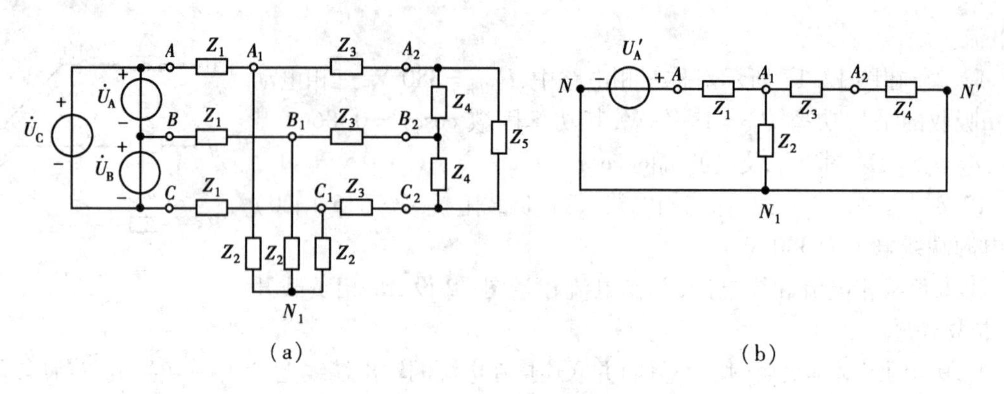

（a）　　　　　　　　　　（b）

图 12.21

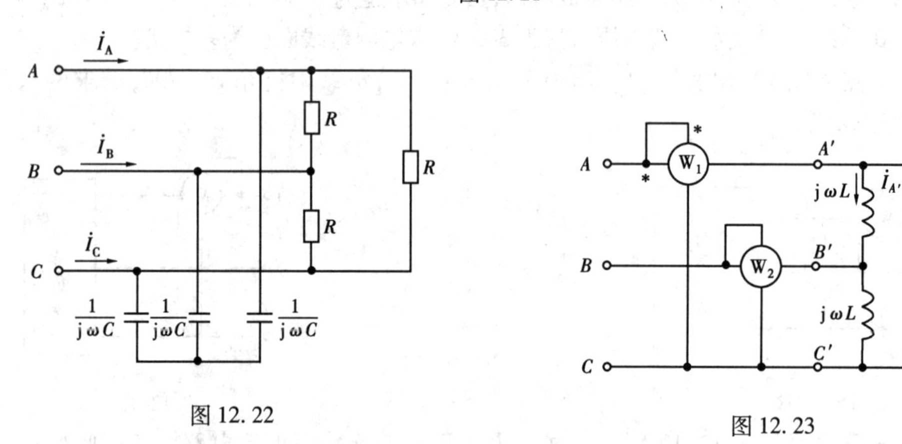

图 12.22　　　　　　　　　　图 12.23

试求:①各线电流;②电源发出的复功率。

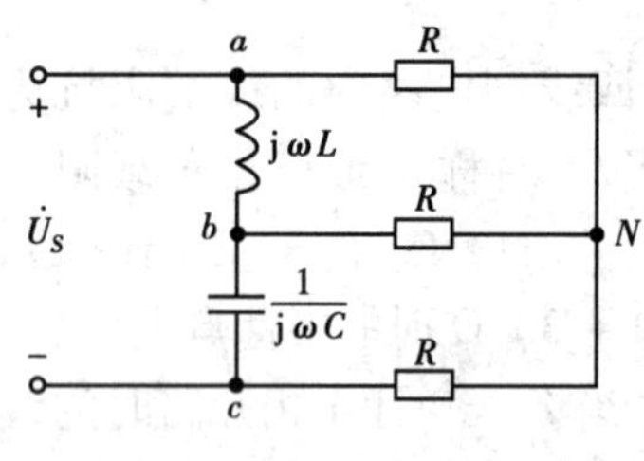

图 12.24

12.17　图 12.23 所示对称三相电路,线电压为 380 V,相电流 $\dot I_{A'B'}=2$ A。试求图 12.23 所示电路中功率表读数。

12.18　图 12.24 所示电路中,$\dot U_S$ 是频率 $f=50$ Hz 的正弦电压源。若要使 $\dot U_{aN}, \dot U_{bN}, \dot U_{cN}$ 构成对称三相电压,试求 R,L,C 之间应满足什么关系。设 $R=20\ \Omega$,求 C,L。

第13章 非正弦周期电路和信号频谱

内 容 简 介

本章讨论的非正弦周期电流电路,是分析线性电路在非正弦周期信号激励下的稳态响应问题。其分析方法——谐波分析法,是借助傅里叶级数展开法和线性电路的叠加定理对正弦交流电路分析方法的推广。其次介绍信号频谱的初步概念。其主要内容有:周期函数分解为傅里叶级数和信号的频谱,周期量的有效值、平均值,非正弦周期电流电路的计算和平均功率,滤波器的概念,三相电路中的高次谐波等。

13.1 非正弦周期信号

通过以上4章对正弦稳态电路的分析,可以得出结论:在线性电路中,即使有多个同频率正弦源共同激励时,电路的稳态响应也必为与激励同频率的正弦量。但在实际工程中,还常常

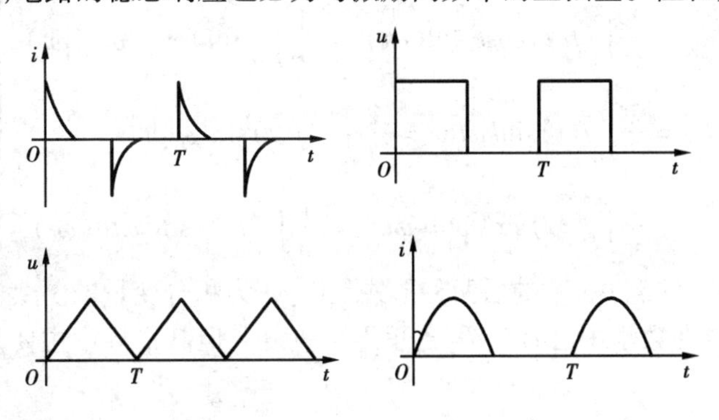

图13.1

会遇到一些非正弦周期电源及信号。例如在电力系统中,交流发电机发出的电压波形,严格的讲就是非正弦周期波形。又如在通信工程方面传输的各种信号,像收音机、电视机接收到的电

压、电流信号都是非正弦波。在自控系统及电子计算机等技术领域中使用的脉冲信号、锯齿波信号、矩形信号等也都是非正弦波。图 13.1 表示出了常见的非正弦周期信号的波形。

电路中若存在非线性元件,即使电源为正弦的,电路中的电压、电流也将是非正弦的。

图 13.1 所示的电压、电流波形虽然各不相同,但都是按一定规律作周期性变化,故称为非正弦周期量。周期函数的表达式可写做 $f(t)=f(t+kT)$,其中 T 为周期函数 $f(t)$ 的周期,$k=0,1,2,\cdots$。

本章只讨论线性电路在非正弦周期电压、电流或信号激励下的稳态分析和计算。即首先借助数学中的傅里叶级数展开,把非正弦周期激励(电压、电流)分解为一系列不同频率的正弦量(包括恒定分量)之和;然后根据线性电路的叠加定理分别计算不同频率正弦激励(电压、电流)单独作用下在线性电路中产生的正弦响应(电压、电流)分量;最后,把所有分量按时域形式叠加,即得到电路在非正弦周期激励(电压、电流)作用下的稳态响应(电压、电流)。这种方法就称为谐波分析法。它实质上是把非正弦周期电路的计算问题转化为一系列正弦交流电路的计算问题,从而使相量法这一有效工具得到充分利用。

13.2 周期函数分解为傅里叶级数

若周期函数 $f(t)$ 满足狄里赫利条件,即 $f(t)$ 在其 T 中只有有限个第一类间断点及有限个极值,则 $f(t)$ 就可展开为一个收敛的傅里叶级数

$$f(t)=a_0+\sum_{k=1}^{\infty}(a_k\cos k\omega t+b_k\sin k\omega t) \tag{13.1}$$

式中 $\omega=\dfrac{2\pi}{T}$,各系数可按下列各式计算

$$\left.\begin{aligned}
a_0 &= \frac{1}{T}\int_0^T f(t)\,\mathrm{d}t = \frac{1}{T}\int_{-\frac{T}{2}}^{\frac{T}{2}} f(t)\,\mathrm{d}t \\
a_k &= \frac{2}{T}\int_0^T f(t)\cos k\omega t\,\mathrm{d}t = \frac{2}{T}\int_{-\frac{T}{2}}^{\frac{T}{2}} f(t)\cos k\omega t\,\mathrm{d}t = \\
&\quad \frac{1}{\pi}\int_0^{2\pi} f(t)\cos k\omega t\,\mathrm{d}(\omega t) = \frac{1}{\pi}\int_{-\pi}^{\pi} f(t)\cos k\omega t\,\mathrm{d}(\omega t) \\
b_k &= \frac{2}{T}\int_0^T f(t)\sin k\omega t\,\mathrm{d}t = \frac{2}{T}\int_{-\frac{T}{2}}^{\frac{T}{2}} f(t)\sin k\omega t\,\mathrm{d}t = \\
&\quad \frac{1}{\pi}\int_0^{2\pi} f(t)\sin k\omega t\,\mathrm{d}(\omega t) = \frac{1}{\pi}\int_{-\pi}^{\pi} f(t)\sin k\omega t\,\mathrm{d}(\omega t)
\end{aligned}\right\} \tag{13.2}$$

式中 $k=0,1,2,3,\cdots$。注意 a_k,b_k 的后两种形式是以 ωt 为积分变量的。

式(13.2)的推导在数学中已有介绍,这里不再重复。但其推导中主要是应用了三角函数的正交特性,即

$$\int_0^T \cos mx\,\mathrm{d}x = 0$$

$$\int_0^T \sin mx\,\mathrm{d}x = 0$$

$$\int_0^T \cos mx \sin nx \mathrm{d}x = 0$$

$$\int_0^T \cos mx \cos nx \mathrm{d}x = \begin{cases} 0 & (m \neq n) \\ \dfrac{T}{2} & (m = n) \end{cases}$$

$$\int_0^T \sin mx \sin nx \mathrm{d}x = \begin{cases} 0 & (m \neq n) \\ \dfrac{T}{2} & (m = n) \end{cases}$$

以上各式中的 m,n 为正整数。

式(13.1)又可合并成另一种形式

$$f(t) = A_0 + \sum_{k=1}^{\infty} A_{km} \cos(k\omega t + \psi_k) \tag{13.3}$$

上述两种形式中系数之间的关系如下

$$A_0 = a_0$$

$$A_{km} = \sqrt{a_k^2 + b_k^2}$$

$$a_k = A_{km} \cos \psi_k$$

$$b_k = - A_{km} \sin \psi_k$$

$$\psi_k = \arctan\left(\frac{-b_k}{a_k}\right)$$

式(13.3)中,A_0 是 $f(t)$ 在一个周期的平均值,称为 $f(t)$ 的恒定分量或直流分量;$A_{km}\cos(k\omega t + \psi_K)$ 称为 $f(t)$ 的 k 次谐波,A_{km} 为 k 次谐波的振幅,ψ_k 为 k 次谐波的初相。$k=1$ 时,为一次谐波,其频率和周期函数 $f(t)$ 的频率相同,也称为基波。$k=2$ 及以上的谐波统称为高次谐波,k 为奇数,称为奇次谐波;k 为偶数时,称为偶次谐波。把周期函数 $f(t)$ 展开成式(13.3)的形式又称为谐波分析。

傅里叶级数是一个收敛的无穷级数,从理论上讲,应取无限多项才能准确地表示周期函数,但工程上按所需精度确定应取的项数。

为了直观地表示一个周期函数分解为各谐波后,包含哪些频率分量以及各分量所占的"比重",在纵坐标方向上用长度与各谐波振幅大小相对应的线段,按频率的高低顺序把它们依次排列起来,就得到图 13.2 所示图形,并称为周期函数 $f(t)$ 的幅度频谱。如果把各次谐波的初相也用相应长度的线段按频率高低依次排列起来,就可得到相位频谱。由于各次谐波的角频率都是 ω 的整数倍,所以频谱是离散的,故有时又称为线频谱。

电路中所遇到的周期性非正弦量一般都满足狄里赫利条件,故均可展开为傅里叶级数。

例 13.1 试求图 13.3 所示周期性方波电压的傅里叶级数展开式及其频谱。

解 ①先写出 $u(t)$ 在一个周期的表达式为

$$u(t) = \begin{cases} U_{\mathrm{m}} & \left(0 < t < \dfrac{T}{2}\right) \\ -U_{\mathrm{m}} & \left(\dfrac{T}{2} < t < T\right) \end{cases}$$

②求傅里叶级数的各系数,根据式(13.2)可得

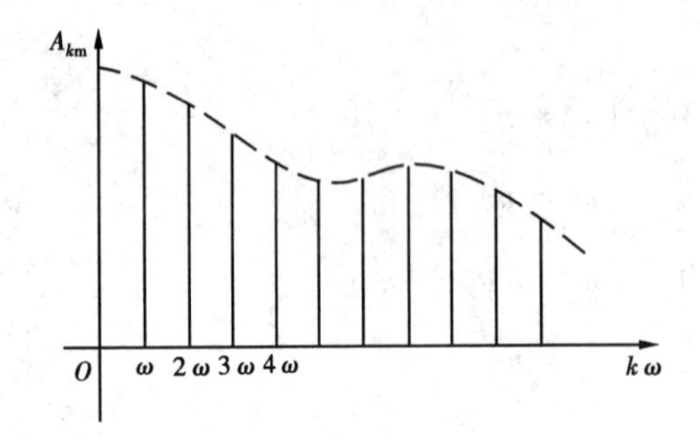

图 13.2

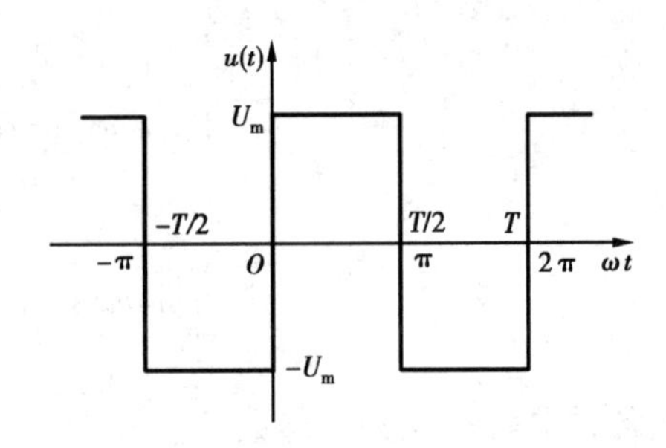

图 13.3

$$a_0 = \frac{1}{T}\int_0^T u(t)\,\mathrm{d}t = \frac{1}{T}\left[\int_0^{T/2} U_m \mathrm{d}t + \int_{T/2}^{T}(-U_m)\,\mathrm{d}t\right] = 0$$

$$a_k = \frac{2}{T}\int_0^T u(t)\cos k\omega t\mathrm{d}t =$$

$$\frac{2}{T}\left(\int_0^{T/2} U_m \cos k\omega t\mathrm{d}t - \int_{T/2}^{T} U_m \cos k\omega t\mathrm{d}t\right) =$$

$$\frac{2U_m}{k\omega T}\sin k\omega t\Big|_0^{T/2} - \frac{2U_m}{k\omega T}\sin k\omega t\Big|_{T/2}^{T} = 0$$

$$b_k = \frac{2}{T}\int_0^T u(t)\sin k\omega t\mathrm{d}t =$$

$$\frac{2}{T}\left(\int_0^{T/2} U_m \sin k\omega t\mathrm{d}t - \int_{T/2}^{T} U_m \sin k\omega t\mathrm{d}t\right) =$$

$$\frac{2U_m}{k\omega T}(-\cos k\omega t)\Big|_0^{T/2} - \frac{2U_m}{k\omega T}(-\cos k\omega t)\Big|_{T/2}^{T} =$$

$$\frac{2U_m}{k\pi}(1 - \cos k\pi) = \begin{cases} \dfrac{4U_m}{k\pi} & (k\text{ 为奇数}) \\ 0 & (k\text{ 为偶数}) \end{cases}$$

③写出 $u(t)$ 的傅里叶级数展开式为

$$u(t) = \frac{4U_m}{\pi}\left(\sin\omega t + \frac{1}{3}\sin 3\omega t + \frac{1}{5}\sin 5\omega t + \cdots\right)$$

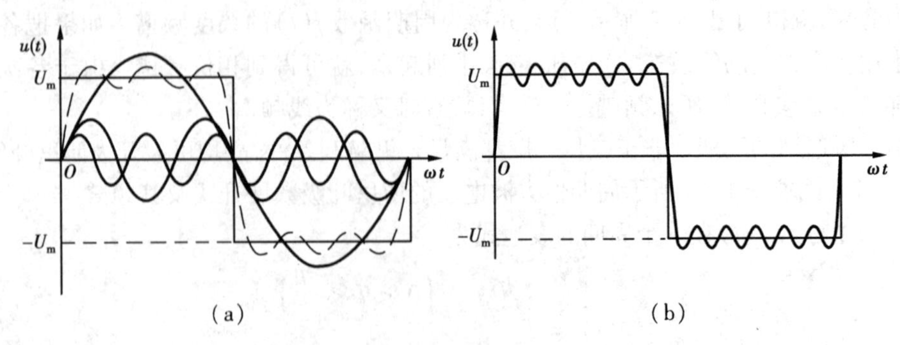

图 13.4 波形合成

当然，如果把上述展开式中各频率正弦波都画出来，并且把它们相加，必然可得到原来非正弦周期电压$u(t)$的波形。如果只取其中前几项合成,就可得其近似的波形,并且随所取项数增加,合成波形也逐渐逼近原波形。如图13.4(a)为取到5次谐波的合成波形,图(b)则为取到11次谐波的合成波形。按照幅度频谱的定义,可做出非正弦周期电压$u(t)$的幅度频谱如图13.5所示。表13.1中列出了电路常见的几种典型非正弦周期函数的傅里叶级数展开式。

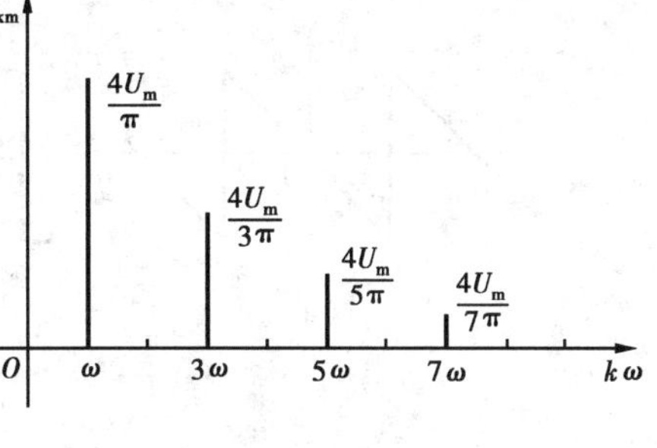

图13.5

电路中遇到的非正弦周期电压、电流波形往往具有某种对称性,利用波形的对称性可使傅里叶级数系数的确定得到简化。现介绍如下:

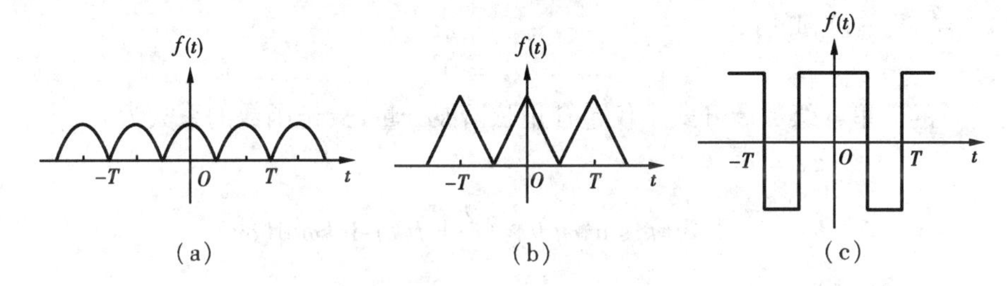

图13.6　偶函数对称

①周期函数$f(t)$的波形对称于纵坐标轴,称为偶函数对称。即$f(t)=f(-t)$,如图13.6中所示的波形。

由于

$$f(t)=a_0+\sum_{k=1}^{\infty}(a_k\cos k\omega t+b_k\sin k\omega t)$$

而

$$f(-t)=a_0+\sum_{k=1}^{\infty}[a_k\cos(-k\omega t)+b_k\sin(-k\omega t)]=$$

$$a_0+\sum_{k=1}^{\infty}(a_k\cos k\omega t-b_k\sin k\omega t)$$

显然,要使$f(t)=f(-t)$得到满足,就必须使

$$b_k=0$$

即偶函数$f(t)$的傅里叶展开式中不包含正弦谐波分量,因此,

$$\begin{cases}a_0=\dfrac{2}{T}\displaystyle\int_0^{T/2}f(t)\mathrm{d}t\\ a_k=\dfrac{4}{T}\displaystyle\int_0^{T/2}f(t)\cos k\omega t\mathrm{d}t=\dfrac{2}{\pi}\displaystyle\int_0^{\pi}f(t)\cos k\omega t\mathrm{d}t\\ b_k=0\end{cases}$$

②周期函数$f(t)$的波形对称于坐标原点,$f(t)$就称作奇函数。即$f(t)=-f(-t)$,如图13.7所示波形。因为

$$f(t)=a_0+\sum_{k=1}^{\infty}(a_k\cos k\omega t+b_k\sin k\omega t)$$

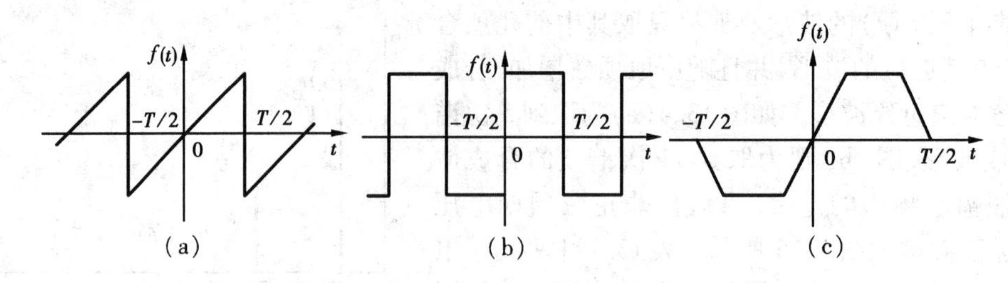

图 13.7　奇函数对称

而

$$-f(-t)=-a_0-\sum_{k=1}^{\infty}[a_k\cos(-k\omega t)+b_k\sin(-k\omega t)]$$

要满足 $f(t)=-f(-t)$，必有：

$$a_0=a_k=0$$

即奇函数 $f(t)$ 的傅里叶级数展开式中仅包含正弦谐波分量，故奇函数的系数为

$$a_0=a_k=0$$

$$b_k=\frac{4}{T}\int_0^{T/2}f(t)\sin k\omega t\mathrm{d}t=\frac{2}{\pi}\int_0^{\pi}f(t)\sin k\omega t\mathrm{d}(\omega t)$$

③周期函数 $f(t)$ 的波形为镜像对称，即 $f(t)=-f\left(t\pm\frac{T}{2}\right)$，如图 13.8 所示波形。

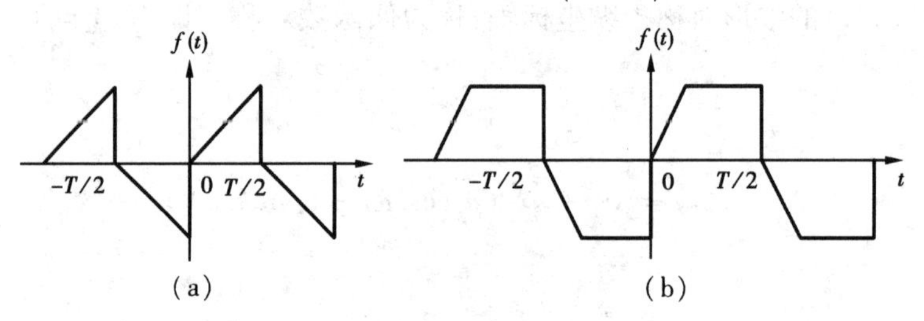

图 13.8　镜像对称

由于

$$f(t)=a_0+\sum_{k=1}^{\infty}(a_k\cos k\omega t+b_k\sin k\omega t)$$

及

$$f\left(t\pm\frac{T}{2}\right)=a_0+\sum_{k=1}^{\infty}\left[a_k\cos k\omega\left(t\pm\frac{T}{2}\right)+b_k\sin k\omega\left(t\pm\frac{T}{2}\right)\right]=$$

$$a_0+\sum_{k=1}^{\infty}[a_k\cos(k\omega t\pm k\pi)+b_k\sin(k\omega t\pm k\pi)]=$$

$$a_0+\sum_{k=2n}^{\infty}(a_k\cos k\omega t+b_k\sin k\omega t)+\sum_{k=2n-1}^{\infty}(-a_k\cos k\omega t-b_k\sin k\omega t)$$

显然，要使 $f(t)+f\left(t\pm\frac{T}{2}\right)=0$ 得到满足，就必须使

$$a_{2n}=b_{2n}=0\qquad n=0,1,2,\cdots$$

即镜像对称的周期函数 $f(t)$ 的傅里叶级数展开式中不包含偶次谐波各分量。同样可简化系数

计算

$$a_k = \frac{4}{T}\int_0^{T/2} f(t)\cos k\omega t\mathrm{d}t = \frac{2}{\pi}\int_0^{\pi} f(t)\cos k\omega t\mathrm{d}(\omega t)$$

$$b_k = \frac{4}{T}\int_0^{T/2} f(t)\sin k\omega t\mathrm{d}t = \frac{2}{\pi}\int_0^{\pi} f(t)\sin k\omega t\mathrm{d}(\omega t)$$

现在来分析例 13.1 中周期函数 $u(t)$ 的对称性。从图 13.3 的波形可以看出：$u(t)$ 具有坐标原点对称——奇函数，同时具有镜像对称。所以其傅里叶级数展开式中首先满足仅包含正弦谐波各分量，其次还必须满足不包含偶次谐波各分量，所以 $u(t)$ 傅里叶级数展开式中就仅包含正弦奇次谐波各分量。

本章之后表 13.1 中给出了电路中一些常见波形的傅里叶级数展开式，以供参考。

最后，还应强调指出，式(13.3)中的系数 A_{km} 与计时起点无关，而 ψ_k 却与计时起点有关，这是因为构成 $f(t)$ 的各次谐波的振幅以及各谐波对 $f(t)$ 波形的相对位置总是一定的，并不受计时起点变动的影响，因此，计时起点的变动只改变各次谐波的初相。但 a_k，b_k 却与初相 ψ_k 有关，故它们受计时起点的影响。

由于 a_k，b_k 与计时起点的选择有关，所以函数的奇偶性就可能与计时起点的选择有关，例如图 13.6(c)和图 13.7(b)，由于计时起点的选择不同，所以函数的奇偶性也就不同。因此，适当选择计时起点，有时会使函数的分解简化。

13.3　有效值、平均值和平均功率

在第 9 章中已经给出了周期量有效值的概念。周期电流 i 的有效值 I 为

$$I = \sqrt{\frac{1}{T}\int_0^T i^2\mathrm{d}t}$$

如果知道了 i 的表达式，就可由上式求得其有效值。

从上节的讨论中已知，非正弦周期电流 i 可展开为

$$i = I_0 + \sum_{k=1}^{\infty} I_{km}\cos(k\omega t + \psi_k)$$

其有效值可求得如下

先把 i 平方可得

$$i^2 = I_0^2 + \sum I_{km}^2\cos^2(k\omega t + \psi_k) + \sum_{k=1}^{\infty} 2I_0 I_{km}\cos(k\omega t + \psi_k) + \sum_{\substack{k=1\\n=1\\k\neq n}}^{\infty} 2I_{km}I_{nm}\cos(k\omega t + \psi_k)\cos(n\omega t + \psi_n)$$

然后把上式中各类项代入定义式，并利用三角函数的正交特性，可分别求得为

$$\frac{1}{T}\int_0^T I_0^2\mathrm{d}t = I_0^2$$

$$\frac{1}{T}\int_0^T I_{km}^2\cos^2(k\omega t + \psi_k)\mathrm{d}t = \frac{I_{km}^2}{2T}\cdot T = \frac{I_{km}^2}{2} = I_k^2$$

$$\frac{1}{T}\int_0^T 2I_0 I_{km}\cos(k\omega t+\psi_k)\mathrm{d}t = 0$$

$$\frac{1}{T}\int_0^T 2I_{km}I_{nm}\cos(k\omega t+\psi_k)\cos(n\omega t+\psi_n)\mathrm{d}t = 0 \quad (k \neq n)$$

因此,非正弦周期电流 i 的有效值为

$$I = \sqrt{I_0^2 + \sum_{k=1}^{\infty} I_k^2} = \sqrt{I_0^2 + I_1^2 + I_2^2 + \cdots} \tag{13.4a}$$

同理,非正弦周期电压 u 的有效值为

$$U = \sqrt{U_0^2 + U_1^2 + U_2^2 + \cdots} \tag{13.4b}$$

在实际中也用到周期量的平均值的概念,先就电流 i 定义如下

$$I_{\mathrm{av}} = \frac{1}{T}\int_0^T |i|\,\mathrm{d}t \tag{13.5}$$

即非正弦周期电流的平均值就等于该电流绝对值的平均值。按此式可求得正弦电流的平均值为

$$I_{\mathrm{av}} = \frac{1}{T}\int_0^T |I_{\mathrm{m}}\cos\omega t|\,\mathrm{d}t = \frac{4I_{\mathrm{m}}}{T}\int_0^{T/4}\cos\omega t\mathrm{d}t =$$

$$\frac{4I_{\mathrm{m}}}{\omega T}(\sin\omega t)\Big|_0^{T/4} = 0.637I_{\mathrm{m}} = 0.898I$$

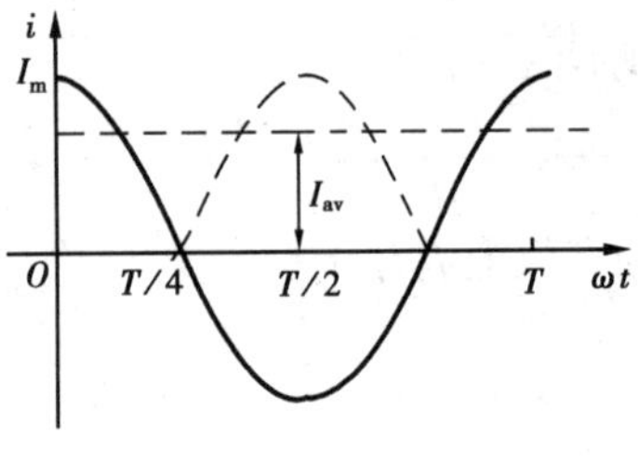

它相当于正弦电流全波整流后的平均值(见图 13.9),即正弦电流负半周也变为正值。

图 13.9

非正弦周期电压和电流的测量也是一个值得重视的问题。因为对非正弦周期电流的测量常常会因仪表选择不当而出现错误读数。例如,用磁电系仪表测量非正弦电流,由于其偏转角 $\alpha \propto \frac{1}{T}\int_0^T i\mathrm{d}t$,故所得读数仅为其直流分量。如果用电磁系仪表测量,由于其偏转角 $\alpha \propto \frac{1}{T}\int_0^T i^2\mathrm{d}t$,故所得读数则为该电流有效值。如果用全波整流磁电系仪表测量,因其偏转角 $\alpha \propto \frac{1}{T}\int_0^T |i|\,\mathrm{d}t$,则所得读数便为其平均值。可见,进行电压电流测量时,首先要弄清所选仪表读数的含义,然后根据测量要求再选择合适仪表(请参考实验指导书相关部分内容)。

非正弦周期电流电路中另一个重要问题就是平均功率的概念。设任意一端口的端口电压电流分别为 u,i,均为非正弦周期量,可展开为

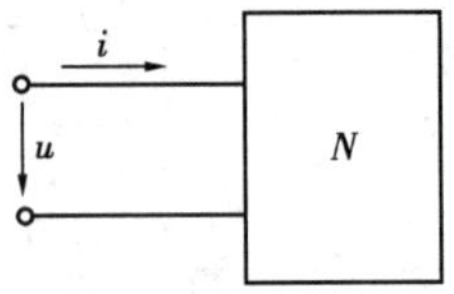

$$u = U_0 + \sum_{k=1}^{\infty} U_{km}\cos(k\omega t + \psi_{\mathrm{u}k})$$

$$i = I_0 + \sum_{k=1}^{\infty} I_{km}\cos(k\omega t + \psi_{\mathrm{i}k})$$

图 13.10 平均功率

则该一端口吸收的瞬时功率为

$$p = ui = \left[U_0 + \sum_{k=1}^{\infty} U_{km}\cos(k\omega t + \psi_{\mathrm{u}k})\right] \times \left[I_0 + \sum_{k=1}^{\infty} I_{km}\cos(k\omega t + \psi_{\mathrm{i}k})\right] =$$

$$U_0I_0+U_0\sum_{k=1}^{\infty}I_{km}\cos(k\omega t+\psi_{ik})+I_0\sum_{k=1}^{\infty}U_{km}\cos(k\omega t+\psi_{uk})+$$

$$\sum_{k=1}^{\infty}U_{km}\cos(k\omega t+\psi_{uk})\cdot\sum_{k=1}^{\infty}I_{km}\cos(k\omega t+\psi_{ik})+$$

$$\sum_{\substack{k=1\\n=1\\k\neq n}}^{\infty}U_{km}\cos(k\omega t+\psi_{uk})+I_{nm}\cos(n\omega t+\psi_{in}) \tag{13.6}$$

一端口吸收的平均功率为

$$P=\frac{1}{T}\int_0^T p(t)\mathrm{d}t$$

把式(13.6)代入上式,利用三角函数的正交特性,式(13.6)中的第2,3,5项在一个周期的积分均为零,故

$$P=\frac{1}{T}\int_0^T U_0I_0\mathrm{d}t+\sum_{k=1}^{\infty}\frac{1}{T}\int_0^T U_{km}\cos(k\omega t+\psi_{uk})I_{km}\cos(kwt+\psi_{ik})\mathrm{d}t=$$

$$U_0I_0+\sum_{k=1}^{\infty}\frac{1}{T}\int_0^T\frac{1}{2}U_{km}I_{km}[\cos(2k\omega t+\psi_{uk}+\psi_{ik})+\cos(\psi_{uk}-\psi_{ik})]\mathrm{d}t=$$

$$U_0I_0+\sum_{k=1}^{\infty}U_kI_k\cos\varphi_k \tag{13.7}$$

其中 $\varphi_k=\psi_{uk}-\psi_{ik}$是 k 次谐波电压电流的相位差。式(13.7)说明:非正弦周期电流电路中的平均功率就等于其直流分量与各次谐波分量平均功率之和。不同频率的电压和电流可以产生瞬时功率,但不能产生平均功率。

13.4　非正弦周期电流电路的计算

在本章开始,我们定义谐波分析法时,已经给出了非正弦周期电流电路计算的依据及步骤。现重新规范如下:

①首先把给定的非正弦周期激励电源分解为傅里叶级数,高次谐波取到哪一项为止,要视工程精度要求而定。

②然后分别计算直流分量和各次谐波分量单独激励电路时的响应分量(时域形式)。其中直流分量单独作用时($\omega=0$),电容可看做开路,电感可看做短路;各次谐波单独作用时,可用相量法计算。但应注意,对于不同的谐波分量,因频率不同,所以感抗及容抗也不同。

③最后应用叠加定理,把上述算得的各项响应(时域)分量叠加起来,就得到所求的响应。

下面通过具体的例题说明上述步骤。

例13.2　电路如图13.11(a)所示,已知 $R_1=4\ \Omega,R_2=3\ \Omega,\omega L=3\ \Omega,\frac{1}{\omega C}=12\ \Omega$,电源电压$u=10+100\sqrt{2}\cos\omega t+50\sqrt{2}\cos(3\omega t+30°)$ V。试求各支路电流及 R_1 支路消耗的平均功率。

解　①将非正弦周期电源展开为傅里叶级数。本题电源电压展开式已给定,因此可直接开始第二步。

②分别计算各次谐波电压单独作用时电路中各支路电流。

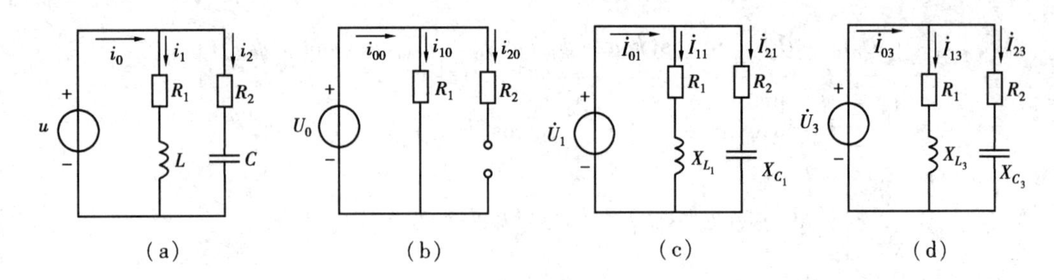

图 13.11

直流分量单独作用：$U_0=10$ V，电容开路，电感短路，等效电路如图 13.11(b)所示，有

$$i_{00}=i_{10}=\frac{U_0}{R_1}=\frac{10}{4}=2.5\ \text{A}$$

$$i_{20}=0$$

一次谐波分量单独作用：$U_1=100\sqrt{2}\cos\omega t$ V，故 $\dot{U}_1=100\angle 0^\circ$ V，$X_{L_1}=3\ \Omega$，$X_{C_1}=12\ \Omega$，电路如图 13.11(c)。

$$\dot{I}_{11}=\frac{\dot{U}_1}{R_1+\text{j}X_{L_1}}=\frac{100\angle 0^\circ}{4+\text{j}3}=20\angle -36.9^\circ\ \text{A}$$

$$\dot{I}_{21}=\frac{\dot{U}_1}{R_2-\text{j}X_{C_1}}=\frac{100\angle 0^\circ}{3-\text{j}12}=8.08\angle 76^\circ\ \text{A}$$

$$\dot{I}_{01}=\dot{I}_{11}+\dot{I}_{21}=20\angle -36.9^\circ\ \text{A}+8.08\angle 76^\circ\ \text{A}=$$
$$17.94-\text{j}4.17=18.4\angle -13^\circ\ \text{A}$$

三次谐波分量单独作用：$u_3=50\sqrt{2}\cos(3\omega t+30^\circ)$ V，$\dot{U}_3=50\angle 30^\circ$ V，$X_{L_3}=3X_{L_1}=9\ \Omega$，$X_{C_3}=\frac{1}{3}X_{C_1}=4\ \Omega$。

电路如图 13.11(d)。

$$\dot{I}_{13}=\frac{\dot{U}_3}{R_1+\text{j}X_{L_3}}=\frac{50\angle 30^\circ}{4+\text{j}9}=5.08\angle -36^\circ\ \text{A}$$

$$\dot{I}_{23}=\frac{\dot{U}_3}{R_2-\text{j}X_{C_3}}=\frac{50\angle 30^\circ}{3-\text{j}4}=10\angle 83.1^\circ\ \text{A}$$

$$\dot{I}_{03}=\dot{I}_{13}+\dot{I}_{23}=5.08\angle -36^\circ\ \text{A}+10\angle 83.1^\circ\ \text{A}=$$
$$5.31+\text{j}6.94=8.74\angle 52.6^\circ\ \text{A}$$

③电路的非正弦周期稳态响应

$$i_0=i_{00}+i_{01}+i_{03}=$$
$$2.5+18.4\sqrt{2}\cos(\omega t-13^\circ)+8.74\sqrt{2}\cos(3\omega t+52.6^\circ)\ \text{A}$$
$$i_1=i_{10}+i_{11}+i_{13}=$$
$$2.5+20\sqrt{2}\cos(\omega t-36.9^\circ)+5.08\sqrt{2}\cos(3\omega t-36^\circ)\ \text{A}$$

$$i_2 = i_{20} + i_{21} + i_{23} =$$
$$8.08\sqrt{2}\cos(\omega t + 76°) + 10\sqrt{2}\cos(3\omega t + 83.1°)\ \text{A}$$

R_1 支路消耗的功率

$$P = I_{10}U_0 + U_1 I_{11}\cos\varphi_1 + U_3 I_{13}\cos\varphi_3 =$$
$$10 \times 2.5 + 100 \times 20\cos 36.9° + 50 \times 5.08\cos(30° + 36°) =$$
$$1\ 727.7\ \text{W}$$

也可用下式计算

$$P = R_1 I_1^2 = R_1(I_{10}^2 + I_{11}^2 + I_{13}^2) =$$
$$4(2.5^2 + 20^2 + 5.08^2) = 1\ 727.7\ \text{W}$$

由上式可以看出，R_1 消耗的功率就是各次谐波电源分量供给 R_1 的有功功率之和。前面讲过，一般情况下，功率不符合叠加定理。但在非正弦周期电路中，由于电源各次谐波分量的正交特性，不同频率的电压和电流不贡献平均功率，因此平均功率就等于直流分量及各次谐波分量各自贡献的平均功率之和。

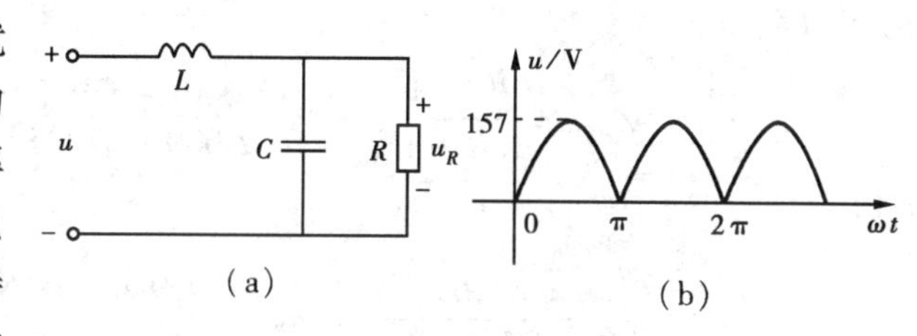

图 13.12

例 13.3　电路如图 13.12(a)所示，为一全波整流器的滤波电路，它是由电感 $L=5$ H 和电容 $C=10\ \mu$F 组成的，负载电阻 $R=2\ 000\ \Omega$。若加在滤波电路输入端的电压波形如图 13.12(b)所示，$\omega=314$ rad/s，$U_m=157$ V。求负载两端电压 U_R。

解　①先将输入整流电压波形分解为傅里叶级数，查附表得

$$u = \frac{4U_m}{\pi}\left(\frac{1}{2} + \frac{1}{3}\cos 2\omega t - \frac{1}{15}\cos 4\omega t + \cdots\right)$$

将 $U_m=157$ V 代入上式，并取到4次谐波，得：

$$u = 100 + 66.67\cos 2\omega t - 13.33\cos 4\omega t + \cdots$$

②求响应各分量

直流响应分量：$U_0=100$ V 单独作用时，

$$U_{R_0} = U_0 = 100\ \text{V}$$

二次谐波响应分量

$$\dot{U}_2 = 47.15\angle 0°\ \text{V}$$
$$X_{L_2} = 2\omega L = 2 \times 314 \times 5 = 3\ 140\ \Omega$$
$$X_{C_2} = \frac{1}{2\omega C} = \frac{1}{2 \times 314 \times 10 \times 10^{-6}} = 159\ \Omega$$

RC 并联阻抗

$$Z_{RC2} = \frac{R(-jX_{C_2})}{R - jX_{C_2}} = \frac{2\ 000(-j159)}{2\ 000 - j159} = 158.5\angle -85.5°\ \Omega =$$
$$12.44 - j158\ \Omega$$

所以

$$\dot{U}_{R_2}=\frac{\dot{U}_2}{\mathrm{j}X_{L_2}+Z_{RC2}}\times Z_{RC2}=\frac{47.15\angle 0^\circ\times 158.5\angle -85.5^\circ}{\mathrm{j}3\,140+12.44-\mathrm{j}158}=$$

$$2.5\angle -175.3^\circ\ \mathrm{V}$$

四次谐波分量单独作用

$$\dot{U}_4=9.43\angle 180^\circ\ \mathrm{V}$$

$$X_{L_4}=4\omega L=4\times 314\times 5=6\,280\ \Omega$$

$$X_{C_4}=\frac{1}{4\omega C}=\frac{1}{4\times 314\times 10\times 10^{-6}}=79.5\ \Omega$$

RC 并联阻抗

$$Z_{RC4}=\frac{R(-\mathrm{j}X_{C_4})}{R-\mathrm{j}X_{C_4}}=\frac{2\,000(-\mathrm{j}79.5)}{2\,000-\mathrm{j}79.5}=79.4\angle -87.7^\circ\ \Omega$$

所以

$$\dot{U}_{R_4}=\frac{\dot{U}_4}{\mathrm{j}X_{L4}+Z_{RC4}}\times Z_{RC4}=\frac{79.4\angle -87.7^\circ\times 9.43\angle 180^\circ}{\mathrm{j}6\,280+79.4\angle -87.7^\circ}=$$

$$0.12\angle 2.33^\circ\ \mathrm{V}$$

③求负载电压 u_R

$$u_R=U_{R0}+u_{R2}+u_{R4}=$$

$$100+2.5\sqrt{2}\cos(2\omega t-175.3^\circ)+0.12\sqrt{2}\cos(4\omega t+2.33^\circ)=$$

$$100+3.54\cos(2\omega t-175.3^\circ)+0.17\cos(4\omega t+2.33^\circ)\ \mathrm{V}$$

由此计算结果可以看出:直流分量无衰减地传递到负载,而二次和四次谐波分量电压都被大大衰减,且随频率增加衰减得更加显著。u_R 中二次谐波仅为输出的 3.5%,四次谐波仅为输出的 0.17%。

电感和电容的电抗是随频率而变的,频率越高,感抗越大,而容抗越小。利用这一特点,可以把含有电感和电容的各种不同的电路接在输入和输出之间,使信号中某些需要的频率分量顺利通过,而使另一些不需要的频率分量受到抑制和衰减,而很难通过。这种电路称为滤波电路或滤波器。滤波器在电讯、电子和电力工程中应用广泛,按功能分为低通、高通、带通、带阻滤波器。

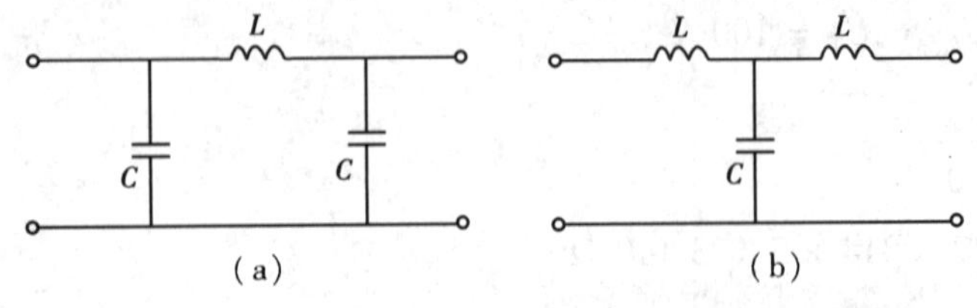

图 13.13 低通滤波器电路

可使低频分量顺利通过而使高频分量受到抑制的电路就称为低通滤波器,典型电路如图 13.13 所示,图 13.13(a)为 π 型接法,图 13.13(b)为 T 型接法。

可使高频分量顺利通过而低频分量受到抑制的电路就称为高通滤波器,典型电路如图 13.14 所示,图 13.14(a)为 π 型接法,图 13.14(b)为 T 型接法。

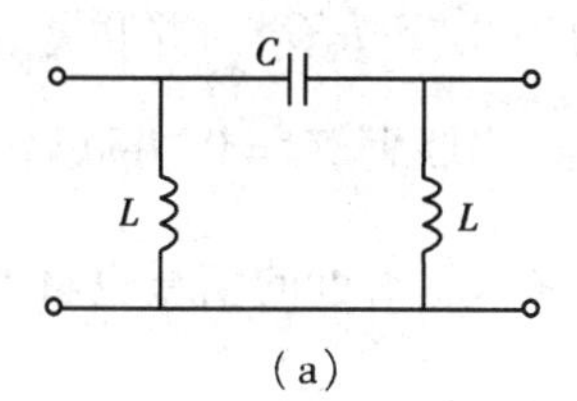

(a)

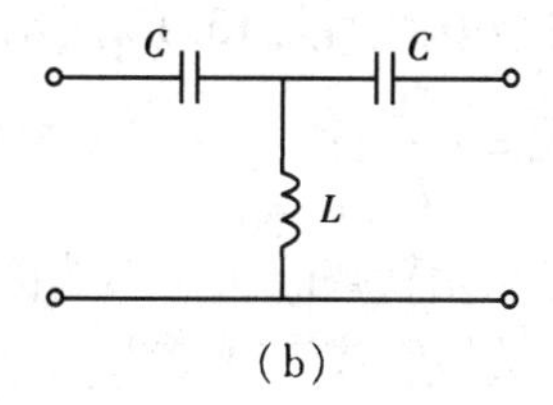

(b)

图 13.14　高通滤波器电路

表 13.1　非正弦周期信号的傅里叶级数

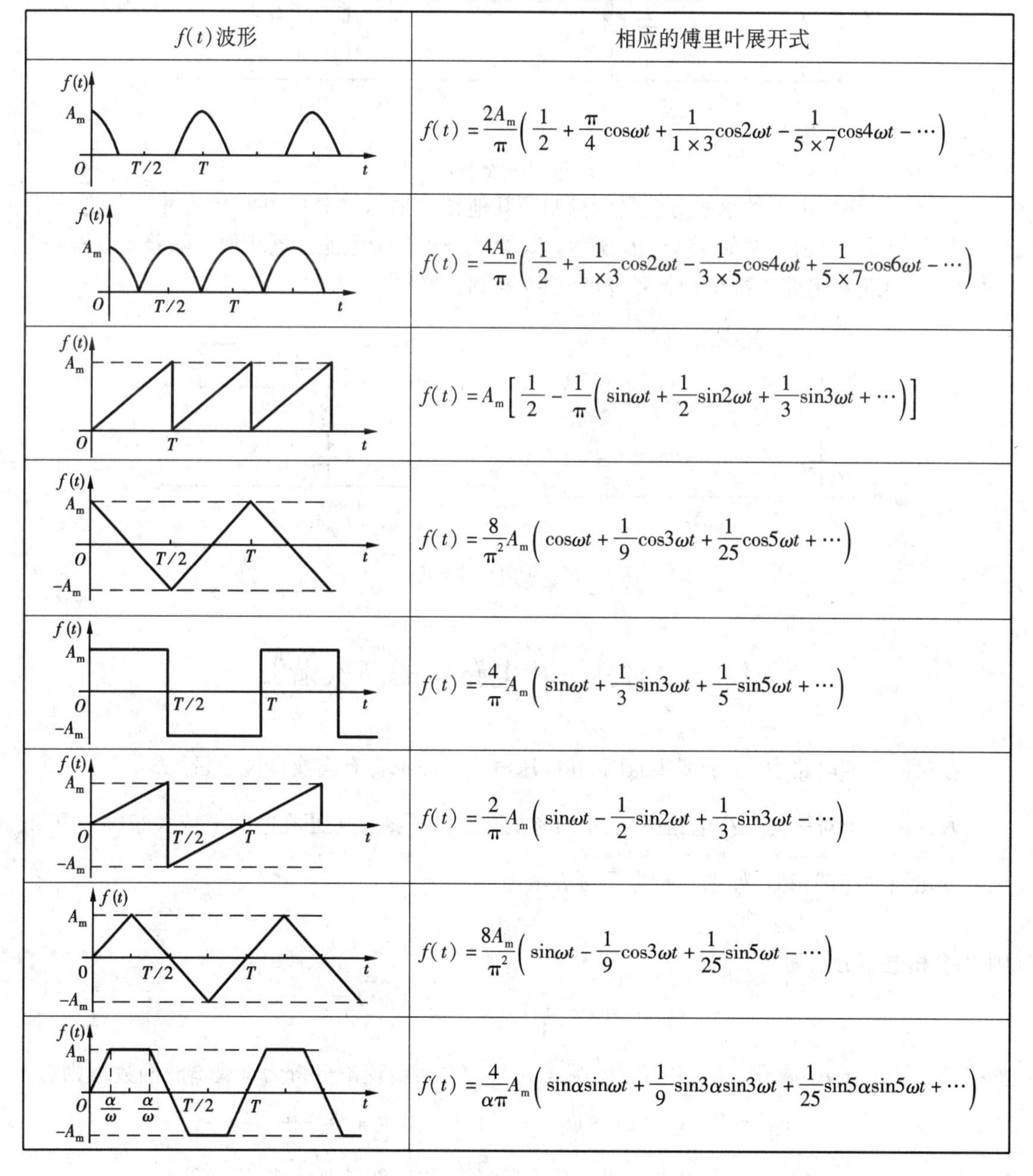

$f(t)$波形	相应的傅里叶展开式
	$f(t)=\frac{2A_m}{\pi}\left(\frac{1}{2}+\frac{\pi}{4}\cos\omega t+\frac{1}{1\times 3}\cos 2\omega t-\frac{1}{5\times 7}\cos 4\omega t-\cdots\right)$
	$f(t)=\frac{4A_m}{\pi}\left(\frac{1}{2}+\frac{1}{1\times 3}\cos 2\omega t-\frac{1}{3\times 5}\cos 4\omega t+\frac{1}{5\times 7}\cos 6\omega t-\cdots\right)$
	$f(t)=A_m\left[\frac{1}{2}-\frac{1}{\pi}\left(\sin\omega t+\frac{1}{2}\sin 2\omega t+\frac{1}{3}\sin 3\omega t+\cdots\right)\right]$
	$f(t)=\frac{8}{\pi^2}A_m\left(\cos\omega t+\frac{1}{9}\cos 3\omega t+\frac{1}{25}\cos 5\omega t+\cdots\right)$
	$f(t)=\frac{4}{\pi}A_m\left(\sin\omega t+\frac{1}{3}\sin 3\omega t+\frac{1}{5}\sin 5\omega t+\cdots\right)$
	$f(t)=\frac{2}{\pi}A_m\left(\sin\omega t-\frac{1}{2}\sin 2\omega t+\frac{1}{3}\sin 3\omega t-\cdots\right)$
	$f(t)=\frac{8A_m}{\pi^2}\left(\sin\omega t-\frac{1}{9}\cos 3\omega t+\frac{1}{25}\sin 5\omega t-\cdots\right)$
	$f(t)=\frac{4}{\alpha\pi}A_m\left(\sin\alpha\sin\omega t+\frac{1}{9}\sin 3\alpha\sin 3\omega t+\frac{1}{25}\sin 5\alpha\sin 5\omega t+\cdots\right)$

使某一频率范围内的信号分量顺利通过而其他频率的信号分量受到抑制的电路,就称为

带通滤波器，典型电路如图13.15所示，电路中 L_1C_1 为串联臂，L_2C_2 为并联臂，两臂的谐振角频率相等，即 $\omega_0=\frac{1}{\sqrt{L_1C_1}}=\frac{1}{\sqrt{L_2C_2}}$。对频率为 ω_0 的信号，串联臂 $Z_1=0$，并联臂 $Y_2=0$，故频率为 ω_0 的信号将毫无衰减的从输入端传输到输出端。而在 ω_0 附近的信号也将顺利通过，但对远离 ω_0 的信号其抑制或衰减就大。

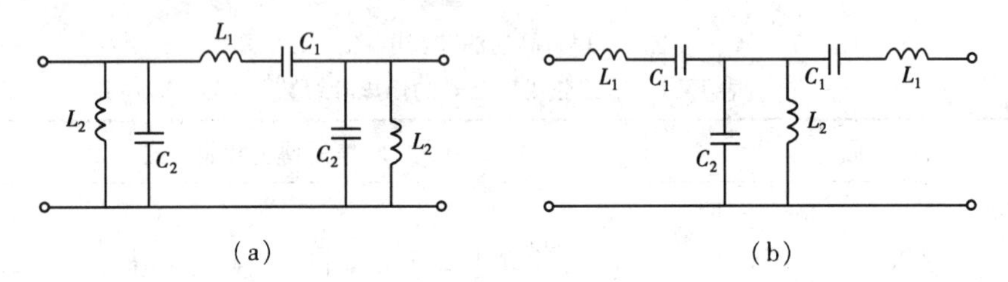

图13.15　带通滤波器电路

可使某频率范围内的信号分量受到抑制而其他频率的信号分量可顺利通过的电路，就称为带阻滤波器。典型电路如图13.16所示。其原理分析与带通滤波器相似。随着滤波器的广泛使用，其理论和电路也都得到长足发展，请参考相关资料。

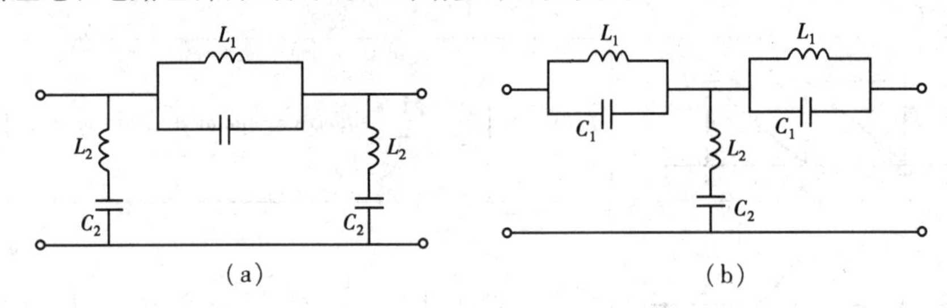

图13.16　带阻滤波器电路

*13.5　对称三相电路中的高次谐波

在对称三相电路中，由于某些原因，其电压电流一般都含有高次谐波分量。

假设在一个对称的三相电路中，三个对称的非正弦周期相电压在时间上依次滞后$\frac{1}{3}$周期，但其变化规律却都相似，如果 A 相电压可表示为

$$u_A = u(t)$$

则 B，C 相电压分别为

$$u_B = u\left(t-\frac{T}{3}\right),u_C = u\left(t-\frac{2T}{3}\right)$$

如果把 A 相电压 u_A 展开成傅里叶级数（发电机每相电压由理论分析为奇次谐波函数），则有

$$u_A=\sqrt{2}U_1\cos(\omega t+\psi_1)+\sqrt{2}U_3\cos(3\omega t+\psi_3)+\sqrt{2}U_5\cos(5\omega t+\psi_5)+\sqrt{2}U_7\cos(7\omega t+\psi_7)+\cdots$$

而 u_B，u_C 为（注意 $k\omega t=2k\pi$）：

$$u_B = \sqrt{2}U_1\cos\left(\omega t + \psi_1 - \frac{2\pi}{3}\right) + \sqrt{2}U_3\cos(3\omega t + \psi_3) +$$
$$\sqrt{2}U_5\cos\left(5\omega t + \psi_5 - \frac{4\pi}{3}\right) + \sqrt{2}U_7\cos\left(7\omega t + \psi_7 - \frac{2\pi}{3}\right) + \cdots$$
$$u_C = \sqrt{2}U_1\cos\left(\omega t + \psi_1 - \frac{4\pi}{3}\right) + \sqrt{2}U_3\cos(3\omega t + \psi_3) +$$
$$\sqrt{2}U_5\cos\left(5\omega t + \psi_5 - \frac{2\pi}{3}\right) + \sqrt{2}U_7\cos\left(7\omega t + \psi_7 - \frac{4\pi}{3}\right) + \cdots$$

由上式不难看出,1 次谐波、7 次谐波(13 次谐波、19 次谐波)分别为正序的对称三相电压,所以构成正序对称组;5 次谐波(11 次、17 次等)谐波构成负序对称组;而 3 次(9 次、15 次等)谐波构成零序对称组(三个相量的有效值相等、初相相同,就构成零序对称组)。即三相对称非正弦周期量可分解为三类对称组,即正序、负序和零序。

以 Y-Y 对称三相非正弦周期电源电路为例,分析其线电压和相电压之间的关系。相电压中含有全部谐波分量,故

$$U_{\mathrm{ph}} = \sqrt{U_{\mathrm{ph}_1}^2 + U_{\mathrm{ph}_3}^2 + U_{\mathrm{ph}_5}^2 + \cdots}$$

其中下标"*ph*"表示相。线电压则是相应相电压之差,即

$$u_{AB} = u_A - u_B \qquad u_{BC} = u_B - u_C \qquad u_{CA} = u_C - u_A$$

显然,线电压中不包含零序对称组各分量,对于正序和负序对称组而言,线电压中各谐波分量的有效值就等于相电压中同次谐波有效值的$\sqrt{3}$倍,即:

$$U_{l_1} = \sqrt{3}U_{\mathrm{ph}_1} \quad U_{l_5} = \sqrt{3}U_{\mathrm{ph}_5} \quad U_{l_7} = \sqrt{3}U_{\mathrm{ph}_7}$$

而

$$U_l = \sqrt{U_{l_1}^2 + U_{l_5}^2 + U_{l_7}^7 + \cdots}$$
$$= \sqrt{3}\sqrt{U_{\mathrm{ph}_1}^2 + U_{\mathrm{ph}_5}^2 + U_{\mathrm{ph}_7}^2 + \cdots}$$

正由于线电压中不包含零序对称组各谐波分量,所以,线电压有效值一般小于相电压有效值的$\sqrt{3}$倍,即

$$U_l < \sqrt{3}U_{\mathrm{ph}}$$

对于对称的 Y-Y 三相非正弦周期电路,如果无中性线,如图 13.17 所示,对于正序和负序对称组电源,就仍然可用相量法(同一频率下),按对称 Y-Y 三相电路化归一相计算电路处理。这时 $\dot{U}_{N'N} = 0$(正序、负序各次谐波下),负载相电流、线电流中都将包含正序、负序各次谐波分量(1,5,7,…)对称组电流。对于零序对称组(3,9…)各次谐波分量,包含于中性点电压 $U_{N'N}$之中,且等于零序对称组相电压。所以,对零序对称组各次谐分量电源而言,电路就不能化归一相电路计算。由于无中线,根据 KCL 知,线、相电流中也不能包含零序对称组各谐波分量。所以

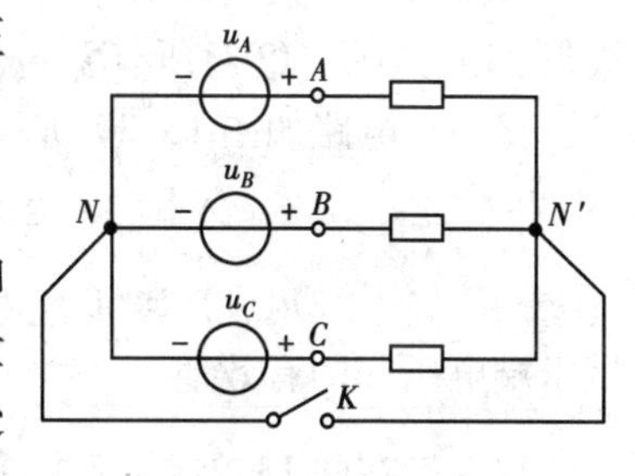

图 13.17

$$U_{N'N} = \sqrt{U_{\mathrm{ph}_3}^2 + U_{\mathrm{ph}_9}^2 + \cdots}$$

由于负载中不包含零序对称组各次谐波分量的电流,则相电压中也不包含这些谐波分量,所以,负载端的线电压有效值仍然是相电压的$\sqrt{3}$倍。

如果接上中性线,即合上图 13.17 中开关 K,则线电流中就将包含零序对称组各次谐波。

当对称三相非正弦周期电源接成三角(△)形时,则回路中正序和负序对称组各次谐波电压之和为零,而电源中的零序对称组各谐波电压之和不为零,且等于相电压中该零序谐波分量电压的三倍。回路中将存在 $3k(1,3,5,\cdots)$ 次谐波的环行电流,其有效值为:

$$|I_{(3)}| = \frac{3U_{ph_3}}{3|Z_3|} = \frac{U_{ph3}}{|Z_3|}$$

$$|I_{(9)}| = \frac{U_{ph_9}}{|Z_9|} \quad \cdots$$

因为回路中的零序相电压都降在了相应相的阻抗($Z_3,Z_9,\cdots$)上,所以,三角形电源端的线电压中只含有正序和负序,其电压有效值为:

$$U_l = \sqrt{3}\cdot\sqrt{U_{ph_1}^2 + U_{ph_5}^2 + U_{ph_7}^2 + \cdots}$$

习 题 13

13.1 求图 13.18 所示周期函数的傅里叶级数的系数。

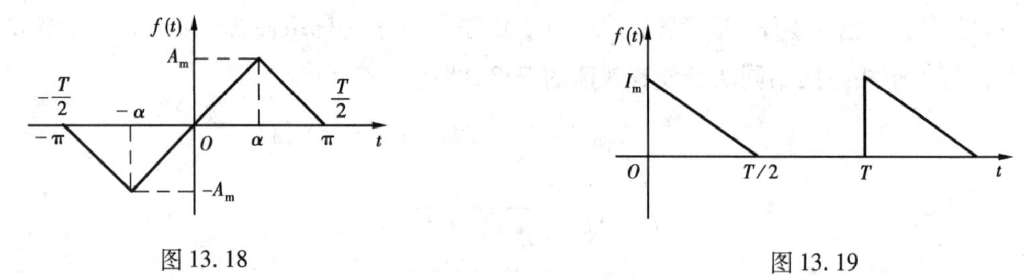

图 13.18　　　　图 13.19

13.2 已知某周期信号的半周期的波形如图 13.19 所示。试按下列条件补全整个周期的波形:①$a_0=0$; ②对所有 k,$b_k=0$; ③对所有 k,$a_k=0$; ④当 k 为偶数时,a_k 和 b_k 均为零。

13.3 电路如图 13.20 所示,两电源电压分别为:

$$u_a(t) = 30\sqrt{2}\cos\omega t + 20\sqrt{2}\cos(3\omega t + 60°)\,\mathrm{V}$$

$$u_b(t) = 50 + 25\sqrt{2}\cos(3\omega t + 45°) + 10\sqrt{2}\cos(5\omega t + 30°)\,\mathrm{V}$$

试求端电压 u 的有效值。

13.4 在图 13.21 电路中,已知 $R=6\ \Omega$,$\omega L=2\ \Omega$,$\frac{1}{\omega C}=18\ \Omega$,$u=10+80\cos(\omega t+30°)+18\cos3\omega t\ \mathrm{V}$。求 i 及各表读数。

13.5 电路如图 13.22 所示,已知 $R=100\ \Omega$,$\omega L=\frac{1}{\omega C}=200\ \Omega$,$U_S=20+200\sqrt{2}\cos\omega t+100\sqrt{2}\cos(2\omega t+30°)\,\mathrm{V}$。试求各支路电流 i_0,i_1,i_2 及电路消耗的功率。

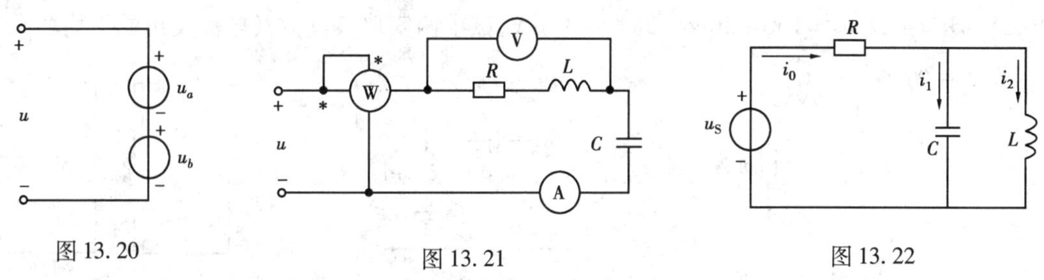

图 13.20　　　　图 13.21　　　　图 13.22

13.6　一个 RLC 串联电路,其中 $R=11\ \Omega,L=0.015\ \text{H},C=70\ \mu\text{F}$,外加电压为:

$$u=11+141.1\cos 1\,000t-35.4\sin 2\,000t\ \text{V}。$$

试求电路中的电流 $i(t)$ 和电路消耗的功率。

13.7　电路如图 13.23 所示。已知 $C_1=500\ \mu\text{F},R=10\ \Omega,L=0.1\ \text{H}$,当 $i_S=1\ \text{A},u_s=10\sqrt{2}\cos 100t\ \text{V}$时,安培表读数Ⓐ₂$=1.414\ \text{A}$,问当 i_S 保持不变,$u_s=10\sqrt{2}\cos 200t\ \text{V}$ 时,两个安培表读数各为多少?

13.8　电路如图 13.24 所示,各电源电压分别为:

$$U_0=60\ \text{V}\quad u_1=100\sqrt{2}\cos\omega t+20\sqrt{2}\cos 5\omega t\ \text{V}$$

$$u_2=50\sqrt{2}\cos 3\omega t\quad u_3=30\sqrt{2}\cos\omega t+20\sqrt{2}\cos 3\omega t\ \text{V}$$

$$u_4=80\sqrt{2}\cos\omega t+10\sqrt{2}\cos 5\omega t\ \text{V}\quad u_5=10\sqrt{2}\sin\omega t\ \text{V}$$

①试求 $U_{ab},U_{ac},U_{ad},U_{ae},U_{af}$;

②如果把 U_0 换为电流源 $i_s=2\sqrt{2}\cos 7\omega t\ \text{A}$,试求电压 $U_{ac},U_{ad},U_{ae},U_{ag}$。

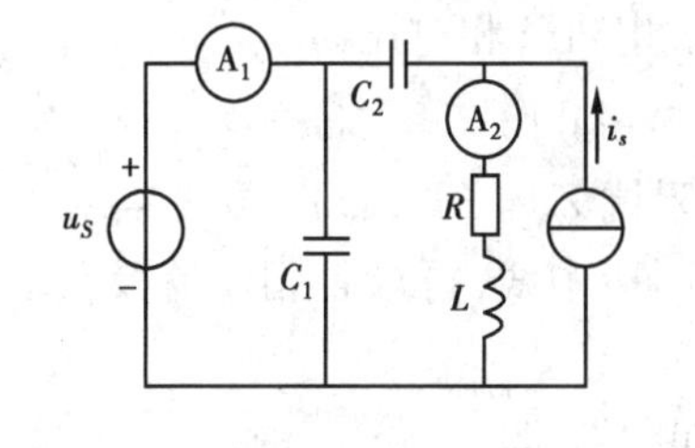

图 13.23

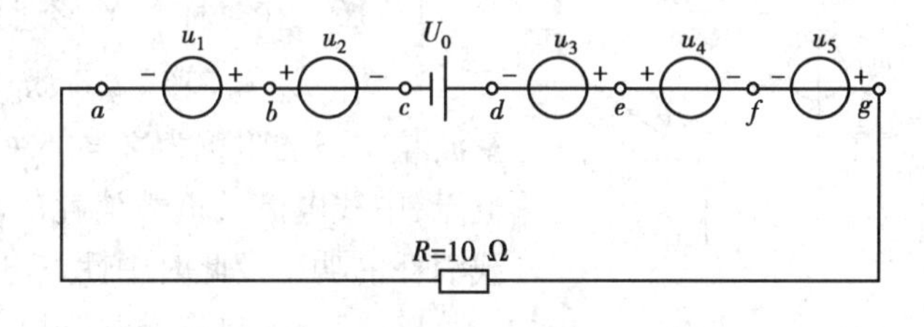

图 13.24

13.9　已知 RLC 串联电路的端口电压电流为:

$$u=100\cos 314t+50\cos(942t-30°)\ \text{V}$$

$$i=10\cos 314t+1.755\cos(942t+\theta_3)\ \text{A}$$

试求:①R,L,C 的值;②θ_3 的值;③电路消耗的功率。

13.10　有效值为 100 V 的正弦电压加在电感 L 两端时,测得电流 $I=10$ A。当电压中有三次谐波且有效值仍为 100 V 时,测得电流 $I=8$ A。试求这个电压的基波和三次谐波电压的有效值。

13.11　对图 13.25 所示滤波器电路,要求负载中不含基波分量,但 $4\omega_1$ 的谐波分量能全部传送至负载。若 $\omega=100$ rad/s,$C=1\ \mu\text{F}$,求 L_1 和 L_2。

13.12　对图 13.26 电路中,u_S 为非正弦周期电压,含有 $3\omega_1$ 及 $7\omega_1$ 谐波分量。如果要求在输出电压 $u(t)$ 中不含有这两个谐波分量,求 L_1 和 C_2。

13.13　在图 13.27 所示电路中,已知 $R_1=20\ \Omega,R_2=10\ \Omega,\omega L_1=6\ \Omega,\omega L_2=4\ \Omega,\dfrac{1}{\omega C}=$

16 Ω,$\omega M=4$ Ω,$u_S=100+50\cos(2\omega t+10°)$ V,试求两安培表读数及电源发出的平均功率。

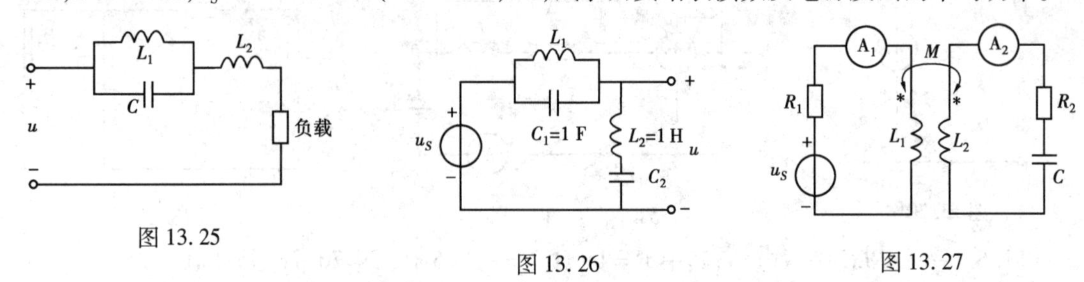

图 13.25

图 13.26

图 13.27

13.14　在图 13.28 所示电路中,$i_S=5+10\cos(10t-20°)-5\sin(30t+60°)$ A,$L_1=L_2=2$ H,$M=0.5$ H。

求 Ⓐ, Ⓥ_2 及 u_2。

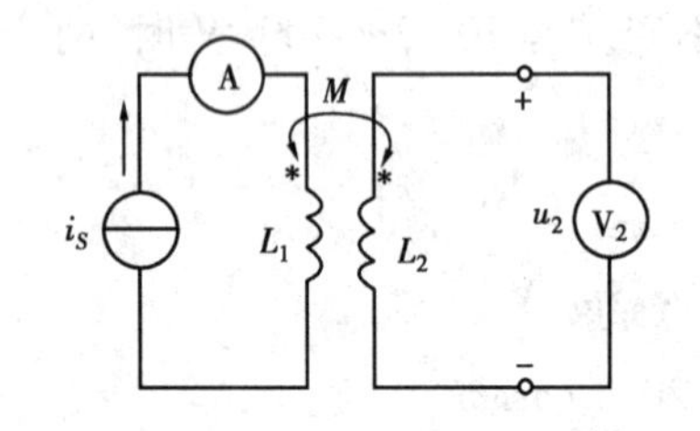

图 13.28

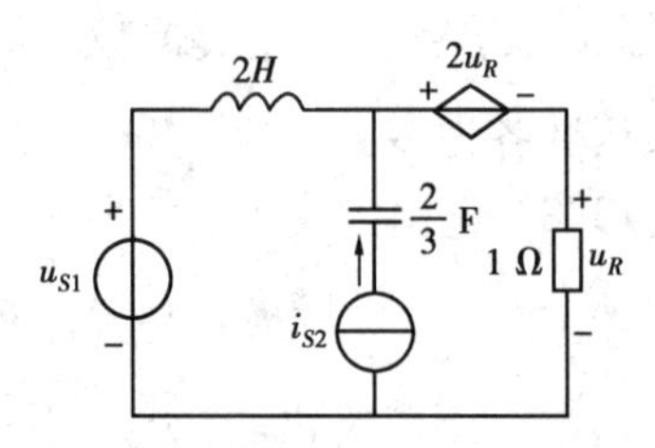

图 13.29

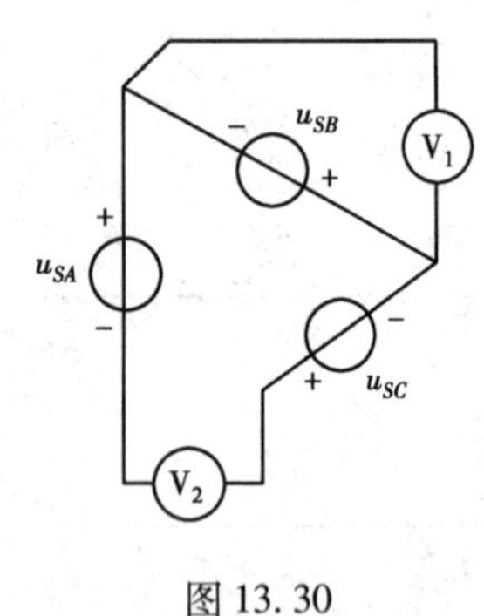

图 13.30

13.15　在图 13.29 电路中,$u_{S1}=1.5+5\sqrt{2}\sin(2t+90°)$ V,电流源$i_{S2}=2\sin1.5t$ A。求 u_R 及 u_{S1} 发出的功率。

13.16　在对称 Y-Y 形连接的三相发电机 A 相电压为

$$u_A=215\sqrt{2}\cos\omega t-30\sqrt{2}\cos3\omega t+10\sqrt{2}\cos5\omega t$$

基波频率下的阻抗为 $Z=(6+\mathrm{j}3)$,中性阻抗 $Z_N=(1+\mathrm{j}2)$。试求各相电流,中线电流及负载消耗的功率。若不接中线,再求各相电流及负载消耗的功率及此时中性点电压 $U_{N'N}=?$

13.17　如果将上题三相电源接成如图 13.30 电路。

①打开三角形电源,接入电压表 Ⓥ_2,试求其读数;

②将 Ⓥ_2 短接,并接上 Ⓥ_1,求 Ⓥ_1 读数。

第 14 章 拉普拉斯变换

内容简介

本章介绍拉普拉斯变换法在线性电路分析中的应用。主要内容有:拉普拉斯变换的定义,拉普拉斯变换的基本性质,求解拉普拉斯反变换的基本方法——部分分式展开法,还将介绍基尔霍夫定律的运算形式及电路的运算模型,并通过实例说明拉普拉斯变换在线性电路分析中的应用。

14.1 拉普拉斯变换的定义

一个定义在$[0,\infty)$区间的函数,它的拉普拉斯变换式$F(s)$定义为

$$F(s) = \int_{0_-}^{\infty} f(t)\mathrm{e}^{-st}\mathrm{d}t \tag{14.1}$$

式中$s=\sigma+\mathrm{j}\omega$,由于$s$是一复数,且具有频率的量纲,故称为复频率。式(14.1)称为$f(t)$的单边拉普拉斯变换,它是一个含参量s的积分,把关于以时间t为变量的函数变换为关于s为变量的函数$F(s)$,即拉普拉斯变换是把一个时间域的函数$f(t)$变换到s域内的复频域函数$F(s)$,一般称$F(s)$为$f(t)$的像函数,$f(t)$为$F(s)$的原函数。拉普拉斯变换简称为拉氏变换。

式(14.1)表明拉氏变换是一种积分变换。$f(t)$的积分变换$F(s)$存在条件是该式右边的积分为有限值,故e^{-st}称为收敛因子。对于一个函数$f(t)$,如果存在正的有限值M和σ,使得对于所有t满足条件

$$|f(t)| \leqslant M\mathrm{e}^{\sigma t}$$

则$f(t)$的拉氏变换式$F(s)$总存在,因为总可以找到一个合适的s值,使式(14.1)中的积分为有限值,假设本书中所涉及的$f(t)$都满足此条件。

应用拉氏变换法分析线性电路的方法称为复频域分析法,又称为s域分析法和运算法。式(14.1)中积分下限用0_-,是考虑到$f(t)$中可能包含冲激函数及其各阶导数,从而给分析计

算存在冲激电压和电流的电路带来方便。一般情况下,认为0和0^-是等同的。本书中的拉氏变换均为单边拉普拉斯变换。

如果$F(s)$已知,要求出与它对应的原函数$f(t)$,由$F(s)$到$f(t)$的变换称为拉氏反变换,它的定义为

$$f(t) = \frac{1}{2\pi j}\int_{\sigma-j\infty}^{\sigma+j\infty} F(s)e^{st}ds \tag{14.2}$$

式中σ为正的有限常数。

式(14.2)把复频域函数$F(s)$反变换为对应的时域函数$f(t)$称为拉普拉斯反变换,即求出像函数$F(s)$的原函数$f(t)$。式(14.1)和(14.2)是一对拉普拉斯变换。可记为:

$$\left.\begin{aligned} F(s) &= L[f(t)] \\ f(t) &= L^{-1}[F(s)] \end{aligned}\right\} \tag{14.3}$$

上述变换对也可用双箭头表示如式(14.4),表明$f(t)$与$F(s)$是拉氏变换对。

$$f(t) \leftrightarrow F(s) \tag{14.4}$$

下面根据拉氏变换定义式(14.1)计算一些常用信号的拉氏变换。

例14.1 求以下函数的像函数。

①单位冲激信号$\delta(t)$

②单位阶跃信号$\varepsilon(t)$

③单边指数信号$e^{-at}\varepsilon(t)$

④单边正弦信号$\sin\omega t\varepsilon(t)$

解 ①单位冲激信号$\delta(t)$的像函数

$$F(s) = L[\delta(t)] = \int_{0^-}^{\infty}\delta(t)e^{-st}dt = e^{-st}\Big|_{t=0} = 1$$

即

$$\delta(t) \leftrightarrow 1 \tag{14.5}$$

②单位阶跃信号$\varepsilon(t)$的像函数

$$F(s) = L[\varepsilon(t)] = \int_{0^-}^{\infty}\varepsilon(t)e^{-st}dt = \int_{0}^{\infty}e^{-st}dt = -\frac{1}{s}e^{-st}\Big|_{0}^{\infty} = \frac{1}{s}$$

即

$$\varepsilon(t) \leftrightarrow \frac{1}{s} \tag{14.6}$$

由于$f(t)$的单边拉氏变换其积分区间为$[0^-,\infty)$,故对定义在$(-\infty,\infty)$上的实函数$f(t)$进行单边拉氏变换时,相当于$f(t)\varepsilon(t)$的变换。所以常数1的拉氏变换与$\varepsilon(t)$的拉氏变换相同,即有

$$1 \leftrightarrow \frac{1}{s}$$

同理,常数A的拉氏变换为

$$A \leftrightarrow \frac{A}{s} \tag{14.7}$$

③指数信号$e^{-at}\varepsilon(t)$的像函数

$$F(s) = L[e^{-at}\varepsilon(t)] = \int_{0^-}^{\infty}e^{-at}e^{-st}dt = \int_{0^-}^{\infty}e^{-(a+s)t}dt = \frac{1}{s+a}$$

即

$$e^{-at}\varepsilon(t) \leftrightarrow \frac{1}{s+a} \tag{14.8}$$

④单边正弦信号$\sin\omega t\varepsilon(t)$的像函数

由于　$\sin\omega t = \frac{1}{2\mathrm{j}}(\mathrm{e}^{\mathrm{j}\omega t} - \mathrm{e}^{-\mathrm{j}\omega t})$

故

$$F(s) = L[\sin\omega t\varepsilon(t)] = L\left[\frac{1}{2\mathrm{j}}(\mathrm{e}^{\mathrm{j}\omega t} - \mathrm{e}^{-\mathrm{j}\omega t})\varepsilon(t)\right] = \frac{1}{2\mathrm{j}}\left(\frac{1}{s-\mathrm{j}\omega} - \frac{1}{s+\mathrm{j}\omega}\right) = \frac{\omega}{s^2+\omega^2}$$

即

$$\sin\omega t\varepsilon(t) \leftrightarrow \frac{\omega}{s^2+\omega^2} \tag{14.9}$$

本例中都是常见函数的拉普拉斯变换，在求单边正弦信号 $\sin\omega t\varepsilon(t)$ 的像函数时用到了拉氏变换的线性性质。

14.2　拉普拉斯变换的基本性质

拉普拉斯变换有许多重要的性质。本节仅介绍与线性电路有关的一些基本性质。掌握这些性质，一方面可以很容易求解一些较复杂函数的拉氏变换，另一方面，就能够把描述线性电路的时域微分方程变换为复频域代数方程，实现应用拉普拉斯变换求解分析线性电路的目的。

14.2.1　线性性质

设 $f_1(t)$ 和 $f_2(t)$ 是两个任意的时间函数，它们的像函数分别为 $F_1(s)$ 和 $F_2(s)$。若有

$$f_1(t) \leftrightarrow F_1(s) \text{ 和 } f_2(s) \leftrightarrow F_2(s)$$

则

$$a_1 f_1(t) + a_2 f_2(t) \leftrightarrow a_1 F_1(s) + a_2 F_2(s) \tag{14.10}$$

其中，a_1 和 a_2 为任意常数。

证明

$$L[a_1 f_1(t) + a_2 f_2(t)] = \int_{0_-}^{\infty}[a_1 f_1(t) + a_2 f_2(t)]\mathrm{e}^{-st}\mathrm{d}t =$$

$$a_1\int_{0_-}^{\infty} f_1(t)\mathrm{e}^{-st}\mathrm{d}t + a_2\int_{0_-}^{\infty} f_2(t)\mathrm{e}^{-st}\mathrm{d}t =$$

$$a_1 F_1(s) + a_2 F_2(s)$$

拉氏变换的线性性质表明，若干个原函数的线性组合的像函数，等于各原函数的像函数的相同形式的线性组合。

例14.2　求单边余弦信号 $\cos\omega t\varepsilon(t)$ 的像函数。

$$F(s) = L[\cos\omega t\varepsilon(t)] = L\left[\frac{1}{2j}(\mathrm{e}^{\mathrm{j}\omega t} + \mathrm{e}^{-\mathrm{j}\omega t})\varepsilon(t)\right] = \frac{1}{2\mathrm{j}}\left(\frac{1}{s-\mathrm{j}\omega} + \frac{1}{s+\mathrm{j}\omega}\right) = \frac{s}{s^2+\omega^2}$$

即

$$\cos\omega t\varepsilon(t) \leftrightarrow \frac{s}{s^2+\omega^2} \tag{14.11}$$

例14.3　求 $f(t) = K(1-\mathrm{e}^{-at})$ 的像函数 $F(s)$。

解　$F(s) = L[K(1-\mathrm{e}^{-at})] = L[K] - L[K\mathrm{e}^{-at}] =$

$$\frac{K}{S} - \frac{K}{s+a} = \frac{aK}{s(s+a)}$$

线性性质表明，如果一个函数能分解为若干个基本函数之和，那么该函数的拉氏变换可以

通过各个基本函数的拉氏变换相加而获得,即先求出各基本函数的像函数再进行计算。

14.2.2 延时特性

函数 $f(t)$ 的像函数与延时函数 $f(t-t_0)$ 的像函数之间有如下关系:

若有
$$f(t) \leftrightarrow F(s)$$
则
$$f(t-t_0) \leftrightarrow e^{-st_0}F(s) \tag{14.12}$$
其中,当 $t<t_0$ 时,$f(t-t_0)=0$。严格地说,应表示
$$f(t-t_0)\varepsilon(t-t_0) \leftrightarrow e^{-st_0}F(s)$$

证明
$$L[f(t-t_0)\varepsilon(t-t_0)] = \int_{0^-}^{\infty} f(t-t_0)\varepsilon(t-t_0)e^{-st}dt = \int_{t_0}^{\infty} f(t-t_0)e^{-st}dt$$
令 $t-t_0=x$,则 $t=x+t_0$,$dx=dt$,上式改写为:
$$L[f(t-t_0)\varepsilon(t-t_0)] = \int_{0}^{\infty} f(x)e^{-s(x+t_0)}dx = e^{-st_0}\int_{0}^{\infty} f(x)e^{-sx}dx = e^{-st_0}F(s)$$

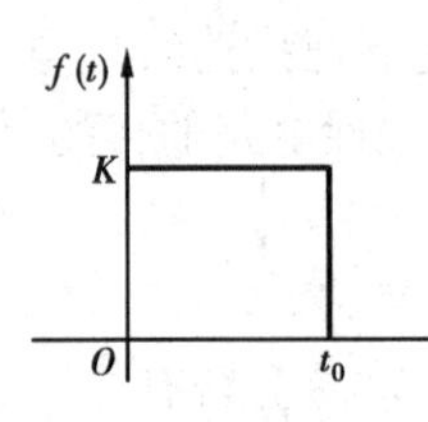

图 14.1 矩形脉冲序列的波形图

上式规定 $t_0>0$。所以延时特性表明,若原函数在时间上延迟 t_0,即其函数波形沿时间轴向右平移 t_0。则其像函数应乘以 e^{-st_0},这个因子可称为延时因子。在使用这一性质时,要注意区分下列不同的 4 个时间函数:$f(t-t_0)$,$f(t-t_0)\varepsilon(t)$,$f(t)\varepsilon(t-t_0)$ 和 $f(t-t_0)\cdot\varepsilon(t-t_0)$。其中,只有最后一个函数才是原有始信号 $f(t)\varepsilon(t)$ 延时 t_0 后所得的延时信号,只有它的拉氏变换才能应用延时特性来求取。

例 14.4 求图 14.1 所示矩形脉冲的像函数。

解 图中矩形脉冲可用阶跃函数和延时的阶跃函数来表示
$$f(t) = K\varepsilon(t) - K\varepsilon(t-t_0)$$
根据拉氏变换的线性性质和延时特性,有
$$L[f(t)] = L[K\varepsilon(t) - K\varepsilon(t-t_0)] = \frac{K}{s} - \frac{K}{s}e^{-st_0} = \frac{K}{s}(1-e^{-st_0})$$

14.2.3 微分性质

函数 $f(t)$ 的像函数与其一阶导数 $f'(t)=\dfrac{df(t)}{dt}$ 的像函数之间有如下关系:

若有
$$f(t) \leftrightarrow F(s)$$
则
$$\frac{df(t)}{dt} \leftrightarrow sF(s) - f(0^-) \tag{14.13}$$

证明

由拉氏变换定义
$$L\left[\frac{df(t)}{dt}\right] = \int_{0^-}^{\infty} \frac{df(t)}{dt}e^{-st}dt = f(t)e^{-st}\Big|_{0^-}^{\infty} + s\int_{0^-}^{\infty} f(t)e^{-st}dt$$
只要 s 的实部取得足够大,有 $\lim\limits_{t\to\infty} f(t)e^{-st}=0$,则 $F(s)$ 存在。

所以
$$L\left[\frac{df(t)}{dt}\right] = sF(s) - f(0^-)$$

由此可以推导得出：

$$\frac{\mathrm{d}^n f(t)}{\mathrm{d}t^n} \leftrightarrow s^n F(s) - s^{n-1} f(0^-) - s^{n-2} f'(0^-) - \cdots - f^{(n-1)}(0^-) \tag{14.14}$$

如果$f(t)$为一有始函数，则有$f(0^-)$，$f'(0^-)$，…，$f^{(n-1)}(0^-)$均为零，于是式(14.13)和式(14.14)可简化为

$$\begin{aligned} \frac{\mathrm{d}f(t)}{\mathrm{d}t} &\leftrightarrow sF(s) \\ \frac{\mathrm{d}^n f(t)}{\mathrm{d}t^n} &\leftrightarrow s^n F(s) \end{aligned} \tag{14.15}$$

拉氏变换的微分性质表明，时域中的求导运算，对应于复频域中乘以 s 的运算，并以$f(0^-)$计入初始条件。

例 14.5　已知$f(t) = \mathrm{e}^{-at}\varepsilon(t)$，试求其导数$\frac{\mathrm{d}f(t)}{\mathrm{d}t}$的拉氏变换。

解　可用两种方法求解

解法 1：由基本定义式求。

因为$f(t)$导数为

$$\frac{\mathrm{d}}{\mathrm{d}t}[\mathrm{e}^{-at}\varepsilon(t)] = \delta(t) - a\mathrm{e}^{-at}\varepsilon(t)$$

所以

$$L\left[\frac{\mathrm{d}f(t)}{\mathrm{d}t}\right] = L[\delta(t)] - L[a\mathrm{e}^{-at}\varepsilon(t)] = 1 - \frac{a}{s+a} = \frac{s}{s+a}$$

解法 2：由微分性质求。

已知

$$f(t) \leftrightarrow F(s) = \frac{1}{s+a},\ f(0^-) = 0$$

则

$$L\left[\frac{\mathrm{d}f(t)}{\mathrm{d}t}\right] = sF(s) = \frac{s}{s+a}$$

两种方法结果相同，但后者考虑了$f(0^-)$。

例 14.6　应用微分性质求 $\cos(\omega t)$ 的像函数。

解　由于$\frac{\mathrm{d}\sin(\omega t)}{\mathrm{d}t} = \omega\cos(\omega t)$

$$\cos(\omega t) = \frac{1}{\omega}\frac{\mathrm{d}\sin(\omega t)}{\mathrm{d}t}$$

已知

$$\sin\omega t \leftrightarrow \frac{\omega}{s^2+\omega^2}$$

所以

$$L[\cos(\omega t)] = L\left[\frac{1}{\omega}\frac{\mathrm{d}\sin(\omega t)}{\mathrm{d}t}\right] = \frac{1}{\omega}\left(s\frac{\omega}{s^2+\omega^2}\right) = \frac{s}{s^2+\omega^2}$$

即

$$\cos\omega t\varepsilon(t) \leftrightarrow \frac{s}{s^2+\omega^2}$$

14.2.4　积分性质

函数$f(t)$的像函数与其积分$\int_{0_-}^{\infty} f(\xi)\mathrm{d}\xi$ 函数之间有如下关系：

若有
$$f(t)\leftrightarrow F(s)$$
则
$$\int_{0_-}^{t} f(\xi)\mathrm{d}\xi \leftrightarrow \frac{F(s)}{s} \tag{14.16}$$

证明:令 $u = \int f(t)\mathrm{d}t, \mathrm{d}v = \mathrm{e}^{-st}\mathrm{d}t$,则 $\mathrm{d}u = f(t), v = -\frac{\mathrm{e}^{st}}{s}$,利用分部积分公式 $\int u\mathrm{d}v = uv - \int v\mathrm{d}u$,所以

$$\int_{0_-}^{\infty}\left[\left(\int_{0_-}^{t} f(\xi)\mathrm{d}\xi\right)\mathrm{e}^{-st}\mathrm{d}t\right] =$$
$$\left(\int_{0_-}^{t} f(\xi)\mathrm{d}\xi\right)\frac{\mathrm{e}^{-st}}{-s}\Bigg|_{0_-}^{\infty} - \int_{0_-}^{\infty} f(t)\left(-\frac{\mathrm{e}^{-st}}{s}\right)\mathrm{d}t =$$
$$\left(\int_{0_-}^{t} f(\xi)\mathrm{d}\xi\right)\frac{\mathrm{e}^{-st}}{-s}\Bigg|_{0_-}^{\infty} + \frac{1}{s}\int_{0_-}^{\infty} f(t)\mathrm{e}^{-st}\mathrm{d}t$$

只要 Re[s]足够大,当 $t\to\infty$ 和 $t\to 0_-$ 时,等式右边第一项均为零,所以有
$$L\left[\int_{0_-}^{t} f(\xi)\mathrm{d}\xi\right] = \frac{F(s)}{s} \tag{14.17}$$

积分性质表明,时域中从 0 到 t 的积分运算,对应于复频域中除以 s 的运算。

表 14.1 常用函数的拉氏变换表

原函数 $f(t)$	像函数 $F(s)$	原函数 $f(t)$	像函数 $F(s)$
$A\delta(t)$	A	t	$\frac{1}{s^2}$
$A\varepsilon(t)$	$\frac{A}{s}$	$t\mathrm{e}^{-at}$	$\frac{1}{(s+a)^2}$
$\delta'(t)$	s	t^2	$\frac{2}{s^3}$
$\delta^{(n)}(t)$	s^n	t^n	$\frac{n!}{s^{n+1}}$
$A\mathrm{e}^{-at}$	$\frac{A}{s+a}$	$t^n\mathrm{e}^{-at}$	$\frac{n!}{(s+a)^{n+1}}$
$1-\mathrm{e}^{-at}$	$\frac{a}{s(s+a)}$	$\sinh(at)$	$\frac{a}{s^2-a^2}$
$\sin(\omega t)$	$\frac{\omega}{s^2+\omega^2}$	$\cos h(at)$	$\frac{s}{s^2-a^2}$
$\cos(\omega t)$	$\frac{s}{s^2+\omega^2}$	$\mathrm{e}^{-at}\sin(\omega t+\theta)$	$\frac{(s+a)\sin\theta+\omega\cos\theta}{(s+a)^2+\omega^2}$
$\mathrm{e}^{-at}\sin(\omega t)$	$\frac{\omega}{(s+a)^2+\omega^2}$	$\mathrm{e}^{-at}\cos(\omega t+\theta)$	$\frac{(s+a)\cos\theta-\omega\sin\theta}{(s+a)^2+\omega^2}$
$\mathrm{e}^{-at}\cos(\omega t)$	$\frac{s}{(s+a)^2+\omega^2}$	$\mathrm{e}^{\mathrm{j}(\omega t+\theta)}$	$\frac{\mathrm{e}^{\mathrm{j}\theta}}{s-\mathrm{j}\omega}$
$\sin(\omega t+\theta)$	$\frac{s\sin\theta+\omega\cos\theta}{s^2+\omega^2}$	$(1-at)\mathrm{e}^{-at}$	$\frac{s}{(s+a)^2}$
$\cos(\omega t+\theta)$	$\frac{s\cos\theta-\omega\sin\theta}{s^2+\omega^2}$	$\frac{t^{n-1}\mathrm{e}^{at}}{(n-1)!}$	$\frac{1}{(s-a)^n}$

例 14.7　已知$\varepsilon(t) \leftrightarrow \frac{1}{s}$,试利用阶跃信号的积分求下列函数的拉氏变换。①$f(t)=t$；②$f(t)=t^n\varepsilon(t)$

解　①由于$f(t)=t=\int_0^t \varepsilon(x)\mathrm{d}x$

所以

$$L[t]=L[\int_0^t \varepsilon(x)\mathrm{d}x]=\frac{1}{s}\cdot\frac{1}{s}=\frac{1}{s^2}$$

即

$$t\leftrightarrow\frac{1}{s^2} \tag{14.18}$$

根据以上介绍的拉氏变换的基本性质,可以方便地求出一些常用时间函数的像函数。

14.3　拉普拉斯反变换的部分分式展开

用拉氏变换法分析动态电路时,必须经过两次变换,一次是由已知原函数求像函数的拉氏正变换,另一次是已知像函数求原函数的拉氏反变换。拉氏反变换可以用式(14.2)求得,但它涉及到计算一个复变函数的积分,一般较为繁琐。如果像函数较简单,可以从拉氏变换表中查出其原函数。对于像函数较复杂的情形,如果能够设法把像函数分解为若干较为简单的、能够从表中查到的项,就可查出各项对应的原函数,而它们之和即为所求原函数。

对线性系统而言,响应的像函数$F(s)$常具有有理分式的形式,它可以表示为两个实系数的s的多项式之比,即

$$F(s)=\frac{N(s)}{D(s)}=\frac{b_m s^m+b_{m-1}s^{m-1}+\cdots+b_1 s+b_0}{a_n s^n+a_{n-1}s^{n-1}+\cdots+a_1 s+a_0} \tag{14.19}$$

式中,$a_n,a_{n-1},\cdots,a_1,a_0$和$b_m,b_{m-1},\cdots,b_1,b_0$均为实系数,$n$和$m$为正整数,分母多项式$D(s)$称为系统的特征多项式,方程$D(s)=0$称为特征方程,它的根称为特征根。

若$m<n$,则$F(s)$为有理真分式。对此形式的像函数可以用部分分式展开法(或称分解定理)将其表示为许多简单分式之和的形式,而这些简单项的反变换都可以在拉氏变换表中找到。部分分式展开法简单易行,避免了应用式(14.2)求反变换时要计算复变函数的积分问题。

若$m=n$时,在将式(14.19)展开成部分分式之前,需要用长除法将其分成常数项与真分式之和,即

$$F(s)=\frac{N(s)}{D(s)}=A+\frac{N_0(s)}{D(s)} \tag{14.20}$$

式中A为一个常数,其对应的时间函数即原函数为$A\delta(t)$,余数项$\frac{N_0(s)}{D(s)}$是真分式,就可用部分分式展开法求其原函数。

下面讨论$F(s)$是真分式时的拉氏反变换,用部分分式展开真分式时,需要对分母多项式$D(s)$作因式分解,以求出$D(s)=0$的根,$D(s)=0$的根可以是单根、共轭复根和重根。下面将分3种情况加以讨论。

14.3.1 $D(s)=0$ 的所有根均为单根

若 $D(s)=0$ 的 n 个单根分别为 $p_1,p_2,\cdots,p_n$，则 $F(s)$ 可以展开成下列简单的部分分式之和。

$$F(s)=\frac{N(s)}{D(s)}=\frac{K_1}{s-p_1}+\frac{K_2}{s-p_2}+\cdots+\frac{K_n}{s-p_n} \tag{14.21}$$

式中的 $K_1,K_2,\cdots,K_n$ 为待定系数。

将上式两边都乘以$(s-p_1)$，得

$$(s-p_1)F(s)=K_1+(s-p_1)\left(\frac{K_2}{s-p_2}+\cdots+\frac{K_n}{s-p_n}\right)$$

令 $s=p_1$，则等式右边除第一项外都变为零，这样可求得

$$K_1=(s-p_1)F(s)\big|_{s=p_1}$$

同理，这些系数可以按下述方法确定：将上式两边乘以因子$(s-p_i)$，再令 $s=p_i(i=1,2,\cdots,n)$，于是式(14.21)右边仅留下 K_i 项，即

$$K_i=(s-p_i)F(s)\big|_{s=p_i}\quad(i=1,2,\cdots,n) \tag{14.22}$$

将 K_i 代入式(14.21)，并取反变换就可得时域函数为

$$f(t)=\sum_{i=1}^{n}K_i e^{p_i t}\varepsilon(t) \tag{14.23}$$

例 14.8 求像函数 $F(s)=\dfrac{2s+5}{s^2+3s+2}$的原函数 $f(t)$。

解 $F(s)=\dfrac{2s+5}{s^2+3s+2}=\dfrac{2s+5}{(s+1)(s+2)}=\dfrac{K_1}{s+1}+\dfrac{K_2}{s+2}$

根据式(14.22)确定常数 K_1,K_2

$$K_1=(s+1)F(s)\big|_{s=-1}=\frac{2s+5}{s+2}\bigg|_{s=-1}=3$$

$$K_2=(s+2)F(s)\big|_{s=-2}=\frac{2s+5}{s+1}\bigg|_{s=-2}=-1$$

则
$$F(s)=\frac{3}{s+1}-\frac{1}{s+2}$$

对 $F(s)$ 进行拉氏反变换求得原函数 $f(t)$ 为

$$f(t)=L^{-1}[F(s)]=L^{-1}\left[\frac{3}{s+1}-\frac{1}{s+2}\right]=3e^{-t}-e^{-2t}$$

例 14.9 已知像函数 $F(s)=\dfrac{2s+1}{s^3+7s^2+10s}$，求原函数 $f(t)$。

解 先将像函数的分母进行分解

$$D(s)=s(s^2+7s+10)=s(s+2)(s+5)$$

可见 $D(s)=0$ 有 3 个单根 $P_1=0,P_2=-2,P_3=-5$

所以有
$$F(s)=\frac{2s+1}{s(s+2)(s+5)}=\frac{K_1}{s}+\frac{K_2}{s+2}+\frac{K_3}{s+5}$$

其中

$$K_1 = sF(s)\big|_{s=0} = 0.1$$
$$K_2 = (s+2)F(s)\big|_{s=-2} = 0.5$$
$$K_3 = (s+5)F(s)\big|_{s=-5} = -0.6$$

那么像函数的部分分式展开式为

$$F(s) = \frac{0.1}{s} + \frac{0.5}{s+2} + \frac{-0.6}{s+5}$$

查表可得它的原函数为

$$f(t) = 0.1 + 0.5\mathrm{e}^{-2t} - 0.6\mathrm{e}^{-5t}$$

例 14.10　求 $F(s) = \dfrac{4s+8}{2s+1}$ 的原函数。

解　$F(s)$ 不是真分式，首先要将它变为真分式后再进行处理

$$F(s) = \frac{4s+8}{2s+1} = 2 + \frac{6}{2s+1} = 2 + \frac{3}{s+0.5}$$

则其原函数为：

$$f(t) = 2\delta(t) + 3\mathrm{e}^{-0.5t}$$

例 14.11　已知像函数 $F(s) = \dfrac{s^4+9s^3+24s^2+22s+1}{s^3+7s^2+10s}$，求原函数 $f(t)$。

解　由于 $F(s)$ 是一个假分式，首先分解出真分式，为此可采用长除法运算得到

$$F(s) = s + 2 + \frac{2s+1}{s^3+7s^2+10s}$$

其中真分式部分的反变换可直接利用例 14.9 的结果，故得

$$f(t) = \delta'(t) + 2\delta(t) + 0.1 + 0.5\mathrm{e}^{-2t} - 0.6\mathrm{e}^{-5t}$$

14.3.2　$D(s)=0$ 具有共轭复根且无重根

若 $D(s) = a_n(s-s_1)(s-s_2),\cdots,(s-s_{n-2})(s^2+bs+c) = D_1(s)(s^2+bs+c)$

式中 $D_1(s) = a_n(s-s_1)(s-s_2),\cdots,(s-s_{n-2})$，$s_1,s_2,\cdots,s_{n-2}$ 为 $D(s)=0$ 的互不相等的实根。二次多项式 s^2+bs+c 中，若 $b^2<4c$，则构成一对共轭复根。

因为 $F(s)$ 可写成

$$F(s) = \frac{N(s)}{D(s)} = \frac{As+B}{s^2+bs+c} + \frac{N_1(s)}{D_1(s)} = F_1(s) + \frac{N_1(s)}{D_1(s)}$$

上式右边第二项展开为部分分式的方法如前面所述，对于右边第一项，一旦 $\dfrac{N_1(s)}{D_1(s)}$ 求得，就可应用对应系数相等的方法求得系数 A 和 B，而 $\dfrac{As+B}{s^2+bs+c}$ 的反变换则可用部分分式展开法。假设其共轭复根为：$p_1 = \alpha + \mathrm{j}\omega$ 与 $p_2 = \alpha - \mathrm{j}\omega$，则其展开式将含有如下两项

$$F_1(s) = \frac{K_1}{s-\alpha-\mathrm{j}\omega} + \frac{K_2}{s-\alpha+\mathrm{j}\omega}$$

其中 K_1，K_2 分别由下式确定

$$K_1 = \left[(s-\alpha-\mathrm{j}\omega)F(s)\right]_{s=\alpha+\mathrm{j}\omega} = \frac{N(s)}{D'(s)}\bigg|_{s=\alpha+\mathrm{j}\omega}$$

$$K_2 = [(s-\alpha+j\omega)F(s)]_{s=\alpha-j\omega} = \frac{N(s)}{D'(s)}\bigg|_{s=\alpha-j\omega}$$

由于 $F_1(s)$ 也是实系数多项式之比，故 K_1 和 K_2 也为共轭复数。

设 $K_1 = |K_1|e^{j\theta_1}$，则 $K_2 = |K_1|e^{-j\theta_1}$，那么其原函数的形式为：

$$f_1(t) = K_1 e^{(\alpha+j\omega)t} + K_2 e^{(\alpha-j\omega)t} = |K_1|e^{j\theta_1}e^{(\alpha+j\omega)t} + |K_1|e^{-j\theta}e^{(\alpha-j\omega)t} =$$

$$|K_1|e^{\alpha t}[e^{j(\omega t+\theta_1)} + e^{-j(\omega t+\theta_1)}] = 2|K_1|e^{\alpha t}\cos(\omega t+\theta_1) \tag{14.24}$$

例 14.12 用部分分式展开法求 $F(s) = \dfrac{s+3}{(s+1)(s^2+4s+8)}$ 的拉氏反变换。

解 先将已知像函数的分母进行分解，再写成部分分式展开形式

$$F(s) = \frac{s+3}{(s+1)(s+2-j2)(s+2+j2)} = \frac{K_1}{s+2-j2} + \frac{K_2}{s+2+j2} + \frac{K_3}{s+1}$$

可见 $D(s)=0$ 有 3 个根，一对共轭复根 $p_1=-2+j2$，$p_2=-2-j2$ 和一个单根 $p_3=-1$，用前述方法确定系数

$$K_1 = (s+2-j2)F(s)\big|_{s=-2+j2} = \frac{-16-j12}{80} = -0.2-j0.15 = 0.25e^{-j143.13^\circ}$$

$$K_2 = K_1^* = -0.2+j0.15 = 0.25e^{j143.13^\circ}$$

$$K_3 = (s+1)F(s)\big|_{s=-1} = 0.4$$

所以 $F(s) = \dfrac{0.4}{s+1} + \dfrac{-0.2-j0.15}{s+2-j2} + \dfrac{-0.2+j0.15}{s+2+j2}$

利用式(14.23)得原函数：

$$f(t) = 0.4e^{-t} + 0.5e^{-2t}\cos(2t-143.13^\circ)$$

14.3.3 $D(s)=0$ 含有重根

若 $D(s)=0$ 有一个 m 重根 p_1，则 $D(s)$ 可写

$$D(s) = a_n(s-p_1)^m(s-p_2)\cdots(s-p_n)$$

$F(s)$ 展开成的部分分式为

$$F(s) = \frac{N(s)}{D(s)} =$$

$$\frac{K_{1m}}{(s-p_1)^m} + \frac{K_{1(m-1)}}{(s-p_1)^{m-1}} + \cdots + \frac{K_{12}}{(s-p_1)^2} + \frac{K_{11}}{s-p_1} + \frac{K_2}{s-p_2} + \cdots + \frac{K_n}{s-p_n} \tag{14.25}$$

式(14.25)中非重根因子组成的部分分式的系数 $K_2,\cdots,K_n$ 的求法与前述相同，下面重点介绍重根项部分分式系数的求法。

为了确定系数 $K_{1m},K_{1(m-1)},\cdots,K_{12},K_{11}$，可通过下列步骤求得。将式(14.25)两边乘以 $(s-p_1)^m$，令 $s=p_1$ 代入上式，可得

$$K_{1m} = (s-p_1)^m F(s)\big|_{s=p_1}$$

将式(14.25)两边对 s 求导后，令 $s=p_1$ 可得

$$K_{1(m-1)} = \frac{d}{ds}[(s-p_1)^m F(s)]_{s=p_1}$$

依次类推,可得求重根项的部分分式系数的一般公式为

$$K_{1i}=\frac{1}{(m-i)!}\left\{\frac{d^{m-i}}{ds^{m-i}}[(s-p_1)^mF(s)]\right\}\bigg|_{s=p_1} \tag{14.26}$$

当全部系数确定后,由于

$$\frac{K_{1i}}{(s-p_1)^i}\leftrightarrow\frac{K_{1i}}{(i-1)!}t^{i-1}e^{p_1t} \tag{14.27}$$

则得

$$L^{-1}[F(s)]=L^{-1}\left[\frac{N(s)}{D(s)}\right]=$$

$$\left[\frac{K_{1m}}{(m-1)!}t^{m-1}+\frac{K_{1(m-1)}}{(m-2)!}t^{m-2}+\cdots+\frac{K_{12}}{1!}t+K_{11}\right]e^{p_1t}+\sum_{i=2}^{n}K_ie^{p_it}$$

如果 $D(s)=0$ 具有 3 重根,则应含 $(s-p_1)^3$ 的因子,那么 $F(s)$ 可分解为

$$F(s)=\frac{K_{13}}{(s-p_1)^3}+\frac{K_{12}}{(s-p_1)^2}+\frac{K_{11}}{s-p_1}+\cdots$$

其中的系数可用下式确定

$$\left.\begin{aligned}K_{13}&=(s-p_1)^3F(s)\big|_{s=p_1}\\K_{12}&=\frac{d}{ds}[(s-p_1)^3F(s)]\bigg|_{s=p_1}\\K_{11}&=\frac{1}{2}\frac{d^2}{ds^2}[(s-p_1)^3F(s)]\bigg|_{s=p_1}\end{aligned}\right\} \tag{14.28}$$

例 14.13　求 $F(s)=\dfrac{s+2}{s(s+3)(s+1)^2}$ 的原函数 $f(t)$。

解　先对 $F(s)$ 进行部分分式展开

$$F(s)=\frac{K_{12}}{(s+1)^2}+\frac{K_{11}}{s+1}+\frac{K_3}{s+3}+\frac{K_4}{s}$$

$$K_{12}=[(s+1)^2F(s)]_{s=-1}=\left[\frac{s+2}{s(s+3)}\right]\bigg|_{s=-1}=-\frac{1}{2}$$

$$K_{11}=\left\{\frac{d}{ds}[(s+1)^2F(s)]\right\}\bigg|_{s=-1}=\left\{\frac{d}{ds}\left[\frac{s+2}{(s+3)s}\right]\right\}\bigg|_{s=-1}=-\frac{3}{4}$$

$$K_3=[(s+3)F(s)]_{s=-3}=\left[\frac{s+2}{(s+1)^2s}\right]\bigg|_{s=-3}=\frac{1}{12}$$

$$K_4=[sF(s)]_{s=0}=\left[\frac{s+2}{(s+1)^2(s+3)}\right]\bigg|_{s=0}=\frac{2}{3}$$

所以　$$F(s)=-\frac{1}{2}\cdot\frac{1}{(s+1)^2}-\frac{3}{4}\cdot\frac{1}{s+1}+\frac{1}{12}\cdot\frac{1}{s+3}+\frac{2}{3}\cdot\frac{1}{s}$$

故其原函数　$$f(t)=\left(-\frac{1}{2}te^{-t}-\frac{3}{4}e^{-t}+\frac{1}{12}e^{-3t}+\frac{2}{3}\right)\varepsilon(t)$$

14.4　运算电路及运算模型

基尔霍夫定律和电路元件的伏安关系是电路分析的基本依据，为了对电路进行复频域分析，就需要明确这两类基本依据在复频域中的表示形式，把它简称为运算形式。

14.4.1　基尔霍夫定律的运算形式

基尔霍夫定律的时域表示形式为

$$\text{KCL}\qquad \sum i(t)=0$$

$$\text{KVL}\qquad \sum u(t)=0$$

根据拉氏变换的线性性质可容易地得出基尔霍夫定律的运算形式为

$$\text{KCL}\qquad \sum I(s)=0 \tag{14.29}$$

$$\text{KVL}\qquad \sum U(s)=0 \tag{14.30}$$

14.4.2　R,L,C 元件伏安关系的运算形式

(1)电阻元件 R 伏安关系的运算形式

如图 14.2(a)所示为电阻元件 R，在时域设其电压和电流为 $u(t)$ 和 $i(t)$，参考方向是关联的，它的伏安关系为

$$u(t)=Ri(t)$$

将上式两边同时进行拉氏变换，用 $U(s)$ 和 $I(s)$ 分别表示电压和电流的像函数，根据拉氏变换的线性性质便可得出电阻元件 R 的伏安关系的运算形式为

$$U(s)=RI(s) \tag{14.31}$$

它表明：电阻元件电压的像函数等于通过它的电流的像函数乘以电阻。由式(14.31)可以得出电阻元件的运算电路模型，如图 14.2(b)所示。

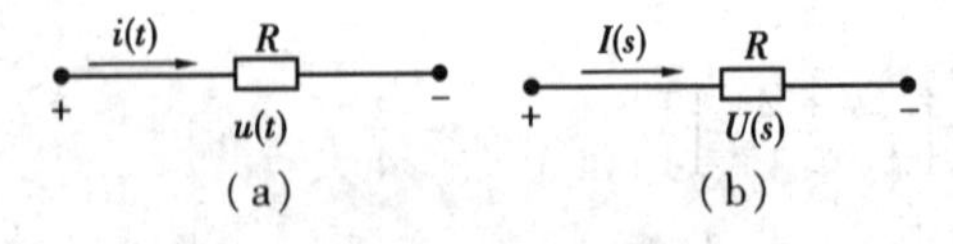

图 14.2　电阻元件及其运算电路

(2)电感元件 L 伏安关系的运算形式

如图 14.3(a)所示为电感元件 L，在时域设其电压和电流为 $u(t)$ 和 $i(t)$，L 的伏安关系为

$$u(t)=L\frac{\mathrm{d}i(t)}{\mathrm{d}t}$$

将上式两边同时进行拉氏变换，用 $U(s)$ 和 $I(s)$ 分别表示电压和电流的像函数，根据拉氏变换的微分性质便可得出

$$L[u(t)]=L\left[L\frac{\mathrm{d}i(t)}{\mathrm{d}t}\right]$$

$$U(s)=sLI(s)-Li(0^-) \tag{14.32}$$

式(14.32)就是电感元件 L 的伏安关系的运算形式，其中 sL 为电感的运算阻抗，$i(0^-)$ 表示电

感中的初始电流,由此便可得到电感 L 的运算电路模型—串联模型,如图 14.3(b)所示。图中 $L\,i(0^-)$ 表示附加电压源的电压,它反映了电感中初始电流的作用。式(14.32)还可改写为

$$I(s) = \frac{1}{sL}U(s) + \frac{i(0^-)}{s} \tag{14.33}$$

其中 $\frac{1}{sL}$ 为电感的运算导纳,$\frac{i(0^-)}{s}$ 表示附加电流源的电流,由此便可得到电感 L 的另一种运算电路模型—并联模型,如图 14.3(c)所示。

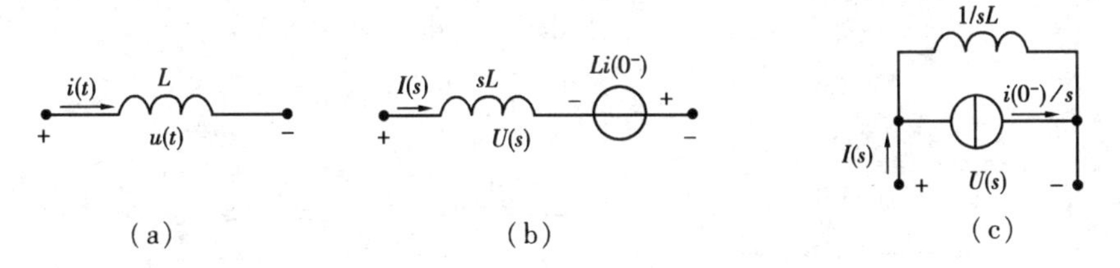

图 14.3　电感元件及其运算电路

由此可见,一个电感元件,可以有两种复频域电路模型,这两种模型是完全等效的,按照电源的等效变换,一种模型可以由另一种变换得到。因此,在作复频域分析时,可以根据需要任选择其中一种。

(3)电容元件 C 伏安关系的运算形式

如图 14.4(a)所示为电容元件 C,设其电压和电流的时域函数为 $u(t)$ 和 $i(t)$,参考方向如图 14.4 所示,C 的伏安关系为

$$i(t) = C\frac{\mathrm{d}u(t)}{\mathrm{d}t}$$

将上式两边同时进行拉氏变换,用 $U(s)$ 和 $I(s)$ 分别表示电压和电流的像函数,根据拉氏变换的微分性质便可得出

$$I(s) = sCU(s) - Cu(0^-) \tag{14.34a}$$

式(14.34)就是电容元件 C 的伏安关系的运算形式,其中 sC 为电容的运算导纳,$u(0^-)$ 表示电容中的初始电压,由此便可得到电容 C 的运算电路模型——并联模型,如图 14.4(b)所示。式(14.34a)中 $Cu(0^-)$ 表示附加电流源的电流,它反映了电容的初始电压的作用。式(14.34a)还可改写为

$$U(s) = \frac{1}{sC}I(s) + \frac{u(0^-)}{s} \tag{14.34b}$$

其中 $\frac{1}{sC}$ 为电容的运算阻抗,$\frac{u(0^-)}{s}$ 表示附加电压源的电压,由此便可得到电容 C 的另一种运算电路模型——串联模型,如图 14.4(c)所示。

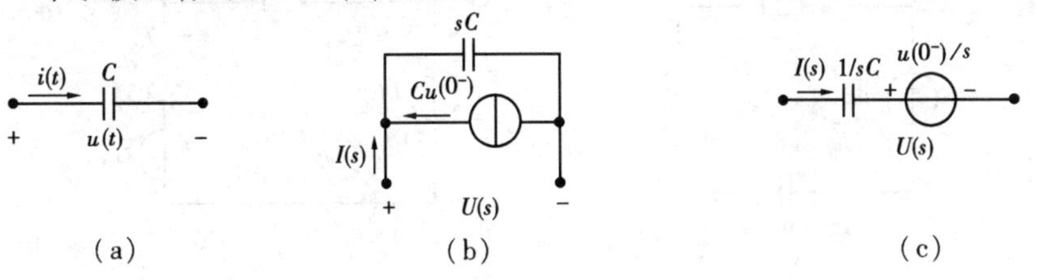

图 14.4　电容元件及其运算电路

与电感元件相同,电容元件也有两种复频域电路模型,这两种模型也是完全等效的,在作复频域分析时,可以根据需要任选择其中一种。

14.4.3 耦合电感的运算电路

在时域电路中,两耦合电感电路如图14.5(a)所示,其电压电流参考方向及同名端如图14.5所示。有

$$u_1 = L_1\frac{\mathrm{d}i_1}{\mathrm{d}t} + M\frac{\mathrm{d}i_2}{\mathrm{d}t}$$

$$u_2 = M\frac{\mathrm{d}i_1}{\mathrm{d}t} + L_2\frac{\mathrm{d}i_2}{\mathrm{d}t}$$

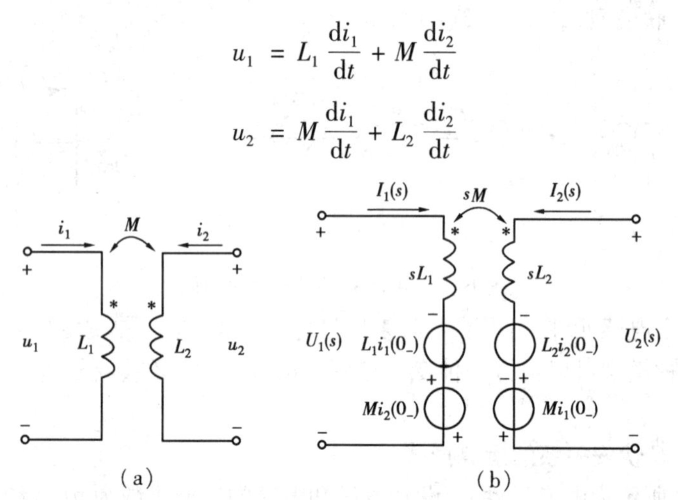

图14.5 耦合电感的运算电路

对上两式取拉氏变换有

$$\begin{aligned} U_1(s) &= sL_1I_1(s) - L_1i_1(0_-) + sMI_2(s) - Mi_2(0_-) \\ U_2(s) &= sL_2I_2(s) - L_2i_2(0_-) + sMI_1(s) - Mi_1(0_-) \end{aligned} \tag{14.35}$$

式中 SM 称作互感运算阻抗,$Mi_1(0_-)$ 和 $Mi_2(0_-)$ 都是附加电压源,其方向与电流 i_1,i_2 的参考方向有关。图14.5(b)为耦合电感的运算电路。

14.4.4 电路的运算模型

如果把电路中的每个元件都用它的运算电路模型代替,电压和电流都用其拉氏变换像函数表示,就可得到该电路的运算电路模型,也简称为 s 域模型。模型中的 $U(s)$ 和 $I(s)$ 都分别满足基尔霍夫定律的运算形式。

图14.6(a)所示为 RLC 串联电路。设电源电压为 $u(t)$,电感的初始电流为 $i(0^-)$,电容的初始电压为 $u_C(0^-)$。将每个元件都用它的运算模型代替,L 和 C 都选用串联模型。即得到图14.6(b)所示的 RLC 串联电路的运算模型。

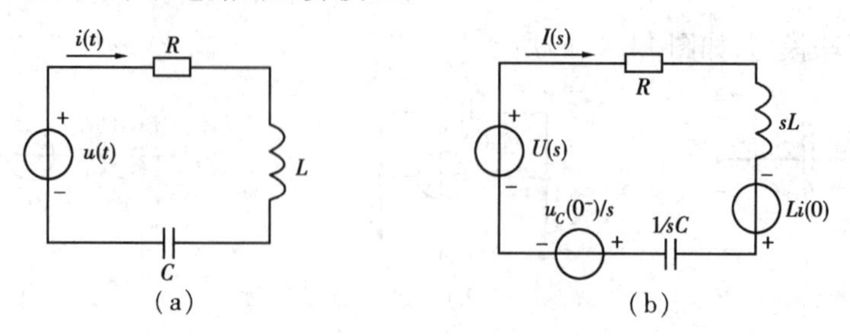

图14.6 RLC 串联电路及运算模型

根据 $\sum U(s)=0$,可以得出电压的复频域方程式为

$$RI(s)+sLI(s)-Li(0^-)+\frac{1}{sC}I(s)+\frac{u_C(0^-)}{s}=U(s)$$

整理后有

$$\left(R+sL+\frac{1}{sC}\right)I(s)=U(s)+Li(0^-)-\frac{u_C(0^-)}{s}$$

$$Z(s)I(s)=U(s)+Li(0^-)-\frac{u_C(0^-)}{s}$$

在零状态情况下,即电感的初始电流 $i(0^-)=0$,电容的初始电压 $u_c(0^-)=0$,则有

$$Z(s)I(s)=U(s) \tag{14.36}$$

式中　$Z(s)=R+sL+\frac{1}{sC}$称为 RLC 串联电路的运算阻抗。

电路的运算阻抗定义为

$$Z(s)=\frac{U(s)}{I(s)} \tag{14.37}$$

运算阻抗 $Z(s)$的倒数称为运算导纳,用 $Y(s)$表示。

即

$$Y(s)=\frac{1}{Z(s)}$$

式(14.37)即运算电路的欧姆定律。

14.5　应用拉普拉斯变换法分析线性电路

前面讨论了拉氏变换与拉氏反变换的方法,掌握了复频域的 KCL 和 KVL 形式及电路的运算模型,便可以应用运算法在复频域中对动态电路进行分析和计算。

运算法和相量法的基本思想类似。相量法把正弦量变换为相量(复数),从而把求解线性电路的正弦稳态问题归结为以相量为变量的线性代数方程。运算法把时间函数变换为对应的像函数,从而把问题归结为求解以像函数为变量的线性代数方程。基尔霍夫定律的相量形式和运算形式是类似的,电路元件的伏安关系在零初始状态条件下也是类似的,所以对于同一电路列出的相量方程和零状态情况下的运算形式的方程在形式上是相似的,但这两种方程具有不同的意义。在非零状态条件下,电路方程的运算形式中还应考虑附加电源的作用。可见相量法中的各种分析方法完全可以适用于运算法。可以说,相量法是运算法在 $s=j\omega$ 情况下的特例。

用运算法求解电路的一般步骤为:

①首先确定电路中电容、电感的初始状态 $u_C(0^-)$,$i_l(0^-)$,并求出电路中激励的像函数;

②建立原电路的运算模型,注意电容、电感的初始值用附加电源计算。

③应用运算形式的基尔霍夫定律和元件的伏安关系,还可采用线性电路的各种方法,求出电路响应的像函数。

④利用部分分式展开法和查阅拉氏变换表,对响应的像函数进行拉氏反变换,即可求出待求的时域响应。

依据上述思路,通过一些实例说明拉氏变换法在线性电路分析中的应用。

例 14.14 图 14.7(a)所示为 RC 并联电路,试求电路的冲激响应 $u(t)$。

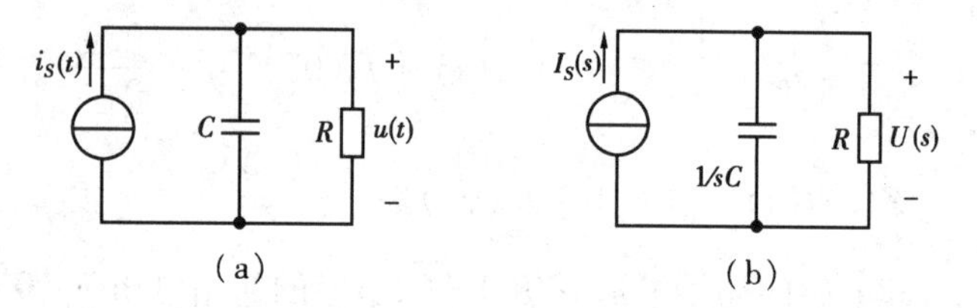

图 14.7

解 激励为冲激电流源 $i_S(t)=\delta(t)$,电路在单位冲激作用下的零状态响应即为冲激响应,因此电路中的电容元件无初始储能,即 $u_C(0^-)=0$。

画出原电路的运算模型如图 14.7(b)所示。

因为 $i_S(t)=\delta(t)$,所以其像函数 $I_S(s)=1$

那么:$U(s)=Z(s)I_S(s)=\dfrac{R\cdot\dfrac{1}{sC}}{R+\dfrac{1}{sC}}\times 1=\dfrac{R}{RsC+1}=\dfrac{1}{C}\dfrac{1}{s+\dfrac{1}{RC}}$

求上式的拉氏反变换得响应的原函数

$$u(t)=\frac{1}{C}\mathrm{e}^{-\frac{t}{RC}}\varepsilon(t)\,\mathrm{V}$$

例 14.15 图 14.8(a)所示为 RC 电路,已知电容的初始值为 $u_C(0^-)$,试求电路在阶跃电压激励下的响应 $u_C(t)$。

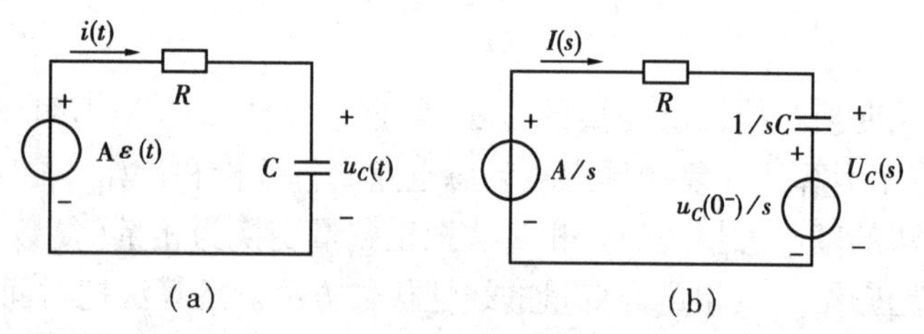

图 14.8

解 电路的激励为 $A\varepsilon(t)$,它的像函数为$\dfrac{A}{S}$,作出原电路的运算模型图,如图 14.8(b)所示。图中的未知电压和电流分别用其像函数 $U_C(s)$ 和 $I(s)$ 表示,特别注意,由于电路的初始状态不为零,不要把由初始状态引起的附加电压源$\dfrac{u_C(0_-)}{s}$遗漏。而且,运算模型中的电容电压 $U_C(s)$ 不仅是 C 的运算阻抗$\dfrac{1}{sC}$两端的电压,而且应把附加电压源电压$\dfrac{u_C(0_-)}{s}$包含在内。

根据 KVL 对图 14.8(b)列复频域的电压方程为

$$\left(R+\frac{1}{sC}\right)I(s)=\frac{A}{s}-\frac{u_C(0^-)}{s}$$

解出

$$I(s)=\frac{A-u_C(0^-)}{s\left(R+\frac{1}{sC}\right)}$$

则
$$U_C(s)=\frac{1}{sC}I(s)+\frac{u_C(0^-)}{s}=\frac{A}{s(RCs+1)}+\frac{RCu_C(0^-)}{RCs+1}$$

上式就是待求变量电容电压的像函数。用部分分式展开法求拉氏反变换,有

$$U_C(s)=\frac{A}{s}-\frac{A}{s+\frac{1}{RC}}+\frac{u_C(0^-)}{s+\frac{1}{RC}}$$

查表即可得到响应,若令 $\tau=RC$,则 $u_C(t)$ 为:

$$u_C(t)=A-Ae^{-\frac{t}{\tau}}+u_C(0^-)e^{-\frac{t}{\tau}}=A(1-e^{-\frac{t}{\tau}})+u_C(0^-)e^{-\frac{t}{\tau}}$$

上式正是我们在时域分析中,利用三要素法所得到的结果。

例 14.16　如图 14.9(a)所示电路,在 $t=0$ 时开关 K 闭合,开关闭合前电路处于稳态,试求 $t\geqslant0$ 时流过 L_2 电感中的电流 $i_2(t)$。

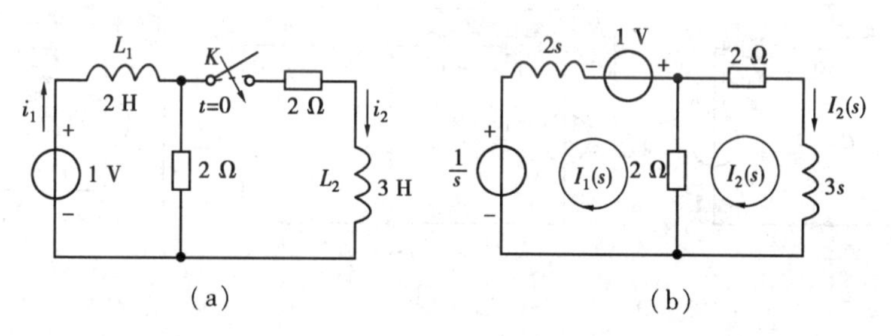

图 14.9

解　由于开关闭合前电路处于稳态,则

$$i_1(0^-)=0.5\text{ A},\quad i_2(0^-)=0$$

开关闭合以后,即 $t\geqslant0$ 时,作出电路的运算模型如图 14.9(b)所示。其中附加电压源的值为:

$$L_1i_1(0^-)=2\times0.5=1\text{ V}$$

$$L_2i_2(0^-)=0$$

运用网孔分析法,对运算模型列出它的网孔方程

$$(2s+2)I_1(s)-2I_2(s)=1+\frac{1}{s}$$

$$-2I_1(s)+(3s+4)I_2(s)=0$$

解方程组,消去 $I_1(s)$,解出 $I_2(s)$ 为

$$I_2(s)=\frac{s+1}{s(3s^2+7s+2)}=\frac{\frac{s+1}{3}}{s\left(s+\frac{1}{3}\right)(s+2)}$$

对上式进行拉氏反变换,部分分式展开为

$$I_2(s)=\frac{K_1}{s}+\frac{K_2}{s+\frac{1}{3}}+\frac{K_3}{s+2}$$

其中

$$K_1 = sI_2(s)\big|_{s=0} = \frac{1}{2}$$

$$K_2 = \left(s+\frac{1}{3}\right)I_2(s)\bigg|_{s=-\frac{1}{3}} = -\frac{2}{5}$$

$$K_3 = (s+2)I_2(s)\big|_{s=-2} = -\frac{1}{10}$$

于是

$$I_2(s) = \frac{1}{2}\times\frac{1}{s} - \frac{2}{5}\times\frac{1}{s+\frac{1}{3}} - \frac{1}{10}\times\frac{1}{s+2}$$

查表即得出所求响应电流 $i_2(t)$ 为

$$i_2(t) = \frac{1}{2} - \frac{2}{5}\mathrm{e}^{-\frac{1}{3}t} - \frac{1}{10}\mathrm{e}^{-2t}\ \mathrm{A}$$

例 14.17 如图 14.10(a)所示电路中，$R_1 = 1\ \Omega$，$R_2 = 2\ \Omega$，$L = 0.1\ \mathrm{H}$，$C = 0.5\ \mathrm{F}$，$u_1(t) = 0.1\mathrm{e}^{-5t}\varepsilon(t)\ \mathrm{V}$，$u_2(t) = \varepsilon(t)\ \mathrm{V}$，电路原处于零状态，求电流 $i_2(t)$。

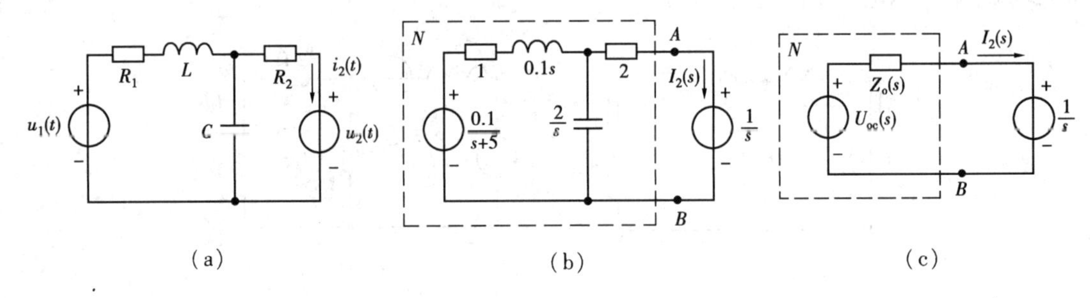

图 14.10

解 该电路中有两个激励源 $u_1(t)$ 和 $u_2(t)$，它们的像函数分别为

$$U_1(s) = \frac{0.1}{s+5},\quad U_2(s) = \frac{1}{s}$$

将电路的元件参数代入，画出电路的运算模型如图 14.10(b)所示。

为了求解电流 $i_2(t)$ 的像函数 $I_2(s)$，应用戴维南定理比较简便。图 14.10(b)中的虚线框为待化简的有源一端口网络 N，只要求出该有源一端口网络 N 的开路电压 $U_{oc}(s)$ 和对应无源一端口网络的等效阻抗 $Z_o(s)$，即可得到该有源一端口网络 N 的戴维南等效电路。有

$$U_{oc}(s) = \frac{\frac{2}{s}}{1+0.1s+\frac{2}{s}}\cdot\frac{0.1}{s+5} = \frac{2}{(s+5)(s^2+10s+20)}$$

$$Z_o(s) = 2 + \frac{(1+0.1s)\frac{2}{s}}{1+0.1s+\frac{2}{s}} = \frac{2s^2+22s+60}{s^2+10s+20}$$

这样就可以用戴维南等效电路代替原来的电路，如图 14.10(c)所示。

由该电路可求得 $I_2(s)$ 为

$$I_2(s)=\frac{U_{oc}(s)-\frac{1}{s}}{Z_o(s)}=\frac{\frac{2}{(s+5)(s^2+10s+20)}-\frac{1}{s}}{\frac{2s^2+22s+60}{s^2+10s+20}}=-\frac{1}{2}\cdot\frac{s^3+15s^2+68s+100}{s(s+6)(s+5)^2}$$

用部分分式展开法将上式展开成部分分式，得

$$I_2(s)=-\frac{1}{2}\left[\frac{\frac{2}{3}}{s}-\frac{\frac{8}{3}}{s+6}+\frac{3}{s+5}-\frac{2}{(s+5)^2}\right]$$

对 $I_2(s)$ 进行拉氏反变换即得所求电流 $i_2(t)$ 为

$$i_2(t)=\left(-\frac{1}{3}+\frac{4}{3}e^{-6t}-\frac{3}{2}e^{-5t}+te^{-5t}\right)\varepsilon(t)$$

例 14.18　电路如图 14.11(a)所示，已知 $U_S=10\ \text{V}$，$L_1=0.3\ \text{H}$，$L_2=0.1\ \text{H}$，$R_1=2\ \Omega$，$R_2=3\ \Omega$，开关 S 原来闭合，求开关 S 打开后电路中的电流及电感元件上的电压。

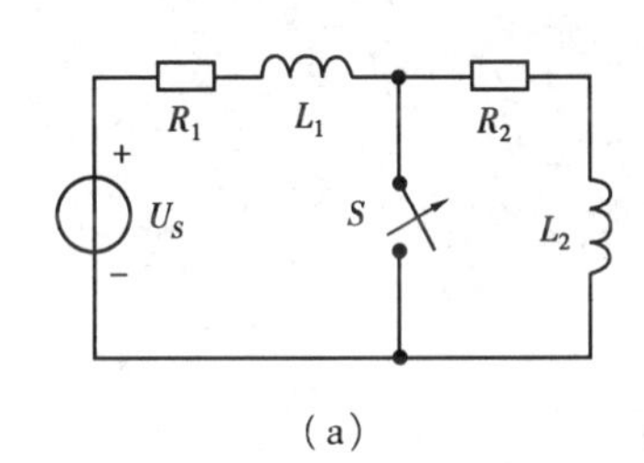

(a)

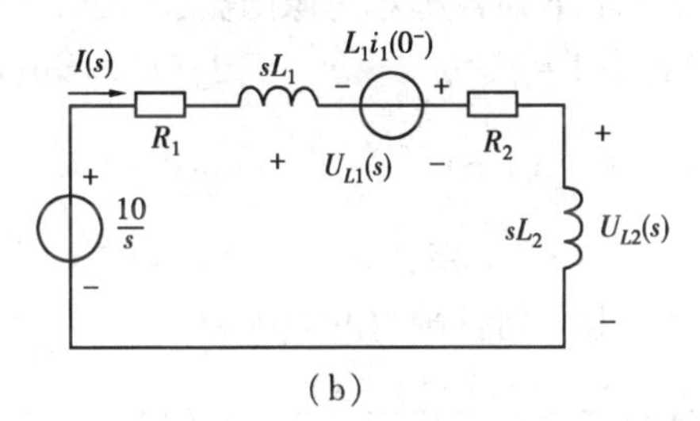

(b)

图 14.11

解　据题意，L_1 中的初始电流为 $i_1(0^-)=\frac{U_S}{R_1}=5\ \text{A}$，开关 S 打开后电路的运算模型如图 14.10(b)所示，其中附加电压源 $L_1i_1(0^-)=5\times0.3=1.5\ \text{V}$，故电路中的电流为

$$I(s)=\frac{\frac{10}{s}+1.5}{R_1+R_2+s(L_1+L_2)}=\frac{10}{s(5+0.4s)}+\frac{1.5}{5+0.4s}=$$

$$\frac{25}{s(s+12.5)}+\frac{3.75}{s+12.5}=\frac{2}{s}+\frac{1.75}{s+12.5}$$

反变换得

$$i(t)=(2+1.75e^{-12.5t})\varepsilon(t)\ \text{A}$$

从上式可见，当开关打开的时刻，$i(0^+)=3.75\ \text{A}$。

从题意可知，L_1 中的初始电流为 5 A，L_2 中的初始电流为 0，但当开关打开后，L_1 和 L_2 的电流在 $t=0^+$ 时刻都被强制为同一电流值，即 $i(0^+)=3.75\ \text{A}$。可见两个电感中的电流都发生了跃变，因此电感 L_1 和 L_2 的电压 u_{L_1} 和 u_{L_2} 中一定有冲激函数出现。电压 u_{L_1} 和 u_{L_2} 的像函数 $U_{L_1}(s)$ 和 $U_{L_2}(s)$ 可据运算模型求得如下

$$U_{L_1}(s)=sL_1I(s)-L_1i_1(0^-)=0.6+\frac{0.3s\times1.75}{s+12.5}-1.5=-\frac{6.56}{s+12.5}-0.375$$

$$U_{L_2}(s)=sL_2I(s)=0.1sI(s)=0.2+\frac{0.175s}{s+12.5}=-\frac{2.19}{s+12.5}+0.375$$

对上面二式进行拉氏反变换得

$$u_{L_1}(t) = [-6.56e^{-12.5t} - 0.375\delta(t)]\ V$$

$$u_{L_2}(t) = [-2.19e^{-12.5t} + 0.375\delta(t)]\ V$$

$$u_{L_1}(t) + u_{L_2}(t) = -8.75e^{-12.5t}\ V$$

电压 u_{L_1} 和 u_{L_2} 中都有冲激电压出现，但两者大小相等方向相反，故在整个回路中不会出现冲激电压，以保证满足KVL。

从这个例子中可以看出，由于拉氏变换式中积分下限取 0^-，故自动将冲激函数考虑进去，因此无需先求 $t=0^-$ 到 $t=0^+$ 时刻的跃变值。这为分析较为复杂的动态电路带来了方便。

习 题 14

14.1　求下列各函数的像函数：

①$f(t)=1-e^{-at}$　　②$f(t)=\sin(\omega t+\varphi)$

③$f(t)=\dfrac{1}{a}(1-e^{-at})$　　④$f(t)=t^2$

⑤$f(t)=t+2+3\delta(t)$　　⑥$f(t)=e^{-at}+at-1$

14.2　求下列各函数的原函数：

①$F(s)=\dfrac{(s+1)(s+3)}{s(s+2)(s+4)}$　　②$F(s)=\dfrac{2s^2+16}{(s+12)(s^2+5s+6)}$

③$F(s)=\dfrac{2s^2+9s+9}{s^2+3s+2}$　　④$F(s)=\dfrac{s^3}{s(s^2+3s+2)}$

14.3　求下列各函数的原函数：

①$F(s)=\dfrac{1}{(s+1)(s+2)^2}$　　②$F(s)=\dfrac{s+1}{s^3+2s^2+2s}$

③$F(s)=\dfrac{s^2+6s+5}{s(s^2+4s+5)}$　　④$F(s)=\dfrac{2s+3}{(s+3)^2(s+4)}$

14.4　如图14.12所示电路，已知 $i_L(0^-)=2$ A。试分别求出电源电压 $u_S(t)$ 为下列情况时的电压 $u(t)$。

①$u_S(t)=12\cdot\varepsilon(t)$ V；

②$u_S(t)=12\cos t\cdot\varepsilon(t)$ V；

③$u_S(t)=12e^{-t}\cdot\varepsilon(t)$ V。

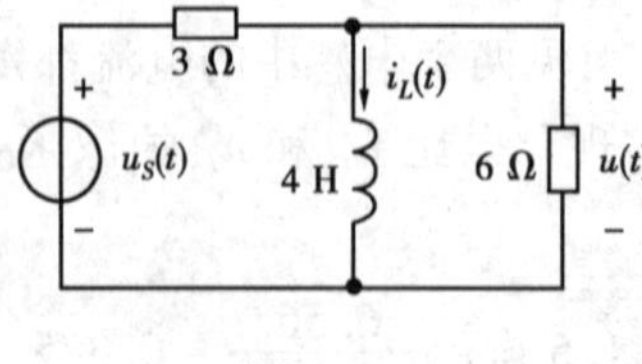

图14.12

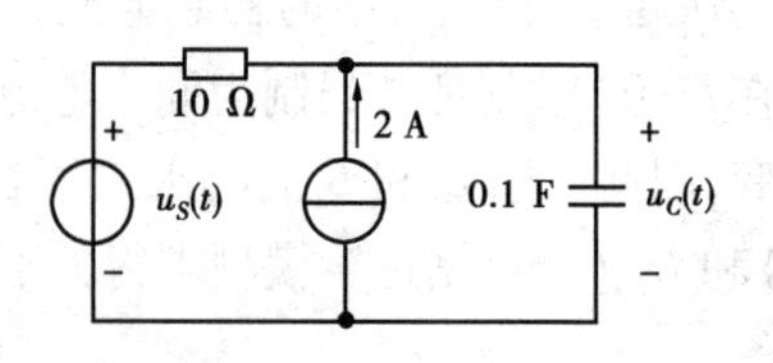

图14.13

14.5　如图14.13所示电路，已知 $u_S(t)=e^{-t}\cos 2t$ V；$u_C(0^-)=10$ V。求 $u_C(t)$，$t\geqslant 0$。

14.6　若微分方程为$\frac{d^2i}{dt^2}+2\frac{di}{dt}+i=\sin 2t, i(0)=0, i'(0)=0$。求$t\geqslant 0$时$i(t)$。

14.7　若微分方程为$\frac{d^2u}{dt^2}+4\frac{du}{dt}+3u=e^{-2t}, u(0^-)=1\ V, u'(0^-)=2\ V$。求$t\geqslant 0$时$u(t)$。

14.8　如图14.14所示电路，$t=0$时刻开关K打开，开关动作前电路处于稳态，试用运算法求$t\geqslant 0$时$i(t)$。

14.9　如图14.15所示电路，$t=0$时刻开关K打开，开关动作前电路处于稳态，试用运算法求$t\geqslant 0$时$i_L(t)$。

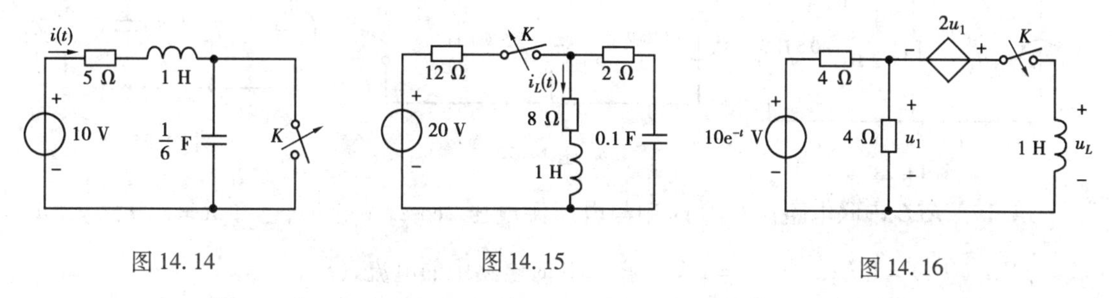

图14.14　　图14.15　　图14.16

14.10　电路如图14.16所示，已知$i_L(0^-)=0$，$t=0$时将开关K闭合，求$t>0$时的$u_L(t)$。

14.11　电路如图14.17所示，开关K闭合前电路已处于稳定状态，电容初始储能为零，在$t=0$时将开关K闭合，求$t>0$时的$i_1(t)$。

14.12　图14.18所示电路中$i_S(t)=2e^{-t}\varepsilon(t)$ A，用运算法求$U_2(s)$。

14.13　图14.19所示电路中$R_1=10\ \Omega, R_2=10\ \Omega, L=0.15$ H, $C=250\ \mu$F, $u=150$ V，S闭合前电路已达到稳态，用运算法求合上开关K后的电感电压$u_L(t)$。

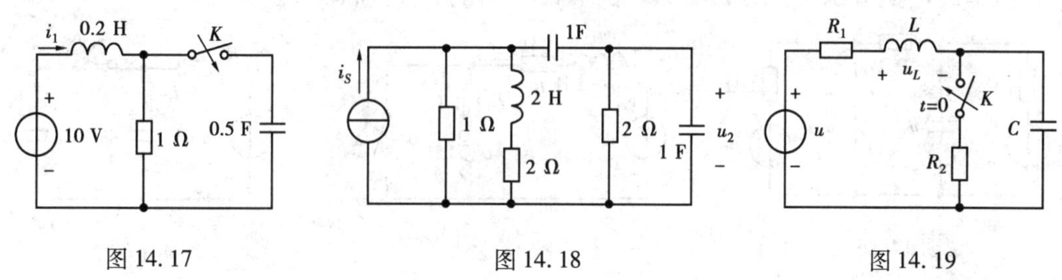

图14.17　　图14.18　　图14.19

14.14　图14.20所示电路中，$t=0$时合上开关K，用节点法求$i(t)$。

14.15　图14.21所示电路中，$t=0$时刻换路，开关K触头离开a闭合于b，换路前电路已达到稳态。试用运算法求$t\geqslant 0$时$i(t)$和$u_C(t)$。

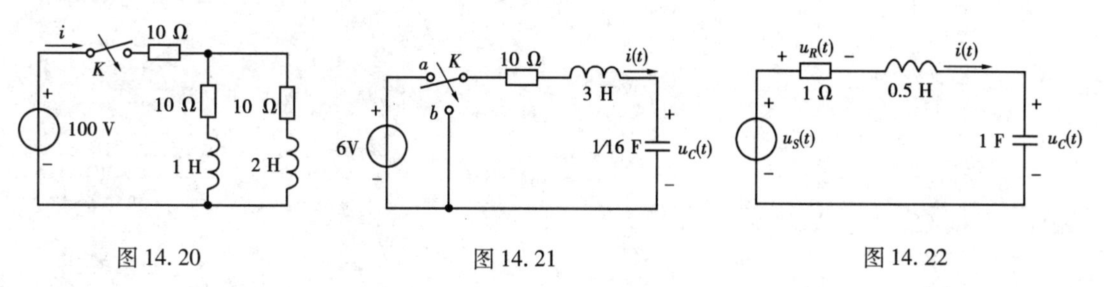

图14.20　　图14.21　　图14.22

14.16　如图 14.22 所示电路，已知 $u_S(t)=e^{-2t}\cdot\varepsilon(t)$，$i_L(0^-)=0$，$u_C(0^-)=-5$ V，试用运算法求电压 $u_R(t)$。

14.17　如图 14.23 所示电路，已知 $u_S(t)=10\cdot\varepsilon(t)$，$i_L(0^-)=4$ A，$u_C(0^-)=5$ V，试用运算法求电压 $i_1(t)$ 和 $i_2(t)$。

14.18　如图 14.24 所示电路，$t=0$ 时刻开关 K 打开，开关动作前电路处于稳态，用运算法求 $t\geqslant0$ 时 $u(t)$。

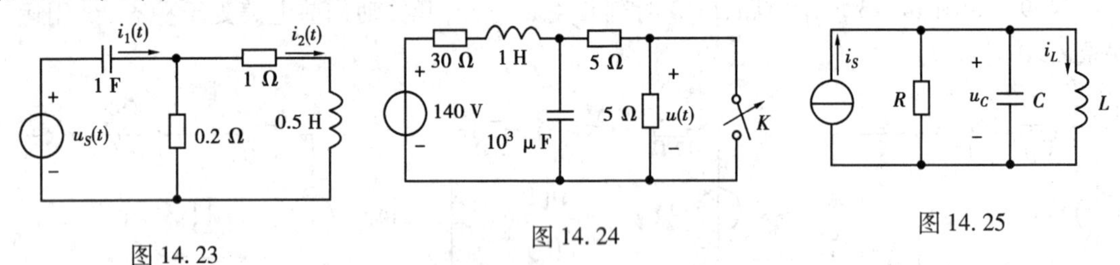

图 14.23　　图 14.24　　图 14.25

14.19　RLC 串联电路在 $t=0$ 时刻与电压源电压 $2\cos2t$ V 接通，已知 $R=2$ Ω，$L=1$ H，$C=\dfrac{1}{4}$F，$i_L(0^-)=1$ A，$u_C(0^-)=1$ V。求 $t\geqslant0$ 时电路中的电流 $i(t)$。

14.20　已知图 14.25 所示电路中 $R=1$ Ω，$C=0.5$ F，$L=1$ H，$i_S(t)=\delta(t)$ A，电路的初始值为 $u_C(0^-)=2$ V，$i_L(0^-)=1$ A，试求 RLC 并联电路的响应 $u_C(t)$。

14.21　电路如图 14.26 所示，已知 $u_{S1}(t)=\varepsilon(t)$ V，$u_{S2}(t)=\delta(t)$，试求 $u_1(t)$ 和 $u_2(t)$。

14.22　电路如图 14.27 所示，已知 $u_S(t)=[\varepsilon(t)+\varepsilon(t-1)-2\varepsilon(t-2)]$ V，求 $i_L(t)$。

14.23　电路如图 14.28 所示，开关 K 原是闭合的，电路处于稳态。若 K 在 $t=0$ 时打开，已知 $U_S=2$ V，$C_1=C_2=1$ F，$R=1$ Ω。试求 $t\geqslant0$ 时的 $i_2(t)$ 和 $u_{c2}(t)$。

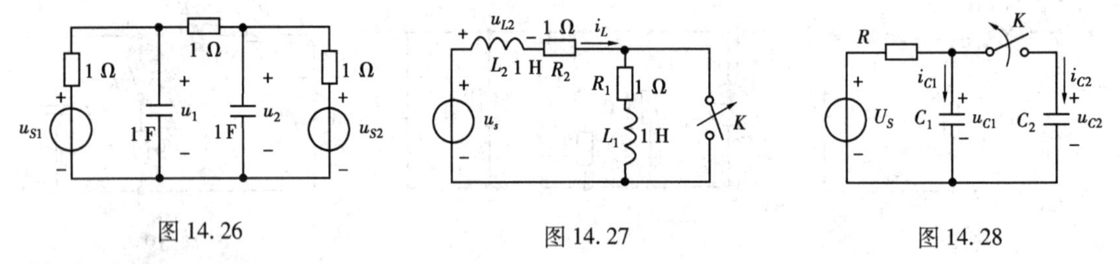

图 14.26　　图 14.27　　图 14.28

第15章 网络函数

内容简介

本章主要介绍网络函数的定义、计算方法及其在电路分析中的应用，网络函数极点和零点的概念，并将讨论极点和零点分布对时域响应和频率特性的影响。

15.1 网络函数的定义

线性网络如图15.1(a)所示，假设网络内部无独立电源且初始状态为零。

设网络惟一的外施激励源为$e(t)$，其零状态响应为$r(t)$，用$E(s)$和$R(s)$分别表示激励$e(t)$和响应$r(t)$的像函数，则它的运算电路如图15.1(b)所示。

图15.1 网络函数的意义

网络零状态响应的像函数$R(s)$与激励源的像函数$E(s)$之比定义为该网络的网络函数，用$H(s)$表示。即

$$H(s) = \frac{R(s)}{E(s)} \tag{15.1}$$

网络函数$H(s)$是泛指联系电路中任一零状态响应像函数与激励像函数的比值。激励与响应可能在同一端口，也可能不在同一端口，将激励和响应在同一端口的网络函数称为驱动点(策动点)网络函数；将激励和响应不在同一端口的网络函数称为转移函数。按激励与响应的类型，网络函数可以具有不同的形式。由于激励$E(s)$可以是独立的电压源或独立的电流源，响应$R(s)$可以是电路中任意两点之间的电压或任意一支路的电流，故网络函数可能是驱动点

阻抗(导纳),转移阻抗(导纳),电压转移函数和电流转移函数。

若网络的激励是冲激函数,即

$$e(t) = \delta(t)$$

则

$$E(s) = 1$$

由网络函数的定义式(15.1)得网络函数

$$H(s) = R(s)$$

这说明网络在单位冲激函数 $\delta(t)$ 的激励下的零状态响应 $r(t)$ 的像函数就是网络函数 $H(s)$。

网络的单位冲激响应为 $h(t)$,网络函数 $H(s)$ 就是单位冲激响应 $h(t)$ 的像函数。故有

$$H(s) = L[h(t)] \tag{15.2}$$

反之,网络的单位冲激响应 $h(t)$ 就是网络函数 $H(s)$ 的原函数。即

$$h(t) = L^{-1}[H(s)] \tag{15.3}$$

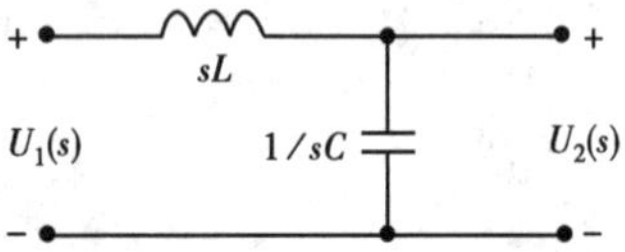

网络函数 $H(s)$ 和单位冲激响应 $h(t)$ 都反映网络的固有特性,它们与网络的结构和参数有关,而与激励无关。

由网络函数的定义可以知道,如果已知网络函数 $H(s)$ 或网络的冲激响应 $h(t)$,便可以求得网络的响应。

图 15.2

例 15.1 图 15.2 是一个零状态 LC 串联电路的运算模型。$U_1(s)$ 为激励电压像函数,$U_2(s)$ 为响应电压像函数。求网络函数 $H(s)$。

解 据题意该网络函数 $H(s)$ 是一转移电压比,按照串联阻抗的分压公式,可以得到激励电压 $U_1(s)$ 与响应电压 $U_2(s)$ 之间的关系如下

$$U_2(s) = \frac{\frac{1}{sC}}{sL + \frac{1}{sC}} U_1(s)$$

则网络函数 $H(s)$ 为

$$H(s) = \frac{U_2(s)}{U_1(s)} = \frac{\frac{1}{sC}}{sL + \frac{1}{sC}} = \frac{1}{s^2LC + 1}$$

例 15.2 图 15.3(a) 中电路激励 $i_S(t) = \delta(t)$,以电容电压 $u_C(t)$ 为响应,求网络函数 $H(s)$ 和冲激响应 $h(t)$。

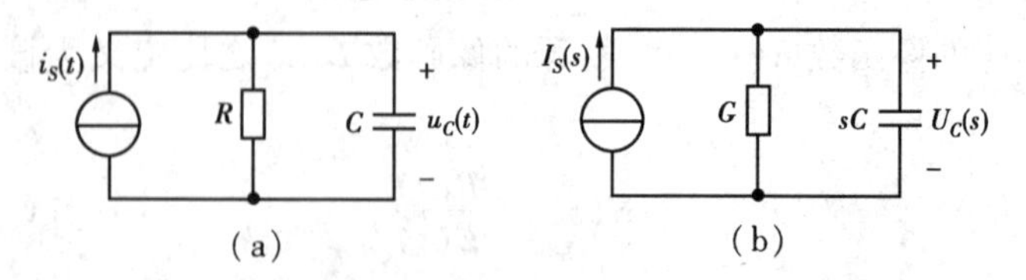

图 15.3

解 画出原电路的运算模型如图 15.3(b) 所示,由于电容电压为电路的端电压,与冲激激励属于同一端口,所以网络函数为驱动点阻抗,即

$$H(s) = \frac{R(s)}{E(s)} = \frac{U_C(s)}{I_S(s)} = \frac{U_C(s)}{1} = \frac{1}{sC + G} = \frac{1}{C} \cdot \frac{1}{s + \frac{1}{RC}}$$

对 $H(s)$ 求拉氏反变换即得冲激响应 $h(t)$，令 $\tau = RC$，则有

$$h(t) = L^{-1}[H(s)] = \frac{1}{c}\mathrm{e}^{-t/\tau} \cdot \varepsilon(t)$$

例 15.3 图 15.4(a)所示电路，已知 $L_1 = 1.5\ \mathrm{H}$，$C_2 = \frac{4}{3}\ \mathrm{F}$，$L_3 = 0.5\ \mathrm{H}$，$R = 1\ \Omega$，激励是电压源 $u_1(t)$。求电压转移函数 $H_1(s) = \frac{U_2(s)}{U_1(s)}$ 和驱动点导纳函数 $H_2(s) = \frac{I_1(s)}{U_1(s)}$。

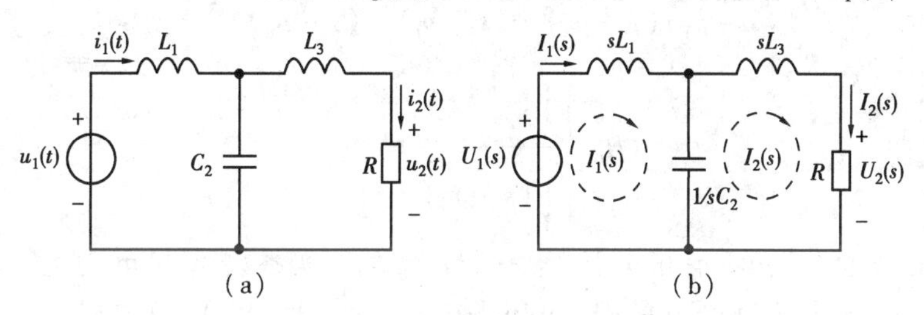

图 15.4

解 画出原电路的运算电路如图 15.4(b)所示，用回路电流法列出两个回路方程有

$$\left(sL_1 + \frac{1}{sC_2}\right)I_1(s) - \frac{1}{sC_2}I_2(s) = U_1(s)$$

$$-\frac{1}{sC_2}I_1(s) + \left(R + sL_3 + \frac{1}{sC_2}\right)I_2(s) = 0$$

解出两个回路电流 $I_1(s)$ 和 $I_2(s)$ 得

$$I_1(s) = \frac{L_3C_2s^2 + RC_2s + 1}{D(s)}U_1(s)$$

$$I_2(s) = \frac{1}{D(s)}U_1(s)$$

其中

$$D(s) = L_1L_3C_2s^3 + RL_1C_2s^2 + (L_1 + L_3)s + R$$

而

$$U_2(s) = RI_2(s)$$

据已知条件代入数据得

$$D(s) = s^3 + 2s^2 + 2s + 1$$

则电压转移函数为

$$H_1(s) = \frac{U_2(s)}{U_1(s)} = \frac{1}{(s+1)(s^2+s+1)}$$

驱动点导纳函数为

$$H_2(s) = \frac{I_1(s)}{U_1(s)} = \frac{2s^2 + 4s + 3}{3(s^3 + 2s^2 + 2s + 1)}$$

从以上例子可以看出，线性网络的网络函数 $H(s)$ 是复频率 s 的有理分式，它的分子、分母都是 s 的有理多项式。显然此多项式与网络的结构和参数有关，而与激励形式无关。

15.2 网络函数的零、极点

由于线性网络的网络函数$H(s)$是复频率s的有理分式，它的分子、分母都是s的有理多项式，故其一般形式可以写为

$$H(s)=\frac{N(s)}{D(s)}=\frac{b_m s^m+b_{m-1}s^{m-1}+\cdots+b_1 s+b_0}{a_n s^n+a_{n-1}s^{n-1}+\cdots+a_1 s+a_0}=$$

$$H_0\frac{(s-z_1)(s-z_2)\cdots(s-z_i)\cdots(s-z_m)}{(s-p_1)(s-p_2)\cdots(s-p_j)\cdots(s-p_n)}=$$

$$H_0\frac{\prod_{i=1}^{m}(s-z_i)}{\prod_{j=1}^{n}(s-p_j)} \tag{15.4}$$

式(15.4)中，$a_n,a_{n-1},\cdots,a_1,a_0$和$b_m,b_{m-1},\cdots,b_1,b_0$均为实系数，$n$和$m$为正整数，$H_0$为一常数，$z_1,z_2,\cdots,z_i,\cdots,z_m$是$N(s)=0$的根，$p_1,p_2,\cdots,p_j,\cdots,p_n$是$D(s)=0$的根。

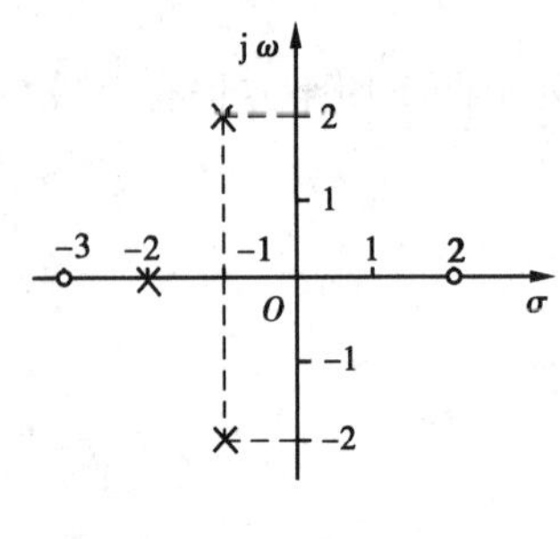

图 15.5

当$s=z_i$时网络函数$H(s)=0$，故将$z_1,z_2,\cdots,z_i,\cdots,z_m$称为网络函数的零点。当$s=p_j$时$D(s)=0$，网络函数$H(s)$将趋近无穷大，故将$p_1,p_2,\cdots,p_j,\cdots,p_n$称为网络函数的极点。

网络函数的零点和极点可能是实数、虚数和复数。如果以复频率s的实部σ为横轴，虚部$j\omega$为纵轴，就得到一个复频率平面，简称为复平面或s平面。网络函数$H(s)$的每一个极点和零点都是一个复常数，均可在复平面上以对应的点表示。如果在复平面上把网络函数$H(s)$的零点用“○”表示，极点用“×”表示，就可到网络函数$H(s)$的零、极点分布图，简称零极点图。

例 15.4 试画出网络函数$H(s)=\dfrac{(s+3)(s-2)}{(s+2)(s+1-j2)(s+1+j2)}$的零极点图。

解 令分子和分母多项式分别等于零，可知$H(s)$有两个零点和三个极点，它们是：

零点：$z_1=-3,z_2=2$；极点：$p_1=-2,p_2=-1+j2,p_3=-1-j2$

画出$H(s)$零极点图如图15.5所示。

15.3 网络函数零、极点与冲激响应

从前面的叙述中已经知道，单位冲激函数$\delta(t)$激励下网络的响应$h(t)$的像函数为网络函数$H(s)$，即

$$H(s)=L[h(t)]$$
$$h(t)=L^{-1}[H(s)]$$

由此可见，$H(s)$的零、极点特征必然反映出网络的冲激响应$h(t)$的特征，即零、极点在复平面

上所处的位置不同,表明网络函数 $H(s)$ 所代表的网络的不同冲激响应。

如果 $H(s)$ 为真分式且分母具有单根,则网络的冲激响应为

$$h(t) = L^{-1}[H(s)] = L^{-1}\left[\sum_{j=1}^{n} \frac{A_j}{s-p_j}\right] = \sum_{j=1}^{n} A_j e^{p_j t} \tag{15.5}$$

式中 p_j 为 $H(s)$ 的极点,从式(15.5)可以看出,零点只影响 A_j 的大小,而不影响 $h(t)$ 的变化规律,所以根据 $H(s)$ 的极点分布情况,完全可以预见冲激响应 $h(t)$ 的特性。下面分3种情况说明极点在复平面上的不同位置时网络冲激响应曲线的变化规律。

①p_j 为实数,极点在复平面的实轴上。当 p_j 为负实根时,$e^{p_j t}$ 为衰减的指数函数;当 p_j 为正实根时,$e^{p_j t}$ 为增长的指数函数。并且 $|p_j|$ 越大,衰减或增长的速度越快,即极点离虚轴越远,冲激响应衰减或增长的速度越快;反之,极点离虚轴越近,冲激响应衰减或增长的速度越慢。

②p_j 为纯虚数,极点在复平面的虚轴上。极点 p_j 所对应的冲激响应是纯正弦项,即响应为等幅正弦振荡。前面提到,极点离虚轴越近,冲激响应衰减或增长的速度越慢,当极点位于复平面的虚轴上时,则冲激响应不衰减或增长,从而形成等幅正弦振荡。

③p_j 为共轭复数,极点 p_j 所对应的冲激响应是按指数规律变化的正弦振荡。若极点位于一、四象限,响应为按指数规律增长的正弦振荡;若极点位于二、三象限,响应为按指数规律衰减的正弦振荡。极点的纵坐标(即虚部)的绝对值的大小 $|\omega_d|$ 代表了振荡角频率的大小。极点离实轴越远,冲激响应的振荡频率越高;极点离实轴越近,冲激响应的振荡频率越低;当极点位于实轴上时,冲激响应的振荡频率为零,变成非振荡的单调衰减或单调增长的情况,这就是①的情形。

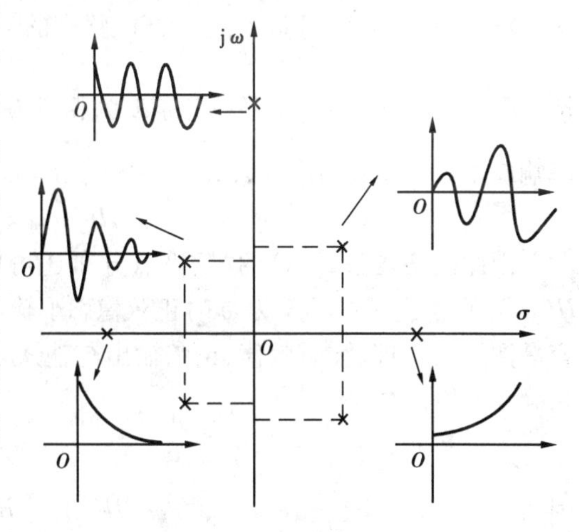

图15.6　网络函数的极点与冲激响应的关系图

所以零、极点与冲激响应的关系小结如下:

①极点的分布直接影响 $h(t)$ 的变化形式,即变化规律。

②零点不影响 $h(t)$ 的变化形式(质变),仅影响波形的幅度(量变)。

表15.1是极点与冲激响应的关系;图15.6画出了网络函数的极点与冲激响应的关系图。

表15.1　极点与冲激响应的关系

	极点情况	冲激响应形式
1	负实数	按指数规律单调下降
2	正实数	按指数规律单调上升
3	共轭复数(实部 $\sigma<0$)	振荡且幅值衰减
4	共轭复数(实部 $\sigma>0$)	振荡且幅值增加
5	纯虚数(实部 $\sigma=0$)	等幅振荡

通常把 $h(t)$ 随时间按指数规律增长的电路称为不稳定电路,把 $h(t)$ 随时间按指数规律衰减的电路称为稳定电路,因此对于一个实际的线性电路,其网络函数的极点一定位于左半平面。

15.4 网络函数零、极点与频率响应

网络中激励若为正弦信号 $e(t)$，正弦稳态响应为 $r(t)$，激励和响应的相量形式分别用 $\dot{E}(j\omega)$ 和 $\dot{R}(j\omega)$ 表示，它们的相量比值为

$$H(j\omega) = \frac{\dot{R}(j\omega)}{\dot{E}(j\omega)} = |H(j\omega)| e^{j\theta(j\omega)} \tag{15.6}$$

则 $H(j\omega)$ 称为该网络的频率响应函数。$|H(j\omega)|$ 称为网络的幅值频率响应，简称幅频响应；$\theta(j\omega)$ 称为网络的相位频率响应，简称相频响应。

频率响应函数，反映了网络在不同频率下正弦稳态响应与正弦激励的幅度比值和相位差随激励正弦波频率 ω 变化的函数关系。

设想一下，如果用 $j\omega$ 代替运算电路中的 s，则电感和电容的运算阻抗 sL 和 $\frac{1}{sC}$ 分别变为阻抗 $j\omega L$ 和 $\frac{1}{j\omega C}$，而 $U(s)$ 和 $I(s)$ 分别变为相量 $\dot{U}$ 和 $\dot{I}$，使运算电路变为相量电路，所以网络的频率响应函数是 s 域网络函数 $H(s)$ 对应于 $s = j\omega$ 的一个特例。即

$$H(j\omega) = H(s)|_{s=j\omega} \tag{15.7}$$

因此网络函数 $H(s)$ 的零、极点分布还可以确定正弦稳态响应。当 $s = j\omega$ 时，$H(s)$ 即为 $H(j\omega)$，它给出了在频率为 ω 时正弦稳态下输出相量与输入相量之比，这样网络函数就跟那些容易测量的物理量（有效值、正弦输出与输入之间的相位差）联系起来，就可以用实验的方法来确定网络函数。

因为

$$H(s) = H_0 \frac{\prod_{i=1}^{m}(s - z_i)}{\prod_{j=1}^{n}(s - p_j)}$$

所以

$$H(j\omega) = H_0 \frac{\prod_{i=1}^{m}(j\omega - z_i)}{\prod_{j=1}^{n}(j\omega - p_j)} = |H(j\omega)| e^{j\theta(j\omega)} \tag{15.8}$$

其幅频响应为

$$|H(j\omega)| = H_0 \frac{\prod_{i=1}^{m}|j\omega - z_i|}{\prod_{j=1}^{n}|j\omega - p_j|} \tag{15.9}$$

其相频响应为

$$\theta(j\omega) = \sum_{i=1}^{m}\arg(j\omega - z_i) - \sum_{j=1}^{n}\arg(j\omega - p_j) \tag{15.10}$$

式(15.8)即为网络的频率响应函数 $H(\mathrm{j}\omega)$,利用式(15.9)和式(15.10)的公式可以计算出网络的幅频响应 $|H(\mathrm{j}\omega)|$ 和相频响应 $\theta(\mathrm{j}\omega)$,此方法称为公式计算法。

网络的频率响应还可以用几何作图的方法求得,式(15.9)中的 $|\mathrm{j}\omega-p_1|$ 和 $|\mathrm{j}\omega-z_1|$ 的几何意义如图15.7中 M_1,N_1 所示。

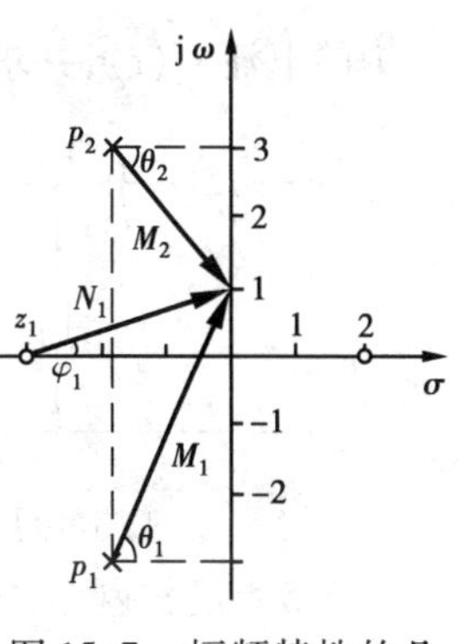

图15.7　幅频特性的几何意义

那么式(15.9)公式变为

$$|H(\mathrm{j}\omega)| = H_0 \frac{\prod_{i=1}^{m} N_i}{\prod_{j=1}^{n} M_j} \tag{15.11}$$

当 $\omega=0,1,2,3,\cdots$ 时,在不同 ω 下测量 M_j,N_i,可分别计算出 $|H(\mathrm{j}0)|,|H(\mathrm{j}1)|,|H(\mathrm{j}2)|,\cdots$,从而得到的幅频特性曲线,即 $|H(\mathrm{j}\omega)|\backsim\omega$,如图15.8所示。

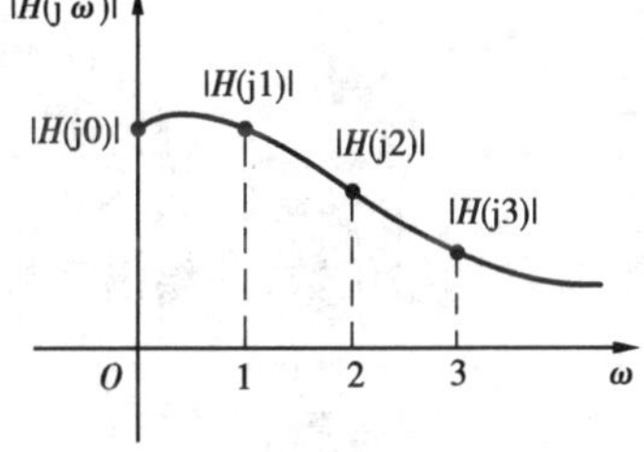

图15.8　幅频特性曲线

同理由式(15.10)公式可以得到

$$\theta(\mathrm{j}\omega) = \sum_{i=1}^{m}\varphi_i - \sum_{j=1}^{n}\theta_j \tag{15.12}$$

式(15.12)中的各幅角 φ_i 和 θ_j 均是指水平线正方向与有向线段间的夹角,通过计算和作图可以得到相应的相频特性曲线,即 $\theta(\mathrm{j}\omega)\backsim\omega$。

用上述方法可以通过在 s 平面上作图,从而定性地描绘出网络的频率响应。作图法精度不高,但计算量较小。

习　题　15

15.1　试求图15.9所示线性一端口的驱动点阻抗 $Z(s)$ 的表达式,并在 s 平面上绘出极点和零点。已知 $R=1\ \Omega,L=0.5\ \mathrm{H},C=0.5\ \mathrm{F}$。

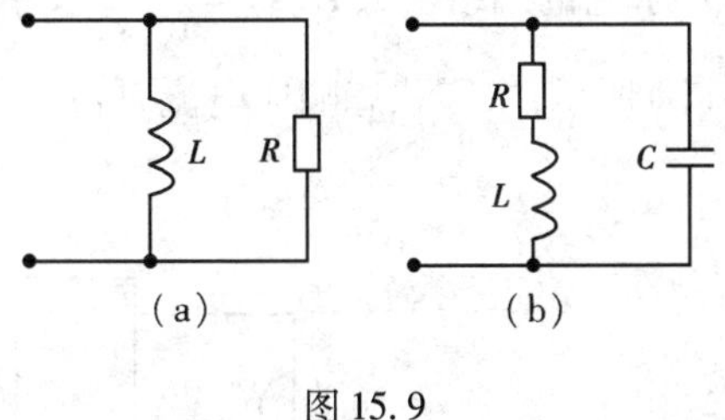

图15.9

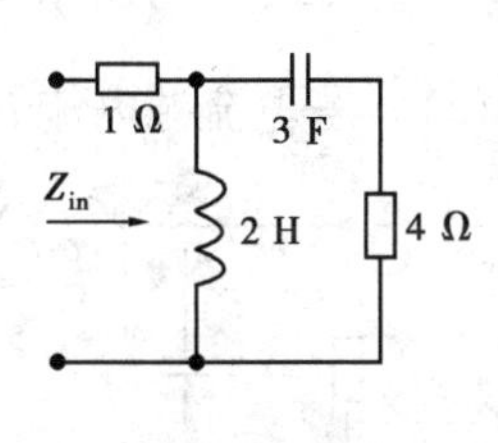

图15.10

15.2　试求图15.10所示电路的驱动点阻抗 $Z(s)$ 的表达式,并在 s 平面上绘出极点和零点。

15.3　图15.11所示为一 RC 电路,求它的转移函数 $H(s)=\dfrac{U_0(s)}{U_1(s)}$。

15.4　图15.12所示电路中 $L=0.2\ \mathrm{H},C=0.1\ \mathrm{F},R_1=6\ \Omega,R_2=4\ \Omega,u_S(t)=7\mathrm{e}^{-2t}\mathrm{V}$,求

R_2 中的电流 $i_2(t)$，并求网络函数 $H(s)=\dfrac{I_2(s)}{U_S(s)}$及单位冲激响应。

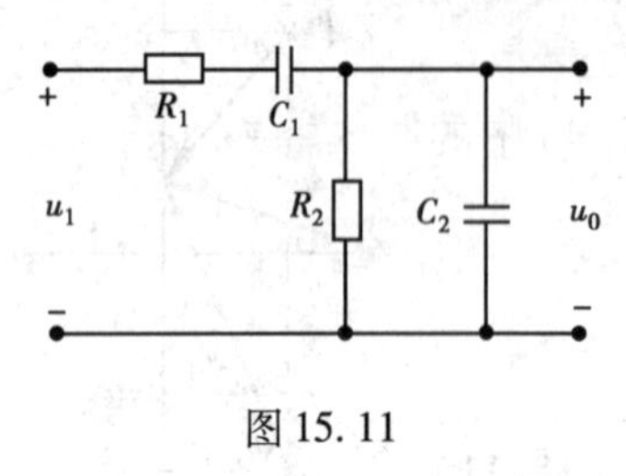

图 15.11

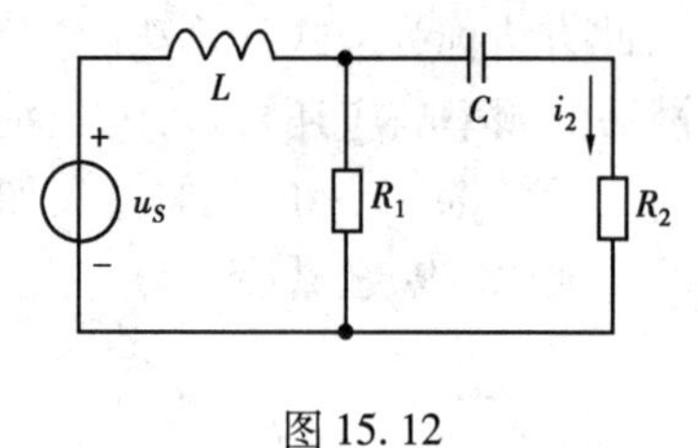

图 15.12

15.5　已知网络函数为：

①$H(s)=\dfrac{2}{s-0.3}$

②$H(s)=\dfrac{s-5}{s^2-10s+125}$

③$H(s)=\dfrac{s+10}{s^2+20s+500}$

试定性作出单位冲激响应的波形。

15.6　设某线性电路的冲激响应为 $h(t)=e^{-t}+2e^{-2t}$，试求相应的网络函数，并绘出零极点图。

15.7　设网络的冲激响应为

①$h(t)=\delta(t)+\dfrac{3}{5}e^{-t}$

②$h(t)=e^{-\alpha t}\sin(\omega t+\theta)$

③$h(t)=\dfrac{3}{5}e^{-t}-\dfrac{7}{9}te^{-3t}+3t$

试求相应的网络函数的极点。

15.8　已知某电路的激励为$f_1(t)=\varepsilon(t)$的情况下，其零状态响应为$f_2(t)=\sin 3t\cdot\varepsilon(t)$，试求网络函数 $H(s)$。若将激励改为$f_1(t)=\sin 3t\cdot\varepsilon(t)$，试求零状态响应$f_2(t)$。

15.9　图 15.13(a)所示电路中，响应为电流 $i(t)$，求它的网络函数 $H(s)=\dfrac{I(s)}{I_S(s)}$及单位冲激响应 $h(t)$。若电流源电流 $i_s(t)$的波形如图 15.13(b)所示，求零状态响应电流 $i(t)$。

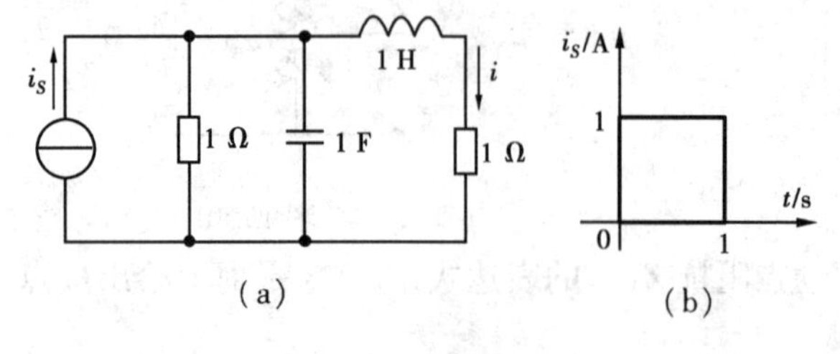

图 15.13

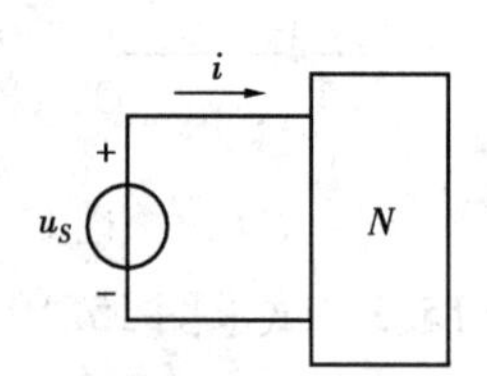

图 15.14

15.10　如图 15.14 所示电路中，已知网络 N 的驱动点阻抗为 $Z(s)=\dfrac{s^2+5s+6}{s^2+5s+4}$，激励电压为$u_S(t)=3e^{-2t}\cdot\varepsilon(t)$ V，求电流 $i(t)$。

15.11　已知电路如图15.15所示,求网络函数 $H(s)=\dfrac{U_2(s)}{U_S(s)}$,定性画出幅频特性和相频特性示意图。

15.12　如图15.16所示为一 RLC 并联电路,试用网络函数的图解法分析 $H(s)=\dfrac{U_2(s)}{I_S(s)}$ 的频率响应特性。

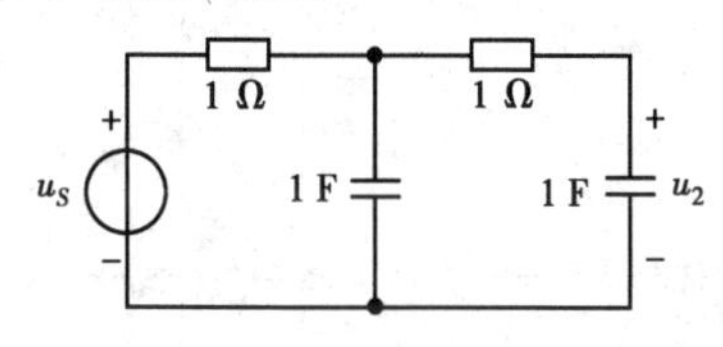

图15.15

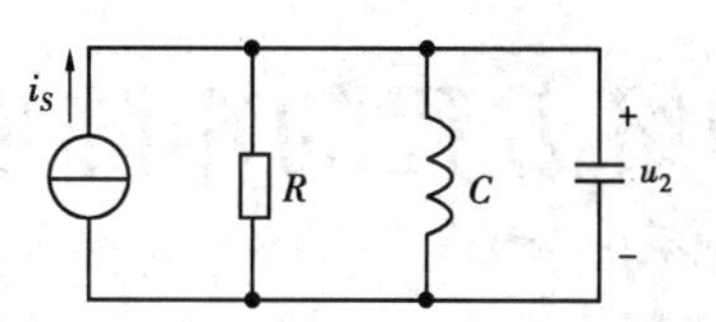

图15.16

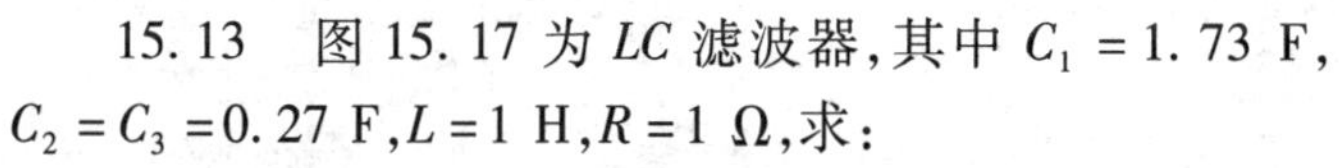

15.13　图15.17为 LC 滤波器,其中 $C_1=1.73$ F, $C_2=C_3=0.27$ F, $L=1$ H, $R=1$ Ω,求:

①网络函数 $H(s)=\dfrac{U_2(s)}{I_1(s)}$;

②绘出网络函数的极点和零点;

③绘出幅频特性和相频特性的图形;

④滤波器的冲激响应;

⑤滤波器的阶跃响应。

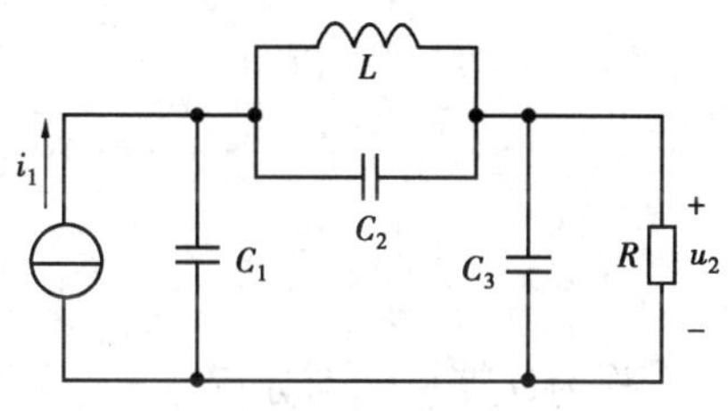

图15.17

第 16 章 网络方程的矩阵形式

内容简介

作为计算机辅助分析与设计的基础,作为网络分析与综合的重要工具,本章将继续介绍有关图论及网络的矩阵分析法。

16.1 割　　集

在第 3 章的基础上,继续介绍割集及其相关概念。

在任何一个连通图 G 中,凡符合下列条件的支路集合就称作图 G 的割集,用 Q_k 表示:

①移去该支路集合中的全部支路,留下的图将是两个分离的连通子图。

②支路集合中,如果少移去任何一条支路,留下的图就将仍然是连通的。

在图 16.1(a)中,画一个闭合面,该闭合面把连通图 G 分成两部分,节点①,②在其内,节点③,④在其外,如果把被闭合面切割的支路(2,3,5,6)移去,则将图分成两个分离的连通子图,所以支路集合(2,3,5,6)构成一个割集。通常就是用作闭合面的方法来确定割集的,但必须保证移去这些与闭合面相切割的支路,能把图 G 分成两个连通子图(包含孤立节点)。例如

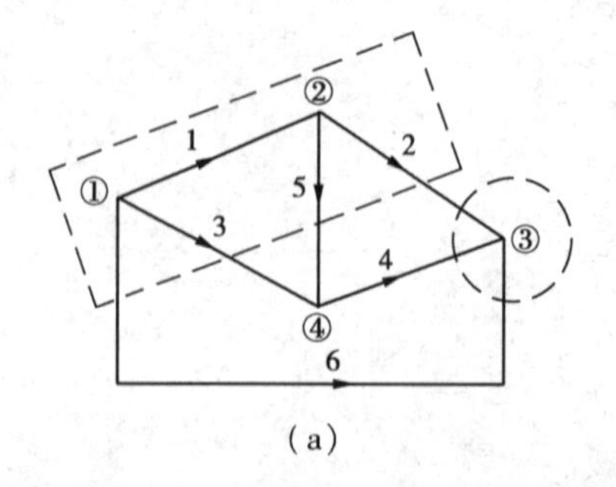

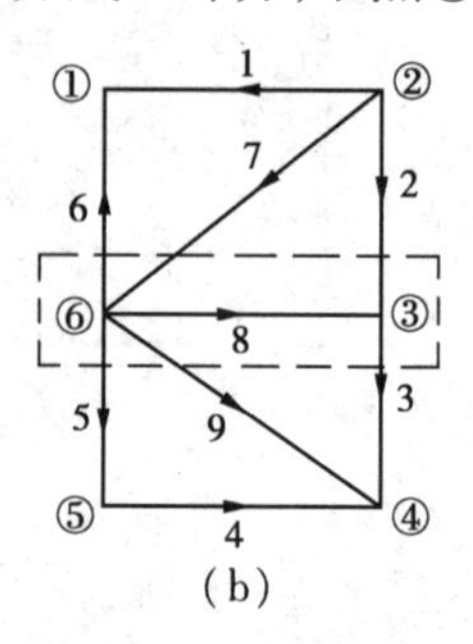

图 16.1　割集

图 16.1(b)中支路集合(2,3,5,7,9)就不是割集,因为移去这些支路后,把图 G 分成了三个分离的子图。

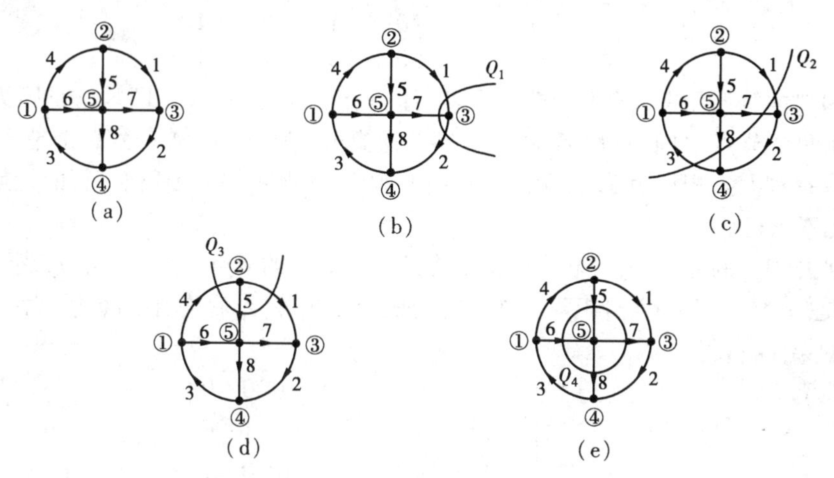

图 16.2　基本割集

在图 16.2(a)的连通图 G 中,如选(2,3,4,6)为树,则其余支路即为连支。按照树与割集的定义,可知割集中一定包含树支(至少包含一条树支)和连支,而对应于连通图 G 的连支集合又不可能构成割集。我们把仅包含一条树支的割集就称作单树支割集或基本割集。由于单树支割集组对图 G 而言是惟一的,所以是独立的,与其对应的 KCL 方程也就是独立的。且连通图 G 的独立割集数就等于单树支割集数。如果连通图 G 有 n 个节点,b 条支路,则其基本割集数就等于$(n-1)$,树支的方向就是该基本割集的方向。

16.2　关联矩阵、回路矩阵、割集矩阵

16.2.1　节点-支路关联矩阵——关联矩阵

(1)关联矩阵$[A_a]$

任何一个具有 n 个节点,b 条支路的网络的连通有向图 G,每条支路必连接在两个节点之间,就称这条支路与这两个节点相关联,支路与节点的关联关系就可用一个关联矩阵$[A_a]$来表示。$[A_a]$的行对应于节点,$[A_a]$的列对应于支路,故$[A_a]$是一个 $n\times b$ 阶矩阵,其元素 a_{jk} 定义如下

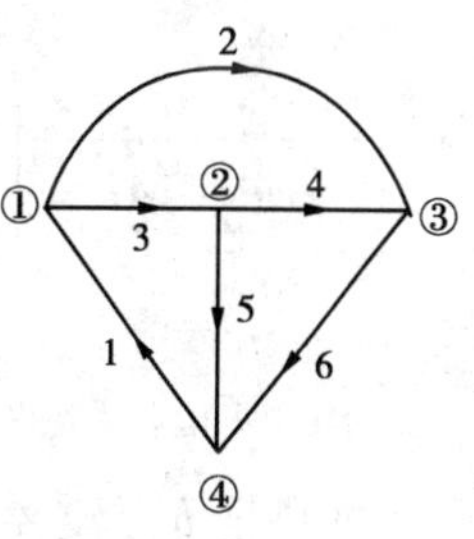

图 16.3

$$a_{jk}=\begin{cases}1 & \text{支路 } k \text{ 与节点 } j \text{ 相关联, 且支路 } k \text{ 离开节点 } j;\\ -1 & \text{支路 } k \text{ 与节点 } j \text{ 相关联, 且支路 } k \text{ 指向节点 } j;\\ 0 & \text{支路 } k \text{ 与节点 } j \text{ 无关联。}\end{cases}$$

对图 16.3 所示图 G,其关联矩阵为

$$\boldsymbol{A}_a=\begin{bmatrix}-1 & 1 & 1 & 0 & 0 & 0\\ 0 & 0 & -1 & 1 & 1 & 0\\ 0 & -1 & 0 & -1 & 0 & 1\\ 1 & 0 & 0 & 0 & -1 & -1\end{bmatrix} \tag{16.1}$$

观察$[A_a]$的每列元素只有两个非零元素，且一个“+1”，一个“-1”。这是因为每条支路恰好连接在两个节点之间，支路若对一个节点为离开（为+1），则对另一个节点必为指向（-1）。又有每列元素相加为零，说明$[A_a]$的行不独立。即$[A_a]$中的任何一行的元素均可根据其余行的元素求得。

如果划去$[A_a]$的任何一行（相当于选划去这一行对应的节点为参考节点），剩下的矩阵用$[A]$标记，是一个$(n-1)\times b$阶矩阵。称作$[A_a]$的降阶矩阵，今后均省去降阶二字。如果划去(16.1)中的第4行，得

$$\boldsymbol{A}=\begin{matrix}(1)\\(2)\\(3)\end{matrix}\begin{bmatrix}-1 & 1 & 1 & 0 & 0 & 0\\ 0 & 0 & -1 & 1 & 1 & 0\\ 0 & -1 & 0 & -1 & 0 & 1\end{bmatrix} \tag{16.2}$$

(2) KCL 和 KVL 用(A)表示的矩阵形式

如果把b条支路的电流用$b\times 1$阶列向量表示，即

$$[i]=[i_i,i_2,\cdots,i_b]^T$$

把关联矩阵$[A]$左乘电流列向量，则有乘积为$(n-1)\times 1$阶的矩阵，由矩阵乘法规则可知，它的每一元素即为与该节点相关联的支路电流的代数和，即

$$\boldsymbol{Ai}=\begin{bmatrix}\text{节点①上的}\sum i\\ \text{节点②上的}\sum i\\ \vdots\\ \text{节点}(n-1)\text{上的}\sum i\end{bmatrix}$$

根据 KCL 有

$$[A][i]=0 \tag{16.3}$$

此式即为用$[A]$表示的 KCL 的矩阵形式。例如对图 16.3 图G，有

$$\boldsymbol{Ai}=\begin{bmatrix}-1 & 1 & 1 & 0 & 0 & 0\\ 0 & 0 & -1 & 1 & 1 & 0\\ 0 & -1 & 0 & -1 & 0 & 1\end{bmatrix}\begin{bmatrix}i_1\\ i_2\\ i_3\\ i_4\\ i_5\\ i_6\end{bmatrix}=\begin{bmatrix}-i_1+i_2+i_3\\ -i_3+i_4+i_5\\ -i_2-i_4+i_6\end{bmatrix}=\begin{bmatrix}0\\0\\0\end{bmatrix}$$

如果把b条支路的电压用$b\times 1$阶列向量表示，称作支路电压列向量，即

$$[u]=[u_1,u_2,\cdots,u_b]^T$$

把各独立节点的电压用$(n-1)\times 1$阶列向量表示，称作节点电压列向量，即

$$[u_n]=[u_{n1},u_{n2},\cdots,u_{n(n-1)}]^T$$

由于$[A]$的每一列也就是$[A]^T$的每一行，它表示了某对应支路与节点的关联性质，所以有

$$[u]=[A]^T[u_n] \tag{16.4}$$

对图16.3如果选节点④作参考节点，则

$$\boldsymbol{u}=\begin{bmatrix}u_1\\u_2\\u_3\\u_4\\u_5\\u_6\end{bmatrix}=[A]^T[u_n]=\begin{bmatrix}-1&0&0\\1&0&-1\\1&-1&0\\0&1&-1\\0&1&0\\0&0&1\end{bmatrix}\begin{bmatrix}u_{n1}\\u_{n2}\\u_{n3}\end{bmatrix}=\begin{bmatrix}-u_{n1}\\u_{n1}-u_{n3}\\u_{n1}-u_{n2}\\u_{n2}-u_{n3}\\u_{n2}\\u_{n3}\end{bmatrix}$$

式(16.4)说明，电路中各支路电压可以用与该支路相关联的两个节点的节点电压(参考节点电压为零)表示，这也正是节点电压法的基本思想。所以，上式可认为是用[A]表示的KVL的矩阵形式。

16.2.2 基本割集矩阵

(1)基本割集矩阵[Q_f]

基本割集就是单树支割集。图 G 的所有基本割集的集合就称为基本割集组。如果对连通图 G 的$(n-1)$个单树支割集也进行编号，那么，描述支路与割集关联性质的矩阵就称作基本割集矩阵，用[Q_f]表示。显然它是一个$(n-1)\times b$阶的矩阵。矩阵[Q_f]的元素 q_{jk} 可定义如下

$$q_{jk}=\begin{cases}1 & \text{若基本割集 } Q_j \text{ 与支路 } k \text{ 相关联，且支路 } k \text{ 与 } Q_j \text{ 的方向一致；}\\-1 & \text{若基本割集 } Q_j \text{ 与支路 } k \text{ 相关联，且支路 } k \text{ 与 } Q_j \text{ 方向相反；}\\0 & \text{若基本割集 } Q_j \text{ 与支路 } k \text{ 无关联。}\end{cases}$$

为了使写出的[Q_f]有规律性，便于处理，可将支路按先树支后连支(或相反)的次序编号或排列，基本割集的编号或排列的顺序与对应树支的编号或排列顺序相同。则[Q_f]具有下列形式

$$\boldsymbol{Q}_f=[1\ \vdots\ \boldsymbol{Q}_{fe}]$$

其中[**1**]是$(n-1)\times(n-1)$阶单位阵，对应于树支的子阵，而[$\boldsymbol{Q}_{fe}$]是对应于连支的子阵，其阶数为$(n-1)\times(b-n+1)$。对图16.3的图 G，如果选(3,5,6)为树，则其基本割集为图16.4所示。其基本割集矩阵[Q_f]中如果按上述方法对割集排序，则有

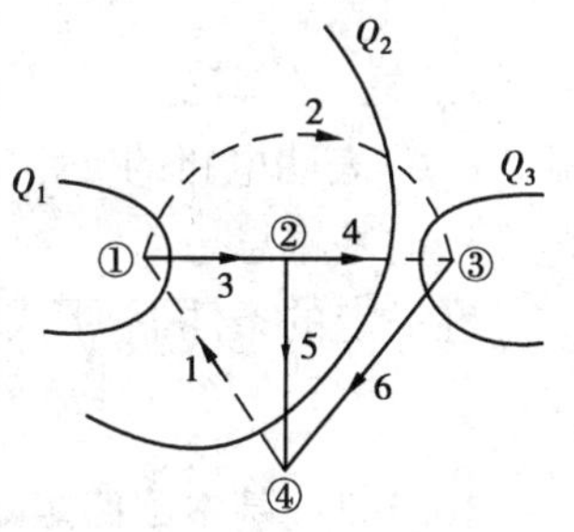

图16.4　基本割集

$$\boldsymbol{Q}=\begin{matrix}Q_1\\Q_2\\Q_3\end{matrix}\overset{\begin{matrix}3&5&6&&1&2&4\end{matrix}}{\begin{bmatrix}1&0&0&\vdots&-1&1&0\\0&1&0&\vdots&-1&1&1\\0&0&1&\vdots&0&-1&-1\end{bmatrix}}$$

(2)用基本割集矩阵[Q_f]表示KCL和KVL

由于属于同一个割集的所有支路电流之和为零，即广义节点也符合KCL。根据割集矩阵的定义和矩阵的乘法规则，则不难得出

$$[Q_f][i]=0 \tag{16.5}$$

把图16.4的[Q_f]代入式(16.5)得

$$[Q_f][i] = \begin{bmatrix} -i_1 + i_2 + i_3 \\ -i_1 + i_2 + i_4 + i_5 \\ -i_2 - i_4 + i_6 \end{bmatrix} = \begin{bmatrix} 0 \\ 0 \\ 0 \end{bmatrix}$$

连通图 G 的 $(n-1)$ 个树支电压可用 $(n-1)\times 1$ 阶列向量表示，即

$$[u_t] = [u_{t1} \quad u_{t2} \quad \cdots \quad u_{t(n-1)}]^T$$

对于基本割集而言，树支支路的电压——树支电压就称作对应基本割集的割集电压，所以 $[u_t]$ 又是基本割集组的基本割集列向量。由于 $[Q_f]$ 的每一列，也就是 $[Q_f]^T$ 的每一行，它就表示该条支路与基本割集的关联情况，按照矩阵乘法的规则可得

$$[u] = [Q_f]^T[u_t] \tag{16.6}$$

式(16.6)是用 $[Q_f]$ 表示的 KVL 的矩阵形式。对一般独立割集(非基本割集)而言，下列两式也成立

$$[Q][i] = 0$$

$$[u] = [Q]^T[i]$$

对图 16.4 的连通图 G，若选(3,5,6)为树，则

$$[u] = [u_3 \quad u_5 \quad u_6 \quad \vdots \quad u_1 \quad u_2 \quad u_3]^T$$

及

$$[u] = \begin{bmatrix} 1 & 0 & 0 \\ 0 & 1 & 0 \\ 0 & 0 & 1 \\ -1 & -1 & 0 \\ 1 & 1 & -1 \\ 0 & 1 & -1 \end{bmatrix} \begin{bmatrix} u_{t1} \\ u_{t2} \\ u_{t3} \end{bmatrix} = \begin{bmatrix} u_{t1} \\ u_{t2} \\ u_{t3} \\ -u_{t1} - u_{t2} \\ u_{t1} + u_{t2} - u_{t3} \\ u_{t2} - u_{t3} \end{bmatrix}$$

式(16.6)表明电路的支路电压可以用树支电压(割集电压)表示，这就是后面将要介绍的割集电压法的基本思想。

在一定的条件下，下式对某些图 G 成立

$$[Q_f] = [A]$$

16.2.3 基本回路矩阵 $[B_f]$

(1)基本回路矩阵 $[B_f]$

对连通有向图 G，基本回路就是单连支回路。通常以单连支的方向就作为基本回路的方向，图 G 所有基本回路的集合就称作基本回路组，而基本回路矩阵则是描述支路与基本回路关联性质的矩阵，用 $[B_f]$ 标记。显然，它是一个 $(b-n+1)\times b$ 阶矩阵。$[B_f]$ 的元素 b_{jk} 可定义如下：

$$b_{jk} = \begin{cases} 1 & \text{支路 } k \text{ 与回路 } j \text{ 相关联，且方向一致；} \\ -1 & \text{支路 } k \text{ 与回路 } j \text{ 相关联，且方向相反；} \\ 0 & \text{支路 } k \text{ 与回路 } j \text{ 无关联。} \end{cases}$$

为了使写出的基本回路矩阵有规律性、方便，支路可按先树支后连支的顺序编号或排列，并且使 $[B_f]$ 的行排序与连支排序相同。对图 16.3，如果仍选(3,5,6)为树，则其基本回路矩阵

〔B_f〕为(如图 16.5)

$$[B_f] = \begin{matrix} l_1 \\ l_2 \\ l_3 \end{matrix}\begin{bmatrix} 1 & 1 & 0 & 1 & 0 & 0 \\ -1 & -1 & 1 & 0 & 1 & 0 \\ 0 & -1 & 1 & 0 & 0 & 1 \end{bmatrix} = [B_{ft} \quad \cdots \quad 1]$$

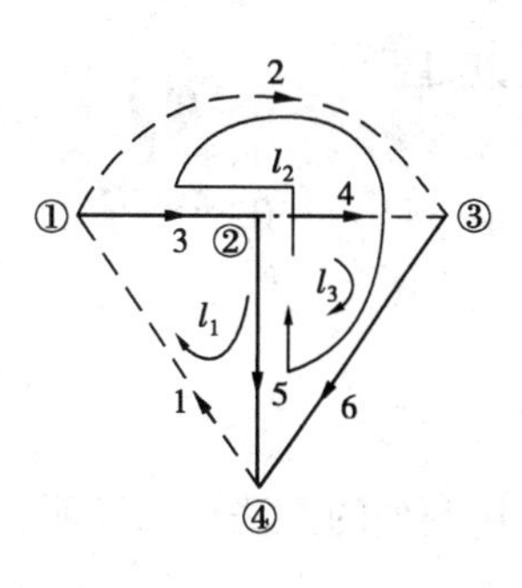

图 16.5　基本割集

(2)用基本回路矩阵〔B_f〕表示 KCL 和 KVL

根据基本回路矩阵的定义可知,〔B_f〕的每一行元素表示支路与该回路的关联关系,由矩阵乘法规则可知

$$[B_f][u] = \begin{bmatrix} \text{回路 } l_1 \text{ 中的} \sum u \\ \text{回路 } l_2 \text{ 中的} \sum u \\ \vdots \\ \text{回路 } l_{(b-n+1)} \text{ 中的} \sum u \end{bmatrix}$$

故有

$$[B_f][u] = 0 \tag{16.7}$$

当然对一般回路矩阵,式(16.7)亦成立。

如果基本回路的回路电流列向量用下式表示

$$[i_l] = [i_{l1} \quad i_{l2} \quad \cdots \quad i_{l(b-n+1)}]^T$$

由于矩阵〔B_f〕的每一列就是矩阵〔B_f〕^{T} 的每一行,它表示每一对应支路与基本回路(回路)的关联情况,故根据矩阵的乘法规则有

$$[i] = [B_f]^T[i_l] \tag{16.8}$$

例如对图 16.5 有

$$\begin{bmatrix} i_3 \\ i_5 \\ i_6 \\ i_1 \\ i_2 \\ i_4 \end{bmatrix} = \begin{bmatrix} 1 & -1 & 0 \\ 1 & -1 & -1 \\ 0 & 1 & 1 \\ 1 & 0 & 0 \\ 0 & 1 & 0 \\ 0 & 0 & 1 \end{bmatrix}\begin{bmatrix} i_{l1} \\ i_{l2} \\ i_{l3} \end{bmatrix} = \begin{bmatrix} i_{l1} - i_{l2} \\ i_{l1} - i_{l1} - i_{l3} \\ i_{l2} + i_{l3} \\ i_{l1} \\ i_{l2} \\ i_{l3} \end{bmatrix}$$

其中 $i_{L1} = i, i_{L2} = i_2, i_{L3} = i_4$。式(16.8)表明电路中的支路电流可以用与其关联的基本回路(连支)电流来表示,这也正是回路电流法的基本思想。故可认为该式就是用矩阵〔B_f〕表示的 KCL 的矩阵形式。

*16.3　矩阵〔A〕,〔B_f〕,〔Q_f〕之间的关系

对于任何一个连通图 G,在支路排列顺序相同时,写出的矩阵〔A〕和〔B〕有如下关系

$$[A][B]^T = 0$$

$$[B][A]^T = 0$$

这是因为〔u〕=〔A〕^{T}〔u_n〕及〔B〕〔u〕=0,当支路排列顺序相同时,两式中的〔u〕相同,所

以得

$$[B][u]=[B][A]^T[u_n]=0$$

由于$[u_n]\neq 0$故

$$[B][A]^T=0$$

或

$$[A][B]^T=0$$

用类似的方法可以证明:当支路排列顺序相同时,写出的连通图 G 的矩阵$[Q]$和$[B]$有如下关系

$$[Q][B]^T=0$$

及

$$[B][Q]^T=0$$

如果选连通图 G 的一个树,按先树支后连支的相同顺序排列支路,写 G 的$[A]$,$[B_f]$,$[Q_f]$,并按树支连支分块,使得$[A]=[A_t \ \vdots \ A_l]$,$[B_f]=[B_{ft} \ \vdots \ 1]$,$[Q_f]=[1 \ \vdots \ Q_{fe}]$,由于

$$[A][B_f]^T=[A_t \ \vdots \ A_e]\left[\frac{B_{ft}^T}{1}\right]=0$$

所以

$$[A_t][B_{ft}]^T+[A_l]=0$$

或

$$[B_{ft}]^T=-[A_t]^{-1}[A_l]$$

同理,由于

$$[Q_f][B_f]^T=[1 \ \vdots \ Q_{fe}]\left[\frac{B_{ft}^T}{1_e}\right]=0$$

所以

$$[B_{ft}]^T+[Q_{fl}]=0$$

或

$$[Q_{fl}]=-[B_{ft}]^T=[A_t]^{-1}[A_l]$$

16.4 支路电压电流关系式

当把图论的概念引入电路分析时,不管用何种基本方法(回路、节点、割集等)都必须获得电路基本定律的矩阵形式,这已经解决。现在的问题是建立支路变量(电压电流)的矩阵关系式。这样一来,就可以根据 KCL,KVL 及 VCR 的矩阵关系式推得各种基本分析方法对电路的矩阵方程。

(1)无耦合的复合支路

图 16.6 为复频域中的无耦合(无互感和受控源)的复合支路,在零初始状态下,支路 k 的电压电流关系为

$U_k(s)=Z_k(s)I_{ek}(s)+U_{Sk}(s)=$

$$Z_k(s)[I_k(s)-I_{Sk}(s)]+U_{Sk}(s)=$$
$$Z_k(s)I_k(s)-Z_k(s)I_{Sk}(s)+U_{Sk}(s) \quad (16.9)$$

或 $$I_k(s)=\frac{1}{Z_k(s)}[U_k(s)-U_{Sk}(s)]+I_{Sk}(s)=$$
$$Y_k(s)U_k(s)-Y_k(s)U_{Sk}(s)+I_{Sk}(s) \quad (16.10)$$

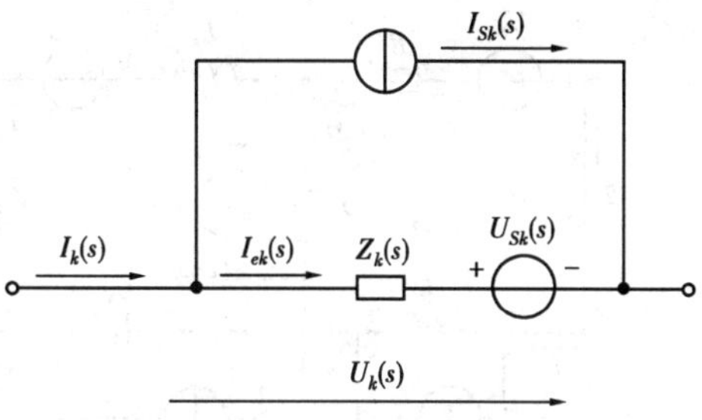

图16.6　复合支路

其中$Y_k(s)=\dfrac{1}{Z_k(s)}$是第k条支路的运算导纳，$k=1,2,3,\cdots,b$。且规定$Z_k(Y_k)$只能由R,L,C某一元件构成，即

$$Z_k(s)=\begin{cases}R_k\\ \dfrac{1}{sC_k}\\ sL_k\end{cases} \qquad 或 \qquad Y_k(s)=\begin{cases}G_k\\ \dfrac{1}{sL_k}\\ sC_k\end{cases}$$

把式(16.9)和式(16.10)写成矩阵形式，则有

$$[U(s)]=[Z(s)][I(s)]-[Z(s)][I_S(s)]+[U_S(s)] \quad (16.11)$$
$$[I(s)]=[Y(s)][U(s)]-[Y(s)][U_S(s)]+[I_S(s)] \quad (16.12)$$

其中$[Z(s)]$称为支路阻抗矩阵，它现在是对角阵

$$[Z(s)]=\begin{bmatrix}Z_1(s) & 0 & \cdots & 0\\ 0 & Z_2(s) & \cdots & 0\\ \vdots & \vdots & & \vdots\\ 0 & 0 & \cdots & Z_b(s)\end{bmatrix}=\mathrm{diag}[Z_1(s) \quad Z_2(s) \quad \cdots \quad Z_b(s)] \quad (16.13)$$

$[Y(s)]$称为支路导纳矩阵，它也是对角阵

$$[Y(s)]=\begin{bmatrix}Y_1(s) & 0 & \cdots & 0\\ 0 & Y_2(s) & \cdots & 0\\ \vdots & \vdots & & \vdots\\ 0 & 0 & \cdots & Y_b(s)\end{bmatrix}=\mathrm{diag}[Y_1(s) \quad Y_2(s) \quad \cdots \quad Y_b(s)] \quad (16.14)$$

$[U_S(s)]$和$[I_S(s)]$是支路电源列向量，是$b\times 1$阶的

$$[U_S(s)]=[U_{S1}(s)U_{S2}(s)\cdots U_{Sb}(s)]^T \quad (16.15)$$
$$[I_S(s)]=[I_{S1}(s)I_{S2}(s)\cdots I_{Sb}(s)]^T \quad (16.16)$$

其中$[U(s)]$和$[I(s)]$是支路电压和电流列向量，式(16.11)和(16.12)就称作支路电压电流关系式的矩阵形式，简称支路的VCR形式。

例16.1　试写出图16.7(a)所示电路VCR方程的矩阵形式，设电路的初态为零。

解　①先作出电路的复频域的电路模型，如图16.7(b)所示，支路中电压电流选关联参考方向。

②先写出各支路的VCR方程

$U_1(s)=R_1I_1(s)+U_{S1}(s)$

$U_2(s)=R_2I_2(s)-R_2I_{S2}(s)$

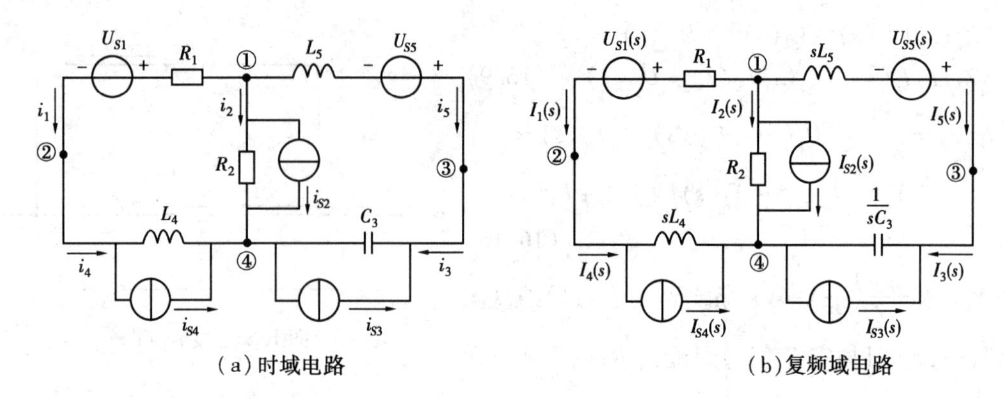

(a)时域电路　　(b)复频域电路

图 16.7

$$U_3(s)=\frac{1}{sC_3}I_3(s)+\frac{1}{sC_3}I_{S3}(s)$$

$$U_4(s)=sL_4I_4(s)-sL_4I_{S4}(s)$$

$$U_5(s)=sL_5I_5(s)-U_{S5}(s)$$

③写支路 VCR 方程的矩阵形式：

$$\begin{bmatrix}U_1(s)\\U_2(s)\\U_3(s)\\U_4(s)\\U_5(s)\end{bmatrix}=\begin{bmatrix}R_1&0&0&0&0\\0&R_2&0&0&0\\0&0&\frac{1}{sC_3}&0&0\\0&0&0&sL_4&0\\0&0&0&0&sL_5\end{bmatrix}\begin{bmatrix}I_1(s)\\I_2(s)\\I_3(s)\\I_4(s)\\I_5(s)\end{bmatrix}+\begin{bmatrix}U_{s1}(s)\\0\\0\\0\\-U_{S5}(s)\end{bmatrix}-$$

$$\begin{bmatrix}R_1&0&0&0&0\\0&R_2&0&0&0\\0&0&\frac{1}{sC_3}&0&0\\0&0&0&sL_4&0\\0&0&0&0&sL_5\end{bmatrix}\begin{bmatrix}0\\I_{s2}(s)\\-I_{s3}(s)\\I_{s4}(s)\\0\end{bmatrix}$$

上述支路 VCR 方程的矩阵形式，实际上可直接写出。但应注意$[U_S(s)]$及$[I_S(s)]$列向量中各元素的正负号。对$[U_S(s)]$而言，如果支路电压源 $U_{Sk}(s)$的参考方向与支路 k 的方向一致，则 $U_{Sk}(s)$前取正号；否则取负号。对$[I_S(s)]$而言，如果 $I_{Sk}(s)$的参考方向与支路 k 的方向一致，则 $I_{Sk}(s)$前取正号，否则取负号。

(2)有互感的复合电路

假设第一条支路至第 g 条支路之间相互均有互感，且初始状态为零，则有

$$U_1(s)=Z_1I_{e1}(s)\pm sM_{12}I_{e2}(s)\pm sM_{13}I_{e3}(s)\pm\cdots\pm sM_{1g}I_{eg}(s)+U_{S1}(s)$$

$$U_2(s)=\pm sM_{21}I_{e1}(s)+Z_2(s)I_{e2}(s)\pm sM_{23}I_{e3}(s)\pm\cdots\pm sM_{2g}I_{eg}(s)+U_{S2}(s)$$

…………

$$U_g=sM_{g1}I_{e1}(s)\pm sM_{g2}I_{e2}(s)\pm\cdots\pm Z_gI_{eg}(s)+U_{sg}(s)$$

式中互感电压项之前取“+”号还是取“-”号，决定于各电感的同名端和电压、电流的参考方

向。其次要注意，$I_{e1}(s)=I_1(s)-I_{S1}(s)$，$I_{e2}(s)=I_2(s)-I_{S2}(s)$，…，$M_{12}=M_{12}\cdots$，等；其余支路之间无耦合，故有

$U_k(s)=Z_h(s)I_{eh}(s)+U_{Sh}(s)$

…………

$U_b(s)=Z_b(s)I_{eb}(s)+U_{Sb}(s)$

这样，支路电压与支路电流之间的关系可用下列矩阵形式表示

$$\begin{bmatrix} U_1(s) \\ U_2(s) \\ \vdots \\ U_g(s) \\ U_k(s) \\ \vdots \\ U_b(s) \end{bmatrix} = \begin{bmatrix} Z_1(s) & \pm sM_{12} & \cdots & \pm sM_{1g} & 0 & \cdots & 0 \\ \pm sM_{21} & Z_2(s) & \cdots & \pm sM_{2g} & 0 & \cdots & 0 \\ \vdots & \vdots & \cdots & \vdots & \vdots & \cdots & \vdots \\ \pm sM_{g1} & \pm sM_{g2} & \cdots & Z_g(s) & 0 & \cdots & 0 \\ 0 & 0 & \cdots & 0 & Z_k(s) & \cdots & 0 \\ \vdots & \vdots & \cdots & \vdots & \vdots & \cdots & \vdots \\ 0 & 0 & 0 & 0 & 0 & 0 & Z_b(s) \end{bmatrix} \times \begin{bmatrix} I_1(s)-I_{S1}(s) \\ I_2(s)-I_{S2}(s) \\ \vdots \\ I_g(s)-I_{Sg}(s) \\ I_h(s)-I_{Sk}(s) \\ \vdots \\ I_b(s)-I_{Sb}(s) \end{bmatrix} + \begin{bmatrix} U_{S1}(s) \\ U_{S2}(s) \\ \vdots \\ U_{Sg}(s) \\ U_{Sk}(s) \\ \vdots \\ U_{Sb}(s) \end{bmatrix}$$

即
$$[U(s)]=[Z(s)]\{[I(s)]-[I_S(s)]\}+[U_S(s)] \tag{16.17}$$

显然有互感耦合时的支路 VCR 的矩阵形式与无耦合时的 VCR 完全相同，只是 $[Z(s)]$ 支路阻抗矩阵不再是对角阵了，而是一个对称方阵。

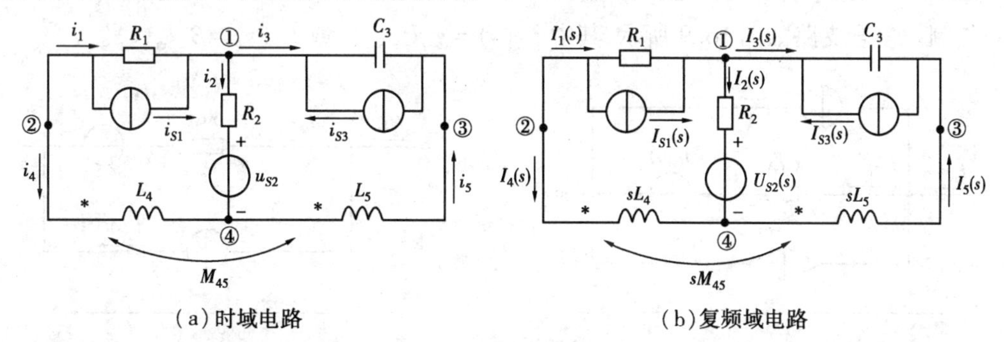

(a) 时域电路　　(b) 复频域电路

图 16.8

例 16.2　试写出图 16.8 所示网络的支路 VCR 的矩阵形式，设网络初态为零。

解　①先作出电路的复频域模型，如图 16.8(b)。

②写出电源向量 $[U_S(s)]$ 和 $[I_S(s)]$。

$$[U_S(s)]=[0\quad U_{S2}(s)\quad 0\quad 0\quad 0]^T$$
$$[I_S(s)]=[I_{S1}(s)\quad 0\quad -I_{S3}(s)\quad 0\quad 0]^T$$

③支路阻抗矩阵〔$Z(s)$〕

$$[Z(s)]=\begin{bmatrix} R_1 & 0 & 0 & 0 & 0 \\ 0 & R_2 & 0 & 0 & 0 \\ 0 & 0 & \frac{1}{sC_3} & 0 & 0 \\ 0 & 0 & 0 & sL_4 & sM_{45} \\ 0 & 0 & 0 & sM_{45} & sL_5 \end{bmatrix}$$

④支路导纳矩阵〔$Y(s)$〕

因电路中含有互感耦合,所以支路导纳矩阵不能直接获得,而只能由电路的支路阻抗矩阵〔$Z(s)$〕的求逆获得(只要不是全耦合),即

$$Y(s)=[Z(s)]^{-1}=\begin{bmatrix} R_1 & 0 & 0 & 0 & 0 \\ 0 & R_2 & 0 & 0 & 0 \\ 0 & 0 & \frac{1}{sC_3} & 0 & 0 \\ 0 & 0 & 0 & sL_4 & sM_{45} \\ 0 & 0 & 0 & sM_{45} & sL_5 \end{bmatrix}^{-1}=\begin{bmatrix} \frac{1}{R_1} & 0 & 0 & 0 & 0 \\ 0 & \frac{1}{R_2} & 0 & 0 & 0 \\ 0 & 0 & sC_3 & \vdots & \vdots \\ 0 & 0 & 0 & \frac{sL_5}{\Delta} & -\frac{sM_{45}}{\Delta} \\ 0 & 0 & 0 & -\frac{sM_{45}}{\Delta} & \frac{sL_4}{\Delta} \end{bmatrix}$$

其中 $\Delta=s^2L_4L_5-s^2M_{45}^2$

只要把〔$Z(s)$〕及〔$U_S(s)$〕,〔$I_S(s)$〕代入式(16.11)及把〔$Y(s)$〕,〔$U_S(s)$〕,〔$I_S(s)$〕代入(16.12)式便可分别获得用〔$Z(s)$〕和〔$Y(s)$〕描述的 VCR 矩阵方程。

(3)含有受控电流源的复合支路

设第 k 条支路中含有受控电流源 $I_{dk}(s)$,受第 j 条支路中无源元件上的电压 $U_{ej}(s)$ 或电流 $I_{ej}(s)$ 控制。复合支路如图 16.9 所示,其中 $I_{dk}(s)=g_{kj}U_{ej}(s)$,或 $I_{dk}(s)=\beta_{kj}I_{ej}(s)$。

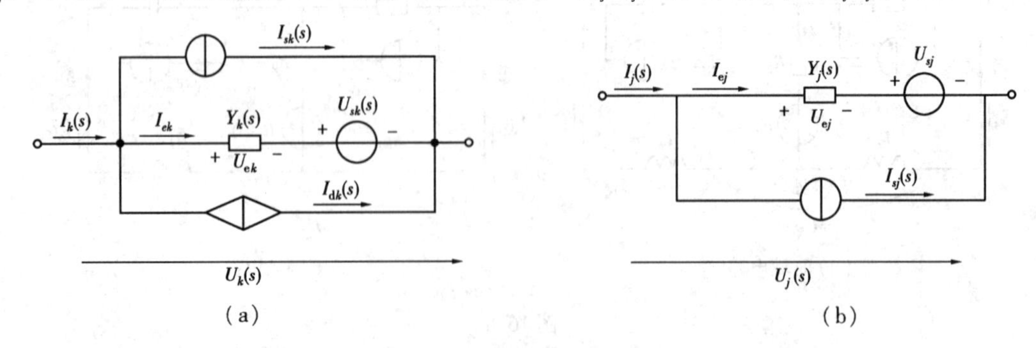

图 16.9 具有受控电流源的复合支路

此时对第 k 条支路有

$$I_k(s)=Y_k(s)[U_k(s)-U_{Sk}]+I_{dk}(s)+I_{Sk}(s)$$

在 VCCS 情况下,上式中的

$$I_{dk}(s)=g_{kj}[U_j(s)-U_{Sj}(s)]$$

在CCCS情况下则

$$I_{dk}(s)=\beta_{kj}Y_j[U_j(s)-U_{Sj}(s)]$$

如果设

$$Y_{kj}=\begin{cases}g_{kj}(\text{VCCS})\\ \beta_{kj}Y_j(\text{CCCS})\end{cases}$$

则有

$$\begin{bmatrix}I_1\\I_2\\\vdots\\I_j\\\vdots\\I_k\\\vdots\\I_b\end{bmatrix}=\begin{bmatrix}Y_1 &&&&&&\\0&Y_2&&&&\mathbf{0}&\\\vdots&\vdots&\ddots&&&&\\0&0&\cdots&Y_j&&&\\\vdots&\vdots&&\vdots&\ddots&&\\0&0&\cdots&Y_{kj}&\cdots&Y_k&\\\vdots&\vdots&&\vdots&&\vdots&\ddots\\0&0&\cdots&0&\cdots&0\cdots&Y_b\end{bmatrix}\begin{bmatrix}U_1(s)-U_{S1}(s)\\U_2(s)-U_{S2}(s)\\\vdots\\U_j(s)-U_{Sj}(s)\\\vdots\\U_k(s)-U_{Sk}(s)\\\vdots\\U_b(s)-U_{Sb}(s)\end{bmatrix}+\begin{bmatrix}I_{S1}(s)\\I_{S2}(s)\\\vdots\\I_{Sj}(s)\\\vdots\\I_{Sk}(s)\\\vdots\\I_{Sb}(s)\end{bmatrix}$$

即：

$$[I(s)]=[Y(s)]\{[U(s)]-[U_S(s)]\}+[I_S(s)]$$

可见在这种情况下，支路VCR的矩阵形式仍与式(16.12)相同，只是支路导纳矩阵$[Y]$的内容不同。即在支路导纳矩阵$[Y]$的第k行(受控源所在支路)第j列(控制量所在支路)位置上为$Y_{kj}=g_{kj}$(VCCS)或$Y_{kj}=\beta_{kj}y_j$(CCCS)。

16.5　回路电流方程的矩阵形式

对有n个节点，b条支路的网络，任选一个树后，便可立即写出基本回路矩阵$[B_f]$，而用矩阵$[B_f]$表示的KVL，KCL矩阵方程的复频域形式为

$$[B_f][U(s)]=0 \tag{16.18}$$

$$[I(s)]=[B_f]^T[I_l(s)] \tag{16.19}$$

再把式(16.17b)(用支路阻抗矩阵$[Z(s)]$表示的VCR)代入式(16.18)的KVL方程有

$$[B_f]([Z(s)][I(s)]-[Z(s)][I_S(s)]+[U_S(s)])=0$$

所以

$$[B_f][Z(s)][I(s)]=[B_f][Z(s)][I_S(s)]-[B_f][U_S(s)]$$

把式(16.19)代入上式得

$$[B_f][Z(s)][B_f]^T[I_l(s)]=[B_f][Z(s)][I_S(s)]-[B_f][U_S(s)] \tag{16.20}$$

式(16.20)即为回路电流方程的矩阵形式。令$[Z_e(s)]=[B_f][Z(s)][B_f]^T$称作回路阻抗矩阵，它是一个$l\times b\times b\times b\times b\times l=l\times l$阶方阵。其主对角线元素即为自阻抗，非主对角线元素即为互阻抗。

根据式(16.20)解得回路电流$[I_l(s)]$后，便可根据

$$[I(s)]=[B_f]^T[I_l(s)]$$

及

$$[U(s)] = [Z(s)][B_f]^T[I_l(s)] - [Z(s)][I_S(s)] + U_S(s)$$

分别求得支路电压及支路电流,这就是回路分析法。

例16.3 电路如图16.10所示,试列出电路回路电流方程的矩阵形式。

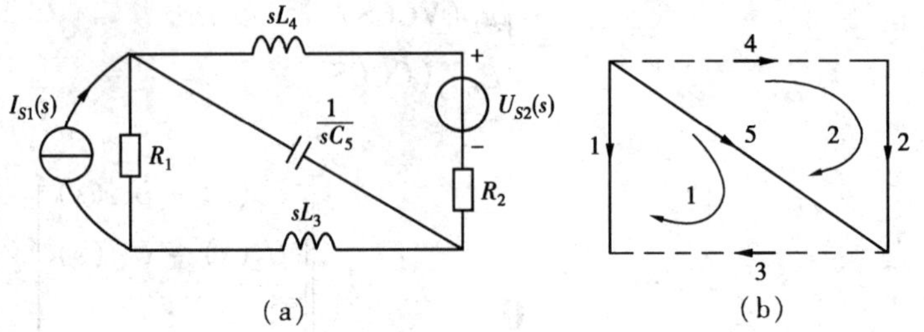

图16.10

解 先作有向图,并选1,2,5为树,则3,4为连支,如图16.10(b)所示,故有:

$$[B_f] = \begin{array}{c} \begin{array}{ccccc} 1 & 2 & 5 & 3 & 4 \end{array} \\ \begin{bmatrix} -1 & 0 & 1 & 1 & 0 \\ 0 & 1 & -1 & 0 & 1 \end{bmatrix} \end{array}$$

$$[Z(s)] = \text{diag}[R_1, R_2, \frac{1}{sC_5}, sL_3, sL_4]$$

$$[U_S(s)] = [0, U_{S2}, 0, 0, 0]^T$$

$$[I_S(s)] = [-I_{S1}(s), 0, 0, 0, 0]^T$$

$$\begin{bmatrix} R_1 + sL_3 + \frac{1}{sC_5} & -\frac{1}{sC_5} \\ -\frac{1}{sC_5} & R_2 + sL_4 + \frac{1}{sC_5} \end{bmatrix} \begin{bmatrix} I_{l1}(s) \\ I_{l2}(3) \end{bmatrix} = \begin{bmatrix} -R_1 I_{S1}(s) \\ U_{S2}(s) \end{bmatrix}$$

若选网孔为一组独立回路,则回路电流方程即为网孔电流方程。

一般通过选树,获取基本回路组来进行回路电流法分析。但比节点电压法还显得复杂些,故常用节点电压法。

16.6 节点电压方程的矩阵形式

对于 n 个节点,b 条支路的网络,任选一个节点作参考点,就很容易写出关联矩阵$[A]$,而用$[A]$表示的KCL和KVL矩阵方程的复频域形式为

$$[A][I(s)] = 0 \tag{16.21}$$

$$[U(s)] = [A]^T[U_n(s)] \tag{16.22}$$

再把式(16.12)表示的VCR重写于下

$$[I(s)] = [Y(s)][U(s)] - [Y(s)][U_S(s)] + [I_S(s)] \tag{16.23}$$

先把支路的VCR代入式(16.23)得

$$[A][Y(s)][U(s)] = [A][Y(s)][U_S(s)] - [A][I_S(s)]$$

再将式(16.24)代入上式得

$$[A][Y(s)][A]^T[U_n(s)] = [A][Y(s)][U_S(s)] - [A][I_S(s)] \tag{16.24}$$

式(16.24)即为矩阵形式的节点电压方程。

令
$$[Y_n(s)] = [A][Y(s)][A]^T \tag{16.25}$$

则
$$[I_n(s)] = [A][Y(s)][U_S(s)] - [A][I_S(s)] \tag{16.26}$$

其中$[Y_n(s)]$称作节点导纳矩阵，是$(n-1)$阶方阵，$[I_n(s)]$称作节点电流源列向量，每个元素表示流入该节点的电流源代数和(含等效电流源)。则式(16.24)可简化为

$$[Y_n(s)][U_n(s)] = [I_n(s)] \tag{16.27}$$

由式(16.27)求出节点电压向量$[U_n(s)]$后，就不难求得支路电压和电流列向量

$$[U(s)] = [A]^T[U_n(s)]$$

$$[I(s)] = [Y(s)][A]^T[U_n(s)] - [Y(s)][U_S(s)] + [I_S(s)]$$

这就是节点分析法。

例16.4　电路如图16.11所示，无初始储能，试写出电路的节点电压方程的矩阵形式。

解　网络图如图16.11(b)所示，并选④作参考节点，则

$$[A] = \begin{bmatrix} 1 & 0 & 1 & 1 & 0 & 0 \\ -1 & 1 & 0 & 0 & 0 & 1 \\ 0 & -1 & 0 & -1 & 1 & 0 \end{bmatrix}$$

$$[U_S(s)] = 0, \qquad [I_S(s)] = [0 \quad 0 \quad -I_{S3}(s) - I_{S4}(s) \quad 0 \quad 0]^T$$

$$[Y(s)] = \mathrm{diag}\left[\frac{1}{sL_1} \quad \frac{1}{sL_2} \quad \frac{1}{R_3} \quad \frac{1}{R_4} \quad \frac{1}{R_5} \quad sC_6\right]$$

代入节点电压方程

$$[A][Y(s)][A]^T[U_n(s)] = -[A][I_S(s)]$$

得

$$\begin{bmatrix} \frac{1}{R_3}+\frac{1}{R_4}+\frac{1}{sL_1} & -\frac{1}{sL_1} & -\frac{1}{R_4} \\ -\frac{1}{sL_1} & \frac{1}{sL_1}+\frac{1}{sL_2}+sC_6 & -\frac{1}{sL_2} \\ \frac{1}{R_4} & -\frac{1}{sL_2} & \frac{1}{R_4}+\frac{1}{R_5}+\frac{1}{sL_2} \end{bmatrix} \begin{bmatrix} U_{n1} \\ U_{n2} \\ U_{n3} \end{bmatrix} = \begin{bmatrix} I_{s3}(s) + I_{s4}(s) \\ 0 \\ -I_{s4}(s) \end{bmatrix}$$

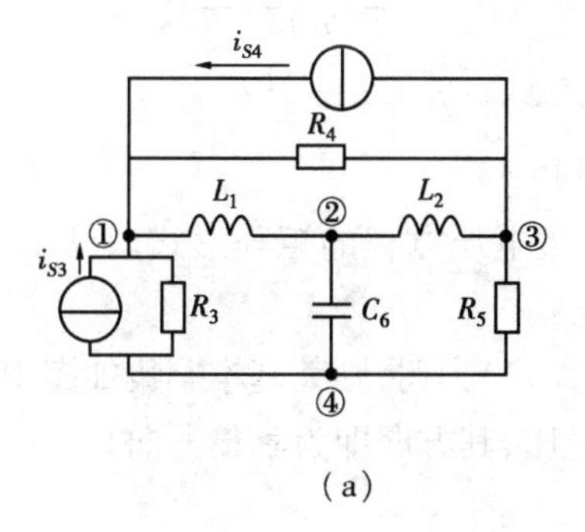

(a)

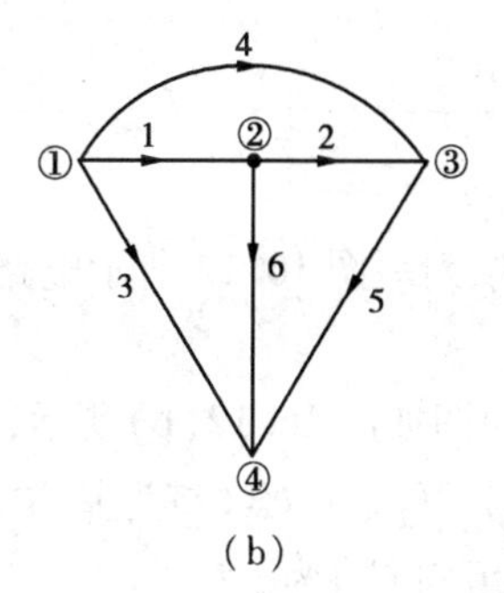

(b)

图16.11

16.7 割集电压方程的矩阵形式

对于 n 个节点，b 条支路的网络，任选一个树 T，写出基本割集矩阵 $[Q_f]$，然后写出用 $[Q_f]$ 表示的 KCL，KVL 矩阵形式。

$$[Q_f][I(s)] = 0 \tag{16.28}$$

$$[U(s)] = [Q_f]^T[U_t(s)] \tag{16.29}$$

以及 VCR 的矩阵形式：

$$[I(s)] = [Y(s)][U(s)] - [Y(s)][U_S(s)] + [I_S(s)] \tag{16.30}$$

先把式(16.30)代入式(16.28)，然后再把(16.29)再代入，整理得：

$$[Q_f][Y(s)][Q_f]^T[U_t(s)] = [Q_f][Y(s)][U_S(s)] - [Q_f][I_S(s)] \tag{16.31}$$

上式即为割集电压方程的矩阵形式。

令

$[Q_f][Y(s)][Q_f]^T = [Y_t(s)]$——割集导纳矩阵

$[I_t(s)] = [Q_f][Y(s)][U_S(s)] - [Q_f][I_S(s)]$——割集电流源列向量

则式(16.31)简化为

$$[Y_t(s)][U_t(s)] = [I_t(s)] \tag{16.32}$$

按式(16.32)求得 $[U_t(s)]$ 割集电压列向量后，则

$$[U(s)] = [Q_f]^T[U_t(s)]$$

$$[I(s)] = [Y(s)][Q_f][U_t(s)] - [Y(s)][U_S(s)] + [I_S(s)]$$

这种方法就称为割集分析法。

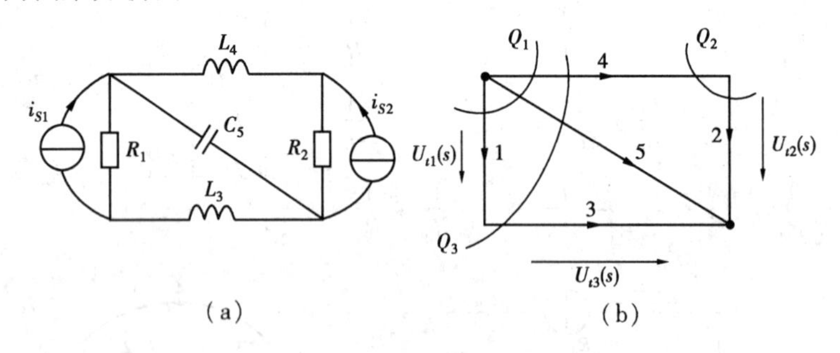

图 16.12

例 16.5 试列写图 16.12 所示电路的割集电压方程的矩阵形式。设 L_3, L_4, C_5 的初始条件为零。

解 做有向图如图 16.12(b)所示，选(1,2,3)为树，则其基本割集如图 16.12(b)中所示，树支电压 $U_{t1}(s), U_{t2}(s), U_{t3}(s)$ 为基本割集电压，其方向即为割集方向。

基本割集矩阵 $[Q_f]$ 为

$$[Q_f] = \begin{bmatrix} 1 & 0 & 0 & 1 & 1 \\ 0 & 1 & 0 & -1 & 0 \\ 0 & 0 & 1 & 1 & 1 \end{bmatrix}$$

$[U_S(s)]=0,[I_S(s)]=[-I_{S1}(s)-I_{S2}(s)\quad 0\quad 0\quad 0]^T$

$[Y(s)]=\mathrm{diag}\left[\frac{1}{R_1}\quad\frac{1}{R_2}\quad\frac{1}{sL_3}\quad\frac{1}{sL_4}\quad sC_5\right]$

把以上各式代入(16.31)的割集电压矩阵方程为

$$\begin{bmatrix}\frac{1}{R_1}+\frac{1}{sL_4}+sC_5 & -\frac{1}{sL_4} & \frac{1}{sL_4}+sC_5\\ -\frac{1}{sL_4} & \frac{1}{R_2}+\frac{1}{sL_4} & -\frac{1}{sL_4}\\ \frac{1}{sL_4}+sC_5 & -\frac{1}{sL_4} & \frac{1}{sL_3}+\frac{1}{sL_4}+sC_5\end{bmatrix}\begin{bmatrix}U_{t1}(s)\\U_{t2}(s)\\U_{t3}(s)\end{bmatrix}=\begin{bmatrix}I_{s1}(s)\\I_{s2}(s)\\0\end{bmatrix}$$

16.8　状 态 方 程

(1)状态变量与状态方程

"状态"是系统理论中的一个基本概念。在电路理论中,"状态"是指在某给定时刻电路必须具备的最少量的信息,它们和从该时刻开始的任意输入一起就足以完全确定,今后该电路在任何时刻的性状。而状态变量则是电路的一组独立的动态变量,它们在任何时刻的值组成了该时刻的状态。通过对动态电路的分析可知,电容上的电压 u_C(或电荷 q_c)和电感的电流 i_L(或磁通链 Ψ_L)就是电路的状态变量。对状态变量列出的一阶微分方程就称作状态方程。也就是说,如果已知状态变量在 t_0 时刻的值,而且已知自 t_0 开始的外施激励源。就能惟一的确定 $t>t_0$ 后电路的全部性状。

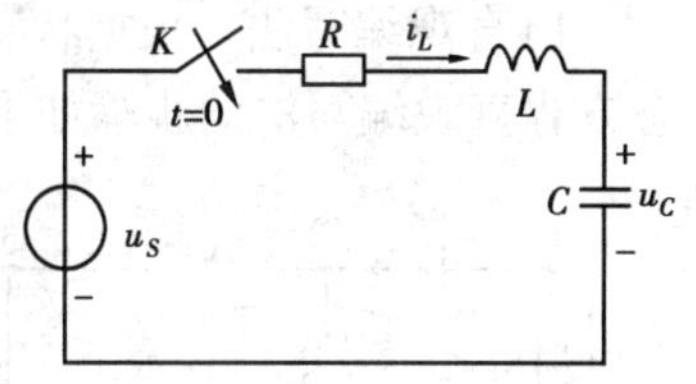

图 16.13　*RLC* 串联电路

现举例说明如下,电路如图 16.13 所示,为一 *RLC* 串联电路,这是一个二阶电路,其二阶微分方程为

$$LC\frac{\mathrm{d}^2u_C}{\mathrm{d}t^2}+RC\frac{\mathrm{d}u_C}{\mathrm{d}t}+u_C=u_S$$

如果以 u_C 和 i_L 作为状态变量,则有

$$C\frac{\mathrm{d}u_C}{\mathrm{d}t}=i_L$$

$$L\frac{\mathrm{d}i_L}{\mathrm{d}t}=u_S-Ri_L-u_C$$

求取状态变量的一阶微分方程有

$$\left.\begin{aligned}\frac{\mathrm{d}u_C}{\mathrm{d}t}&=0+\frac{1}{C}i_L+0\\ \frac{\mathrm{d}i_L}{\mathrm{d}t}&=-\frac{1}{L}u_C-\frac{R}{L}i_L+\frac{1}{L}u_S\end{aligned}\right\}\qquad(16.33)$$

这就是一组以状态变量 u_C,i_L 为变量的一阶微分方程,$u_C(t_0)$和 $i_L(t_0)$为初始值,故式(16.33)即为状态方程。

如果用矩阵形式表示式(16.33)有

$$\begin{bmatrix} \dfrac{\mathrm{d}u_C}{\mathrm{d}t} \\ \dfrac{\mathrm{d}i_L}{\mathrm{d}t} \end{bmatrix} = \begin{bmatrix} 0 & \dfrac{1}{C} \\ -\dfrac{1}{L} & -\dfrac{R}{L} \end{bmatrix} \begin{bmatrix} u_C \\ i_L \end{bmatrix} + \begin{bmatrix} 0 \\ \dfrac{1}{L} \end{bmatrix} [u_S]$$

若令 $x_1 = u_C, x_2 = i_L, \dot{x}_1 = \dfrac{\mathrm{d}u_C}{\mathrm{d}t}, \dot{x}_2 = \dfrac{\mathrm{d}i_L}{\mathrm{d}t}$ 则

$$\begin{bmatrix} \dot{x}_1 \\ \dot{x}_2 \end{bmatrix} = [A] \begin{bmatrix} x_1 \\ x_2 \end{bmatrix} + [B][u_S]$$

式中

$$[A] = \begin{bmatrix} 0 & \dfrac{1}{C} \\ -\dfrac{1}{L} & -\dfrac{R}{L} \end{bmatrix} \qquad [B] = \begin{bmatrix} 0 \\ \dfrac{1}{L} \end{bmatrix}$$

如果令 $[\dot{x}] = [\dot{x}_1 \quad \dot{x}_2]^T, [x] = [x_1 \quad x_2]^T, [v] = [u_S]$，则有

$$[\dot{x}] = [A][x] + [B][v] \tag{16.34}$$

其中 $[A]$，$[B]$ 并不是前面介绍的关联矩阵和回路矩阵。式(16.34)称作状态方程的标准形式。$[x]$ 为状态向量，$[v]$ 为输入向量。

(2)状态方程的编写方法

1)直观编写法　根据状态方程的定义及上述列写状态方程的过程，不难得出简单电路状态方程直观编写法的步骤如下：

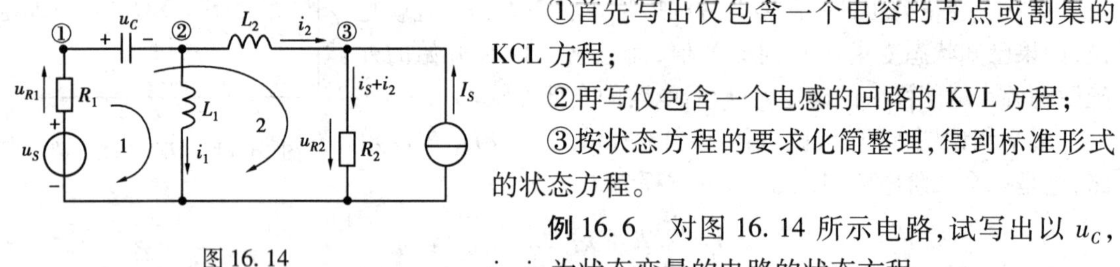

图 16.14

①首先写出仅包含一个电容的节点或割集的 KCL 方程；

②再写仅包含一个电感的回路的 KVL 方程；

③按状态方程的要求化简整理，得到标准形式的状态方程。

例 16.6　对图 16.14 所示电路，试写出以 u_C，i_1，i_2 为状态变量的电路的状态方程。

解　①先对节点②列写 KCL 方程

$$C\frac{\mathrm{d}u_C}{\mathrm{d}t} = i_1 + i_2$$

②再分别写出回路 1 和 2 的 KVL 方程

$$L_1\frac{\mathrm{d}i_1}{\mathrm{d}t} = -u_{R_1} - u_C + u_S = -R_1(i_1 + i_2) - u_C + u_S$$

$$L_2\frac{\mathrm{d}i_2}{\mathrm{d}t} = -u_{R_1} - u_C + u_S - u_{R_2} = -R_1(i_1 + i_2) - u_C - R_2(i_2 + i_S) + u_S$$

③整理上述方程并写成矩阵形式为

$$\begin{bmatrix} \frac{\mathrm{d}u_C}{\mathrm{d}t} \\ \frac{\mathrm{d}i_1}{\mathrm{d}t} \\ \frac{\mathrm{d}i_2}{\mathrm{d}t} \end{bmatrix} = \begin{bmatrix} 0 & +\frac{1}{C} & +\frac{1}{C} \\ \frac{-1}{L_1} & -\frac{R_1}{L_1} & -\frac{R_1}{L_1} \\ \frac{-1}{L_2} & -\frac{R_1}{L_2} & -\frac{R_1+R_2}{L_2} \end{bmatrix} \begin{bmatrix} u_C \\ i_1 \\ i_2 \end{bmatrix} + \begin{bmatrix} 0 & 0 \\ \frac{1}{L_1} & 0 \\ \frac{1}{L_2} & -\frac{R_2}{L_2} \end{bmatrix} \begin{bmatrix} u_S \\ i_S \end{bmatrix}$$

请注意，在列写KCL和KVL方程时，有时可能会出现非状态变量（如上式的u_{R_1}，u_{R_2}），所以在上述步骤中必须加上一步，即消去非状态变量。

2）系统编写法　对于复杂电路，则必须应用树的概念建立状态方程。即系统编写法，其基本步骤如下：

①把每个元件就作为一条支路，即把电路中的电压源、电容、电阻（或电导）、电感、电流源等都作为一条支路；

②选择电路的特有树（proper tree），即选电容支路和电压源支路都为树支，选电感支路和电流源支路都作为连支，电阻支路可以选作树支，也可选作连支，这要看具体情况。并且电路中不包含纯电容或电容与电压源构成的回路以及不包含纯电感或电感与电流源构成的割集。这样一来，电路的特有树就总是存在的。支路编号按电压源、电容、电导、电阻、电感、电流源顺序；

③分别列写电容树支的基本割集的KCL方程，分别列写电感连支的基本回路的KVL方程——称作主方程；

④然后列写电导树支的基本割集的KCL方程和列写电阻连支的基本回路的KVL方程——称作辅助方程；

⑤利用辅助方程和元件的特性方程消去主方程中的非状态变量，从而得到状态方程，举例说明。

例16.7　试列写图16.15电路的状态方程。

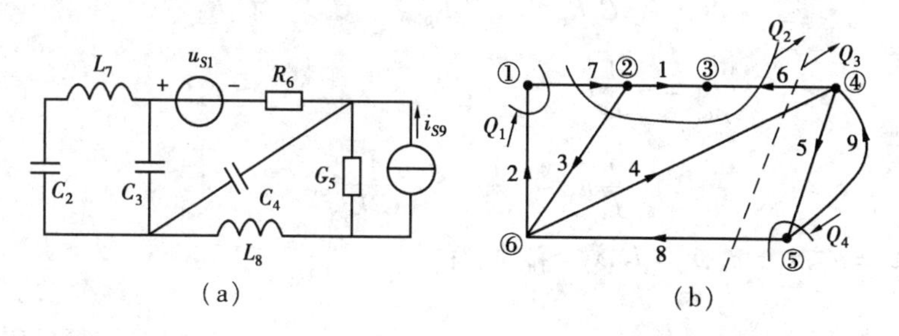

图16.15

解　①画有向图，如图16.15(b)，选一个特有树$T(1,2,3,4,5)$

②列写由树支2,3,4确定的基本割集的KCL方程：

$$\left.\begin{aligned} C_2\frac{\mathrm{d}u_2}{\mathrm{d}t} &= i_7 \\ C_3\frac{\mathrm{d}u_3}{\mathrm{d}t} &= i_6 + i_7 \\ C_4\frac{\mathrm{d}u_4}{\mathrm{d}t} &= i_6 + i_8 \end{aligned}\right\} \tag{16.35}$$

列写由连支 7,8 确定的基本回路的 KVL 方程

$$\left.\begin{aligned} L_7\frac{\mathrm{d}i_7}{\mathrm{d}t} &= -u_2 - u_3 \\ L_8\frac{\mathrm{d}i_8}{\mathrm{d}t} &= -u_4 - u_5 \end{aligned}\right\} \tag{16.36}$$

③列写电导树支确定的基本割集的 KCL 方程,和列写电阻连支确定的基本回路的 KVL 方程

$$\left.\begin{aligned} i_5 &= i_8 + i_{S9} \\ u_6 &= -u_3 - u_4 + u_{S1} \end{aligned}\right\} \tag{16.37}$$

④消去非状态变量,应用辅助方程式(16.37)和元件的特性方程

$$\begin{aligned} i_5 &= G_5u_5 \\ u_6 &= R_6i_6 \end{aligned}$$

消去主方程中的非状态变量 i_6,u_5,整理后得状态方程。

$$\begin{aligned} \frac{\mathrm{d}u_2}{\mathrm{d}t} &= \frac{1}{C_2}i_7 \\ \frac{\mathrm{d}u_3}{\mathrm{d}t} &= -\frac{1}{C_3R_6}u_3 - \frac{1}{C_3R_6}u_4 + \frac{1}{C_3}i_7 + \frac{1}{C_3R_6}u_{S1} \\ \frac{\mathrm{d}u_4}{\mathrm{d}t} &= -\frac{1}{C_4R_6}u_3 - \frac{1}{C_4R_6}u_4 + \frac{1}{C_4}i_8 + \frac{1}{C_4R_6}u_{S1} \\ \frac{\mathrm{d}i_7}{\mathrm{d}t} &= -\frac{1}{L_7}u_2 - \frac{1}{L_7}u_3 \\ \frac{\mathrm{d}i_8}{\mathrm{d}t} &= -\frac{1}{L_8}u_4 - \frac{1}{G_5L_8}i_8 - \frac{1}{G_5L_8}i_{S9} \end{aligned}$$

如设 $x_1=u_2,x_2=u_3,x_3=u_4,x_4=i_7,x_5=i_8$,则有

$$\underbrace{\begin{bmatrix} \dot{x}_1 \\ \dot{x}_2 \\ \dot{x}_3 \\ \dot{x}_4 \\ \dot{x}_5 \end{bmatrix}}_{(\dot{x})} = \underbrace{\begin{bmatrix} 0 & 0 & 0 & \frac{1}{C_2} & 0 \\ 0 & -\frac{1}{C_3R_6} & -\frac{1}{C_3R_6} & \frac{1}{C_3} & 0 \\ 0 & -\frac{1}{C_4R_6} & -\frac{1}{C_4R_6} & 0 & \frac{1}{C_4} \\ -\frac{1}{L_7} & -\frac{1}{L_7} & 0 & 0 & 0 \\ 0 & 0 & -\frac{1}{L_7} & 0 & -\frac{1}{G_5L_8} \end{bmatrix}}_{(A)} \underbrace{\begin{bmatrix} x_1 \\ x_2 \\ x_3 \\ x_4 \\ x_5 \end{bmatrix}}_{(x)} + \underbrace{\begin{bmatrix} 0 & 0 \\ \frac{1}{C_3R_6} & 0 \\ \frac{1}{C_4R_6} & 0 \\ 0 & 0 \\ 0 & -\frac{1}{G_5R_8} \end{bmatrix}}_{(B)} \underbrace{\begin{bmatrix} u_{S1} \\ i_{S9} \end{bmatrix}}_{(v)}$$

这就是状态方程。

习　题　16

16.1　以节点⑤为参考节点，写出图16.16所示有向图的关联矩阵〔A〕。

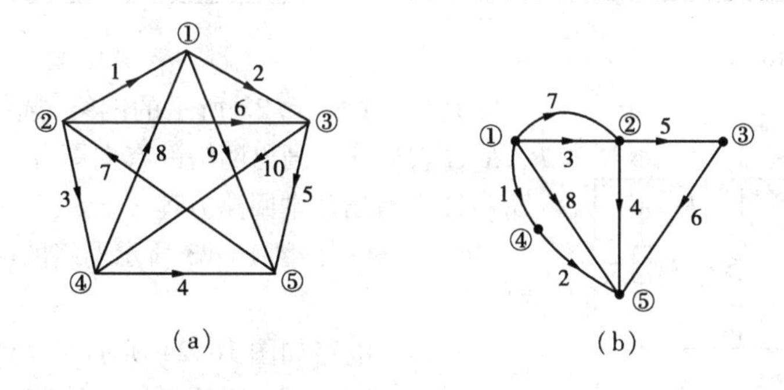

图16.16

16.2　对于图16.17(a),(b)中，与虚线相切割的支路集合是否构成割集？为什么？

16.3　对于图16.18所示有向图，若选树$T(2,3,4,6)$，试写出基本回路矩阵和基本割集矩阵，支路按先树支后连支排序。

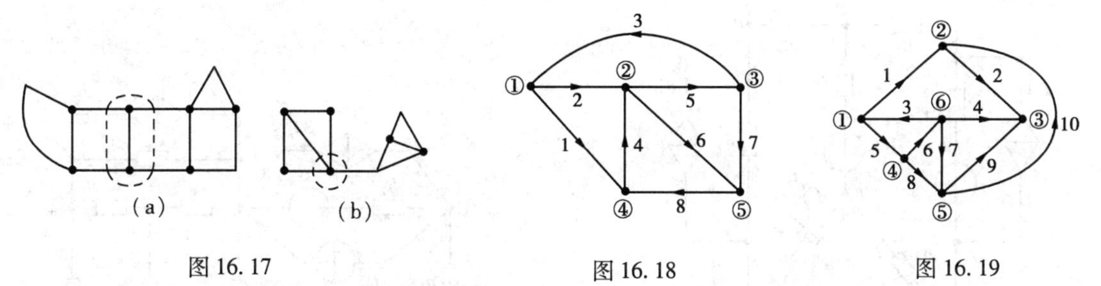

图16.17　　图16.18　　图16.19

16.4　对图16.18所示有向图，若仍选树$T(2,3,4,6)$且选⑤节点作参考节点，试写$[A]=[A_t\,|\,A_l]$，$[B_f]=[B_{ft}\,|\,1]$，$[Q_f]=[1\,|\,Q_{fl}]$；并验证$[B_{ft}]^T=-[A_t]^{-1}[A_l]$和$Q_{fl}=-[B_{ft}]^T$。

16.5　对图16.19所示有向图，若选树$T(2,3,4,6,7)$试写出基本割集和基本回路矩阵。

16.6　对图 16.20 所示电路，试画出电路的有向图，并写出以节点④作参考节点的关联矩阵[A]，矩阵形式的 VCR 关系式，节点导纳矩阵和矩阵形式的节点电压方程。

16.7　对图 16.21 所示电路，选 $T(1,2,3,4,5)$ 试写出对应于此树的基本割集和基本割集矩阵，并写出割集电压方程。元件脚标即为支路标号，方向为图中箭头示。

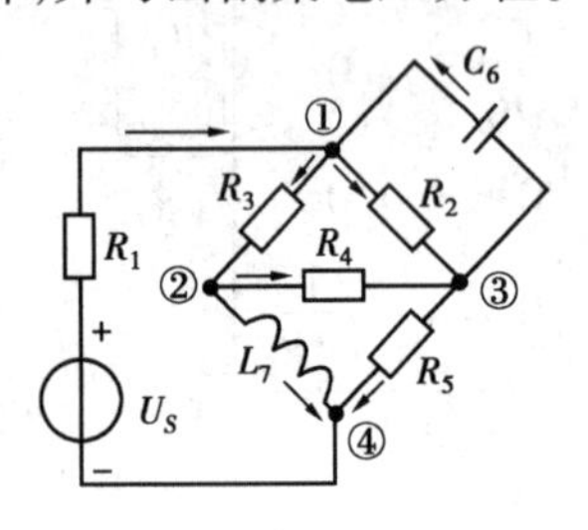

图 16.20

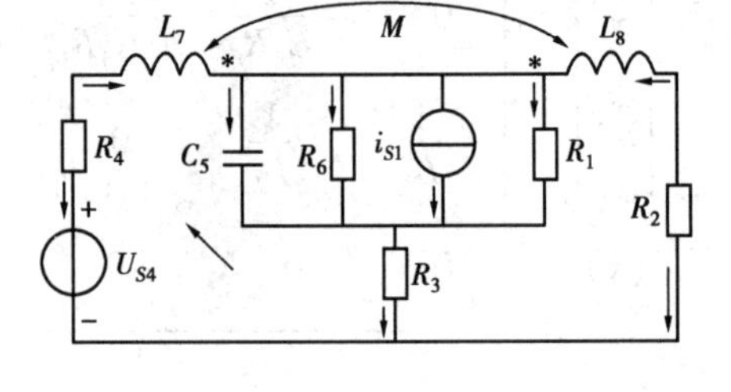

图 16.21

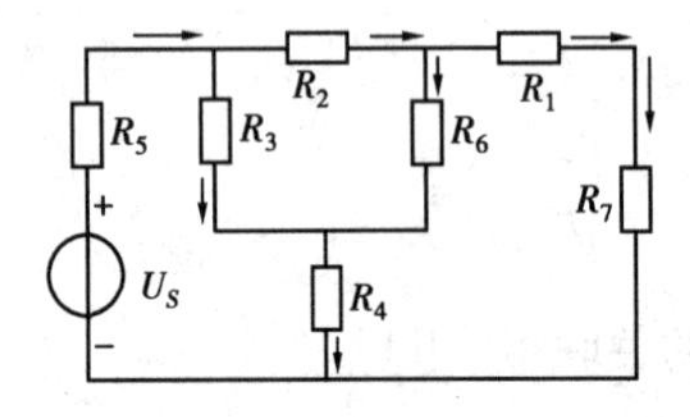

图 16.22

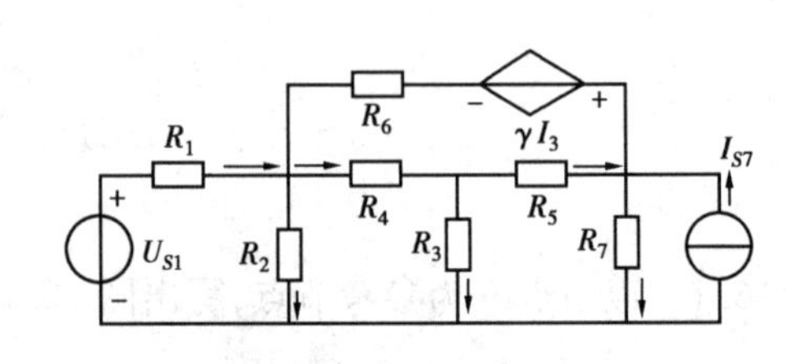

图 16.23

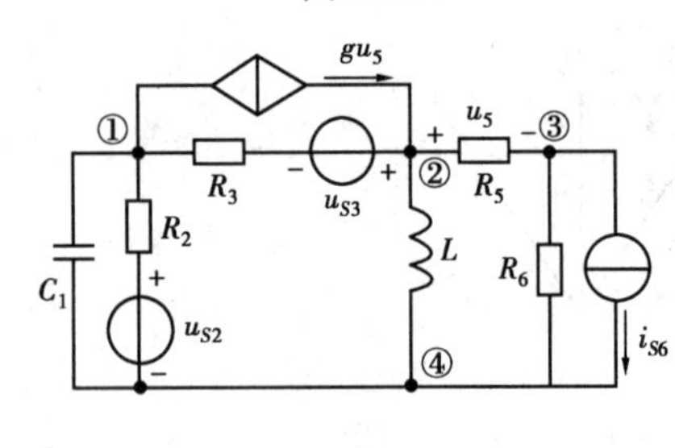

图 16.24

16.8　对图 16.22 所示的网络，选择某树，必须包含 R_1, R_2, R_3, R_4。①画出网络的有向图并写出基本回路矩阵[B_f]；②并写出基本回路方程。

16.9　试写出图 16.23 所示网络的网孔电流方程的矩阵形式。

16.10　电路如图 16.24 所示，电源角频率为 ω，试以节点④作为参考节点，列写出该电路节点电压方程的矩阵形式。

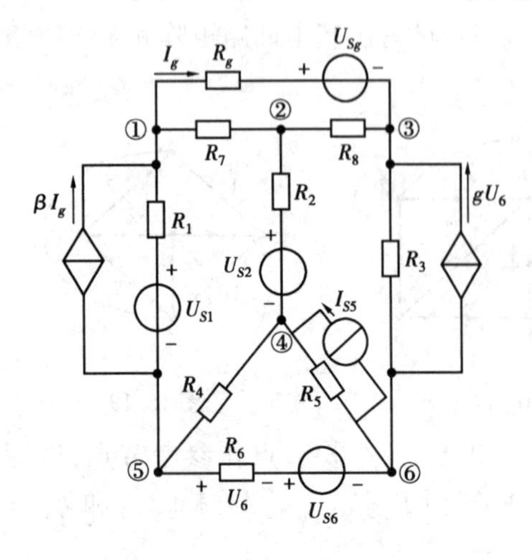

图 16.25

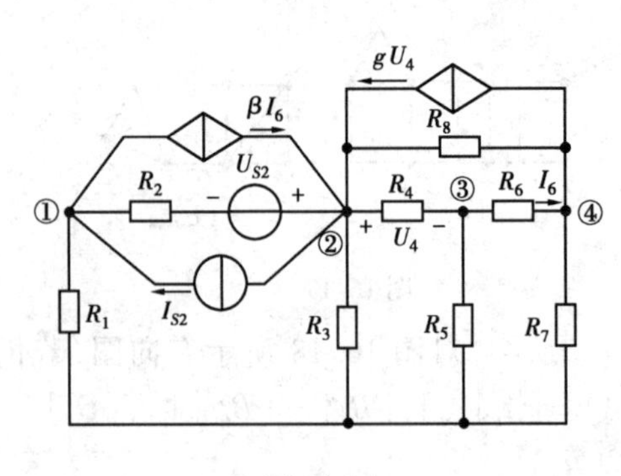

图 16.26

*16.11　在图16.25电路中，以⑥作参考点，试列写矩阵形式的节点电压方程。

16.12　在图16.26电路中，以⑤作参考节点，试列写该电路矩阵形式的节点电压方程。

16.13　电路如图16.27(a)所示，(b)为其有向图，选1,2,6,7为树，试写矩阵形式的割集电压方程。

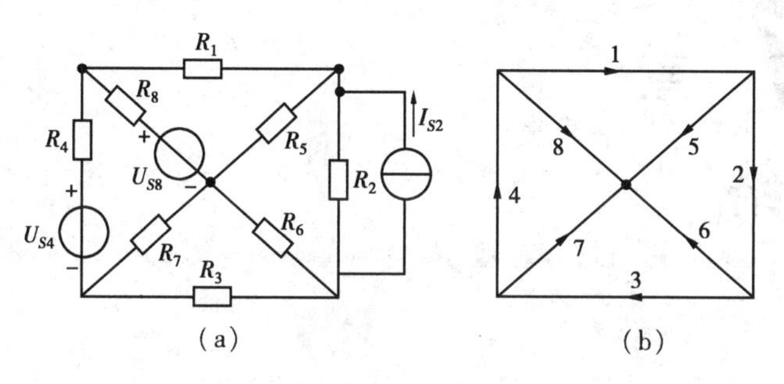

图16.27

16.14　电路如图16.28所示，试列写电路的状态方程。

16.15　电路如图16.29所示，已知 $C_1 = C_2 = 1$ F，$L_1 = 1$ H，$L_2 = 2$ H，$R_1 = R_2 = 1\ \Omega$，$R_3 = 2\ \Omega$，$U_S = 2\sin t$V，$i_S = 2e^{-t}$A。试写出其状态方程。

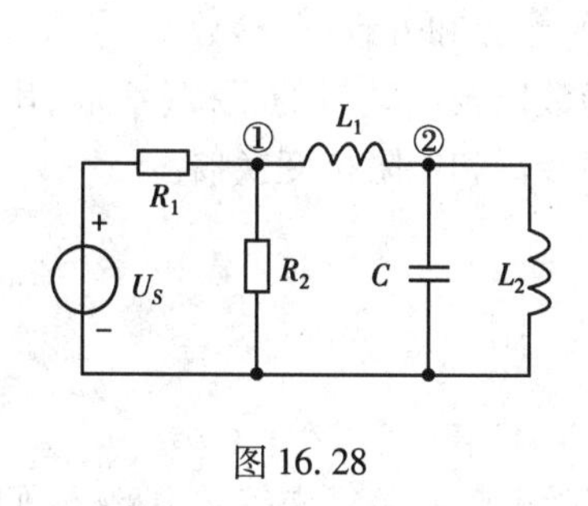

图16.28

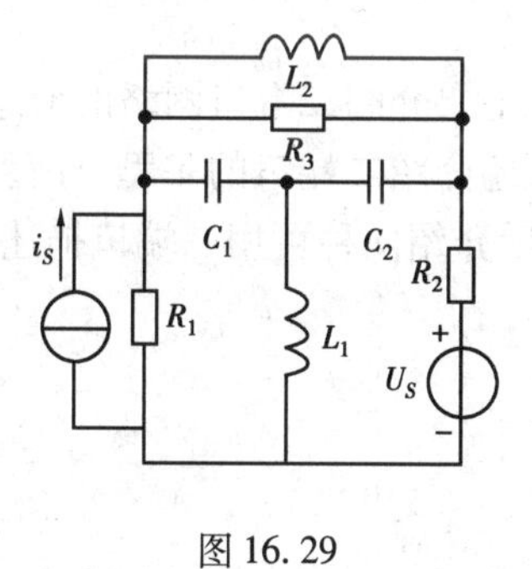

图16.29

第 17 章
二端口网络

内 容 简 介

本章主要介绍二端口网络的概念以及描述二端口的参数和方程(Y 参数,Z 参数,T 参数,H 参数),还介绍二端口的 T 型、Π 型等效电路和转移函数以及二端口的联接(级联,串联和并联)。最后介绍两种可用二端口描述的电路元件——回转器和负阻抗变换器。

引 言

前面学习了一端口网络的概念及其等效电路,如等效电阻和戴维南等效电路,它们分别是无源一端口网络和有源一端口网络的等效电路。在工程实际中还会遇到研究网络的两对端子之间电流、电压的关系问题,如变压器、滤波器、放大器、传输线等,如图 17.1(a),(b),(c)所示。这些网络尽管内部结构有所不同,但其共同之处是都有形成两个端口的 4 个引出端子,其中一对端子为输入端口,另一对端子为输出端口,并且任一端口都满足端口条件,即由一个端子流入的电流应等于该端口的另一个端子流出的电流。这样的网络称为二端口网络。以此类推,如果一个网络具有 n 对端子,每一对端子都满足端口条件,则称该网络为 n 端口网络。本章仅限于讨论二端口网络。

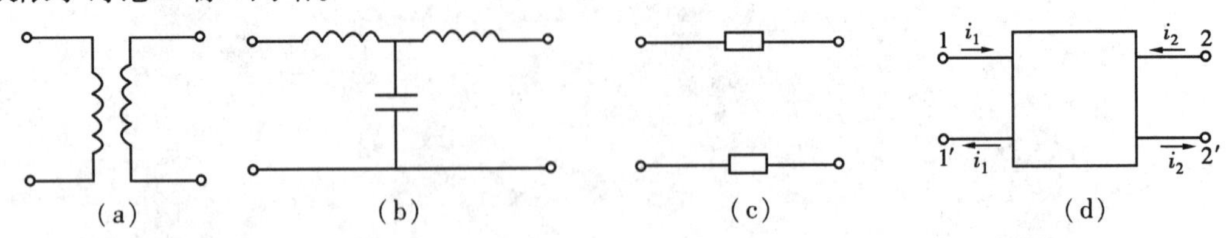

图 17.1 二端口

对二端口的研究,通常是将一个二端口作为一个整体来研究它对外部的作用或呈现的特性,即两个端口处电压、电流的相互关系。所以对于二端口网络可以把两对端子之间的电路看作是装在一个“黑盒子”内,用一个方框表示,如图17.1(d)所示。一旦二端口的内部结构确定,该二端口的端口电压、电流关系也就惟一确定,而且这种相互关系可以通过一些参数来描述,这些参数的数值取决于网络本身的结构和元件的参数。通过这些参数及其描述的端口方程可以用来分析二端口端口处电压、电流的变化,可以用来描述二端口的作用,而无需考虑网络内部的工作情况。这种分析思想和方法对于分析和测试如集成电路之类的电路问题有着重要的实际意义。下面介绍用相量法研究二端口在正弦稳态下的外部特性,导出描述二端口外部特性的4种常用参数和方程(由在正弦稳态分析中所得的结果,很容易推广到用运算法研究二端口在复频率s下的外部特性,以用于分析二端口在暂态下的工作情况)。

本章所研究的二端口是内部不含独立电源,由线性电阻、电感、电容、互感和线性受控源等元件构成的线性二端口(如采用运算法分析时,还规定内部所有储能元件初始储能为零,即不存在附加电源)。当二端口内部不含有受控源时,这类二端口又称为线性无源二端口网络。

17.1 二端口的参数和方程

如图17.2所示线性二端口,假设在频率为ω的正弦稳态下,两个端口的电压、电流相量分别为$\dot{U}_1,\dot{I}_1,\dot{U}_2,\dot{I}_2$,参考方向如图17.2所示。下面逐一讨论描述这4个电量相互关系的4种参数方程。

17.1.1 Y参数和方程

如果设图17.2所示二端口网络的电压$\dot{U}_1,\dot{U}_2$为自变量,并由替代定理把它们视为电压源电压作为激励,则所求的电流响应$\dot{I}_1,\dot{I}_2$为因变量。根据线性电路的特点,可知$\dot{I}_1$和$\dot{I}_2$分别与电压$\dot{U}_1$和$\dot{U}_2$成线性关系,且线性关系具有导纳的量纲。于是有下述关系成立

$$\begin{cases}\dot{I}_1 = Y_{11}\dot{U}_1 + Y_{12}\dot{U}_2 \\ \dot{I}_2 = Y_{21}\dot{U}_1 + Y_{22}\dot{U}_2\end{cases} \tag{17.1}$$

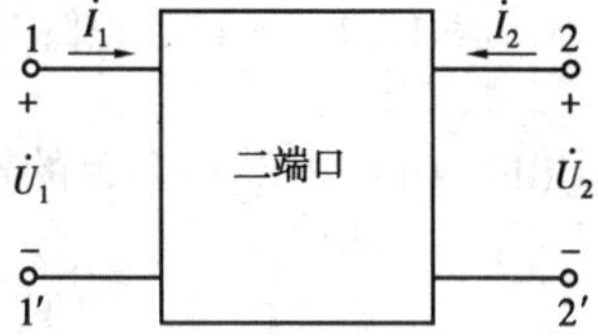

图17.2 线性二端口

式(17.1)还可以写成下列矩阵形式

$$\begin{bmatrix}\dot{I}_1 \\ \dot{I}_2\end{bmatrix} = \begin{bmatrix}Y_{11} & Y_{12} \\ Y_{21} & Y_{22}\end{bmatrix}\begin{bmatrix}\dot{U}_1 \\ \dot{U}_2\end{bmatrix} = Y\begin{bmatrix}\dot{U}_1 \\ \dot{U}_2\end{bmatrix}$$

其中

$$Y = \begin{bmatrix}Y_{11} & Y_{12} \\ Y_{21} & Y_{22}\end{bmatrix} \tag{17.2}$$

称为二端口的Y参数矩阵,而$Y_{11},Y_{12},Y_{21},Y_{22}$称为二端口的$Y$参数。式(17.1)称为$Y$参数方程。显然该端口方程描述了二端口的外特性。对于任一给定的二端口,Y参数是一组确定的常数,其数值取决于二端口内部结构和元件参数取值。但通常采用下述方法计算或测量得到Y参数。

令端口2-2′短路,即$\dot{U}_2=0$,在端口1-1′施加电压源$\dot{U}_1$,由式(17.1)可得

$$\dot{I}_1 = Y_{11}\dot{U}_1, \dot{I}_2 = Y_{21}\dot{U}_1$$

通过计算或实验测得$\dot{I}_1$和$\dot{I}_2$，即有

$$\left.\begin{aligned} Y_{11} &= \left.\frac{\dot{I}_1}{\dot{U}_1}\right|_{\dot{U}_2=0} \\ Y_{21} &= \left.\frac{\dot{I}_2}{\dot{U}_2}\right|_{\dot{U}_2=0} \end{aligned}\right\} \tag{17.3}$$

式(17.3)中Y_{11}称为端口2-2′短路时端口1-1′的输入导纳(或驱动点导纳)；Y_{21}称为端口2-2′短路时在端口1-1′处的转移导纳。

同理，令端口1-1′短路，即$\dot{U}_1=0$，在端口2-2′施加电压源$\dot{U}_2$，由式(17.1)可得

$$\left.\begin{aligned} Y_{22} &= \left.\frac{\dot{I}_2}{\dot{U}_2}\right|_{\dot{U}_1=0} \\ Y_{12} &= \left.\frac{\dot{I}_1}{\dot{U}_2}\right|_{\dot{U}_1=0} \end{aligned}\right\} \tag{17.4}$$

式(17.4)中Y_{22}称为端口1-1′短路时端口2-2′的输入导纳(或驱动点导纳)；Y_{12}称为端口1-1′短路时端口2-2′处的转移导纳。

由于Y参数都是在一个端口短路的情况下计算或测试得到的，所以Y参数也称为短路导纳参数。

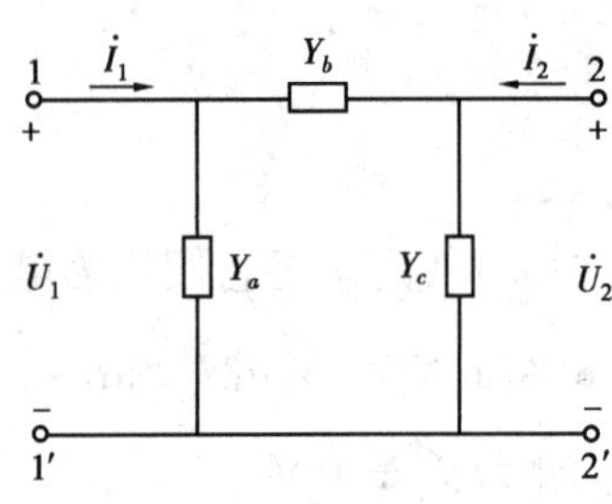

图17.3 例17.1电路图

例 17.1 求图17.3所示二端口的Y参数矩阵。

解 由式(17.3)可得端口1-1′的输入导纳和转移导纳为

$$Y_{11} = \left.\frac{\dot{I}_1}{\dot{U}_1}\right|_{\dot{U}_2=0} = \frac{(Y_a+Y_b)\dot{U}_1}{\dot{U}_1} = Y_a + Y_b$$

$$Y_{21} = \left.\frac{\dot{I}_2}{\dot{U}_1}\right|_{\dot{U}_2=0} = \frac{-Y_b\dot{U}_1}{\dot{U}_1} = -Y_b$$

由式(17.4)可得端口2-2′的输入导纳和转移导纳为

$$Y_{22} = \left.\frac{\dot{I}_2}{\dot{U}_2}\right|_{\dot{U}_1=0} = \frac{(Y_b+Y_c)\dot{U}_2}{\dot{U}_2} = Y_b + Y_c$$

$$Y_{12} = \left.\frac{\dot{I}_1}{\dot{U}_2}\right|_{\dot{U}_1=0} = \frac{-Y_b\dot{U}_2}{\dot{U}_2} = -Y_b$$

即二端口的Y参数矩阵为

$$Y = \begin{bmatrix} Y_{11} & Y_{12} \\ Y_{21} & Y_{22} \end{bmatrix} = \begin{bmatrix} Y_a + Y_b & -Y_b \\ -Y_b & Y_b + Y_c \end{bmatrix}$$

本例中，$Y_{12}=Y_{21}=-Y_b$。对于由线性R，$L(M)$，C元件所组成的任何无源线性二端口网络，可以证明$Y_{12}=Y_{21}$总是成立的，即只需三个Y参数就可以确定该二端口的外特性。这种二端口称为互易二端口。如果进一步还有$Y_{11}=Y_{22}$，则该二端口的两个端口互换位置后与外电路连接，端口处的电压电流均不改变，这种二端口称为电气上对称的二端口，简称对称二端口。

结构上对称的二端口,其电气上一定是对称的,但电气上对称而结构上未必对称。对称二端口只有两个 Y 参数是独立的。

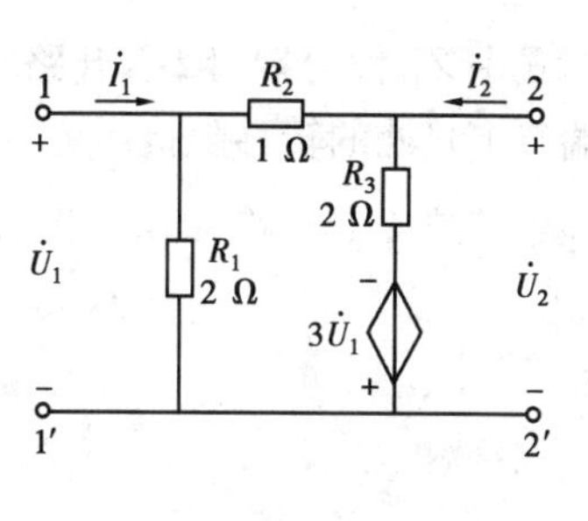

图 17.4

例 17.2　求图 17.4 所示二端口网络的 Y 参数矩阵。

解　用节点电压法求解。端口电压 $\dot{U}_1$,$\dot{U}_2$ 视为两个电压源电压,电流 $\dot{I}_1$,$\dot{I}_2$ 为电压源提供的电流。设 2′(1′)为参考节点,节点电压为 $\dot{U}_1$,$\dot{U}_2$。列写节点电压方程为

$$\left(\frac{1}{R_1}+\frac{1}{R_2}\right)\dot{U}_1-\frac{1}{R_2}\dot{U}_2=\dot{I}_1$$

$$-\frac{1}{R_2}\dot{U}_1+\left(\frac{1}{R_2}+\frac{1}{R_3}\right)\dot{U}_2=\dot{I}_2-\frac{3\dot{U}_1}{R_3}$$

代入数据整理之得

$$\dot{I}_1=1.5\dot{U}_1-\dot{U}_2$$

$$\dot{I}_2=0.5\dot{U}_1+1.5\dot{U}_2$$

即二端口的 Y 参数矩阵为 $Y=\begin{bmatrix}1.5 & -1\\ 0.5 & 1.5\end{bmatrix}S$。

17.1.2　Z 参数和方程

如果设二端口网络的电流 $\dot{I}_1$ 和 $\dot{I}_2$ 为自变量,所求电压响应 $\dot{U}_1$ 和 $\dot{U}_2$ 为因变量,则由式(17.1)可解出端口电压 $\dot{U}_1$ 和 $\dot{U}_2$,有

$$\begin{cases}\dot{U}_1=Z_{11}\dot{I}_1+Z_{12}\dot{I}_2\\ \dot{U}_2=Z_{21}\dot{I}_1+Z_{22}\dot{I}_2\end{cases}\tag{17.5}$$

式(17.5)还可以写成下列矩阵形式

$$\begin{bmatrix}\dot{U}_1\\ \dot{U}_2\end{bmatrix}=\begin{bmatrix}Z_{11} & Z_{12}\\ Z_{21} & Z_{22}\end{bmatrix}\begin{bmatrix}\dot{I}_1\\ \dot{I}_2\end{bmatrix}=Z\begin{bmatrix}\dot{I}_1\\ \dot{I}_2\end{bmatrix}$$

其中

$$Z=\begin{bmatrix}Z_{11} & Z_{12}\\ Z_{21} & Z_{22}\end{bmatrix}\tag{17.6}$$

称为二端口的 Z 参数矩阵。而 Z_{11},Z_{12},Z_{21},Z_{22} 称为二端口的 Z 参数,它们具有阻抗的量纲。式(17.5)称为二端口的 Z 参数方程。

二端口的 Z 参数可用下述方法计算或测试得到。

令端口 2-2′开路,即 $\dot{I}_2=0$,在端口 1-1′处施加电流源 $\dot{I}_1$,由式(17.5)可得

$$\left.\begin{aligned}Z_{11}&=\left.\frac{\dot{U}_1}{\dot{I}_1}\right|_{\dot{I}_2=0}\\ Z_{21}&=\left.\frac{\dot{U}_2}{\dot{I}_1}\right|_{\dot{I}_2=0}\end{aligned}\right\}\tag{17.7}$$

式中 Z_{11} 称为端口 2-2′开路时端口 1-1′的输入阻抗(或驱动点阻抗);Z_{21} 称为端口 2-2′开路时端口 1-1′处的转移阻抗。

令端口 1-1′开路,即 $\dot{I}_1=0$,在端口 2-2′处施加电流源 $\dot{I}_2$,由式(17.5)可得

$$\left.\begin{aligned} Z_{22} &= \left.\frac{\dot{U}_2}{\dot{I}_2}\right|_{\dot{I}_1=0} \\ Z_{12} &= \left.\frac{\dot{U}_1}{\dot{I}_2}\right|_{\dot{I}_1=0} \end{aligned}\right\} \tag{17.8}$$

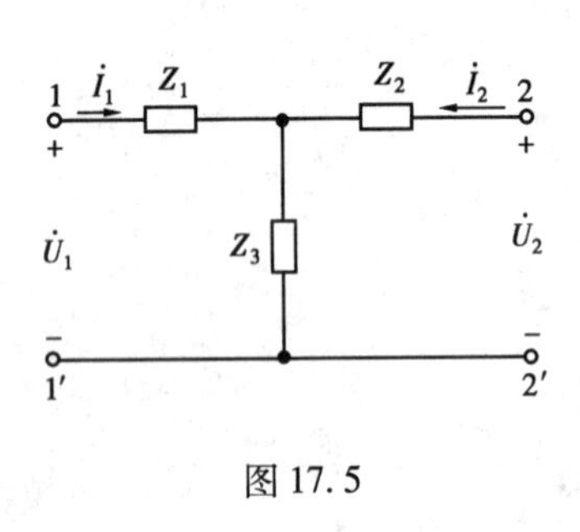

图 17.5

式中 Z_{22} 称为端口 1-1′开路时端口 2-2′的输入阻抗(或驱动点阻抗);Z_{12} 称为端口 1-1′开路时端口 2-2′处的转移阻抗。

由于 Z 参数是在一个端口开路的情况下计算或测试得到的,所以 Z 参数也称为开路阻抗参数。

例 17.3 求图 17.5 所示二端口的 Z 参数矩阵。

解 由式(17.7)可得端口 1-1′处的输入阻抗和转移阻抗为

$$Z_{11}=\left.\frac{\dot{U}_1}{\dot{I}_1}\right|_{\dot{I}_2=0}=\frac{(Z_1+Z_3)\dot{I}_1}{\dot{I}_1}=Z_1+Z_3$$

$$Z_{21}=\left.\frac{\dot{U}_2}{\dot{I}_1}\right|_{\dot{I}_2=0}=\frac{Z_3\dot{I}_1}{\dot{I}_1}=Z_3$$

由式(17.8)可得端口 2-2′处的输入阻抗和转移阻抗为

$$\left.\begin{aligned} Z_{22} &= \left.\frac{\dot{U}_2}{\dot{I}_2}\right|_{\dot{I}_1=0}=\frac{\dot{I}_2(Z_2+Z_3)}{\dot{I}_2}=Z_2+Z_3 \\ Z_{12} &= \left.\frac{\dot{U}_1}{\dot{I}_2}\right|_{\dot{I}=0}=\frac{\dot{I}_2Z_3}{\dot{I}_2}=Z_3 \end{aligned}\right\}$$

即二端口的 Z 参数矩阵为

$$Z=\begin{bmatrix} Z_1+Z_3 & Z_3 \\ Z_3 & Z_2+Z_3 \end{bmatrix}$$

由于 Z 参数可由 Y 参数解得,所以不难证明,对于由线性 R,$L(M)$,C 元件组成的任何无源线性二端口网络来说,$Z_{12}=Z_{21}$ 总是成立的,即只有三个 Z 参数是独立的。对于对称的二端口网络。则还有 $Z_{11}=Z_{22}$ 成立,即只有两个 Z 参数是独立的。

例 17.4 求解图 17.6 所示二端口的 Z 参数矩阵。

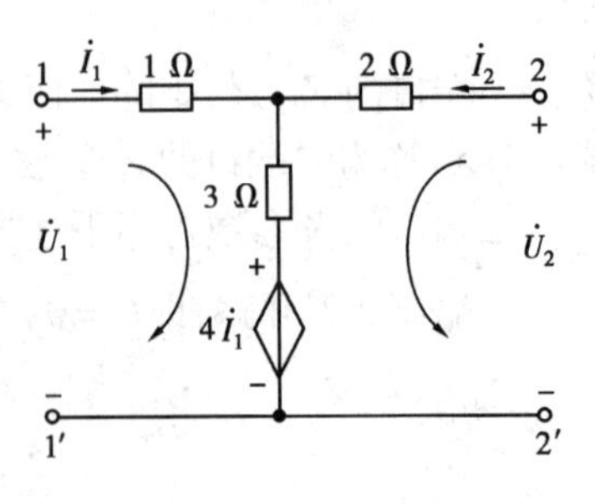

图 17.6 例 17.4 电路图

解 用回路电流法求解。端口电流 $\dot{I}_1$ 和 $\dot{I}_2$ 视为两个电流源,$\dot{U}_1$ 和 $\dot{U}_2$ 分别为电流源的端电压。则列写回路电流方程为

$$\dot{U}_1=(1+3)\dot{I}_1+3\dot{I}_2+4\dot{I}_1$$

$$\dot{U}_2 = 3\dot{I}_1 + (2+3)\dot{I}_2 + 4\dot{I}_1$$

整理有

$$\dot{U}_1 = 8\dot{I}_1 + 3\dot{I}_2$$
$$\dot{U}_2 = 7\dot{I}_1 + 5\dot{I}_2$$

即二端口的 Z 参数矩阵为

$$Z = \begin{bmatrix} 8 & 3 \\ 7 & 5 \end{bmatrix}\Omega$$

17.1.3　T 参数和方程

在电力和电信传输中，往往需要找到一个端口的电压、电流与另一个端口的电压、电流之间的相互关系，例如输入和输出之间的关系，传输线始端和终端之间的关系等。在这种情况下，常采用 T 参数和方程分析二端口网络比较方便。如果设 $\dot{U}_2$ 和 $\dot{I}_2$ 为自变量，$\dot{U}_1$ 和 $\dot{I}_1$ 为因变量，则二端口网络的端口方程可改写为

$$\begin{aligned} \dot{U}_1 &= A\dot{U}_2 + B(-\dot{I}_2) \\ \dot{I}_1 &= C\dot{U}_2 + D(-\dot{I}_2) \end{aligned} \tag{17.9}$$

式(17.9)称为二端口的 T 参数方程(或传输方程)。考虑到这类二端口输出端口一般是接负载，负载电流和负载电压常取关联参考方向，所以列 T 参数方程时选用($-\dot{I}_2$)作为输出端口电流变量，即与图 17.2 所示参考方向相反。

分别令端口开路和短路，可得 T 参数的计算式

$$A = \left.\frac{\dot{U}_1}{\dot{U}_2}\right|_{\dot{I}_2=0},\qquad B = \left.\frac{\dot{U}_1}{(-\dot{I}_2)}\right|_{\dot{U}_2=0}$$

$$C = \left.\frac{\dot{I}_1}{\dot{U}_2}\right|_{\dot{I}_2=0},\qquad D = \left.\frac{\dot{I}_1}{(-\dot{I}_2)}\right|_{\dot{U}_2=0}$$

其中 A 和 D 分别为没有量纲的电压比和电流比；B 是端口 1-1′的开路转移阻抗(Ω)；C 是端口 1-1′的短路转移导纳(S)。

式(17.9)还可以写成下列矩阵形式

$$\begin{bmatrix} \dot{U}_1 \\ \dot{I}_1 \end{bmatrix} = \begin{bmatrix} A & B \\ C & D \end{bmatrix}\begin{bmatrix} \dot{U}_2 \\ -\dot{I}_2 \end{bmatrix} = T\begin{bmatrix} \dot{U}_2 \\ -\dot{I}_2 \end{bmatrix}$$

其中　$T = \begin{bmatrix} A & B \\ C & D \end{bmatrix}$ 称为 T 参数矩阵。

对于线性无源二端口网络来说，A,B,C,D 4 个 T 参数中只有 3 个是独立的。由 Y 参数(或 Z 参数)可以推导出 $AD-BC=1$ 总是成立的。对于对称二端口网络，由于 $Y_{11}=Y_{22}$，故还有 $A=D$ 成立。

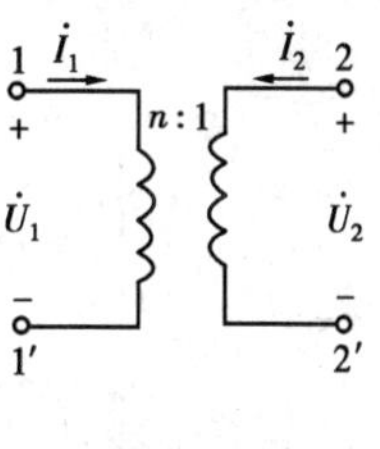

图 17.7

例 17.5　求图 17.7 所示二端口的 T 参数矩阵。

解 图 17.7 所示为一变比为 n 的理想变压器,其电压、电流关系有:

$$\frac{\dot{U}_1}{\dot{U}_2}=n,\qquad \frac{\dot{I}_1}{\dot{I}_2}=-\frac{1}{n}$$

由 T 参数的计算式很容易得到二端口的传输参数分别为

$$A=\left.\frac{\dot{U}_1}{\dot{U}_2}\right|_{\dot{I}_2=0}=n,\qquad B=\left.\frac{\dot{U}_1}{(-\dot{I}_2)}\right|_{\dot{U}_2=0}=0$$

$$C=\left.\frac{\dot{I}_1}{\dot{U}_2}\right|_{\dot{I}_2=0}=0,\qquad D=\left.\frac{\dot{I}_1}{(-\dot{I}_2)}\right|_{\dot{U}_2=0}=\frac{1}{n}$$

即理想变压器的 T 参数矩阵为

$$T=\begin{bmatrix} n & 0 \\ 0 & \frac{1}{n} \end{bmatrix}$$

17.1.4 *H* 参数和方程

如果设 $\dot{I}_1$ 和 $\dot{U}_2$ 为自变量, $\dot{U}_1$ 和 $\dot{I}_2$ 为因变量,则二端口网络的端口方程可写为:

$$\begin{aligned} \dot{U}_1 &= H_{11}\dot{I}_1 + H_{12}\dot{U}_2 \\ \dot{I}_2 &= H_{21}\dot{I}_1 + H_{22}\dot{U}_2 \end{aligned} \tag{17.10}$$

其中各系数 $H_{11}, H_{12}, H_{21}, H_{22}$ 称为二端口网络的 H 参数。各参数的量纲不全相同,因此这组参数也称为混合参数。分别令端口短路和开路,可得各 H 参数的计算式:

$H_{11}=\left.\frac{\dot{U}_1}{\dot{I}_1}\right|_{\dot{U}_2=0}$,端口 2-2′短路时端口 1-1′的短路输入阻抗(Ω);

$H_{12}=\left.\frac{\dot{U}_1}{\dot{U}_2}\right|_{\dot{I}_1=0}$,端口 1-1′开路时的电压传输系数(电压比),量纲一;

$H_{21}=\left.\frac{\dot{I}_2}{\dot{I}_1}\right|_{\dot{U}_2=0}$,端口 2-2′短路时的电流传输系数(电流比),量纲一;

$H_{22}=\left.\frac{\dot{I}_2}{\dot{U}_2}\right|_{\dot{I}_1=0}$,端口 1-1′开路时端口 2-2′的开路输入导纳(S)。

式(17.10)写成矩阵形式有

$$\begin{bmatrix} \dot{U}_1 \\ \dot{I}_2 \end{bmatrix}=\begin{bmatrix} H_{11} & H_{12} \\ H_{21} & H_{22} \end{bmatrix}=H\begin{bmatrix} \dot{I}_1 \\ \dot{U}_2 \end{bmatrix}$$

其中 $H=\begin{bmatrix} H_{11} & H_{12} \\ H_{21} & H_{22} \end{bmatrix}$ 称为 H 参数矩阵。

对于无源线性二端口, H 参数中只有 3 个是独立的,由前面的 Y 参数(或 Z 参数)可以得到 $H_{21}=-H_{12}$ 总是成立的。

对于对称的二端口，由于 $Y_{11}=Y_{22}$ 或 $Z_{11}=Z_{22}$，则有 $H_{11}H_{22}-H_{12}H_{21}=1$。

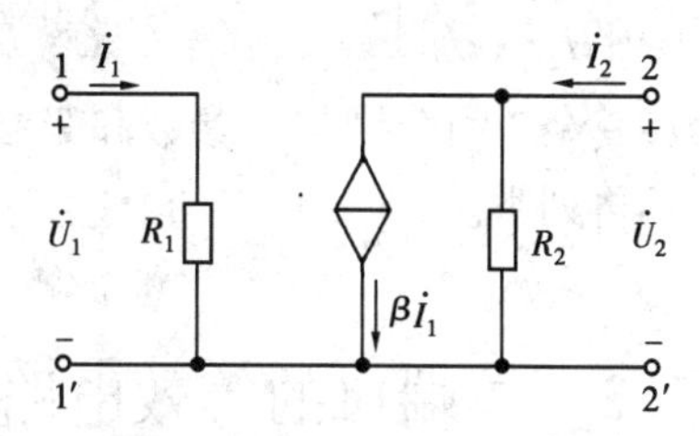

图 17.8　晶体管的等效电路

图 17.8 所示为一只晶体管的小信号工作条件下的简化等效电路，不难根据 H 参数的定义，求得其混合参数为

$$H_{11}=\left.\frac{\dot{U}_1}{\dot{I}_1}\right|_{\dot{U}_2=0}=R_1,\qquad H_{12}=\left.\frac{\dot{U}_1}{\dot{U}_2}\right|_{\dot{I}_1=0}=0$$

$$H_{21}=\left.\frac{\dot{I}_2}{\dot{I}_1}\right|_{\dot{U}_2=0}=\beta,\qquad H_{22}=\left.\frac{\dot{I}_2}{\dot{U}_2}\right|_{\dot{I}_1=0}=\frac{1}{R_2}$$

Y 参数、Z 参数、T 参数、H 参数之间的相互转换关系不难根据以上的端口方程推导出来，归纳如表 17.1。

表 17.1

	Z 参数	Y 参数	H 参数	T 参数
Z 参数	$\begin{matrix} Z_{11} & Z_{12} \\ Z_{21} & Z_{22} \end{matrix}$	$\begin{matrix} \frac{Y_{22}}{\Delta_Y} & \frac{-Y_{12}}{\Delta_Y} \\ -\frac{Y_{21}}{\Delta_Y} & \frac{Y_{11}}{\Delta_Y} \end{matrix}$	$\begin{matrix} \frac{\Delta_H}{H_{12}} & \frac{H_{12}}{H_{22}} \\ -\frac{H_{21}}{H_{22}} & \frac{1}{H_{22}} \end{matrix}$	$\begin{matrix} \frac{A}{C} & \frac{\Delta_T}{C} \\ \frac{1}{C} & \frac{D}{C} \end{matrix}$
Y 参数	$\begin{matrix} \frac{Z_{22}}{\Delta_Z} & -\frac{Z_{12}}{\Delta_Z} \\ -\frac{Z_{21}}{\Delta_Z} & \frac{Z_{11}}{\Delta_Z} \end{matrix}$	$\begin{matrix} Y_{11} & Y_{12} \\ Y_{21} & Y_{22} \end{matrix}$	$\begin{matrix} \frac{1}{H_{11}} & -\frac{H_{12}}{H_{11}} \\ \frac{H_{21}}{H_{11}} & \frac{\Delta_H}{H_{11}} \end{matrix}$	$\begin{matrix} \frac{D}{B} & -\frac{\Delta_T}{B} \\ -\frac{1}{B} & \frac{A}{B} \end{matrix}$
H 参数	$\begin{matrix} \frac{\Delta_Z}{Z_{22}} & \frac{Z_{12}}{Z_{22}} \\ -\frac{Z_{21}}{Z_{22}} & \frac{1}{Z_{22}} \end{matrix}$	$\begin{matrix} \frac{1}{Y_{11}} & -\frac{Y_{12}}{Y_{11}} \\ \frac{Y_{21}}{Y_{11}} & \frac{\Delta_Y}{Y_{11}} \end{matrix}$	$\begin{matrix} H_{11} & H_{12} \\ H_{21} & H_{22} \end{matrix}$	$\begin{matrix} \frac{B}{D} & \frac{\Delta_T}{D} \\ -\frac{1}{D} & \frac{C}{D} \end{matrix}$
T 参数	$\begin{matrix} \frac{Z_{11}}{Z_{21}} & \frac{\Delta_Z}{Z_{21}} \\ \frac{1}{Z_{21}} & \frac{Z_{22}}{Z_{21}} \end{matrix}$	$\begin{matrix} -\frac{Y_{22}}{Y_{21}} & -\frac{1}{Y_{21}} \\ -\frac{\Delta_Y}{Y_{21}} & -\frac{Y_{11}}{Y_{21}} \end{matrix}$	$\begin{matrix} -\frac{\Delta_H}{H_{21}} & -\frac{H_{11}}{H_{21}} \\ -\frac{H_{22}}{H_{21}} & -\frac{1}{H_{21}} \end{matrix}$	$\begin{matrix} A & B \\ C & D \end{matrix}$

表中

$$\Delta_Z=\begin{vmatrix} Z_{11} & Z_{12} \\ Z_{21} & Z_{22} \end{vmatrix},\qquad \Delta_Y=\begin{vmatrix} Y_{11} & Y_{12} \\ Y_{21} & Y_{22} \end{vmatrix}$$

$$\Delta_H = \begin{vmatrix} H_{11} & H_{12} \\ H_{21} & H_{22} \end{vmatrix}, \qquad \Delta_T = \begin{vmatrix} A & B \\ C & D \end{vmatrix}$$

二端口共有6组不同的参数，其余2组分别与Y参数和T参数相似，只是把电路方程等号两边的端口变量互换即可，此处不再列举。

17.2　二端口的等效电路

任何无源线性一端口可以用一个等效阻抗来描述其特性。一个实际的二端口网络，其内部电路可能比较复杂，有时可能不知道内部结构，但它的参数可以通过实验测试得到。这时往往需要将线性二端口用一个简单的二端口来等效。等效二端口的作用应与原二端口相同，也就是说，当等效二端口代替原二端口时，二端口的端口电压、电流应保持不变。由端口方程可以看出，只有两个二端口的同种参数方程完全相同时，二者才是等效的。由于线性无源二端口只有3个参数是独立的，因此等效二端口最少要有3个独立的阻抗元件。这里常用的等效二端口网络有T型和Π型两种电路形式。下面仅讨论常用的由Z参数和Y参数建立等效电路的方法。

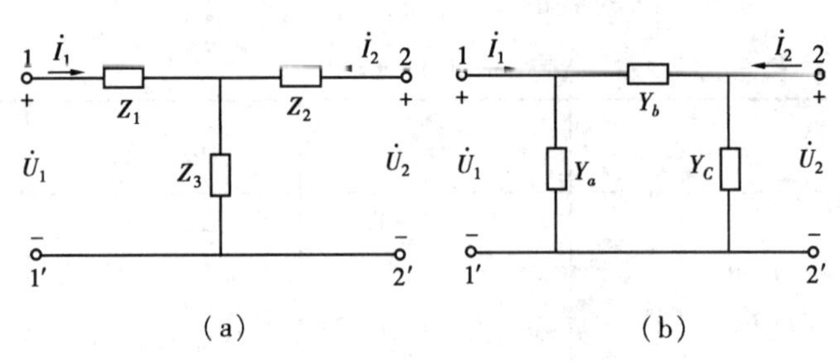

图17.9　二端口网络的T型和Π型等效电路

17.2.1　T型等效电路

如果某线性无源二端口网络的Z参数已知，那么该二端口可以用图17.9(a)所示的T型电路进行等效。由例17.3已知该T型二端口的Z参数分别为

$$\left.\begin{aligned} Z_{11} &= Z_1 + Z_3 \\ Z_{12} &= Z_{21} = Z_3 \\ Z_{22} &= Z_2 + Z_3 \end{aligned}\right\} \tag{17.11}$$

所以只需令这些参数分别等于给定二端口网络的Z参数，这个T型二端口就是它的等效二端口网络。不难由以上诸式解出等效二端口网络的阻抗取值分别为

$$\left.\begin{aligned} Z_1 &= Z_{11} - Z_{12} \\ Z_2 &= Z_{22} - Z_{12} \\ Z_3 &= Z_{12} = Z_{21} \end{aligned}\right\} \tag{17.12}$$

例17.6　已知某二端口网络的Z参数为$Z = \begin{bmatrix} 5 & 3 \\ 8 & 4 \end{bmatrix}\Omega$，求该二端口的T型等效电路。

解　由已知可得该二端口的Z参数方程为

$$\dot{U}_1 = 5\dot{I}_1 + 3\dot{I}_2$$
$$\dot{U}_2 = 8\dot{I}_1 + 4\dot{I}_2$$

该二端口具有4个独立参数,其内部含有受控电源,不能直接采用式(17.12)。但是若把二端口的Z参数方程进行适当变换,可得

$$\begin{cases} \dot{U}_1 = \boxed{5\dot{I}_1 + 3\dot{I}_2} \\ \dot{U}_2 = \boxed{3\dot{I}_1 + 4\dot{I}_2} + 5\dot{I}_1 \end{cases}$$

虚线框内的Z参数方程对应了一个无源线性二端口,可由式(17.12)得到其对应的T型等效电路阻抗参数为

$$Z_1 = Z_{11} - Z_{12} = 2\ \Omega$$
$$Z_2 = Z_{22} - Z_{12} = 1\ \Omega$$
$$Z_3 = Z_{12} = Z_{21} = 3\ \Omega$$

实际二端口网络在端口2-2′处较上述等效电路还附加了一个电流控制的电压源($5\dot{I}_1$),因此所得T型等效二端口如图17.10所示。

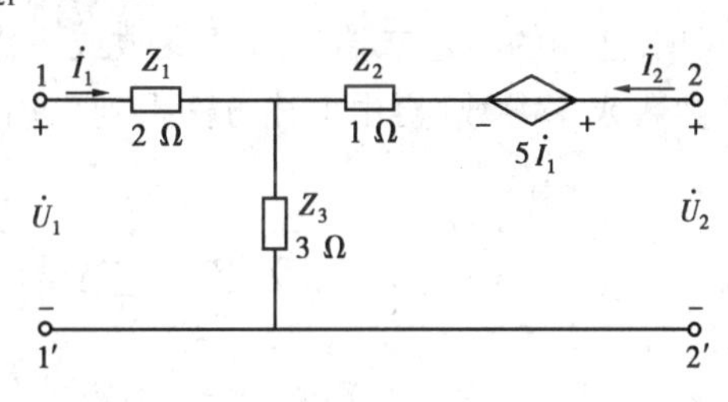

图17.10　例17.6电路图

17.2.2　Π型等效电路

如果已知的是某线性无源二端口的Y参数,那么可以用图17.9(b)的Π型二端口电路进行等效。由例17.1已知该Π型二端口的Y参数分别为

$$\left.\begin{aligned} Y_{11} &= Y_a + Y_b \\ Y_{12} &= Y_{21} = -Y_b \\ Y_{22} &= Y_b + Y_c \end{aligned}\right\} \tag{17.13}$$

所以也只需令这些参数分别等于给定二端口网络的Y参数,即可得到给定二端口的Π型等效电路。不难由式(17.13)解得等效电路的导纳值分别为

$$\left.\begin{aligned} Y_a &= Y_{11} + Y_{12} \\ Y_b &= -Y_{12} = -Y_{21} \\ Y_c &= Y_{22} + Y_{12} \end{aligned}\right\} \tag{17.14}$$

例17.7　已知某二端口的Y参数矩阵为$Y = \begin{bmatrix} 3 & -2 \\ -2 & 5 \end{bmatrix}$S,求该二端口的Π型等效电路。

解　由式(17.14)可得对应Π型等效电路中的导纳参数分别为

$$Y_a = Y_{11} + Y_{12} = 1\ \text{S}$$
$$Y_b = -Y_{12} = -Y_{21} = 2\ \text{S}$$
$$Y_c = Y_{22} + Y_{12} = 3\ \text{S}$$

给出等效电路如图17.11所示。

如果给定二端口的Y参数具有4个独立参数,则可以在端口处附加一个电压控制的电流源。如图17.12所示。

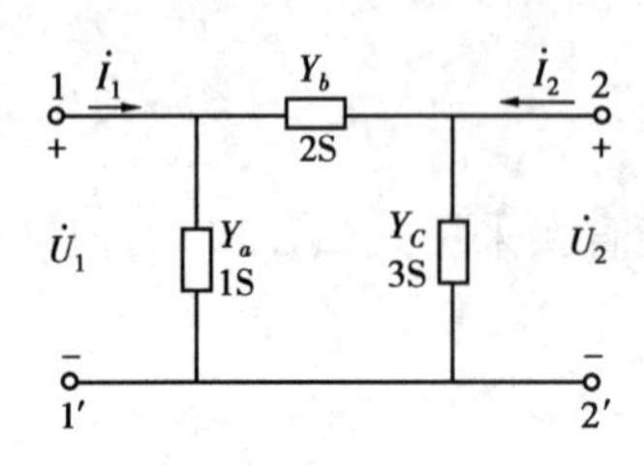

图 17.11

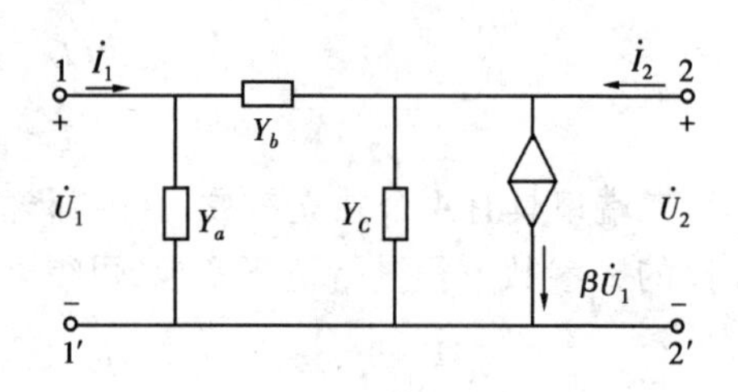

图 17.12　含受控源的二端口 Π 型等效电路

将二端口的 Y 参数方程进行变形

$$\dot{I}_1 = Y_{11}\dot{U}_1 + Y_{12}\dot{U}_2$$

$$\dot{I}_2 = Y_{12}\dot{U}_1 + Y_{22}\dot{U}_2 + (Y_{21} - Y_{12})\dot{U}_1$$

可得附加受控电流源的控制系数

$$\beta = Y_{21} - Y_{12}$$

如果已知的不是二端口的 Z 参数或 Y 参数方程,可以先通过参数变换,获得对应二端口的 Z 参数或 Y 参数,再由上述方法得到二端口的 T 或 Π 型等效电路。

17.3　二端口网络的转移函数

如果用运算法分析二端口网络,则由上述描述二端口特性的参数和方程都是复频率(s)的函数。二端口的转移函数就是指在零状态下二端口输出端电压或电流的像函数与输入端电压或电流的像函数之比。

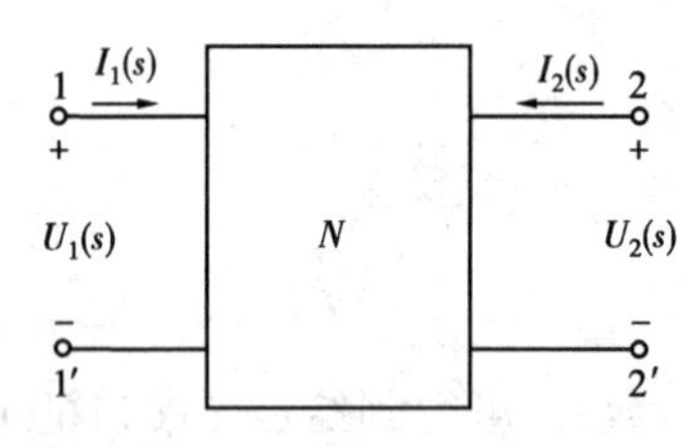

图 17.13　外施电源内阻为零且外接负载的二端口的转移函数

当二端口网络没有外接负载,以及外施电源内阻为零时,二端口的转移函数可以直接用它的 Y 参数或 Z 参数来表示。如图 17.13 所示二端口运算形式的 Z 参数方程和 Y 参数方程可分别写作

$$\left.\begin{aligned} U_1(s) &= Z_{11}(s)I_1(s) + Z_{12}(s)I_2(s) \\ U_2(s) &= Z_{21}(s)I_1(s) + Z_{22}(s)I_2(s) \end{aligned}\right\} \qquad (17.15)$$

和

$$\left.\begin{aligned} I_1(s) &= Y_{11}(s)U_1(s) + Y_{12}(s)U_2(s) \\ I_2(s) &= Y_{21}(s)U_1(s) + Y_{22}(s)U_2(s) \end{aligned}\right\} \qquad (17.16)$$

当输出端口开路时($I_2(s)=0$),根据式(17.15)则有电压转移函数

$$\frac{U_2(s)}{U_1(s)} = \frac{Z_{21}(s)}{Z_{11}(s)}$$

转移阻抗

$$\frac{U_2(s)}{I_1(s)} = Z_{21}(s)$$

或根据式(17.16),则有电压转移函数

$$\frac{U_2(s)}{U_1(s)} = \frac{Y_{21}(s)}{Y_{22}(s)}$$

当输出端口短路时($U_2(s)=0$),根据式(17.16)则有电流转移函数

$$\frac{I_2(s)}{I_1(s)} = \frac{Y_{21}(s)}{Y_{11}(s)}$$

转移导纳

$$\frac{I_2(s)}{U_1(s)} = Y_{21}(s)$$

或根据式(17.15),则有电流转移函数

$$\frac{I_2(s)}{I_1(s)} = -\frac{Z_{21}(s)}{Z_{22}(s)}$$

当二端口网络输入端外接电源内阻为零,输出端接有负载电阻 R_2 时(如图 17.14 所示),二端口输出端口的电压、电流关系用 Y 参数表示有

$$I_2(s) = Y_{21}(s)U_1(s) + Y_{22}(s)U_2(s)$$
$$U_2(s) = -I_2(s)R_2$$

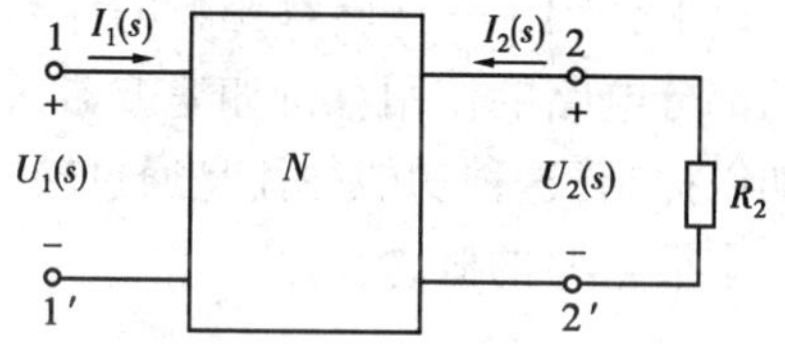

图 17.14　外接电源及内阻为零而外接有负载的二端口

消去 $U_2(s)$后,得转移导纳为

$$\frac{I_2(s)}{U_1(s)} = \frac{Y_{21}(s)}{1+R_2Y_{22}(s)}$$

消去 $I_2(s)$后,得电压转移函数为

$$\frac{U_2(s)}{U_1(s)} = -\frac{Y_{21}(s)R_2}{1+Y_{22}(s)R_2}$$

用 Z 参数表示输出端口的电压电流关系有

$$U_2(s) = Z_{21}(s)I_1(s) + Z_{22}(s)I_2(s)$$
$$U_2(s) = -R_2I_2(s)$$

消去 $U_2(s)$后,得电流转移函数为

$$\frac{I_2(s)}{I_1(s)} = -\frac{Z_{21}(s)}{R_2+Z_{22}(s)}$$

消去 $I_2(s)$,得转移阻抗为

$$\frac{U_2(s)}{I_1(s)} = \frac{Z_{21}(s)R_2}{R_2+Z_{22}(s)}$$

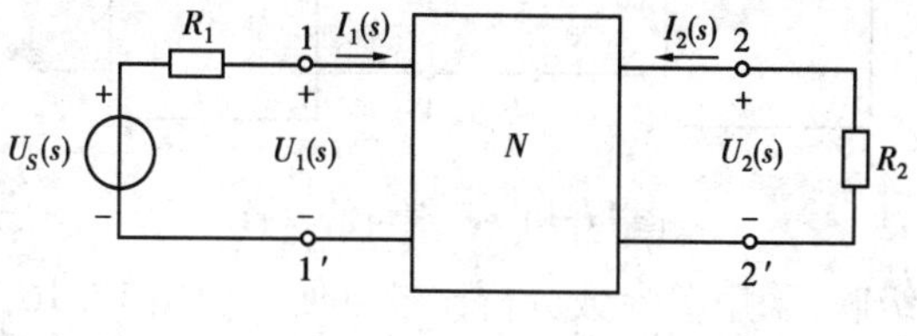

图 17.15　外接电源内阻不为零且外接有负载的二端口

当二端口网络输入端外接电源内阻 R_1 不为零,输出端接有负载电阻 R_2 时(如图 17.15 所

示)，此时二端口输入端口和输出端口的电压和电流分别有以下关系式：

$$U_1(s) = U_S(s) - R_1 I_1(s)$$

$$U_2(s) = -R_2 I_2(s)$$

将上式代入式(17.16)，消去 $I_1(s)$，$I_2(s)$得

$$\frac{U_S(s) - U_1(s)}{R_1} = Y_{11}(s)U_1(s) + Y_{12}(s)U_2(s)$$

$$-\frac{U_2(s)}{R_2} = Y_{21}(s)U_1(s) + Y_{22}(s)U_2(s)$$

再消去 $U_1(s)$，得电压转移函数为

$$\frac{U_2(s)}{U_S(s)} = \frac{Y_{21}(s)/R_1}{Y_{12}(s)Y_{21}(s) - \left[Y_{11}(s) + \frac{1}{R_1}\right]\left[Y_{22}(s) + \frac{1}{R_2}\right]}$$

以上介绍了一些转移函数的计算方法。如前所述，二端口网络常为完成某种功能起着耦合两部分电路的作用。例如滤波器，它能让具有某些频率的信号通过，而对另一些频率的信号则加以抑制，这种功能往往是通过转移函数描述或指定的。在电路理论中，二端口的转移函数是一个很重要的概念。

17.4 二端口网络的联接

在分析和设计电路时，常将几个简单的二端口网络按一定方式联接起来，构成一个新的二端口网络；或将一个复杂二端口网络视为由多个简单二端口网络的复合。下面讨论由两个二端口以不同联接方式联接后所形成的复合二端口的参数与原来各二端口的参数的关系，这种参数间的关系也可以推广到多个二端口的联接中去。

二端口常见的联接方式有级联，并联，串联等 3 种形式。

17.4.1 级联

当一个二端口网络的输出端口与下一个二端口的输入端相联接，构成一个复合二端口网络，这种联接方式称为两个二端口的级联，如图 17.16 所示。

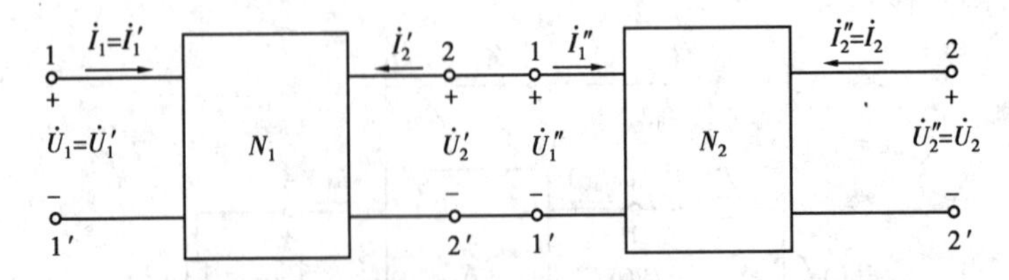

图 17.16　二端口的级联

对于二端口网络的级联，采用 T 参数分析比较方便。由图 17.16 有$\dot{U}_1 = \dot{U}_1'$，$\dot{U}_2' = \dot{U}_1''$，$\dot{U}_2'' = \dot{U}_2$，$\dot{I}_1 = \dot{I}_1'$，$\dot{I}_2' = -\dot{I}_1''$ 及$\dot{I}_2'' = \dot{I}_2$。如果二端口网络的 T 参数分别为

$$T' = \begin{bmatrix} A' & B' \\ C' & D' \end{bmatrix}, \qquad T'' = \begin{bmatrix} A'' & B'' \\ C'' & D'' \end{bmatrix}$$

则有

$$\begin{bmatrix} \dot{U}_1 \\ \dot{I}_1 \end{bmatrix} = \begin{bmatrix} \dot{U}_1' \\ \dot{I}_1' \end{bmatrix} = T'\begin{bmatrix} \dot{U}_2' \\ -\dot{I}_2' \end{bmatrix} = T'\begin{bmatrix} \dot{U}_1'' \\ \dot{I}_1'' \end{bmatrix} = T'T''\begin{bmatrix} \dot{U}_2'' \\ -\dot{I}_2'' \end{bmatrix} = T'T''\begin{bmatrix} \dot{U}_2 \\ -\dot{I}_2 \end{bmatrix} = T\begin{bmatrix} \dot{U}_2 \\ -\dot{I}_2 \end{bmatrix}$$

其中 T 为复合二端口网络的 T 参数矩阵,它与二端口网络 N_1 和 N_2 的 T 参数矩阵的关系为

$$T = T'T''$$

即

$$T = \begin{bmatrix} A'A'' + B'C'' & A'B'' + B'D'' \\ C'A'' + D'C'' & C'B'' + D'D'' \end{bmatrix}$$

17.4.2　并联

当两个二端口网络的输入端口、输出端口分别并联,构成一个复合二端口网络,如图17.17所示,这种联接方式称为二端口的并联。

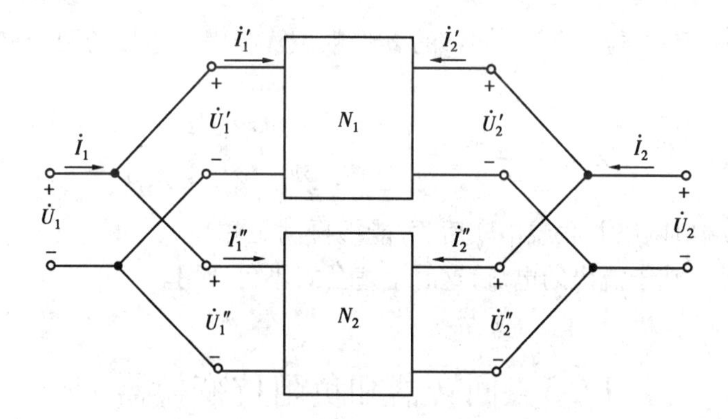

图 17.17　二端口的并联

对于二端口网络的并联,采用 Y 参数分析比较方便。由图 17.17 有

$$\dot{U}_1 = \dot{U}_1' = \dot{U}_1'', \qquad \dot{U}_2 = \dot{U}_2' = \dot{U}_2''$$

$$\dot{I}_1 = \dot{I}_1' + \dot{I}_1'', \qquad \dot{I}_2 = \dot{I}_2' + \dot{I}_2''$$

如果二端口网络 N_1 和 N_2 的 Y 参数矩阵分别为

$$Y' = \begin{bmatrix} Y_{11}' & Y_{12}' \\ Y_{21}' & Y_{22}' \end{bmatrix}, \qquad Y'' = \begin{bmatrix} Y_{11}'' & Y_{12}'' \\ Y_{21}'' & Y_{22}'' \end{bmatrix}$$

则有

$$\begin{bmatrix} \dot{I}_1 \\ \dot{I}_2 \end{bmatrix} = \begin{bmatrix} \dot{I}_1' + \dot{I}_1'' \\ \dot{I}_2' + \dot{I}_2'' \end{bmatrix} = \begin{bmatrix} \dot{I}_1' \\ \dot{I}_2' \end{bmatrix} + \begin{bmatrix} \dot{I}_1'' \\ \dot{I}_2'' \end{bmatrix} = Y'\begin{bmatrix} \dot{U}_1' \\ \dot{U}_2' \end{bmatrix} + Y''\begin{bmatrix} \dot{U}_1'' \\ \dot{U}_2'' \end{bmatrix} =$$

$$Y'\begin{bmatrix} \dot{U}_1 \\ \dot{U}_2 \end{bmatrix} + Y''\begin{bmatrix} \dot{U}_1 \\ \dot{U}_2 \end{bmatrix} = [Y' + Y'']\begin{bmatrix} \dot{U}_1 \\ \dot{U}_2 \end{bmatrix} = Y\begin{bmatrix} \dot{U}_1 \\ \dot{U}_2 \end{bmatrix}$$

其中 Y 为复合二端口网络的 Y 参数矩阵,它与二端口网络 N_1 和 N_2 的 Y 参数矩阵的关系

为

$$Y = Y' + Y''$$

即

$$Y = \begin{bmatrix} Y'_{11} + Y''_{11} & Y'_{12} + Y''_{12} \\ Y'_{21} + Y''_{21} & Y'_{22} + Y''_{22} \end{bmatrix}$$

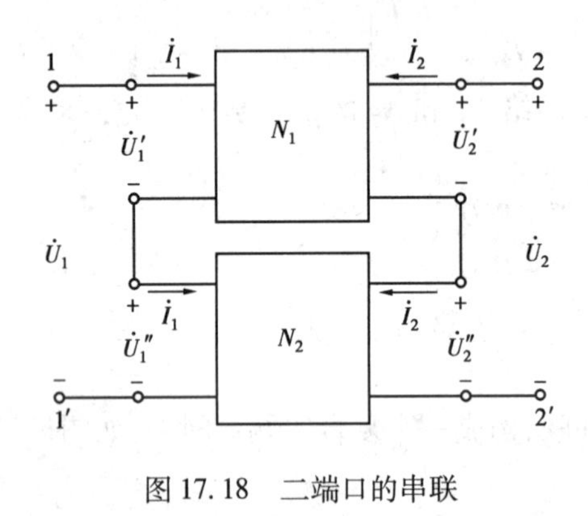

图 17.18　二端口的串联

17.4.3　串联

当两个二端口网络的输入端口和输出端口分别串联,构成一个复合二端口网络,如图17.18所示,这种联接方式称为二端口的串联。

对于二端口的串联,采用 Z 参数分析比较方便。假设二端口网络 N_1 和 N_2 的 Z 参数矩阵分别为:

$$Z' = \begin{bmatrix} Z'_{11} & Z'_{12} \\ Z'_{21} & Z'_{22} \end{bmatrix}, \qquad Z'' = \begin{bmatrix} Z''_{11} & Z''_{12} \\ Z''_{21} & Z''_{22} \end{bmatrix}$$

用类似的方法,不难导出复合二端口的 Z 参数矩阵与串联连接的两个二端口的 Z 参数矩阵之间的关系为

$$Z = Z' + Z'' = \begin{bmatrix} Z'_{11} + Z''_{11} & Z'_{12} + Z''_{12} \\ Z'_{21} + Z''_{21} & Z'_{22} + Z''_{22} \end{bmatrix}$$

注意,两个二端口网络并联或串联后,可能不再满足端口条件,即流入一个端子的电流不等于同一端口上另一端子流出的电流,这时上述公式不再适用。

17.5　回转器和负阻抗变换器

回转器是一种二端口网络元件,可以用含晶体管或运算放大器的电路来实现。图 17.19 是理想回转器的电路符号,图示箭头表示回转方向,它的端口电压电流关系可以表示为

$$\left.\begin{aligned} i_1 &= gu_2 \\ i_2 &= -gu_1 \end{aligned}\right\} \tag{17.17}$$

或

$$\left.\begin{aligned} u_1 &= -ri_2 \\ u_2 &= ri_1 \end{aligned}\right\} \tag{17.18}$$

式中 g 和 r 分别称为回转器的回转电导和回转电阻,其单位分别是西门子(S)和欧姆(Ω),统称为回转系数,并且有 $g = \frac{1}{r}$。回转器的等效电路可以用受控电流源或受控电压源表示,如图 17.20 所示。

由上述两式可以看出,回转器的一个端口的电流(或电压)可以用另一个端口的电压(或电流)表示,即回转器具有把一个端口的电流(或电压)"回转"为另一个端口的电压(或电流)的性质。利用这一性质,回转器的一个重要用途就是可以把一个电容"回转"成一个电感或把一个电感"回转"成一个电容。

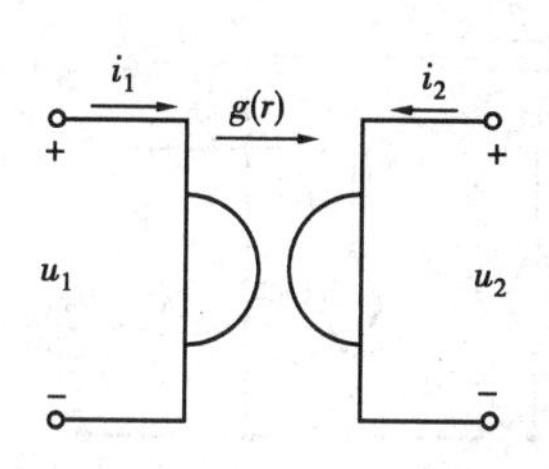

图17.19　回转器

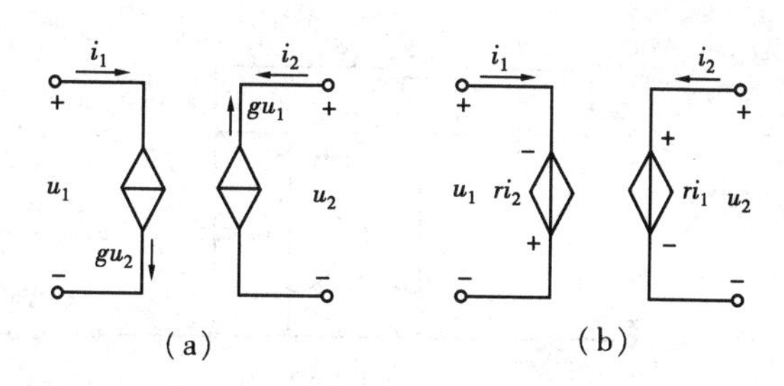

图17.20　回转器的等效电路

如图17.21(a)所示回转器的端口2-2′接有电容C,则从端口1-1′看进去即为一个等效电感,如图17.21(b)所示。此回转器中u_2,i_2有如下关系式

$$i_2 = -C\frac{\mathrm{d}u_2}{\mathrm{d}t}$$

由上式及回转器的端口方程式(17.18)有

$$u_1 = -ri_2 = -r\left(-C\frac{\mathrm{d}u_2}{\mathrm{d}t}\right) = rC\frac{\mathrm{d}u_2}{\mathrm{d}t} =$$

$$rC\frac{\mathrm{d}(ri_1)}{\mathrm{d}t} = r^2C\frac{\mathrm{d}i_1}{\mathrm{d}t} = L\frac{\mathrm{d}i_1}{\mathrm{d}t}$$

由上式可以看出,u_1与i_1的关系等同于一个电感元件上的电压、电流关系。此等效电感为$L=r^2C$。

如果回转器的回转电阻$r=1\ \mathrm{k\Omega}$,电容$C=1\ \mu\mathrm{F}$,则等效电感为

$$L = r^2C = (10^3)^2\times10^{-6} = 1\ \mathrm{H}$$

说明该回转器可以把1 μF的电容回转成1 H的电感,这在工程上有着重大的意义。因为在微电子器件中电容易于集成,而电感难于集成,利用回转器和电容来模拟电感是解决这一问题的重要途径。

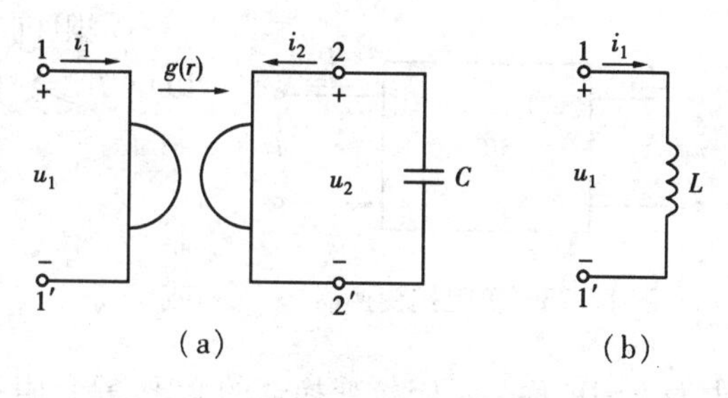

图17.21　回转器把电容回转成电感

在任一瞬时,输入回转器的功率为

$$u_1i_1 + u_2i_2 = u_1i_1 + (ri_1)(-gu_1) = 0$$

说明回转器与理想变压器一样,是一个既不储能也不消耗能量的理想二端口元件。

例17.8　如图17.22(a)所示是含回转器的RC带通电路,求转移电压相量比$\dfrac{\dot{U}_2}{\dot{U}_1}$。

解　将图17.22(a)所示的电路用相量电路表示,其中回转器用两个受控电流源等效,如图17.22(b)所示。

对节点3和2列节点电压方程

$$-\mathrm{j}\omega C_1\dot{U}_1 + \mathrm{j}\omega C_1\dot{U}_3 = -g\dot{U}_2 \quad ①$$

$$-\frac{1}{R}\dot{U}_1 + \left(\frac{1}{R}+\mathrm{j}\omega C_2\right)\dot{U}_2 = g\dot{U}_3 \quad ②$$

由式②得$\dot{U}_3$代入式①,有

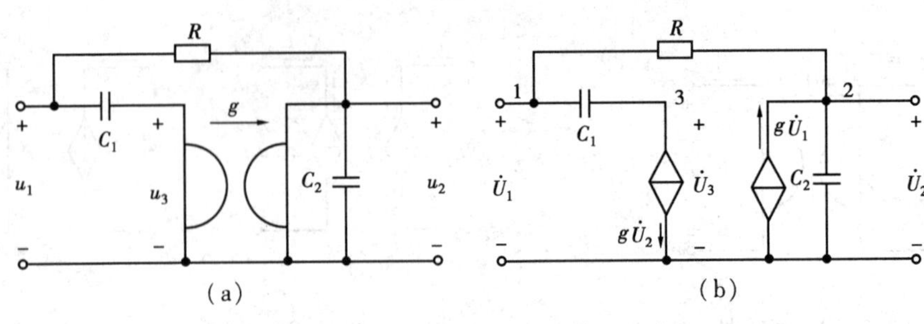

图 17.22　含回转器的 RC 带通电路

$$-\mathrm{j}\omega C_1\dot{U}_1+\mathrm{j}\omega C_1\times\frac{1}{g}\left[\left(\frac{1}{R}+\mathrm{j}\omega C_2\right)\dot{U}_2-\frac{1}{R}\dot{U}_1\right]=-g\dot{U}_2$$

3] 整理得 $\dfrac{\dot{U}_2}{\dot{U}_1}=\dfrac{\dfrac{\mathrm{j}\omega C_1}{gR}+\mathrm{j}\omega C_1}{\dfrac{\mathrm{j}\omega C_1}{g}\left(\dfrac{1}{R}+\mathrm{j}\omega C_2\right)+g}=$

$$\frac{\mathrm{j}\omega C_1(1+gR)}{-\omega^2C_1C_2R+\mathrm{j}\omega C_1+g^2R}$$

负阻抗变换器(negative-impedance converter,简记为 NIC)是能将一个阻抗(或元件参数)按一定比例进行变换并改变其符号的另一种二端口网络元件,也可以用含晶体管或运算放大器的电路来实现。

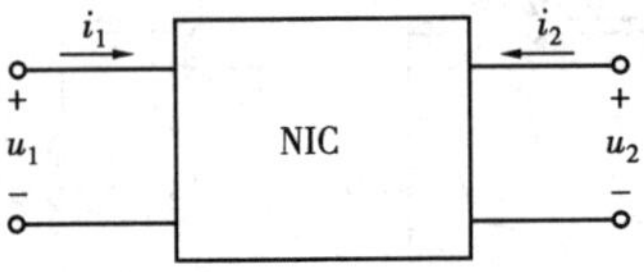

图 17.23　负阻抗变换器

负阻抗变换器(如图 17.23)的端口电压电流关系可以用 T 参数描述为

$$\left.\begin{aligned}u_1&=ku_2\\ i_1&=i_2/k\end{aligned}\right\}\tag{17.19}$$

或

$$\left.\begin{aligned}u_1&=-ku_2\\ i_1&=i_2/-k\end{aligned}\right\}\tag{17.20}$$

式中 $k(k>0)$ 称为负阻抗变换器的变比,是负阻抗变换器的惟一参数。

式(17.19)表示的负阻抗变换器称为电流反向型负阻抗变换器(current-inversion negative-impedance converter,简记为 INIC),如图 17.23 所示电流通过负阻抗变换器后改变了方向,电压的方向则不改变(u_1 和 u_2 的参考极性都是上端为正,下端为负)。式(17.20)表示的负阻抗变换器称为电压反向型负阻抗变换器(voltage-inversion negative-impedance converter)。这是因为式(17.20)表明电流通过负阻抗变换器后方向不变,但电压通过负阻抗变换器后改变了方向。

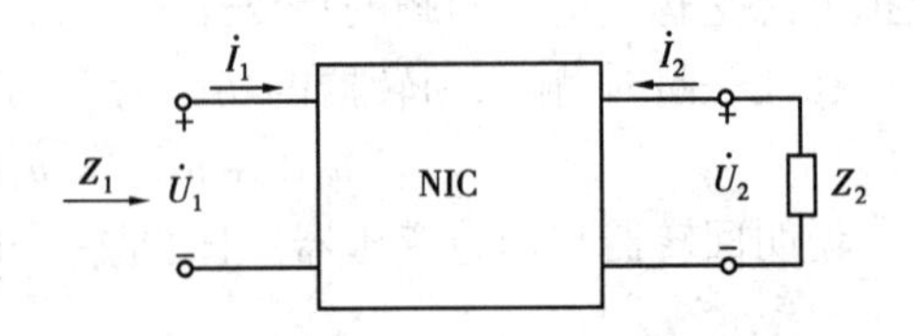

图 17.24　负阻抗变换器的阻抗变换

如果在负阻抗变换器的输出端口接上负载阻抗 Z_2,如图 17.24 所示,则从端口 1-1′看进去的输入阻抗 Z_1 可计算如下:

设 NIC 为电流反向型,利用式(17.19),得

$$Z_1 = \frac{\dot{U}_1}{\dot{I}_1} = \frac{k\dot{U}_2}{\frac{1}{k}\dot{I}_2} = k^2\frac{\dot{U}_2}{\dot{I}_2}$$

但是将$\dot{U}_2 = -\dot{I}_2 Z_2$ 代入上式，则有：

$$Z_1 = -k^2 Z_2$$

由上式可以看出，输入阻抗 Z_1 是负载阻抗 Z_2（乘以 k^2）的负值。从输入端口看，负阻抗变换器不但按阻抗变换比（k^2）改变了负载阻抗的大小，而且改变了阻抗的符号。即当负阻抗变换器在端口 2-2′接上一个电阻 R，电感 L 或电容 C 时，则在端口 1-1′处获得等效的负电阻（$-k^2R$），负电感（$-k^2L$）或负电容$\left(-\frac{1}{k^2}C\right)$。

负阻抗变换器为电路设计中实现负电阻（$-R$），负电感（$-L$），负电容（$-C$）提供了可能性。

习　题　17

17.1　求图 17.25 所示二端口网络的 Y 和 Z 参数矩阵。

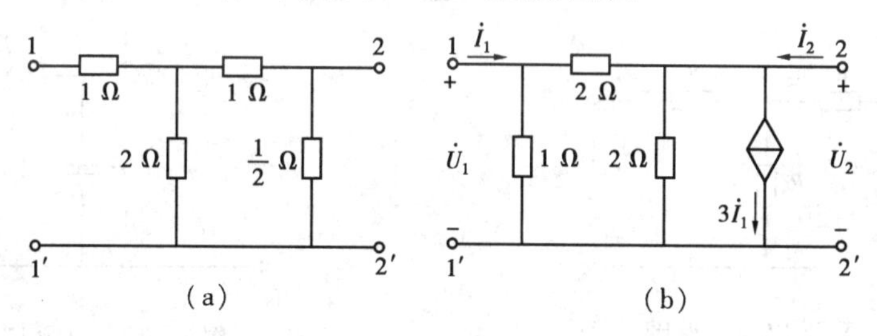

图 17.25　习题 17.1 电路图

17.2　求图 17.26 所示二端口网络的 Y 参数矩阵。

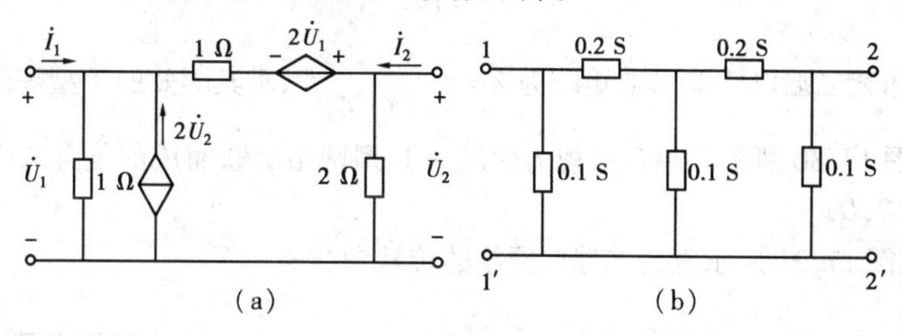

图 17.26　习题 17.2 电路图

17.3　求图 17.27 所示二端口网络的 Z 和 T 参数矩阵。

17.4　求图 17.28 所示二端口网络的 Y，Z，T 和 H 参数矩阵。

17.5　求图 17.25（a）所示二端口网络的 H 参数矩阵。

17.6　已知图 17.29 所示二端口的 Z 参数矩阵为 $Z = \begin{bmatrix} 10 & 8 \\ 5 & 10 \end{bmatrix}\ \Omega$，求 R_1，R_2，R_3 和 r 的值。

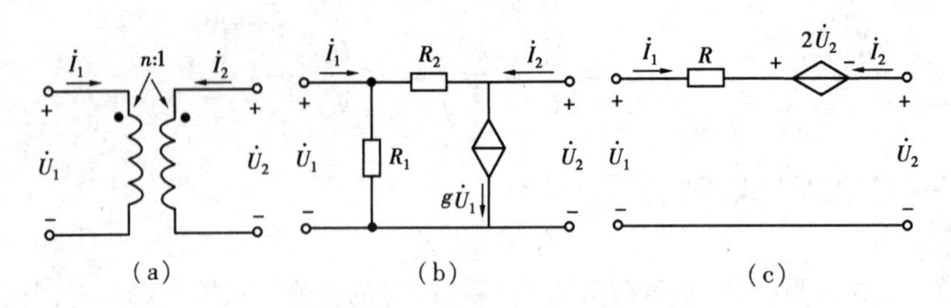

图 17.27 习题 17.3 电路图

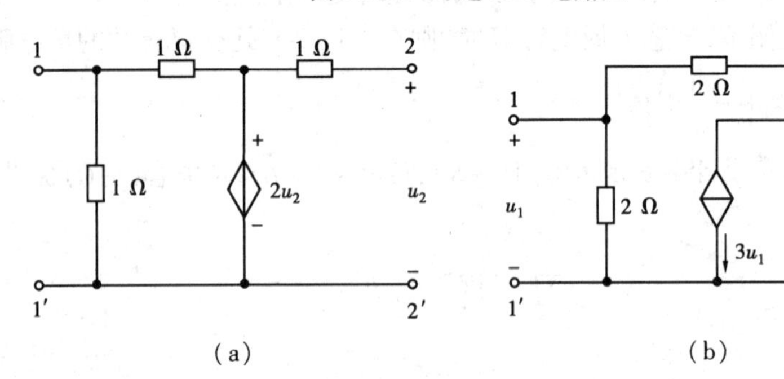

图 17.28 习题 17.4 电路图

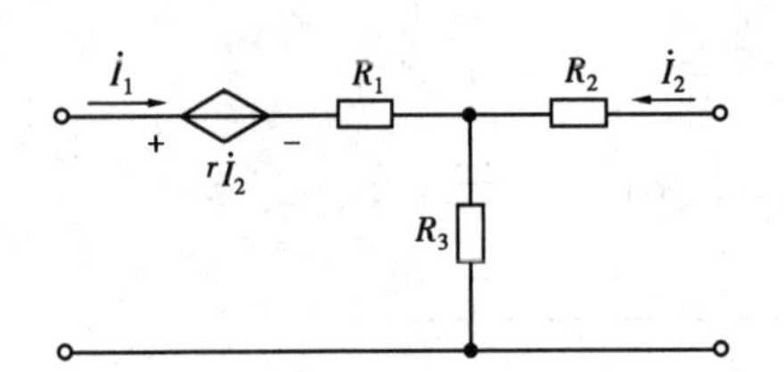

图 17.29 习题 17.6 电路图

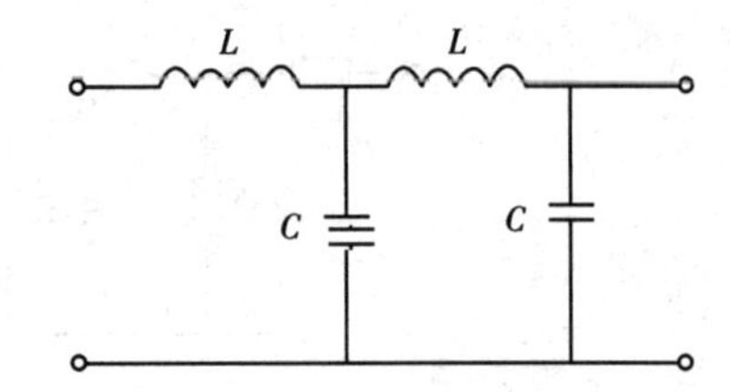

图 17.30 习题 17.9 电路图

17.7 已知某二端口的 Y 参数矩阵为 $Y=\begin{bmatrix}5 & -2\\0 & 3\end{bmatrix}$S,求其等效的 Π 型等效电路。

17.8 已知某二端口的 Z 参数矩阵为 $Z=\begin{bmatrix}3 & 2\\-4 & 4\end{bmatrix}$Ω,求其等效的 T 型等效电路。

17.9 如图 17.30 所示二端口可视为由两个 Γ 型网络级联而成的复合二端口网络,求其传输参数 A,B,C,D。

17.10 求图 17.31 所示复合二端口网络的传输参数矩阵 T。

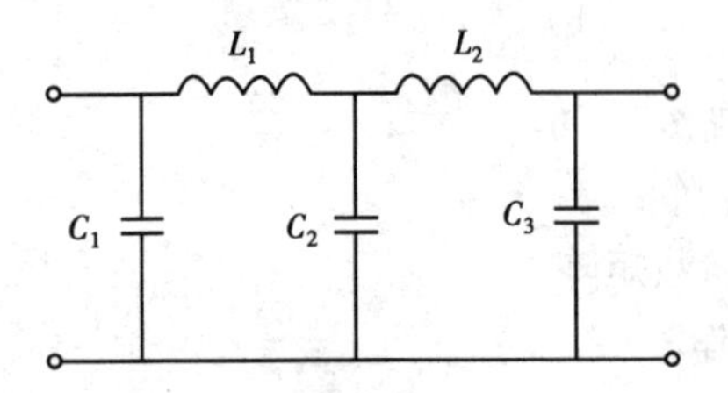

图 17.31 习题 17.10 电路图

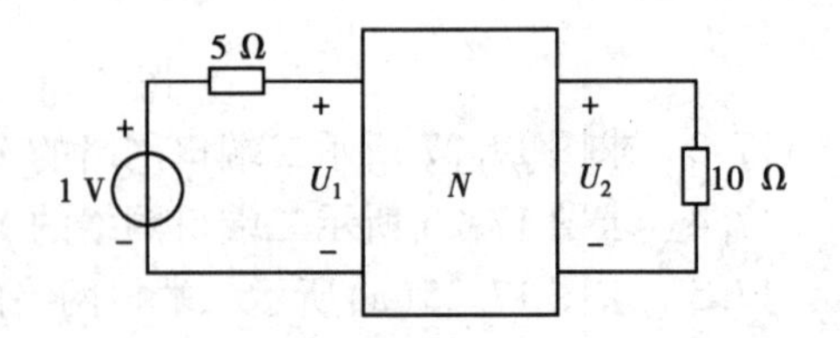

图 17.32 习题 17.11 电路图

17.11 已知某二端口的 H 参数矩阵为 $H=\begin{bmatrix}40 & 0.4\\10 & 0.1\end{bmatrix}$,求图 17.32 所示电路 1 V 电压源

输出功率和10 Ω电阻消耗的功率。

17.12　求图17.32所示电路的电压转移函数 $U_2(s)/U_S(s)$。

17.13　求图17.33所示二端口的 T 参数矩阵，设内部二端口 N_1 的 T 参数矩阵为 $T_1 = \begin{bmatrix} A & B \\ C & D \end{bmatrix}$。

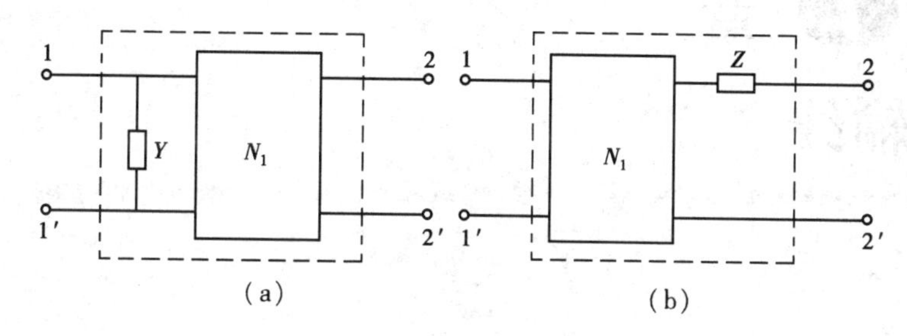

图17.33　习题17.13电路图

17.14　如图17.34所示正弦稳态电路中，回转器的 $r = 1\ \Omega$，电流源 $i_S = \sin 2t$ A，试求电压 u_2。

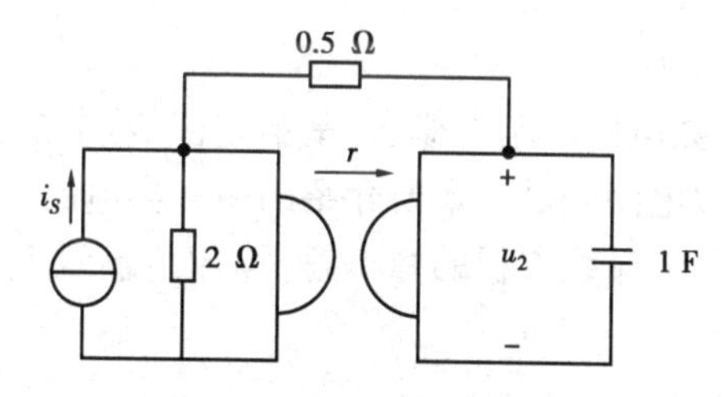

图17.34　习题17.14电路图

17.15　试证明两个回转器级联后（如图17.35(a)所示），可等效为一个理想变压器（如图17.34(b)所示），并求出变比 n 与两个回转器的回转电导 g_1 和 g_2 的关系。

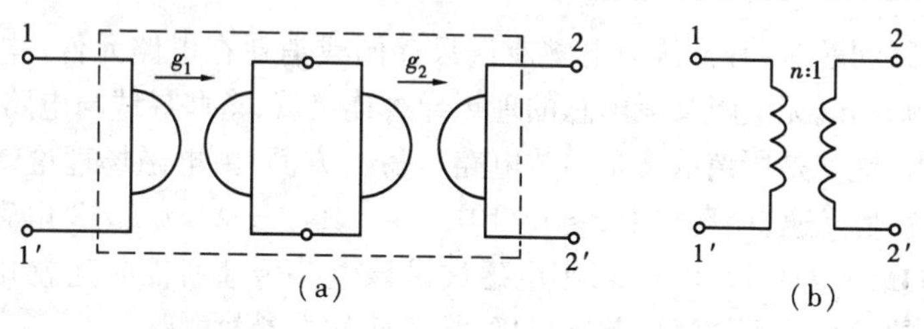

图17.35　习题17.15电路图

17.16　试求图17.36所示电路的输入阻抗 Z_{in}。已知 $C_1 = C_2 = 1\text{F}, G_1 = G_2 = 1\text{S}, g = 2\text{S}$。

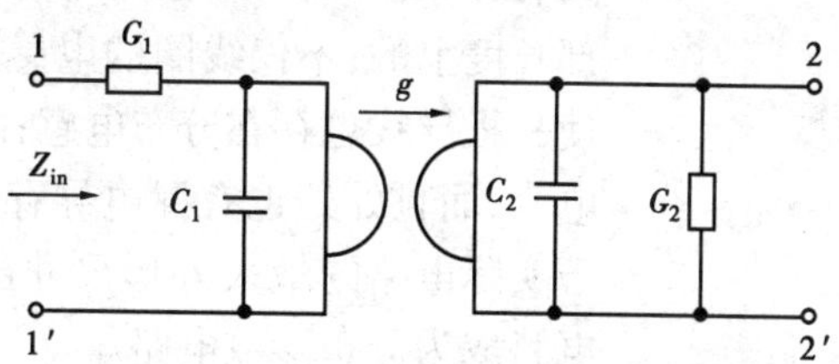

图17.36　习题17.16电路图

第 18 章
均匀传输线

内容简介

以上各章介绍了集总参数电路的基本概念、基本定律、基本方法和电路的基本定理。与集总参数电路相对应,分布参数电路则是本章要介绍的另一类电路。主要介绍分布参数电路,均匀传输线参数及其方程,均匀传输线方程的稳态解,均匀传输线上的波及传输特性,终端接有负载的传输线及无损传输线。

18.1 分布参数电路

前面,研究电路问题时,常常认为电磁能量只存储或消耗在电路元件(电容、电感、电阻)上,而各元件之间则用既无电阻又无电感的理想导线连接着,这些导线与电路其他部分之间的电容也都不加考虑,这就是所谓的集中参数电路。另一方面,由电磁场理论知,电磁波是以一定速度 v 传播,它就是光速,在真空中 $v \approx 3 \times 10^8$ m/s。其波长 $\lambda = v/f$,f 是电磁波信号的频率。如果某实际电路的最大外型尺寸 $l \ll \lambda$,则电磁波沿该电路传播所需时间就几乎为零,在这种情况下,实际电路的参数就可被集中起来考虑,故称作集中参数电路。

但实际情况并非如此。一方面,任何电路的参数都具有分布性。譬如,任何导线的电阻都是分布在它的全部长度上的;不仅线圈的电感分布在它的每一匝上,即使一根导线也存在分布电感;两根导线之间不仅有分布电容,而且处处也有漏电导存在。另一方面,也可能由于实际电路的最大外形尺寸已不再满足 $l \ll \lambda$,从而使电路成为分布参数电路。

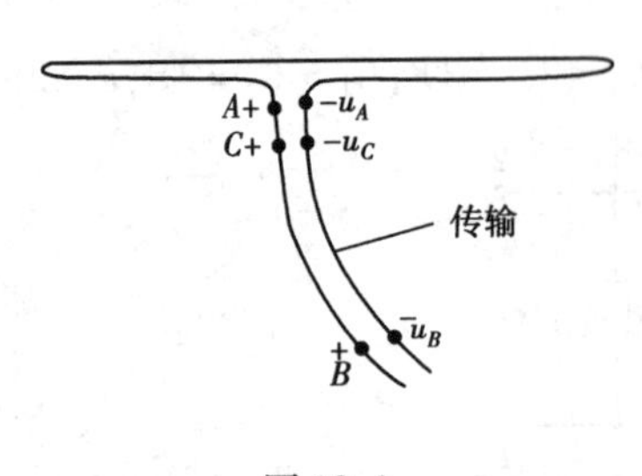

图 18.1

例如,图 18.1 所示,联接于电视接收天线与电视机之间的平行双导线,称之为传输线。为简化说明,设该双导线没有损耗并且延伸至无限长。如

果在无限断口的 A 点感生了频率为 100 MHz(即 $\omega=2\pi\times10^8$ rad/s)的正弦信号电压

$$u_A(t)=U_{\mathrm{m}}\sin\omega t$$

现在讨论沿传输线,距 A 点 1.5 m 处 B 点的电压 $u_B(t)$。因为电磁波传播速度 $v=3\times10^8$ m/s,所以,相对于 A 点的电压 u_A 而言,B 点的电压在时间上将延迟

$$t_0=\frac{1.5}{3\times10^8}=5\times10^{-9}\ \mathrm{s}$$

这相应于在相位上滞后 $\omega t_0=2\pi\times10^8\times5\times10^{-9}=\pi$ rad。于是,B 点的电压:

$$u_B(t)=U_{\mathrm{m}}\sin(\omega t-\pi)=-U_{\mathrm{m}}\sin\omega t=-u_A(t)$$

上式说明,在任何时刻 t,B 点的线间电压与 A 点的线间电压反相。这是由于电磁能量从 A 点传输到 B 点所需的时间不能忽略。因为此时信号的波长

$$\lambda=\frac{3\times10^8}{10^8}=3\ \mathrm{m}$$

显然,AB 间的距离是波长之半。故该段传输线就不能看做是集中参数电路。如果距 A 点较近,如距 A0.015 m$\ll\lambda$ 的 C 点。经计算,从 A 到 C 的传输时间为 5×10^{-11} s,相当于在相位上落后:

$$2\pi\times10^8\times5\times\pi\times10^{-2}\ \mathrm{rad}=1.8^\circ$$

在这种情况下,任意时刻 t,均可认为 $u_C(t)\approx u_A(t)$。即又可将这段传输线看作是集中参数电路。

一般而言,电力工程中的高压远距离输电线,有线通信中的电报、电话线,无线电技术中的馈电线等都是分布参数电路。

在通讯工程中,最常用的传输线是双导线和同轴线。双导线由两条直径相同,彼此平行布放的导线组成;同轴线由两个同心圆柱导体组成。这样的传输线,其参数在一段长度内可看作是处处相同的,称为均匀传输线。本章主要讨论均匀传输线。

18.2　均匀传输线参数及其方程

18.2.1　均匀传输线参数

均匀传输线的参数是以每单位长度的参数表示的,即每单位长度线段上的电阻 R(包括往返两导体);单位长度线段上的电感 L;单位长度线段上的两导体间的漏电导 G;单位长度线段两导体间的电容 C。表 18.1 中列出了几种常用传输线的参数计算公式。

表 18.1　常用传输线参数

名称	双导线	同轴线	四线式传输线
截面图 / 参数	d　D	d　D	d　D

续

名称	双导线	同轴线	四线式传输线
$R^{*}/\mu\Omega/\mathrm{m}$ Cu	$1.66\dfrac{\sqrt{f}}{d}$	$8.32\sqrt{f}\left(\dfrac{1}{d}+\dfrac{1}{D}\right)$	$8.32\dfrac{\sqrt{f}}{d}$
$L/\mu\Omega/\mathrm{m}$	$0.921\lg\dfrac{2D}{d}$	$0.460\lg\dfrac{D}{d}$	$0.460\lg\dfrac{D\sqrt{2}}{d}$
$C^{**}/\mathrm{PF/m}$	$\dfrac{12.06}{\lg\dfrac{2D}{d}}$	$\dfrac{24.1\varepsilon_r}{\lg\dfrac{D}{d}}$	$\dfrac{24.1}{\lg\dfrac{D\sqrt{2}}{d}}$
Z_C/Ω	$276\lg\dfrac{2D}{d}\approx$ 250 ~ 700	$\dfrac{138}{\sqrt{\varepsilon_r}}\lg\dfrac{D}{d}\approx$ 40 ~ 100	$138\lg\dfrac{D\sqrt{2}}{d}$

*　R 各公式中，d 单位 cm，f 为 Hz；其余各 D，d 单位一致；

**　ε_r 为相对介电常数（同轴线公式）；其余各式中 $\varepsilon_r=1$。

18.2.2　均匀传输的微分方程

为了讨论沿传输线上电压和电流的变化，在传输线的 a 点处取很短一段 $\mathrm{d}x$，由于 $\mathrm{d}x$ 很短，故可忽略此段 $\mathrm{d}x$ 上参数的分布性，而可用图 18.2(b)中的集中参数电路表示，这样，整个均匀传输线就相当于由无限多个 $\mathrm{d}x$ 小段级联组成。假设在无限小 $\mathrm{d}x$ 段上，我们假设有无限小的电阻 $R\mathrm{d}x$，无限小电感 $L\mathrm{d}x$，两导线间有无限小电容 $C\mathrm{d}x$ 和电导 $G\mathrm{d}x$。均匀传输线接电源的一端为始端，连接负载的一端称为终端。长度元 $\mathrm{d}x$ 距始端为 x，$\mathrm{d}x$ 左端的电压和电流为 u 和 i，$\mathrm{d}x$ 右端的电压和电流为 $u+\dfrac{\partial u}{\partial x}\mathrm{d}x$ 和 $i+\dfrac{\partial i}{\partial x}\mathrm{d}x$。这就是均匀传输线的集中参数电路模型。

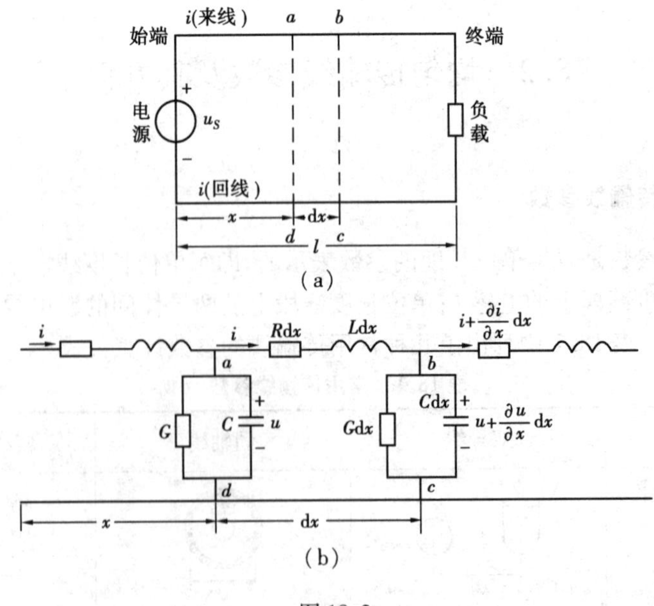

图 18.2

根据 KVL 可得到 dx 段上的电压(差)为

$$u - \left(u + \frac{\partial u}{\partial x}\mathrm{d}x\right) = -\frac{\partial u}{\partial x}\mathrm{d}x$$

它就等于电流流过 dx 段时,在 $R\mathrm{d}x$ 和 $L\mathrm{d}x$ 上的压降,即

$$(R\mathrm{d}x)i + (L\mathrm{d}x)\frac{\partial i}{\partial t} = -\frac{\partial u}{\partial x}\mathrm{d}x$$

同时消去 dx 得

$$Ri + L\frac{\partial i}{\partial t} = -\frac{\partial u}{\partial x} \tag{18.1}$$

同理,每过一个 dx 小段后电流减小

$$i - \left(i + \frac{\partial i}{\partial x}\mathrm{d}x\right) = -\frac{\partial i}{\partial x}\mathrm{d}x$$

而这部分电流恰是 $G\mathrm{d}x$ 和 $C\mathrm{d}x$ 中流过的电流和,故

$$(G\mathrm{d}x)\left(u + \frac{\partial u}{\partial x}\mathrm{d}x\right) + (C\mathrm{d}x)\frac{\partial}{\partial t}\left(u + \frac{\partial u}{\partial x}\mathrm{d}x\right) = -\frac{\partial i}{\partial x}\mathrm{d}x$$

略去二阶无穷小$(\mathrm{d}x)^2$ 各项,并消去 dx 得

$$Gu + C\frac{\partial u}{\partial t} = -\frac{\partial i}{\partial x} \tag{18.2}$$

以上两式就称作均匀传输线方程,也称电报方程。这是一组常系数线性偏微分方程,在给定初始条件和边界条件后,就可惟一地求得电压 u 和电流 i。

18.3　均匀传输线方程的正弦稳态解

假如传输线的始端施加角频率为 ω 的正弦电压,终端接上负载,则正弦稳态下传输线上各处的电压电流也都按正弦规律变动,因此,均匀传输线方程就可表示为相量方程,即

$$R\dot{I} + \mathrm{j}\omega L\dot{I} = -\frac{\mathrm{d}\dot{U}}{\mathrm{d}x} \tag{18.3}$$

$$R\dot{U} + \mathrm{j}\omega C\dot{U} = -\frac{\mathrm{d}\dot{I}}{\mathrm{d}x} \tag{18.4}$$

原来的偏导数都改为全导数,是因为$\dot{I}$,$\dot{U}$已不再是时间的函数,而仅为距离的函数。把式(18.3)对 x 求导数,并将式(18.4)代入得

$$\frac{\mathrm{d}^2\dot{U}}{\mathrm{d}x^2} = -(R + \mathrm{j}\omega L)\frac{\mathrm{d}\dot{I}}{\mathrm{d}x} = (R + \mathrm{j}\omega L)(G + \mathrm{j}\omega C)\dot{U} = \gamma^2\dot{U} \tag{18.5}$$

根据此微分方程的特征方程特征根,可知其通解为

$$\dot{U} = A_1\mathrm{e}^{-\gamma x} + A_2\mathrm{e}^{\gamma x} \tag{18.6}$$

为了求得电流$\dot{I}$的解,将式(18.6)代入式(18.3)得

$$\dot{I} = \frac{-\dfrac{\mathrm{d}\dot{U}}{\mathrm{d}x}}{R + \mathrm{j}\omega L} = \frac{\gamma}{R + \mathrm{j}\omega L}(A_1\mathrm{e}^{-\gamma x} - A_2\mathrm{e}^{\gamma x}) = \frac{A_1}{Z_C}\mathrm{e}^{-\gamma x} - \frac{A_2}{Z_C}\mathrm{e}^{\gamma x} \tag{18.7}$$

式中

$$\gamma = \sqrt{(R + j\omega L)(G + j\omega C)} \tag{18.8}$$

$$Z_C = \frac{(R + j\omega L)}{\gamma} = \sqrt{\frac{(R + j\omega L)}{(G + j\omega C)}} \tag{18.9}$$

通常 γ 称为传输线上波的传播系数,它是一个量纲一的复数,而 Z_C 具有电阻量纲,称为传输线的波阻抗或特性阻抗,其物理意义以后再予说明。A_1,A_2 必须由线路边界条件(始端或终端的电压电流)来确定。

18.3.1 已知始端电压、电流的解

若始端电压 $\dot{U}_1$ 和电流 $\dot{I}_1$ 为已知,则 $x=0$,所以有 $\dot{U}=\dot{U}_1$,$\dot{I}=\dot{I}_1$,将它们代入式(18.6)和式(18.7)得

$$\left.\begin{aligned} A_1 + A_2 &= \dot{U}_1 \\ A_1 - A_2 &= Z_C \dot{I}_1 \end{aligned}\right\} \tag{18.10}$$

解此方程组得

$$\left.\begin{aligned} A_1 &= \frac{1}{2}(\dot{U}_1 + Z_C \dot{I}_1) \\ A_2 &= \frac{1}{2}(\dot{U}_1 - Z_C \dot{I}_1) \end{aligned}\right\} \tag{18.11}$$

把此 A_1,A_2 回代式(18.6)和式(18.7)得

$$\left.\begin{aligned} \dot{U} &= \frac{1}{2}(\dot{U}_1 + Z_C \dot{I}_1)e^{-\gamma x} + \frac{1}{2}(\dot{U}_1 - Z_C \dot{I}_1)e^{\gamma x} \\ \dot{I} &= \frac{1}{2}\left(\frac{\dot{U}_1}{Z_C} + \dot{I}_1\right)e^{-\gamma x} + \frac{1}{2}\left(\frac{\dot{U}_1}{Z_C} - \dot{I}_1\right)e^{\gamma x} \end{aligned}\right\} \tag{18.12}$$

利用双曲线函数

$$\left.\begin{aligned} \cosh(\gamma x) &= \frac{1}{2}(e^{-\gamma x} + e^{\gamma x}) \\ \sinh(\gamma x) &= \frac{1}{2}(e^{-\gamma x} - e^{\gamma x}) \end{aligned}\right\}$$

式(18.12)又可写作

$$\left.\begin{aligned} \dot{U} &= \dot{U}_1\cosh(\gamma x) - Z_C \dot{I}_1\sinh(\gamma x) \\ \dot{I} &= \dot{I}_1\cosh(\gamma x) - \frac{\dot{U}_1}{Z_C}\sinh(\gamma x) \end{aligned}\right\} \tag{18.13}$$

18.3.2 已知终端电压、电流的解

假若已知终端负载处(即 $x=l$ 处)的电压 $\dot{U}_2$ 和电流 $\dot{I}_2$,则 $x=l$ 时,$\dot{U}=\dot{U}_2$,$\dot{I}=\dot{I}_2$,将它们代入式(18.6)和式(18.7)得

$$\left.\begin{aligned}\dot{U}_2 &= A_1 e^{-\gamma l} + A_2 e^{\gamma l}\\ \dot{I}_2 &= \frac{A_1}{Z_C} e^{-\gamma l} - \frac{A_2}{Z_C} e^{\gamma l}\end{aligned}\right\}$$

解以上方程可得

$$\left.\begin{aligned}A_1 &= \frac{1}{2}(\dot{U}_2 + Z_C \dot{I}_2) e^{\gamma l}\\ A_2 &= \frac{1}{2}(\dot{U}_2 - Z_C \dot{I}_2) e^{-\gamma l}\end{aligned}\right\} \tag{18.14}$$

把 A_1, A_2 回代到式(18.6)和式(18.7)得

$$\left.\begin{aligned}\dot{U} &= \frac{1}{2}(\dot{U}_2 + Z_C \dot{I}_2) e^{\gamma(l-x)} + \frac{1}{2}(\dot{U}_2 - Z_C \dot{I}_2) e^{-\gamma(l-x)}\\ \dot{I} &= \frac{1}{2}\left(\frac{\dot{U}_2}{Z_C} + \dot{I}_2\right) e^{\gamma(l-x)} - \frac{1}{2}\left(\frac{\dot{U}_2}{Z_C} - \dot{I}_2\right) e^{-\gamma(l-x)}\end{aligned}\right\} \tag{18.15}$$

在这种情况下,距离变量从终端算起比较方便,而$(l-x)$即为从终端算起的距离,若也用 x 标记,则式 18.15 变为

$$\left.\begin{aligned}\dot{U} &= \frac{1}{2}(\dot{U}_2 + Z_C \dot{I}_2) e^{\gamma x} + \frac{1}{2}(\dot{U}_2 - Z_C \dot{I}_2) e^{-\gamma x}\\ \dot{I} &= \frac{1}{2}\left(\frac{\dot{U}_2}{Z_C} + \dot{I}_2\right) e^{\gamma x} - \frac{1}{2}\left(\frac{\dot{U}_2}{Z_C} - \dot{I}_2\right) e^{-\gamma x}\end{aligned}\right\} \tag{18.16}$$

这里的 x 即为从终端算起的距离。

同样上式亦可用双曲函数表示,得

$$\left.\begin{aligned}\dot{U} &= \dot{U}_2 \cosh(\gamma x) + Z_C \dot{I} \sinh(\gamma x)\\ \dot{I} &= \dot{I}_2 \cosh(\gamma x) + \frac{\dot{U}_2}{Z_C} \sinh(\gamma x)\end{aligned}\right\} \tag{18.17}$$

由式(18.17)可以看出,它与二端口网络的 A 参数方程形式相同(这里$\dot{I}_2$ 的参考方向离开二端口,故$\dot{I}_2$ 前为正号),其传输 A 参数为

$$\left.\begin{aligned}A_{11} &= A_{22} = \cosh(\gamma x)\\ A_{12} &= Z_C \sinh(\gamma x)\\ A_{21} &= \frac{1}{Z_C} \sinh(\gamma x)\end{aligned}\right\} \tag{18.18}$$

且满足 $\Delta_A = 1, A_{11} = A_{22}$,故当不关心一段均匀传输线沿线的电压、电流分布情况,而研究其端口电压、电流时,可以把它看作是可逆的对称二端口网络。

18.4　均匀传输线上的波和传播特性

18.4.1　均匀传输线上的行波

根据均匀传输线方程解的一般形式(18.6)和(18.7)式可以看出,均匀传输线上任何一点

的电压$\dot{U}$和电流$\dot{I}$都可看成是由两个分量组成,即

$$\left.\begin{aligned}\dot{U} &= A_1 e^{-\gamma x} + A_2 e^{\gamma x} = \dot{U}_{in} + \dot{U}_{ref}\\ \dot{I} &= \frac{A_1}{Z_C} e^{-\gamma x} - \frac{A_2}{Z_C} e^{\gamma x} = \dot{I}_{in} - \dot{I}_{ref}\end{aligned}\right\} \quad (18.19)$$

式中$\dot{U}_{in}$,$\dot{I}_{in}$称为入射波相量,$\dot{U}_{ref}$,$\dot{I}_{ref}$称为反射波相量。$\dot{I}_{ref}$之前的负号是因为$\dot{I}_{ref}$方向与$\dot{I}$方向相反的缘故。

先研究电压入射波相量$\dot{U}_{in} = A_1 e^{-\gamma x}$,式中$A_1$和$\gamma$均为复数,令

$$A_1 = a_1 e^{j\varphi_1} \quad (18.20)$$

$$\gamma = \sqrt{(R + j\omega L)(G + j\omega C)} = \alpha + j\beta \quad (18.21)$$

这样一来,电压相量$\dot{U}_{in}$的瞬时值表达式就可写为

$$\dot{U}_{in}(t,x) = I_m[\sqrt{2}\dot{U}_{in} e^{j\omega t}] = \sqrt{2} a_1 e^{-\alpha x} \sin(\omega t - \beta x + \varphi_1) \quad (18.22)$$

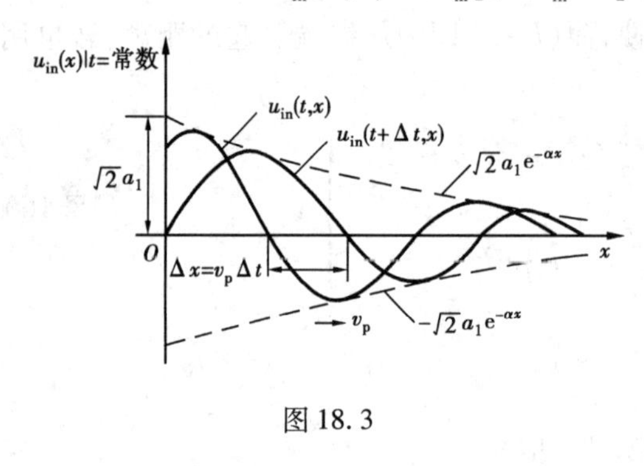

图 18.3

这是一个时间t和距离x的函数,在任意一个指定的地方(即x为定值),它随时间按正弦规律变动;而在任意指定时刻t(t为定值),它沿均匀传输线路以衰减的正弦规律分布,如图18.3实线的$u_{in}(t,x)$。图18.3中$u_{in}(t,x)$的幅值随x的增大而减小,是由于γ的实部α为正。这可以从式(18.21)看出,由于式中R,G,L,C均为正,所以传播系数γ的幅角就在0~90°之间,故其实部α和虚部β均为正。

上面讨论的是在同一时刻电压分量u_{in}沿线分布的情况,这种分布随着时间的推移也将发生变化。为了确定u_{in}的传播速度,假定$t = t_1$时,$x = x_1$,在这一点上电压$u_{in}(t_1, x_1)$的相角为

$$\theta = \omega t_1 - \beta x_1 + \varphi_1$$

经过时间Δt后,即$t_2 = t_1 + \Delta t$该点的相位角已不再是θ了,如果把相位角仍等于θ的点令为$x = x_1 + \Delta x = x_2$,则x_2点上电压$u_{in}(t_2, x_2)$的相角为

$$\theta = \omega(t_1 + \Delta t) - \beta(x_1 + \Delta x) + \varphi_1$$

以上两式相减得

$$\omega \Delta t - \beta \Delta x = 0$$

所以有

$$v_p = \lim \frac{\Delta x}{\Delta t} = \frac{\omega}{\beta} \quad (18.23)$$

$u_{in}(t,x)$在均匀传输线相位角恒等于θ的点的位置随时间增长而持续在x增长的方向上移动,v_p就为该点的移动速度或传播速度,由于是同相位点的运动速度,故简称相速。如果把相邻各瞬间的电压分量u_{in}沿线分布的波形图画出来(如图18.3所示),就可以看出电压分布曲线随着时间的增长而不断向x增长的方向移动。而把这种随时间增长而不断向一定运动的波,就称作行波。

在一个周期内行波所行进的距离称为行波的波长,用λ表示,即

$$\lambda = v_p T = \frac{v_p}{f} = \frac{2\pi}{\beta} \tag{18.24}$$

由于电压行波 u_{in}的行进方向是从传输线的始端移向终端，即从电源端到负载端，故又称作为入射波。

同理，可以说明式(18.19)中，电压反射波相量$\dot{U}_{ref} = A_2 e^{\gamma x} = a_2 e^{j\varphi_2} \cdot e^{\gamma x}$的瞬时值为

$$u_{ref}(t,x) = \sqrt{2} a_2 e^{\alpha x} \sin(\omega t + \beta x + \varphi_2) \tag{18.25}$$

它也是一个行波(见图18.4)，其相速 v_p 和波长 λ 与入射波相同，但由于 u_{ref}的相位角中所含有的与 x 有关的项是 $+\beta x$，而不是 $-\beta x$，所以这个行波行进的方向与入射波相反，即由传输线的终端移向始端，即由负载到电源，因而称其为反射波。u_{ref}中所含衰减因子说明，随波的行进，即随 x 的减小，其振幅也逐渐减小。

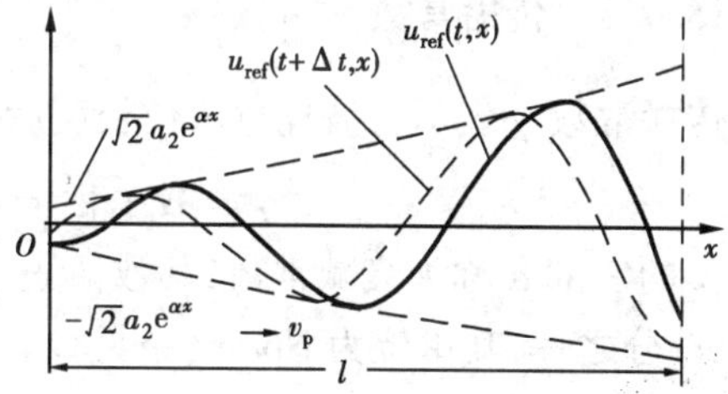

图18.4

可见，传输线上各处的线间电压都可看成是两个向相反方向传输的波(入射波与反射波)相叠加的结果。

同样，传输线上各处的电流也可看成是由入射电流波和反射电流波组成。

18.4.2　特性阻抗

由式(18.19)可以看出，入射波电压$\dot{U}_{in}$与入射波电流$\dot{I}_{in}$之比或反射波电压$\dot{U}_{ref}$与反射波电流$\dot{I}_{ref}$之比为

$$\frac{\dot{U}_{in}}{\dot{I}_{in}} = \frac{\dot{U}_{ref}}{\dot{I}_{ref}} = Z_C \tag{18.26}$$

由式(18.9)可知

$$Z_C = \sqrt{\frac{R + j\omega L}{G + j\omega C}} \tag{18.27}$$

由于对同一频率的电源 Z_C是由均匀传输线参数决定的，故称作特性阻抗。一般情况下，Z_C是一个复数，它不仅与线路参数有关，而且还与信号源频率有关。但当线路参数满足

$$\frac{R}{L} = \frac{G}{C} \tag{18.28}$$

时，特性阻抗变为纯电阻

$$Z_C = \sqrt{\frac{L}{C}} \cdot \sqrt{\frac{\frac{R}{L} + j\omega}{\frac{G}{C} + j\omega}} = \sqrt{\frac{L}{C}} \tag{18.29}$$

通常，把条件(18.28)式称作传输线的不失真条件，满足此条件的传输线称为无畸变线。这种情况对均匀传输线在无线电技术的实际应用中是十分希望的。

如果传输线所传输的信号频率很高(称为高频线)，假若满足条件 $\omega L \gg R, \omega C \gg G$，则也可近似认为特性阻抗为一纯电阻。由式(18.9)得

$$Z_C \approx \sqrt{\frac{L}{C}} \tag{18.30}$$

可见在高频情况下,传输线的特性阻抗为一纯电阻,它仅与传输线的形式、尺寸和介质的参数有关,而与频率无关。

将表 18.1 中所列的传输线参数代入式(18.30),即可得到各种传输线的特性阻抗计算式。如表 18.1 中最后一行所示。

18.4.3 传播常数 γ

传播常数 γ 表示行波经过单位长度后振幅和相位的变化。表达式为:

$$\gamma = \alpha + j\beta = \sqrt{(R + j\omega L)(G + j\omega C)} \tag{18.31}$$

式中 γ 的实部 α 称为衰减常数,其数值表示行波每经过一单位长度后,其振幅将衰减为原振幅的 e^{α} 分之一,其单位为 Np/m(奈贝/米)或 dB/m(分贝/米)。γ 的虚部 β 称为相移常数,它的数值代表在沿波的传播方向上相距一单位长度的前方处,波在相位上滞后的弧度数,其单位为 rad/m(弧度/米)。

把式(18.31)平方得

$$\alpha^2 + j2\alpha\beta - \beta^2 = (R + j\omega L)(G + j\omega C) = (RG - \omega^2 LC) + j\omega(GL + RC)$$

令上式中等号两边实部虚部分别相等,得:

$$\left.\begin{aligned} \alpha^2 - \beta^2 &= RG - \omega^2 LC \\ 2\alpha\beta &= \omega(GL + RC) \end{aligned}\right\}$$

联立求解方程,得

$$\alpha = \sqrt{\frac{1}{2}\left[(RG - \omega^2 LC) + \sqrt{(R^2 + \omega^2 L^2)(G^2 + \omega^2 C^2)}\right]} \tag{18.32}$$

$$\beta = \sqrt{\frac{1}{2}\left[(\omega^2 LC - RG) + \sqrt{(R^2 + \omega^2 L^2)(G^2 + \omega^2 C^2)}\right]} \tag{18.33}$$

为了减小信号在线路上传输的损耗,一般要求传输线的衰减常数越小越好。为此将式(18.32)中的 α 对任一分布参数求导数并令其为零,得到的最小衰减条件是

$$\frac{R}{L} = \frac{G}{C}$$

可见,传输线的最小衰减条件与不失真条件是一致的,将此条件代入到式(18.32)和式(18.33)中,得最小衰减和无畸变线的传播常数为

$$\alpha = \sqrt{GR} \tag{18.34}$$

$$\beta = \omega\sqrt{LC} \tag{18.35}$$

这就说明,当传输线的衰减常数 α 是与频率无关的常量时,在线上传输的宽频带信号的各频率分量将具有相同的传输衰减,因而在传输过程中各频率分量的振幅比例不会改变,故无幅度频率失真。

当信号频率很高,且满足 $\omega L \gg R$ 和 $\omega C \gg G$ 时,式(18.31)可改写为

$$\alpha + j\beta = \sqrt{(R + j\omega L)(G + j\omega C)} =$$

$$j\omega\sqrt{LC}\left(1+\frac{R}{j\omega L}\right)^{\frac{1}{2}}\left(1+\frac{G}{j\omega C}\right)^{\frac{1}{2}}$$

用二项式定理展开,并略去各高次项得

$$\alpha+j\beta\approx j\omega\sqrt{LC}\left(1+\frac{1}{2}\cdot\frac{R}{j\omega L}\right)\left(1+\frac{1}{2}\cdot\frac{G}{j\omega C}\right)\approx$$

$$j\omega\sqrt{LC}\left(1-j\frac{R}{2\omega L}-j\frac{G}{2\omega C}\right)\approx$$

$$\frac{R}{2}\sqrt{\frac{C}{L}}+\frac{G}{2}\sqrt{\frac{L}{C}}+j\omega\sqrt{LC}$$

所以

$$\left.\begin{aligned}\alpha&=\frac{R}{2}\sqrt{\frac{C}{L}}+\frac{G}{2}\sqrt{\frac{L}{C}}\\\beta&=\omega\sqrt{LC}\end{aligned}\right\}\tag{18.36}$$

考虑到高频时传输线的特性阻抗 $Z_C=\sqrt{\frac{L}{C}}$,故式(18.36)可写作

$$\left.\begin{aligned}\alpha&=\frac{R}{2Z_C}+\frac{GZ_C}{2}\\\beta&=\omega\sqrt{LC}\end{aligned}\right\}\tag{18.37}$$

即高频传输线的衰减常数 α 是与频率无关的常量,而相移常数 β 则与频率成线性关系,它与不失真传输的条件一致。

在有些教科书上,也把传输线的 R,L,G,C 称作传输线的原参数,而把 Z_C 及 γ 称作传输线的副参数。

例 18.1　由一双导线架空线路,用以传输频率为 100 kHz 的载波信号。铜线直径为 3 mm,两导线的中心间距为 30 cm。试求①传输线的参数(电导 G 很小,可以忽略不计);②特性阻抗;③衰减常数和相移常数;④线上信号传播的相速。

解　①已知 $d=3\ \text{mm}=0.3\ \text{cm}$, $D=30\ \text{cm}$, $f=100\times10^3\ \text{Hz}$。根据表 18.1 中所示公式,可求得一对线每米的参数如下:

$$R=16.6\frac{\sqrt{f}}{d}=16.6\frac{\sqrt{10^5}}{0.3}\ \mu\Omega/\text{m}=17.5\times10^{-3}\ \Omega/\text{m}$$

$$L=0.921\lg\frac{2D}{d}=0.921\lg\frac{2\times30}{0.3}=2.12\ \mu\text{H/m}$$

$$C=\frac{12.06}{\lg\frac{2D}{d}}=\frac{12.6}{\lg\frac{2\times30}{0.3}}=5.24\ \text{PF/m}$$

②由于 $\omega L\gg R$($\omega L=1.33\ \Omega/\text{m}$, $R=0.0175\ \Omega/\text{m}$),故有

$$Z_C=\sqrt{\frac{L}{C}}=\sqrt{\frac{2.12\times10^{-6}}{5.24\times10^{-12}}}=635\ \Omega$$

或直接用

$$Z_C=276\lg\frac{2D}{d}=276\lg\frac{2\times30}{0.3}=635\ \Omega$$

③由于忽略了电导 G,所以

$$\left.\begin{aligned}\alpha &\approx \frac{R}{2Z_C} = \frac{1.75\times10^{-2}}{2\times635} = 13.8\times10^{-6}\ \mathrm{NP/m}\\ \beta &= \omega\sqrt{LC} = 2\pi\times10^5\sqrt{2.12\times10^{-6}\times5.24\times10^{-12}}\\ &= 2.09\times10^{-3}\ \mathrm{rad/m}\end{aligned}\right\}$$

④相速

$$v_p = \frac{\omega}{\beta} = \frac{2\pi\times10^5}{2.09\times10^{-3}} = 3\times10^8\ \mathrm{m/s}$$

18.5 终端接有负载的传输线

上节已经讨论了传输线上电压波和电流波传播的基本特性,本结将讨论传输线终端接有负载时,入射波与反射波、电压波与电流波之间的关系。在研究这些问题时,线上任意一点的位置从负载端算起比较方便,即从终端(负载端)到该点的距离设为 x。传输线上的入射波及反射波仍然不变,只是入射波在 $-x$ 方向上传播,反射波却在 x 方向上传播,如图 18.5 所示。这样,在 x 点传输线的电压和电流相量表达式为式(18.16),即

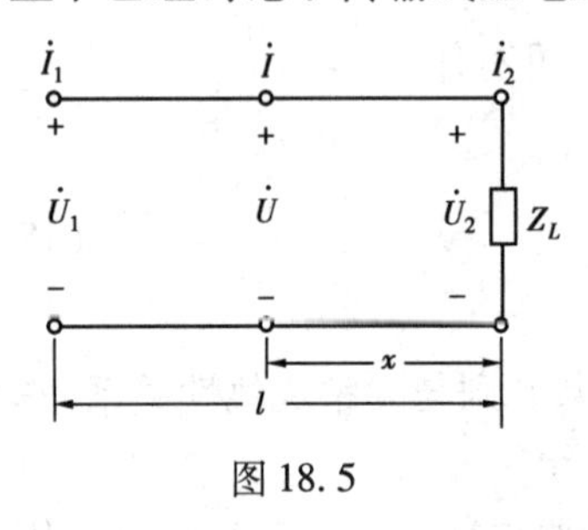

图 18.5

$$\dot{U} = \frac{1}{2}(\dot{U}_2 + Z_C\dot{I}_2)e^{\gamma x} + \frac{1}{2}(\dot{U}_2 - Z_C\dot{I}_2)e^{-\gamma x} = \dot{U}_{in} + \dot{U}_{ref} \tag{18.38}$$

$$\dot{I} = \frac{1}{2Z_C}(\dot{U}_2 + Z_C\dot{I}_2)e^{\gamma x} - \frac{1}{2Z_C}(\dot{U}_2 - Z_C\dot{I}_2)e^{-\gamma x} = \dot{I}_{in} - \dot{I}_{ref} \tag{18.39}$$

若用双曲函数表示,则有

$$\left.\begin{aligned}\dot{U} &= \dot{U}_2\cosh\gamma x + \dot{I}_2 Z_C\sinh\gamma x\\ \dot{I} &= \frac{\dot{U}_2}{Z_C}\sinh\gamma x + \dot{I}_2\cosh\gamma x\end{aligned}\right\} \tag{18.40}$$

18.5.1 反射系数

为了描述反射波与入射波之间的数量关系,定义传输线上某处反射电压(或电流)与入射波电压(或电流)之比为反射系数,用 $n(x)$ 表示,即

$$n(x) = \frac{\dot{U}_{ref}}{\dot{U}_{in}} = \frac{\dot{I}_{ref}}{\dot{I}_{in}} \tag{18.41}$$

由式(18.38)及式(18.39)可得

$$n(x) = \frac{\dot{U}_2 - Z_C \dot{I}_2}{\dot{U}_2 + Z_C \dot{I}_2} e^{-2\gamma x} = \frac{\dfrac{\dot{U}_2}{\dot{I}_2} - Z_C}{\dfrac{\dot{U}_2}{\dot{I}_2} + Z_C} e^{-2\gamma x}$$

又因为 $Z_L = \dfrac{\dot{U}_2}{\dot{I}}$,故上式又可写作

$$n(x) = \frac{Z_L - Z_C}{Z_L + Z_C} e^{-2\gamma x} \tag{18.42}$$

由式(18.42)可知,传输线终端(负载端),$x=0$,若用 n_2 表示终端反射系数,则有

$$n_2 = \frac{Z_L - Z_C}{Z_L + Z_C} \tag{18.43}$$

可见,终端反射系数只与负载阻抗和传输线特性阻抗有关。Z_L类型不同,则反射系数也不同,并使传输线的工作状态也不同。大致可分为以下几种类型:

①当 $Z_L = Z_C$时(即终端接特性阻抗,负载端匹配时)

由式(18.43)可知,终端反射系数 $n_2=0$,表明反射波电压和电流均为零,使传输线上只有入射波。把传输线的这种工作状态称为无反射状态或行波状态。

②当 $Z_L=0$(即终端负载短路)时

由式(18.43)可知,$n_2 = -1$。

③当 $Z_L = \infty$(即负载开路)时,$n_2=1$

以上两种情况下,反射波与入射波的幅度相同(负号表示入射波与反射波相位相反),可称为全反射状态。

④在 Z_L为其他的情况下,$0<|n_2|<1$,可称作部分反射状态。

18.5.2　终端接有特性阻抗的传输线,$Z_L = Z_C$,$n=0$

根据式(18.39)有

$$\dot{U} = \dot{U}_2 e^{+\gamma x} \qquad \dot{I} = \dot{I}_2 e^{+\gamma x}$$

可见,当终端接有负载 $Z_L = Z_C$,即接特性阻抗时,有:

$$Z_{in} = \frac{\dot{U}}{\dot{I}} = \frac{\dot{U}_2}{\dot{I}_2} = \frac{\dot{U}_1}{\dot{I}_1} = Z_C$$

即沿线任何一点的电压相量$\dot{U}$和电流相量$\dot{I}$之比就等于特性阻抗。也就是从线上任何处向终端看的输入阻抗总等于 Z_C。

把传输线终端接特性阻抗为负载时,该传输线的功率称为自然功率。在始端从电源吸收的功率为

$$P_1 = U_1 I_1 \cos\theta$$

在终端,负载获得的功率为

$$P_2 = U_2 I_2 \cos\theta$$

其中 θ 是 Z_C之幅角。

研究距终端 x 处的电压和电流为

$$\dot{U} = \dot{U}_2 e^{\gamma x} = \dot{U}_2 e^{\alpha x} \cdot e^{j\beta x}$$

$$\dot{I} = \dot{I}_2 e^{\gamma x} = \dot{I}_2 e^{\alpha x} \cdot e^{j\beta x}$$

始端($x = l$)电压和电流为

$$\dot{U}_1 = \dot{U}_2 e^{\gamma l} = \dot{U}_2 e^{lx} \cdot e^{j\beta l}$$

$$\dot{I}_1 = \dot{I}_2 e^{\gamma x} = \dot{I}_2 e^{\alpha l} \cdot e^{j\beta l}$$

始端功率 P_1 可写作(此时 $x = l$)

$$P_1 = U_1 I_1 \cos\theta = U_2 I_2 e^{2\alpha l} \cos\theta = P_2 e^{2\alpha l}$$

其中 l 为传输线长度。于是可得传输线的传输效率为

$$\eta = \frac{P_2}{P_1} = e^{-2\alpha l}$$

由于终端所接负载 $Z_L = Z_C$,故传输线处于匹配状态下运行,无反射波,通过入射波传输到终端的功率全部为负载所吸收。可见,如负载不匹配时,入射波的一部分功率将会被反射波带回给始端电源,即负载所得功率就比匹配时小,传输效率也低。

18.5.3 终端接任意负载阻抗的传输线

先研究 $Z_L = 0$ 和 $Z_L = \infty$ 两种情况

①当 $Z_L = \infty$(终端开路)时,$n_2 = 1$(全反射状态)

因为 $\dot{I}_2 = 0$,故可求得距终端 x 处的电压 $\dot{U}_{OC}$ 和电流 $\dot{I}_{OC}$

$$\left.\begin{aligned} \dot{U}_{OC} &= \dot{U}_2 \cosh\gamma x \\ \dot{I}_{OC} &= \frac{\dot{U}_2}{Z_C} \sinh\gamma x \end{aligned}\right\} \tag{18.44a}$$

由此式又可求得负载开路时在始端的输入阻抗为($x = l$)

$$Z_{OC} = \left.\frac{\dot{U}_{OC}}{\dot{I}_{OC}}\right|_{x=l} = Z_C \frac{\cosh\gamma x}{\sinh\gamma x} = Z_C \coth\gamma x$$

当传输线的长度 l 改变时,输入阻抗也随之改变。Z_{OC} 的模 $|Z_{OC}|$ 随 l 的变化如图 18.6 所示。显然,当 $l \to \infty$ 时,$|Z_{OC}| = |Z_C|$。

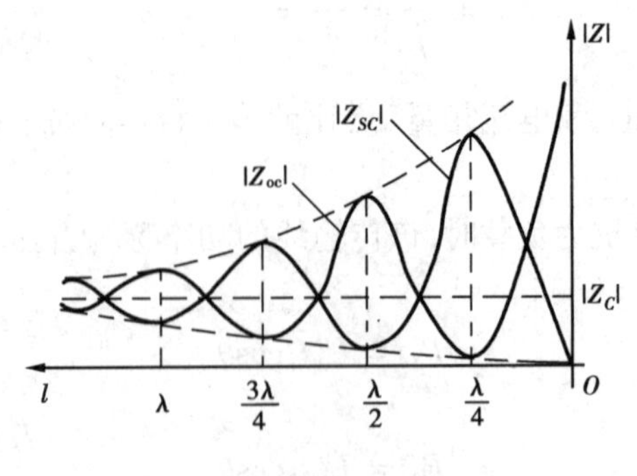

图 18.6

为了便于说明电压和电流沿线的变化,将电压和电流用有效值表示,并利用下列数学关系式

$$\left.\begin{aligned}|\cosh\gamma x|^2 &= |\cosh^2(\alpha x + \mathrm{j}\beta x)| = \frac{1}{2}[\cosh(2\alpha x) + \cos(2\beta x)]\\ |\sinh\gamma x|^2 &= |\sinh^2(\alpha x + \mathrm{j}\beta x)| = \frac{1}{2}[\cosh(2\alpha x) - \cos(2\beta x)]\end{aligned}\right\}$$

根据(18.44)有

$$U_{oc}^2 = \frac{1}{2}U_2^2[\cosh(2\alpha x) + \cos(2\beta x)]$$

$$I_{oc}^2 = \frac{1}{2}\frac{U_2^2}{|Z_C|^2}[\cosh(2\alpha x) - \cos(2\beta x)]$$

图18.7画出了 U_{oc}^2, I_{oc}^2 随 x 变化的曲线。可以看出,U_{oc}^2, I_{oc}^2 的最大值和最小值大约每隔 $\frac{\lambda}{4}$ 更替一次。在终端电流为零,而电压得到最大值。如果传输的长度不超过 $\frac{\lambda}{4}$,则空载时电流的有效值从传输线始端逐渐减小,到终端时为零,而电压有效值则从始端向终端增大,到终端时为最大值。U_{oc} 和 I_{oc} 随 x 的变化情况与 U_{oc}^2, I_{oc}^2 随 x 的变化情况相似,只是波动较小。

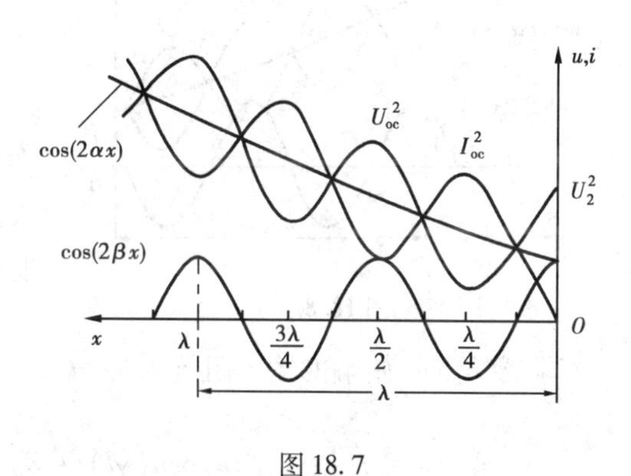

图18.7

②当 $Z_L=0, \dot{U}_2=0$(终端短路时),$\lambda=-1$(全反射状态)

由式(18.40)可得距终端 x 处的电压 $\dot{U}_{SC}$ 和电流 $\dot{I}_{SC}$ 为

$$\left.\begin{aligned}\dot{U}_{SC} &= Z_C\dot{I}_2\sinh(\gamma x)\\ \dot{I}_{SC} &= \dot{I}_2\cosh(\gamma x)\end{aligned}\right\} \quad (18.44b)$$

其下标"SC"表示短路的情况。由上两式可求得终端短路时,始端的入端阻抗为

$$Z_{SC} = \frac{\dot{U}_{SC}}{\dot{I}_{SC}} = Z_C\tanh(\gamma l)$$

$|Z_{SC}|$ 与 l 的变化关系如图18.6所示。同理可得

$$\left.\begin{aligned}U_{SC}^2 &= \frac{1}{2}\left|Z_C\right|^2 I_2^2[\cosh(2\alpha x) - \cos(2\beta x)]\\ I_{SC}^2 &= \frac{1}{2}I_2^2[\cosh(2\alpha x) + \cos(2\beta x)]\end{aligned}\right\}$$

与开路时的 U_{oc}^2 和 I_{oc}^2 比较,可见,U_{SC}^2 沿线的变化规律与 I_{oc}^2 相似,而 I_{SC}^2 则与 U_{oc}^2 相似。

在终端负载 $Z_L=0$ 及 $Z_L=\infty$ 这两种情况下,入射波与反射波的幅值相等($|n_2=1|$),故称为全反射状态。

③当传输线终端接任意阻抗 $Z_L=Z_2$ 时,有 $\dot{U}_2=Z_2\dot{I}_2$,根据式(18.40),距终端 x 处的电压和电流为

$$\left.\begin{aligned}\dot{U} &= \dot{U}_2\cosh(\gamma x) + Z_C\dot{I}_2\sinh(\gamma x)\\ \dot{I} &= \dot{I}_2\cosh(\gamma x) + \frac{\dot{U}_2}{Z_C}\sinh(\gamma x)\end{aligned}\right\}$$

假设

$$\left.\begin{aligned}M\cosh\sigma &= \dot{U}_2\\ N\cosh\sigma &= \frac{\dot{U}_2}{Z_C}\end{aligned}\right\} \qquad \left.\begin{aligned}M\sinh\sigma &= Z_C\dot{I}_2\\ N\sinh\sigma &= \dot{I}_2\end{aligned}\right\}$$

其中 $\sigma = u = \mathrm{j}v$，代入上式后，可求得

$$\left.\begin{aligned}\dot{U} &= \frac{\dot{U}_2\cosh(\sigma + \gamma x)}{\cosh\sigma}\\ \dot{I} &= \frac{\dot{I}_2\sinh(\sigma + \gamma x)}{\sinh\sigma}\end{aligned}\right\} \tag{18.45}$$

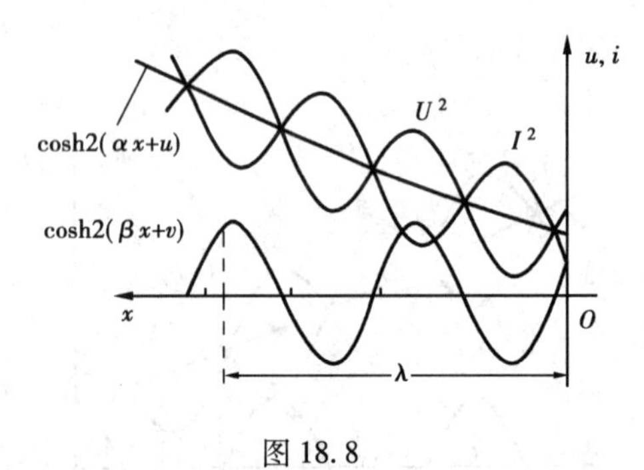

图 18.8

在 $Z_L = Z_2$ 负载时的 U^2 和 I^2 沿线变化的曲线与空载（$Z_L = \infty$）或短路 $Z_L = 0$）时的 U^2 和 I^2 沿线变化曲线有类似形状，但其终端电压和电流都不等于零，如图 18.8 所示。

终端接 Z_2 时，始端的输入阻抗为

$$Z_{\text{in}} = \left.\frac{\dot{U}}{\dot{I}}\right|_{x=l} = \frac{\dot{U}_2\cosh(\gamma l) + Z_C\dot{I}_2\sinh(\gamma l)}{\frac{\dot{U}_2}{Z_C}\sinh(\gamma l) + \dot{I}_2\cosh(\gamma l)} = Z_C\frac{1 + \frac{Z_C}{Z_2}\tanh(\gamma l)}{\tanh(\gamma l) + \frac{Z_C}{Z_2}} \tag{18.46}$$

因为

$$\frac{Z_C\dot{I}_2}{\dot{U}_2} = \frac{M\sinh\sigma}{M\cosh\sigma} = \tanh\sigma$$

故

$$Z_{\text{in}} = Z_C\frac{1 + \tanh\sigma\cdot\tanh(\gamma l)}{\tanh(\gamma l) + \tanh\sigma} = Z_C\coth(\sigma + \gamma l) \tag{18.47}$$

18.5.4 等效阻抗

等效阻抗在传输线理论中也是一个重要概念。其定义为在传输线上任一点的电压相量 $\dot{U}$ 与电流相量 $\dot{I}$ 之比

$$Z_{\text{e}} = \frac{\dot{U}}{\dot{I}} \tag{18.48}$$

根据式(18.40)可求得

$$Z_e = \frac{\dot{U}_2\cosh\gamma x + \dot{I}_2 Z_C\sinh\gamma x}{\frac{\dot{U}_2}{Z_C}\sinh\gamma x + \dot{I}_2\cosh\gamma x} = \frac{\frac{\dot{U}_2}{\dot{I}_2} + Z_C\text{th}\gamma x}{\frac{\dot{U}_2}{\dot{I}_2}\cdot\frac{1}{Z_C}\text{th}\gamma x + 1}$$

考虑到负载阻抗 $Z_L = \frac{\dot{U}_2}{\dot{I}_2}$,代入上式得

$$Z_e = Z_C\frac{Z_L + Z_C\text{th}\gamma x}{Z_C + Z_L\text{th}\gamma x} \tag{18.49}$$

假若 $Z_L = Z_C$,$Z_e = Z_C$,显然与上述 Z_{in} 相等,即

$$Z_{in} = Z_e = Z_C$$

例 18.2　今有一 35 m 长的高频同轴电缆,其内外导体均由铜制成,外导体内直径 $D = 9$ mm,内导体直径 $d = 1.37$ mm,其间充以聚四氟乙烯介质,其相对介电常数 $\varepsilon_r \approx 2.27$。如工作波长 $\lambda = 12$ m,信号源供给传输线的功率为 300 W,传输线工作于无反射状态。试求①负载电阻,②线上波速,③传输效率,④始端电压和电流的有效值,⑤终端电压和电流的有效值(均匀传输线单位长度上的电导 G 可忽略不计)。

解　先计算同轴电缆线的各参数。根据表 18.1 的计算公式,同轴电缆单位长度上各参数为

$$\left.\begin{aligned} R &= 8.32\sqrt{f}\left(\frac{1}{d} + \frac{1}{D}\right) = 8.32\sqrt{\frac{3\times10^8}{12}}\left(\frac{1}{0.137} + \frac{1}{0.9}\right)\ \mu\Omega/\text{m} = 0.35\ \Omega/\text{m} \\ L &= 0.460\lg\frac{D}{d} = 0.460\lg\frac{9}{1.37} = 0.376\ \mu\text{H/m} \\ C &= \frac{24.1\varepsilon_r}{\lg\frac{D}{d}} = \frac{24.1\times2.27}{\lg\frac{9}{1.37}} = 66.9\ \text{PF/m} \end{aligned}\right\}$$

①由题意知,传输线工作于无反射状态,故 $Z_L = Z_C$,所以有

$$Z_C = \sqrt{\frac{L}{C}} = \sqrt{\frac{0.376\times10^{-6}}{66.9\times10^{-12}}} = 75\ \Omega$$

故

$$R_L = 75\ \Omega$$

②波速

$$v_p = \frac{\omega}{\beta} = \frac{\omega}{\omega\sqrt{LC}} = \frac{1}{\sqrt{LC}} = \frac{1}{\sqrt{0.376\times10^{-6}\times66.9\times10^{-12}}} = 2\times10^8\ \text{m/s}$$

③α,η

$$\left.\begin{aligned} \alpha &= \frac{R}{2Z_C} = \frac{0.35}{2\times75} = 2.33\times10^{-3}\ \text{Np/m} \\ \alpha l &= 2.33\times10^{-3}\times35 = 0.0816\ \text{Np} \\ \eta &= e^{-2\alpha l} = e^{-2\times0.0816} = 0.85 = 85\% \end{aligned}\right\}$$

④由于传输线运行于匹配状态,故始端电压和电流同相,所以

$$U_1 = \sqrt{P_1 Z_{in}} = \sqrt{P_1 Z_C} = \sqrt{300\times75} = 150\ \text{V}$$

始端电流有效值

$$I_1 = \frac{U_1}{Z_C} = \frac{150}{75} = 2\text{A}$$

⑤终端负载吸收的功率为

$$P_2 = \eta P_1 = 0.85 \times 300 = 255 \text{ W}$$

终端的电压电流有效值为

$$\left.\begin{aligned} U_2 &= \sqrt{P_2 R_C} = \sqrt{225 \times 75} = 138 \text{ V} \\ I_2 &= \sqrt{\frac{P_2}{R_C}} = \sqrt{\frac{225}{75}} = 1.84 \text{ A} \end{aligned}\right\}$$

18.6 无损耗传输线

在工程实际中,工作于高频的传输线,一般均满足单位长度的电阻 $R \ll \omega L$ 和电导 $G \ll \omega C$,即 R,G 均可忽略。而我们就把 $R=0$ 和 $G=0$ 的这种传输线称作无损耗传输线,简称无损线。

18.6.1 无损线参数

当 $R=0$,$G=0$ 时,无损线的特性阻抗

$$Z_C = \sqrt{\frac{L}{C}}$$

为纯电阻的,与频率无关。

传输常数

$$\gamma = \alpha + \text{j}\beta = \sqrt{\text{j}\omega l \cdot \text{j}\omega C} = \text{j}\omega\sqrt{LC}$$

故得

$$\alpha = 0, \qquad \beta = \omega\sqrt{LC}$$

即无损线的衰减常数为零,而相移常数与频率成比例。

传播速度

$$v_\text{p} = \frac{\omega}{\beta} = \frac{1}{\sqrt{LC}}$$

可以证明:在架空线路中,波的相速与光在空气(真空)中的速度相同,$v_\text{p} = 3 \times 10^8$ m/s。由表 8.1 可验证。

另外

$$v_\text{p} = \lambda f = \frac{1}{\sqrt{LC}}$$

由此可得

$$\beta = \frac{\omega}{\lambda f} = \frac{2\pi}{\lambda} \tag{18.50}$$

应该指出,当传输线周围介质不同时,行波的传播速度也将不同(如例 18.2 中,$v_\text{p} = 2 \times 10^8$ m/s),因此,同一信号频率下的波长也不同。这种情况下,称其为介质波长或传输线波长。

如某信号频率为25 MHz,则其波长为

$$\lambda = \frac{3\times10^8}{25\times10^6} = 12\ \text{m}$$

如果该信号在充有某种介质的同轴线中传输,假若波速变为 $v_p=2\times10^8$,则同轴线中的波长为

$$\lambda' = \frac{2\times10^8}{25\times10^6} = 8\ \text{m}$$

无损线上任意一处的等效阻抗,由于 $\alpha=0$,$\tanh\gamma x=\text{j}\tan\beta x$,代入式(18.49)可求得

$$Z_e = Z_C\frac{Z_L+\text{j}Z_C\tan\beta x}{Z_C+\text{j}Z_L\tan\beta x} \tag{18.51}$$

18.6.2　终端短路的无损线

当 $Z_2=0,\dot{U}_2=0,\alpha=0$ 时,则由式(18.44b)有距终端 x 处的电压和电流为

$$\dot{U}_{SC} = Z_C\dot{I}_2\sinh\gamma x = Z_C\dot{I}_2\frac{1}{2}(\text{e}^{\text{j}\beta x}-\text{e}^{-\text{j}\beta x}) = \text{j}Z_C\dot{I}_2\sin\beta x$$

$$\dot{I}_{SC} = \dot{I}_2\cosh\gamma x = \dot{I}_2\frac{1}{2}(\text{e}^{\text{j}\beta x}+\text{e}^{-\text{j}\beta x}) = \dot{I}_2\cos\beta x$$

根据式(18.50)有 $\beta=\dfrac{2\pi}{\lambda}$,如果设终端电流 $i_2=\sqrt{2}I_2\sin\omega t$,则由上式可得相应的时间函数为

$$\left.\begin{aligned} u_{SC}(t,x) &= \sqrt{2}Z_CI_2\sin\beta x\cos\omega t = \sqrt{2}Z_CI_2\sin\frac{2\pi}{\lambda}x\cos\omega t \\ i_{SC}(t,x) &= \sqrt{2}I_2\cos\frac{2\pi}{\lambda}x\cdot\sin\omega t \end{aligned}\right\} \tag{18.52}$$

由以上两式可以看出,与行波不同,上两式中的电压和电流的相位角均与 x 无关。这就是说,随时间 t 的增长,电压和电流波形不沿 x 方向(或 $-x$ 方向)移动,这种波形称之为驻波。

由上两式可知,它们既要符合沿线 u_{sc} 按正弦律和 i_{SC} 按余弦律分布的要求,即在 $x=0,\frac{1}{2}\lambda,\lambda,\cdots,\frac{n}{2}\lambda,\cdots$($n$ 为正整数)处,电压的振幅(或有效值)为零,称为电压的波节,而电流的振幅(或有效值)为最大值,称为电流的波腹;在 $x=\frac{1}{4}\lambda,\frac{3}{4}\lambda,\cdots,\frac{(2n+1)}{4}\lambda,\cdots$ 处,电压的振幅最大,是电压的波腹,而电流的振幅为零,是电流的波节;它们也必须符合在时域 u_{SC} 按余弦律,i_{SC} 按正弦律变化的要求,即在 $\omega t=\frac{\pi}{2}(2k+1)$ 时,u_{SC} 沿线处处为零,在 $\omega t=(2k+1)\pi$ 时,i_{SC} 沿线处处为零;图18.9中画出了 $3\omega t=2k\pi,k=0,1,2,\cdots$ 的波形。

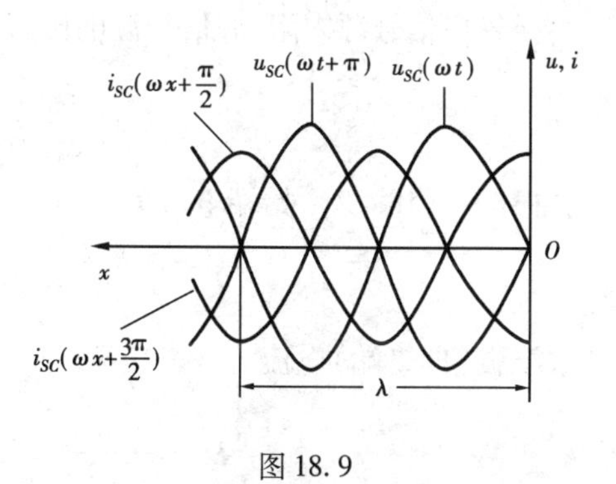

图18.9

由式(18.52)可得无损线上任意一点的等效阻抗

$$Z_{SC} = \frac{\dot{U}_{SC}}{\dot{I}_{SC}} = \text{j}Z_C\tan\beta x = \text{j}Z_C\tan\frac{2\pi}{\lambda}x = \text{j}X_{SC} \tag{18.53}$$

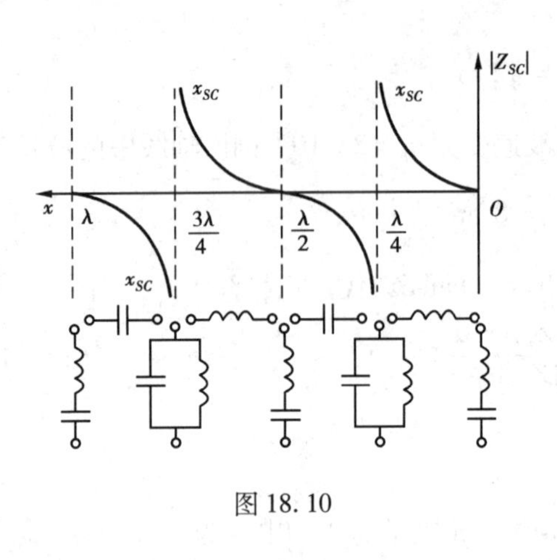

图 18.10

可见,无损线在终端短路情况下,线上任意一点的等效阻抗 Z_{SC} 为一纯电抗。在 $0<x<\frac{\lambda}{4}$ 的范围内,Z_{SC} 为感抗,这时各点的电压超前电流 $\frac{\pi}{2}$,在 $\frac{\lambda}{4}<x<\frac{\lambda}{2}$ 的范围内,Z_{SC} 为容抗,这时各点的电压滞后于电流 $\frac{\pi}{2}$。以后每隔 $\frac{\lambda}{4}$ 电抗性质就改变一次,而每隔 $\frac{\lambda}{2}$ 就重复以上的阻抗特性。图 18.10 给出了 Z_{SC} 的沿线分布。由图 18.10 中可以看出,在 $x=0,\frac{1}{2}\lambda,\lambda,\cdots$ 各点,$Z_{SC}=0$,相当于 LC 串联谐振;在 $x=\frac{1}{4}\lambda,\frac{3}{4}\lambda,\cdots$ 各点,$Z_{SC}=\infty$,相当于 LC 并联谐振。

例 18.3 某双导线为无损线,导线直径 $d=3$ mm,导线中心距 $D=11.5$ cm,线长 $l=25$ m。传输线终端短路,始端接信号源。设信号源电压为 150 V,其内阻可忽略,工作波长为 $\lambda=60$ m。试求①输入阻抗和始端电流;②电压波腹和电流波腹的有效值。

解 先计算无损线特性阻抗,根据表 18.1 可知

$$Z_C=276\lg\frac{2D}{d}=276\lg\frac{2\times 11.5}{0.3}=520\ \Omega$$

①将 $x=l$ 代入式(18.54)得无损线始端的输入阻抗

$$Z_{\text{in}}=\mathrm{j}Z_C\tan\frac{2\pi}{\lambda}l=\mathrm{j}520\tan\frac{2\pi}{60}\times 25=-\mathrm{j}300\ \Omega$$

由于忽略信号源内阻,故信号源电压就是始端电压,设 $\dot{U}_1=150\angle 0^\circ$ V,则始端电流为:

$$\dot{I}_1=\frac{\dot{U}_1}{Z_{\text{in}}}=\frac{150}{-\mathrm{j}300}=\mathrm{j}0.5\ \text{A}$$

②根据式(18.52),始端电流为

$$\dot{I}_1=\dot{I}_2\cos\frac{2\pi}{\lambda}l$$

故波腹(即终端)电流为

$$\dot{I}_2=\frac{\dot{I}_1}{\cos\frac{2\pi}{\lambda}l}=\frac{\mathrm{j}0.5}{\cos 150^\circ}=-\mathrm{j}0.577\ \text{A}$$

故电流波腹有效值为 0.577 A

由式(18.52)可知,$x=\frac{\lambda}{4}$ 处为电压波腹,其有效值为

$$\dot{U}_{\max}=\mathrm{j}Z_C\dot{I}_2\sin\frac{2\pi}{\lambda}\times\frac{\lambda}{4}=\mathrm{j}Z_C\dot{I}_2$$

当 $x=l$ 时(即始端)

$$\dot{U}_1 = jZ_C\dot{I}_2\sin\frac{2\pi}{\lambda}l$$

把以上两式相除得

$$\frac{\dot{U}_{max}}{\dot{U}_1} = \frac{jZ_C\dot{I}_2\sin\frac{2\pi}{\lambda}\cdot\frac{\lambda}{4}}{jZ_C\dot{I}_2\sin\frac{2\pi}{\lambda}\cdot l} = \frac{\sin90^\circ}{\sin150^\circ} = 2$$

所以有

$$\dot{U}_{max} = 2\dot{U}_1 = 2\times150\angle0^\circ = 300\angle0^\circ\ \text{V}$$

其无损线上电压、电流有效值分布如图 18.11 所示。

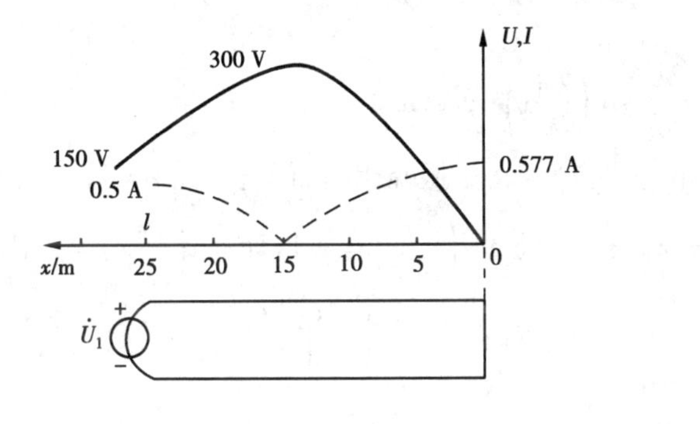

图 18.11

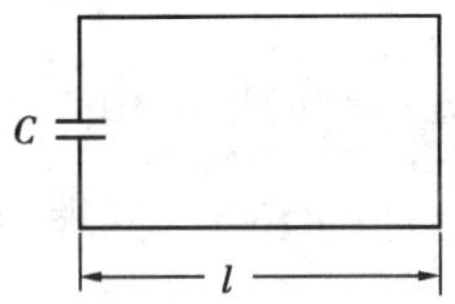

C

l

图 18.12

例 18.4　某超高频信号源的谐振电路由一段无损短路线和电容 C 组成，如图 18.12 所示。无损短路线长度 $l=0.5$ m，导线直径 $d=0.8$ cm 的镀银铜管，二线中心间距 $D=5$ cm。若已知信号源工作波长 $\lambda=3$ m，电路处于谐振状态，试求电容 C。

解　先计算无损线的特性阻抗，由表 18.1 有

$$Z_C = 276\lg\frac{2D}{d} = 276\lg\frac{2\times5}{0.8} = 303\ \Omega$$

无损短路线的等效阻抗（$l=x$）

$$Z_C = jZ_C\tan\frac{2\pi}{\lambda}\cdot l = j303\tan\frac{360}{3}\times0.5 = j524\ \Omega$$

可见，这段无损短路线相当于一个电感，即

$$\left.\begin{aligned} j\omega l &= j524\ \Omega \\ L &= \frac{524}{\omega} \end{aligned}\right\}$$

考虑到 $\omega_0=\frac{1}{\sqrt{LC}}=\omega$，所以

$$C = \frac{1}{\omega^2 L}$$

由于 $\omega=2\pi f=\frac{2\pi\times3\times10^8}{\lambda}=2\pi\times10^8$ rad/s

所以

$$C = \frac{1}{\omega L\cdot\omega} = \frac{1}{524\omega} = \frac{1}{524\times2\pi\times10^8} = 3.04\ \text{PF}$$

18.6.3 终端开路的无损线

$R=0,G=0,Z_L=\infty,\dot{I}_2=0$，则终端反射系数 $n_2=1$。把这些条件代入式(18.44a)可得

$$\left.\begin{aligned}\dot{U}_{oc} &= \dot{U}_2\cos\beta x = \dot{U}_2\cos\frac{2\pi}{\lambda}x\\ \dot{I}_{oc} &= \mathrm{j}\frac{\dot{U}_2}{Z_C}\sin\beta x = \mathrm{j}\frac{\dot{U}_2}{Z_C}\sin\frac{2\pi}{\lambda}x\end{aligned}\right\}\tag{18.54}$$

如果假设终端电压 $u_2=\sqrt{2}U_2\sin\omega t$，则对应于上式的时间函数为

$$\begin{aligned}u_{oc} &= \sqrt{2}U_2\cos\left(\frac{2\pi}{\lambda}x\right)\cdot\sin(\omega t)\\ i_{oc} &= \frac{\sqrt{2}U_2}{Z_C}\sin\left(\frac{2\pi}{\lambda}x\right)\cdot\cos(\omega t)\end{aligned}\tag{18.55}$$

与短路时的情况相同，这里的 u_{oc} 和 i_{oc} 也是驻波，是振幅相同而不衰减($\alpha=0$)的入射波和反射波叠加的结果。同理，在 $x=0,\frac{\lambda}{2},\lambda,\frac{3\lambda}{2},\cdots$ 处 $\cos\left(\frac{2\pi}{\lambda}x\right)=\pm1$，而 $\sin\left(\frac{2\pi}{\lambda}x\right)=0$，因此，在这些沿线的点上，$u_{oc}=\pm\sqrt{2}U_2\sin\omega t$，$i_{SC}=0$；而在 $x=\frac{\lambda}{4},\frac{3\lambda}{4},\frac{5\lambda}{4}\cdots$ 处，$\cos\left(\frac{2\pi}{\lambda}x\right)=0$，$\sin\left(\frac{2\pi}{\lambda}x\right)=\pm1$，因此，在这些沿线的点上，$u_{oc}=0$，$i_{oc}=\pm\frac{\sqrt{2}U_2}{Z_C}\cos(\omega t)$。图18.13中画出了几个不同瞬间 u_{oc} 和 i_{oc} 沿线的分布曲线。可见，在 $x=0,\frac{\lambda}{2},\lambda,\cdots$ 点上为电压 u_{oc} 之波腹和电流 i_{oc} 之波节；而在 $x=\frac{\lambda}{4},\frac{3\lambda}{4},\frac{5\lambda}{4},\cdots$ 的点上为电压的波节和电流的波腹。可见，驻波的波腹和波节沿线是固定的。

在这种情况下，始端的输入阻抗为

$$Z_{oc}=Z_{in}=\frac{\dot{U}_{oc}}{\dot{I}_{oc}}=-\mathrm{j}Z_C\cot(\beta l)=-\mathrm{j}Z_C\cot\left(\frac{2\pi}{\lambda}l\right)=\mathrm{j}X_{oc}\tag{18.56}$$

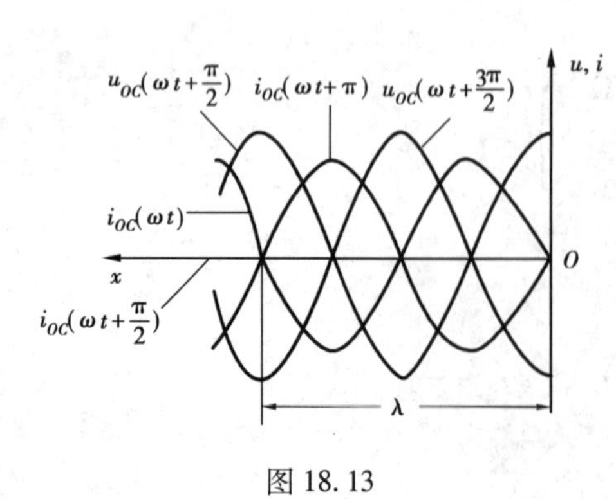

图 18.13

可见，输入阻抗是一个纯电抗，并且，当 $0<l<\frac{\lambda}{4}$ 时，X_{oc} 为容抗；当 $\frac{\lambda}{4}<l<\frac{\lambda}{2}$ 时，X_{oc} 为感抗，依次类推(见图18.13)。在 $l=\frac{\lambda}{4},\frac{3\lambda}{4},\frac{5\lambda}{4},\cdots$ 处，即在电压的波节(电流的波腹)处，$Z_{oc}=0$，相当于发生了串联谐振；在 $l=0,\frac{\lambda}{2},\lambda,\frac{3\lambda}{2},\cdots$ 处，即在电压的波腹(电流的波节)处，$Z_{oc}=\infty$，相当于并联谐振。

18.6.4　终端为纯电抗负载的无损线

当 $Z_L = jX_L$ 时，即在终端接以纯电抗时，根据式(18.43)可得此时终端反射系数的模(Z_C 为纯电阻)

$$\left| n_2 \right| = \left| \frac{jX_L - Z_C}{jX_L + Z_C} \right| = 1$$

说明入射波与反射波的振幅(或有效值)相等，也是全反射状态，因而在无损线上也形成电压和电流驻波。

其实，负载电抗 X_L 可用一适当长度的无耗短路线(或开路线)来代替。例如，图 18.14(a)所示无损线终端接的纯感抗 X_L，可用一短于 $\frac{\lambda}{4}$ 的短路线(其特性阻抗与线路的特性阻抗相同)代替。这样就等于把线路延长了 l_0 后而短路。l_0 可从式(18.53)求得，即

$$jX_L = jZ_C \tan \frac{2\pi}{\lambda} l_0$$

得

$$l_0 = \frac{\lambda}{2\pi} \arctan \frac{X_L}{Z_C} \qquad (18.57)$$

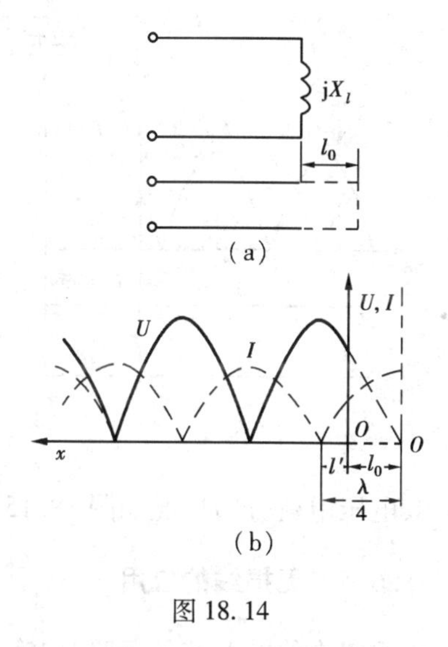

图 18.14

这样，线上的电压、电流驻波的分布情况就可按这一延长了的短路线来标绘，如图 18.14(b)所示。其各处的等效阻抗仍然保持不变。

线路上第一个电流波节出现在距终端 l' 处，

$$l' = \frac{\lambda}{4} - l_0 \qquad (18.58)$$

其他的波节、波腹位置也可相应求得。

负载为纯电容的情况，亦可仿照 X_L 处理。

例 18.5　一特性阻抗 $Z_C = 400\ \Omega$ 的纯电容负载，已知通过负载的电流为 1 A，工作波长为 $\lambda = 20$ m，试求线上电压波腹和电流波腹的值。

解　根据题意有

$$-jX_C = jZ_C \tan \frac{2\pi}{\lambda} l_0$$

因为

$$l_0 = \frac{\lambda}{2\pi} \arctan \frac{-X_C}{Z_C} = \frac{20}{2\pi} \arctan \frac{-400}{550} = \frac{20}{360} \times 144^\circ = 8 \text{ m}$$

于是可求得第一个电压波腹的位置

$$l_u = \frac{3\lambda}{4} - l_0 = \frac{3 \times 20}{4} - 8 = 7 \text{ m}$$

第一个电流波腹的位置为

$$l_i = \frac{\lambda}{2} - l_0 = \frac{20}{2} - 8 = 2 \text{ m}$$

根据式(18.52)知，对短路线而言，在 $x=l_0$ 处和 $x=l_0+l_i=\dfrac{\lambda}{2}$处的电流分别是

$$\left.\begin{aligned}\dot{I}_0 &= \dot{I}_2\cos\frac{2\pi}{\lambda}l_0\\ \dot{I}_{\max} &= \dot{I}_2\cos\frac{2\pi}{\lambda}\cdot\frac{\lambda}{2}\end{aligned}\right\}$$

把以上两式相比得

$$\dot{I}_{\max}=\frac{\cos\dfrac{2\pi}{\lambda}\cdot\dfrac{\lambda}{2}}{\cos\dfrac{2\pi}{\lambda}\cdot l_0}\dot{I}_0=\frac{\cos 180^\circ}{\cos\dfrac{360^\circ}{20}\times 8}\times 1=1.24\ \text{A}$$

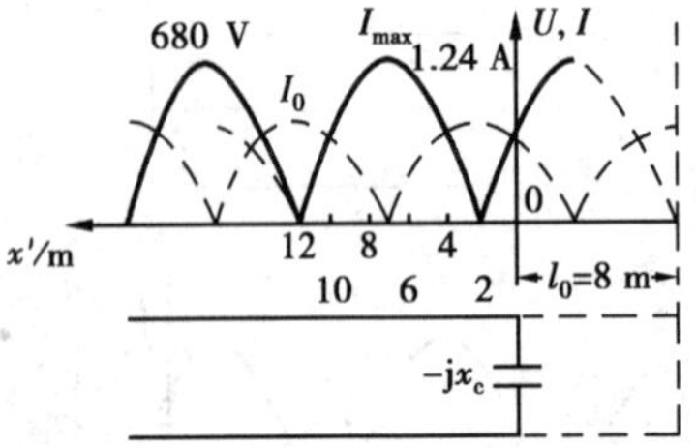

它与流过负载的电流同相位。

由式(18.52)知，在电压波腹处的电压

$$\dot{U}_{\max}=\text{j}Z_C\dot{I}_2\sin\frac{2\pi}{\lambda}\cdot\frac{3\lambda}{4}=-\text{j}Z_C\dot{I}_2$$

把此式与负载电流表达式$\dot{I}_0$ 相比较，得

$$\dot{U}_{\max}=-\text{j}Z_C\frac{\dot{I}_0}{\cos\dfrac{2\pi}{\lambda}\cdot l_0}=-\text{j}550\frac{1}{\cos 144^\circ}=\text{j}680\ \text{V}$$

图 18.15

其电压电流分布情况如图 18.15 所示。

18.6.5　无损线的应用

无损线在终端开路及短路时，输入阻抗具有一定的特点，因而在高频技术中获得了一定的应用。

例如，可用长度 $l<\dfrac{\lambda}{4}$的开路无损线代替电容，而用长度 $l<\dfrac{\lambda}{4}$的短路无损线代替电感。假如要代替的容抗 X_C和感抗 X_L为已知，即可用下述公式计算开路及短路无损线的长度 l

$$\left.\begin{aligned}X_C &= \frac{1}{\omega C}=-Z_C\cot\left(\frac{2\pi}{\lambda}l\right)\\ X_L &= \omega L=-Z_C\tan\left(\frac{2\pi}{\lambda}l\right)\end{aligned}\right\}$$

又为长度为$\dfrac{\lambda}{4}$的无损线可作为阻抗变换器接在传输线与负载之间。其工作原理如下：

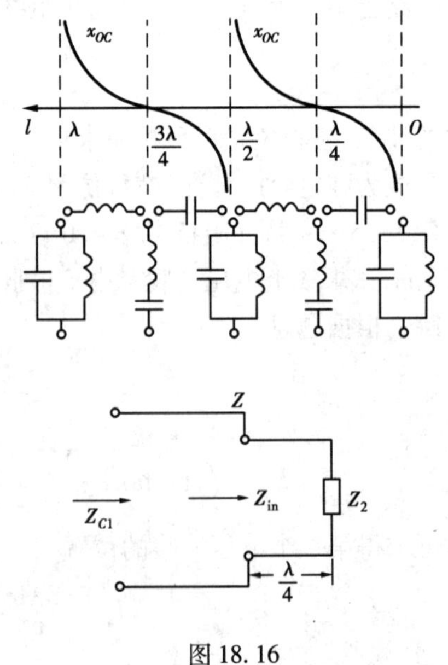

图 18.16

设无损线的特性阻抗 Z_{C1}，负载阻抗为 Z_2，设 $Z_2=R_2$，现在的问题是在 Z_2 与传输之间接上$\dfrac{\lambda}{4}$长度的无损线，能否达到使 Z_2 与 Z_{C1}匹配的目的，如图 18.16 所示。根据式(18.49)，可求得这

段长度为$\frac{\lambda}{4}$有载($Z_2=R_2$)无损线得输入阻抗Z_{in}为

$$Z_{in}=Z_C\frac{Z_Z+jZ_C\tan\left(\frac{2\pi}{\lambda}\cdot\frac{\lambda}{4}\right)}{jZ_2\tan\left(\frac{2\pi}{\lambda}\cdot\frac{\lambda}{4}\right)+Z_C}$$

式中Z_C为无损线的特性阻抗。因为$\tan\left(\frac{\pi}{2}\right)=\infty$,故上式变为

$$Z_{in}=\frac{Z_C^2}{Z_2}$$

可见,为了达到匹配的目的,应使$Z_{in}=Z_{C1}$(纯电阻)。于是,可求得此$\frac{\lambda}{4}$无损线的特性阻抗为:

$$Z_C=\sqrt{Z_{in}\cdot Z_2}=\sqrt{Z_{C1}\cdot Z_2}$$

另外,载超高频技术中,用固体介质作成支持传输线的绝缘子,其介质损耗可能不会太大,以致失去绝缘作用。因而采用所谓的"金属绝缘子",即一段长度为$\frac{\lambda}{4}$的短路传输线作为支架。由于这种短路传输线的输入电阻非常大(理想情况下为无穷大),因此其损耗小于介质绝缘子中的损耗。

当无损线终端接上负载$Z_2=\pm jX_2$为纯电抗时,可以说明,沿线的电压和电流也将是驻波。

应该指出,无论在哪种情况下,当出现驻波时,在任何瞬间波节处的电压或电流式中为零。这样,在相邻电压和电流波节之间的能量被封闭在$\frac{\lambda}{4}$的区域之内,而不能越出波节而彼此交换。因此,传输线上出现驻波,将意味着没有有功功率被传输到终端负载上。一般讲,只有电压和电流的行波才能传输有功功率。

例18.6　今有一长度为0.042 5 m终端开路且$|Z_C|=60\ \Omega$的无损线,已知其工作频率$f=600$ MHz,试求其输入阻抗,它相当于什么元件?

解　$\lambda=\frac{C}{f}=\frac{3\times10^8}{600\times10^6}=0.5\ \text{m}$

根据:$Z_{in}=-jZ_C\cot\left(\frac{2\pi}{\lambda}l\right)$

已知:$Z_C=60\ \Omega,\lambda=0.5\ \text{m},l=0.042\ 5\ \text{m}$,代入上式

$$Z_{in}=-j60\times\cot\left(\frac{2\pi}{0.5}\times0.042\ 5\right)=-j101.5\ \Omega$$

为容抗,相当于电容C

$$C=\frac{1}{101.5\omega}=\frac{10^{-6}}{101.5\times2\pi\times600}=2.61\ \text{PF}$$

例18.7　已知架空无损线的特性阻抗$Z_C=100\ \Omega$,线长$l=60$ m,工作频率$f=10^6$ Hz。如欲使始端的输入阻抗为零,试问终端应接何负载?

解　根据输入阻抗公式及题意有

$$Z_{in}=Z_C\frac{Z_2+jZ_C\tan(\beta l)}{Z_C+jZ_2\tan(\beta l)}=0$$

所以有

$$Z_2 + \mathrm{j}Z_C\tan\left(\frac{2\pi}{\lambda}l\right) = 0$$

所以

$$Z_2 = -\mathrm{j}Z_C\tan\left(\frac{2\pi f}{C}l\right) = -\mathrm{j}100\tan\left(\frac{2\pi\times10^6}{3\times10^8}\times60\right) = -\mathrm{j}308\ \Omega$$

可见,要达到 $Z_{in}=0$,则 $Z_{in}=-\mathrm{j}308\ \Omega$ 的容抗负载。

习 题 18

18.1　有一架空传输线(铜线),导线中心间距 $D=15$ cm,导线直径 $d=2$ mm,工作频率 $f=100$ MHz。试求①单位长度上的电阻 R,电感 L,电容 C 值;②若单位长度上的 $G=0$,求衰减常数和相移常数;③特性阻抗;④线上波的传播速度 v_p。

18.2　上题中的传输线长 $l=150$ m,终端接负载 $Z_L=Z_C$,始端电压为 300 V,工作频率仍为 $f=100$ MHz。试求①终端负载上的电压和电流;②传输效率。

18.3　某长度为 $l=100$ m 的传输线,其特性阻抗 $Z_C=500\ \Omega$,衰减常数 $\alpha=0.7\times10^{-3}$ NP/m,负载电阻 $R_L=500\ \Omega$。若信号源供给传输线始端的功率为 600 W。试求①传输效率;②传输线始端的电压和电流;③负载端的电压、电流和负载吸收的功率。

18.4　聚四氟乙烯同轴线,某内导体外直径 $d=0.65$ mm,外导体内直径 $D=3.83$ mm,聚四氟乙烯相对介电系数 $u_r=2$,在 200 MHz 时的衰减常数 $\alpha=0.2$ dB/m。如信号源电压为 100 mV,工作频率为 200 MHz,用 5 m 长的该同轴电缆线向匹配的负载传输信号。试求①负载电阻;②线上波速;③传输频率;④负载端电压的有效值。

18.5　一空气芯无损同轴线,长 1.5 m,外导体内径 $D=20$ mm,内导体外径 $d=6$ mm,工作波长 $\lambda=5$ m。若把该同轴线终端短路,试求该短路无损线的输入阻抗。

18.6　某终端短路的无损线,测得其输入阻抗为 1 000 Ω 的感抗,其终端开路时,测得该无损线的输入阻抗为 250 Ω 的容抗,试求该无损线的特性阻抗和线路长度(用波长表示)。

18.7　某特性阻抗 $Z_C=500\ \Omega$ 的无损线,当终端短路时,测得其输入阻抗为 $Z_{in}=\mathrm{j}866\ \Omega$;当终端接上负载 $Z_L=\mathrm{j}1\ 866\ \Omega$ 时,求其输入阻抗 $Z_{in}=?$ 当终端接上负载 $Z_L=-\mathrm{j}866\ \Omega$ 时,求其输入阻抗 $Z_{in}=?$

18.8　已知某无损线的 $Z_C=500\ \Omega$,$l=55$ m,始端接电源,其 $f=5$ MHz,$U_1=100$ V,终端短路。试求始端和终端电流,波腹电压和波腹电流,粗略标绘沿线电压和电流的分布。

18.9　某特性阻抗 $Z_C=400\ \Omega$ 的无损线,长 $l=25$ m,其终端负载 $Z_L=-1\ 200\ \Omega$ 的纯电阻。信号源电压 $U_1=260$ V,$\lambda=30$ m。试求①反射系数;②驻波比;③线上电压、电流波腹和波节位置和数值;④传输功率。

18.10　上题中,若 $Z_L=R_L=200\ \Omega$,再求以上数值。

附录　磁场和铁心线圈

磁路问题是局限于一定路径内的磁场问题,因此磁场的各个基本物理量也适用于磁路。

磁路主要是由具有良好导磁能力的材料构成的,因此我们必须对这种材料的磁性能加以讨论。

磁路和电路往往是相关联的,因此也要研究磁路和电路的关系以及磁和电的关系。

Ⅰ　磁场的基本物理量

(1)磁感应强度

磁感应强度 $\boldsymbol{B}$ 是表示磁场内某点的磁场强弱和方向的物理量,它是一矢量。它与电流(电流产生磁场)之间的方向关系可用右螺旋定则来确定,其大小可用 $B=\dfrac{F}{lI}$ 来衡量。

如果磁场内各点的磁感应强度的大小相等,方向相同,这样的磁场则称为均匀磁场。

(2)磁通

磁感应强度 B(如果不是均匀磁场,则取 B 的平均值)与垂直于磁场方向的面积 S 的乘积,称为通过该面积的磁通 Φ,即

$$\Phi = BS \quad 或 \quad B=\frac{\Phi}{S} \tag{①}$$

由上式可见,磁感应强度在数值上可以看成为与磁场方向相垂直的单位面积所通过的磁通,故又称为磁通密度。

根据电磁感应定律的公式

$$e=-N\frac{\mathrm{d}\Phi}{\mathrm{d}t}$$

可知,在国际单位制(SI)中,磁通的单位是伏·秒,通常称为韦[伯](Wb),以前在工程上有时用电磁制单位麦克斯韦(Mx)。两者的关系是

$$1\ \mathrm{Wb}=10^{8}\ \mathrm{Mx}$$

在国际单位制中,磁感应强度的单位是特[斯拉](T),特[斯拉]也就是韦[伯]每平方米($\mathrm{Wb/m^2}$)。以前也常用电磁制单位高斯(Gs)。两者的关系是

$$1\ \mathrm{T}=10^{4}\ \mathrm{Gs}$$

(3)磁场强度

磁场强度 $\boldsymbol{H}$ 是计算磁场时所引用的一个物理量,也是矢量,通过它来确定磁场与电流之间的关系,即

$$\oint H \mathrm{d}l = \sum I \tag{②}$$

公式②是安培环路定律(或称为全电流定律)的数学表示式。它是计算磁路的基本公式。

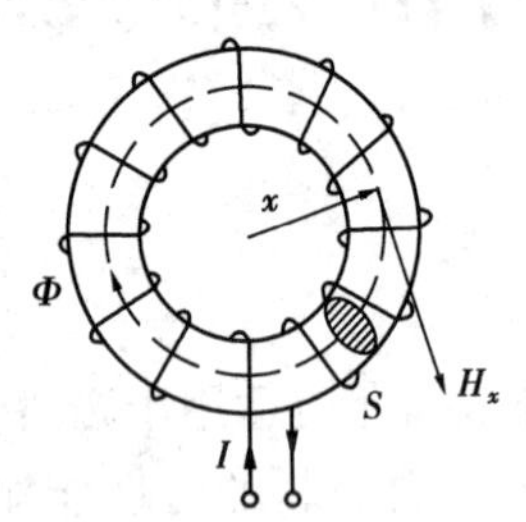

附录图 1

式中的 $\oint H \mathrm{d}l$ 是磁场强度矢量 $\boldsymbol{H}$ 沿任意闭合回线 l(常取磁通作为闭合回线)的线积分;$\sum I$ 是穿过该闭合回线所围面积的电流的代数和。电流的正负是这样规定的:任意选定一个闭合回线的围绕方向,凡是电流方向与闭合回线围绕方向之间符合右螺旋定则的电流作为正,反之为负。

今以环形线圈(附录图 1)为例,其中介质是均匀的,应用式②来计算线圈内部各点的磁场强度。磁通为闭合回线,且以其方向作为回线的围绕方向。于是

$$\oint H \mathrm{d}l = H_x l_x = H_x \times 2\pi x$$

$$\sum I = NI$$

所以

$$H_x \times 2\pi x = NI$$

即

$$H_x = \frac{NI}{2\pi x} = \frac{NI}{l_x} \tag{③}$$

上式中,N 是线圈的匝数;

$l_x = 2\pi x$ 是半径为 x 的圆周长;

H_x 是半径 x 的磁场强度。

式③中线圈匝数与电流的乘积 NI 称为磁通势,用字母 F 代表,即

$$F = NI \tag{④}$$

磁通就是由它产生的。它的单位是安[培](A)。

(4)磁导率

磁导率 μ 是一个用来表示磁场介质磁性的物理量,也就是用来衡量物质导磁能力的物理量。它与磁场强度的乘积就等于磁感应强度,即

$$B = \mu H \tag{⑤}$$

因此在附录图 1 中,线圈内部半径为 x 处各点的磁感应强度可从式③得出,即

$$B_x = \mu H_x = \mu \frac{NI}{l_x} \tag{⑥}$$

由式③和式⑥可见,磁场内某一点的磁场强度 H 只与电流大小、线圈匝数以及该点的几何位置有关,而与磁场介质的磁性(μ)无关,就是说在一定电流值下,同一点的磁场强度不因磁场介质的不同而有异。但磁感应强度是与磁场介质的磁性有关的。当线圈内的介质不同时,则磁导率 μ 不同,在同样电流值下,同一点的磁感应强度的大小就不同,线圈内的磁通也就

不同了。

由式②可知，磁场强度 H 的国际单位制单位是安每米(A/m)，以前在工程上常用安每厘米(A/cm)为单位。

由式⑤得知，磁导率 μ 的国际单位制单位为

$$\mu\text{的单位}=\frac{B\text{的单位}}{H\text{的单位}}=\frac{\text{韦}/\text{米}^2}{\text{安}/\text{米}}=\frac{\text{伏}\cdot\text{秒}}{\text{安}\cdot\text{米}}=\frac{\text{欧}\cdot\text{秒}}{\text{米}}=\frac{\text{亨}}{\text{米}}$$

式中的欧·秒又称亨[利](H)，是电感的单位。

由实验测出，真空的磁导率

$$\mu_0=4\pi\times10^{-7}\text{H/m}$$

因为这是一个常数，所以将其他物质的磁导率和它去比较是很方便的。

任意一种物质的磁导率 μ 和真空的磁导率 μ_0 的比值，称为该物质的相对磁导率 μ_r，即

$$\mu_r=\frac{\mu}{\mu_0} \tag{7}$$

由式⑤可知，相对磁导率

$$\mu_r=\frac{\mu H}{\mu_0 H}=\frac{B}{B_0}$$

也就是当磁场(如附录图1线圈内部的磁场)介质是某种物质时某点的磁感应强度 B 与在同样电流值下真空时该点的磁感应强度 B_0 之比所得的倍数。

自然界的所有物质按磁导率的大小，或者说按磁化的特性，大体上可分成磁性材料和非磁性材料两大类。

对非磁性材料而言，$\mu\approx\mu_0$，$\mu_r\approx1$，差不多不具有磁化的特性，而且每一种非磁性材料的磁导率都是常数。因此，当磁场介质是非磁性材料时，$B=\mu_0 H$，B 与 H 成正比，即它们之间有线性关系(附录图2)。又因 $B=\frac{\Phi}{S}$ 和 $H=\frac{NI}{l}$，所以磁通 Φ 与产生此磁通的电流 I 也成正比，即它们之间也有线性关系。

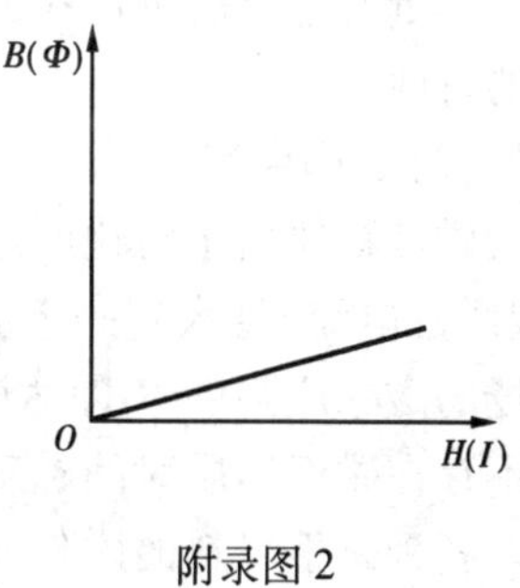

附录图2

Ⅱ　磁性材料的磁性能

磁性材料主要是指铁、镍、钴及其合金而言。它们具有下列磁性能。

(1)高导磁性

磁性材料的磁导率很高，$\mu_r\gg1$，可达数百、数千乃至数万之值。这就是它们具有被强烈磁化(呈现磁性)的特性。

为什么磁性物质具有被磁化的特性呢？因为磁性物质不同于其他物质，有其内部特殊性。我们知道电流产生磁场，在物质的分子中由于电子围绕原子核运动和本身自转运动而形成分子电流，分子电流也要产生磁场，每个分子相当于一个基本小磁铁。同时，在磁性物质内部还分成许多小区域；由于磁性物质的分子间有一种特殊的作用力而使每一区域内的分子磁铁都排列整齐，显示磁性。这些小区域称为磁畴。在没有外磁场的作用时，各个磁畴排列混乱，磁

场互相抵消,对外就显示不出磁性来(附录图3(a))。在外磁场作用下(例如在铁心线圈中的励磁电流所产生的磁场作用下),其中的磁畴就顺外磁场方向转向,就显示出磁性来。随着外磁场的增强(或励磁电流的增大),磁畴就逐渐转到与外磁场相同的方向上(附录图3(b))。这样,便产生了一个很强的与外磁场同方向的磁化磁场,而使磁性物质内的磁感应强度大大增加。这就是说磁性物质被强烈地磁化了。

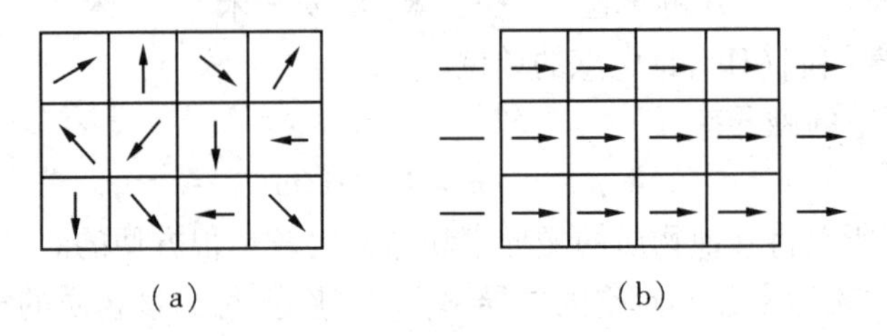

附录图3　磁性物质的磁化

磁性物质的这一磁性能被广泛地应用于电工设备中,例如电机、变压器及各种铁磁元件的线圈中都放有铁心。在这种具有铁心的线圈中通入不大的励磁电流,便可产生足够大的磁通和磁感应强度。这就解决了既要磁通大,又要励磁电流小的矛盾。利用优质的磁性材料可使同一容量的电机的重量和体积大大减轻和减小。非磁性材料没有磁畴的结构,所以不具有磁化的特性。

(2)磁饱和性

磁性物质由于磁化所产生的磁化磁场不会随着外磁场的增强而无限地增强。当外磁场(或励磁电流)增大到一定值时,全部磁畴的磁场方向都转向与外磁场的方向一致。这时磁化磁场的磁感应强度 B_J 即达饱和值,如附录图4所示。图中的 B_0 是在外磁场作用下如果磁场内不存在磁性物质时的磁感应强度。将 B_J 曲线和 B_0 直线的纵坐标相加,便得出 B-H 磁化曲线。各种磁性材料的磁化曲线可通过实验得出,在磁路计算上极为重要。这曲线可分成三段:Oa 段——B 与 H 差不多成正比地增加;ab 段——B 的增加缓慢下来;b 以后一段——B 增加得很少,达到了磁饱和。

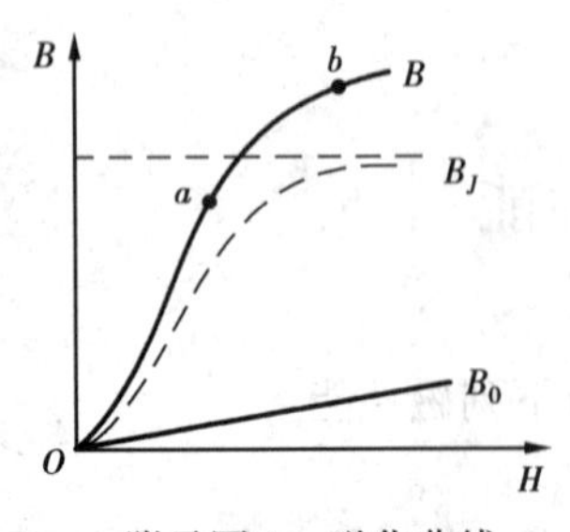

附录图4　磁化曲线

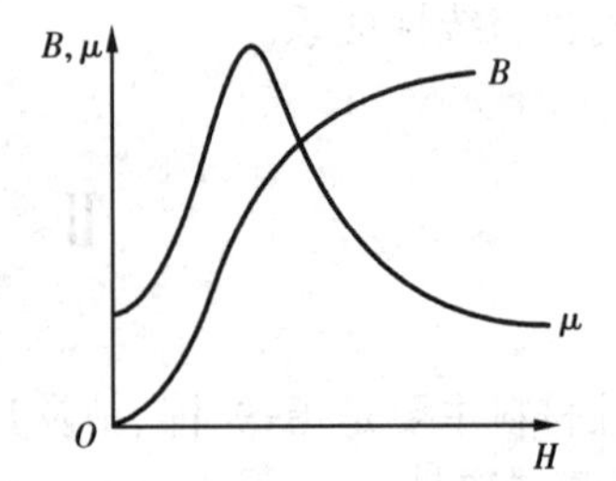

附录图5　B 和 μ 与 H 的关系

当有磁性物质存在时,B 与 H 不成正比,所以磁性物质的磁导率 μ 不是常数,随 H 而变(附录图5)。

由于磁通 Φ 与 B 成正比,产生磁通的励磁电流 I 与 H 成正比,因此在存在磁性物质的情况下,Φ 与 I 也不成正比。

(3)磁滞性

当铁心线圈中通有交变电流(大小和方向都变化)时,铁心就受到交变磁化。在电流变化一次时,磁感应强度 B 随磁场强度 H 而变化的关系如附录图 6 所示。由图可见,当 H 已减到零值时,但 B 并未回到零值。这种磁感应强度滞后于磁场强度变化的性质称为磁性物质的磁滞性。

当线圈中电流减到零值(即 $H=0$)时,铁心在磁化时所获得的磁性还未完全消失。这时铁心中所保留的磁感应强度 B_r(剩磁),在附录图 6 中即为纵坐标 O-2 和 O-5,永久磁铁的磁性就是由剩磁产生的。又如自励直流发电机的磁极,为了使电压能够建立,也必须具有剩磁。但对剩磁也要一分为二,有时它是有害的。例如,当工件在平面磨床上加工完毕后,由于电磁吸盘有剩磁,还将工件吸住。为此,要通入反向去磁电流,去掉剩磁,才能将工件取下。再如有些工件(如轴承)在平面磨床上加工后得到的剩磁也必须去掉。

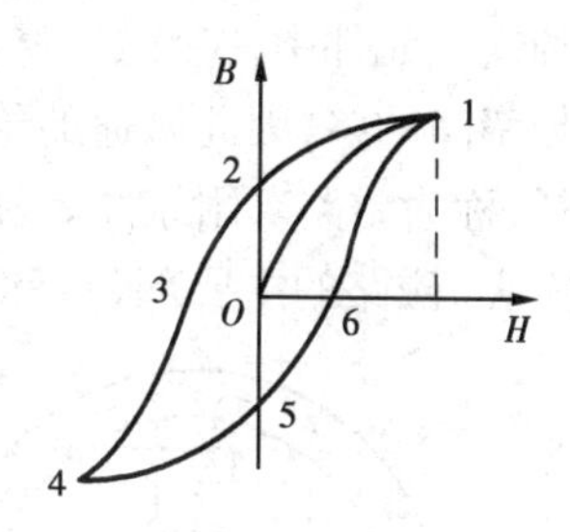

附录图 6　磁滞回线

如果要使铁心的剩磁消失,通常改变线圈中励磁电流的方向,也就是改变磁场强度 H 的方向来进行反向磁化。使 $B=0$ 的 H 值,在附录图 6 中用 O-3 和 O-6 代表,称为矫顽磁力 H_C。

在铁心反复交变磁化的情况下,表示 B 与 H 变化关系的闭合曲线 1234561(附录图 6)称为磁滞回线。

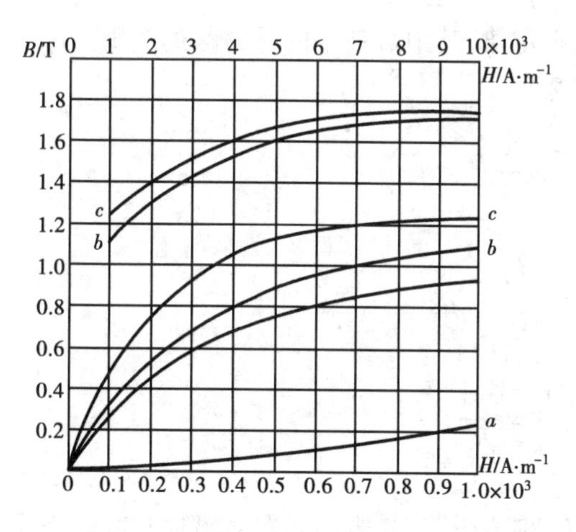

附录图 7　磁化曲线
a—铸铁;b—铸钢;c—硅钢片

磁性物质不同,其磁滞回线和磁化曲线也不同(由实验得出)。附录图 7 中显示出了几种磁性材料的磁化曲线。

按磁性物质的磁性能,磁性材料可以分成三种类型。

①软磁材料

具有较小的矫顽磁力,磁滞回线较窄。一般用来制造电机、电器及变压器等的铁心。常用的有铸铁、硅钢、坡莫合金及铁氧体等。铁氧体在电子技术中应用也很广泛,例如可做计算机的磁心、磁鼓以及录音机的磁带、磁头。

②永磁材料

具有较大的矫顽磁力,磁滞回线较宽。一般用来制造永久磁铁。常用的有碳钢及铁镍铝钴合金等。近年来稀土永磁材料发展很快,像稀土钴、稀土钕铁硼等,其矫顽磁力更大。

③矩磁材料

具有较小的矫顽磁力和较大的剩磁,磁滞回线接近矩形,稳定性也良好。在计算机和控制系统中可用作记忆元件、开关元件和逻辑元件。常用的有镁锰铁氧体及 1J51 型铁镍合金等。

Ⅲ　磁路及其基本定律

如上节所述,为了使较小的励磁电流产生足够大的磁通(或磁感应强度),在电机、变压器及各种铁磁元件中常用磁性材料做成一定形状的铁心。铁心的磁导率比周围空气或其他物质的磁导率高的多,因此磁通的绝大部分经过铁心而形成一个闭合通路。这种人为造成的磁通的路径,称为磁路。附录图 8 和附录图 9 分别表示四极直流电机和交流接触器的磁路。磁通经过铁心(磁路的主要部分)和空气隙(有的磁路中没有空气隙)而闭合。

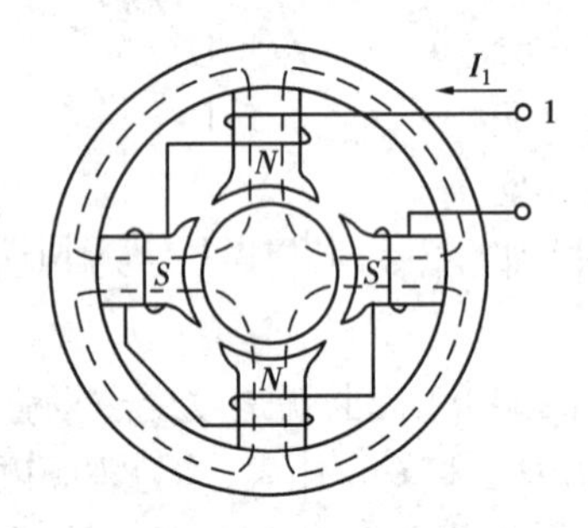

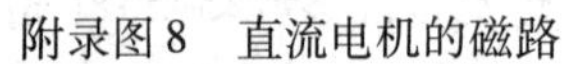
附录图 8　直流电机的磁路

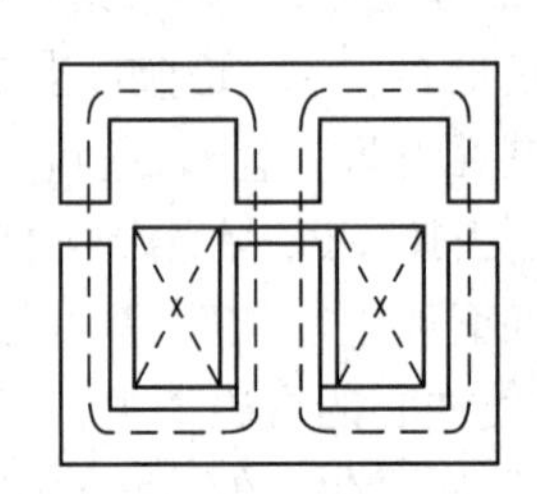

附录图 9　交流接触器的磁路

对磁路进行分析与计算,也要用到一些基本定律,其中最基本的是磁路的欧姆定律。

以附录图 1 所示的环行线圈为例,根据式②

$$\oint H\mathrm{d}l = \sum I$$

得出

$$NI = Hl = \frac{B}{\mu}l = \frac{\Phi}{\mu s}l$$

或

$$\Phi = \frac{NI}{\frac{l}{\mu s}} = \frac{F}{R_\mathrm{m}} \qquad ⑧$$

式⑧中:$F = NI$ 为磁通势,即由此而产生磁通;R_m 称为磁阻,是表示磁路对磁通具有阻碍作用的物理量;l 为磁路的平均长度;S 为磁路的截面积。

式⑧与电路的欧姆定律在形式上相似,所以称为磁路的欧姆定律。两者对照如附录表 2。

磁路和电路有很多相似之处,但分析与处理磁路难得多,例如:

①在处理电路时一般不涉及电场问题,而在处理磁路时离不开磁场的概念。例如在讨论电机时,常常要分析电机磁路的气隙中磁感应强度的分布情况。

②在处理电路时一般可以不考虑漏电流(因为导体的电导率比周围介质的电导率大得多),但在处理磁路时一般都要考虑漏磁通(因为磁路材料的磁导率比周围介质的磁导率大得不太多)。

③磁路的欧姆定律与电路的欧姆定律只是在形式上相似(见附录表 1)。由于 μ 不是常数,它随励磁电流而变(见附录图 5),所以不能直接应用磁路的欧姆定律来计算,它只能用于

定性分析。

④在电路中,当 $E=0$ 时,$I=0$;但在磁路中,由于有剩磁,当 $F=0$ 时,$\Phi\neq0$。

附录表 1　磁路与电路对照

磁　　路	电　　路
磁通势 F	电动势 E
磁通 Φ	电流 I
磁感应强度 B	电流密度 J
磁阻 $R_m=\frac{1}{\mu s}$	电阻 $R=\frac{1}{\gamma s}$
$\Phi=\frac{F}{R_m}=\frac{NI}{\frac{1}{\mu s}}$	$I=\frac{E}{R}=\frac{E}{\frac{1}{\gamma s}}$

Ⅳ　恒定磁通磁路的计算

在计算电机、电器等的磁路时,往往预先给定铁心中的磁通(或磁感应强度),而后按照所给的磁通及磁路各段的尺寸和材料去求产生预定磁通所需的磁通势 $F=NI$。

如上所述,计算磁路不能应用式⑧,而要用磁场强度 H 这个物理量,即

$$H=\frac{NI}{l}$$

或

$$NI=Hl \tag{9}$$

上式是对均匀磁路而言的。如果磁路是由不同的材料或不同长度和截面积的几段组成的,即磁路由磁阻不同的几段串联而成。

则

$$NI=H_1l_1+H_2l_2+\cdots\cdots=\sum(lH) \tag{10}$$

这是计算磁路的基本公式。式⑩中 H_1l_1,H_2l_2,……也常称为磁路各段的磁压降。

附录图 10 所示继电器的磁路是由 3 段串联(其中一段是空气隙)而成的。如已知磁通和各段的材料及尺寸,则可按下面表示的步骤去求磁通势:

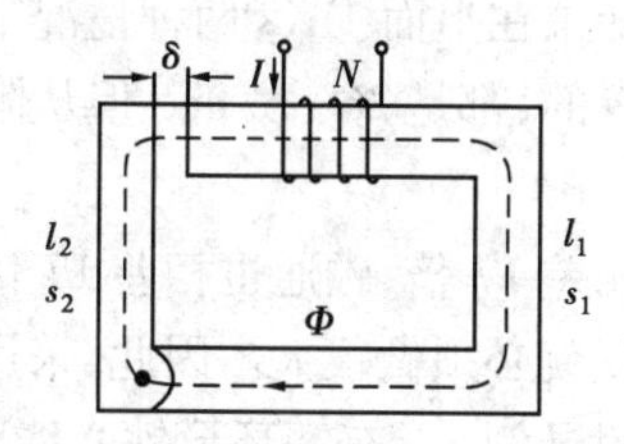

附录图 10　继电器的磁路

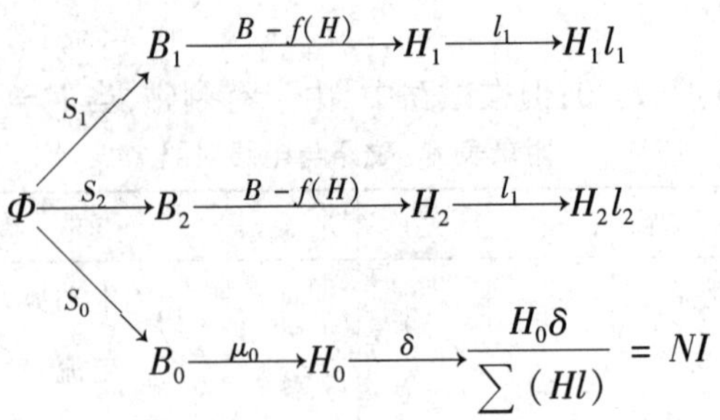

$$\Phi \xrightarrow{S_1} B_1 \xrightarrow{B-f(H)} H_1 \xrightarrow{l_1} H_1 l_1$$
$$\Phi \xrightarrow{S_2} B_2 \xrightarrow{B-f(H)} H_2 \xrightarrow{l_1} H_2 l_2$$
$$\Phi \xrightarrow{S_0} B_0 \xrightarrow{\mu_0} H_0 \xrightarrow{\delta} \frac{H_0\delta}{\sum(Hl)} = NI$$

①由于各段磁路的截面积不同,但其中又通过同一磁通,因此各段磁路的磁感应强度也就不同,可分别按下列各式计算

$$B_1 = \frac{\Phi}{S_1}, B_2 = \frac{\Phi}{S_2}, \cdots$$

②由各段磁路材料的磁化曲线 $B=f(H)$,找出与上述 $B_1, B_2, \cdots$ 相对应的磁场强度 H_1, H_2,……,各段磁路的 H 也是不同的。

计算空气隙或其他非磁性材料的磁场强度 H_0 时,可直接应用下式

$$H_0 = \frac{B_0}{\mu_0} = \frac{B_0}{4\pi \times 10^{-7}} \text{ A/m}$$

式中 B_0 是用特[斯拉]计量的,如果用高斯为单位,则

$$H_0 = \frac{B_0}{4\pi \times 10^{-3}} = 80B_0 \text{ A/m} = 0.8B_0 \text{ A/cm}$$

③计算各段磁路的磁压降 Hl。

④应用式⑩求出磁通势 IN。

附录例 1 一个具有闭合的均匀铁心的线圈,其匝数为 300,铁心中的磁感应强度为 0.9 T,磁路的平均长度为 45 cm,试求:①铁心材料为铸铁时线圈中的电流;②铁心材料为硅钢片时线圈中的电流。

解 先从附录图 7 中的磁化曲线查出磁场强度 H,然后再根据式⑨算出电流。

①$H_1 = 9\ 000 \text{ A/m}, I_1 = \dfrac{H_1 l}{N} = \dfrac{9\ 000 \times 0.45}{300} = 13.5 \text{ A}$;

②$H_2 = 260 \text{ A/m}, I_2 = \dfrac{H_2 l}{N} = \dfrac{260 \times 0.45}{300} = 0.39 \text{ A}$

可见由于所用铁心材料的不同,要得到同样的磁感应强度,则所需磁通势或励磁电流的大小相差就很悬殊。因此,采用磁导率高的铁心材料,可使线圈的用铜量大为降低。

如果在上面①,②两种情况下,线圈中通有同样大小的电流 0.39 A,则铁心中的磁场强度是相等的,都是 260 A/m。但从附录图 7 的磁化曲线可查出:

$$B_1 = 0.05 \text{ T}, B_2 = 0.9 \text{ T}$$

两者相差 17 倍,磁通也相差 17 倍。在这种情况下,如果要得到相同的磁通,那么铸铁铁心的截面积就必须做很大。因此,采用磁导率高的铁心材料,可使铁心的用铁量大为降低。

附录例 2 有一环形铁心线圈,其内径为 10 cm,外径为 15 cm,铁心材料为铸钢。磁路中含有一空气隙,其长度等于 0.2 cm。设线圈中通有 1 A 的电流,如要得到 0.9 T 的磁感应强度,试求线圈匝数。

解　磁路的平均长度为：

$$l = \left(\frac{10+15}{2}\right)\pi = 39.2\ \text{cm}$$

从附录图7中所示的铸钢的磁化曲线查出，当 $B=0.9$ T时，$H_1=500$ A/m，于是：

$$H_1 l_1 = 500 \times (39.2 - 0.2) \times 10^{-2} = 195\ \text{A}$$

空气隙中的磁场强度为：

$$H_0 = \frac{B_0}{\mu_0} = \frac{0.9}{4\pi \times 10^{-7}} = 7.2 \times 10^5\ \text{A/m}$$

于是

$$H_0\delta = 7.2 \times 10^5 \times 0.2 \times 10^{-2} = 1\ 440\ \text{A}$$

总磁通势为

$$NI = \sum (Hl) = H_1 l_1 + H_0\delta = 195 + 1\ 440 = 1\ 635\ \text{A}$$

线圈匝数为

$$N = \frac{NI}{I} = \frac{1\ 635}{1} = 1\ 635$$

可见，当磁路中含有空气隙时，由于其磁阻较大，磁通势差不多都用在空气隙上。

计算这两个例题的主要目的是要得出下面几个实际结论：

①如果要得到相等的磁感应强度，采用磁导率高的铁心材料，可使线圈的用铜量大为降低；

②如果线圈中通有同样大小的励磁电流，要得到相等的磁通，采用磁导率高的铁心材料，可使铁心的用铁量大为降低；

③当磁路中含有空气隙时，由于其磁阻较大，要得到相等的磁感应强度，必须增大励磁电流（设线圈匝数一定）。

V　交流铁心线圈电路

铁心线圈分为两种，直流铁心线圈通直流来励磁（如直流电机的励磁线圈、电磁吸盘及各种直流电器的线圈），交流铁心线圈通交流来励磁（如交流电机、变压器及各种交流电器的线圈）。分析直流铁心线圈比较简单些，因为励磁电流是直流，产生的磁通是恒定的，在线圈和铁心中不会感应出电动势来；在一定电压 U 下，线圈中的电流 I 只和线圈本身的电阻 R 有关；功率损耗也只有 RI^2。而交流铁心线圈在电磁关系、电压电流关系及功率损耗等几个方面和直流铁心线圈是有所不同的。

(1)电磁关系

附录图11所示的交流线圈是具有铁心的，先来讨论其中的电磁关系。磁通势 Ni 产生的磁通绝大部分通过铁心而闭合，这部分磁通称为主磁通或工作磁通 Φ。此外还有很少的一部分磁通主要经过空气或其他非导磁介质而闭合，这部分磁通称为漏磁通 Φ_δ（实际上上面各节所述的铁心线圈中也存在漏磁通，但未计及）。这两个磁通在线圈中产生两个感应电动势：主磁电动势 e 和漏磁电动势 e_δ。这个电磁关系表示如下：

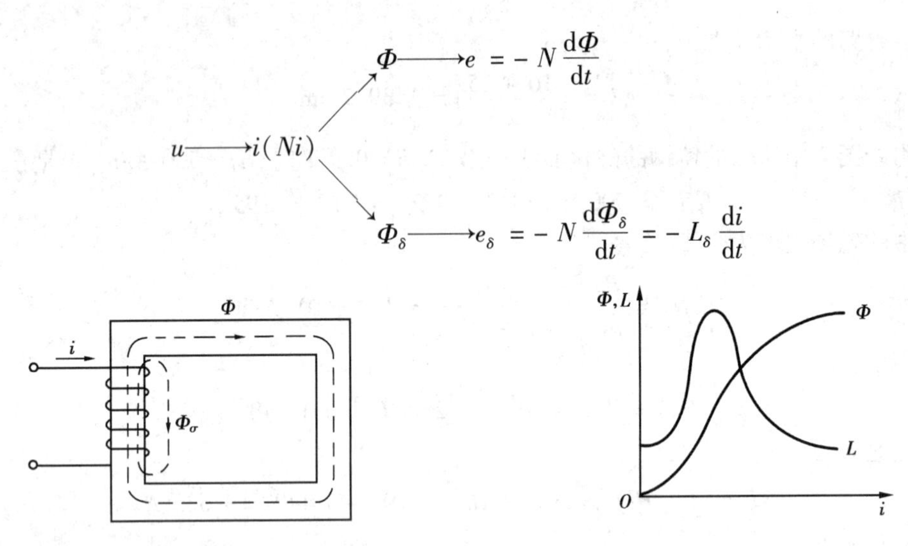

附录图 11　铁心线圈的交流电路

附录图 12　Φ 和 L 与 i 的关系

因为漏磁通主要不经过铁心，所以励磁电流 i 与 Φ_δ之间可以认为成线性关系，铁心线圈的漏磁电感

$$L_\delta = \frac{H\Phi_\delta}{i} = \text{常数}$$

但主磁通通过铁心，所以 i 与 Φ 不存在线性关系(附录图 12)。铁心线圈的主磁电感 L 不是一个常数，它随励磁电流而变化的关系和磁导率 μ 随磁场强度变化的关系(附录图 5)相似。因此，铁心线圈是一个非线性电感元件。

(2) 电压电流关系

铁心线圈交流电路(附录图 11)的电压和电流之间的关系也可由基尔霍夫电压定律得出(i,e,e_δ三者的参考方向相同)。即

$$u + e + e_\delta = Ri$$

或

$$u = Ri + (-e_\delta) + (-e) = Ri + L_\delta\frac{di}{dt} + (-e) = u_R + u_\delta + u' \tag{⑪}$$

当 u 是正弦电压时，式中各量可视作正弦量，于是式⑪可用相量表示

$$\dot{U} = R\dot{I} + (-\dot{E}_\delta) + (-\dot{E}) = R\dot{I} + jX_\delta\dot{I} + (-\dot{E}) = \dot{U}_R + \dot{U}_\delta + \dot{U}' \tag{⑫}$$

式⑫中漏磁感应电动势$\dot{E}_\delta = -jX\dot{I}$，其中 $X_\delta = \omega L_\delta$，称为漏磁感抗，它是由漏磁通引起的；$R$ 是铁心线圈的电阻。

至于主磁感应电动势，由于主磁电感或相应的主磁感抗不是常数，应按下法计算。

设主磁通 $\Phi = \Phi_m \sin\omega t$，则

$$e = -N\frac{d\Phi}{dt} = -N\frac{d(\Phi_m \sin\omega t)}{dt} = -N\omega\Phi_m\cos\omega t = 2\pi fN\Phi_m\sin(\omega t - 90°) = E_m\sin(\omega t - 90°) \tag{⑬}$$

式⑬中 $E_m=2\pi fN\Phi_m$，是主磁电动势 e 的幅值，而其有效值则为

$$E=\frac{E_m}{\sqrt{2}}=\frac{2\pi fN\Phi_m}{\sqrt{2}}=4.44fN\Phi_m \tag{⑭}$$

式⑭是常用的公式，应特别注意。

由式⑪或式⑫可知，电源电压 u 可分为三个分量：$u_R=Ri$，是电阻上的电压降；$u_\delta=-e_\delta$，是平衡漏磁电动势的电压分量；$u'=-e$，是与主磁电动势相平衡的电压分量。因为根据楞次定则，感应电动势具有阻碍电流变化的物理性质，所以电源电压必须有一部分来平衡它们。

通常由于线圈的电阻 R 和感抗 X_δ（或漏磁通 Φ_δ）较小，因而它们上边的电压降也较小，与主磁电动势比较起来，可以忽略不计。于是

$$\dot{U}\approx-\dot{E}$$

$$U\approx E=4.44fN\Phi_m=4.44fNB_mS[\mathrm{V}] \tag{⑮}$$

式⑮中：B_m 是铁心中磁感应强度的最大值，单位用特[斯拉]；S 是铁心截面积，单位用 m^2。若 B_m 的单位用高斯，S 的单位用 cm^2，则上式为

$$U\approx E=4.44fNB_mS\times10^{-8}\ \mathrm{V} \tag{⑯}$$

(3)功率损耗

在交流铁心线圈中，除线圈电阻 R 上有功率损耗 RI^2（所谓铜损 ΔP_{Cu}）外，处于交变磁化下的铁心中也有功率损耗（所谓铜损 ΔP_{Fe}），铁损是由磁滞和涡流产生的。

由磁滞所产生的铁损称为磁滞损耗 ΔP_h。可以证明，交变磁化一周在铁心的单位体积内所产生的磁滞损耗能量与磁滞回线所包围的面积成正比。

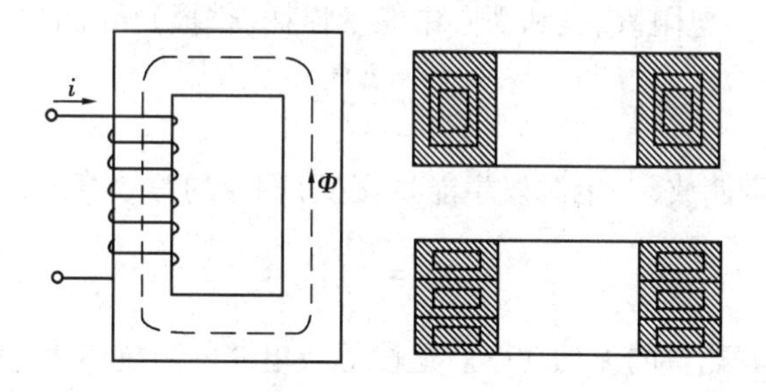

附录图 13　铁心中的涡流

磁滞损耗要引起铁心发热。为了减小磁滞损耗，应选用磁滞回线狭小的磁性材料制造铁心。硅钢就是变压器和电机中常用的铁心材料，其磁滞损耗较小。由涡流所产生的铁损称为涡流损耗 ΔP_e。在附录图 13 中，当线圈中通有交流时，它所产生的磁通也是交变的。因此，不仅要在线圈中产生感应电动势，而且在铁心内也要产生感应电动势和感应电流。这种感应电流称为涡流，它在垂直于磁通方向的平面内环流着。

涡流损耗也要引起铁心发热。为了减小涡流损耗，在顺磁场方向铁心可由彼此绝缘的钢片叠成（附录图 13），这样就可以限制涡流只能在较小的截面内流通。此外，通常所用的硅钢片中含有少量的硅（0.8%～4.8%），因而电阻率较大，这也可以使涡流减小。

涡流有有害的一面，但在另外一些场合下也有有利的一面。对其有害的一面应尽可能地加以限制，而对其有利的一面则应充分利用。例如，利用涡流的热效应来冶炼金属，利用涡流

和磁场相互作用而产生电磁力的原理来制造感应式仪器、滑差电机及涡流测矩器等。

在交变磁通的作用下,铁心内的这两种损耗合称铁损 ΔP_e。铁损差不多与铁心内磁感应强度的最大值 B_m 的平方成正比,故 B_m 不宜选得太大,一般取 0.8 ~1.2 T。

从上述可知,铁心线圈交流电路的有功功率为

$$P = UI\cos\varphi = RI^2 + \Delta P_{Fe} \tag{17}$$

(4)等效电路

对铁心线圈交流电路也可以用等效电路进行分析,就是用一个不含铁心的交流电路来等效代替它。等效的条件是:在同样电压作用下,功率、电流及各量之间的相位关系保持不变(注意,由式⑫表明,铁心线圈中的非正弦周期电流已用等效正弦电流代替)。这样就使磁路计算的问题简化为电路计算的问题了。

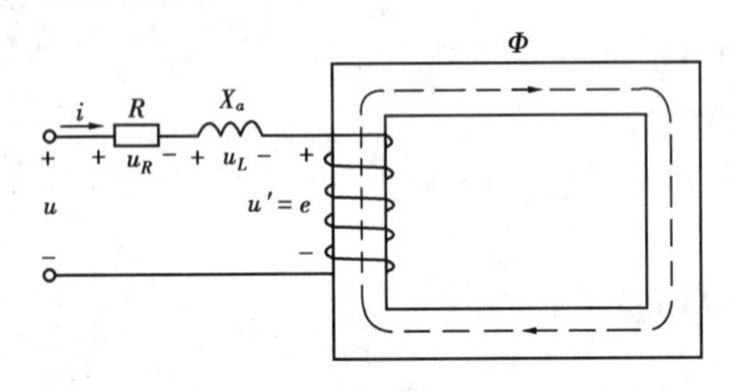

附录图 14 铁心线圈的交流电路

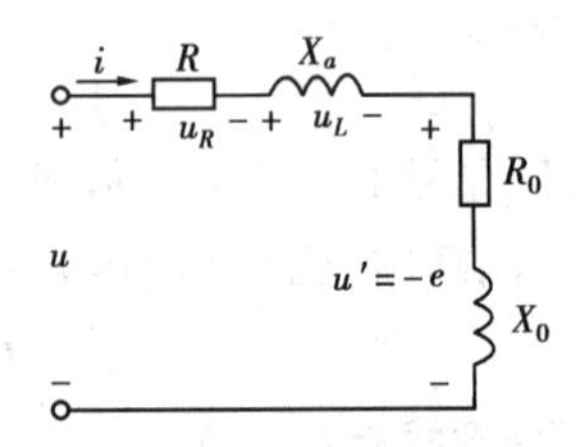

附录图 15 等效电路

先把附录图 11 画成附录图 14,就是把线圈的电阻 R 和感抗 X_δ(由漏磁通引起的)划出,剩下的就成为一个没有电阻和漏磁通的理想的铁心线圈电路。但铁心中仍有能量的损耗和能量的储放(储存和放出)。因此可将这个理想的铁心线圈交流电路用具有电阻 R_0 和感抗 X_0 的一段来等效代替。其中电阻 R_0 是和铁心中能量损耗(铁损)相应的等效电阻,其值为

$$R_0 = \frac{\Delta P_{Fe}}{I^2}$$

感抗 X_0 是和铁心中能量储放(与电源发生能量交换)相应的等效感抗,其值为

$$X_0 = \frac{Q_{Fe}}{I^2}$$

式中 Q_{Fe} 是表示铁心储放能量的无功功率。这段等效电路的阻抗模为

$$|Z_0| = \sqrt{R_0^2 + X_0^2} = \frac{U'}{I} \approx \frac{U}{I}$$

附录图 15 即为铁心线圈交流电路(附录图 11)的等效电路。

附录例 3 有一交流铁心线圈,电源电压 $U = 220$ V,电路中电流 $I = 4$ A,功率表读数 $P = 100$ W,频率 $f = 50$ Hz,漏磁通和线圈电阻上的电压降可忽略不计,试求:①铁心线圈的功率因数;②铁心线圈的等效电阻和感抗。

解 ①

$$\cos\varphi = \frac{P}{UI} = \frac{100}{220 \times 4} = 0.114$$

②铁心线圈的等效阻抗模为

$$|Z'| = \frac{U}{I} = \frac{220}{4} = 55\ \Omega$$

等效电阻和等效感抗分别为

$$R' = R + R_0 = \frac{P}{I^2} = \frac{100}{4^2} = 6.25\ \Omega \approx R_0$$

$$X' = X_\delta + X_0 = \sqrt{|Z'|^2 - R'^2} = \sqrt{55^2 - 6.25^2} = 54.6\ \Omega \approx X_0$$

附录例 4　要绕制一个铁心线圈,已知电源电压 $U = 220$ V,频率 $f = 50$ Hz,今测得铁心截面为 30.2 cm^2,铁心由硅钢片叠成,设叠成间隙系数为 0.91(一般取 0.9 ~ 0.93)。①如取 $B_m = 1.2$ T,问线圈匝数应为多少?②如磁路平均长度为 60 cm,问励磁电流应多大?

解　铁心的有效截面积为

$$S = 30.2 \times 0.91 = 27.5\ cm^2$$

①线圈匝数可根据式⑮求出,即

$$N = \frac{U}{4.44 f B_m S} = \frac{220}{4.44 \times 50 \times 1.2 \times 27.5 \times 10^{-4}} = 300$$

②从附录图 7 中可查出,当 $B_m = 1.2$ T 时,$H_m = 700$ A/m,所以

$$I = \frac{H_m l}{\sqrt{2} N} = \frac{700 \times 60 \times 10^{-2}}{\sqrt{2} \times 300} = 1\text{A}$$

参考答案

1.2 ① $U=10\text{ V}$　② $i=-1\text{ A}$　⑤ $i=1\text{ A}$　⑦ $i=-1\text{ mA}$

1.4 ① $i=\begin{cases}1\text{ mA} & (0\leqslant t\leqslant 2\text{ ms})\\ -1\text{ mA} & (2\text{ ms}\leqslant t\leqslant 4\text{ ms})\end{cases}$　② $q=\begin{cases}t\times 10^{-3}C & (0\leqslant t\leqslant 2\text{ ms})\\ (4-t)\times 10^{-3}C & (2\text{ ms}\leqslant t\leqslant 4\text{ ms})\end{cases}$

1.7 ⓐ $i=1\text{ A},U=40\text{ V}$　ⓑ $i=1\text{ A},U=40\text{ V}$　ⓒ $i=1\text{ A},U=40\text{ V}$

1.9 $i=7.5\text{ A}$

1.11 $i_1=1\text{ A},U_{ab}=-40\text{ V}$

2.1 $U=0.667\text{ V},I=2\text{ A}$

2.2 $I_3=\frac{2}{3}\text{A},I_4=-\frac{4}{9}\text{ A}$

2.4 ⓐ $R_{ab}=10\ \Omega,R_{cd}=3.9\ \Omega$

ⓑ $R_{ab}=2\ \Omega,R_{cd}=0\ \Omega$

2.8 ⓐ $6\ \Omega$,ⓑ $3.5\ \Omega$,ⓒ $10\ \Omega$,ⓓ $10\ \Omega$,ⓔ $\frac{5}{3}\text{ k}\Omega$,ⓕ $14\ \Omega$,ⓖ $\frac{3}{2}\ \Omega$

2.10 0.125 A

2.11 0.3

2.12 $0.75u_s$

2.13 ⓐ $R_2+(1-\mu)R_1$,　ⓑ $R_1+(1+\beta)R_2$

2.14 ⓐ $\dfrac{\frac{R_1}{1+\beta}\cdot R_2}{\frac{R_1}{1+\beta}+R_2}$,　ⓑ $\dfrac{1}{\frac{1}{R_2}+\frac{1-\mu}{R_1}}$

3.4 123,124,125,135,136,145,146,156,234,235,236,246,256,345,346,456

3.6 4.85 A, −0.27 A, 5.12 A, −1.88 A, −2.15 A

3.7 −0.956 A

3.8 ⓐ $I_1=0,I_2=I_3=\frac{2}{3}\text{ A}$

ⓑ $I_1=\frac{2}{3}\text{ A},I_2=\frac{1}{3}\text{ A},I_3=-1\text{ A},I_4=1\text{ A}$

3.9 −3.636 A

3.10 −1.552 A

3.11 80 V

3.12 276.25 V

3.13 $\frac{11}{54}$ A, $\frac{115}{3}$ V

3.14 0.02 A, −80 mW

3.16 3.83 A(方向向左)

3.18 0.658 V; −2.25 A

3.19 1 A, 2 A, 3 A, 1 A, 1 A

3.20 2 A, 1 A, 1 A, 3 A, 4 A

3.21 −17.14 V

3.22 6.2 V

3.25 32 V

4.1 ⓐ1 A, −5 V; ⓑ1.4 A, 7.2 V

4.2 ⓐ3.5 A; ⓑ3.25 A; ⓒ1 A

4.3 −0.6 A; 3.4 A; 13.6 V

4.4 160 V

4.5 10 V; 1.5 kΩ

4.6 1 A

4.8 5.2 V; 20.8 V

4.9 4 V

4.10 15 A

4.11 $U_{oc}=33$ V; $R_o=3.6\ \Omega$; $I_5=3.3$ A

4.12 $I=5$ A

4.14 (a) $u_{oc}=5$ V; $R_{eq}=0$; (b) $i_{SC}=7.5$ A, $G_{eq}=0$

4.16 −7.2 V

4.19 1.6 V

5.3 $-\dfrac{R_2R_4}{R_1R_2+R_2R_3+R_3R_1}$

5.5 $-\dfrac{R_2R_3(R_4+R_5)}{R_1(R_2R_4+R_2R_5+R_3R_4)}$

5.6 $u_0=\dfrac{(G_3+G_4)G_1u_{s1}+(G_1+G_2)G_3u_{s2}}{G_1G_4-G_2G_3}$

5.7 $u_0=4$ V

5.8 $u_0=(1+K)(u_{i2}-u_{i1})$

5.9 $u_0=-2.5$ V

5.10 $u_0=\dfrac{2R_F}{R_1}u_1$

6.2　$(3-0.111\sin t)$ A

6.3　$U_Q=0.34$ V, $I_Q=0.66$ A

6.5　3J

6.7　$i_1\approx 0.041\,93$ A, $i_2\approx 0.041\,92$ A

6.8　$\left[1+\frac{1}{7}\cos\omega t\right]$ A

6.9　$\left[3+\frac{1}{9}\cos\omega t\right]$ A

6.15　$(-2t/3C+U_0^{\frac{2}{3}})^{3/2}$ V

*6.16　$u_C(t)=(1+2e^{-t})$ V, $(0.693\text{ s}\leqslant t\leqslant 1.386\text{ s})$,

$u_C(t)=[(3-e^{(t-0.693)})]$ V, $(0.693\text{ s}\leqslant t\leqslant 1.386\text{ s})$,

$u_C(t)=e^{-2(t-1.386)}$ V, $(t>1.386\text{ s})$,

7.3　0.25 A

7.4　5 mA, 0 V, $\frac{5}{3}\times 10^3$ A/s, 5×10^4 V/s

7.6　$8\ \Omega\leqslant R_f\leqslant 10\ \Omega$

7.8　$0.5e^{-5t}$ A, $t\geqslant 0_+$

7.9　①$25e^{-80t}$ A, $t\geqslant 0_+$　②$-750e^{-80t}$ V, $t\geqslant 0_+$

③$(4.375+15.625e^{-80t})$ A, $t\geqslant 0_+$　④$(-4.375+9.375e^{-80t})$ A, $t\geqslant 0_+$

7.10　$4(1-e^{-\frac{t}{0.3}})\varepsilon(t)$ A

7.11　$9(1-e^{-\frac{t}{3\times 10^{-5}}})\varepsilon(t)$ V

7.12　$5e^{-t}\varepsilon(t)+5e^{-(t-1)}\varepsilon(t-1)-10e^{-(t-2)}\varepsilon(t-2)$ V

7.13　$\{10(1-e^{-10t})[\varepsilon(t)-\varepsilon(t-0.1)]+[3.333+2.987e^{-30(t-0.1)}]\varepsilon(t-0.1)\}$ V,

$e^{-10t}[\varepsilon(t)-\varepsilon(t-0.1)-0.896e^{-30(t-0.1)}\varepsilon(t-0.1)]$ mA

7.14　$(0.5e^{-50t}-5e^{-2\times 10^5 t}+10)$ A　$t\geqslant 0_+$

7.15　$(6-10e^{-t})$ V, $20e^{-t}$ μA　$t\geqslant 0_+$

7.16　$(-9.09+1.09e^{-55t})$ V　$t\geqslant 0_+$

7.17　$R_1I_S(1-e^{\frac{t}{R_1C}})+R_2I_Se^{-\frac{R_2}{L}t}$

7.18　$\left\{6(1-e^{t})\left[\varepsilon(t)-\varepsilon(t-1)\right]+(2+1.793e^{\frac{t-1}{1.5}})\varepsilon(t-1)\right\}$ V

$\left\{3e^{-t}\left[\varepsilon(t)-\varepsilon(t-1)\right]-0.597\,5e^{-\frac{t-1}{1.5}}\varepsilon(t-1)\right\}$ A

7.19　$\left[0.216e^{-10^5 t}\varepsilon(t)-2.16\times 10^{-6}\delta(t)\right]$ A

$\left[0.144e^{-10^5 t}\varepsilon(t)+2.16\times 10^{-6}\delta(t)\right]$ A

7.20　$0.5e^{-5t}$ A　$t\geqslant 0_+$

7.21　$10e^{-5t}\varepsilon(t)$ V

7.22 $\left[\delta(t)-e^{-t}\varepsilon(t)\right]$ V

7.23 $1.5e^{-30t}\varepsilon(t)$ A

7.24 $5e^{-\frac{t}{6}}\varepsilon(t)$ V；$(3e^{-\frac{t}{6}})\varepsilon(t)$ V；$-2e^{-\frac{t}{6}}\varepsilon(t)$ V

8.1 $(e^{-2t}+2te^{-2t})$ A $t\geqslant 0_+$；$-0.5te^{-2t}$ V $t\geqslant 0_+$

8.2 $u_C(t)=7.87e^{-1.127t}+0.127e^{-8.875t}$ V $t\geqslant 0_+$

$i_L(t)=0.887e^{-1.127t}+0.123e^{-8.875t}$ A $t\geqslant 0_+$

8.3 ①$u_C(0_+)=0$ V, $i_L(0_+)=0$ A

②$u_C(0_+)=1$ V, $i_L(0_+)=10$ A

8.5 $\frac{1}{R}\left[t-\frac{L}{R}(1-e^{-\frac{R}{L}t})\right]\varepsilon(t)$

9.11 ① ⓐ$u=25$ V ⓑ$u=50$ V ② ⓐ$u=30$ V ⓑ30 V

9.12 ① Ⓐ$=25$ A ② Ⓐ$=25$ A

9.13 $R=30\ \Omega$, $L=0.127$ H

9.15 $Q=-32.2°$

9.17 $I=20\sqrt{2}$ A, $\mu_S=40$ V

9.18 $\overset{*}{\dot{U}}=20\sqrt{2}\angle 45°$ V

10.1 $B_C=2.7\times10^{-3}$ S, $G=0.2\times10^{-3}$ S

10.2 $i_R=5.72\sqrt{2}\cos(314t+12.5°)$ A, $i_C=1.8\sqrt{2}\cos(314t+102.5°)$ A,

$u=928.42\sqrt{2}\cos(314t+42.74°)$ V

10.3 ⓐ$Z=(4-j8)\ \Omega$ ⓑ$Z=15.72\angle -108.5°\ \Omega$ ⓒ$50\sqrt{2}\angle -45°\ \Omega$ ⓔ$Z=-r+j\omega L$

10.4 元件1为电阻，$R=0.518\ \Omega$；元件2为电容，$B_C=0.517$ S；

10.5 ②$Z=-1.414+j1.414\ \Omega$ ③$Z=j20\ \Omega$

10.6 96.8 V

10.8 $R_1=3.75\ \Omega$, $L_1=0.046$ H

10.9 $R=8.66\ \Omega$, $L=0.08$ mH, $C=1.6\ \mu$F

10.11 $R=86.6\ \Omega$, $L=0.159$ H, $C=31.8\ \mu$F

10.13 Ⓐ$_2=51.9$ A

10.15 $R_0=6.7\ \Omega$

10.16 $Z_1=15.03-j40.02\ \Omega$

10.20 $Z_1=5.13\angle 77.5°\ \Omega$（或 $34.2\angle 88.14°\ \Omega$），$Z_2=22\angle -62.96°\ \Omega$

10.26 $R_1=75\ \Omega$, $R_2=25\ \Omega$, $x_1=25.8\ \Omega$, $x_2=20\ \Omega$

10.35 $\frac{\dot{U}_2}{\dot{U}_S}=\frac{\sqrt{2}}{5}\angle -98.1°$, $\bar{S}=120+j160$(VA)

10.37 Ⓐ$_2$ = 20 A, Ⓦ = 100 W, $Z_{in} = 1\ \Omega$

10.41 $C = 117.7\ \mu F$

11.4 (d) 0.667 H

11.7 ①2.39∠ −77.47° A（K断开）, 9.65∠ −37.87° A（K闭合）;
②$\bar{S} = 2\ 122.8\angle 37.87°$ VA

11.11 $M = 25$ H

11.13 ①$i_1 = 0.11\cos(314t - 64.85°)$ A

11.15 $n = 2.236$

12.1 ①220 V, 4.4 A; ②$U_{ph} = 380$ V, $7.6 = I_{ph}$ A, 13.2 A $= I_p$

12.3 6.316 A, 3.11 A, 1.896 A

12.6 1.528 A, 1.155 A, 1 A

12.7 537.97 V, 0.613

12.8 ①15.2 A, 26.3 A ②$I_{BC} = I_{CA} = 15.2$ A
③$I_{BC} = 15.2$ A, $I_{CA} = I_{AB} = 7.6$ A, $I_A = 0$, $I_B = I_C = 22.8$ A

12.9 392.9 V, 0.992

12.10 1 371.2 W, −680.4 W, 690.8 W

12.13 ①3.11∠ −45° A, 3.11∠ −165° A, 3.11∠75° A,（设$\dot{U}_{AN} = 220\angle 0°$ V）
②2 128 W, 40.85 W

12.16 ①$\dot{I}_A = 5.18\angle 50.56°$ A（$\dot{U}_{AN} = 220\angle 0°$ V）; ②(2 166 − j2 633) VA

12.17 658.2 W, −658.2 W

13.1 $a_0 = 0 \quad a_k = 0 \quad b_k = \dfrac{2A_m \sin(k\alpha)}{k^2\alpha(\pi - \alpha)}$

13.3 $U = 74.1$ V;

13.4 $i = 4.68\cos(\omega t + 99.4°) + 3\cos 3\omega t$; 3.93 A, 27.6 V, 92.8 W;

13.5 $i_0 = 0.2 + 0.6\sqrt{2}\cos(2\omega t + 83.1°)$ A
$i_1 = \sqrt{2}\cos(\omega t + 90°) + 0.8\sqrt{2}\cos(2\omega t + 83.1°)$ A
$i_2 = 0.2 + \sqrt{2}\cos(\omega t - 90°) + 0.2\sqrt{2}\cos(2\omega t - 96.9°)$ A, $P = 40$ W

13.6 $\left[12.83\cos(1\ 000t - 3.71°) - 1.396\sin(2\ 000t - 64.3°)\right]$ A, 916 W

13.7 0.62 A, 1.14 A

13.10 77.14 V, 63.64 V

13.12 $\dfrac{1}{49\omega^2}, \dfrac{1}{9\omega^2}$

13.13 5.28 A, 0.434 A, 559.3 W

13.15 $\left[0.5 + \sqrt{2}\sin(1.5t + 45°) + \sqrt{2}\sin(2t + 36.87°)\right]$ V, 3.75 W

13.17 215.2 V, 90 V

14.1 ①$\frac{a}{s(s+a)}$; ②$\frac{\omega\cos\varphi + s\sin\varphi}{s^2+\omega^2}$;

③$\frac{1}{s(s+a)}$ ④$\frac{2}{s^3}$

⑤$\frac{3s^2+2s+1}{s^2}$ ⑥$\frac{a^2}{s^2(s+a)}$

14.2 ①$\frac{3}{8}+\frac{1}{4}e^{-2t}+\frac{3}{8}e^{-4t}$; ②$\frac{12}{5}e^{-2t}-\frac{34}{9}e^{-3t}+\frac{152}{45}e^{-12t}$;

③$2\delta(t)+2e^{-t}+e^{-2t}$; ④$\delta(t)+e^{-t}-4e^{-2t}$

14.3 ①$e^{-t}-(t+1)e^{-2t}$; ②$0.5+7.07e^{-t}\cos(t-135°)$;

③$1+2e^{-2t}\sin t$; ④$5e^{-3t}-3te^{-3t}-5e^{-4t}$

14.4 ①$8e^{-0.5t}$ V; ②$1.6e^{-t}+6.4\cos t-3.2\sin t$ V; ③ $-8e^{-t}+16e^{-0.5t}$ V

14.5 $10(2-e^{-t})+\frac{1}{2}e^{-t}\sin 2t$ V

14.6 $0.16e^{-2t}+0.4te^{-2t}-0.2\cos(2t+36.87°)$ A

14.7 $3e^{-t}-e^{-2t}+e^{-3t}$

14.8 $6e^{-2t}-4e^{-3t}$ A

14.9 $0.113e^{-8.873t}+0.887e^{-1.127t}$ A

14.11 $10+\frac{50}{3}e^{-t}\sin 3t$ A

14.12 $\frac{8s}{4s^3+14s^2+16s+3}$

14.13 $(900e^{-200t}-900e^{-\frac{800t}{3}}$ V$)\times 10$

14.14 $6.667-0.447e^{-6.34t}-6.22e^{-23.66t}$ A

14.15 $3.75e^{-1.67t}\cos(1.6t+90°)$ A, $26\cos(1.6t-46.17°)$ V

14.16 $-2e^{-2t}+10.2e^{-t}\cos(t-78.7°)$ V

14.17 $(56e^{-4t}-27e^{-3t})\cdot\varepsilon(t)$ A; $(18e^{-3t}-14e^{-4t})\cdot\varepsilon(t)$ A

14.18 $17.5+32.3e^{-50t}+30.5e^{-80t}$

14.19 $\cos 2t-\frac{1}{\sqrt{3}}\sin\sqrt{3}te^{-t}$ A

14.20 $4e^{-t}\cos t-6e^{-t}\sin t$ V

14.21 $\frac{2}{3}-\frac{2}{3}e^{-3t}$ V; $\frac{1}{3}+\frac{2}{3}e^{-3t}$ V

14.22 $\frac{1}{2}\left(1-e^{-t}\right)\varepsilon(t)+\frac{1}{2}\left(1-e^{-(t-1)}\right)\varepsilon(t-1)-\left(1-e^{-(t-2)}\right)\varepsilon(t-2)$ A

15.2 $\frac{30s^2+14s+1}{6s^2+12s+1}$

15.4 $i_2(t)=9e^{-3t}-3.75e^{-10t}-5.25e^{-2t}$ A,

$H(s)=\frac{3s}{(s+3)(s+10)}$,

$$h(t)=-\frac{9}{7}e^{-3t}+\frac{30}{7}e^{-10t};$$

15.6 $\frac{3s+4}{(s+1)(s+2)}$

15.7 ①$\frac{5s+8}{5(s+1)}$；　②$\frac{(s+\alpha)\sin\theta+\omega\cos\theta}{(s+\alpha)^2+\omega^2}$；

③$\frac{27s^4+262s^3+1\,153s^2+2\,025s+1\,215}{45s^2(s+1)(s+3)^2}$

15.11 $\frac{1}{s^2+3s+1}$

15.13 ①$\frac{0.27s^2+1}{(s+1)(s^2+s+1)}$；

④$1.27e^{-t}+1.035e^{-0.5t}\cos(0.866t-165.1°)$；

⑤$1-1.27e^{-t}1.035e^{-0.5t}\cos(0.866t+74.88°)$

16.1 (a)$\begin{bmatrix}-1 & 1 & 0 & 0 & 0 & 0 & 0 & -1 & 1 & 0\\ 1 & 0 & 1 & 0 & 0 & 1 & -1 & 0 & 0 & 0\\ 0 & -1 & 0 & 0 & 1 & -1 & 0 & 0 & 0 & 1\\ 0 & 0 & -1 & 1 & 0 & 0 & 0 & 1 & 0 & -1\end{bmatrix}$

(b)$\begin{bmatrix}1 & 0 & 1 & 0 & 0 & 0 & 1 & 1\\ 0 & 0 & -1 & 1 & 1 & 0 & -1 & 0\\ 0 & 0 & 0 & 0 & -1 & 1 & 0 & 0\\ -1 & 1 & 0 & 0 & 0 & 0 & 0 & 0\end{bmatrix}$

16.3

$$[B_f]=\left[\begin{array}{cccc|cccc}-1 & 0 & 1 & 0 & 1 & 0 & 0 & 0\\ 1 & 1 & 0 & 0 & 0 & 1 & 0 & 0\\ -1 & -1 & 0 & -1 & 0 & 0 & 1 & 0\\ 0 & 0 & 1 & 1 & 0 & 0 & 0 & 1\end{array}\right]$$

$$[Q_f]=\left[\begin{array}{cccc|cccc}1 & 0 & 0 & 0 & 1 & -1 & 1 & 0\\ 0 & 1 & 0 & 0 & 0 & -1 & 1 & 0\\ 0 & 0 & 1 & 0 & -1 & 0 & 0 & -1\\ 0 & 0 & 0 & 1 & 0 & 0 & 1 & -1\end{array}\right]$$

16.6 $[A]=\begin{bmatrix}-1 & 1 & 1 & 0 & 0 & -1 & 0\\ 0 & 0 & -1 & 1 & 0 & 0 & 1\\ 0 & -1 & 0 & -1 & 1 & 1 & 0\end{bmatrix}$

$[y(s)]=\mathrm{diag}\left[\frac{1}{R_1}\ \frac{1}{R_2}\ \frac{1}{R_3}\ \frac{1}{R_4}\ \frac{1}{R_5}\ sc_6\ \frac{1}{SL_7}\right]$

$[u_S(s)]=[-U_S(s)\ 0\ 0\ 0\ 0\ 0\ 0]$　　　$[I_S(s)]=0$

$$\begin{bmatrix} I_1 \\ I_2 \\ I_3 \\ I_4 \\ I_5 \\ I_6 \\ I_7 \end{bmatrix} = \begin{bmatrix} \frac{1}{R_1} & & & & & & \\ & \frac{1}{R_2} & & & & & \\ & & \frac{1}{R_3} & & & & \\ & & & \frac{1}{R_4} & & & \\ & & & & \frac{1}{R_5} & & \\ & & & & & SC_6 & \\ & & & & & & \frac{1}{SL_7} \end{bmatrix} \begin{bmatrix} U_1 + U_S(s) \\ U_2 \\ U_3 \\ U_4 \\ U_5 \\ U_6 \\ U_7 \end{bmatrix}$$

节点电压方程为：

$[A][y(s)][A]^T[U_n(s)] = [A][y(s)][U_S(s)]$

把以上各式代入得：

$$\begin{bmatrix} \frac{1}{R_1}+\frac{1}{R_2}+\frac{1}{R_3}+SC_6 & -\frac{1}{R_3} & -(\frac{1}{R_2}+SC_6) \\ -\frac{1}{R_3} & \frac{1}{R_3}+\frac{1}{R_4}+\frac{1}{SL_7} & -\frac{1}{R_4} \\ -(\frac{1}{R_2}+SC_6) & -\frac{1}{R_4} & \frac{1}{R_2}+\frac{1}{R_4}+\frac{1}{R_5}+SC_6 \end{bmatrix} \begin{bmatrix} U_{n1}(s) \\ U_{n2}(s) \\ U_{n3}(s) \end{bmatrix} = \begin{bmatrix} \frac{1}{R_1}U_S(s) \\ 0 \\ 0 \end{bmatrix}$$

16.8 $[B_f] = \left[\begin{array}{cccc|ccc} 0 & 0 & 1 & 1 & 1 & 0 & 0 \\ 0 & 1 & -1 & 0 & 0 & 1 & 0 \\ 1 & 1 & -1 & 1 & 0 & 0 & 1 \end{array}\right]$

17.2 ⓐ$Y = \begin{bmatrix} 4 & -3 \\ -3 & 1.5 \end{bmatrix}$ S； ⓑ$Y = \begin{bmatrix} 0.22 & -0.08 \\ -0.08 & 0.22 \end{bmatrix}$ S

17.5 $H = \begin{bmatrix} 1.67 & 0.67 \\ -0.67 & 2.33 \end{bmatrix}$

17.6 5 Ω, 5 Ω, 5 Ω, 3 Ω

17.7 $Y_a = 3$ S, $Y_b = 2$ S, $Y_c = 1$ S, $\beta = 2$ S

17.8 $Z_1 = 1$ Ω, $Z_2 = 2$ Ω, $Z_3 = 2$ Ω, $r = -6$ Ω

17.11 40 mW, 0.4 W

17.12 −2

17.13 ⓐ$T = \begin{bmatrix} A & B \\ AY+C & BY+D \end{bmatrix}$； ⓑ$T = \begin{bmatrix} A & AZ+B \\ C & CZ+D \end{bmatrix}$

17.14 $0.557\sin(2t - 68.2°)$ V

17.16 $Z_{in} = \frac{1}{G_1} + \frac{1}{\frac{1}{g^2}(G_2 + j\omega C_2) + j\omega C_1}$

参考书目

1 邱关源主编. 电路. 第四版,北京:高教出版社,1999 年 6 月第 4 版

2 徐国凯主编. 电路原理. 第 1 版,北京:机械工业出版社,1999 年 12 月第 1 版

3 许道展等编者. 电路基础. 北京:中国计量出版社,1989 年 5 月第 1 版

4 姜均仁,李礼勋主编. 电路基础. 哈尔滨:哈尔滨工程大学出版社,1996 年 9 月第 1 版

5 吴淑美,王济清等编著. 电路基础. 北京:人民邮电出版社,1987 年 3 月第 1 版

6 周长源主编. 电路理论基础. 北京:高等教育出版社,1985 年 7 月第 1 版

7 陈崇源主编. 高等电路. 武汉:武汉大学出版社,2000 年 3 月第 1 版

8 C. A. 狄苏尔,葛守仁著,林争辉主译. 电路基本理论. 北京:人民教育出版社,1979

9 Leon O. Chua, C. A. Deasoer, E. S. Kuh. Linear and Non-Linear Circuit. McGraw-Hill Inc. , 1987

10 周守昌主编. 电路原理. 北京:高教出版社,1999 年 9 月

11 Norman Balabanian. Electric Circuito. McGraw-Hill lnc. , 1994

12 Jameo W. Nilsson 著冼立勤,周玉坤,李莉等译 Susan A. Riedel 路而红审校 2002. 6